21世纪高等学校电子信息工程规划教材

电磁场与波（第2版）

钟顺时 编著

清华大学出版社
北京

内容简介

本书系统地阐述了宏观电磁场和电磁波的基本规律、基本计算方法及其应用。全书共分9章：矢量分析、电磁场基本方程、静电场及其边值问题的解法、恒定电场和恒定磁场、时变电磁场和平面电磁波、平面电磁波的反射与折射、电磁波的辐射与散射、天线基础及射频传输线等，书末备有丰富的附录。

本书力求内容精炼，概念清晰，注重实践性和新颖性。全书由浅入深，通俗易懂，图文并茂，便于自学。

本书可供大学本科电子信息类专业作“电磁场理论基础”、“电磁场与电磁波”或“电磁场与天线基础”等课程的教科书，也可供相关科技人员作自学读本或参考书。

图书在版编目(CIP)数据

电磁场与波/钟顺时编著.--2版.--北京：清华大学出版社，2015（2021.8重印）
21世纪高等学校电子信息工程规划教材
ISBN 978-7-302-38948-4

Ⅰ.①电…　Ⅱ.①钟…　Ⅲ.①电磁场－高等学校－教材 ②电磁波－高等学校－教材
Ⅳ.①O441.4

中国版本图书馆CIP数据核字(2015)第005693号

责任编辑：魏江江　薛　阳
封面设计：常雪影
责任校对：李建庄
责任印制：朱雨萌

出版发行：清华大学出版社
　　网　　址：http://www.tup.com.cn，http://www.wqbook.com
　　地　　址：北京清华大学学研大厦A座　　**邮　　编**：100084
　　社 总 机：010-62770175　　**邮　　购**：010-83470235
　　投稿与读者服务：010-62776969，c-service@tup.tsinghua.edu.cn
　　质量反馈：010-62772015，zhiliang@tup.tsinghua.edu.cn
　　课件下载：http://www.tup.com.cn，010-83470236
印 装 者：三河市金元印装有限公司
经　　销：全国新华书店
开　　本：185mm×260mm　　**印　张**：21.5　　**插　页**：1　　**字　　数**：534千字
版　　次：2006年6月第1版　　2015年10月第2版　　**印　　次**：2021年8月第8次印刷
印　　数：23501～24500
定　　价：49.50元

产品编号：041798-02

出版说明

随着我国高等教育规模的扩大和产业结构调整的进一步完善，社会对高层次应用型人才的需求将更加迫切。各地高校紧密结合地方经济建设发展需要，科学运用市场调节机制，合理调整和配置教育资源，在改革和改造传统学科专业的基础上，加强工程型和应用型学科专业建设，积极设置主要面向地方支柱产业、高新技术产业、服务业的工程型和应用型学科专业，积极为地方经济建设输送各类应用型人才。各高校加大了使用信息科学等现代科学技术提升、改造传统学科专业的力度，从而实现传统学科专业向工程型和应用型学科专业的发展与转变。在发挥传统学科专业师资力量强、办学经验丰富、教学资源充裕等优势的同时，不断更新其教学内容、改革课程体系，使工程型和应用型学科专业教育与经济建设相适应。

为了配合高校工程型和应用型学科专业的建设和发展，急需出版一批内容新、体系新、方法新、手段新的高水平电子信息类专业课程教材。目前，工程型和应用型学科专业电子信息类专业课程教材的建设工作仍滞后于教学改革的实践，如现有的电子信息类专业教材中有不少内容陈旧(依然用传统专业电子信息教材代替工程型和应用型学科专业教材)，重理论、轻实践，不能满足新的教学计划、课程设置的需要；一些课程的教材可供选择的品种太少；一些基础课的教材虽然品种较多，但低水平重复严重；有些教材内容庞杂，书越编越厚；专业课教材、教学辅助教材及教学参考书短缺，等等，都不利于学生能力的提高和素质的培养。为此，在教育部相关教学指导委员会专家的指导和建议下，清华大学出版社组织出版本系列教材，以满足工程型和应用型电子信息类专业课程教学的需要。本系列教材在规划过程中体现了如下一些基本原则和特点：

(1) 系列教材主要是电子信息学科基础课程教材，面向工程技术应用的培养。本系列教材在内容上坚持基本理论适度，反映基本理论和原理的综合应用，强调工程实践和应用环节。电子信息学科历经了一个多世纪的发展，已经形成了一个完整、科学的理论体系，这些理论是这一领域技术发展的强大源泉，基于理论的技术创新、开发与应用显得更为重要。

(2) 系列教材体现了电子信息学科使用新的分析方法和手段解决工程实际问题。利用计算机强大功能和仿真设计软件，使电子信息领域中大量复杂的理论计算、变换分析等变得快速简单。教材充分体现了利用计算机解决理论分析与解算实际工程电路的途径与方法。

(3) 系列教材体现了新技术、新器件的开发应用实践。电子信息产业中仪器、设备、产品都已使用高集成化的模块，且不仅仅由硬件来实现，而是大量使用软件和硬件相结合的方法，使产品性价比很高。如何使学生掌握这些先进的技术、创造性地开发应用新技术是本系列教材的一个重要特点。

(4) 以学生知识、能力、素质协调发展为宗旨，系列教材编写内容充分注意了学生创新能力和实践能力的培养，加强了实验实践环节，各门课程均配有独立的实验课程和课程设计。

(5) 21世纪是信息时代,学生获取知识可以是多种媒体形式和多种渠道的,而不再局限于课堂上,因而传授知识不再以教师为中心,以教材为唯一依托,而应该多为学生提供各类学习资料(如网络教材,CAI课件,学习指导书等)。应创造一种新的学习环境(如讨论,自学,设计制作竞赛等),让学生成为学习主体。该系列教材以计算机、网络和实验室为载体,配有多种辅助学习资料,可提高学生学习兴趣。

繁荣教材出版事业,提高教材质量的关键是教师。建立一支高水平的以老带新的教材编写队伍才能保证教材的编写质量和建设力度,希望有志于教材建设的教师能够加入到我们的编写队伍中来。

21世纪高等学校电子信息工程规划教材编委会

联系人:魏江江　weijj@tup.tsinghua.edu.cn

第 2 版前言

本书第 1 版《电磁场基础》入选 21 世纪高等学校电子信息工程规划教材和普通高等教育"十一五"国家级规划教材。自 2006 年出版以来，不少高等院校相继将其选作教材，受到了广大读者的欢迎。根据一些院校的反馈意见和应用的需求，本版在保持第 1 版特色的基础上，做了进一步的改进。为更确切地反映本书内容，第 2 版更名为《电磁场与波》。但大部分内容不变，主要作了以下三方面修订。

(1) 鉴于无线电技术的广泛应用，有些院校不但需要增加天线的基础知识，而且要补充其馈电设备的介绍。为此，本版新增了"第 9 章射频传输线"，同时对"第 8 章天线基础"做了重要增删，便于初学者掌握。

(2) 增加了"3.4 静电场的能量和电场力"，"4.5 恒定磁场的能量和磁场力"，"7.4 等效原理，惠更斯元的辐射"等节，以使相应各章内容更充实，同时删去了原"3.7 复变函数法"一节。

(3) 改写了某些内容，如 1.1.2，3.1.1 和 3.2.1 等小节。

本版修订过程中得到上海大学通信与信息工程学院领导与同事们的热情支持和帮助。谢亚楠、方捻等教授提供了不少具体的意见与建议，韩荣苍和刘静等博士研究生打印了部分原稿，描绘了不少插图。谨向以上提到的各位表示深深的谢意，向清华大学出版社参加本书出版工作的诸君表示诚挚的感谢，并谢谢妻子和儿女的支持！

衷心感谢读者和高等院校同行们所提出的宝贵意见和建议，希望继续得到你们的关心与指正！

钟顺时

2015 年 8 月

第 1 版前言

随着信息时代的到来，电磁场理论的应用日益普遍，“电磁场”课程已成为电子信息类专业大学生必修的一门专业基础课。本书是在获得上海市优秀教材奖的“八五”规划教材《电磁场理论基础》[14]的基础上，结合教学体会，为适应 21 世纪科技与教育的新发展而重新编写的。适用于“电磁场理论基础”、“电磁场与电磁波”等课程 60～80 学时的教学。

本书主要特色是：

(1) 起点较低，由浅入深，化难为易。在第 1 章“矢量分析”中，比较系统地介绍了有关矢量分析的基本知识。为照顾这方面知识尚少的读者，以小字排印，补充了一些推导与定理的证明，并对坐标变换和场论运算给出了更详细的说明。穿插复习了复数、复变函数等知识，并对平面电磁波的运算引入了很方便的简化算法，又引入了相位匹配条件，便于处理反、折射的相位关系等。为避免手写时混淆，在矢量符号上加短横线，而不再采用黑体印刷。并对有些加注“*”号的章节，或其他较广、较深的内容，采用小字排印，便于读者取舍。

(2) 由一般到特殊，加深理解，增大时变场篇幅。与传统的由静态场到时变场的“综合法”叙述方式不同，本书采用“演绎法”处理。先介绍描述一般矢量场特性的亥姆霍兹定理，以此为基础引出麦克斯韦方程组，然后依次讨论它对静电场、恒定电场和恒定磁场及时谐场的应用。通过反复运用，加深理解，并节省了静态场学时，增大了时变场篇幅。

(3) 加了绪论，增强举例，联系实际。绪论中，通过两幅图阐述了本课程的意义。书中引用了亚洲通信卫星、国际通信卫星等实例，又有光纤通信介绍、隐形飞机进展、电离层传播的简化分析、电磁波对人体的热效应、水下通信、微波炉、微带天线实例、天线罩与架空输电线分析等。每章都有大量例题与习题，而且列表丰富实用。

(4) 理论严谨，启发创新，图文并茂。书中不但深入讨论了麦克斯韦方程组，强调其普遍指导意义，也指出它是相对真理；又给出了广义麦克斯韦方程组和对偶原理及等效性原理、互易定理等。从麦氏方程的导出，对赫兹发明的补充说明，到介绍笔者亲历的科研进展等，不少内容都着意于启发创新。并增添了一些阐述原理的图，又加了不少应用举例图。特别是，利用计算机技术改进了插图的质量，添加了三维图。光盘中还有动态的电磁波辐射过程、对称振子方向图随其臂长的变化、平面波的反射等的形象演示。

(5) 作为教学改革的一项尝试，本书还增加了具有特色的第 8 章“天线基础”，既可作为新课程“电磁场与天线基础”的教材，又可供感兴趣的读者自学参考。

本书的编写得到上海大学课程建设基金的赞助和通信与信息工程学院领导的热情支持。编写过程中又得到钮茂德、杨雪霞等同事的支持和帮助，博士研究生梁仙灵和姚凤薇共同描绘了全部插图,姚风薇并打印了第1章原稿。本书备有电子教案光盘及习题解答,相关内容是在解放军电子工程学院张建华教授和中国海洋大学延晓荣副教授的协助下完成的。在此一并向他们表示衷心的感谢!并向本书引用的参考文献的作者们致以敬意。同时,深切缅怀敬爱的老师、中国科学院前院士毕德显教授和美国工程院前院士罗远祉教授。

由于本人水平有限,时间也较紧迫,差错和不当之处在所难免,敬请读者不吝指正。

钟顺时

2006年5月

主要上标下标正体的变量

J_c 传导电流密度
J_V 运流电流密度
J_t 全电流密度
J_e 外加场源电流密度

I_d 位移电流(displacement)
I_c 传导电流
I_v 运流电流
E_e 外加电场
J_s 面电流密度
ψ_m 磁通量
E_i induced 感应电场
E_q 库仑电场
ρ_l 线电荷密度
ρ_v 体电荷密度
ρ_s 面电荷密度
ω_e 电场能量密度
ω_m 磁场能量密度
ε_r 相对介电常数
p_e 电偶极子电矩
x_e 电极化率
W_e 电场总功
σ_c 黄铜电导率
$\left.\begin{matrix} E_e \\ H_e \end{matrix}\right\}$ 电磁场有效值
ϕ_i 电流相位
ϕ_u 电压相位
V_p 相速
η_c 复数波阻抗
z_s 表面阻抗
R_s 表面电阻
X_s 表面电抗

γ_A 轴比 Axial ratio
j^m 磁流密度
F_a 阵田子

e_r 天线辐射效率
e_a 天线效率
A_e 天线有效面积
P_t 发射天线输入功率
$E_s H_s$ 散射场
σ_r 雷达散射截面(Radar Cross Section)
σ_t 总散射截面(total Cross Section)
θ_i 入射角
θ_t 折射角
t_p 滞后时间
$E_i H_i$ 入射波场
$E_t H_t$ 透射波场
$E_r H_r$ 反射波场
e_s 漏溢效率 spillover

目　录

绪 论

若以1785年库仑定律的提出作为电磁场定量分析的开始，电磁场理论的发展与应用至今也只有二百三十年左右的历史。然而，正是它开创了人类生活的电气时代，并直接导致当前信息时代的到来。人们享受着随时可与千里之外的亲友交谈及从互联网上快速获取全球信息及购物的充分便利。图1所示就是这些信息的传输方式。它包括无线(移动)通信、卫星通信和光纤通信等。这些都是依靠电磁波(包括光波)来完成的。

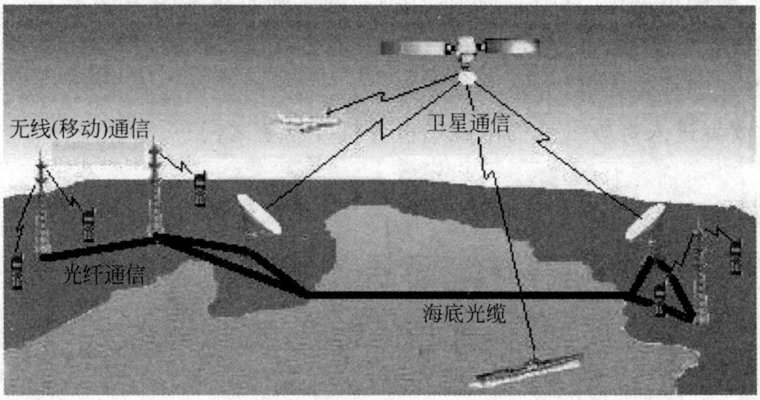

图1　通信传输方式

除了通信，其他现代电子信息技术(如广播、电视、雷达、导航、遥感、测控、射电天文和电子对抗等)也都离不开电磁波的发射、控制、传输和接收。从家用电器、工业自动化到天气预报，从交通、电力、食品、轻纺、探矿等工业与医疗卫生事业到农业和国防，无不涉及电磁场理论的应用。从学科上看，电磁学与很多学科紧密相关。如图2所示，它所服务的上、下邻正是通信、雷达等现代电子信息技术和微电子技术学科，而它的左、右邻则是电力和光学学科。电磁学一直是，将来仍然是交叉学科和新学科的孕育点。并且，它对培养创新精神、严谨的科学学风和科学的方法论等，都起着十分重要的作用。因此，我国和世界先进国家一样，各高等学校都把电磁场课程列为电子信息类本科生必修的专业基础课。

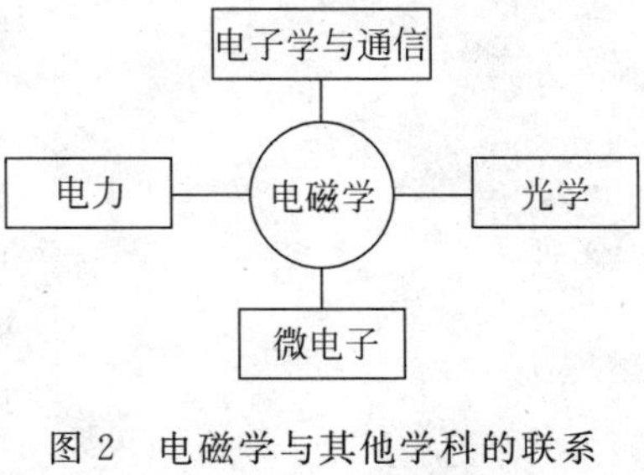

图2　电磁学与其他学科的联系

除可见光外,一般来说电磁场是看不见的,但却是客观存在的。我们不但可用仪表测出它,而且已能随时感受到它的存在。例如,打开收音机就能听到电台的广播,打开微波炉就能把冷饭加热等。在科学上,为了描述电磁场的强弱和特性,引入了电场强度和磁场强度等场量。它们是我们要研究的主要参量,正如电路理论中的电压、电流一样。由于电磁场是分布于空间的,这些场量都是空间分布的量,即都是三维空间的点函数,并且是矢量,有三个坐标分量。为了反映矢量场的分布特性,又引入了"倒三角"∇运算。因此,有人称电磁场课"四难"("难教、难学、难考、难用")。这表明,这类课是最值得在大学学习的(容易的课通过自学就能掌握了;另外,这是专业基础课,与专业课相比,其应用的面和时效性都要大得多)。同时也表明,它是需要用心学习的。为此,"What is the most important in learning any subject is to take interest in it."(阿尔伯特·爱因斯坦语:学习任何学科,最重要的就是要对它发生兴趣)。前言中提到的本书的一些努力也首先是为了更好地提高同学们的学习兴趣。自然,教师更需用心(爱心、热心、虚心)教。在具体学习方法上,这里只想提两点:基本公式及其概念要记住,如麦克斯韦方程组及其意义、边界条件等;还要独立做题。至于复杂的公式,如菲涅耳公式等,并不必背下来,因为需要时是可以查书的。

愿本书为读者进入奇妙缤纷的电磁场世界打开希望之门!

第1章 矢量分析

电场和磁场都是矢量场，因此矢量分析是研究电磁场特性的基本数学工具之一。本章将系统地学习有关矢量分析的基本知识，重点是讨论矢量场的散度、旋度和标量场的梯度及相关的重要定理，主要是散度定理、斯托克斯定理和亥姆霍兹定理。工欲善其事，必先利其器。掌握矢量分析工具将为学习本课程奠定必要的基础。

1.1 矢量代数

1.1.1 矢量表示法与和差运算

各种物理量可分为标量与矢量两大类。只有大小特征的量称为标量，如温度、能量、电位等。既有大小又有方向特征的量称为矢量，如力、速度、电场强度等。本书中在符号上加短横线来表示矢量，如$\overline{A}$、$\overline{B}$，以表示与其模(标量)A、B的区别。模为1的矢量称为单位矢量，由符号上加^来表示，如$\hat{x}$、$\hat{y}$、$\hat{z}$，它们分别表示直角坐标系中x、y、z方向的单位矢量。

在直角坐标系中，矢量$\overline{A}$可表示为

$$\overline{A}=\hat{x}A_x+\hat{y}A_y+\hat{z}A_z \tag{1.1-1}$$

A_x、A_y、A_z是矢量$\overline{A}$在三个相互垂直的坐标轴上的分量，如图1.1-1所示。该矢量的模为

$$A=\sqrt{A_x^2+A_y^2+A_z^2} \tag{1.1-2}$$

$\overline{A}$的单位矢量为

$$\hat{A}=\frac{\overline{A}}{A}=\hat{x}\frac{A_x}{A}+\hat{y}\frac{A_y}{A}+\hat{z}\frac{A_z}{A}$$
$$=\hat{x}\cos\alpha+\hat{y}\cos\beta+\hat{z}\cos\gamma \tag{1.1-3}$$

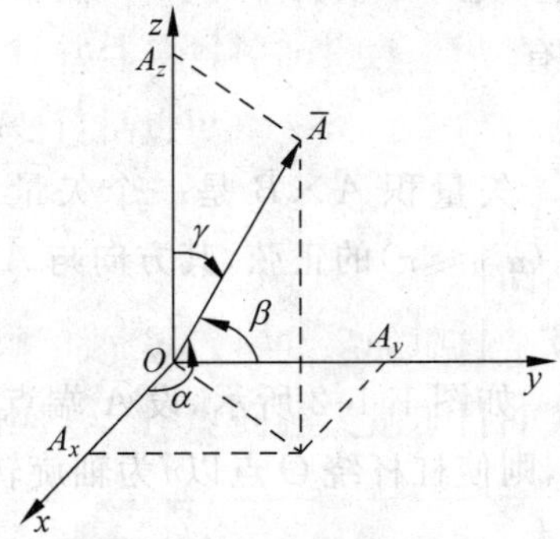

图1.1-1 直角坐标系中矢量的分解

式中α、β、γ分别是$\overline{A}$与x、y、z轴的正向夹角。由图1.1-1不难看出，$A_z=A\cos\gamma$，并有$A_x=A\cos\alpha$，$A_y=A\cos\beta$。$\cos\alpha$、$\cos\beta$、$\cos\gamma$称为$\overline{A}$的方向余弦，它们决定了$\overline{A}$的方向。由式(1.1-3)还可看出方向余弦的一个性质：

$$\cos^2\alpha+\cos^2\beta+\cos^2\gamma=1 \tag{1.1-4}$$

两个矢量的和差运算在几何上可由“平行四边形”法则作图得出。在数值上，两个矢量的和或差可由其对应分量相加或相减来算出。设

$$\overline{B}=\hat{x}B_x+\hat{y}B_y+\hat{z}B_z \tag{1.1-5}$$

则

$$\overline{A}\pm\overline{B}=\hat{x}(A_x\pm B_x)+\hat{y}(A_y\pm B_y)+\hat{z}(A_z\pm B_z) \tag{1.1-6}$$

1.1.2 矢量的乘法

矢量 $\overline{A}$ 与标量 b 的乘积 $b\overline{A}$ 仍为矢量，它是在原矢量方向上将模值乘以 b 倍的矢量：

$$b\overline{A} = \hat{A}bA = \hat{x}bA_x + \hat{y}bA_y + \hat{z}bA_z \tag{1.1-7}$$

矢量 $\overline{A}$ 与矢量 $\overline{B}$ 的常用乘法有两种：点乘 $\overline{A}\cdot\overline{B}$ 和叉乘 $\overline{A}\times\overline{B}$。其相乘结果分别为标量和矢量，因而分别称为标量积和矢量积。标量积 $\overline{A}\cdot\overline{B}$ 是一标量，其大小等于两个矢量模值相乘，再乘以它们之间的夹角 α_{AB}（取小角，即 $\alpha_{AB}\leqslant\pi$）的余弦：

$$\overline{A}\cdot\overline{B} = AB\cos\alpha_{AB} \tag{1.1-8}$$

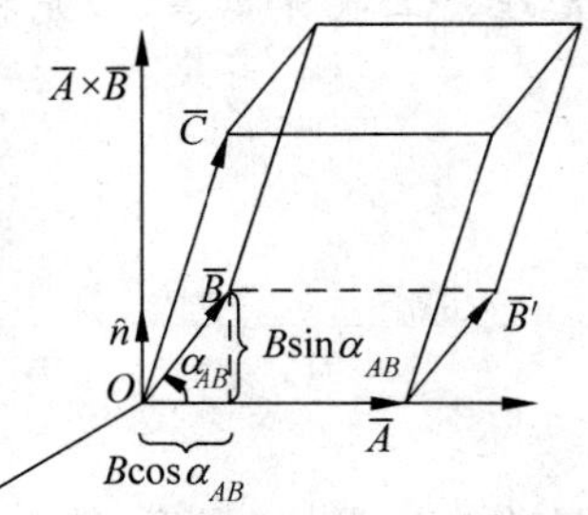

图 1.1-2　矢量乘积的说明

它就是一个矢量的模(A)与另一矢量在该矢量上的投影($B\cos\alpha_{AB}$)的乘积，如图 1.1-2 所示。在力学中，若 $\overline{B}$ 代表力，$\overline{A}$ 代表在 $\overline{B}$ 作用下物体(O 点处)的位移，那么该力对位移 $\overline{A}$ 所作的功就由 $\overline{A}\cdot\overline{B}$ 算出。

标量积符合交换率：

$$\overline{A}\cdot\overline{B} = \overline{B}\cdot\overline{A} \tag{1.1-9}$$

由于三个坐标轴相互垂直，因而有

$$\hat{x}\cdot\hat{y} = \hat{y}\cdot\hat{z} = \hat{z}\cdot\hat{x} = 0 \tag{1.1-10}$$

$$\hat{x}\cdot\hat{x} = \hat{y}\cdot\hat{y} = \hat{z}\cdot\hat{z} = 1 \tag{1.1-11}$$

将 $\overline{A}$、$\overline{B}$ 用各自分量展开，逐项点乘后利用上述关系得

$$\overline{A}\cdot\overline{B} = (\hat{x}A_x + \hat{y}A_y + \hat{z}A_z)\cdot(\hat{x}B_x + \hat{y}B_y + \hat{z}B_z) = A_xB_x + A_yB_y + A_zB_z \tag{1.1-12}$$

并有

$$\overline{A}\cdot\overline{A} = A_x^2 + A_y^2 + A_z^2 = A^2 \tag{1.1-13}$$

矢量积 $\overline{A}\times\overline{B}$ 是一个矢量，其大小等于两个矢量的模相乘，再乘以它们之间的夹角 α_{AB}($\alpha_{AB}\leqslant\pi$)的正弦，其方向与 $\overline{A}$、$\overline{B}$ 成右手螺旋关系，为 $\overline{A}$、$\overline{B}$ 所在平面的右手法向 $\hat{n}$：

$$\overline{A}\times\overline{B} = \hat{n}AB\sin\alpha_{AB} \tag{1.1-14}$$

如图 1.1-2 所示，设 $\overline{A}$ 端点处有一与 $\overline{B}$ 平行的力 $\overline{B}'$，若 $\overline{A}$ 代表以 O 点为支点的杠杆长度，则使杠杆绕 O 点以 $\hat{n}$ 为轴旋转的力矩就是 $\overline{M}=\overline{A}\times\overline{B}'$。显然，当 $\overline{B}'$ 与 $\overline{A}$ 相垂直时该力矩最大。

由定义式可知，$\overline{A}\times\overline{B}$ 不符合交换率：

$$\overline{A}\times\overline{B} = -\overline{B}\times\overline{A} \tag{1.1-15}$$

由于 $\hat{x}$、$\hat{y}$、$\hat{z}$ 成右手螺旋关系，故有

$$\hat{x}\times\hat{y} = \hat{z},\quad \hat{y}\times\hat{z} = \hat{x},\quad \hat{z}\times\hat{x} = \hat{y} \tag{1.1-16}$$

$$\hat{x}\times\hat{x} = \hat{y}\times\hat{y} = \hat{z}\times\hat{z} = 0 \tag{1.1-17}$$

将 $\overline{A}$、$\overline{B}$ 用各自分量展开，逐项叉乘后利用上述关系可得

$$\begin{aligned}\overline{A}\times\overline{B} &= (\hat{x}A_x + \hat{y}A_y + \hat{z}A_z)\times(\hat{x}B_x + \hat{y}B_y + \hat{z}B_z)\\ &= \hat{x}(A_yB_z - A_zB_y) + \hat{y}(A_zB_x - A_xB_z) + \hat{z}(A_xB_y - A_yB_x)\end{aligned} \tag{1.1-18}$$

$\overline{A}\times\overline{B}$ 各分量的下标次序具有 $x\to y\to z\to x$ 顺序的规律性。例如，$\hat{x}$ 分量第一项下标是 y、z，其第二项下标次序则对调为 z、y，以此类推。$\overline{A}\times\overline{B}$ 可用各分量的行列式表示为

$$\overline{A}\times\overline{B}=\begin{vmatrix}\hat{x} & \hat{y} & \hat{z}\\ A_x & A_y & A_z\\ B_x & B_y & B_z\end{vmatrix}\tag{1.1-19}$$

矢量 $\overline{A}$ 与 $\overline{B}$ 的乘法还有一种定义：并乘(直接积)$\overline{A}\overline{B}$。其相乘结果为并矢，即

$$\begin{aligned}\overline{\overline{D}}=\overline{A}\overline{B}&=(\hat{x}A_x+\hat{y}A_y+\hat{z}A_z)(\hat{x}B_x+\hat{y}B_y+\hat{z}B_z)\\&=\hat{x}\hat{x}A_xB_x+\hat{x}\hat{y}A_xB_y+\hat{x}\hat{z}A_xB_z+\hat{y}\hat{x}A_yB_x+\hat{y}\hat{y}A_yB_y+\hat{y}\hat{z}A_yB_z\\&\quad+\hat{z}\hat{x}A_zB_x+\hat{z}\hat{y}A_zB_y+\hat{z}\hat{z}A_zB_z\end{aligned}\tag{1.1-20}$$

并矢是一种算符。例如，用它对一个矢量取标积，它能把这个矢量变换成另一方向的矢量：

$$\overline{\overline{D}}\cdot\overline{C}=\overline{A}\overline{B}\cdot\overline{C}=(\overline{B}\cdot\overline{C})\overline{A}\tag{1.1-21}$$

在线性代数运算中，可用并矢的 9 个分量把它表示为 3×3 矩阵，即

$$[\overline{\overline{D}}]=\begin{bmatrix}A_xB_x & A_xB_y & A_xB_z\\ A_yB_x & A_yB_y & A_yB_z\\ A_zB_x & A_zB_y & A_zB_z\end{bmatrix}\tag{1.1-22}$$

1.1.3　三重积

矢量的三连乘也有两种情形，其结果分别为标量和矢量。标量三重积为

$$\overline{A}\cdot(\overline{B}\times\overline{C})=\overline{B}\cdot(\overline{C}\times\overline{A})=\overline{C}\cdot(\overline{A}\times\overline{B})\tag{1.1-23}$$

如图 1.1-2 所示，$\overline{A}\times\overline{B}$ 的模就是 $\overline{A}$、$\overline{B}$ 所形成的平行四边形的面积，因此 $\overline{C}\cdot(\overline{A}\times\overline{B})$ 就是该平行四边形与 $\overline{C}$ 所构成的平行六面体的体积。不难看出，$\overline{A}\cdot(\overline{B}\times\overline{C})$ 和 $\overline{B}\cdot(\overline{C}\times\overline{A})$ 也都等于该六面体体积，因而相互相等。

矢量三重积有下述重要关系：

$$\overline{A}\times(\overline{B}\times\overline{C})=\overline{B}(\overline{A}\cdot\overline{C})-\overline{C}(\overline{A}\cdot\overline{B})\tag{1.1-24}$$

由于$(\overline{B}\times\overline{C})$垂直于 $\overline{B}$、$\overline{C}$ 所组成的平面，$\overline{A}$ 与它的叉乘必位于该面内，因而 $\overline{A}\times(\overline{B}\times\overline{C})$ 可用沿 $\overline{B}$、$\overline{C}$ 方向的两个分量表示。将左边和右边分别用分量式展开，可证明此式成立(作为思考题)。公式右边为 BAC-CAB，故称为 Back-cab(返程车)法则，以便记忆。

例 1.1-1　已知三角形两边的长度 a、b 及其夹角 α，请用矢量运算确定其第三边长度 c。

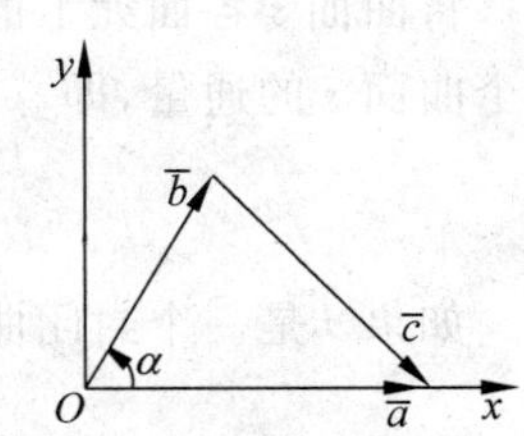

图 1.1-3　三角形余弦定理的证明

【解】　取三角形坐标如图 1.1-3 所示，则 $\overline{a}=\hat{x}a$，$\overline{b}=\hat{x}b\cos\alpha+\hat{y}b\sin\alpha$，得

$$\overline{c}=\overline{a}-\overline{b}=\hat{x}(a-b\cos\alpha)-\hat{y}b\sin\alpha$$

故

$$\begin{aligned}c^2&=(a-b\cos\alpha)^2+(b\sin\alpha)^2\\&=a^2+b^2-2ab\cos\alpha\end{aligned}$$

此即三角形余弦定理。

例 1.1-2　设 $\overline{A}=\hat{x}3+\hat{y}4+\hat{z}$，$\overline{B}=\hat{x}a+\hat{y}b$，为使 $\overline{B}\perp\overline{A}$，且 $\overline{B}$ 的模 $B=1$，求 a、b。

【解】　因 $\overline{B}\perp\overline{A}$，有 $\overline{A}\cdot\overline{B}=0$，得

$$\overline{A}\cdot\overline{B}=3a+4b=0,\quad b=-\frac{3}{4}a$$

又因 $B=1$，得

$$B^2 = a^2 + b^2 = a^2 + \frac{9}{16}a^2 = \frac{25}{16}a^2 = 1, \quad a = \pm \frac{4}{5}$$

故有两组解，分别为

$$a = \frac{4}{5}, \quad b = -\frac{3}{5}; \quad a = -\frac{4}{5}, \quad b = \frac{3}{5}$$

1.2　矢量场的通量与散度及散度定理

1.2.1　矢量场的通量

本书所研究的电磁场矢量都是随空间位置(x,y,z)而变的矢量函数。如果在某空间区域上，矢量$\overline{A}$在每点都有一确定值，则称该空域上存在一矢量场，$\overline{A}$称为场量。同理，标量ϕ的空间分布就构成标量场，ϕ也是一场量。若场量随时间变化，称为时变场，而把不随时间变化的场称为静态场。

下面开始对矢量场进行分析，这些属于数学中"场论"的基本内容。首先研究矢量场穿过一个曲面的通量。

参看图1.2-1，曲面s位于矢量场$\overline{A}$中，图中曲线是矢量场$\overline{A}$的矢量线，该线上任一点处曲线的切线方向就是矢量场$\overline{A}$在该点的方向。取曲面的一个面元$\overline{\mathrm{d}s}$，因面元很小，其上各点矢量场$\overline{A}$可视为是相同的。$\overline{A}$和$\overline{\mathrm{d}s}$的标量积$\overline{A}\cdot\overline{\mathrm{d}s}$便称为$\overline{A}$穿过$\overline{\mathrm{d}s}$的通量。例如，在水流的流速场$\overline{v}$(m/s)中，$\overline{v}\cdot\overline{\mathrm{d}s}$($\mathrm{m^3/s}$)就是单位时间内通过$\overline{\mathrm{d}s}$的水流量。$\overline{\mathrm{d}s}=\hat{n}\mathrm{d}s$为有向面元，$\mathrm{d}s$为面元大小，$\hat{n}$为面元的法线方向单位矢量。对于封闭曲面，$\hat{n}$取为封闭面的外法线方向；对于开曲面的面元，$\hat{n}$的指向规定如下：沿包围该面元的封闭曲线$l$，按选定方向绕行时，其右手螺旋的拇指方向就是$\hat{n}$的方向。这就是说，沿$l$按所选方向绕行时，所包面积总在其左侧。

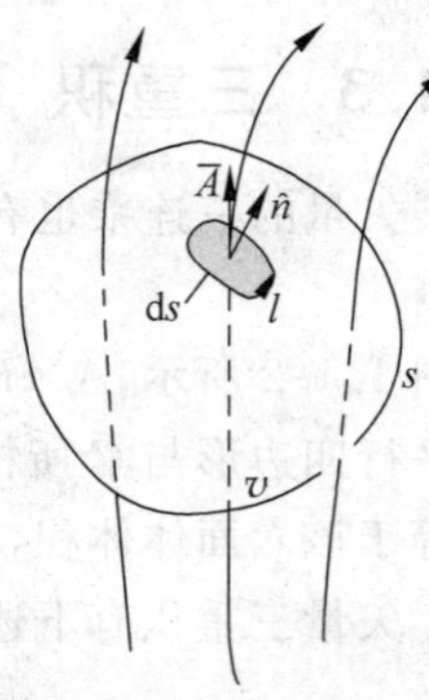

图1.2-1　矢量场的通量

将曲面s各面元上的$\overline{A}\cdot\overline{\mathrm{d}s}$相加，也就是对矢量$\overline{A}$在曲面$s$上作面积分，它表示$\overline{A}$穿过整个曲面$s$的通量，即

$$\Psi = \int_s \overline{A}\cdot\overline{\mathrm{d}s} = \int_s \overline{A}\cdot\hat{n}\mathrm{d}s \tag{1.2-1}$$

如果s是一个封闭曲面，则

$$\Psi = \oint_s \overline{A}\cdot\overline{\mathrm{d}s}$$

表示$\overline{A}$穿过封闭面的通量。若$\Psi>0$，表示有净通量流出，这说明s内必定有矢量场的源；若$\Psi<0$，表示有净通量流入，说明s内有洞(负的源)。在"大学物理"中我们已知，通过封闭曲面的电通量Ψ_e等于该封闭面所包围的自由电荷Q，即

$$\Psi_e = \oint_s \overline{D}\cdot\overline{\mathrm{d}s} = Q \tag{1.2-2}$$

式中$\overline{D}$为电通(量)密度。若Q为正电荷，Ψ_e为正，有电通量流出；反之，Q为负电荷，Ψ_e为负，有电通量流入。

1.2.2　散度的定义与运算

通量反映了封闭面中源的总特性，但它没有反映源的分布特性。使包围某点的封闭面向该点无限收缩，则可表示该点处的源特性。为此，定义如下极限为矢量 $\overline{A}$ 在某点的散度(divergence)，记为 $\mathrm{div}\overline{A}$：

$$\mathrm{div}\overline{A} = \lim_{\Delta v \to 0} \frac{\oint_s \overline{A} \cdot \overline{\mathrm{d}s}}{\Delta v} \tag{1.2-3}$$

式中 Δv 为封闭面 s 所包围的体积。此式表明，矢量 $\overline{A}$ 的散度是标量，它是 $\overline{A}$ 通过某点处单位体积的通量，即通量体密度$\left(\frac{\mathrm{d}\Psi}{\mathrm{d}v}\right)$。

$\overline{A}$ 在某点的散度的意义是，它反映了该点的通量源强度。若 $\mathrm{div}\overline{A}>0$，表示该点有通量流出，说明该点有通量源(正源)；若 $\mathrm{div}\overline{A}<0$，表示该点有通量流入，则该点有洞(负源)；若 $\mathrm{div}\overline{A}=0$，则该处无源。在无源区中，$\overline{A}$ 在各点的散度为零。这个区域中的矢量场称为无散场或管形场。图 1.2-2 示出一对正负点电荷系统(电偶极子)的电场强度 $\overline{E}$ 的矢量线(简称电场线或电力线)。可见，A 点 $\mathrm{div}\overline{E}>0$，该点有正源 $+q$；B 点 $\mathrm{div}\overline{E}<0$，该点有负源 $-q$；C 点 $\mathrm{div}\overline{E}=0$，该处无源，$\overline{E}$ 为管形场。

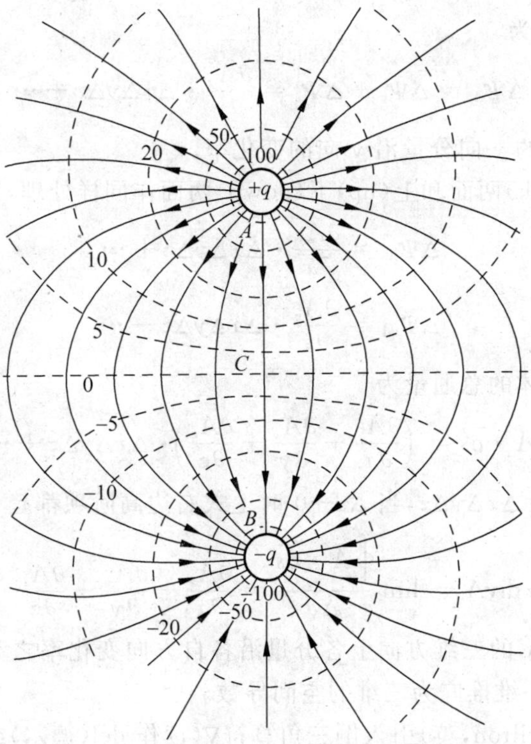

图 1.2-2　电偶极子的电力线与等位线(虚线)

在学习了散度的定义和意义后，我们来研究散度的运算。由 1.1 节知，矢量运算最后都归结于得出其三个坐标分量(标量)。现在就来导出 $\mathrm{div}\overline{A}$ 的三个直角坐标分量。

如图 1.2-3 所示，包围观察点 $P(x,y,z)$ 作一个很小的直角六面体，三个坐标方向边长

分别为 Δx、Δy、Δz,P 点位于中心,即每边中线交点。根据式(1.2-3),需求矢量 $\overline{A}$ 穿过该六面体各个面的通量。先求穿过右(right)面向外流出的通量:

$$\Delta\Psi_{\mathrm{r}} = \overline{A}\left(x, y+\frac{\Delta y}{2}, z\right)\cdot\hat{y}\Delta x\Delta z = A_y\left(x, y+\frac{\Delta y}{2}, z\right)\Delta x\Delta z$$

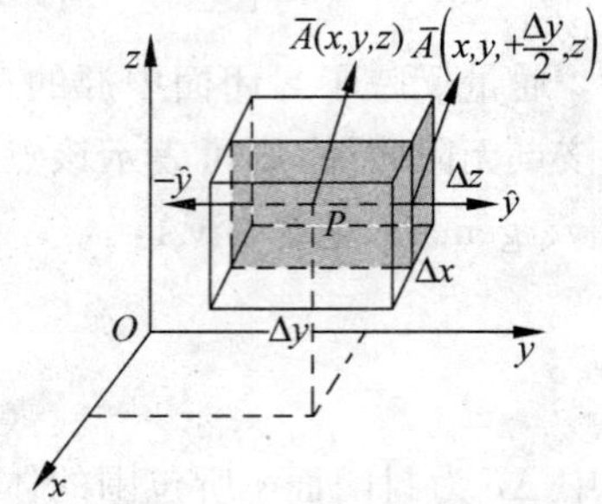

图 1.2-3 div$\overline{A}$ 直角坐标表示式的推导

这里取右面中心点 $\left(x, y+\frac{\Delta y}{2}, z\right)$ 处 A_y 值作为 A_y 在整个面上的平均值,它可展开为(x,y,z)点处的泰勒[英](Brook Taylor)级数:

$$A_y\left(x, y+\frac{\Delta y}{2}, z\right) = A_y + \frac{\partial A_y}{\partial y}\cdot\frac{\Delta y}{2} + \frac{1}{2!}\frac{\partial^2 A_y}{\partial y^2}\left(\frac{\Delta y}{2}\right)^2 + \cdots$$

右边 A_y 均指观察点处值 $A_y(x,y,z)$,为简洁起见不再标出坐标。从而得

$$\Delta\Psi_{\mathrm{r}} = \left(A_y + \frac{\partial A_y}{\partial y}\cdot\frac{\Delta y}{2} + \cdots\right)\Delta x\Delta z$$

上式中含$(\Delta y)^2$ 以上的高阶项都不再详细列出。同理,穿过左(left)面向外流出的通量为

$$\Delta\Psi_{\mathrm{l}} = \overline{A}(x, y-\frac{\Delta y}{2}, z)\cdot\hat{y}(-\Delta x\Delta z) = -\left(A_y - \frac{\partial A_y}{\partial y}\cdot\frac{\Delta y}{2} + \cdots\right)\Delta x\Delta z$$

故穿过左右两面的通量为

$$\Delta\Psi_{\mathrm{rl}} = \Delta\Psi_{\mathrm{r}} + \Delta\Psi_{\mathrm{l}} = \frac{\partial A_y}{\partial y}\cdot\Delta x\Delta y\Delta z + \cdots$$

可见,它取决于矢量 $\overline{A}$ 的 y 向分量沿 y 向的变化率。

对前(front)后(back)两面和上(up)下(down)两面作同样处理,得

$$\Delta\Psi_{\mathrm{fb}} = \frac{\partial A_x}{\partial x}\cdot\Delta x\Delta y\Delta z + \cdots$$

$$\Delta\Psi_{\mathrm{ud}} = \frac{\partial A_z}{\partial z}\cdot\Delta x\Delta y\Delta z + \cdots$$

因此,矢量 $\overline{A}$ 穿过六面体的总通量为

$$\oint_s \overline{A}\cdot\overline{\mathrm{d}s} = \left(\frac{\partial A_x}{\partial x} + \frac{\partial A_y}{\partial y} + \frac{\partial A_z}{\partial z}\right)\cdot\Delta x\Delta y\Delta z + \cdots$$

该六面体体积 $\Delta v = \Delta x\Delta y\Delta z$,当 $\Delta v\to 0$ 时上式右边高阶项都趋于零。故得

$$\mathrm{div}\overline{A} = \lim_{\Delta v\to 0}\frac{\oint_s \overline{A}\cdot\overline{\mathrm{d}s}}{\Delta v} = \frac{\partial A_x}{\partial x} + \frac{\partial A_y}{\partial y} + \frac{\partial A_z}{\partial z} \tag{1.2-4}$$

此式表明,$\overline{A}$ 的散度是 $\overline{A}$ 的三维方向上各分量沿各自方向变化率之和。可见这个量对应于标量场的导数,只是由一维推广为三维的空间导数。

哈密顿(W. R. Hamilton,英)引入倒三角算符∇(读作 del(德尔)或 nabla(那勃拉))表示下述矢量形式的微分算子:

$$\nabla = \hat{x}\frac{\partial}{\partial x} + \hat{y}\frac{\partial}{\partial y} + \hat{z}\frac{\partial}{\partial z} \tag{1.2-5}$$

它兼有矢量和微分运算双重功能,当作用于某矢量场时,先按矢量规则展开,再作微分运算。故有

$$\nabla\cdot\overline{A}=\left(\hat{x}\frac{\partial}{\partial x}+\hat{y}\frac{\partial}{\partial y}+\hat{z}\frac{\partial}{\partial z}\right)\cdot(\hat{x}A_x+\hat{y}A_y+\hat{z}A_z)$$

$$=\frac{\partial A_x}{\partial x}+\frac{\partial A_y}{\partial y}+\frac{\partial A_z}{\partial z}\tag{1.2-6}$$

比较式(1.2-4)与式(1.2-6)知，

$$\mathrm{div}\overline{A}=\nabla\cdot\overline{A}\tag{1.2-7}$$

在矢量分析中，习惯上就用$\nabla\cdot\overline{A}$来代表散度$\mathrm{div}\overline{A}$。在其他正交坐标系中，也用$\nabla\cdot\overline{A}$表示$\overline{A}$的散度，这已成为一个符号，不同坐标系的分量表示式需另外推导，见 1.6 节。

值得说明的是，由于∇兼有微分功能，它与普通矢量有所不同：

$$\nabla\cdot\overline{A}\neq\overline{A}\cdot\nabla;\quad \nabla\times\overline{A}\neq-\overline{A}\times\nabla$$

散度运算具有下列规则：

$$\nabla\cdot(\overline{A}\pm\overline{B})=\nabla\cdot\overline{A}\pm\nabla\cdot\overline{B}\tag{1.2-8}$$

$$\nabla\cdot(\phi\overline{A})=\phi\,\nabla\cdot\overline{A}+\overline{A}\cdot\nabla\phi\tag{1.2-9}$$

式中

$$\nabla\phi=\left(\hat{x}\frac{\partial}{\partial x}+\hat{y}\frac{\partial}{\partial y}+\hat{z}\frac{\partial}{\partial z}\right)\phi=\hat{x}\frac{\partial\phi}{\partial x}+\hat{y}\frac{\partial\phi}{\partial y}+\hat{z}\frac{\partial\phi}{\partial z}\tag{1.2-10}$$

利用哈密顿算子，将矢量展开，便可证明式(1.2-9)，证明过程如下：

$$\nabla\cdot(\phi\overline{A})=\left(\hat{x}\frac{\partial}{\partial x}+\hat{y}\frac{\partial}{\partial y}+\hat{z}\frac{\partial}{\partial z}\right)\cdot(\hat{x}\phi A_x+\hat{y}\phi A_y+\hat{z}\phi A_z)$$

$$=\frac{\partial}{\partial x}(\phi A_x)+\frac{\partial}{\partial y}(\phi A_y)+\frac{\partial}{\partial z}(\phi A_z)$$

$$=\phi\frac{\partial A_x}{\partial x}+A_x\frac{\partial\phi}{\partial x}+\phi\frac{\partial A_y}{\partial y}+A_y\frac{\partial\phi}{\partial y}+\phi\frac{\partial A_z}{\partial z}+A_z\frac{\partial\phi}{\partial z}$$

$$=\phi\left(\frac{\partial A_x}{\partial x}+\frac{\partial A_y}{\partial y}+\frac{\partial A_z}{\partial z}\right)+A_x\frac{\partial\phi}{\partial x}+A_y\frac{\partial\phi}{\partial y}+A_z\frac{\partial\phi}{\partial z}$$

$$=\phi\,\nabla\cdot\overline{A}+\overline{A}\cdot\nabla\phi$$

1.2.3　散度定理

既然矢量场在某点的散度代表的是该处其通量的体密度，因此直观地可知，矢量场散度的体积分等于该矢量通过包围该体积的封闭面的总通量，即

$$\int_v\nabla\cdot\overline{A}\mathrm{d}v=\oint_s\overline{A}\cdot\overline{\mathrm{d}s}\tag{1.2-11}$$

上式称为散度定理，也称为高斯散度公式。利用散度定理可将矢量散度的体积分化为该矢量的封闭面积分，或反之。从物理上说，散度定理建立了某空域中的场与包围该空域的边界场之间的关系。下面对此定理作一简要的证明。

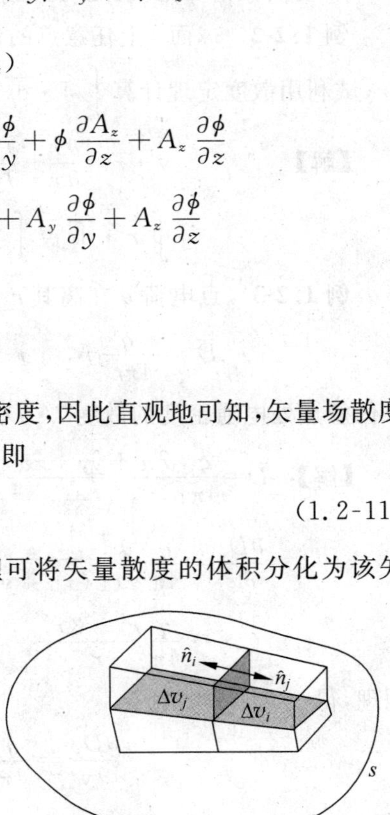

图 1.2-4　散度定理的证明

如图 1.2-4 所示，将封闭面s所包围的体积v细分为N个微分体积元Δv_i，Δv_j，…。由散度定义知，

$$(\nabla\cdot\overline{A})_i\Delta v_i=\oint_{s_i}\overline{A}\cdot\overline{\mathrm{d}s}$$

s_i是包围Δv_i的封闭面。对整个体积v，有

$$\int_v \nabla\cdot \overline{A}\mathrm{d}v = \lim_{\Delta v_i\to 0}\left[\sum_{i=1}^{N}(\nabla\cdot \overline{A})_i\cdot \Delta v_i\right] = \lim_{\Delta v_i\to 0}\left[\sum_{i=1}^{N}\oint_{s_i}\overline{A}\cdot \overline{\mathrm{d}s}\right]$$

上式右边的面积分求和时,相邻单元 Δv_i 与 Δv_j 的公共面上 $\overline{A}$ 相同,但面元方向相反:$\hat{n}_i=-\hat{n}_j$,故两者面积分相消。这样,只有包围体积 v 的外表面处的面元的通量没有被抵消掉(见图 1.2-4)。因而有

$$\lim_{\Delta v_i\to 0}\left[\sum_{i=1}^{N}\oint_{s_i}\overline{A}\cdot \overline{\mathrm{d}s}\right]=\oint_s \overline{A}\cdot \overline{\mathrm{d}s}$$

结合上两式便有式(1.2-11),得证。

例 1.2-1 对直角坐标系第一象限上的正立方体,其一个顶点位于原点,每边均为 2 单位长,如图 1.2-5 所示,设有矢量函数 $\overline{A}=\hat{x}x+\hat{y}z^2+\hat{z}yz$,请验证散度定理。

【证】 $\int_v \nabla\cdot \overline{A}\mathrm{d}v=\int_v(1+y)\mathrm{d}v=\int_0^2\int_0^2\int_0^2(1+y)\mathrm{d}x\mathrm{d}y\mathrm{d}z=16$

$$\begin{aligned}\oint_s \overline{A}\cdot \overline{\mathrm{d}s}=&\int_0^2\int_0^2 \hat{y}z^2\,|_{y=2}\cdot \hat{y}\mathrm{d}x\mathrm{d}z+\int_0^2\int_0^2 \hat{y}z^2\,|_{y=0}\cdot(-\hat{y}\mathrm{d}x\mathrm{d}z)\\&+\int_0^2\int_0^2 \hat{x}x\,|_{x=2}\cdot \hat{x}\mathrm{d}y\mathrm{d}z+\int_0^2\int_0^2 \hat{x}x\,|_{x=0}\cdot(-\hat{x}\mathrm{d}y\mathrm{d}z)\\&+\int_0^2\int_0^2 \hat{z}yz\,|_{z=2}\cdot \hat{z}\mathrm{d}x\mathrm{d}y+\int_0^2\int_0^2 \hat{z}yz\,|_{z=0}\cdot(-\hat{z}\mathrm{d}x\mathrm{d}y)\\=&\frac{16}{3}-\frac{16}{3}+8+8=16\end{aligned}$$

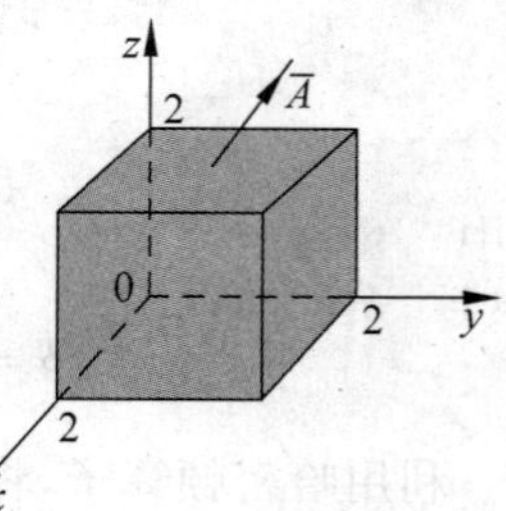

图 1.2-5 例 1.2-1 的立方体

上二积分相等,式(1.2-11)成立,得证。

例 1.2-2 球面 s 上任意点的位置矢量为 $\overline{r}=\hat{x}x+\hat{y}y+\hat{z}z=\hat{r}r$,试利用散度定理计算 $\oint_s \overline{r}\cdot \overline{\mathrm{d}s}$。

【解】

$$\nabla\cdot \overline{r}=\frac{\partial x}{\partial x}+\frac{\partial y}{\partial y}+\frac{\partial z}{\partial z}=3$$

$$\oint_s \overline{r}\cdot \overline{\mathrm{d}s}=\int_v \nabla\cdot \overline{r}\mathrm{d}v=3\int_v \mathrm{d}v=3\cdot\frac{4}{3}\pi r^3=4\pi r^3$$

例 1.2-3 点电荷 q 在离其 r 处产生的电通密度为

$$\overline{D}=\frac{q}{4\pi r^3}\overline{r},\quad \overline{r}=\hat{x}x+\hat{y}y+\hat{z}z,\quad r=(x^2+y^2+z^2)^{\frac{1}{2}}$$

求任意点处电通密度的散度 $\nabla\cdot\overline{D}$,并求穿过以 r 为半径的球面的电通量 Ψ_e。

【解】 $\overline{D}=\dfrac{q}{4\pi}\dfrac{\hat{x}x+\hat{y}y+\hat{z}z}{(x^2+y^2+z^2)^{\frac{3}{2}}}=\hat{x}D_x+\hat{y}D_y+\hat{z}D_z$

$$\begin{aligned}\frac{\partial D_x}{\partial x}&=\frac{q}{4\pi}\frac{\partial}{\partial x}\left[\frac{x}{(x^2+y^2+z^2)^{\frac{3}{2}}}\right]=\frac{q}{4\pi}\left[\frac{1}{(x^2+y^2+z^2)^{\frac{3}{2}}}-\frac{x\cdot(-3/2)\cdot 2x}{(x^2+y^2+z^2)^{\frac{5}{2}}}\right]\\&=\frac{q}{4\pi}\frac{r^2-3x^2}{r^5}\end{aligned}$$

同理,得

$$\frac{\partial D_y}{\partial y}=\frac{q}{4\pi}\frac{r^2-3y^2}{r^5},\quad \frac{\partial D_z}{\partial z}=\frac{q}{4\pi}\frac{r^2-3z^2}{r^5}$$

故

$$\nabla\cdot\overline{D}=\frac{\partial D_x}{\partial x}+\frac{\partial D_y}{\partial y}+\frac{\partial D_z}{\partial z}=\frac{q}{4\pi}\frac{3r^2-3(x^2+y^2+z^2)}{r^5}=0$$

可见，除点电荷所在源点($r=0$)外，空间各点的电通密度散度均为零。

$$\Psi_e=\oint_s\overline{D}\cdot\overline{\mathrm{d}s}=\frac{q}{4\pi r^3}\oint_s\overline{r}\cdot\hat{r}\mathrm{d}s=\frac{q}{4\pi r^2}\oint_s\mathrm{d}s=q$$

这证明在此球面上所穿过的电通量 Ψ_e 的源正是点电荷 q。

1.3　矢量场的环量、旋度及斯托克斯定理

1.3.1　矢量场的环量

矢量 $\overline{A}$ 沿某封闭曲线的线积分，称为 $\overline{A}$ 沿该曲线的环量(或旋涡量，circulation)：

$$\Gamma=\oint_l\overline{A}\cdot\overline{\mathrm{d}l}\tag{1.3-1}$$

这里$\overline{\mathrm{d}l}$是$\overline{l}$ 上的线元，其方向为$\overline{l}$ 的切向，$\overline{l}$ 的正向规定为使所包面积 s 在其左侧，如图 1.3-1 所示。在水流的流速场$\overline{v}$中，当存在旋涡时，该处水点绕涡心旋转，此时流速$\overline{v}$绕该旋涡的封闭线积分必不为零，该线积分就是此处流速场的环量。可见，当环量 $\Gamma\neq0$，便说明封闭曲线 l 所包的面积 s 内存在旋涡源。

矢量场的环量和通量一样是描述矢量场特性的重要参数。若矢量场穿过封闭面的通量不为零，表示该封闭面内存在通量源。而矢量场沿封闭曲线的环量不为零，则表示存在另一种源——旋涡源。我们知道，电流会产生环绕它的磁场，如 1.3-2 所示，z 方向直流 I 的磁力线都是绕电流的同心圆，因此该磁场沿任意圆周上的环量不等于零。以 r 为半径的圆周 l 上任意点处的磁通量密度为

$$\overline{B}=\hat{\varphi}\frac{\mu_0 I}{2\pi r}$$

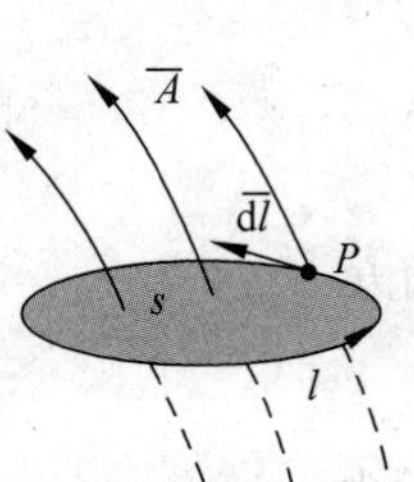

图 1.3-1　矢量场的环量

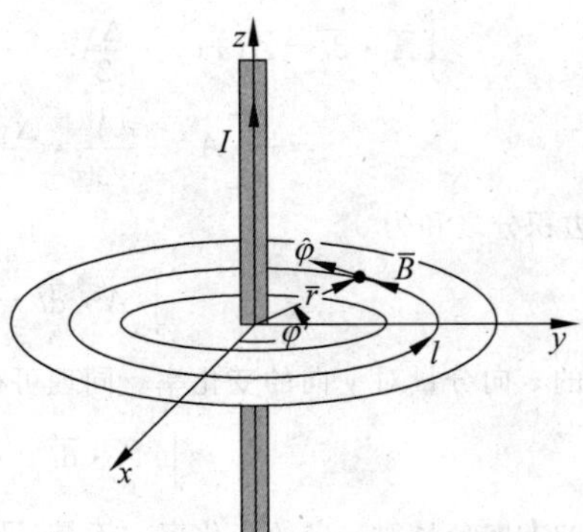

图 1.3-2　电流 I 的磁通密度 $\overline{B}$

沿该圆周的环量为

$$\Gamma=\oint_l\overline{B}\cdot\overline{\mathrm{d}l}=\int_0^{2\pi}\hat{\varphi}\frac{\mu_0 I}{2\pi r}\cdot\hat{\varphi}r\mathrm{d}\varphi=\mu_0 I$$

此结果说明，电流就是该旋涡源。

1.3.2　旋度的定义与运算

为反映给定点附近的环量情况，把封闭曲线缩小，使它包围的面积 Δs 趋于零，取极限：

$$\lim_{\Delta s\to 0}\frac{\oint_l \overline{A}\cdot \overline{\mathrm{d}l}}{\Delta s}$$

这个极限的意义就是矢量 $\overline{A}$ 的环量面密度,或称环量强度。但该极限值与所取面元 Δs 的方向有关,应取得使环量强度最大以便衡量;反之,若取得使环量密度为零,便无意义。为此,引入如下定义,称为旋度(curl 或 rotation),记为 $\mathrm{curl}\overline{A}$(或 $\mathrm{rot}\overline{A}$):

$$\mathrm{curl}\overline{A} = \hat{n}\lim_{\Delta s\to 0}\frac{\left[\oint_l \overline{A}\cdot \overline{\mathrm{d}l}\right]_{\max}}{\Delta s} \tag{1.3-2}$$

$\mathrm{curl}\overline{A}$ 是一个矢量,其大小是矢量场 $\overline{A}$ 在给定点处的最大环量面密度,其方向就是当面元的取向使环量面密度最大时,该面元的方向 $\hat{n}$。它反映 $\overline{A}$ 在该点处的旋涡源强度。当 $\mathrm{curl}\overline{A}\neq 0$ 时,说明该点处有旋涡源;当 $\mathrm{curl}\overline{A}=0$,说明该处无旋涡源。当某区域中处处 $\mathrm{curl}\overline{A}=0$ 时,称该区域上 $\overline{A}$ 为无旋场或保守场(conservative field)。

下面来推导 $\mathrm{curl}\overline{A}$ 的直角坐标表示式。

图 1.2-3 给出了一个包围 $P(x,y,z)$ 点的矩形回路,其面元大小为 $\Delta y\Delta z$,面元方向取为 $\hat{x}$,则回路 $\hat{l}$ 为逆时针方向。$\overline{A}$ 沿该回路的线积分可分解为沿其四边线元的线积分。沿其右边 z 向线元的线积分为

$$\int_r \overline{A}\cdot \overline{\mathrm{d}l} = \overline{A}\left(x,y+\frac{\Delta y}{2},z\right)\cdot \hat{z}\Delta z = A_z\left(x,y+\frac{\Delta y}{2},z\right)\Delta z$$
$$= \left[A_z+\frac{\partial A_z}{\partial y}\cdot\frac{\Delta y}{2}+\cdots\right]\Delta z$$

这里线元上场分量 A_z 取为线元中点处的值 $A_z\left(x,y+\frac{\Delta y}{2},z\right)$,应用泰勒级数展开,式中 A_z、$\frac{\partial A_z}{\partial y}$ 均为 $P(x,y,z)$ 处值,不再标出,并不再细列高阶项(如含 $(\Delta y)^2$ 等项)。

沿左边 z 向线元的线积分,考虑到线元为 $-\hat{z}$ 向,表示为

$$\int_l \overline{A}\cdot \overline{\mathrm{d}l} = \overline{A}\left(x,y-\frac{\Delta y}{2},z\right)\cdot(-\hat{z})\Delta z = A_z\left(x,y+\frac{\Delta y}{2},z\right)\Delta z$$
$$= -\left[A_z-\frac{\partial A_z}{\partial y}\cdot\frac{\Delta y}{2}+\cdots\right]\Delta z$$

因而左右两边积分之和为

$$\int_{\mathrm{lr}} \overline{A}\cdot \overline{\mathrm{d}l} = \frac{\partial A_z}{\partial y}\Delta y\Delta z+\cdots$$

它取决于 $\overline{A}$ 的 z 向分量对 y 向的变化率。同理可得上下两边积分之和为

$$\int_{\mathrm{ud}} \overline{A}\cdot \overline{\mathrm{d}l} = -\frac{\partial A_y}{\partial z}\Delta z\Delta y+\cdots$$

这取决于 $\overline{A}$ 的方向分量对 z 向的变化率。于是,沿矩形回路 l 的总积分为

$$\oint_l \overline{A}\cdot \overline{\mathrm{d}l} = \left(\frac{\partial A_z}{\partial y}-\frac{\partial A_y}{\partial z}\right)\Delta y\Delta z+\cdots$$

这样,根据式(1.3-2)应有

$$(\mathrm{curl}\overline{A})_x = \hat{x}\cdot\mathrm{curl}\overline{A} = \frac{\partial A_z}{\partial y}-\frac{\partial A_y}{\partial z}$$

这里所取面元已是 x 向,对 $\mathrm{curl}\overline{A}$ 的 x 向分量而言,上述环量面密度是最大的。并由于 $\Delta s=\Delta y\Delta z$ 应趋于零,故高阶项可略。值得注意的是,$\overline{A}$ 的强度的 x 向分量取决于 A_y 和 A_z 在各自相交方向上的变化率。

同样可得 $\mathrm{curl}\overline{A}$ 的 y 向和 z 向分量。从而有

$$\mathrm{curl}\overline{A} = \hat{x}\left(\frac{\partial A_z}{\partial y}-\frac{\partial A_y}{\partial z}\right)+\hat{y}\left(\frac{\partial A_x}{\partial z}-\frac{\partial A_z}{\partial x}\right)+\hat{z}\left(\frac{\partial A_y}{\partial x}-\frac{\partial A_x}{\partial y}\right) \tag{1.3-3}$$

可见 $\overline{A}$ 的旋度是一矢量，可分解为三个坐标分量，每一分量都取决于 $\overline{A}$ 的另两个坐标分量在各自正交的方向上的变化率。简言之，$\overline{A}$ 的旋度取决于各分量的横向变化率；而 $\overline{A}$ 的散度取决于 $\overline{A}$ 各分量的纵向变化率。

$\overline{A}$ 的旋度也可用哈密顿算子表示，它是 ∇ 与 $\overline{A}$ 的矢量积。计算 $\nabla\times\overline{A}$ 时，先按矢量积规则展开，然后再做微分运算，得

$$\begin{aligned}\nabla\times\overline{A}&=\left(\hat{x}\frac{\partial}{\partial x}+\hat{y}\frac{\partial}{\partial y}+\hat{z}\frac{\partial}{\partial z}\right)\times(\hat{x}A_x+\hat{y}A_y+\hat{z}A_z)\\&=\hat{x}\left(\frac{\partial A_z}{\partial y}-\frac{\partial A_y}{\partial z}\right)+\hat{y}\left(\frac{\partial A_x}{\partial z}-\frac{\partial A_z}{\partial x}\right)+\hat{z}\left(\frac{\partial A_y}{\partial x}-\frac{\partial A_x}{\partial y}\right)\end{aligned}\tag{1.3-4}$$

此结果与式(1.3-3)相同，故

$$\mathrm{curl}\overline{A}=\nabla\times\overline{A}\tag{1.3-5}$$

为便于记忆，可用行列式表示：

$$\nabla\times\overline{A}=\begin{vmatrix}\hat{x}&\hat{y}&\hat{z}\\\dfrac{\partial}{\partial x}&\dfrac{\partial}{\partial y}&\dfrac{\partial}{\partial z}\\A_x&A_y&A_z\end{vmatrix}\tag{1.3-6}$$

旋度计算有如下规则：

$$\nabla\times(\overline{A}\pm\overline{B})=\nabla\times\overline{A}\pm\nabla\times\overline{B}\tag{1.3-7}$$

$$\nabla\times(\phi\overline{A})=\phi\,\nabla\times\overline{A}+\nabla\phi\times\overline{A}\tag{1.3-8}$$

$$\nabla\cdot(\overline{A}\times\overline{B})=\overline{B}\cdot\nabla\times\overline{A}-\overline{A}\cdot\nabla\times\overline{B}\tag{1.3-9}$$

$$\nabla\cdot(\nabla\times\overline{A})=0\tag{1.3-10}$$

$$\nabla\times\nabla\times\overline{A}=\nabla(\nabla\cdot\overline{A})-\nabla^2\overline{A}\tag{1.3-11}$$

考虑到 ∇ 具有矢量和微分双重性质，不难证明这些公式。作为举例，后面例 1.3-1 将证明式(1.3-11)，其余公式的证明可作为读者自由选择的思考题。式(1.3-11)也是 $\nabla^2\overline{A}$ 的定义式，在直角坐标系中，有

$$\nabla^2\overline{A}=\hat{x}\,\nabla^2A_x+\hat{y}\,\nabla^2A_y+\hat{z}\,\nabla^2A_z\tag{1.3-12}$$

式中

$$\nabla^2=\nabla\cdot\nabla=\frac{\partial^2}{\partial x^2}+\frac{\partial^2}{\partial y^2}+\frac{\partial^2}{\partial z^2}\tag{1.3-13}$$

这是拉普拉斯(Pierre S. Laplace，1749—1827，法)算子，通常称为拉普拉辛(Laplacian)。

式(1.3-10)说明，任何矢量场的旋度的散度恒为零。该式的物理意义是，任一无散场可表示为另一矢量场的旋度。这就是说，若 F_c 是无散场：$\nabla\cdot\overline{F}_c=0$，则可令 $F_c=\nabla\times\overline{A}$。这也表明，任何旋度场一定是无散场。

1.3.3 斯托克斯定理

因为矢量场的旋度代表其单位面积的环量，因此矢量场在闭曲线 l 上的环量就等于 l 所包曲面 s 上的旋度之总和，即

$$\int_s(\nabla\times\overline{A})\cdot\overline{\mathrm{d}s}=\oint_l\overline{A}\cdot\overline{\mathrm{d}l}\tag{1.3-14}$$

式中 $\overline{\mathrm{d}l}$ 的方向与 $\overline{\mathrm{d}s}$ 的方向成右旋关系。此关系首先由斯托克斯(Georg G. Stokes，英)在

1854 年给出,并在同年由 23 岁的 James C. Maxwell 提供了证明,称为斯托克斯定理或斯托克斯公式。利用此定理,可将矢量旋度的面积分变换为该矢量的线积分,或反之。从物理学上说,斯托克斯定理建立了某一曲面上的场与该曲面边缘场之间的关系。

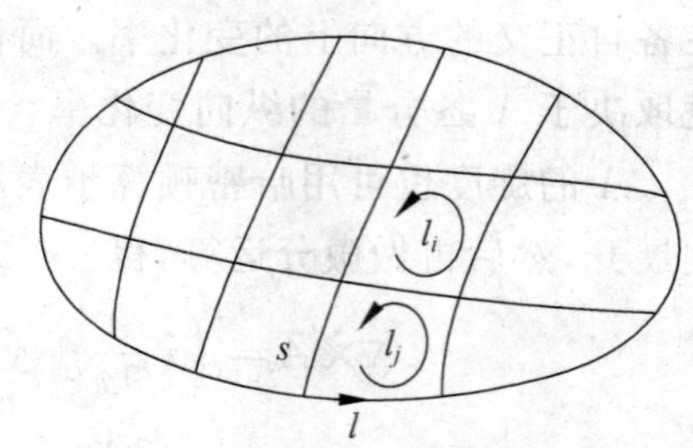

图 1.3-3 斯托克斯定理的证明

斯托克斯定理的简要证明与散度定理的证明类似。如图 1.3-3 所示,将曲面细分为 N 个微分面元 $\Delta s_i, \Delta s_j, \cdots$。由旋度定义知,

$$(\nabla\times\overline{A})\cdot\overline{\Delta s_i}=\oint_{l_i}\overline{A}\cdot\overline{\mathrm{d}l}$$

式中 l_i 是包围 Δs_i 的封闭曲线。对曲面 s,有

$$\int_s(\nabla\times\overline{A})\cdot\overline{\mathrm{d}s}=\lim_{\Delta s_i\to 0}\left[\sum_{i=1}^{N}(\nabla\times\overline{A})_i\cdot\overline{\Delta s_i}\right]=\lim_{\Delta s_i\to 0}\left[\sum_{i=1}^{N}\oint_{l_i}\overline{A}\cdot\overline{\mathrm{d}l}\right]$$

对上式右边的线积分求和时,由于相邻面元的公共边上的积分路径(如 l_i 和 l_j)方向相反而相互抵消,最后只剩下沿整个曲面 s 的边界曲线 l 上的积分,即

$$\lim_{\Delta s_i\to 0}\left[\sum_{i=1}^{N}\oint_{l_i}\overline{A}\cdot\overline{\mathrm{d}l}\right]=\oint_{l}\overline{A}\cdot\overline{\mathrm{d}l}$$

于是便有式(1.3-14),得证。

例 1.3-1 证明式(1.3-11)。

【证】

$$\begin{aligned}
\nabla\times(\nabla\times\overline{A})&=\begin{vmatrix}\hat{x} & \hat{y} & \hat{z}\\ \dfrac{\partial}{\partial x} & \dfrac{\partial}{\partial y} & \dfrac{\partial}{\partial z}\\ \dfrac{\partial A_z}{\partial y}-\dfrac{\partial A_y}{\partial z} & \dfrac{\partial A_x}{\partial z}-\dfrac{\partial A_z}{\partial x} & \dfrac{\partial A_y}{\partial x}-\dfrac{\partial A_x}{\partial y}\end{vmatrix}\\
&=\hat{x}\left[\frac{\partial}{\partial y}\left(\frac{\partial A_y}{\partial x}-\frac{\partial A_x}{\partial y}\right)-\frac{\partial}{\partial z}\left(\frac{\partial A_x}{\partial z}-\frac{\partial A_z}{\partial x}\right)\right]\\
&\quad+\hat{y}\left[\frac{\partial}{\partial z}\left(\frac{\partial A_z}{\partial y}-\frac{\partial A_y}{\partial z}\right)-\frac{\partial}{\partial x}\left(\frac{\partial A_y}{\partial x}-\frac{\partial A_x}{\partial y}\right)\right]\\
&\quad+\hat{z}\left[\frac{\partial}{\partial x}\left(\frac{\partial A_x}{\partial z}-\frac{\partial A_z}{\partial x}\right)-\frac{\partial}{\partial y}\left(\frac{\partial A_z}{\partial y}-\frac{\partial A_y}{\partial z}\right)\right]\\
&=\hat{x}\left(\frac{\partial^2 A_x}{\partial x^2}-\frac{\partial^2 A_x}{\partial y^2}-\frac{\partial^2 A_x}{\partial z^2}\right)+\hat{x}\left(\frac{\partial^2 A_x}{\partial x^2}+\frac{\partial^2 A_y}{\partial y\partial x}+\frac{\partial^2 A_z}{\partial z\partial x}\right)\\
&\quad+\hat{y}\left(-\frac{\partial^2 A_y}{\partial x^2}-\frac{\partial^2 A_y}{\partial y^2}-\frac{\partial^2 A_y}{\partial z^2}\right)+\hat{x}\left(\frac{\partial^2 A_x}{\partial x\partial y}+\frac{\partial^2 A_y}{\partial y^2}+\frac{\partial^2 A_z}{\partial z\partial y}\right)\\
&\quad+\hat{z}\left(-\frac{\partial^2 A_z}{\partial x^2}-\frac{\partial^2 A_z}{\partial y^2}-\frac{\partial^2 A_z}{\partial z^2}\right)+\hat{z}\left(\frac{\partial^2 A_x}{\partial x\partial z}+\frac{\partial^2 A_y}{\partial y\partial z}+\frac{\partial^2 A_z}{\partial z^2}\right)\\
&=-\left(\frac{\partial^2}{\partial x^2}+\frac{\partial^2}{\partial y^2}+\frac{\partial^2}{\partial z^2}\right)(\hat{x}A_x+\hat{y}A_y+\hat{z}A_z)\\
&\quad+\left(\hat{x}\frac{\partial}{\partial x}+\hat{y}\frac{\partial}{\partial y}+\hat{z}\frac{\partial}{\partial z}\right)\left(\frac{\partial A_x}{\partial x}+\frac{\partial A_y}{\partial y}+\frac{\partial A_z}{\partial z}\right)\\
&=-\nabla^2\overline{A}+\nabla(\nabla\cdot\overline{A})
\end{aligned}$$

式(1.3-11)得证。

例 1.3-2　设 $\overline{A}=\hat{x}(2x-y)-\hat{y}yz^2-\hat{z}y^2z$，对 $x^2+y^2=a^2(z=0)$ 的圆周，验证斯托克斯定理。

【证】

$$\nabla\times\overline{A}=\begin{vmatrix}\hat{x} & \hat{y} & \hat{z}\\ \dfrac{\partial}{\partial x} & \dfrac{\partial}{\partial y} & \dfrac{\partial}{\partial z}\\ 2x-y & -yz^2 & -y^2z\end{vmatrix}=\hat{x}(-2yz+2yz)+\hat{y}(0-0)+\hat{z}(0+1)=\hat{z}$$

$$\int_s(\nabla\times\overline{A})\cdot\hat{n}\mathrm{d}s=\int_s\hat{z}\cdot\hat{z}\mathrm{d}s=\int_s\mathrm{d}s=\pi a^2$$

$$\oint_l\overline{A}\cdot\overline{\mathrm{d}l}=\oint_l\hat{x}(2x-y)\cdot(\hat{x}\mathrm{d}x+\hat{y}\mathrm{d}y)=\oint_l(2x-y)\mathrm{d}x$$

采用极坐标，$x=a\cos\varphi, y=a\sin\varphi$，则

$$\oint_l\overline{A}\cdot\overline{\mathrm{d}l}=\int_0^{2\pi}(2a\cos\varphi-a\sin\varphi)(-a\sin\varphi)\mathrm{d}\varphi=\pi a^2$$

得证。

例 1.3-3　求自由空间中离点电荷 q 距离 r 处电场强度的旋度 $\nabla\times\overline{E}$。

【解】　由例 1.2-3 知，点电荷 q 在自由空间中离其 r 处产生的电场强度为

$$\overline{E}=\frac{\overline{D}}{\varepsilon_0}=\frac{q}{4\pi\varepsilon_0 r^3}\overline{r}=\frac{q}{4\pi\varepsilon_0}\frac{\hat{x}x+\hat{y}y+\hat{z}z}{r^3}$$

$$\nabla\times\overline{E}=\frac{q}{4\pi\varepsilon_0}\begin{vmatrix}\hat{x} & \hat{y} & \hat{z}\\ \dfrac{\partial}{\partial x} & \dfrac{\partial}{\partial y} & \dfrac{\partial}{\partial z}\\ \dfrac{x}{r^3} & \dfrac{y}{r^3} & \dfrac{z}{r^3}\end{vmatrix}$$

x 向分量为

$$\frac{\partial}{\partial y}\left(\frac{z}{r^3}\right)-\frac{\partial}{\partial z}\left(\frac{y}{r^3}\right),\quad r=(x^2+y^2+z^2)^{\frac{1}{2}}$$

$$\frac{\partial}{\partial y}\left(\frac{z}{r^3}\right)=0+\left[z\cdot(-3)r^{-4}\cdot\frac{1}{2}\frac{2y}{r}\right]=\frac{-3yz}{r^5}$$

同样有

$$\frac{\partial}{\partial z}\left(\frac{y}{r^3}\right)=\frac{-3yz}{r^5}$$

可见 x 向分量为 0。同理 y、z 方向的分量也为 0，所以 $\nabla\times\overline{E}=0$。这说明点电荷产生的电场是无旋场。

1.4　标量场的方向导数与梯度及格林定理

1.4.1　标量场的方向导数与梯度

在前面的散度和旋度运算公式中都用到与标量场 ϕ 有关的量 $\nabla\phi$：

$$\nabla\phi=\hat{x}\frac{\partial\phi}{\partial x}+\hat{y}\frac{\partial\phi}{\partial y}+\hat{z}\frac{\partial\phi}{\partial z}$$

它的意义是什么?

由式(1.2-10)不难看出,它与标量场 ϕ 沿三个坐标轴的变化率有关,因此它是反映标量场特性的一个矢量。我们知道,标量场 ϕ 在某点沿 l 方向的变化率为$\frac{\partial\phi}{\partial l}$,称为 ϕ 沿 l 的方向导数。由微分运算知,

$$\frac{\partial\phi}{\partial l}=\frac{\partial\phi}{\partial x}\frac{\partial x}{\partial l}+\frac{\partial\phi}{\partial y}\frac{\partial y}{\partial l}+\frac{\partial\phi}{\partial z}\frac{\partial z}{\partial l} \tag{1.4-1}$$

这里 $\frac{\partial x}{\partial l},\frac{\partial y}{\partial l},\frac{\partial z}{\partial l}$ 是 $\hat{l}$的方向余弦:

$$\hat{l}=\hat{x}\frac{\partial x}{\partial l}+\hat{y}\frac{\partial y}{\partial l}+\hat{z}\frac{\partial z}{\partial l}=\hat{x}\cos\alpha+\hat{y}\cos\beta+\hat{z}\cos\gamma \tag{1.4-2}$$

因此,式(1.4-1)可表示为$\nabla\phi$ 与$\hat{l}$的标量积:

$$\frac{\partial\phi}{\partial l}=\nabla\phi\cdot\hat{l}=|\nabla\phi|\cos(\nabla\phi,\hat{l}) \tag{1.4-3}$$

这说明,ϕ 沿 l 的方向导数是矢量$\nabla\phi$ 在$\hat{l}$方向上的投影。标量场 ϕ 中在某点的$\nabla\phi$ 是一定值,若选择$\hat{l}$,使它与$\nabla\phi$ 方向一致,则 $\cos(\nabla\phi,\hat{l})=1$,此时该方向导数呈现最大值,即

$$\left.\frac{\partial\phi}{\partial l}\right|_{\max}=|\nabla\phi| \tag{1.4-4}$$

因此,$\nabla\phi$ 的模就是 ϕ 在给定点的最大方向导数(变化率),其方向就是取得最大方向导数的方向。我们称它为标量场 ϕ 的梯度(gradient),记为 gradϕ,即

$$\mathrm{grad}\phi=\nabla\phi=\hat{x}\frac{\partial\phi}{\partial x}+\hat{y}\frac{\partial\phi}{\partial y}+\hat{z}\frac{\partial\phi}{\partial z} \tag{1.4-5}$$

简言之,标量场 ϕ 在某点的梯度是一矢量,其模和方向就是 ϕ 在该点最大变化率的大小和方向。因此,场量 ϕ 的梯度$\nabla\phi$ 指向 ϕ 增加最快的方向。

标量函数 $\phi(x,y,z)=$const.(常数)的曲面称为等值面。若 ϕ 仅是(x,y)的二维函数,则 $\phi(x,y,z)=$const. 的曲线称为等值线。例如,以地平面坐标(x,y)来画一座山的等高线,如图1.4-1所示,ϕ 代表山上某点的高度。例如,我们位于山脚处 P 点,显而易见,在不同方向(如$\hat{l}$、$\nabla\phi$、$\hat{l}_c$)上,山势的陡缓各不相同。那么,哪个方向最陡,即 ϕ 的变化率最大呢?这里最陡的方向就是梯度$\nabla\phi$ 的方向。

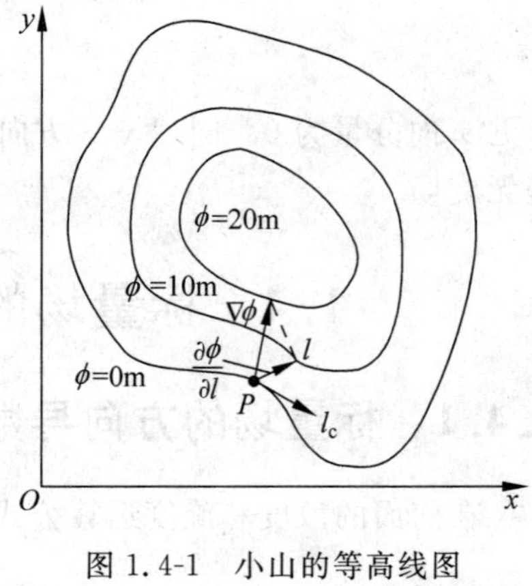

图 1.4-1 小山的等高线图

等值面上由于各点函数值 ϕ 相同,因此沿等位面上任意方向$\hat{l}_c$ 的方向导数必为零:

$$\frac{\partial\phi}{\partial l_c}=0 \quad 即 \quad \nabla\phi\cdot\hat{l}_c=0 \tag{1.4-6}$$

可见,梯度$\nabla\phi$ 必与该点的等值面相垂直。由此,等值面的法线方向单位矢量$\hat{n}$可用梯度表示为

$$\hat{n} = \frac{\nabla \phi}{|\nabla \phi|} \tag{1.4-7}$$

梯度运算有如下基本规则：

$$\nabla(\phi\psi) = (\nabla\phi)\psi + \psi(\nabla\phi) \tag{1.4-8}$$

$$\nabla\left(\frac{\phi}{\psi}\right) = \frac{1}{\psi^2}(\psi\,\nabla\phi - \phi\,\nabla\psi) \tag{1.4-9}$$

$$\nabla f(\phi) = f'(\phi)\,\nabla\phi \tag{1.4-10}$$

$$\nabla\times\nabla\phi = 0 \tag{1.4-11}$$

$$\nabla\cdot\nabla\phi = \nabla^2\phi = \frac{\partial^2\phi}{\partial x^2} + \frac{\partial^2\phi}{\partial y^2} + \frac{\partial^2\phi}{\partial z^2} \tag{1.4-12}$$

以上各式都不难证明。例如式(1.4-8)，采用分量式有

$$\begin{aligned}\nabla(\phi\psi) &= \left(\hat{x}\frac{\partial}{\partial x} + \hat{y}\frac{\partial}{\partial y} + \hat{z}\frac{\partial}{\partial z}\right)\phi\psi \\ &= \hat{x}\left(\phi\frac{\partial\psi}{\partial x} + \psi\frac{\partial\phi}{\partial x}\right) + \hat{y}\left(\phi\frac{\partial\psi}{\partial y} + \psi\frac{\partial\phi}{\partial y}\right) + \hat{z}\left(\phi\frac{\partial\psi}{\partial z} + \psi\frac{\partial\phi}{\partial z}\right) \\ &= \phi(\nabla\psi) + \psi\,\nabla\phi\end{aligned}$$

式(1.4-11)说明，任何标量场的梯度的旋度一定为零。此式与式(1.3-10)一起简称为“梯无旋，旋无散”规则。式(1.4-11)的物理意义是，任何梯度场必是无旋场，或者说，任一无旋场必可表示为一个标量的梯度。这样，若 $\bar{F}_d$ 是无旋场：$\nabla\times\bar{F}_d = 0$，则可令 $\bar{F}_d = -\nabla\phi$，这里引入“－”号表示 $\bar{F}_d$ 指向 ϕ 下降最快的方向。我们知道，静止电荷产生的静电场中，电场 $\bar{E}$ 的旋度处处为零(除源点外)，静电场为无旋场。因此，其电场强度可表示为标量 ϕ 的负梯度，即 $\bar{E} = -\nabla\phi$，ϕ 称为电位，$\bar{E}$ 指向电位下降最快的方向(见图 1.2-2)。

1.4.2　格林定理

从历史上看，格林定理是英国数学家格林(George Green)在 1828 年发表的《数学分析在电磁理论中的应用》中独立提出来的。然而也可以认为它是散度定理的直接推论，这可由下面的推导看出。

将散度定理中矢量函数 $\bar{A}$ 表示为某标量函数的梯度 $\nabla\psi$ 与另一标量函数 ϕ 的乘积，即

$$\nabla\cdot\bar{A} = \nabla\cdot(\phi\,\nabla\psi) = \phi\,\nabla^2\psi + \nabla\psi\cdot\nabla\phi$$

则由散度定理式(1.2-11)得

$$\int_v(\phi\,\nabla^2\psi + \nabla\psi\cdot\nabla\phi)\,\mathrm{d}v = \oint_s(\phi\,\nabla\psi)\cdot\hat{n}\,\mathrm{d}s = \oint_s\phi\,\frac{\partial\psi}{\partial n}\mathrm{d}s \tag{1.4-13}$$

此式对于在 s 面所包的体积 v 内具有连续二阶偏导数的标量函数 ϕ 和 ψ 都成立，称为格林第一定理。

把上式中 ϕ 和 ψ 互换位置，有

$$\int_v(\psi\,\nabla^2\phi + \nabla\phi\cdot\nabla\psi)\,\mathrm{d}v = \oint_s\psi\,\frac{\partial\phi}{\partial n}\mathrm{d}s$$

用此式去减式(1.4-13),得

$$\int_v(\phi\,\nabla^2\psi-\psi\cdot\nabla^2\phi)\mathrm{d}v=\oint_s\left(\phi\frac{\partial\psi}{\partial n}-\varphi\frac{\partial\phi}{\partial n}\right)\mathrm{d}s \tag{1.4-14}$$

这称为格林第二定理。

除上面的标量格林定理外,还有矢量格林定理。设矢量函数 $\bar{P}$ 和 $\bar{Q}$ 在封闭面 s 所包体积 v 内有连续的二阶偏导数,则有

$$\int_v[(\nabla\times\bar{P})\cdot(\nabla\times\bar{Q})-\bar{P}\cdot\nabla\times\nabla\times\bar{Q}]\mathrm{d}v$$
$$=\oint_s(\bar{P}\times\nabla\times\bar{Q})\cdot\mathrm{d}s \tag{1.4-15}$$

这称为矢量格林第一定理。对矢量 $\bar{P}\times\nabla\times\bar{Q}$ 应用散度定理,再利用式(1.3-9)便可证明上式。若把上式中 $\bar{P}$ 和 $\bar{Q}$ 互换位置,再将两式相减,可得到下列矢量格林第二定理:

$$\int_v[\bar{Q}\cdot(\nabla\times\nabla\times\bar{P})-\bar{P}\cdot(\nabla\times\nabla\times\bar{Q})]\mathrm{d}v$$
$$=\oint_s(\bar{P}\times\nabla\times\bar{Q}-\bar{Q}\times\nabla\times\bar{P})\cdot\overline{\mathrm{d}s} \tag{1.4-16}$$

利用格林定理,可以将体积 v 中场的求解问题变换为其边界 s 上场的求解问题。同时,如果已知其中一个场的分布特性,也可利用格林定理来解另一场的分布特性。

例 1.4-1 求标量场 $\phi=x^2-xy^2+z^2$ 在点 $P(2,1,0)$处的最大变化率值与其方向及沿 $\hat{l}=\hat{x}$方向的方向导数。

【解】 $\nabla\phi=\hat{x}\frac{\partial\phi}{\partial x}+\hat{y}\frac{\partial\phi}{\partial y}+\hat{z}\frac{\partial\phi}{\partial z}=\hat{x}(2x-y^2)-\hat{y}2xy-\hat{z}2z$

在 P 点处,有

$$\nabla\phi|_P=\hat{x}3-\hat{y}4$$

最大变化率为

$$|\nabla\phi|_P=\sqrt{9+16}=5$$

最大变化率方向为

$$\frac{\nabla\phi|_P}{|\nabla\phi|_P}=\hat{x}\,\frac{3}{5}-\hat{y}\,\frac{4}{5}=\hat{x}0.6-\hat{y}0.8$$

方向导数为

$$\frac{\partial\phi}{\partial l}\Big|_P=\nabla\phi|_P\cdot\hat{l}=(\hat{x}3-\hat{y}4)\cdot\hat{x}=3$$

可见标量场 ϕ 在该点处沿 $\hat{l}$方向的变化率小于最大变化率。

例 1.4-2 求曲面 $z^2=x^2+y^2$ 在点 $P(1,1,0)$处的法向。

【解】 令 $\phi=x^2+y^2-z$,曲面 $z^2=x^2+y^2$ 是标量场 $\phi=0$ 的等值面。因而其法向可由式(1.4-7)求得。

$$\nabla\phi=\hat{x}2x+\hat{y}2y-\hat{z}$$

在 P 点处,有

$$\nabla\phi|_P=\hat{x}2+\hat{y}2-\hat{z}\qquad|\nabla\phi|_P=\sqrt{4+4+1}=3$$

曲面在 P 点的法向为

$$\hat{n}=\frac{\nabla\phi|_P}{|\nabla\phi|_P}=\hat{x}\,\frac{2}{3}+\hat{y}\,\frac{2}{3}-\hat{z}\,\frac{1}{3}$$

例 1.4-3　如图 1.4-2 所示，场点 $P(x,y,z)$ 和源点 $P'(x',y',z')$ 间的距离为 R，试证

$$\nabla\left(\frac{1}{R}\right)=-\nabla'\left(\frac{1}{R}\right) \tag{1.4-17}$$

这里∇'表示对源点坐标(x',y',z')作微分运算(将 P 取为定点，P'为动点)：

$$\nabla'=\hat{x}\,\frac{\partial}{\partial x'}+\hat{y}\,\frac{\partial}{\partial y'}+\hat{z}\,\frac{\partial}{\partial z'}$$

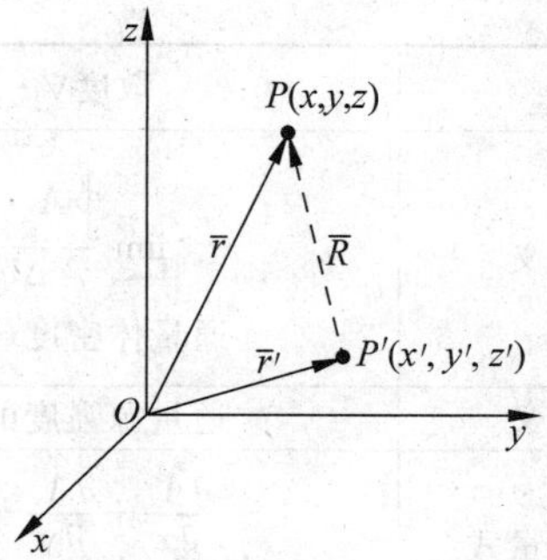

图 1.4-2　场点和源点的几何关系

【证】

$$\bar{R}=\bar{r}-\bar{r}'=\hat{x}(x-x')+\hat{y}(y-y')+\hat{z}(z-z')$$

$$R=[(x-x')^2+(y-y')^2+(z-z')^2]^{\frac{1}{2}}$$

$$\nabla\left(\frac{1}{R}\right)=\left(\hat{x}\frac{\partial}{\partial x}+\hat{y}\frac{\partial}{\partial y}+\hat{z}\frac{\partial}{\partial z}\right)[(x-x')^2+(y-y')^2+(z-z')^2]^{-\frac{1}{2}}$$

$$=\frac{-[\hat{x}(x-x')+\hat{y}(y-y')+\hat{z}(z-z')]}{[(x-x')^2+(y-y')^2+(z-z')^2]^{\frac{3}{2}}}$$

即

$$\nabla\left(\frac{1}{R}\right)=-\frac{\bar{R}}{R^3} \tag{1.4-18}$$

同理可得

$$\nabla'\left(\frac{1}{R}\right)=\frac{\bar{R}}{R^3} \tag{1.4-19}$$

故有式(1.4-17)。

例 1.4-4　在点电荷 q 的静电场中，$P(x,y,z)$点的电位为 $\phi(x,y,z)=\frac{q}{4\pi\varepsilon_0 r}$，求 P 点的电场强度 $\bar{E}=-\nabla\phi$。

【解】　由例 1.4-3 的式(1.4-17)可知，

$$\bar{E}=-\nabla\phi=-\frac{q}{4\pi\varepsilon_0}\nabla\left(\frac{1}{r}\right)=\frac{q}{4\pi\varepsilon_0 r^3}\,\bar{r} \tag{1.4-20}$$

1.5　亥姆霍兹定理

1.5.1　散度和旋度的比较

对矢量场我们引入了散度和旋度。那么用散度和旋度是否能唯一地确定一个矢量场呢？亥姆霍兹(H. von Helmhotz，德)回答了这个问题。为了便于从概念上理解亥姆霍兹定理，先来比较一下散度和旋度的定义与意义，如表 1.5-1 所示。

表 1.5-1 散度与旋度的比较

	散度$\nabla\cdot\overline{A}$	旋度$\nabla\times\overline{A}$
定义	$\lim\limits_{\Delta v\to 0}\frac{\oint_s \overline{A}\cdot\overline{ds}}{\Delta v}$ 通量体密度(标量)	$\hat{n}\lim\limits_{\Delta s\to 0}\frac{\left[\oint_l \overline{A}\cdot\overline{dl}\right]_{max}}{\Delta s}$ 最大环量面密度(矢量)
意义	通量源强度的量度	旋涡源强度的量度
分量式	$\frac{\partial A_x}{\partial x}+\frac{\partial A_y}{\partial y}+\frac{\partial A_z}{\partial z}$ 取决于场分量的纵向变化率	$\hat{x}\left(\frac{\partial A_z}{\partial y}-\frac{\partial A_y}{\partial z}\right)+\hat{y}\left(\frac{\partial A_x}{\partial z}-\frac{\partial A_z}{\partial x}\right)+\hat{z}\left(\frac{\partial A_z}{\partial x}-\frac{\partial A_x}{\partial y}\right)$ 取决于场分量的横向变化率
恒等式	$\nabla\cdot(\nabla\times\overline{A})=0$	$\nabla\times\nabla\phi=0$
定理	$\int_v \nabla\cdot\overline{A}dv=\oint_s\overline{A}\cdot\overline{ds}$ 散度定理	$\int_s(\nabla\times\overline{A})\,\overline{ds}=\oint_l\overline{A}\cdot\overline{dl}$ 斯托克斯定理

由表 1.5-1 可见,矢量场的散度和旋度分别确定矢量场的通量源强度和旋涡源强度。一切矢量场的源只有两种,即产生发散场的通量源(散度源)和产生旋涡场的旋涡源(旋度源)。既然场总是由源所激发的,当两种源都已确定,则这个矢量场也就确定了。同时,从直角坐标分量式上看出,散度取决于场分量的纵向变化率,旋度取决于场的横向变化率。这样,两者一起便完整地描述了场量的分布特征。因而必然导致下述定理给出的结论。

1.5.2 亥姆霍兹定理

亥姆霍兹定理的简化表述如下:若矢量场 $\overline{F}$ 在无限空间中处处单值,且其导数连续有界,而源分布在有限区域中,则矢量场 $\overline{F}$ 由其散度和旋度唯一地确定。并且,它可表示为一个标量函数的梯度和一个矢量函数的旋度之和,即

$$\overline{F}=-\nabla\phi+\nabla\times\overline{A} \tag{1.5-1}$$

亥姆霍兹定理的严格表述及证明这里不再给出。简化的证明如下:

假设在无限空间中有两个矢量函数 $\overline{F}$ 和 $\overline{G}$,它们具有相同的散度和旋度。令

$$\overline{F}=\overline{G}+\overline{g} \tag{1.5-2}$$

两边取散度,得

$$\nabla\cdot\overline{F}=\nabla\cdot\overline{G}+\nabla\cdot\overline{g}$$

因为 $\nabla\cdot\overline{F}=\nabla\cdot\overline{G}$,所以

$$\nabla\cdot\overline{g}=0 \tag{1.5-3}$$

再对式(1.5-2)两边取旋度,得

$$\nabla\times\overline{F}=\nabla\times\overline{G}+\nabla\times\overline{g}$$

因 $\nabla\times\overline{F}=\nabla\times\overline{G}$,故

$$\nabla\times\overline{g}=0$$

由矢量恒等式$\nabla\times\nabla\phi=0$ 知,可令

$$\overline{g}=\nabla\phi \tag{1.5-4}$$

代入式(1.5-3),有

$$\nabla\cdot\nabla\phi=\nabla^2\phi=0$$

已知满足拉普拉斯方程的函数不会出现极值，现在 ϕ 又是在无限空间上取值的函数，因而 ϕ 只能是一个常数：$\phi=C$。从而求得 $\bar{g}=\nabla\phi=0$，于是式(1.5-2)变成 $\bar{F}=\bar{G}$。因此，若一个矢量的旋度和散度已知，该矢量是唯一地确定的。

同时，一个既有散度又有旋度的任意矢量场可表示为一个无旋场 $\bar{F}_d$（有散度 divergence）和一个无散场 $\bar{F}_c$（有旋度 curl）之和，并且 $\bar{F}_d$ 和 $\bar{F}_c$ 可分别表示为 $\bar{F}_d=-\nabla\phi$，$\bar{F}_c=\nabla\times\bar{A}$，从而便得到式(1.5-1)，得证。

亥姆霍兹定理表明，研究一个矢量场必须从它的旋度和散度两方面着手，因此，矢量场的旋度方程和散度方程组成矢量场的基本方程，它们决定了矢量场的基本特性。例如，后面我们将学到，静电场的基本方程为

$$\nabla\times\bar{E}=0 \tag{1.5-5}$$

$$\nabla\cdot\bar{D}=\rho_v \tag{1.5-6}$$

对于简单媒质，电通密度 $\bar{D}$ 和电场强度 $\bar{E}$ 的关系为 $\bar{D}=\varepsilon\bar{E}$，因而上式可写为

$$\nabla\cdot\bar{E}=\rho_v/\varepsilon \tag{1.5-7}$$

可见电场强度 $\bar{E}$ 的旋度方程(1.5-5)和散度方程(1.5-7)决定了静电场的基本特性。式(1.5-5)表明，$\bar{E}$ 是无旋场，因此是保守场（位场）。正如以前所讨论的，它必然是有散场，这正如式(1.5-7)所示。该式右边的 ρ_v/ε 正代表了该有散场的通量源强度（ρ_v 为体电荷密度）。

1.6　曲面坐标系

在许多应用中需要采用圆柱坐标系和球面坐标系，例如，需对圆柱面和球面进行积分等。这些坐标系的单位矢量如何定义？它们与直角坐标单位矢量间及相互间如何变换？这些坐标系中散度、旋度及梯度的算符∇如何表述？本节将解决这些问题。

1.6.1　圆柱坐标系

在圆柱坐标系（简称柱坐标）中，任意点 P 的位置用三个量（ρ、φ、z）来表示，如图 1.6-1 所示。各个量的变化范围是

$$\begin{cases}0\leqslant\rho<\infty\\0\leqslant\varphi\leqslant 2\pi\\-\infty<z<\infty\end{cases} \tag{1.6-1}$$

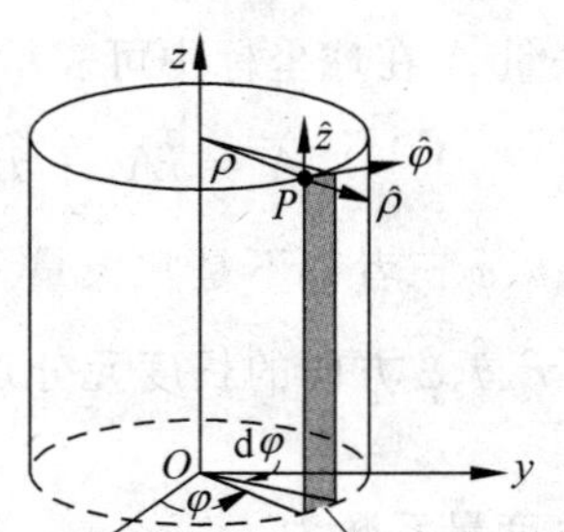

图 1.6-1　圆柱坐标系

P 点三个坐标单位矢量为 $\hat{\rho}$、$\hat{\varphi}$、$\hat{z}$，分别指向 ρ、φ、z 的增加方向。$\hat{\rho}$、$\hat{\varphi}$、$\hat{z}$ 三者总保持正交关系，并遵循右手螺旋法则，即

$$\hat{\rho}\times\hat{\varphi}=\hat{z} \tag{1.6-2}$$

矢量 $\bar{A}$ 在柱坐标中可用三个分量表示为

$$\bar{A}=\hat{\rho}A_\rho+\hat{\varphi}A_\varphi+\hat{z}A_z \tag{1.6-3}$$

注意，与直角坐标不同，除 $\hat{z}$ 外，$\hat{\rho}$、$\hat{\varphi}$ 都不是常矢量，它们的方向随 P 点位置的不同而变化。P 点的位置矢量或矢径 $\bar{r}$ 为

$$\bar{r}=\hat{\rho}\rho+\hat{z}z \tag{1.6-4}$$

式中并不显含 φ 角，但 φ 坐标将影响 $\hat{\rho}$ 的方向，因而影响 $\bar{r}$ 的取向。

若 φ、z 固定而 ρ 增大了 $d\rho$，P 点的位移为 $d\bar{r}=\hat{\rho}d\rho$；若 ρ、z 保持不变，而 φ 增大了 $d\varphi$，

则 P 点位移了 $\mathrm{d}\bar{r}=\hat{\varphi}\rho\,\mathrm{d}\varphi$；若 ρ、φ 不变而 z 增大了 $\mathrm{d}z$，则 $\mathrm{d}\bar{r}=\hat{z}\mathrm{d}z$。因此，对任意的增量 $\mathrm{d}\rho$、$\mathrm{d}\varphi$、$\mathrm{d}z$，P 点的位置沿 $\hat{\rho}$、$\hat{\varphi}$、$\hat{z}$ 方向的长度增量(长度元)分别为

$$\mathrm{d}l_\rho=\mathrm{d}\rho,\quad \mathrm{d}l_\varphi=\rho\,\mathrm{d}\varphi,\quad \mathrm{d}l_z=\mathrm{d}z \tag{1.6-5}$$

它们与各自坐标增量之比，叫作度量系数，又称拉梅(G. Lame)系数。分别为

$$h_1=\frac{\mathrm{d}l_\rho}{\mathrm{d}\rho}=1,\quad h_2=\frac{\mathrm{d}l_\varphi}{\mathrm{d}\varphi}=\rho,\quad h_3=\frac{\mathrm{d}l_z}{\mathrm{d}z}=1 \tag{1.6-6}$$

与三个单位矢量相垂直的三个面积元和体积元分别是：

$$\begin{cases}\hat{\rho}:\mathrm{d}s_\rho=\mathrm{d}l_\varphi\mathrm{d}l_z=\rho\,\mathrm{d}\varphi\mathrm{d}z\\ \hat{\varphi}:\mathrm{d}s_\varphi=\mathrm{d}l_\rho\mathrm{d}l_z=\mathrm{d}\rho\,\mathrm{d}z\\ \hat{z}:\mathrm{d}s_z=\mathrm{d}l_\rho\mathrm{d}l_\varphi=\rho\,\mathrm{d}\rho\,\mathrm{d}\varphi\end{cases} \tag{1.6-7}$$

$$\mathrm{d}v=\mathrm{d}l_\rho\mathrm{d}l_\varphi\mathrm{d}l_z=\rho\,\mathrm{d}\rho\,\mathrm{d}\varphi\,\mathrm{d}z \tag{1.6-8}$$

1.6.2　球面坐标系

在球面坐标系(简称球坐标)中，P 点的三个坐标是$(r、\theta、\varphi)$，如图1.6-2所示。它们分别称为矢径长度、极角和方位角，变化范围为

$$\begin{cases}0\leqslant r<\infty\\ 0\leqslant\theta\leqslant\pi\\ 0\leqslant\varphi\leqslant 2\pi\end{cases} \tag{1.6-9}$$

P 点的三个单位矢量是 $\hat{r}$、$\hat{\theta}$、$\hat{\varphi}$。$\hat{r}$ 指向矢径延伸方向；$\hat{\theta}$ 垂直于矢径并在矢径与 z 轴所形成的平面内，指向 θ 角增大的方向；$\hat{\varphi}$ 垂直于上述平面，指向 φ 角增大的方向。三者形成正交，遵循右手螺旋法则，即

$$\hat{r}\times\hat{\theta}=\hat{\varphi} \tag{1.6-10}$$

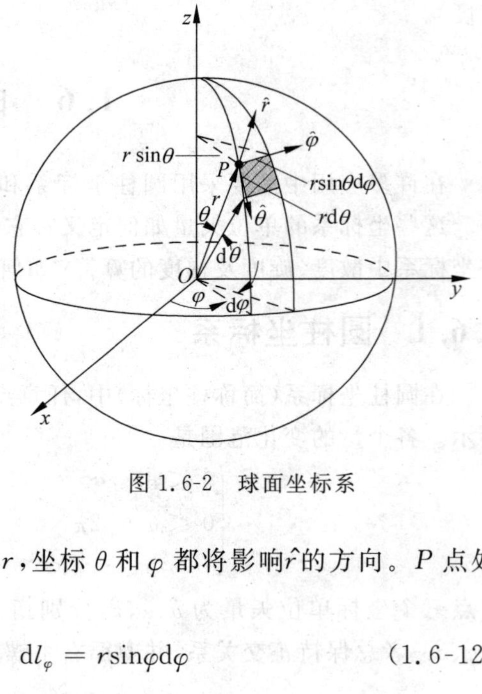

图 1.6-2　球面坐标系

矢量 $\bar{A}$ 在球坐标中可表示为

$$\bar{A}=\hat{r}A_r+\hat{\theta}A_\theta+\hat{\varphi}A_\varphi \tag{1.6-11}$$

$\hat{r}$、$\hat{\theta}$、$\hat{\varphi}$ 三者都不是常矢量。P 点位置矢量是 $\bar{r}=\hat{r}\,r$，坐标 θ 和 φ 都将影响 $\hat{r}$ 的方向。P 点处沿 $\hat{r}$、$\hat{\theta}$、$\hat{\varphi}$ 方向的长度元分别是

$$\mathrm{d}l_r=\mathrm{d}r,\quad \mathrm{d}l_\theta=r\mathrm{d}\theta,\quad \mathrm{d}l_\varphi=r\sin\varphi\mathrm{d}\varphi \tag{1.6-12}$$

故度量系数为

$$h_1=\frac{\mathrm{d}l_r}{\mathrm{d}r}=1,\quad h_2=\frac{\mathrm{d}l_\theta}{\mathrm{d}\theta}=r,\quad h_3=\frac{\mathrm{d}l_\varphi}{\mathrm{d}\varphi}=r\sin\theta \tag{1.6-13}$$

球坐标中三个面积元和体积元分别是：

$$\begin{cases}\hat{r}:\mathrm{d}s_r=\mathrm{d}l_\theta\mathrm{d}l_\varphi=r^2\sin\theta\mathrm{d}\theta\mathrm{d}\varphi\\ \hat{\theta}:\mathrm{d}s_\theta=\mathrm{d}l_r\mathrm{d}l_\varphi=r\sin\theta\mathrm{d}r\mathrm{d}\varphi\\ \hat{\varphi}:\mathrm{d}s_\varphi=\mathrm{d}l_r\mathrm{d}l_\theta=r\mathrm{d}r\mathrm{d}\theta\end{cases} \tag{1.6-14}$$

$$\mathrm{d}v=\mathrm{d}l_r\mathrm{d}l_\theta\mathrm{d}l_\varphi=r^2\sin\theta\mathrm{d}r\mathrm{d}\theta\mathrm{d}\varphi \tag{1.6-15}$$

1.6.3　三种坐标系的变换

P 点的直角坐标、柱坐标和球坐标三者之间的变换，可利用图 1.6-3 几何关系得出。三种坐标系的坐标变量之间的变换可方便地直接由该图导出。

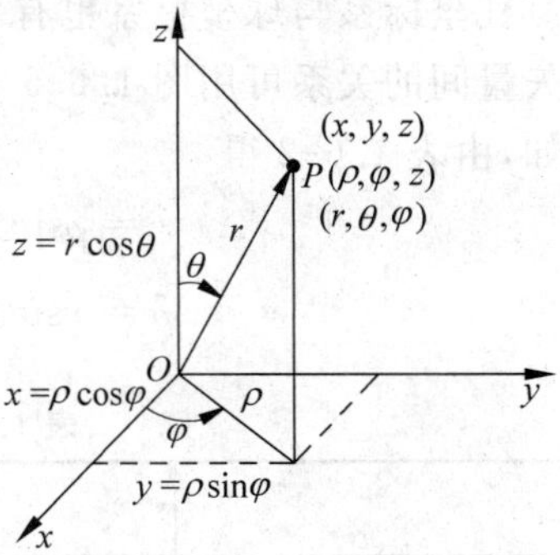

图 1.6-3　三种坐标系的变换

直角坐标与柱坐标的变换：

$$\begin{cases} x = \rho\cos\varphi \\ y = \rho\sin\varphi \\ z = z \end{cases} \tag{1.6-16}$$

$$\begin{cases} \rho = \sqrt{x^2 + y^2} \\ \varphi = \arctan \dfrac{y}{x} \\ z = z \end{cases} \tag{1.6-17}$$

柱坐标与球坐标的变换：

$$\begin{cases} \rho = r\sin\theta \\ \varphi = \varphi \\ z = r\cos\theta \end{cases} \tag{1.6-18}$$

$$\begin{cases} r = \sqrt{\rho^2 + z^2} \\ \theta = \arctan \dfrac{\rho}{z} \\ \varphi = \varphi \end{cases} \tag{1.6-19}$$

直角坐标与球坐标的变换可由式(1.6-18)代入式(1.6-16)，或由式(1.6-17)代入式(1.6-19)得出。直角坐标与球坐标的变换：

$$\begin{cases} x = r\sin\theta\cos\varphi \\ y = r\sin\theta\sin\varphi \\ z = r\cos\theta \end{cases} \tag{1.6-20}$$

$$\begin{cases} r = \sqrt{x^2 + y^2 + z^2} \\ \theta = \arctan \dfrac{\sqrt{x^2 + y^2}}{z} \\ \varphi = \arctan \dfrac{y}{x} \end{cases} \tag{1.6-21}$$

下面讨论三种坐标系的单位矢量之间的变换。对于直角坐标系与柱坐标系，它们都有一个 z 变量，因而有一个共同的单位矢量$\hat{z}$，因此，二者单位矢量间的关系可由图 1.6-4 表示出来，结果如表 1.6-1 所示。这种表的作用与矩阵变换相似，但更为直观。例如，表 1.6-1 中第一列和第二列给出：

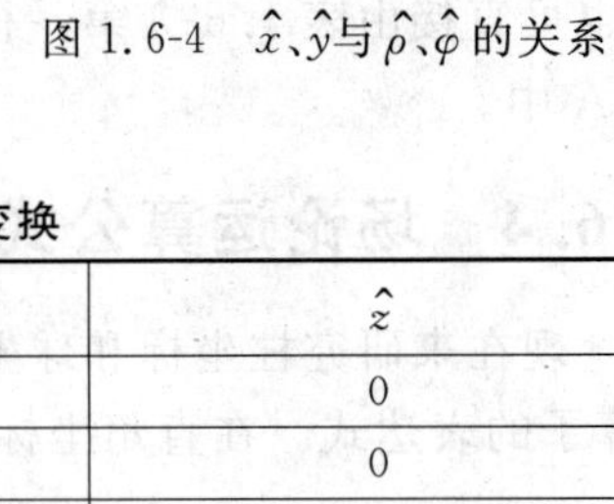

图 1.6-4　$\hat{x}$、$\hat{y}$与$\hat{\rho}$、$\hat{\varphi}$的关系

$$\hat{\rho} = \hat{x}\cos\varphi + \hat{y}\sin\varphi \tag{1.6-22}$$

$$\hat{\varphi} = -\hat{x}\sin\varphi + \hat{y}\cos\varphi \tag{1.6-23}$$

表 1.6-1　直角坐标与柱坐标单位矢量的变换

	$\hat{x}$	$\hat{y}$	$\hat{z}$
$\hat{\rho}$	$\cos\varphi$	$\sin\varphi$	0
$\hat{\varphi}$	$-\sin\varphi$	$\cos\varphi$	0
$\hat{z}$	0	0	1

由表中第一行和第二行得

$$\hat{x}=\hat{\rho}\cos\varphi-\hat{\varphi}\sin\varphi \tag{1.6-24}$$

$$\hat{y}=\hat{\rho}\sin\varphi+\hat{\varphi}\cos\varphi \tag{1.6-25}$$

柱坐标系与球坐标系也有一个共同的单位矢量 $\hat{\varphi}$,二者单位矢量间的关系可用图 1.6-5 来表示,结果如表 1.6-2 所示。例如,由表 1.6-2 得

$$\hat{r}=\hat{\rho}\sin\theta+\hat{z}\cos\theta \tag{1.6-26}$$

$$\hat{\rho}=\hat{r}\sin\theta+\hat{\theta}\cos\theta \tag{1.6-27}$$

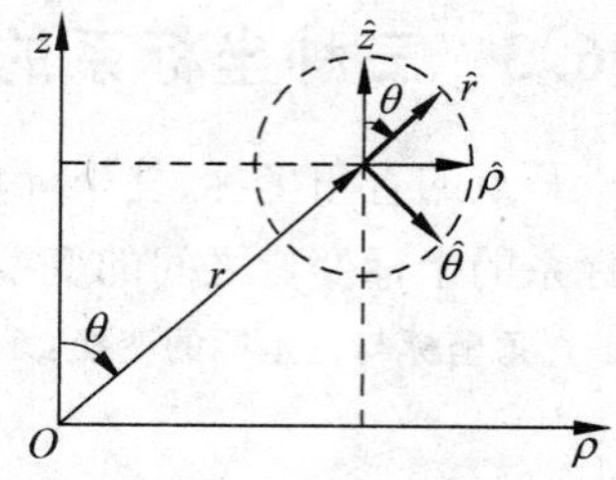

图 1.6-5　$\hat{\rho}$、$\hat{\varphi}$ 与 $\hat{r}$、$\hat{\theta}$ 的关系

表 1.6-2　柱坐标与球坐标单位矢量的变换

	$\hat{\rho}$	$\hat{\varphi}$	$\hat{z}$
$\hat{r}$	$\sin\theta$	0	$\cos\theta$
$\hat{\theta}$	$\cos\theta$	0	$-\sin\theta$
$\hat{\varphi}$	0	1	0

直角坐标与球坐标单位矢量间的关系要用三维空间图形才能表示出来,其图解要复杂一些。但是,也可从表 1.6-1 和表 1.6-2 所示关系中求解出来,结果如表 1.6-3 所示。例如,由表 1.6-1 得式(1.6-22),由表 1.6-2 得式(1.6-26),将前式代入后式,有

$$\hat{r}=\hat{x}\sin\theta\cos\varphi+\hat{y}\sin\theta\sin\varphi+\hat{z}\cos\theta \tag{1.6-28}$$

表 1.6-3　直角坐标与球坐标单位矢量的变换

	$\hat{x}$	$\hat{y}$	$\hat{z}$
$\hat{r}$	$\sin\theta\cos\varphi$	$\sin\theta\sin\varphi$	$\cos\theta$
$\hat{\theta}$	$\cos\theta\cos\varphi$	$\cos\theta\sin\varphi$	$-\sin\theta$
$\hat{\varphi}$	$-\sin\varphi$	$\cos\varphi$	0

此即表 1.6-3 第一行的结果。又如,将式(1.6-27)代入式(1.6-24)得

$$\hat{x}=\hat{r}\sin\theta\cos\varphi+\hat{\theta}\cos\theta\cos\varphi-\hat{\varphi}\sin\varphi \tag{1.6-29}$$

此即表 1.6-3 第一列的结果。

上述表同样可用于矢量分量的变换。例如,用 $\overline{A}$ 点乘式(1.6-28)两边,有

$$A_r=A_x\sin\theta\cos\varphi+A_y\sin\theta\sin\varphi+A_z\cos\theta \tag{1.6-30}$$

这也可直接由表 1.6-3 第一行写出。为便于引用,上述表 1.6-1～表 1.6-3 已一起列在附录 A 中。

1.6.4　场论运算公式

现在来研究柱坐标和球坐标中矢量场的散度、旋度和梯度表达式的推导。首先需得出 ∇ 算子的表达式。在直角坐标中 ∇ 算子由式(1.2-5)给出:

$$\nabla=\hat{x}\frac{\partial}{\partial x}+\hat{y}\frac{\partial}{\partial y}+\hat{z}\frac{\partial}{\partial z}$$

在柱坐标中三个长度单元分别为 dl、$\rho d\varphi$、dz，因而其∇算子相应地换为

$$\nabla = \hat{\rho}\frac{\partial}{\partial\rho} + \hat{\varphi}\frac{1}{\rho}\frac{\partial}{\partial\varphi} + \hat{z}\frac{\partial}{\partial z} \tag{1.6-31}$$

球坐标长度单元为 dr、$rd\theta$ 和 $r\sin\theta d\varphi$，故其∇算子为

$$\nabla = \hat{r}\frac{\partial}{\partial r} + \hat{\theta}\frac{1}{r}\frac{\partial}{\partial\theta} + \hat{\varphi}\frac{1}{r\sin\theta}\frac{\partial}{\partial\varphi} \tag{1.6-32}$$

将上述∇算子作用于矢量场时，我们需正确计算矢量函数的求导问题。为此，这里先介绍一下矢量函数求导公式。

设矢量 $\bar{F}(u)$是变量 u 的函数，它对 u 的导数定义为

$$\frac{d\bar{F}}{du} = \lim_{\Delta u\to 0}\frac{\Delta\bar{F}}{\Delta u} = \lim_{\Delta u\to 0}\frac{\bar{F}(u+\Delta u) - \bar{F}(u)}{\Delta u} \tag{1.6-33}$$

这里已假定此极限存在（即极限是单值和有限的）。一般情形下 $\Delta\bar{F}$ 与 $\bar{F}$ 并不同向，如图 1.6-6 所示。故矢量导数一般与矢量不同向。

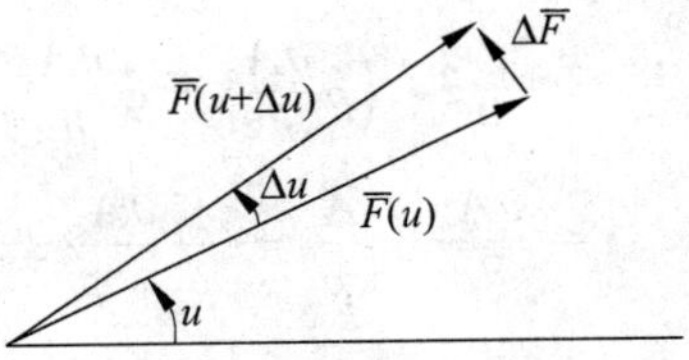

图 1.6-6　矢量函数及其增量

若 ψ 是变量 u 的标量函数，则

$$\frac{d(\psi\bar{F})}{du} = \lim_{\Delta u\to 0}\frac{(\psi+\Delta\psi)(\bar{F}+\Delta\bar{F}) - \psi\bar{F}}{\Delta u}$$

$$= \psi\lim_{\Delta u\to 0}\frac{\Delta\bar{F}}{\Delta u} + \bar{F}\lim_{\Delta u\to 0}\frac{\Delta\psi}{\Delta u} + \lim_{\Delta u\to 0}\frac{\Delta\bar{F}}{\Delta u}\Delta\psi$$

当 $\Delta u\to 0$ 时，上式右边第三项（高阶项）趋于零。因此

$$\frac{d(\psi\bar{F})}{du} = \psi\frac{d\bar{F}}{du} + \bar{F}\frac{d\psi}{du} \tag{1.6-34}$$

可见，ψ 与 $\bar{F}$ 之积的导数在形式上与两个标量函数之积的导数运算法则相似。

如果 $\bar{F}$ 是多变量（如 u_1, u_2, u_3）的函数，则对一个变量 u_1 的偏导数有

$$\frac{\partial(\psi\bar{F})}{\partial u_1} = \psi\frac{\partial\bar{F}}{\partial u_1} + \bar{F}\frac{\partial\psi}{\partial u_1} \tag{1.6-35}$$

柱坐标中 $\hat{\rho}$、$\hat{\varphi}$ 都是 φ 的函数，采用变换式(1.6-22)和式(1.6-23)，因 $\hat{x}$、$\hat{y}$ 都是常矢，可得

$$\begin{cases}\dfrac{\partial\hat{\rho}}{\partial\varphi} = -\hat{x}\sin\varphi + \hat{y}\cos\varphi = \hat{\varphi}\\[2ex]\dfrac{\partial\hat{\varphi}}{\partial\varphi} = -\hat{x}\cos\varphi - \hat{y}\sin\varphi = -\hat{\rho}\end{cases} \tag{1.6-36}$$

球坐标中 $\hat{r}$、$\hat{\theta}$ 都是 θ 和 φ 的函数，$\hat{\varphi}$ 是 φ 的函数，可得

$$\begin{cases}\dfrac{\partial\hat{r}}{\partial\theta} = \dfrac{\partial}{\partial\theta}(\hat{x}\sin\theta\cos\varphi + \hat{y}\sin\theta\sin\varphi + \hat{z}\cos\theta)\\[2ex]\qquad = \hat{x}\cos\theta\cos\varphi + \hat{y}\cos\theta\sin\varphi - \hat{z}\sin\theta = \hat{\theta}\\[2ex]\dfrac{\partial\hat{r}}{\partial\varphi} = -\hat{x}\sin\theta\sin\varphi + \hat{y}\sin\theta\cos\varphi = \hat{\varphi}\sin\theta\end{cases} \tag{1.6-37}$$

同理可得

$$\begin{cases} \dfrac{\partial \hat{\theta}}{\partial \theta} = -\hat{r} \\ \dfrac{\partial \hat{\theta}}{\partial \varphi} = \hat{\varphi}\cos\theta \\ \dfrac{\partial \hat{\varphi}}{\partial \varphi} = -\hat{\theta}\cos\theta - \hat{r}\sin\theta \end{cases} \tag{1.6-38}$$

基于以上关系即可进行柱坐标和球坐标中的场论运算。例如，柱坐标中矢量 $\overline{A}$ 的散度($\nabla \cdot \overline{A}$)和旋度($\nabla \times \overline{A}$)可表示为(注意利用式(1.6-35))：

$$\begin{aligned} \nabla\cdot\overline{A} &= \left(\hat{\rho}\frac{\partial}{\partial\rho} + \hat{\varphi}\frac{1}{\rho}\frac{\partial}{\partial\varphi} + \hat{z}\frac{\partial}{\partial z}\right)\cdot(\hat{\rho}A_\rho + \hat{\varphi}A_\varphi + \hat{z}A_z) \\ &= \hat{\rho}\cdot\left(\hat{\rho}\frac{\partial A_\rho}{\partial\varphi} + \hat{\varphi}\frac{\partial A_\varphi}{\partial\varphi} + \hat{z}\frac{\partial A_z}{\partial\rho}\right) + \hat{\varphi}\cdot\frac{1}{\rho}\left(\hat{\rho}\frac{\partial A_\rho}{\partial\varphi} + A_\rho\frac{\partial\hat{\rho}}{\partial\varphi} + \hat{\varphi}\frac{\partial A_\varphi}{\partial\varphi} + A_\varphi\frac{\partial\hat{\varphi}}{\partial\varphi} + \hat{z}\frac{\partial A_z}{\partial\varphi}\right) \\ &\quad + \hat{z}\cdot\left(\hat{\rho}\frac{\partial A_\rho}{\partial z} + \hat{\varphi}\frac{\partial A_\varphi}{\partial z} + \hat{z}\frac{\partial A_z}{\partial z}\right) \\ &= \frac{\partial A_\rho}{\partial\rho} + \frac{A_\rho}{\rho} + \frac{1}{\rho}\frac{\partial A_\varphi}{\partial\varphi} + \frac{\partial A_z}{\partial z} \end{aligned} \tag{1.6-39}$$

即

$$\nabla\cdot\overline{A} = \frac{1}{\rho}\frac{\partial}{\partial\rho}(\rho A_\rho) + \frac{1}{\rho}\frac{\partial A_\varphi}{\partial\varphi} + \frac{\partial A_z}{\partial z} \tag{1.6-40}$$

$$\begin{aligned} \nabla\times\overline{A} &= \left(\hat{\rho}\frac{\partial}{\partial\rho} + \hat{\varphi}\frac{1}{\rho}\frac{\partial}{\partial\varphi} + \hat{z}\frac{\partial}{\partial z}\right)\times(\hat{\rho}A_\rho + \hat{\varphi}A_\varphi + \hat{z}A_z) \\ &= \hat{\rho}\times\hat{\varphi}\frac{\partial A_\varphi}{\partial\rho} + \hat{\rho}\times\hat{z}\frac{\partial A_z}{\partial\rho} + \hat{\varphi}\times\frac{1}{\rho}\frac{\partial}{\partial\varphi}(\hat{\rho}A_\rho) + \hat{\varphi}\times\frac{1}{\rho}\frac{\partial}{\partial\varphi}(\hat{\varphi}A_\varphi) + \hat{\varphi}\times\hat{z}\frac{1}{\rho}\frac{\partial A_z}{\partial\varphi} \\ &\quad + \hat{z}\times\hat{\rho}\frac{\partial A_\rho}{\partial z} + \hat{z}\times\hat{\varphi}\frac{\partial A_\varphi}{\partial z} \\ &= \hat{z}\frac{\partial A_\varphi}{\partial\rho} - \hat{\varphi}\frac{\partial A_z}{\partial\rho} - \hat{z}\frac{1}{\rho}\frac{\partial A_\rho}{\partial\varphi} + \hat{z}\frac{1}{\rho}A_\varphi + \hat{\rho}\frac{1}{\rho}\frac{\partial A_z}{\partial\varphi} + \hat{\varphi}\frac{\partial A_\rho}{\partial z} - \hat{\rho}\frac{\partial A_\varphi}{\partial z} \end{aligned}$$

即

$$\nabla\times\overline{A} = \hat{\rho}\left(\frac{1}{\rho}\frac{\partial A_z}{\partial\varphi} - \frac{\partial A_\varphi}{\partial z}\right) + \hat{\varphi}\left(\frac{\partial A_\rho}{\partial z} - \frac{\partial A_z}{\partial\rho}\right) + \hat{z}\left[\frac{1}{\rho}\frac{\partial(\rho A_\varphi)}{\partial\rho} - \frac{1}{\rho}\frac{\partial A_\rho}{\partial\varphi}\right] \tag{1.6-41}$$

或

$$\nabla\times\overline{A} = \frac{1}{\rho}\begin{vmatrix} \hat{\rho} & \rho\hat{\varphi} & \hat{z} \\ \dfrac{\partial}{\partial\rho} & \dfrac{\partial}{\partial\varphi} & \dfrac{\partial}{\partial z} \\ A_\rho & \rho A_\varphi & A_z \end{vmatrix} \tag{1.6-42}$$

同理可知，球坐标中 $\overline{A}$ 的散度和旋度可表示为

$$\begin{aligned} \nabla\cdot\overline{A} &= \left(\hat{r}\frac{\partial}{\partial r} + \hat{\theta}\frac{1}{r}\frac{\partial}{\partial\theta} + \hat{\varphi}\frac{1}{r\sin\theta}\frac{\partial}{\partial\varphi}\right)\cdot(\hat{r}A_r + \hat{\theta}A_\theta + \hat{\varphi}A_\varphi) \\ &= \frac{\partial A_r}{\partial r} + \frac{1}{r}A_r + \frac{1}{r}\frac{\partial A_\theta}{\partial\theta} + \frac{1}{r\sin\theta}A_r\sin\theta + \frac{1}{r\sin\theta}A_\theta\cos\theta + \frac{1}{r\sin\theta}\frac{\partial A_\varphi}{\partial\varphi} \\ &= \frac{1}{r^2}\frac{\partial}{\partial r}(r^2A_r) + \frac{1}{r\sin\theta}\frac{\partial}{\partial\theta}(\sin\theta A_\theta) + \frac{1}{r\sin\theta}\frac{\partial A_\varphi}{\partial\varphi} \end{aligned} \tag{1.6-43}$$

$$\nabla\times\overline{A}=\frac{\hat{r}}{r\sin\theta}\left[\frac{\partial}{\partial\theta}(\sin\theta A_{\varphi})-\frac{\partial A_{\theta}}{\partial\varphi}\right]+\frac{\hat{\theta}}{r}\left[\frac{1}{\sin\theta}\frac{\partial A_r}{\partial\varphi}-\frac{\partial}{\partial r}(rA_{\varphi})\right]+\frac{\hat{\varphi}}{r}\left[\frac{\partial}{\partial r}(rA_{\theta})-\frac{\partial A_r}{\partial\theta}\right]$$

$$=\frac{1}{r^2\sin\theta}\begin{vmatrix}\hat{r} & r\hat{\theta} & r\sin\theta\hat{\varphi}\\ \frac{\partial}{\partial r} & \frac{\partial}{\partial\theta} & \frac{\partial}{\partial\varphi}\\ A_r & rA_{\theta} & r\sin\theta A_{\varphi}\end{vmatrix}\tag{1.6-44}$$

类似地还可导出其他表示式。三个坐标系中的散度、旋度梯度和拉普拉斯算子的表示式都已列在附录 A 中，以便引用。

例 1.6-1　已知源点位于 $z=0$ 平面上，其矢径为 $\overline{r'}=\hat{x}\rho'\cos\varphi'+\hat{y}\rho'\sin\varphi'$，场点位于 $P(r,\theta,\varphi)$，其矢径为 $\overline{r}$，请求出源点矢径 $\overline{r'}$ 在 $\hat{r}$ 上的投影长度。

【解】　$\overline{r'}\cdot\hat{r}=(\hat{x}\rho'\cos\varphi'+\hat{y}\sin\varphi')\cdot(\hat{x}\sin\theta\cos\varphi+\hat{y}\sin\theta\sin\varphi+\hat{z}\cos\theta)$

$=\rho'\cos\varphi'\sin\theta\cos\varphi+\rho'\sin\varphi'\sin\theta\sin\varphi$

$=\rho'\sin\theta\cos(\varphi-\varphi')$

例 1.6-2　对直角、圆柱和球面坐标系，分别求其矢径 $\overline{r}$ 的散度和旋度。

【解】　直角坐标系：$\overline{r}=\hat{x}x+\hat{y}y+\hat{z}z$

$$\nabla\cdot\overline{r}=\frac{\partial x}{\partial x}+\frac{\partial y}{\partial y}+\frac{\partial z}{\partial z}=3$$

$$\nabla\times\overline{r}=\hat{x}\left(\frac{\partial z}{\partial y}-\frac{\partial y}{\partial z}\right)+\hat{y}\left(\frac{\partial x}{\partial z}-\frac{\partial z}{\partial x}\right)+\hat{z}\left(\frac{\partial y}{\partial x}-\frac{\partial z}{\partial y}\right)=0$$

圆柱坐标系：$\overline{r}=\hat{\rho}\rho+\hat{z}z$

$$\nabla\cdot\overline{r}=\frac{1}{\rho}\frac{\partial}{\partial\rho}(\rho^2)+\frac{\partial z}{\partial z}=3$$

$$\nabla\times\overline{r}=\hat{\rho}\frac{1}{\rho}\frac{\partial z}{\partial\varphi}+\hat{\varphi}\left(\frac{\partial\rho}{\partial z}-\frac{\partial z}{\partial\rho}\right)+\hat{z}\left(-\frac{1}{\rho}\frac{\partial\rho}{\partial\varphi}\right)=0$$

球面坐标系：$\overline{r}=\hat{r}r$

$$\nabla\cdot\overline{r}=\frac{1}{r^2}\frac{\partial}{\partial r}(r^3)=3$$

$$\nabla\times\overline{r}=\frac{\hat{\theta}}{r}\frac{1}{\sin\theta}\frac{\partial r}{\partial\varphi}+\frac{\hat{\varphi}}{r}\left(-\frac{\partial r}{\partial\theta}\right)=0$$

可见，对这三个坐标系，其位置矢量的散度均为 3，而旋度均为 0，即它是无旋场。

例 1.6-3　在一对相距 l 的点电荷 $+q$ 和 $-q$（电偶极子）的静电场中，距离 $r\gg l$ 处的电位为

$$\phi(r,\theta,\varphi)=\frac{ql}{4\pi\varepsilon_0 r^2}\cos\theta$$

求其电场强度 $\overline{E}(r,\theta,\varphi)=-\nabla\phi$。

【解】

$$\overline{E}(r,\theta,\varphi)=-\nabla\phi=-\left(\hat{r}\frac{\partial}{\partial r}+\hat{\theta}\frac{1}{r}\frac{\partial}{\partial\theta}+\hat{\varphi}\frac{1}{r\sin\theta}\frac{\partial}{\partial\varphi}\right)\frac{ql}{4\pi\varepsilon_0 r^2}\cos\theta$$

$$=\hat{r}\frac{2ql}{4\pi\varepsilon_0 r^3}\cos\theta+\hat{\theta}\frac{ql}{4\pi\varepsilon_0 r^3}\sin\theta$$

习 题

1.1-1 矢径$\bar{r}=\hat{x}x+\hat{y}y+\hat{z}z$与各坐标轴正向的夹角分别为$\alpha$、$\beta$、$\gamma$。请用坐标$(x,y,z)$来表示$\alpha$、$\beta$、$\gamma$,并证明$\cos^2\alpha+\cos^2\beta+\cos^2\gamma=1$。

1.1-2 设xy平面上二矢径$\bar{r}_a$、$\bar{r}_b$与x轴的夹角分别为α、β,请利用$\bar{r}_a\cdot\bar{r}_b$证明$\cos(\alpha-\beta)=\cos\alpha\cos\beta+\sin\alpha\sin\beta$。

1.1-3 $\bar{A}=\hat{x}-\hat{y}9-\hat{z}$,$\bar{B}=\hat{x}2-\hat{y}4+\hat{z}3$,求:(a) $\bar{A}-\bar{B}$;(b) $\bar{A}\cdot\bar{B}$;(c) $\bar{A}\times\bar{B}$。

1.1-4 用两种方法求1.1-3题矢量$\bar{A}$和$\bar{B}$的夹角α。

1.1-5 设$\bar{A}=\hat{x}+\hat{y}b+\hat{z}c$,$\bar{B}=-\hat{x}-\hat{y}3+\hat{z}8$,若使(a)$\bar{A}\perp\bar{B}$,或(b) $\bar{A}/\!/\bar{B}$,则b和c应为多少?

1.1-6 设$\bar{A}=\hat{x}9-\hat{y}6-\hat{z}6$,$\bar{B}=\hat{x}a+\hat{y}b+\hat{z}c$,为使$\bar{A}/\!/\bar{B}$,且$\bar{B}$的模$B=1$,请确定$a$,$b$,$c$。

1.1-7 已知三个矢量如下:$\bar{A}=\hat{x}2+\hat{y}3-\hat{z}$,$\bar{B}=\hat{x}-\hat{z}4$,$\bar{c}=-\hat{x}2+\hat{z}5$,请用两种方法计算:(a)$\bar{A}\cdot(\bar{B}\times\bar{C})$;(b) $\bar{A}\times(\bar{B}\times\bar{C})$;(c) $(\bar{A}\times\bar{B})\times\bar{C}$。

1.2-1 已知$\bar{A}=\hat{x}2x+\hat{y}xy+\hat{z}z^2$,$\bar{B}=\hat{x}y+\hat{y}x^2$,在点$P(2,1,2)$处,试求:(a)$\nabla\cdot\bar{A}$;(b)$\nabla\cdot\bar{B}$;(c)$\nabla\cdot(\bar{A}\times\bar{B})$。

1.2-2 设$\bar{A}=\hat{x}2x+\hat{y}y+\hat{z}3z$,$\phi=x^2+y^2$,请用两种方法计算$\nabla\cdot(\phi\bar{A})$在点(1,2,3)处的值。

1.2-3 已知矢径$\bar{r}=\hat{x}x+\hat{y}y+\hat{z}z$,$r=(x^2+y^2+z^2)^{\frac{1}{2}}$,试证:(a)$\nabla\cdot\left(\frac{\bar{r}}{r^3}\right)=0$;(b)$\nabla\cdot(\bar{r}r^n)=(n+3)r^n$。

1.2-4 设电场强度$\bar{E}=\hat{x}x^2+\hat{y}xy+\hat{z}yz$,对直角坐标系第一象限内的正立方体,每边均为单位长,其中一个顶点位于坐标原点,请验证散度定理。

1.2-5 请应用散度定理计算下述积分:$I=\oint_s[\hat{x}xz^2+\hat{y}(x^2y-z^3)+\hat{z}(2xy+y^2z)]\cdot\overline{\mathrm{d}s}$,$s$是$z=0$和$z=(a^2-x^2-y^2)^{\frac{1}{2}}$所围成的半球区域的外表面,球坐标体积元为$r^2\sin\theta r\,\mathrm{d}r\mathrm{d}\theta\mathrm{d}\varphi$。

1.3-1 设$\bar{A}=-(\hat{x}x+\hat{y}y)\dfrac{1}{x+y}$,求点(1,0,0)处的旋度及沿$\hat{l}_1=(\hat{y}+\hat{z})/\sqrt{2}$方向和$\hat{l}_2=(\hat{x}+\hat{y})/\sqrt{2}$方向的环量面密度。

1.3-2 求下列矢量场的旋度:(a)$\bar{A}=\hat{x}x+\hat{y}2y^2+\hat{z}3z$;(b)$\bar{B}=\hat{x}(x^2+y^2)+\hat{y}(y^2+z^2)+\hat{z}(z^2+x^2)$。

1.3-3 设常矢量$\bar{c}=\hat{x}c_x+\hat{y}c_y+\hat{z}c_z$,矢径$\bar{r}=\hat{x}x+\hat{y}y+\hat{z}z$,试证$\nabla\times(\bar{c}\times\bar{r})=2\bar{c}$。

1.3-4 已知$\bar{r}=\hat{x}x+\hat{y}y+\hat{z}z$,$r=(x^2+y^2+z^2)^{\frac{1}{2}}$,试证:(a)$\nabla\times\hat{r}=0$;(b)$\nabla\times[\hat{r}f(r)]=0$,$\hat{r}=\dfrac{\hat{r}}{r}$,$f(r)$是$r$的函数。

1.3-5 设$\bar{A}=\hat{x}xy-\hat{y}2x$,试计算面积分$I=\int_s(\nabla\times\bar{A})\cdot\overline{\mathrm{d}s}$,$s$为$xy$平面第一象限内

半径为 3 的四分之一圆，即 x 的积分限为$(0,\sqrt{9-y^2})$，y 的积分限为$(0,3)$，并验证斯托克斯定理。

1.4-1　求标量场 $\phi=\phi_0 e^{-x}\sin\frac{\pi y}{4}$在点$(2,2,0)$处的梯度及沿$\hat{l}=(\hat{x}+\hat{y})/\sqrt{2}$方向的方向导数。

1.4-2　求标量场 $\phi=x^2yz$ 在点 $P(2,2,1)$处的最大变化率值及沿方向$\bar{l}=\hat{x}3+\hat{y}4+\hat{z}5$的方向导数。

1.4-3　已知 $r=(x^2+y^2+z^2)^{\frac{1}{2}}$，试求：(a)$\nabla r^n$，$n$ 为正整数；(b)$\nabla f(r)$，$f(r)$是 r 的函数。

1.4-4　已知 C 为常数，$\bar{A}=\hat{x}A_x+\hat{y}A_y+\hat{z}A_z$ 和$\bar{k}=\hat{x}k_x+\hat{y}k_y+\hat{z}k_z$ 为常矢量，矢径$\bar{r}=\hat{x}x+\hat{y}y+\hat{z}z$。试证：(a)$\nabla e^{C\bar{k}\cdot\bar{r}}=C\bar{k}e^{C\bar{k}\cdot\bar{r}}$；(b)$\nabla\cdot(\bar{A}e^{C\bar{k}\cdot\bar{r}})=C\bar{k}\cdot\bar{A}e^{C\bar{k}\cdot\bar{r}}$；(c) $\nabla\times(\bar{A}e^{C\bar{k}\cdot\bar{r}})=C\bar{k}\times\bar{A}e^{C\bar{k}\cdot\bar{r}}$。

1.6-1　已知 P 点的直角坐标为$(2,2,1)$，请确定其柱坐标和球坐标。

1.6-2　已知 $z=0$ 平面上源点的矢径为$\bar{r}'=\hat{x}x'+\hat{y}y'$，场点位于 $P(r,\theta,\varphi)$，其矢径为$\bar{r}$，且有 $r\gg x'$、y'，试证源点至场点距离为

$$R=|\bar{r}-\bar{r}'|\approx r-(x'\sin\theta\cos\varphi+y'\sin\theta\sin\varphi)$$

注：当 $x\ll 1$ 时，$(1+x)^{\frac{1}{2}}\approx 1+\frac{x}{2}$。

1.6-3　在 $r=1$ 和 $r=2$ 两个球面之间的区域存在电通密度 $\bar{D}=\hat{r}\frac{\cos^2\varphi}{r^3}$，请计算：(a)$\oint_s\bar{D}\cdot\overline{ds}$；(b)$\int_v\nabla\cdot D dv$；(c) 验证散度定理。

1.6-4　若(a) $\nabla\cdot[f(r)\bar{r}]=0$，(b) $\nabla\times[f(r)\bar{r}]=0$，请解出满足方程的 $f(r)$。

1.6-5　试求$\nabla\cdot\bar{A}$ 和$\nabla\times\bar{A}$，设：(a) $\bar{A}(x,y,z)=\hat{x}xy^2z^3+\hat{y}x^3z+\hat{z}x^2y^2$；(b) $\bar{A}(\rho,\varphi,z)=\hat{\rho}\rho^2\cos\varphi+\hat{z}\rho^2\sin\varphi$；(c) $\bar{A}(r,\theta,\varphi)=\hat{r}r\sin\theta+\hat{\theta}\frac{1}{r}\sin\theta+\hat{\varphi}\frac{1}{r^2}\cos\theta$。

1.6-6　设 $\phi(r,\theta,\varphi)=\frac{e^{-kr}}{r}$，$k$= 常数，试证：$\nabla^2\phi=k^2\left(\frac{e^{-kr}}{r}\right)$。

1.6-7　证明下列函数满足拉普拉斯方程$\nabla^2\phi=0$：(a) $\phi(x,y,z)=\sin\alpha x\sin\beta y e^{-rz}$，$r^2=\alpha^2+\beta^2$；(b) $\phi(\rho,\varphi,z)=\rho^{-n}\cos n\varphi$；(c) $\phi(r,\theta,\varphi)=r\cos\theta$。

第2章　电磁场基本方程

人类很早就观察到电磁现象。最先认识的是静态的电场和磁场。1831 年迈克尔·法拉第(Michael Faraday,英)发现了电磁感应现象,揭示了电与磁之间的重要联系。这导致了发电机的发明和电气时代的到来,并为电磁场完整方程组的建立打下了基础。1964 年詹姆斯·克拉克·麦克斯韦(James Clerk Maxwell,英)集以往电磁学之大成,创立了电磁场的普遍方程组,即麦克斯韦方程组。它是宏观电磁场的基本规律,是本书学习的核心。

本章将在复习"大学物理"电磁学部分的基础上导出麦氏方程组。然后讨论电磁场的边界条件、电磁场中的能量关系及唯一性定理。这些是学习本课程其他章节的共同基础和出发点。下面首先来复习静态电磁场的基本定律和电磁场的基本物理量,即电场强度 $\overline{E}$、电通密度 $\overline{D}$、磁通密度 $\overline{B}$ 和磁场强度 $\overline{H}$,它们都是矢量。

2.1　静态电磁场的基本定律和基本场矢量

2.1.1　库仑定律和电场强度

所有电磁现象归根结底都起源于电荷和电荷的运动(电流)。电荷有正负之分。负电荷是电子的组合,而正电荷则由缺少电子的原子组成,因此电荷的电量都是电子电量的整数倍。电子的电量只有 1.6×10^{-19}C,其半径约为 10^{-15}m(参见附录 B 中的表 B-1)。如果两个带电体的尺寸都远小于它们之间的距离,则可以把它们看成是点电荷。1785 年(中国清朝乾隆五十年)查尔斯·库仑(Charles A. Coulomb,法)通过实验总结出真空中两点电荷间作用力的规律,称为库仑定律。它给出点电荷 q_1 对 q_2 的作用力 $\overline{F}$ 如下(图 2.1-1):

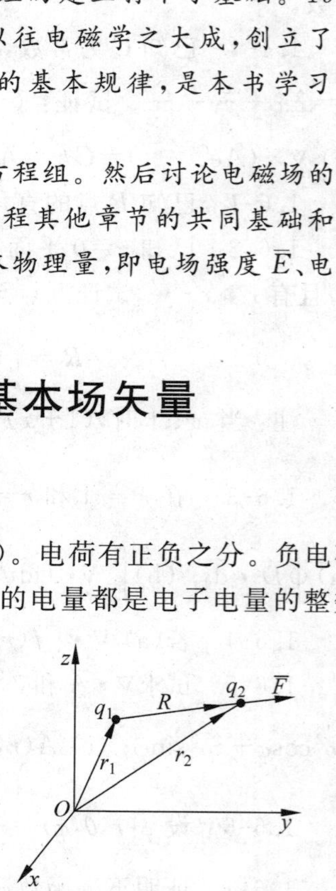

图 2.1-1　两点电荷间的作用力

$$\overline{F}=\hat{R}K\frac{q_1q_2}{R^2}\qquad(2.1\text{-}1)$$

式中 $\hat{R}$是从 q_1 指向 q_2 的单位矢量,$\hat{R}=\overline{R}/R,\overline{R}=\overline{r}_2-\overline{r}_1,R=|\overline{r}_2-\overline{r}_1|$;$K$ 是比例常数。若 q_1 和 q_2 同号,该力是斥力,异号时为吸力。

比例常数 K 的数值与力、电荷及距离所用的单位有关。本书全部采用国际单位制(SI 制),基本单位是米(m)、千克(kg)、秒(s)和安(A)等。电磁学中其他单位都可由之导出,现已列在附录 C 中,以供查用。在 SI 制中,库仑定律表达为

$$\overline{F}=\hat{R}\frac{q_1q_2}{4\pi\varepsilon_0R^2}\quad(\text{N})\qquad(2.1\text{-}2)$$

式中,q_1 和 q_2 的单位是库仑(C);R 的单位是米(m);ε_0 是真空的介电常数:

$$\varepsilon_0 = 8.854 \times 10^{-12} \approx \frac{1}{36\pi} \times 10^{-9}(\mathrm{F/m}) \tag{2.1-3}$$

电荷周围存在着电场。电场是客观存在的一种物质，虽然我们不能直接看到它，但是可以用仪表测出它。早在 1899 年列别捷夫[俄](П. Н. Лебедев)光压实验就证明了场的物质属性。电场的最基本特征就是，电场对静止或运动的电荷都有作用力。因此，为了描述电场的强弱，我们定义电场对场中某点单位正电荷的作用力为该点的电场强度 $\bar{E}$。设某点试验电荷 q_0 所受到的电场作用力为 $\bar{F}$，则该点的电场强度为

$$\bar{E} = \frac{\bar{F}}{q_0} \quad (\mathrm{V/m}) \tag{2.1-4}$$

自然，试验电荷的电量 q_0 和体积都应足够小，以使它的引入不致影响原有的场分布。

由库仑定律知，点电荷 q 在离它 R 处所产生的电场强度为

$$\bar{E} = \hat{R}\frac{q}{4\pi\varepsilon_0 R^2} \tag{2.1-5}$$

对于 N 个电荷所组成的系统，在空间任意点所产生的电场强度可利用力的叠加原理得出，即

$$\bar{E} = \sum_{i=1}^{N} \hat{R}_i \frac{q_i}{4\pi\varepsilon_0 R_i^2} \tag{2.1-6}$$

式中 $\bar{R}_i$ 表示 q_i 至场点的距离矢量。此式表明，N 个点电荷产生的电场强度等于各点电荷单独存在时在该点产生的场强之矢量和。这就是场强叠加原理，已为实践所验证。

可以把叠加原理推广应用至电荷连续分布在一个体积 v 内的情况。为此在体积 v 内取一小体积元 Δv，它所含的电荷量为 ΔQ。取 Δv 内的电荷 ΔQ 与 Δv 之比的极限，即

$$\rho_v = \lim_{\Delta v \to 0}\frac{\Delta Q}{\Delta v} = \frac{\mathrm{d}Q}{\mathrm{d}v} \quad (\mathrm{C/m^3}) \tag{2.1-7}$$

ρ_v 称为体电荷密度。于是，根据场强叠加原理，此带电体在空间任意点产生的电场强度为

$$\bar{E} = \frac{1}{4\pi\varepsilon_0}\int_v \hat{R}\frac{\rho_v(\bar{r}')}{R^2}\mathrm{d}v' \tag{2.1-8}$$

式中，$\hat{R}=\bar{R}/R$，$\bar{R}=\bar{r}-\bar{r}'$，$R=|\bar{r}-\bar{r}'|$，$\bar{r}$ 和 $\bar{r}'$ 分别为场点和源点的矢径(距离矢量)；$\mathrm{d}v'$ 表示对源点($\bar{r}'$)求体积分。

类似地，可得出面电荷密度和线电荷密度的定义与其电场强度的公式。设带电体的面积元 Δs 或线元 Δl 上所含的电荷量为 ΔQ，则相应地定义面电荷密度 ρ_s 和线电荷密度 ρ_l 为

$$\rho_s = \lim_{\Delta s \to 0}\frac{\Delta Q}{\Delta s} = \frac{\mathrm{d}Q}{\mathrm{d}s} \quad (\mathrm{C/m^2}) \tag{2.1-9}$$

$$\rho_l = \lim_{\Delta l \to 0}\frac{\Delta Q}{\Delta l} = \frac{\mathrm{d}Q}{\mathrm{d}l} \quad (\mathrm{C/m}) \tag{2.1-10}$$

基于式(2.1-8)，可导出按面电荷密度 ρ_s 连续分布于曲面 s 上时或按线电荷密度 ρ_l 连续分布于线段 l 上时，面电荷和线电荷在空间任意点分别产生的电场强度如下：

$$\bar{E} = \frac{1}{4\pi\varepsilon_0}\int_s \hat{R}\frac{\rho_s(\bar{r}')}{R^2}\mathrm{d}s' \tag{2.1-11}$$

$$\bar{E} = \frac{1}{4\pi\varepsilon_0}\int_l \hat{R}\frac{\rho_l(\bar{r}')}{R^2}\mathrm{d}l' \tag{2.1-12}$$

由第1章式(1.4-18)知，$\nabla\left(\frac{1}{R}\right)=-\frac{\hat{R}}{R^2}$，因而式(2.1-8)可表示为

$$\overline{E}=-\frac{1}{4\pi\varepsilon_0}\int_v \rho_v(\overline{r'})\ \nabla\left(\frac{1}{R}\right)\mathrm{d}v'$$

由于积分是对源点进行的，而∇是对场点坐标求导，因而可从积分号中提出，即

$$\overline{E}=-\nabla\left(\frac{1}{4\pi\varepsilon_0}\int_v \frac{\rho_v(\overline{r'})}{R}\mathrm{d}v'\right) \tag{2.1-13}$$

考虑到任何标量函数的梯度之旋度恒为零，对上式两边取旋度，得

$$\nabla\times\overline{E}=0 \tag{2.1-14}$$

这表明静电场是无旋场即保守场。

将式(2.1-14)两边对s面作面积分，并利用斯托克斯定理$\int_v(\nabla\times\overline{A})\cdot\overline{\mathrm{d}s}=\oint_l\overline{A}\cdot\overline{\mathrm{d}s}$，得

$$\oint_l \overline{E}\cdot\overline{\mathrm{d}l}=0 \tag{2.1-15}$$

上式说明，在静电场中，电场强度沿任意封闭路径的线积分等于零。此式称为静电场的环路定律(积分形式)，式(2.1-14)为其微分形式。

2.1.2 高斯定理与电通密度

静电场既然是无旋场，则必然是有散场，它的通量源就是电荷。电场强度通量与电荷的关系也可通过库仑定律推导出来，其结果就是高斯定理。因此，从实质上说，高斯定理可看成是库仑定律的另一种表达方式。

研究封闭面s内有一点电荷q的情形。穿出s面的电场强度通量可利用由库仑定律得出的式(2.1-5)求得，即

$$\oint_s \overline{E}\cdot\overline{\mathrm{d}s}=\frac{q}{4\pi\varepsilon_0}\oint_s\frac{\hat{R}\cdot\overline{\mathrm{d}s}}{R^2} \tag{2.1-16}$$

式中$\hat{R}\cdot\overline{\mathrm{d}s}$代表面积元$\overline{\mathrm{d}s}$投影到以电荷$q$所在点为球心、以$R$为半径的球面(其面元为$\hat{R}$方向)上的面积，$\hat{R}\cdot\overline{\mathrm{d}s}/R^2$就是该面元对球心所张的立体角$\mathrm{d}\Omega$，因而对封闭面$s$的面积分为

$$\oint_s\frac{\hat{R}\cdot\overline{\mathrm{d}s}}{R^2}=\oint_s \mathrm{d}\Omega=4\pi$$

于是式(2.1-16)化为

$$\oint_s \overline{E}\cdot\overline{\mathrm{d}s}=\frac{q}{\varepsilon_0} \tag{2.1-17}$$

如果封闭面内的电荷不止一个，则由叠加原理知，上式中的q应代以此面所包围的总电量$Q=\sum q$，即

$$\oint_s \overline{E}\cdot\overline{\mathrm{d}s}=\frac{Q}{\varepsilon_0} \tag{2.1-18}$$

以上讨论的是真空媒质的情形。对于一般媒质，可引入描述电场的另一基本量——电

通(量)密度 $\overline{D}$,又称电位移矢量。在简单媒质中,电通密度定义为

$$\overline{D}=\varepsilon\overline{E}\quad (\mathrm{C/m^2}) \tag{2.1-19}$$

式中 ε 是媒质的介电常数,在真空中 $\varepsilon=\varepsilon_0$。这样,式(2.1-18)改写为

$$\oint_s \overline{D}\cdot\overline{\mathrm{d}s}=Q \tag{2.1-20}$$

此式表明,穿过任一封闭面的电通量,等于该面所包围的自由电荷总电量。这就是高斯定理的积分形式,首先由加尔·高斯(Garl F. Gauss,德)在 1813 年导出。

显然,这里 $\overline{D}$ 就是电通密度,这个公式说明存在自由电荷就有相应的电通密度,亦即有对应的电场。因此高斯定理和库仑定律一样,也反映了电场与其源电荷的关系。

电力线是电场的一种形象表示。正电荷的电力线如图 2.1-2 所示。箭头方向表示电力线上各点处电场的方向;各电力线间的距离与电场强度的大小成反比,电力线越密集的区域,电场越强。

二维电力线方程的导出如图 2.1-3 所示。由几何关系知

$$\frac{E_y}{E_x}=\frac{\mathrm{d}y}{\mathrm{d}x} \tag{2.1-21}$$

利用 E_x 和 E_y 与 x、y 的函数关系求解上述微分方程就可得出二维电力线方程,参看例 2.1-1。

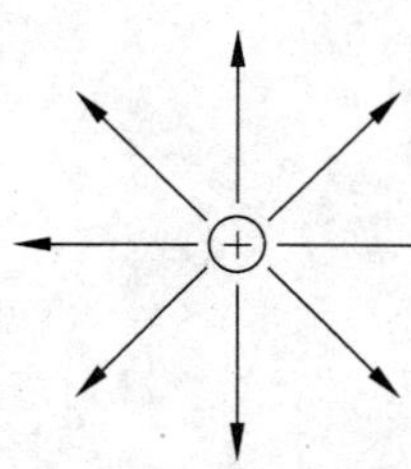

图 2.1-2　正电荷的电力线

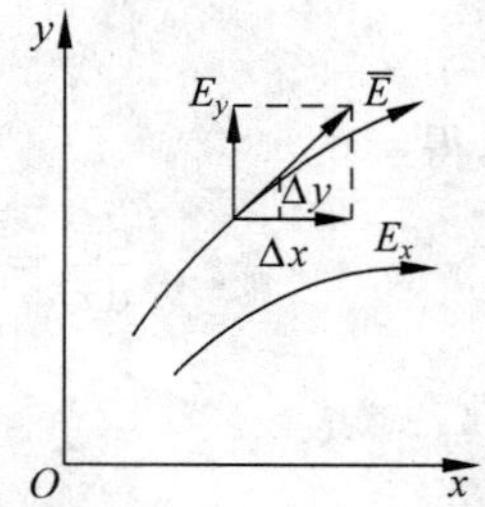

图 2.1-3　二维电力线方程的导出

不管媒质的介电常数如何,式(2.1-20)均成立。这正是引入电通密度的一个方便之处。该式中的封闭面 s 常称为高斯面。当电场分布具有一定的对称性,使该面上各点具有相同的 $\overline{D}$ 值时,便可方便地直接由此式求出 $\overline{D}$ 及 $\overline{E}$。

若封闭面所包围的体积内的电荷是以体密度 ρ_v 分布的,则所包围的总电量为

$$Q=\int_v \rho_v \mathrm{d}v$$

同时,对式(2.1-20)运用散度定理,$\int_v \nabla\cdot\overline{A}\mathrm{d}v=\oint_s\overline{A}\cdot\overline{\mathrm{d}s}$,得

$$\int_v \nabla\cdot\overline{D}\mathrm{d}v=\int_v \rho_v \mathrm{d}v$$

上式对不同的 v 都应成立,因此两边被积函数必定相等,于是有

$$\nabla\cdot\overline{D}=\rho_v \tag{2.1-22}$$

这是高斯定理的微分形式,即空间任意点电通密度的散度等于该点自由电荷的体密度。它说明电荷是电通量的源,也是电场的源。

例 2.1-1　求空气中沿 z 轴的无限长直线电荷的电场强度,线电荷沿线均匀分布,其线密度为 ρ_l(C/m),并求出其 xy 面上的电力线方程。

【解】　由于线电荷是无限长的,其电场必是径向的,垂直于线电荷,即只有 E_ρ 分量。利用高斯定理,取以 z 轴为中心、长 L 的圆柱面为高斯面(图 2.1-4),其中各处 E_ρ 是常数,得

$$\oint_s \overline{D}\cdot\overline{\mathrm{d}s}=\int_0^{2\pi}\int_0^L \varepsilon_0 E_\rho\hat{\rho}\cdot\hat{\rho}\rho\,\mathrm{d}\varphi\mathrm{d}z=2\pi\varepsilon_0\rho L E_\rho$$

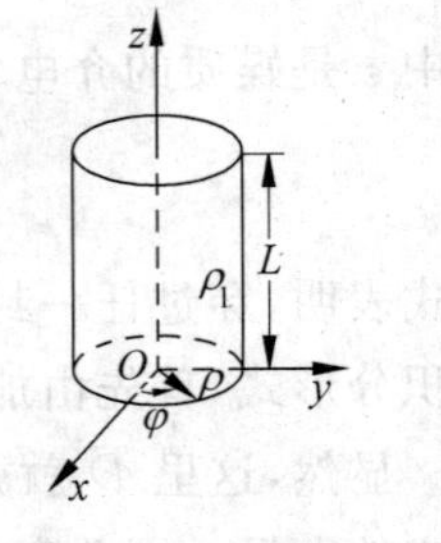

图 2.1-4　无限长线电荷

这里已考虑到圆柱面顶部和底部都无电场通过(例如,对顶部,面元为 z 向,$\overline{D}\cdot\overline{\mathrm{d}s}=\varepsilon_0 E_\rho\hat{\rho}\cdot\hat{z}\rho\,\mathrm{d}\varphi\mathrm{d}\rho=0$)。代入式(2.1-20)有

$$2\pi\varepsilon_0\rho L E_\rho=\rho_l L$$

故

$$\overline{E}=\hat{\rho}E_\rho=\hat{\rho}\frac{\rho_l}{2\pi\varepsilon_0\rho}\quad(\mathrm{V/m})$$

可见电场强度与距离 ρ 的一次方成反比。

在 xy 面上,$\overline{E}$ 可表示为

$$\overline{E}=\frac{\rho_l}{2\pi\varepsilon_0}\frac{\hat{x}x+\hat{y}y}{x^2+y^2}=\hat{x}E_x+\hat{y}E_y$$

可见

$$\frac{E_y}{E_x}=\frac{y}{x}$$

代入式(2.1-21),得

$$\frac{\mathrm{d}y}{\mathrm{d}x}=\frac{E_y}{E_x}=\frac{y}{x},\quad \frac{\mathrm{d}y}{y}=\frac{\mathrm{d}x}{x}$$

对两边积分后,有

$$\ln y=\ln x+C$$

或

$$\ln y=\ln x+\ln B$$

从而得电力线方程为

$$y=Bx$$

每一 B 值对应一条电力线,例如,令 $B=0,1,-1$,分别得出图 2.1-2 中的三条电力线。

例 2.1-2　在边长等于 $2a$ 的立方体中心有一点电荷 q,试计算穿出此立方体表面的电通量,验证高斯定理。

【解 1】　如图 2.1-5 所示,取点电荷 q 位于坐标原点,它至立方体各表面的距离均为 a,则穿出以 a 为半径的内切球面的电通量也就是穿出此立方体表面的电通量。在该球面处,有

$$\overline{E}=\hat{r}\frac{q}{4\pi\varepsilon a^2},\quad \overline{D}=\varepsilon\overline{E}=\hat{r}\frac{q}{4\pi a^2}$$

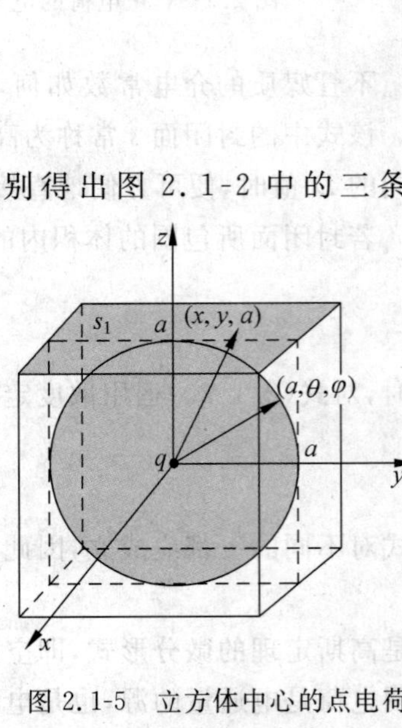

图 2.1-5　立方体中心的点电荷

故

$$\int_s \overline{D} \cdot \overline{ds} = \int_0^{2\pi} d\varphi \int_0^{\pi} \frac{q}{4\pi a^2} a^2 \sin\theta d\theta = \frac{q}{2} [-\cos\theta]_0^{\pi} = q$$

得证。

【解 2】 采用直角坐标，先求通过立方体上表面 s_1 的电通量。对该面上任意点有

$$\overline{D} = \hat{r} \frac{q}{4\pi r^2} = \overline{r} \frac{q}{4\pi r^3}, \quad \overline{r} = \hat{x} x + \hat{y} y + \hat{z} a$$

故

$$\begin{aligned}\int_{s_1} \overline{D} \cdot \overline{ds} &= \int_{-a}^{a} \int_{-a}^{a} \hat{r} \frac{q}{4\pi r^3} \cdot \hat{z} dx dy = \int_{-a}^{a} \int_{-a}^{a} \hat{r} \frac{qa}{4\pi (x^2 + y^2 + a^2)^{\frac{3}{2}}} dx dy \\ &= \frac{qa}{2\pi} \int_{-a}^{a} \frac{a dy}{(y^2 + a^2)(y^2 + 2a^2)^{\frac{1}{2}}} \\ &= \frac{qa^2}{2\pi} \frac{1}{a^2} \left(\frac{a^2}{2a^2 - a^2} \right)^{\frac{1}{2}} \arctan \left[y \sqrt{\frac{2a^2 - a^2}{a^2(2a^2 + y^2)}} \right]_{-a}^{a} = \frac{qa^2}{2\pi} \frac{2}{a^2} \frac{\pi}{6} = \frac{q}{6}\end{aligned}$$

同理，对其他五个面的积分也是 $\frac{q}{6}$，故

$$\int_s \overline{D} \cdot \overline{ds} = \frac{q}{6} \cdot 6 = q$$

得证。

例 2.1-3 如图 2.1-6 所示，同轴线的内外导体半径分别为 a 和 b。在内外导体间加电压 U，则内导体通过的电流为 I，外导体返回的电流为 $-I$。(a) 设内外导体上单位长度的带电量分别为 ρ_l 和 $-\rho_l$[①]，求内外导体间的 $\overline{D}$；设中间电介质的介电常数为 ε，求其 $\overline{E}$。(b) 内外导体间电压用 U 来表示，求 $\overline{E}$ 和最大值 E_M。(c) 若给定 $b=1.8\text{cm}$，应如何选择 a 以使同轴线承受的耐压最大？

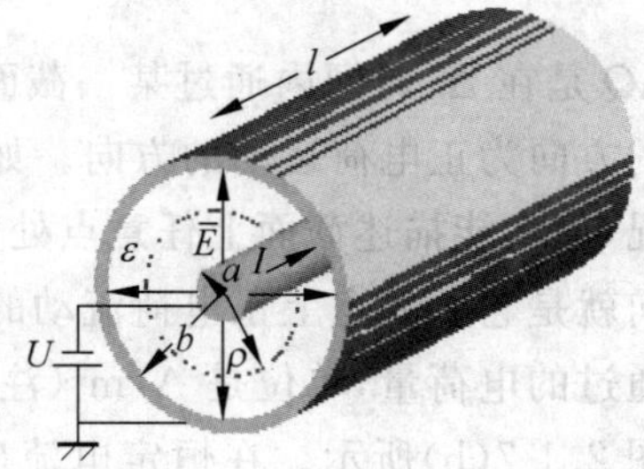

图 2.1-6　同轴线

【解】 (a) 介质层中的电场都沿径向 $\hat{\rho}$，垂直于内外导体表面，其大小沿圆周方向是轴对称的。应用高斯定理，取半径 ρ 长 l 的同轴圆柱为高斯面($a \leqslant \rho \leqslant b$)。作为封闭面，还应加上前后圆盘底面，但是它们与 $\overline{D}$ 相平行，因而没有通量穿过，不必考虑。于是

$$\int_s \overline{D} \cdot \overline{ds} = \overline{D} \cdot \hat{\rho} 2\pi\rho l = \rho_l l$$

所以

$$\overline{D} = \hat{\rho} \frac{\rho_l}{2\pi\rho}, \quad \overline{E} = \frac{\overline{D}}{\varepsilon} = \hat{\rho} \frac{\rho_l}{2\pi\varepsilon\rho}$$

(b)
$$U = \int_l \overline{E} \cdot \overline{dl} = \int_a^b \frac{\rho_l}{2\pi\varepsilon\rho} d\rho = \frac{\rho_l}{2\pi\varepsilon} \ln \frac{b}{a}$$ 得

① 在恒定电流情形下，在导体内某一点处，其流出的电荷必由后面流来的等量电荷所补充。电荷的定向流动形成电流，而这种流动正是导体内各点的一些电荷由另一些电荷代替的过程，这保证了电荷分布不随时间而变化。因此这种恒流电流的电场仍是静态场，可按静电场处理。

$$\bar{E} = \hat{\rho}\,\frac{U}{\rho\ln\dfrac{b}{a}}$$

同轴线内最大电场强度 E_M 发生于内导体表面处($\rho=a$),所以

$$E_M = \frac{U}{a\ln\dfrac{b}{a}}$$

(c) E_M 最大值发生于

$$\frac{dE_M}{da} = \frac{U}{\left(a\ln\dfrac{b}{a}\right)^2}\left(\ln\frac{b}{a}-1\right) = 0$$

得

$$\ln\frac{b}{a} = 1,\quad \frac{b}{a} = e$$

故

$$a = \frac{b}{e} = \frac{1.8}{2.718} = 0.662(\text{cm})$$

2.1.3 电流密度与电荷守恒定律

电荷的定向运动便形成电流。电流强度 I 定义为

$$I = \lim_{\Delta t\to 0}\frac{\Delta Q}{\Delta t} = \frac{dQ}{dt} \tag{2.1-23}$$

ΔQ 是在 Δt 时间内通过某一截面的电荷量。I 的单位是 A(安),它是标量,习惯上规定电流的方向为正电荷运动的方向。如图 2.1-7(a)所示,I 描述的是某一截面上电荷流动的总情况,但不能描述截面上任意点处电荷的流动情况。为此我们引入体电流密度矢量 $\bar{J}$,它的方向就是它所在点上正电荷流动的方向,其大小是在垂直于该方向的单位面积上,单位时间内通过的电荷量,单位是 A/m^2(注意,不是 A/m^3),如图 2.1-7(b)所示。在恒定电流(直流)情形下,导线的横截面上 J 是均匀的,故 $J=\dfrac{I}{A_0}(A/m^2)$,式中 A_0 为导线横截面面积(m^2)。

此外,在理想导体中,电流集中在导体表面附近极薄的薄层内流动,如图 2.1-7(c)所示。对这种表面电流,我们引入面电流密度 $\bar{J}_s$,其大小为单位时间内垂直通过单位宽度的电荷量,单位是 A/m(不是 A/m^2)。在该图中,$J_s=\dfrac{I}{w}$(A/m),式中 w 是导体表面的宽度;对半径为 a 的理想导体圆柱表面,相当于 $w=2\pi a$(m)。

由于导体中存在大量的自由电荷,当存在电场时,这些自由电荷在电场的作用下,就会形成电流。在简单导电媒质中,任意点的体电流密度 $\bar{J}$ 与该点

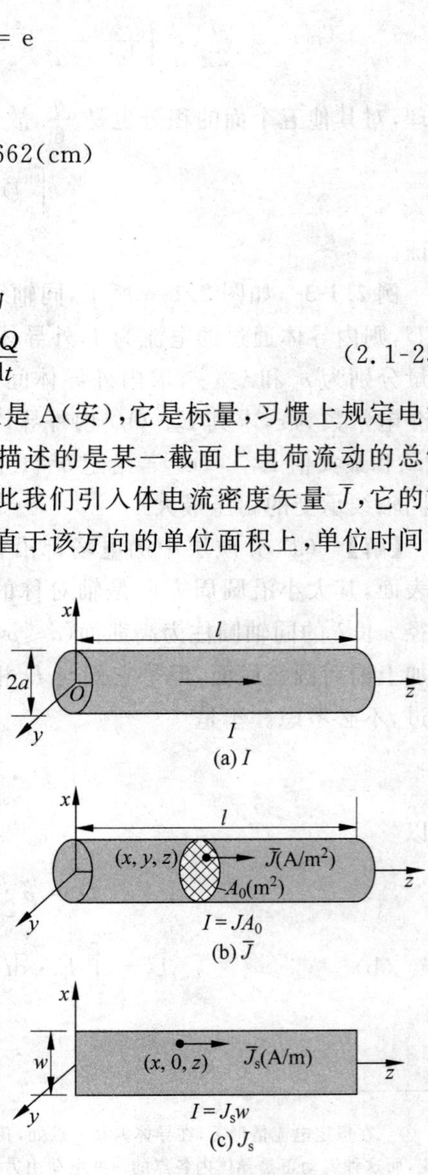

图 2.1-7 电流密度的定义

的电场强度 $\bar{E}$ 有如下本构关系：

$$\bar{J}=\sigma\bar{E} \tag{2.1-24}$$

式中 σ 为导电媒质的电导率，单位是 S/m（西/米，S=1/Ω）。用此式计算图 2.1-7(a)中长为 l 的导线段两端的电位差，设其通过电流为直流 I，得

$$U=\int_l \bar{E}\cdot\overline{\mathrm{d}l}=\int_0^l \frac{\bar{J}}{\sigma}\cdot\overline{\mathrm{d}l}=\frac{J}{\sigma}l=\frac{I}{\sigma A_0}l=IR \tag{2.1-25}$$

式中 $R=\dfrac{l}{\sigma A_0}(\Omega)$ 为导线电阻值，它与线长成正比，与截面积成反比，并与材料的电导率成反比，也即与其电阻率（$\rho_c=1/\sigma$）成正比。式(2.1-25)首先由乔治·欧姆（George S. Ohm，德）于 1826 年由实验导出，称为欧姆定律；式(2.1-24)就是欧姆定律的微分形式。

实验表明，电荷是守恒的，既不能被创造，也不能被消灭，它只能从一个物体转移到另一个物体。也就是说，在任何电磁过程中，电荷的代数和总是保持不变的，这就是电荷守恒定律。迈克尔·法拉第已在 1843 年用实验证实了这一定律。

若在体电流密度 $\bar{J}$ 所分布的空间内取一封闭面 s，它包围的体积为 v，则通过 s 面的总电流为 $\oint_s \bar{J}\cdot\overline{\mathrm{d}s}$(A)。它是单位时间内流出 s 面的电荷量，应等于体积 v 内每单位时间所减少的电荷量 $-\mathrm{d}Q/\mathrm{d}t$，即

$$\oint_s \bar{J}\cdot\overline{\mathrm{d}s}=-\frac{\mathrm{d}Q}{\mathrm{d}t} \tag{2.1-26}$$

此式称为电流连续性方程，它是电荷守恒定律的数学表达式。

设体积 v 内体电荷密度为 ρ_v，则上式可化为

$$\oint_s \bar{J}\cdot\overline{\mathrm{d}s}=-\frac{\mathrm{d}}{\mathrm{d}t}\int_v \rho_v \mathrm{d}v \tag{2.1-27}$$

若将上式中体积 v 扩展为整个空间 v_∞，则 s 为无限大界面 s_∞，其中 $\bar{J}$ 为零，使左边面积为零，于是有

$$\frac{\mathrm{d}}{\mathrm{d}t}\int_{v_\infty} \rho_v \mathrm{d}v=0 \tag{2.1-28}$$

此式说明整个空间的总电荷是守恒的。

对于静止体积 v，式(2.1-27)可写为

$$\oint_s \bar{J}\cdot\overline{\mathrm{d}s}=-\int_v \frac{\partial\rho_v}{\partial t}\mathrm{d}v$$

对上式左边应用散度定理，得

$$\int_v \nabla\cdot\bar{J}\mathrm{d}v=-\int_v \frac{\partial\rho_v}{\partial t}\mathrm{d}v$$

此式对任意选择的 v 都成立，故有

$$\nabla\cdot\bar{J}=-\frac{\partial\rho_v}{\partial t} \tag{2.1-29}$$

这是电流连续性方程的微分形式，说明任意点体电流密度的散度就等于该点处体电荷密度随时间的减小率。

2.1.4　毕奥-萨伐定律与磁通密度

下面复习恒定电流的磁场，本节中的场源是电流元，相当于静电场中的点电荷。

若真空中有两个电流回路 l 和 l'，分别用 $I\,\overline{\mathrm{d}l}$ 和 $I'\,\overline{\mathrm{d}l'}$ 表示两个回路的电流元，如图 2.1-8 所示，则 l' 对 l 的作用力为

$$\overline{F}=\frac{\mu_0}{4\pi}\oint_l\oint_{l'}\frac{I\,\overline{\mathrm{d}l}\times(I'\,\overline{\mathrm{d}l'}\times\hat{R})}{R^2}\qquad(2.1\text{-}30)$$

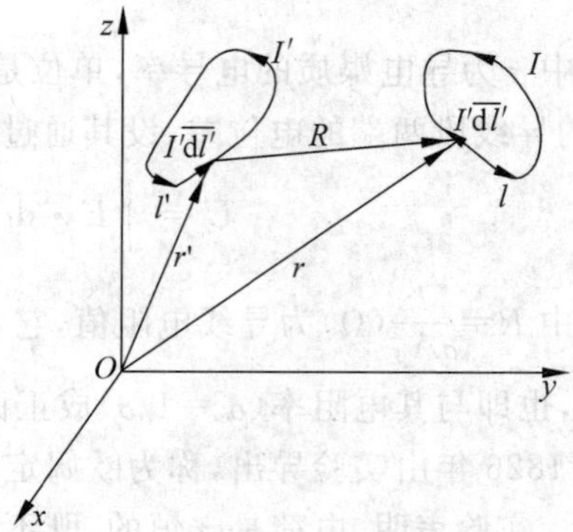

图 2.1-8　两个载流回路间的作用力

$\overline{R}$ 是由电流元 $I'\,\overline{\mathrm{d}l'}$ 指向 $I\,\overline{\mathrm{d}l}$ 的距离矢量，$\overline{R}=\overline{r}-\overline{r'}$，$\hat{R}=\overline{R}/R$，$R=|\overline{r}-\overline{r'}|=[(x-x')^2+(y-y')^2+(z-z')^2]^{\frac{1}{2}}$；$\mu_0$ 是真空的磁导率：

$$\mu_0=4\pi\times10^{-7}\quad(\mathrm{H/m})\qquad(2.1\text{-}31)$$

式(2.1-30)是安德烈·安培(Andre M. Ampere，法)在 1820 年从大量实验中总结出来的，称为安培磁力定律。该定律也可直接取上式中的微分元来表示，即电流元 $I'\,\overline{\mathrm{d}l'}$ 作用在电流元 $I\,\overline{\mathrm{d}l}$ 上的力为

$$\overline{\mathrm{d}F}=\frac{\mu_0}{4\pi}\frac{I\,\overline{\mathrm{d}l}\times(I'\,\overline{\mathrm{d}l'}\times\hat{R})}{R^2}\qquad(2.1\text{-}32)$$

上述力反映了两段运动电荷之间的作用力，这个力与库仑力相似，也具有与距离平方成反比的关系。但是，该力并不能由库仑定律得出，因此是有别于库仑力的另一种力，称为磁力或磁场力。

为描述磁场力，可将式(2.1-32)改写为

$$\overline{\mathrm{d}F}=I\,\overline{\mathrm{d}l}\times\overline{\mathrm{d}B},\quad\overline{\mathrm{d}B}=\frac{\mu_0}{4\pi}\frac{I'\,\overline{\mathrm{d}l'}\times\hat{R}}{R^2}\qquad(2.1\text{-}33)$$

从而得

$$\overline{F}=\oint_l I\,\overline{\mathrm{d}l}\times\overline{B}\qquad(2.1\text{-}34)$$

$$\overline{B}=\frac{\mu_0}{4\pi}\oint_{l'}\frac{I'\,\overline{\mathrm{d}l'}\times\hat{R}}{R^2}=\frac{\mu_0}{4\pi}\oint_{l'}\frac{I'\,\overline{\mathrm{d}l'}\times\overline{R}}{R^3}\qquad(2.1\text{-}35)$$

式(2.1-33)表明，矢量 $\overline{B}$ 可看作是电流回路 l' 作用于单位电流元($Il=1\mathrm{A\cdot m}$)的磁场力。因此它是表征电流回路 l' 在其周围建立的磁场特性的一个物理量，称为磁通(量)密度或磁感应强度。由式(2.1-34)可知，$\overline{B}$ 的单位是 $\frac{\mathrm{N}}{\mathrm{A\cdot m}}=\frac{\mathrm{V\cdot s}}{\mathrm{m^2}}=\frac{\mathrm{Wb}}{\mathrm{m^2}}=\mathrm{T}$(特斯拉)。

式(2.1-35)是毕奥(J. B. Biot，法)和萨伐(F. Savart，法)二人首先于 1820 年独立地基于磁针实验提出的，称为毕奥-萨伐定律。若电流分布在体积 v 内，其体电流密度为 $\overline{J}$，则可将横截面面积为 $\mathrm{d}s'$ 的电流管上的电流看成 I'，即 $I'\,\overline{\mathrm{d}l'}=\overline{J}\mathrm{d}s'\mathrm{d}l'=\overline{J}\mathrm{d}v'$。这时式(2.1-35)可写为

$$\overline{B}=\frac{\mu_0}{4\pi}\int_v\frac{\overline{J}(\overline{r'})\times\overline{R}}{R^3}\mathrm{d}v'\qquad(2.1\text{-}36)$$

根据式(2.1-34)，磁通密度为 $\overline{B}$ 的磁场对电流元 $I\,\overline{\mathrm{d}l}$ 的作用力为(见图 2.1-9)

$$\overline{F}=I\,\overline{\mathrm{d}l}\times\overline{B}$$

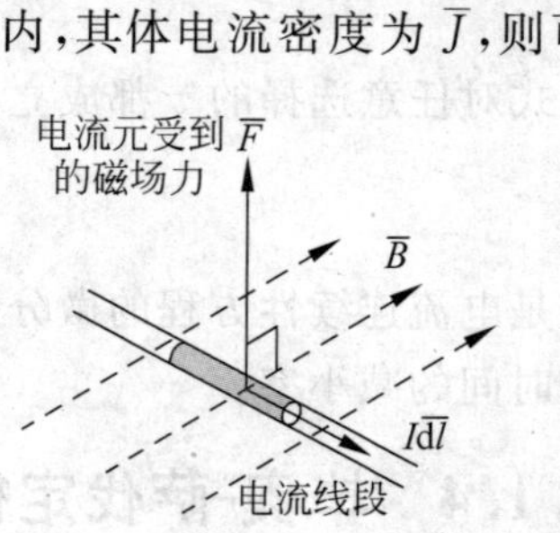

图 2.1-9　电流元受到的磁场力

或用运动速度为 $\bar{v}$ 的电荷 Q 来表示，设载流细导线截面积为 A_0，则 $I\,\overline{\mathrm{d}l}=\bar{J}A_0\mathrm{d}l=\rho_v\bar{v}A_0\mathrm{d}l=Q\bar{v}$，故

$$\bar{F}=Q\bar{v}\times\bar{B}$$

对于点电荷 q，上式变成

$$\bar{F}=q\bar{v}\times\bar{B} \tag{2.1-37}$$

往往就将此式作为 $\bar{B}$ 的定义式。点电荷 q 在静电场中所受的电场力为 $q\bar{E}$，因此，当点电荷 q 以速度 $\bar{v}$ 在静止电荷和电流附近移动时，它所受的总力为

$$\bar{F}=q(\bar{E}+\bar{v}\times\bar{B}) \tag{2.1-38}$$

这就是著名的洛伦茨[荷](Hendrik A. Lorentz)力公式，其正确性已为实验所证实。

例 2.1-4　如图 2.1-10 所示，长 $2l$ 的直导线上流过电流 I。求电流元 $I\mathrm{d}z'$ 和此直导线在真空中 P 点的磁通密度。

【解】　采用柱坐标，电流 $I\mathrm{d}z'$ 到 P 点的距离矢量是

$$\bar{R}=\hat{\rho}\rho+\hat{z}(z-z'),\quad R=[\rho^2+(z-z')^2]^{\frac{1}{2}}$$

$$\overline{\mathrm{d}l'}\times\bar{R}=\hat{z}\mathrm{d}z'\times[\hat{\rho}\rho+\hat{z}(z-z')]=\hat{\varphi}\rho\,\mathrm{d}z'$$

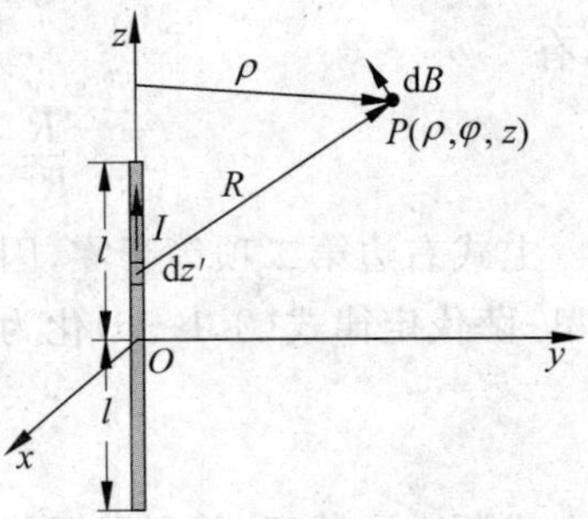

图 2.1-10　载流直导线

代入式(2.1-34)得

$$\overline{\mathrm{d}B}=\hat{\varphi}\frac{\mu_0}{4\pi}\frac{I\rho\mathrm{d}z'}{R^2}=\hat{\varphi}\frac{\mu_0 I\mathrm{d}z'}{4\pi R^2}\sin\theta \tag{2.1-39}$$

$$\bar{B}=\hat{\varphi}\frac{\mu_0 I}{4\pi}\int_{-l}^{l}\frac{\rho\,\mathrm{d}z'}{[\rho^2+(z-z')^2]^{\frac{3}{2}}}$$

$$=\hat{\varphi}\frac{\mu_0 I}{4\pi\rho}\left[\frac{l-z}{\sqrt{\rho^2+(z-l)^2}}+\frac{l+z}{\sqrt{\rho^2+(z+l)^2}}\right]$$

若 $z=0$，则

$$\bar{B}=\hat{\varphi}\frac{\mu_0 I}{2\pi\rho}\frac{l}{\sqrt{\rho^2+l^2}}$$

对无限长直导线，$l\to\infty$，有

$$\bar{B}=\hat{\varphi}\frac{\mu_0 I}{2\pi\rho} \tag{2.1-40}$$

可见，电流产生的磁场方向都在环绕电流的圆周方向，其大小与径向距离成反比。

例 2.1-5　电流环半径为 a，电流为 I，位于 $z=0$ 平面，如图 2.1-11 所示。求其轴线上点 $P(0,0,d)$处的磁通密度。

【解】　由式(2.1-34)得

$$\bar{B}=\frac{\mu_0}{4\pi}\oint_{l'}\frac{I\,\overline{\mathrm{d}l'}\times\hat{R}}{R^2}$$

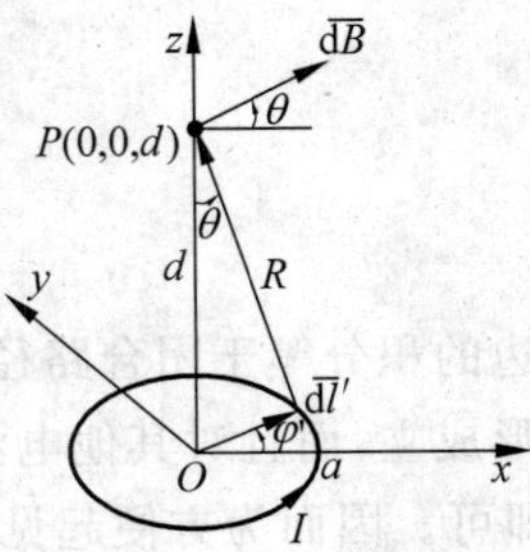

图 2.1-11　电流环的磁场

由于 $\overline{\mathrm{d}l'}=\hat{\varphi}\,a\,\mathrm{d}\varphi'$ 与 $\hat{R}$ 处处正交，故 $|\overline{\mathrm{d}l'}\times\hat{R}|=a\mathrm{d}\varphi'$，$\overline{\mathrm{d}B}$ 方向如图 2.1-11 所示。又因电流分布对轴线上的场点具有对称性，当 φ' 积分一周时，$\overline{\mathrm{d}B}$ 的径向分量将相互抵消，而只有沿 z 轴的分量，从而得

$$\overline{B}=\hat{z}B_z=\hat{z}\frac{\mu_0}{4\pi}\int_0^{2\pi}\frac{Ia\,d\varphi'}{R^2}\sin\theta=\hat{z}\frac{\mu_0}{4\pi}\int_0^{2\pi}\frac{Ia^2\,d\varphi'}{(a^2+d^2)^{\frac{3}{2}}}=\hat{z}\frac{\mu_0 Ia^2}{2(a^2+d^2)^{\frac{3}{2}}}$$

当 $d=0$ 时,上式简化为

$$\overline{B}=\hat{z}\frac{\mu_0 I}{2a}$$

上述结果表明,电流环的磁场与长直导线电流的磁场相比有集中的趋势,电流环直径越小,磁场越集中,场强越大。若采用由 $N\gg1$ 匝电流环构成的螺线管,其轴向磁场必将进一步加强。

2.1.5 磁通连续性原理与安培环路定律及磁场强度

利用式(1.4-18),$\nabla\left(\frac{1}{R}\right)=-\frac{\overline{R}}{R^3}$,和矢量恒等式(1.3-8),$\nabla\times(\phi\overline{A})=\nabla\phi\times\overline{A}+\phi\,\nabla\times\overline{A}$,有

$$\overline{J}\times\frac{\overline{R}}{R^3}=\nabla\left(\frac{1}{R}\right)\times\overline{J}=\nabla\times\left(\frac{\overline{J}}{R}\right)-\frac{1}{R}\nabla\times\overline{J}$$

上式右边第二项等于零,因为,$\overline{J}$ 是源点($\overline{r'}$)的函数,而∇算子是对场点($\overline{r}$)求导。于是毕奥-萨伐定律式(2.1-36)化为

$$\overline{B}=\frac{\mu_0}{4\pi}\nabla\times\int_v\frac{\overline{J}(\overline{r'})}{R}dv'$$

对上式两边取散度,并利用恒等式$\nabla\cdot(\nabla\times\overline{A})=0$,得

$$\nabla\cdot\overline{B}=0 \tag{2.1-41}$$

把上式在体积 v 内积分,并利用散度定理$\int_v\nabla\cdot\overline{A}dv=\oint_s\overline{A}\cdot\overline{ds}$,得

$$\oint_s\overline{B}\cdot\overline{ds}=0 \tag{2.1-42}$$

上两式分别是磁通连续性原理的微分形式和积分形式。它表明磁场是无散场即管形场,穿过任一封闭面的磁通量恒等于零。可见磁力线总是闭合的。这样,闭合的磁力线穿进封闭面多少条,也必然要穿出同样多的条数。历史上,安培在提出安培磁力定律后,最先总结出磁通连续性原理。

对于无限长的载流直导线,若以 ρ 为半径绕其一周积分 $\overline{B}$,由式(2.1-40)知

$$\oint_l\overline{B}\cdot\overline{dl}=\oint_l\hat{\varphi}\frac{\mu_0 I}{2\pi\rho}\cdot\hat{\varphi}\rho\,d\varphi=\mu_0 I$$

或

$$\oint_l\frac{\overline{B}}{\mu_0}\cdot\overline{dl}=I \tag{2.1-43}$$

左边的积分等于闭合路径 l 所包围的电流 I,而与媒质参数无关。这一关系不仅对上述特殊情形成立,而且对其他电流分布情况也成立。在简单媒质中,只要将 μ_0 换以媒质的磁导率 μ 即可。因而为方便起见,引入矢量 $\overline{H}$。对于简单媒质,$\overline{H}$ 定义为

$$\overline{H}=\frac{\overline{B}}{\mu}\quad(\text{A/m}) \tag{2.1-44}$$

$\overline{H}$ 称为磁场强度,μ 是媒质的磁导率,在真空中 $\mu=\mu_0$。于是

$$\oint_l \overline{H} \cdot \overline{\mathrm{d}l} = I \tag{2.1-45}$$

这一关系最先由安培在 1823 年基于实验提出，故称为安培环路定律。它表明，磁场强度 $\overline{H}$ 沿闭合路径的线积分等于该路径所包围的电流 I。这里的 I 应理解为传导电流的代数和。利用此定律可方便地计算一些具有对称特征的磁场分布(如习题 2.1-4)。

把式(2.1-45)两边都化为面积分，则有

$$\int_s (\nabla \times \overline{H}) \cdot \overline{\mathrm{d}s} = \int_s \overline{J} \cdot \overline{\mathrm{d}s}$$

因为 s 面是任意取的，所以必有

$$\nabla \times \overline{H} = \overline{J} \tag{2.1-46}$$

这是安培环路定律的微分形式，它说明磁场存在着旋涡源 $\overline{J}$。安培环路定律也可由毕奥-萨伐定律导出(参见参考文献[1])。

例 2.1-6　载流直长导线穿过一正方形框的中心，并与框面相垂直，如图 2.1-12 所示。请沿方框计算磁场强度的闭合路径积分，验证安培环路定律。

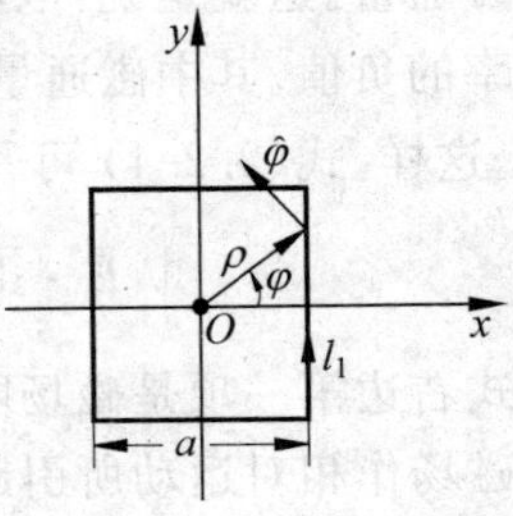

图 2.1-12　绕载流导线的正方形线框

【解】　设载流直导线上电流为 I，则在 l_1 上任意点处，其磁场为

$$\overline{H} = \hat{\varphi} \frac{I}{2\pi\rho}$$

由附录 A 中表 A-1 知

$$\hat{\varphi} = -\hat{x}\sin\varphi + \hat{y}\cos\varphi$$

$$\cos\varphi = \frac{a/2}{\rho}, \quad \rho = \left[\left(\frac{a}{2}\right)^2 + y^2\right]^{\frac{1}{2}}$$

故

$$\int_{l_1} \overline{H} \cdot \overline{\mathrm{d}l} = \int_{-\frac{a}{2}}^{\frac{a}{2}} \hat{\varphi} \frac{I}{2\pi\rho} \cdot \hat{y}\mathrm{d}y = \int_{-\frac{a}{2}}^{\frac{a}{2}} \frac{Ia}{4\pi} \frac{\mathrm{d}y}{\left[\left(\frac{a}{2}\right)^2 + y^2\right]}$$

$$= \frac{Ia}{4\pi} \cdot \frac{2}{a} \left[\arctan\frac{2y}{a}\right]_{-\frac{a}{2}}^{\frac{a}{2}} = \frac{I}{2\pi}\left[\frac{\pi}{4} + \frac{\pi}{4}\right] = \frac{I}{4}$$

于是

$$\int_l \overline{H} \cdot \overline{\mathrm{d}l} = 4\int_{l_1} \overline{H} \cdot \overline{\mathrm{d}l} = I$$

得证。

2.2　法拉第电磁感应定律和全电流定律

2.2.1　法拉第电磁感应定律

上节复习了静电场和静磁场(恒定磁场)的一些基本定律和 $\overline{E}$、$\overline{D}$、$\overline{B}$、$\overline{H}$ 四个基本场矢量及电流密度的定义。静态的电场和磁场的场源分别是静止的电荷和等速运动的电荷(恒定电流)。它们是相互独立的，二者的场之间没有联系。但是，随时间变化的电场和磁场是相互关联的。这首先由自学成才的迈克尔·法拉第(图 2.2-1)在 1831 年通过多次实验观

察到。他发现，导线回路所交链的磁通量随时间改变时，回路中将感应起电动势，而且感应电动势正比于磁通的变化率。楞次(H. E. Lenz，俄)定律指出了感应电动势的极性，即它在回路中引起的感应电流的方向是使它所产生的磁场阻碍磁通的变化。这两个结果的结合就是法拉第电磁感应定律，其数学表达式为

Michael Faraday
(1791—1867)

图 2.2-1　迈克尔·法拉第

$$\varepsilon = -\frac{d\Psi_m}{dt} \tag{2.2-1}$$

式中 $\varepsilon = \oint_l \overline{E} \cdot \overline{dl}$ 代表回路所感应的电动势，其正向即 l 的方向(使回路所包面积在其左侧)；$\Psi_m = \int_s \overline{B} \cdot \overline{ds}$ 代表回路所交链的磁通量。这就是说，电场强度沿任一闭合路径的线积分等于该路径所交链的磁通量时间变化率的负值。其中磁通量的变化可以是由于磁场随时间的变化，也可以是由于回路自身的运动。这样，式(2.2-1)可写成

$$\oint_l \overline{E} \cdot \overline{dl} = -\frac{d}{dt}\int_s \overline{B} \cdot \overline{ds} = -\int_s \frac{\partial \overline{B}}{\partial t} \cdot \overline{ds} + \oint_l (\overline{v} \times \overline{B}) \cdot \overline{dl} \tag{2.2-2}$$

上式右边第一项是磁场随时间变化在回路中"感生"的电动势；第二项是导体回路以速度 $\overline{v}$ 对磁场作相对运动所引起的"动生"电动势。

第二项的得出可参看图 2.2-2。在恒定磁场 $\overline{B}$ (垂直于纸面)中，矩形导线回路 l 的 ab 边以速度 $\overline{v}$ 滑动，则 ab 边中的自由电荷 q 将受洛伦茨力 $\overline{F} = q\overline{v} \times \overline{B}$ 的作用而产生动生电动势。其动生场强为

$$\overline{E}_v = \frac{\overline{F}}{q} = \overline{v} \times \overline{B}$$

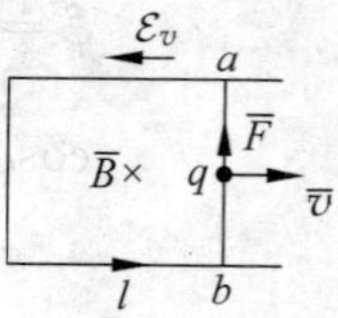

图 2.2-2　动生电动势

故动生电动势为

$$\varepsilon_v = \oint_l \overline{E}_v \cdot \overline{dl} = \oint_l (\overline{v} \times \overline{B}) \cdot \overline{dl}$$

此结果也正是发电机的工作原理。

应用斯托克斯定理，式(2.2-2)左边的线积分可化为面积分。同时，如果回路是静止的，则穿过回路的磁通量的改变只有由于 $\overline{B}$ 随时间变化所引起的项，因而得

$$\int_s (\nabla \times \overline{E}) \cdot \overline{ds} = -\int_s \frac{\partial \overline{B}}{\partial t} \cdot \overline{ds}$$

因为 s 是任意的，从而有

$$\nabla \times \overline{E} = -\frac{\partial \overline{B}}{\partial t} \tag{2.2-3}$$

这是法拉第电磁感应定律的微分形式。其意义是，随时间变化的磁场将激发电场。这导致极重要的应用。我们称该电场为感应电场，以区别于由电荷产生的库仑电场。库仑电场是无旋场，而感应电场是旋涡场。其旋涡源就是磁通的变化。

2.2.2　位移电流和全电流定律

至此，可将决定电场的基本方程和决定磁场的基本方程总结如下。对静止电荷产生的电场，有

$$\nabla\times\bar{E}=0 \tag{2.2-4}$$

$$\nabla\cdot\bar{D}=\rho_v \tag{2.2-5}$$

对恒定电流产生的磁场，有

$$\nabla\times\bar{H}=\bar{J} \tag{2.2-6}$$

$$\nabla\times\bar{B}=0 \tag{2.2-7}$$

对随时间变化的磁场产生的电场，有

$$\nabla\times\bar{E}=-\frac{\partial\bar{B}}{\partial t} \tag{2.2-8}$$

此外，已有联系电荷与电流关系的电流连续性方程：

$$\nabla\cdot\bar{J}=-\frac{\partial\rho_v}{\partial t} \tag{2.2-9}$$

现在的目的是从中总结出既适合静态场又适合时变场的普遍规律。考虑到法拉第电磁感应定律，在时变场中其电场和磁场是相互联系的，因此普遍形式的基本方程应由决定电场的旋度方程和散度方程与决定磁场的旋度方程和散度方程这样四个方程一起组成。先考察电场的旋度方程，对时变场为式(2.2-8)，而对静态场为式(2.2-4)。考虑到对静态场$\partial\bar{B}/\partial t=0$，因而式(2.2-8)可作为普遍形式应用，这时左边的 $\bar{E}$ 推广为 $\bar{E}_i$(induced，感应电场)$+\bar{E}_q$(库仑电场)。

由高斯定理所反映的电通密度的散度方程(2.2-5)是对库仑电场 $\bar{D}_q$ 导出的。对于感应电场，它不是起源于电荷，取 $\rho_v=0$，此时有$\nabla\cdot\bar{D}_i=0$，并不影响式(2.2-5)的成立。这样它也可作为普遍形式应用，即将其中 $\bar{D}$ 推广为$\bar{D}_i+\bar{D}_q$。

作为磁通连续性原理的式(2.2-7)是对恒定电流的磁场导出的。在普遍情形下是否成立呢？我们对法拉第电磁感应定律式(2.2-8)两边取散度，得

$$\nabla\cdot(\nabla\times\bar{E})=-\nabla\cdot\frac{\partial\bar{B}}{\partial t}=-\frac{\partial}{\partial t}\nabla\cdot\bar{B}$$

因$\nabla\cdot(\nabla\times\bar{E})=0$，所以

$$\frac{\partial}{\partial t}\nabla\cdot\bar{B}=0$$

这表明$\nabla\cdot\bar{B}$ 与时间无关。而在初始时刻$\nabla\cdot\bar{B}$ 处处为零，因而在任何时刻仍有$\nabla\cdot\bar{B}=0$。因此式(2.2-8)对时变磁场也成立，可以作为普遍形式应用，这时 $\bar{B}$ 推广为 $\bar{B}_i+\bar{B}_q$。

最后，我们来考察式(2.2-6)。对此式两边取散度，有

$$\nabla\cdot(\nabla\times\bar{H})=0=\nabla\cdot\bar{J} \tag{2.2-10}$$

这里$\nabla\cdot\bar{J}$ 等于零，而根据电流连续性方程式(2.2-9)，它应等于$-\partial\rho_v/\partial t$。对于静态场，$\partial\rho_v/\partial t=0$，因而关系成立；但对时变场，应有式(2.2-9)关系。麦克斯韦首先注意到这一矛盾，他考虑到反映电荷守恒定律的电流连续性方程必须成立，而提出把$\partial\rho_v/\partial t$ 加到式(2.2-10)的右边：

$$\nabla\cdot(\nabla\times\bar{H})=0=\nabla\cdot\bar{J}+\frac{\partial\rho_v}{\partial t} \tag{2.2-11}$$

再应用式(2.2-5)，有

$$\nabla\cdot(\nabla\times\bar{H})=\nabla\cdot\left(\bar{J}+\frac{\partial\bar{D}}{\partial t}\right)$$

由此得

$$\nabla\times\overline{H}=\overline{J}+\frac{\partial\overline{D}}{\partial t} \tag{2.2-12}$$

这样,如对两边取散度,便有式(2.1-11),即式(2.1-9),因此它对时变场符合电荷守恒定律；而对静态场,$\partial\overline{D}/\partial t=0$,仍有式(2.2-6)及静态场的电流连续性方程$\nabla\cdot\overline{J}=0$。因此式(2.2-12)是既适用于静态场又适用于时变场的普遍形式基本方程。

式(2.2-12)与式(2.2-6)的不同是引入了附加项$\partial\overline{D}/\partial t$。$\partial\overline{D}/\partial t$的量纲是$(\mathrm{C/m^2})/\mathrm{s}=\mathrm{A/m^2}$(安/米²),即具有(体)电流密度的量纲,故称为位移电流密度(displacement current density)$\overline{J}_d$,即

$$\overline{J}_d=\frac{\partial\overline{D}}{\partial t} \tag{2.2-13}$$

位移电流的引入是詹姆斯·麦克斯韦的重大贡献之一。式(2.2-12)便称为安培-麦克斯韦全电流定律。它的重大意义是除传导电流外,时变电场也将激发磁场。对式(2.2-12)两边作面积分,并对左边应用斯托克斯定理,便得到其积分形式:

$$\oint_l\overline{H}\cdot\overline{dl}=\int_s\left(\overline{J}+\frac{\partial\overline{D}}{\partial t}\right)\cdot\overline{ds} \tag{2.2-14}$$

它说明:磁场强度沿任意闭合路径的线积分等于该路径所包曲面上的全电流。

2.2.3 全电流连续性原理

位移电流的引入扩大了电流的概念。平常所说的电流有两种。在导体中,它就是自由电子的定向运动,称为传导电流。设导电媒质的电导率为σ(S/m),其传导电流密度就是$\overline{J}_c=\sigma\overline{E}$。此外,在真空或气体中,带电粒子的定向运动也形成电流(如显像管中的电子束),称为运流电流。设电荷运动速度为$\overline{v}$,则运流电流密度为$\overline{J}_v=\rho_v\overline{v}$。位移电流并不代表电荷的运动,这是与上述电流不同的。位移电流密度$\overline{J}_d$代表电通密度的时间变化率。它不但具有电流密度的量纲,而且能激发磁场。就这一意义上说,它与传导电流和运流电流是等效的。因而称传导电流、运流电流和位移电流三者之和为全电流。即有

$$\overline{J}_t=\overline{J}_c+\overline{J}_v+\overline{J}_d \tag{2.2-15}$$

可见式(2.2-12)中的$\overline{J}$应包括$\overline{J}_c$和$\overline{J}_v$二者。但是,$\overline{J}_c$和$\overline{J}_v$分别存在于不同媒质中。通常研究的情形都是$\sigma\neq0$的固体导电媒质,此时只有$\overline{J}_c$而不含有$\overline{J}_v$,则$\overline{J}$就是指$\overline{J}_c$。

对式(2.2-15)两边取散度知,

$$\nabla\cdot(\overline{J}_c+\overline{J}_v+\overline{J}_d)=0 \tag{2.2-16}$$

对任意封闭面s有

$$\oint_s(\overline{J}_c+\overline{J}_v+\overline{J}_d)\cdot\overline{ds}=\int_v\nabla\cdot(\overline{J}_c+\overline{J}_v+\overline{J}_d)\mathrm{d}v=0$$

即

$$I_c+I_v+I_d=0 \tag{2.2-17}$$

此式说明,穿过任一封闭面的各类电流之和恒为零。这就是全电流连续性原理。将它应用于只有传导电流的回路中,得知节点处传导电流的代数和为零(流出的电流取正号,流入取负号)。这就是基尔霍夫(Gustav R. Kirchhoff,德)电流定律:$\sum I=0$。

例 2.2-1　一块雷云带负电，并在地面上感应出大量的正电荷，使雷云与大地之间形成 $E=20\text{kV/cm}$ 的电场。当雷云与地面间发生闪电时，在 $15\mu\text{s}$ 内将雷云上的电荷全部放走。求此时云下空间的位移电流密度 J_d 及其指向。

【解】　$J_d=\dfrac{\partial D}{\partial t}=\varepsilon_0\dfrac{\Delta E}{\Delta t}=8.854\times10^{-12}\times\dfrac{-20\times10^6}{15\times10^{-6}}=-11.8(\text{A/m}^2)$

由于该变化率实际是负值，$\bar{J}_d$ 与 $\bar{E}$ 的方向相反，是由雷云指向地面。

例 2.2-2　设平板电容器两端加有时变(交流)电压 U，请推导通过电容器的电流 I 与 U 的关系。

【解】　参看图 2.2-3，平板面积为 A_0，间距为 d，板间介质的介电常数为 ε。由全电流连续性原理知，传导电流应等于两平板间的位移电流 I_d，故有

$$I=I_d=A_0J_d=A_0\frac{\partial D}{\partial t}=\varepsilon A_0\frac{\partial E}{\partial t}$$

设平板尺寸远大于其间距，则板间电场可视为均匀，即 $E=U/d$，从而得

$$I=\frac{\varepsilon A_0}{d}\frac{\partial U}{\partial t}\quad 或\quad I=C\frac{\partial U}{\partial t}\qquad(2.2\text{-}18)$$

式中 $C=\varepsilon A_0/d$ 为平板电容器的电容。

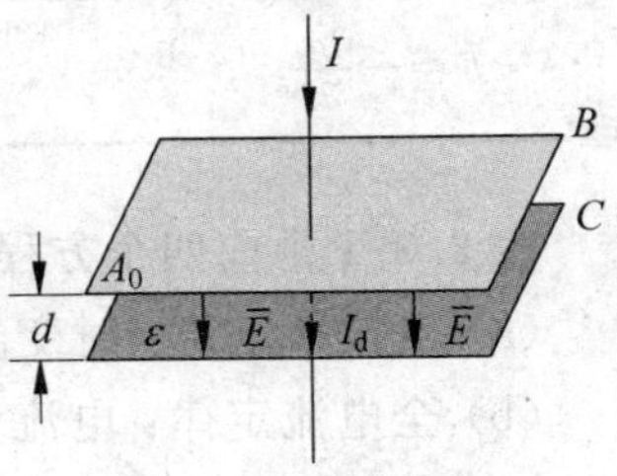

图 2.2-3　平板电容器

2.3　麦克斯韦方程组

2.3.1　麦克斯韦方程组的微分形式与积分形式

詹姆斯·麦克斯韦(图 2.3-1)在 1862 年提出位移电流的概念后，总结以往的电磁学实践和理论，在 1864 年 12 月发表了他的划时代著作《电磁场的动力学理论》(*A Dynamical Theory of Electromagnetic Field*)，提出了电磁场的普遍方程组，并预言了电磁波的存在和电磁波与光波的同一性。该方程组既适用于时变电磁场，也适用于静态场，是宏观电磁现象基本规律的正确总结。“真正的理论在世界上只有一种，就是从客观实际抽出来又在客观实际中得到了证明的理论”(毛泽东)。麦克斯韦方程组(简称麦氏方程组)正是这样的理论。相对论奠基人阿尔伯特·爱因斯坦(Albert Einstein，德/美)在他所著的《物理学演变》一书中说：“这个方程的提出是牛顿时代以来物理学上的一个重要事件，它是关于场的定量数学描述，方程所包含的意义比我们指出的要丰富得多。”

James Clerk Maxwell
(1831—1879)

图 2.3-1　詹姆斯·麦克斯韦

为了便于引用，现将麦克斯韦方程组的微分形式、积分形式一起列在表 2.3-1 中，表中也列出了电流连续性方程。值得强调的是，麦克斯韦方程组是基于四大实验定律(库仑定律、电荷守恒定律、安培环路定律和法拉第电磁感应定律)提出的，但麦克斯韦作了重大的发展。因此，表 2.3-1 中各方程与原先 2.1 节和 2.2.1 小节中的方程在形式上可能相同，而在实质上却已向前跨越了一大步。现在它们已推广成为既适用于静态场也适用于时变场的一切宏观电磁场的普遍方程。

表 2.3-1 麦克斯韦方程组和电流连续性方程

微分形式		积分形式	
$\nabla\times\bar{E}=-\dfrac{\partial\bar{B}}{\partial t}$	(a)	$\oint_l \bar{E}\cdot\overline{\mathrm{d}l}=-\int_s \dfrac{\partial\bar{B}}{\partial t}\cdot\overline{\mathrm{d}s}$	(a′)
$\nabla\times\bar{H}=\bar{J}+\dfrac{\partial\bar{D}}{\partial t}$	(b)	$\oint_l \bar{H}\cdot\overline{\mathrm{d}l}=\int_s\left(\bar{J}+\dfrac{\partial\bar{D}}{\partial t}\right)\cdot\overline{\mathrm{d}s}$	(b′)
$\nabla\cdot\bar{D}=\rho_v$	(c)	$\oint_s \bar{D}\cdot\overline{\mathrm{d}s}=Q$	(c′)
$\nabla\cdot\bar{B}=0$	(d)	$\oint_s \bar{B}\cdot\overline{\mathrm{d}s}=0$	(d′)
$\nabla\cdot\bar{J}=-\dfrac{\partial\rho_v}{\partial t}$	(e)	$\oint_s \bar{J}\cdot\overline{\mathrm{d}s}=-\dfrac{\mathrm{d}Q}{\mathrm{d}t}$	(e′)

表 2.3-1 中前四个方程的简称和物理意义如下。

(a) 法拉第定律：时变磁场将激发电场；

(b) 全电流定律：电流和时变电场都将激发磁场；

(c) 高斯定理：穿过任一封闭面的电通量等于该面所包围的自由电荷电量；

(d) 磁通连续性原理：穿过任一封闭面的磁通量恒等于零。

Heinrich Rudolf Hertz
(1857—1894)

图 2.3-2 海因里希·赫兹

把(a)和(b)结合起来便得出如下概念：时变磁场将激发时变电场，而时变电场又将激发时变磁场。这样，在电流和电荷都不存在的无源区中，时变磁场和时变电场相互激发，就会像水波一样一环一环地由近及远传播开去，在空间形成电磁波。基于这组方程，麦克斯韦导出了电磁波的波动方程，并发现电磁波的传播速度与光速是一样的。他进而推断，光也是一种电磁波，并预言可能存在与可见光不同的其他电磁波。这一著名预见后来在 1887 年由德国年轻学者海因里希·赫兹(Heinrich R. Hertz)(图 2.3-2)的实验所证实。这导致意大利工程师伽利尔摩·马可尼(Guglielmo Marconi)和俄罗斯物理学家亚历山大·斯塔帕诺维奇·波波夫(A. C. Popov)在 1895 年分别成功地进行了无线电报传送实验，开创了人类无线电应用的新纪元。由此也说明，**理论源于实践又指导实践，并经受实践的检验**。而探究麦氏普遍方程组及其创造性推论之得以提出，我们不难看到，这是麦克斯韦博士的创新精神、执着追求和科学的方法论及深厚的学识相结合的结果。

这里我们再利用一点篇幅来回顾一下当时的一段历史是有益的。当麦克斯韦电磁理论发表之后，当初并没有受到物理学界的普遍接受。但当时柏林大学物理学教授亥姆霍兹(H. von Helmhotz)十分重视。他在 1879 年提出有关验证麦氏理论的三个实验课题，作为普鲁士科学院有奖征答题，并建议他的学生赫兹参加。赫兹直到 1885 年到卡尔斯鲁厄(Karlsruhe)大学任物理学教授后，改善了实验室条件，才重新开展了电磁波实验，并在 1886 年至 1888 年期间取得突破。图 2.3-3 中示出了他当年所用的仪器。其电磁波发射器是电偶极子，它的两臂接到感应线圈两极。当它充电到一定程度，振子间隙被火花击穿，形成导电通路，产生约 $10^8\sim10^9$ 周/秒(波长约 8 米)的高频振荡，向外辐射电磁波。与此同时，探测器的圆形铜环的间隙中也出现了电火花，从而证实了电磁波的存在。赫兹所用的电偶极子也就成了人类历史上的第一副天线，又称为赫兹振子。后来他又做了几项进一步的实验。他把振子发出的电磁波正入射到前方的锌板上，使入射的电磁波与经锌板反射的电磁波相叠加，形成驻波，如图 2.3-3 所示，因而测出了电磁波的波长

λ。同时计算了振荡频率 f，从而由 $c=\lambda f$ 求得波的速度。其结果与光速非常接近，于是证实了电磁波以光速传播。此外，赫兹也作了多项理论研究。正是他和亥维赛[英]（Oliver Heaviside）把约二十年前麦克斯韦当初以直角坐标分量给出的 20 个标量电磁场方程组（包括本构关系）简化成四个矢量麦氏方程组。

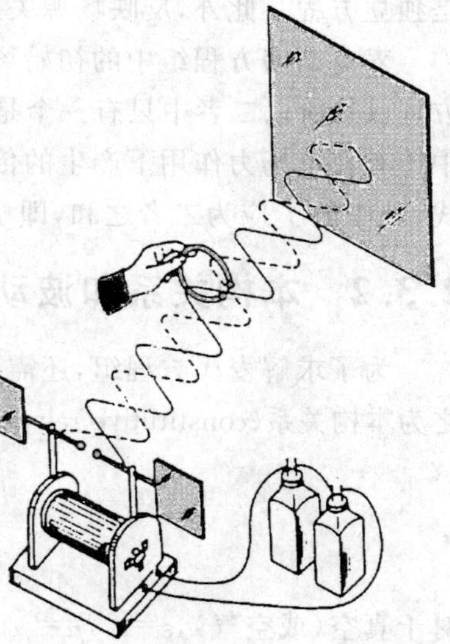

图 2.3-3　赫兹的电磁波实验

还要提及的是，麦克斯韦方程组揭示了自然界隐含的真理，它本身也表现了**自然界电磁现象的和谐美**。丰富多彩、气象万千的自然界是各种因素相互补充、彼此制约的和谐整体。因此，反映自然规律的理论也必然是简洁和谐的，给人以美的感受。这种科学美与艺术美一样是魅力无穷的，它是成功的科学杰作所必有的。

麦克斯韦方程组描述了电磁场的基本特性，给出了电场与磁场相互间的联系，也给出了电磁场与电流、电荷之间的关系。而电流与电荷相互间的联系由表 2.3-1 中电流连续性方程(e)给出；电磁场对电荷和电流的作用力由洛伦茨力公式(2.1-34)给出。这些方程一起构成了经典电动力学的基础。再加上艾萨克·牛顿[英]（Isaac Newton）第二定律，便可完全确定电磁场和带电粒子的宏观运动。麦克斯韦方程组在经典电动力学中所起的作用，正如同牛顿力学在经典力学中所起的作用。自然，科学上新的事实与原有理论之间的矛盾是不断出现的，并不断地推动着科学的进一步发展。麦克斯韦电磁理论用来描述宏观电磁运动的波动性是正确的，但是它未能反映后来发现的电磁运动的粒子性，不能解决电磁辐射与物质间的相互作用问题。20 世纪初光子的发现使人们认识到，光不仅具有波动性的一面，同时也具有粒子性的一面。从而现代又发展了量子电动力学。因此，**麦克斯韦电磁理论也是相对真理**。

麦氏方程组中的四个方程并不都是独立的。表 2.3-1 中两个散度方程(c)和(d)可由两个旋度方程(a)和(b)导出。例如，对式(b)取散度，得

$$\nabla\cdot\left(\bar{J}+\frac{\partial\bar{D}}{\partial t}\right)=0$$

将连续性方程(e)代入上式，有

$$-\frac{\partial\rho_v}{\partial t}+\frac{\partial}{\partial t}(\nabla\cdot\bar{D})=0$$

则

$$-\rho_v+\nabla\cdot\bar{D}=C\quad（常数）$$

由于 $t=0$ 时，$\rho_v=0$，处处 $\bar{D}=0$，故上式中 $C=0$，从而有式(c)。同理，对(a)取散度，得

$$\frac{\partial}{\partial t}(\nabla\cdot\bar{B})=0$$

则

$$\nabla\cdot\bar{B}=C\quad（常数）$$

由于 $t=0$ 时处处 $\bar{B}=0$，故上式中 $C=0$，从而得式(d)。因此，只有两个旋度方程(a)和(b)

是独立方程。此外,反映场源关系的电流连续性方程(e)也是独立方程。[①]

麦克斯韦方程组中的初始场源是 $\bar{J}$ 和 ρ_v。但是 $\bar{J}$ 和 ρ_v 是相关的,其关系式就是连续性方程(e),所以二者中只有一个是独立的,即只需已知二者之一。注意,若媒质 $\sigma\neq 0$,则媒质中还有在电场力作用下产生的传导电流密度 $\bar{J}_c=\sigma\bar{E}$。此处如有外加的场源电流密度 J_e,则式(b)中的 $\bar{J}$ 应为二者之和,即 $\bar{J}=\bar{J}_e+\bar{J}_c$。

2.3.2　本构关系和波动方程

为了求解麦氏方程组,还需要表达场矢量间相互关系的方程,它们与媒质特性有关,称之为本构关系(constitutive relationships)。对于简单媒质,本构关系是(接表 2.3-1 的序号):

$$\bar{D}=\varepsilon\bar{E} \tag{f}$$

$$\bar{B}=\mu\bar{H} \tag{g}$$

$$\bar{J}=\sigma\bar{E} \tag{h}$$

对于真空(或空气),$\varepsilon=\varepsilon_0$,$\mu=\mu_0$,$\sigma=0$。$\sigma=0$ 的介质称为理想介质,$\sigma=\infty$ 的导体称为理想导体,σ 介于二者之间的媒质统称为导电媒质。

以上提到的简单媒质,是指均匀、线性、各向同性的媒质。有关定义如下:

(1) 若媒质参数与位置无关,称为均匀(homogeneous)媒质;

(2) 若媒质参数与场强大小无关,称为线性(linear)媒质;

(3) 若媒质参数与场强方向无关,称为各向同性(isotropic)媒质;

(4) 若媒质参数与场强频率无关,称为非色散媒质;反之称为色散(dispersive)媒质。

利用式(f)、(g)、(h)关系后,表 2.3-1 中的式(a)～(d)化为

$$\nabla\times\bar{E}=-\mu\frac{\partial\bar{H}}{\partial t} \tag{2.3-1a}$$

$$\nabla\times\bar{H}=\bar{J}+\varepsilon\frac{\partial\bar{E}}{\partial t} \tag{2.3-1b}$$

$$\nabla\cdot\bar{E}=\rho_v/\varepsilon \tag{2.3-1c}$$

$$\nabla\cdot\bar{H}=0 \tag{2.3-1d}$$

这四个方程称为麦氏方程组的限定形式,因为它仅适用于特定的媒质。这时若给定场源 $\bar{J}$,则在两个独立方程(2.3-1a)和(2.3-1b)中,只有两个未知的场矢量 $\bar{E}$ 和 $\bar{H}$,因而可以解出。

我们来研究一种最简单的情形,即研究无源区域,且设媒质是理想的简单媒质。所谓无源,就是所研究区域内没有场源电流和电荷,即 $\bar{J}=0$,$\rho_v=0$。

为导出只含 $\bar{E}$ 的方程,可对式(2.3-1a)两端取旋度,其中 $\nabla\times\bar{H}$ 可用式(2.3-1b)代入。因此,首先对式(2.3-1a)两端取旋度,并利用附录 A 矢量恒等式(A-20)得

$$\nabla\times\nabla\times\bar{E}=\nabla(\nabla\cdot\bar{E})-\nabla^2\bar{E}=-\mu\frac{\partial}{\partial t}(\nabla\times\bar{H})$$

再将式(2.3-1b)和式(2.3-1c)代入上式,考虑到 $\bar{J}=0$,$\rho_v=0$,得

$$\nabla^2\bar{E}=\mu\varepsilon\frac{\partial^2\bar{E}}{\partial t^2}$$

即

---

① 如果将方程(c)也视为独立方程,则由方程(b)和(c)也可导出电流连续性方程(e),见习题 2.3-2。

$$\nabla^2 \bar{E} - \mu\varepsilon \frac{\partial^2 \bar{E}}{\partial t^2} = 0 \tag{2.3-2}$$

同样地，对式(2.3-1b)两边取旋度，可得

$$\nabla(\nabla \cdot \bar{H}) - \nabla^2 \bar{H} = \varepsilon \frac{\partial}{\partial t}(\nabla \times \bar{E})$$

再将式(2.3-1a)和式(2.3-1d)代入，即得

$$\nabla^2 \bar{H} - \mu\varepsilon \frac{\partial^2 \bar{H}}{\partial t^2} = 0 \tag{2.3-3}$$

式(2.3-2)和式(2.3-3)分别是 $\bar{E}$ 和 $\bar{H}$ 的齐次矢量波动方程。第 5 章中我们将看到，它们的解是一种电磁波动，其传播速度就是媒质中的光速 $v = 1/\sqrt{\mu\varepsilon}$。

研究简单媒质中的有源区域时，$\bar{J} \neq 0, \rho_v \neq 0$，由类似的推导得(习题 2.3-5)

$$\nabla^2 \bar{E} - \mu\varepsilon \frac{\partial^2 \bar{E}}{\partial t^2} = \mu \frac{\partial \bar{J}}{\partial t} + \nabla\left(\frac{\rho_v}{\varepsilon}\right) \tag{2.3-4}$$

$$\nabla^2 \bar{H} - \mu\varepsilon \frac{\partial^2 \bar{H}}{\partial t^2} = -\nabla \times \bar{J} \tag{2.3-5}$$

该两式称为 $\bar{E}$ 和 $\bar{H}$ 的非齐次矢量波动方程。其中场强与场源的关系相当复杂，因此通常都不直接求解这两个方程，而是引入下述位函数间接地求解 $\bar{E}$ 和 $\bar{H}$。

2.3.3　电磁场的位函数

引入位函数的主要目的是使对式(2.3-4)和式(2.3-5)的求解改为对较为简单的位函数方程的求解。在解出位函数后便可容易地得出场量 $\bar{E}$ 和 $\bar{H}$，如图 2.3-4 所示。这里间接法的积分要比直接法中积分容易得多，而由位函数求场量则只是简单的微分运算，从而使求解得到简化。下面就来介绍简单媒质中电磁场位函数的定义与方程。

由表 2.3-1 中的麦氏方程组式(d)知，$\nabla \cdot \bar{B} = 0$。由于 $\nabla \cdot (\nabla \times \bar{A}) = 0$，因而可引入下述矢量位函数 $\bar{A}$(简称矢位或磁矢位)：

$$\bar{B} = \nabla \times \bar{A} \tag{2.3-6}$$

即

$$\bar{H} = \frac{1}{\mu} \nabla \times \bar{A} \tag{2.3-7}$$

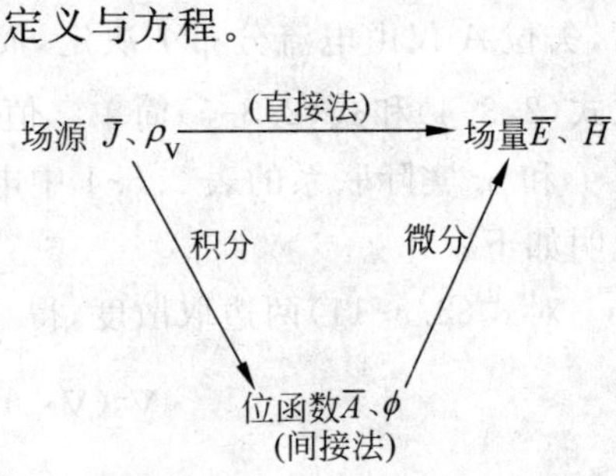

图 2.3-4　由场源求场的两种方法

而由表 2.3-1 中的麦氏方程组式(a)知，$\nabla \times \bar{E} + \frac{\partial \bar{B}}{\partial t} = 0$。把式(2.3-6)代入，得

$$\nabla \times \left(\bar{E} + \frac{\partial \bar{A}}{\partial t}\right) = 0$$

由于 $\nabla \times \nabla\phi = 0$，因而可引入标量函数 ϕ(简称标位或电标位)如下：

$$\bar{E} + \frac{\partial \bar{A}}{\partial t} = -\nabla\phi \quad 即 \quad \bar{E} = -\nabla\phi - \frac{\partial \bar{A}}{\partial t} \tag{2.3-8}$$

这里 $\nabla\phi$ 前加负号是为了使 $\partial\bar{A}/\partial t = 0$ 时化为静电场的 $\bar{E} = -\nabla\phi$。

将式(2.3-7)和式(2.3-8)代入限定形式麦氏方程组式(2.3-1b)，可得 $\bar{A}$ 的方程为

$$\nabla\times\nabla\times\bar{A}=\mu\bar{J}+\mu\varepsilon\frac{\partial}{\partial t}\left(-\nabla\phi-\frac{\partial\bar{A}}{\partial t}\right)$$

因$\nabla\times\nabla\times\bar{A}=\nabla(\nabla\cdot\bar{A})-\nabla^2\bar{A}$,上式可改写为

$$\nabla^2\bar{A}-\mu\varepsilon\frac{\partial^2\bar{A}}{\partial t^2}=-\mu\bar{J}+\nabla\left(\nabla\cdot\bar{A}+\mu\varepsilon\frac{\partial\phi}{\partial t}\right) \tag{2.3-9}$$

通过定义 $\bar{A}$ 的散度可把这个方程加以简化。因为,上面引入 $\bar{A}$ 时仅规定了它的旋度。由亥姆霍兹定理知,一个矢量场仅规定它的旋度,这个矢量还不是唯一的,还有一定的任意性。因此还必须规定 $\bar{A}$ 的散度,这样矢位 $\bar{A}$ 才是确定的①。这个附加条件又称为规范条件。对不同的场合可以选用不同的规范条件。为使方程(2.3-9)具有最简单的形式,令

$$\nabla\cdot\bar{A}=-\mu\varepsilon\frac{\partial\phi}{\partial t} \tag{2.3-10}$$

此式称为洛仑茨规范(Lorenz gauge)。将它代入式(2.3-9),得

$$\nabla^2\bar{A}-\mu\varepsilon\frac{\partial^2\bar{A}}{\partial t^2}=-\mu\bar{J} \tag{2.3-11}$$

对于标位 ϕ,把式(2.3-8)代入限定形式麦氏方程组式(2.3-1c),得其方程为

$$\nabla^2\phi+\frac{\partial}{\partial t}\nabla\cdot\bar{A}=-\frac{\rho_v}{\varepsilon} \tag{2.3-12}$$

采用规范条件式(2.3-10)后,上式化为

$$\nabla^2\phi-\mu\varepsilon\frac{\partial^2\phi}{\partial t^2}=-\frac{\rho_v}{\varepsilon} \tag{2.3-13}$$

式(2.3-11)和式(2.3-13)称为 $\bar{A}$ 和 ϕ 的非齐次波动方程。我们看到,在洛仑茨规范下,矢位 $\bar{A}$ 仅由电流分布 $\bar{J}$ 决定,而标位 ϕ 仅由电荷分布 ρ_v 决定。而且二方程形式相同,都比式(2.3-4)和式(2.3-5)简单。值得说明的是,洛仑茨规范给出的 $\bar{A}$ 和 ϕ 的关系正与反映了 $\bar{J}$ 和 ρ_v 实际联系的表 2.3-1 中电流连续性方程(e)相一致,因此它是自然成立的。这可说明如下:

对式(2.3-11)两边取散度,得

$$\nabla^2(\nabla\cdot\bar{A})-\mu\varepsilon\frac{\partial^2}{\partial t^2}(\nabla\cdot\bar{A})=-\mu\nabla\cdot\bar{J}$$

将规范条件式(2.3-10)代入上式,有

$$-\mu\varepsilon\frac{\partial}{\partial t}\left(\nabla^2\phi-\mu\varepsilon\frac{\partial^2\phi}{\partial t^2}\right)=-\mu\nabla\cdot\bar{J}$$

考虑到式(2.3-13),上式即化为表 2.3-1 中的式(e):

$$\nabla\cdot\bar{J}=-\frac{\partial\rho_v}{\partial t}$$

---

① 给定一个矢量函数,则其旋度唯一地被确定;反之,给定矢量函数的旋度,并不能唯一地确定该矢量函数。这就是说,根据式(2.3-6),给定 $\bar{A}$ 可唯一地确定 $\bar{B}$,但给定 $\bar{B}$ 却不能唯一地确定 $\bar{A}$。其简单的论证如下:

令 $\bar{F}=\bar{A}+\nabla f$,因$\nabla\times\nabla f=0$,有

$$\nabla\times\bar{F}=\nabla\times(\bar{A}+\nabla f)=\nabla\times\bar{A}+\nabla\times\nabla f=\nabla\times\bar{A}=\bar{B}$$

可见,有与 $\bar{A}$ 不同的另一个磁矢位函数 $\bar{F}$,其旋度也等于 B。这就是说,一个 $\bar{B}$ 有多个磁矢位函数可选择。

式(2.3-11)和式(2.3-13)的求解将在第 7 章中研究。当解出 $\bar{A}$ 和 ϕ 后,代入式(2.3-7)和式(2.3-8),便可求得 $\bar{H}$ 和 $\bar{E}$。

例 2.3-1　试用麦克斯韦方程组导出图 2.3-5 所示的 RLC 串联电路的电压方程(电路全长远小于波长)。

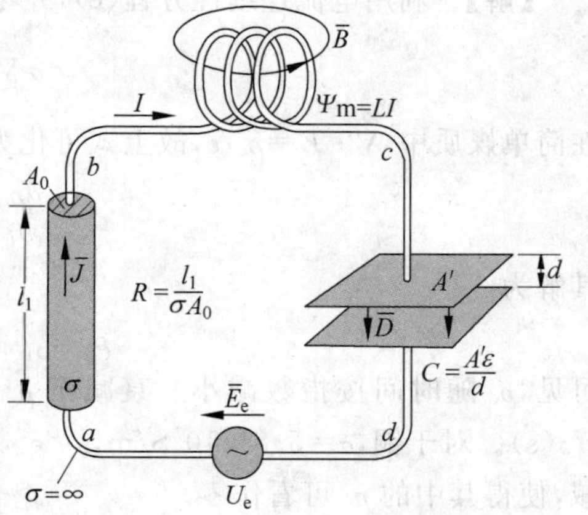

图 2.3-5　RLC 串联电路

【解】　沿导线回路 l 作电场 $\bar{E}$ 的闭合路径积分,根据表 2.3-1 中的麦氏方程式(a′)有

$$\oint_l E \cdot \mathrm{d}l = -\frac{\mathrm{d}\psi}{\mathrm{d}t}$$

上式左边就是沿回路的电压降,而 Ψ 是回路所包围的磁通。将回路电压分段表示,得

$$U_{ab} + U_{bc} + U_{cd} + U_{da} + \frac{\mathrm{d}\Psi}{\mathrm{d}t} = 0$$

设电阻段导体长为 l_1,截面积为 A_0,电导率为 σ,其中电场为$\bar{J}/\sigma$,故

$$U_{ab} = \int_a^b \frac{\bar{J}}{\sigma} \cdot \overline{\mathrm{d}l} = \frac{J}{\sigma} l_1 = \frac{I}{\sigma A_0} l_1 = IR, \quad R = \frac{l_1}{\sigma A_0} \tag{2.3-14}$$

电感 L 定义为Ψ_m/I,Ψ_m 是通过电感线圈的全磁通,得

$$U_{bc} = \frac{\mathrm{d}\Psi_m}{\mathrm{d}t} = L\frac{\mathrm{d}I}{\mathrm{d}t} \tag{2.3-15}$$

通过电容 C 的电流已由例 2.2-2 得出:

$$I = C\frac{\mathrm{d}U}{\mathrm{d}t}$$

故

$$U_{ab} = \frac{1}{C}\int I\mathrm{d}t \tag{2.3-16}$$

设外加电场为 $\bar{E}_e$,则有

$$U_{da} = \int_d^a \bar{E}_e \cdot \overline{\mathrm{d}l} = -\int_a^d \bar{E}_e \cdot \overline{\mathrm{d}l} = -U_e$$

因为回路中的杂散磁通可略,$\mathrm{d}\Psi/\mathrm{d}t \approx 0$,从而得

$$IR + L\frac{\mathrm{d}I}{\mathrm{d}t} + \frac{1}{C}\int I\mathrm{d}t = U_e \tag{2.3-17}$$

这就是大家所熟知的基尔霍夫电压定律。对于场源随时间呈简谐变化的情形,设角频率为 ω,采用复数表示,上式可化为

$$U_e = IR + \mathrm{j}I\left(\omega L - \frac{1}{\omega C}\right) \tag{2.3-18}$$

这个结果说明,电路理论中的基尔霍夫电压定律就是表 2.3-1 中的麦氏方程式(a)的应用。以上推导中,我们已假定在任何时刻电路上各部分的电流都相同,即波动在电路中的传播是即时的。但是,当频率更高时,若电路尺寸与波长可以相比拟(如不小于 1/3 波长),则沿电路各点电流的相位变化就应该考虑了,而辐射效应也就不能忽略了。这时简单电路的概念将变得不够精确。因此,电路理论的基本方程不过是场方程的一种特殊化。场方程更

普遍,但在能够应用电路理论的基本方程的情形下,用电路理论的基本方程更简便。

例 2.3-2 证明导电媒质内部 $\rho_v=0$。

【解】 利用电流连续性方程(e),并考虑到 $\bar{J}=\sigma\bar{E}$,有

$$\sigma\nabla\cdot\bar{E}=-\frac{\partial\rho_v}{\partial t}$$

在简单媒质中,$\nabla\cdot\bar{E}=\rho_v/\varepsilon$,故上式可化为

$$\frac{\partial\rho_v}{\partial t}+\frac{\sigma}{\varepsilon}\rho_v=0$$

其解为

$$\rho_v=\rho_{v0}\mathrm{e}^{-(\sigma/\varepsilon)t}\quad(\mathrm{C/m^3})$$

可见,ρ_v 随时间按指数减小。衰减至 ρ_{v0} 的 1/e 即 36.8% 的时间(称为弛豫时间)为 $\tau=\varepsilon/\sigma(\mathrm{s})$。对于铜,$\sigma=5.8\times10^7\,\mathrm{S/m}$,$\varepsilon=\varepsilon_0$,得 $\tau=1.5\times10^{-19}\,\mathrm{s}$。可见,导体内的电荷极快地衰减,使得其中的 ρ_v 可看作零。

2.4 电磁场的边界条件

2.4.1 一般情形

实际问题中常常需要求解麦氏方程组在不同区域的特解。为此需要知道两种媒质分界面处电磁场应满足的关系,即边界条件。由于分界面两侧媒质性质不同,媒质参数 ε、μ、σ 有突变,因此在边界上麦氏方程组的微分形式失去意义。这样,我们将从积分形式来导出边界两侧电磁场间的关系。

参看图 2.4-1,跨越边界两侧作小回路 l,其边长 Δl 紧贴边界,其高度 Δh 为一高阶微量,小回路所包围的面积 $\Delta s=\Delta l\times\Delta h$ 也是高阶微量。对此回路应用表 2.3-1 中的麦氏旋度方程式(a′)和(b′),可得

$$\oint_l\bar{E}\cdot\overline{\mathrm{d}l}=\bar{E}_l\cdot\overline{\Delta l}+\bar{E}_2\cdot(-\overline{\Delta l})=E_{1t}\Delta l-E_{2t}\Delta l=-\int_{\Delta s}\frac{\partial\bar{B}}{\partial t}\cdot\overline{\mathrm{d}s}=0$$

$$\oint_l\bar{H}\cdot\overline{\mathrm{d}l}=H_{1t}\Delta l-H_{2t}\Delta l=I+\int_{\Delta s}\frac{\partial\bar{D}}{\partial t}\cdot\overline{\mathrm{d}s}=J_s\Delta l$$

上述结果是因为当 $\Delta h\to0$ 时,$\Delta s\to0$,使两个面积分可以忽略。但当分界面上有面电流时(理想导体集肤深度趋于零,其电流分布在表面处极薄一层内),则小回路包围电流 $I=J_s\Delta l$,J_s 是与小回路面积 Δs 相垂直方向上的极薄表面层内单位宽度上的传导电流面密度(A/m)。这样,得到 $\bar{E}$ 和 $\bar{H}$ 的切向分量边界条件为

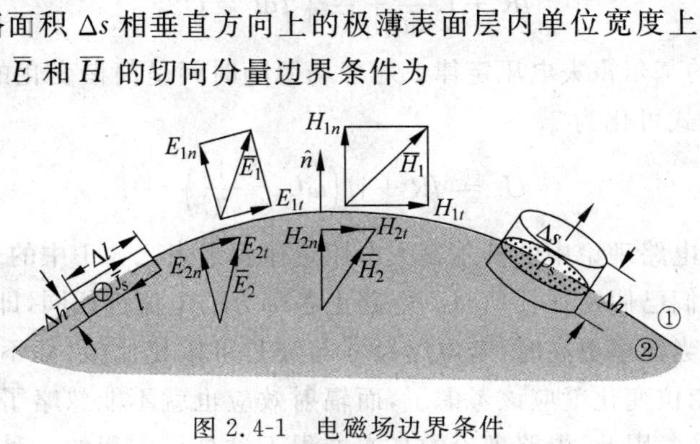

图 2.4-1 电磁场边界条件

$$E_{1t}=E_{2t}$$
$$H_{1t}-H_{2t}=J_s$$

法向分量的边界条件可由表 2.3-1 中的麦氏散度方程式(c′)和(d′)导出。如图 2.4-1 所示，在边界两侧各取小面元 Δs，二者相距 Δh，它是高阶微量。计算穿出小体积元 $\Delta s\times\Delta h$ 表面的 $\bar{D}$、$\bar{B}$ 通量时，考虑到 Δs 很小，其上 $\bar{D}$、$\bar{B}$ 可视为常数，而 Δh 为高阶微量，因此穿出侧壁的通量可忽略，从而得

$$\oint_s \bar{D}\cdot\overline{ds}=\bar{D}_1\cdot\hat{n}\Delta s+\bar{D}_2\cdot(-\hat{n}\Delta s)=(D_{1n}-D_{2n})\Delta s=\rho_s\Delta s$$

$$\oint_s \bar{B}\cdot\overline{ds}=(B_{1n}-B_{2n})\Delta s$$

式中 ρ_s 是分界面上自由电荷的面密度(C/m^2)。对于理想导体，$\sigma\to\infty$，其内部不存在电场(否则它将产生无限大的电流密度 $\bar{J}=\sigma\bar{E}$)，其电荷只存在于理想导体表面，从而形成面电荷 ρ_s。于是有

$$D_{1n}-D_{2n}=\rho_s$$
$$B_{1n}=B_{2n}$$

为了便于引用，现将全部边界条件列在表 2.4-1 中，其中右侧是矢量表示式，式中 $\hat{n}$ 为分界面的法向单位矢量，由介质②指向介质①(即介质②的外法向)。

表 2.4-1　电磁场的边界条件

代数式		矢量式	
$E_{1t}=E_{2t}$	(2.4-1a)	$\hat{n}\times(\bar{E}_1-\bar{E}_2)=0$	(2.4-2a)
$H_{1t}-H_{2t}=J_s$	(2.4-1b)	$\hat{n}\times(\bar{H}_1-\bar{H}_2)=\bar{J}_s$	(2.4-2b)
$D_{1n}-D_{2n}=\rho_s$	(2.4-1c)	$\hat{n}\cdot(\bar{D}_1-\bar{D}_2)=\rho_s$	(2.4-2c)
$B_{1n}=B_{2n}$	(2.4-1d)	$\hat{n}\cdot(\bar{B}_1-\bar{B}_2)=0$	(2.4-2d)

上述边界条件的含义可归纳如下：

(a) 任何分界面上 $\bar{E}$ 的切向分量是连续的；

(b) 在分界面上若存在面电流(仅在理想导体表面上存在)，$\bar{H}$ 的切向分量不连续，其差等于面电流密度；否则，$\bar{H}$ 的切向分量是连续的；

(c) 在分界面上有面电荷(在理想导体表面上)时，$\bar{D}$ 的法向分量不连续，其差等于面电荷密度；否则，$\bar{D}$ 的法向分量是连续的；

(d) 任何分界面上 $\bar{B}$ 的法向分量是连续的。

2.3.1 节曾指出，两个散度方程可由两个旋度方程导出。因而，基于两个散度方程得出的边界条件式(2.4-1c)和式(2.4-1d)与基于两个旋度方程得出的边界条件式(2.4-1a)和式(2.4-1b)并不是完全相独立的。可以证明(见例 2.4-3)，在时变场情况下，只要 $\bar{E}$ 的切向分量边界条件式(2.4-1a)满足，则 $\bar{B}$ 的法向分量边界条件式(2.4-1d)必然成立；而若 $\bar{H}$ 的切向分量边界条件式(2.4-1b)满足，则 $\bar{D}$ 的法向分量边界条件式(2.4-1c)也必成立。因此，在求解时变场时，只需应用 $\bar{E}$ 和 $\bar{H}$ 在分界面上的切向分量边界条件即可。

2.4.2　两种常见情形

下面讨论两种常见的特殊情形：①两种理想介质的边界；②理想介质与理想导体间的

边界。

理想介质是指 $\sigma=0$,即无欧姆损耗的简单媒质。在两种理想介质的分界面上不存在面电流和自由电荷,即 $\bar{J}_s=0,\rho_v=0$。从而得到相应的边界条件如表 2.4-2 所示。

表 2.4-2　两种理想介质间的边界条件

代数式		矢量式	
$E_{1t}=E_{2t}$	(2.4-3a)	$\hat{n}\times\bar{E}_1=\hat{n}\times\bar{E}_2$	(2.4-4a)
$H_{1t}=H_{2t}$	(2.4-3b)	$\hat{n}\times\bar{H}_1=\hat{n}\times\bar{H}_2$	(2.4-4b)
$D_{1n}=D_{2n}$	(2.4-3c)	$\hat{n}\cdot\bar{D}_1=\hat{n}\cdot\bar{D}_2$	(2.4-4c)
$B_{1n}=B_{2n}$	(2.4-3d)	$\hat{n}\cdot\bar{B}_1=\hat{n}\cdot\bar{B}_2$	(2.4-4d)

参看图 2.4-2,介质①为理想介质,介质②为理想导体。正如前面已指出的,在理想导体内部不存在电场,即 $\bar{E}_2=\bar{D}_2=0$。同时,在时变情形下,理想导体内也不存在磁场①,否则它们将产生感应电动势,从而形成极大的电流。所以 $\bar{B}_2=\bar{H}_2=0$。这样,一般的边界条件式(2.4-1)和式(2.4-2)就简化为表 2.4-3 所示边界条件,$\hat{n}$为导体的外法向单位矢量。正如图 2.4-2 所示,在导体表面处,介质中的电场只有法向分量而磁场只有切向分量。上述四式可记为"电立不躺,磁躺不立"。

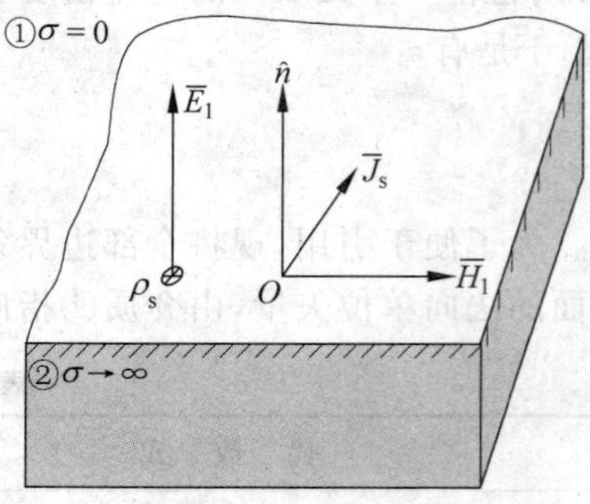

图 2.4-2　理想导体表面的电磁场

表 2.4-3　理想介质①和理想介质②间的边界条件

代数式		矢量式	
$E_{1t}=0$	(2.4-5a)	$\hat{n}\times\bar{E}_1=0$	(2.4-6a)
$H_{1t}=J_s$	(2.4-5b)	$\hat{n}\times\bar{H}_1=\bar{J}_s$	(2.4-6b)
$D_{1n}=\rho_s$	(2.4-5c)	$\hat{n}\times\bar{D}_1=\rho_s$	(2.4-6c)
$B_{1n}=0$	(2.4-5d)	$\hat{n}\times\bar{B}_1=0$	(2.4-6d)

以上边界条件不仅用来求解特定区域的场分布,而且可直接用于定性地判断许多实际问题中的场。例如,对图 2.1-3 中同轴线的内外导体间介质区域,根据"电立不躺,磁躺不立"的原则即可判定,介质中的电场矢量必沿径向($\hat{\rho}$),这样它与内外导体都垂直;介质中的磁场矢量则沿圆周方向($\hat{\varphi}$),这样它在内外导体表面都沿其切向。

这些边界条件虽然对导体和介质都做了理想化处理,但是用来解决工程实际问题所得结果与实测结果也都是相当吻合的。这是因为,大多数金属如银、铜、金、铝等,其 σ 都在 10^6 S/m 量级,因此可认为 $\sigma\to\infty$;而一般射频介质材料的损耗角正切 $\tan\delta$ 都在 10^{-3} 量级,空气的 $\tan\delta$ 更低,因而都可处理为理想介质。

---

① 在静态情形下,导体中的恒定电流将产生恒定磁场,即 $\bar{E}$ 和 $\bar{D}$ 可以不为零。但该磁场并不影响电场,因此 $\bar{E}$ 和 $\bar{D}$ 在导体中仍为零。

例 2.4-1　一空心的直长铜管通过直流 I，铜管内外半径分别为 a 和 b(图 2.4-3)。(a) 求各区的磁场强度 $\overline{H}$，$\nabla\times\overline{H}$ 和 $\nabla\cdot\overline{B}$；(b) 验证在 $\rho=a$ 和 $\rho=b$ 处的磁场边界条件。

【解】　(a) ① $\rho<a$：由安培环路定律，$I=0$，故 $\overline{H}=0$，$\nabla\times\overline{H}=0$，$\nabla\cdot\overline{B}=0$。

② $0<\rho<b$：在直流情形下导体管作为导电媒质，其中电流密度是均匀的，故由式(2.1-45)知

$$H\cdot 2\pi\rho=\frac{I}{\pi(b^2-a^2)}\cdot\pi(\rho^2-a^2)$$

$$\overline{H}=\hat{\varphi}\frac{I}{2\pi\rho}\cdot\frac{\rho^2-a^2}{b^2-a^2}$$

$$\nabla\times\overline{H}=-\hat{\rho}\frac{\partial H\varphi}{\partial z}+\hat{z}\frac{1}{\rho}\frac{\partial}{\partial\rho}(\rho H\varphi)=\hat{z}\frac{I}{\pi(b^2-a^2)}=\overline{J}$$

$$\nabla\cdot\overline{B}=\mu_0\,\nabla\cdot\overline{H}=\mu_0\frac{1}{\rho}\frac{\partial H\varphi}{\partial\varphi}=0$$

③ $\rho>b$：$\overline{H}=\hat{\varphi}\dfrac{I}{2\pi\rho}$

$$\nabla\times\overline{H}=\hat{z}\frac{1}{\rho}\frac{\partial}{\partial\rho}(\rho H\varphi)=\hat{z}\frac{1}{\rho}\frac{\partial}{\partial\rho}\left(\frac{I}{2\pi}\right)=0$$

$$\nabla\cdot\overline{B}=\mu_0\,\nabla\cdot\overline{H}=\mu_0\frac{1}{\rho}\frac{\partial H\varphi}{\partial\varphi}=0$$

$H(\rho)$曲线如图 2.4-3 所示。

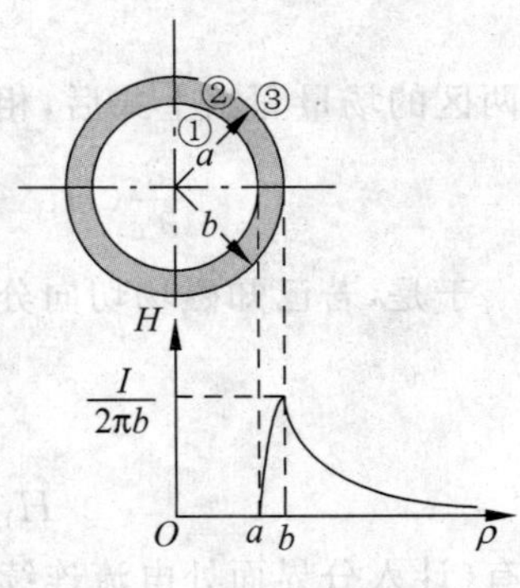

图 2.4-3　载流管横截面及 $H(\rho)$曲线

(b) $\rho=a$ 处：$H_{1t}=0$，$H_{2t}=H_{2\varphi}=\dfrac{I}{2\pi a}\dfrac{a^2-a^2}{b^2-a^2}=0$，故

$$H_{1t}=H_{2t}$$

$$B_{1n}=B_{2n}=0$$

$\rho=b$ 处：$H_{2t}=H_{2\varphi}=\dfrac{I}{2\pi b}$，$H_{3t}=H_{3\varphi}=\dfrac{I}{2\pi b}$，故 $H_{2t}=H_{3t}$

$$B_{2n}=B_{3n}=0$$

可见，各分界面两侧切向 H_t 分量都连续。同时，因法向 B_n 即 B_ρ 分量处处为零，故法向 B_n 分量也都是连续的。

例 2.4-2　设平板电容器两极板间的电场强度为 3V/m，板间介质是云母，$\varepsilon_r=7.4$，求两导体极板上的面电荷密度。

【解】　参看图 2.2-3，把极板看作理想导体，在 B、C 板表面分别有

$$\rho_{sB}=D_{1n}=\varepsilon_1 E_{1n}=7.4\times 8.854\times 10^{-12}\times 3=1.97\times 10^{-10}(\text{C/m}^2)$$

$$\rho_{sC}=-D_{1n}=-1.97\times 10^{-10}(\text{C/m}^2)$$

例 2.4-3　试证明，对于时变电磁场，只要媒质分界面上场量切向分量的边界条件满足，则场量法向分量的边界条件必自然成立。

【证】　由麦氏方程组式(a)：

$$\nabla\times\overline{E}=-\frac{\partial\overline{B}}{\partial t}$$

若采用直角坐标，设分界面法向$\hat{n}$为$\hat{z}$方向，则对上式中 $\overline{B}$ 的法向分量 B_z，有

$$\frac{\partial E_y}{\partial x}-\frac{2E_x}{\partial y}=-\frac{\partial B_z}{\partial t}$$

该式对分界面两侧①区和②区的场量都成立。对两区的场量写出上式后,相减得

$$\frac{\partial}{\partial x}(E_{1y}-E_{2y})-\frac{\partial}{\partial y}(E_{1x}-E_{2x})=-\frac{\partial}{\partial t}(B_{1z}-B_{2z})$$

于是,若已知电场切向分量满足边界条件式(2.4-1a):

$$E_{1y}=E_{2y},\quad E_{1x}=E_{2x}$$

则前式等于零。对于时变电磁场,场量的时间导数不为零,必有

$$B_{1z}=B_{2z}$$

可见法向分量边界条件式(2.4-1d)成立。

同样,由麦氏方程组式(b):

$$\nabla\times\overline{H}=\overline{J}+\frac{\partial\overline{D}}{\partial t}$$

对其分界面上两侧①区和②区的 $\overline{D}$ 法向($\hat{z}$向)分量 D_z,均有($J_z=0$)

$$\frac{\partial H_y}{\partial x}-\frac{\partial H_x}{\partial y}=\frac{\partial D_z}{\partial t}$$

对两区的场量写出上式后,相减得

$$\frac{\partial}{\partial x}(H_{1y}-H_{2y})-\frac{\partial}{\partial y}(H_{1x}-H_{2x})=\frac{\partial}{\partial t}(D_{1z}-D_{2z})$$

于是,若已知磁场切向分量满足边界条件式(2.4-2b):

$$\hat{z}\times(\overline{H}_1-\overline{H}_2)=\hat{x}J_{sx}+\hat{y}J_{sy}$$

即

$$H_{1y}-H_{2y}=-J_{sx},\quad H_{1x}-H_{2x}=J_{sy}$$

则有(计入分界面处电流连续性方程)

$$\begin{aligned}D_{1z}-D_{2z}&=\int_0^t\left[\frac{\partial}{\partial x}(H_{1y}-H_{2y})-\frac{\partial}{\partial y}(H_{1x}-H_{2x})\right]\mathrm{d}t=\int_0^t-\left(\frac{\partial J_{sx}}{\partial x}+\frac{\partial J_{sy}}{\partial y}\right)\mathrm{d}t\\&=\int_0^t-\nabla\cdot\overline{J}_s\mathrm{d}t=\int_0^t-\left(-\frac{\partial\rho_s}{\partial t}\right)\mathrm{d}t=\rho_s\end{aligned}$$

可见,法向分量边界条件式(2.4-1c)成立。

2.5 坡印廷定理和坡印廷矢量

2.5.1 坡印廷定理的推导和意义

电磁场是具有能量的。例如,我们见到的太阳光就是一种电磁波,地球上的生物正是从太阳光接收能量而得以生存的。我们日常使用的微波炉正是利用微波所携带的能量给食品加热。时变电磁场中能量守恒定律的表达形式称为坡印廷定理。它可由表2.3-1中的麦氏方程组的旋度方程(a)和(b)导出。将式(a)和(b)代入下述矢量恒等式:

$$\nabla\cdot(\overline{E}\times\overline{H})=\overline{H}\cdot(\nabla\times\overline{E})-\overline{E}\cdot(\nabla\times\overline{H})$$

得

$$\nabla\cdot(\overline{E}\times\overline{H})=\overline{H}\cdot\left(-\frac{\partial\overline{B}}{\partial t}\right)-\overline{E}\cdot\left(\overline{J}+\frac{\partial\overline{D}}{\partial t}\right)$$

即

$$-\nabla\cdot(\overline{E}\times\overline{H})=\overline{H}\cdot\frac{\partial\overline{B}}{\partial t}+\overline{E}\cdot\frac{\partial\overline{D}}{\partial t}+\overline{E}\cdot\overline{J}$$

将上式两边对封闭面 s 所包围的体积 v 进行积分,并利用散度定理后得

$$-\oint_s(\overline{E}\times\overline{H})\cdot\overline{\mathrm{d}s}=\int_v\left(\overline{H}\cdot\frac{\partial\overline{B}}{\partial t}+\overline{E}\cdot\frac{\partial\overline{D}}{\partial t}+\overline{E}\cdot\overline{J}\right)\mathrm{d}v \tag{2.5-1}$$

这就是适用于一般媒质的坡印廷定理。为了便于理解其意义,我们来研究简单媒质的情形。此时有

$$\begin{aligned}\overline{E}\cdot\frac{\partial\overline{D}}{\partial t}&=\varepsilon\overline{E}\cdot\frac{\partial\overline{E}}{\partial t}=\varepsilon\left(E_x\frac{\partial E_x}{\partial t}+E_y\frac{\partial E_y}{\partial t}+E_z\frac{\partial E_z}{\partial t}\right)\\&=\varepsilon\left(\frac{1}{2}\frac{\partial E_x^2}{\partial t}+\frac{1}{2}\frac{\partial E_y^2}{\partial t}+\frac{1}{2}\frac{\partial E_z^2}{\partial t}\right)=\frac{\partial}{\partial t}\left(\frac{1}{2}\varepsilon E^2\right)\end{aligned}$$

$$\overline{H}\cdot\frac{\partial\overline{B}}{\partial t}=\mu\overline{H}\cdot\frac{\partial\overline{H}}{\partial t}=\frac{\partial}{\partial t}\left(\frac{1}{2}\mu H^2\right)$$

于是式(2.5-1)化为

$$-\oint_s(\overline{E}\times\overline{H})\cdot\overline{\mathrm{d}s}=\frac{\partial}{\partial t}\int_v\left(\frac{1}{2}\varepsilon E^2+\frac{1}{2}\mu H^2\right)\mathrm{d}v+\int_v\overline{E}\cdot\overline{J}\mathrm{d}v \tag{2.5-2}$$

式中右边各项被积函数的含义是:

$w_e=\dfrac{1}{2}\varepsilon E^2$——电场能量密度,单位:(F/m)($V^2/m^2$)=$J/m^3$;

$w_m=\dfrac{1}{2}\mu H^2$——磁场能量密度,单位:(H/m)(A^2/m^2)=J/m^3;

$p_\sigma=\overline{E}\cdot\overline{J}=\sigma E^2$——传导电流引起的热损耗功率密度,单位:(S/m)(V^2/m^2)=W/m^3。

可见,式(2.5-2)右边代表体积 v 中电磁场能量随时间的增加率和热损耗功率(即单位时间内以热能形式损耗在体积中的能量)。按照能量守恒原理,这两项能量之和,只能靠流入体积的能量来补偿,因此左边是单位时间内流入封闭面 s 的能量。这样,式(2.5-2)就是时变电磁场中的能量守恒定律,称为坡印廷定理。该定理由英国坡印廷(John H. Poynting)在 1884 年提出。此式也清楚地表明,电磁场(以 $\overline{E}$、$\overline{H}$ 为表征)是能量的携带者和传递者。

2.5.2 坡印廷矢量

$\oint_s(\overline{E}\times\overline{H})\cdot\overline{\mathrm{d}s}$ 代表单位时间内流出封闭面 s 的能量,即流出 s 面的功率。因此,

$$\overline{S}=\overline{E}\times\overline{H} \tag{2.5-3}$$

代表流出 s 面的功率流密度,单位是 W/m^2,其方向就是功率流的方向,它与矢量 $\overline{E}$ 和 $\overline{H}$ 相垂直,三者成右手螺旋关系,如图 2.5-1 所示。$\overline{S}$ 称为坡印廷矢量。于是,式(2.5-2)简写为

$$-\oint_s\overline{S}\cdot\overline{\mathrm{d}s}=\frac{\partial}{\partial t}\int_v(w_e+w_m)\mathrm{d}v+\int_v p_v\mathrm{d}v \tag{2.5-4}$$

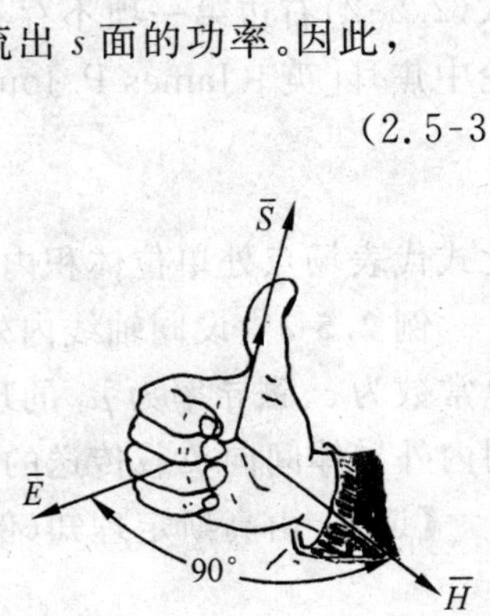

图 2.5-1　坡印廷矢量

利用坡印廷矢量可合理地解释许多电磁现象,现以传输线上的功率传输为例来说明。图 2.5-2 表示有损耗的同轴传输线,它的输入端接一电源而终端接一负载电阻。根据内外导体

间的电力线和磁力线分布,各点的坡印廷矢量的主要分量是纵向的,代表向负载方向传输的功率。但导体的有限电导率使导体表面的电场强度不仅有法向分量,还有切向分量。这使坡印廷矢量出现横向分量,代表向导体表面流入的功率,此功率在导体内部转变为热损耗。这一过程也说明,传输线所传输的功率其实是通过内外导体间的电磁场传送的,导体结构只起着引导的作用并且在引导中也带来一定的功率损失。家庭中电视机与有线电视网插孔间的连线一般就是这种同轴电缆,因此射频电视信号的功率其实是通过电缆内外导体间的介质层传送的。

例 2.5-1 一段直导线长为 l,半径为 a,电导率为 σ,如图 2.5-3 所示。设沿线通过直流 I,试求其表面处的坡印廷矢量,并证明坡印廷定理。

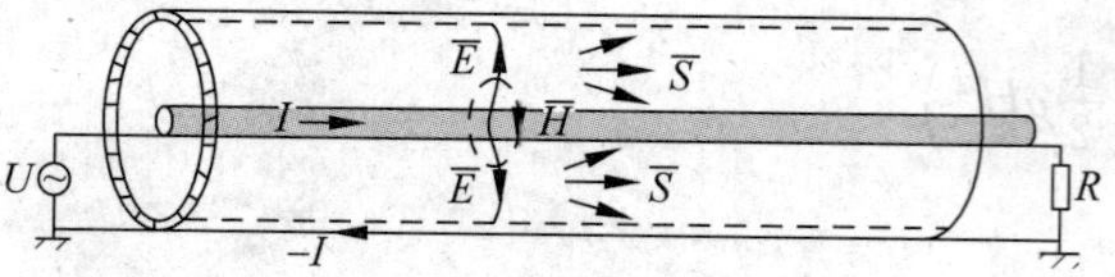

图 2.5-2 同轴线的功率传输

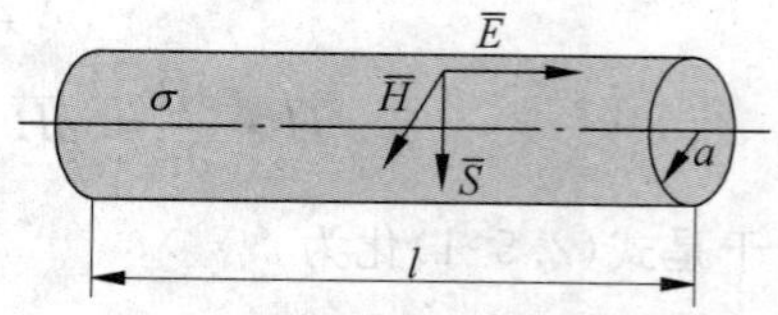

图 2.5-3 直流导线段

【解】 取导线轴为圆柱坐标的 z 轴。导线截面积为 $A_0=\pi a^2$,导体表面处的场强为

$$\overline{E}=\frac{\overline{J}}{\sigma}=\hat{z}\frac{I}{\sigma A_0},\quad \overline{H}=\hat{\varphi}\frac{I}{2\pi a}$$

故表面处坡印廷矢量为

$$\overline{S}=\overline{E}\times\overline{H}=-\hat{\rho}\frac{I^2}{2\sigma\pi a A_0}$$

它的方向垂直于导体表面,指向导体里面。

为证明坡印廷定理,需将 S 沿圆柱表面积分:

$$-\oint_s\overline{S}\cdot\overline{\mathrm{d}s}=\oint_s\frac{I^2}{2\pi a A_0}\mathrm{d}s=\frac{I^2}{2\sigma\pi a A_0}\cdot 2\pi a l=I^2\frac{l}{\sigma A}=I^2R,\quad R=\frac{l}{\sigma A_0}$$

导体内的热损耗功率为

$$P_\sigma=\int_v p_\sigma\mathrm{d}v=\int_v\sigma E^2\mathrm{d}v=\int_v\frac{J^2}{\sigma}\mathrm{d}v=\frac{I^2}{\sigma A_0^2}\cdot A_0 l=I^2\frac{l}{\sigma A_0}=I^2R \tag{2.5-5}$$

可见,流入导线表面的电磁功率正好等于导线内部的热损耗功率。由于是静态场,$\partial/\partial t=0$,式(2.5-2)右边第一项不存在,故坡印廷定理成立。上面我们也从场的观点导出了电路理论中焦耳[英](James P. Joule)定理,如式(2.5-5)。其微分形式为

$$p_\sigma=\overline{E}\cdot\overline{J}=\sigma E^2=\frac{J^2}{\sigma} \tag{2.5-6}$$

此式代表场点处单位体积内的热损耗功率。

例 2.5-2 设同轴线内外导体半径分别为 a 和 b,它们都是理想导体,两导体间填充介电常数为 ε、磁导率为 μ_0 的理想介质,内外导体分别通过电流 I 和 $-I$,其间电压为 U。请证明内外导体间向负载传送的功率为 UI。

【证】 由高斯定理知(例 2.1-2),介质中电场为

$$\overline{E}=\hat{\rho}\frac{U}{\rho\ln\frac{b}{a}}$$

又由安培环路定律知，

$$\oint_l \overline{H} \cdot \overline{\mathrm{d}l} = H \cdot 2\pi\rho = I$$

$$\overline{H} = \hat{\varphi}\,\frac{I}{2\pi\rho}$$

得

$$\overline{S} = \overline{E} \times \overline{H} = \hat{z}\,\frac{UI}{2\pi\rho^2 \ln\dfrac{b}{a}}$$

故传输功率为

$$P = \int_s \overline{S} \cdot \overline{\mathrm{d}s} = \frac{UI}{2\pi \ln\dfrac{b}{a}} \cdot 2\pi \int_a^b \frac{\rho\,\mathrm{d}\rho}{\rho^2} = UI$$

例 2.5-3　半径为 a 的圆形平板电容器间距为 $d \ll a$，其间填充电导率为 σ 的介质，板间加直流电压 U。(a)求介质中的电场强度和磁场强度；(b)求介质中的功率密度，并证明坡印廷定理。

【解】　(a)　$\overline{E} = \hat{z}\dfrac{U}{d}$

$$\oint_l \overline{H} \cdot \overline{\mathrm{d}l} = H \cdot 2\pi\rho = I,\quad I = JA_0 = \sigma E A_0 = \frac{\sigma U}{d}\pi\rho^2$$

$$\overline{H} = \hat{\varphi}\,\frac{I}{2\pi\rho} = \hat{\varphi}\,\frac{\sigma U \pi\rho^2}{2\pi\rho d} = \hat{\varphi}\,\frac{\sigma U}{2d}\rho$$

(b)　$\overline{S} = \overline{E} \times \overline{H} = \hat{z}\dfrac{U}{d} \times \hat{\varphi}\dfrac{\sigma U}{2d}\rho = -\hat{\rho}\,\dfrac{\sigma}{2d^2}U^2\rho$

$$P = -\oint_{s_0} \overline{S} \cdot \overline{\mathrm{d}s} = \int_0^{2\pi}\int_0^d \frac{\sigma}{2d^2}U^2 a \cdot a\,\mathrm{d}\varphi\,\mathrm{d}z = \frac{\sigma}{2d^2}U^2 a^2\, 2\pi d = \frac{U^2}{R},$$

$$R = \frac{d}{\sigma\pi a^2} = \frac{d}{\sigma A_0}$$

$$P_\sigma = \int_v \sigma E^2 \,\mathrm{d}v = \int_v \sigma\left(\frac{U}{d}\right)^2 \mathrm{d}v = \sigma\left(\frac{U}{d}\right)^2 \pi a^2 d = \frac{U^2}{d/(\sigma\pi a^2)} = \frac{U^2}{R}$$

可见，输入电容器的功率等于有耗介质中的欧姆损耗功率，此即坡印廷定理(因$\dfrac{\partial}{\partial t}=0$，此时式(2.5-2)第一项不存在)。

2.5.3　场与路的一些对应关系

电路理论的基本方程是电磁场方程的一种特殊化。电路理论中电压 U 和电流 I 都是某一物理区域中电磁反应的总和，是标量。而电磁场理论是逐点研究区域中的电磁反应，场量如电场强度 $\overline{E}$ 和磁场强度 $\overline{H}$ 都是空间点函数，而且都是矢量。二者间的基本关系式为

$$U = \int_l \overline{E} \cdot \overline{\mathrm{d}l} \tag{2.5-7}$$

$$I = \oint_l \overline{H} \cdot \overline{\mathrm{d}l} \tag{2.5-8}$$

场方程更具普遍性，但在 U 和 I 具有简单明确的意义时，用电路的方程更简便。表 2.5-1

列出了场与路物理量之间的一些对应关系。

表 2.5-1　场与路的对应关系

场	路
电场强度　$\overline{E}$	电压U
磁场强度　$\overline{H}$	电流I
功率流密度$\overline{S}=\overline{E}\times\overline{H}$	功率$P=UI$
电阻导体　$\overline{J}=\sigma\overline{E}$	$I=\dfrac{U}{R}$
$p_\sigma=\sigma E^2=\dfrac{J^2}{\sigma}$	$P=\dfrac{U^2}{R}=I^2R$
电容器　$\overline{J}_d=\varepsilon\dfrac{\partial\overline{E}}{\partial t}$	$I=C\dfrac{\mathrm{d}U}{\mathrm{d}t}$
$w_e=\dfrac{1}{2}\varepsilon E^2$	$W_e=\dfrac{1}{2}CU^2$
电感　$w_m=\dfrac{1}{2}\mu H^2$	$W_m=\dfrac{1}{2}LI^2$

2.6　唯一性定理

当我们用麦氏方程组求解某一具体电磁场问题时,需要明确的一个问题是,在什么条件下所得解是唯一的?唯一性定理就是用来回答这一问题的。对于时变电磁场,该定理可表述为:对封闭面s所包围的体积v,若s面上电场$\overline{E}$或磁场$\overline{H}$的切向分量给定,则在体积v内任一点,场方程的解是唯一的。证明如下。

设两组解$\overline{E}_1$、$\overline{H}_1$和$\overline{E}_2$、$\overline{H}_2$都是体积v中满足麦氏方程组和边界条件的解。设媒质是线性的,则麦氏方程也是线性的,因而差场$\Delta\overline{E}=\overline{E}_1-\overline{E}_2$,$\Delta\overline{H}=\overline{H}_1-\overline{H}_2$必定也是麦氏方程的解。对这组差场应用坡印廷定理,有

$$-\oint_s(\Delta\overline{E}\times\Delta\overline{H})\cdot\hat{n}\mathrm{d}s=\frac{\partial}{\partial t}\int_v\left(\frac{1}{2}\varepsilon\,|\Delta\overline{E}|^2+\frac{1}{2}\mu\,|\Delta\overline{H}|^2\right)\mathrm{d}v+\int_v\sigma\,|\Delta E|^2\mathrm{d}v$$

因s面上$\overline{E}$或$\overline{H}$的切向分量已给定,这就是说

$$\hat{n}\times\Delta\overline{E}=0\quad\text{或}\quad\hat{n}\times\Delta\overline{H}=0$$

故必有

$$\hat{n}\cdot(\Delta\overline{E}\times\Delta\overline{H})=\Delta\overline{E}\cdot(\Delta\overline{H}\times\hat{n})=\Delta\overline{H}\cdot(\hat{n}\times\Delta\overline{E})=0$$

因而面积分等于零,即

$$\frac{\partial}{\partial t}\int_v\left(\frac{1}{2}\varepsilon\,|\Delta\overline{E}|^2+\frac{1}{2}\mu\,|\Delta\overline{H}|^2\right)\mathrm{d}v=0,\quad\int_v\sigma\,|\Delta\overline{E}|^2\mathrm{d}v=0$$

设媒质是有耗的,$\sigma\neq0$,则右式给出$\Delta\overline{E}=0$,即$\overline{E}_1=\overline{E}_2$;进而左式给出$\overline{H}_1=\overline{H}_2$。因此实际上只有一个解,定理得证。

以上证明的过程对无耗介质不适用,但是可将无耗介质中的场看作为有耗介质中损耗非常小时的情形。

注意,唯一性的条件只是给定$\overline{E}$或$\overline{H}$二者之一的切向分量。可有三类情况:给定边界

上 $\bar{E}$ 的切向分量；给定边界上 $\bar{H}$ 的切向分量；给定一部分边界上的切向 $\bar{E}$ 和其余边界上的切向 $\bar{H}$。另外，为了能由麦氏方程组解出时变电磁场，则一般需同时应用边界上 $\bar{E}$ 和 $\bar{H}$ 二者的切向分量边界条件。因此对于时变电磁场，只要满足边界条件就必能保证解的唯一性。

习　题

2.1-1　设空气中有一半径为 a 的电子云，其中均匀充满着体密度为 ρ_v 的电荷。试求球内（$r<a$）和球外（$r>a$）任意点处的电通密度 $\bar{D}$ 和电场强度 $\bar{E}$ 及 $\nabla\cdot\bar{D}$ 和 $\nabla\cdot\bar{E}$。

2.1-2　设空气中内半径 a、外半径 b 的球壳区域内均分布着体密度为 ρ_v 的电荷。试求以下三个区域的电场强度 $\bar{E}$、$\nabla\cdot\bar{E}$ 及 $\nabla\times\bar{E}$：(a) $r<a$；(b) $a<r<b$；(c) $r>b$。

2.1-3　一半径等于 3cm 的导体球，处于相对介电常数 $\varepsilon_r=2.5$ 的电介质中，已知离球心 $r=2$m 处的电场强度 $E=1$mV/m，求导体球所带电量 Q。

2.1-4　一硬同轴线内导体半径为 a，外导体内外半径分别为 b、c，中间介质为空气（题图 2-1）。当内外导体分别通过直流 I 和 $-I$ 时，求内导体（$\rho<a$）、内外导体之间（$a<\rho<b$）、外导体中（$b<\rho<c$）三个区域的 $\bar{H}$、$\bar{B}$ 和 $\nabla\times\bar{H}$、$\nabla\cdot\bar{B}$。

2.2-1　一矩形线圈与载有电流 I 的直导线同平面，如题图 2-2 所示。求下述情况下线圈的感应电动势：

(a) 线圈静止，$I=I_0\sin\omega t$；

(b) 线圈以速度 $\bar{v}$ 向右边滑动，$I=I_0$。

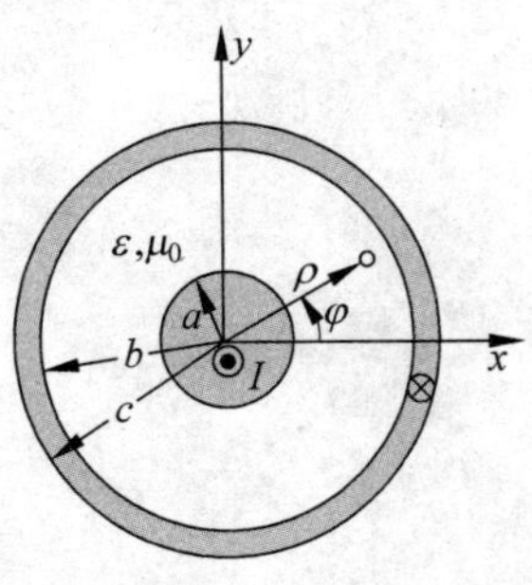

题图 2-1　同轴线横截面图

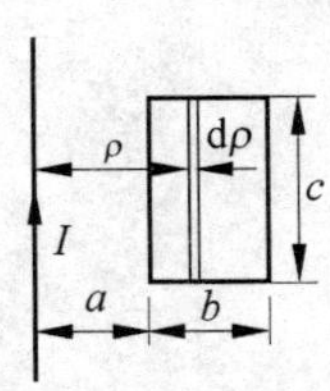

题图 2-2　载流直导线与矩形线圈

2.2-2　一平行板电容器由两块导体圆片构成，圆片半径为 a，间距为 d（$d\ll a$），其间填充介电常数为 ε、磁导率为 μ_0 的介质。在电容器中心加一正弦电压 $U=U_0\sin\omega t$。(a)求介质中的电场强度和磁场强度；(b)求介质中位移电流总值，并证明它等于电容器的充电电流；(c)设介质电导率为 σ，求介质中传导电流与位移电流之比，若 $\varepsilon_r=5.5$，$\sigma=10^{-3}$ S/m，$f=3\times10^6$ Hz，此比值多大？

2.3-1　麦克斯韦方程组为什么不是完全对称的？

2.3-2　试由表 2.3-1 中麦克斯韦方程组(b)和(c)导出电流连续性方程(e)。

2.3-3　已知真空中无源区域有时变电场 $\bar{E}=\hat{x}E_0\cos(\omega t-kz)$。(a)由表 2.3-1 的麦克斯韦方程式(a)求时变磁场 $\bar{H}$；(b)证明 $k=\omega\sqrt{\mu_0\varepsilon_0}$，$E/H=\sqrt{\mu_0/\varepsilon_0}=377\Omega$。

2.3-4　设 $\bar{E}=\hat{x}E_x+\hat{y}E_y+\hat{z}E_z$,请导出矢量波动方程(2.3-2)的三个标量方程。

2.3-5　试证：在简单媒质中存在场源 $\bar{J}\neq 0,\rho_v\neq 0$ 时,电场强度 $\bar{E}$ 和磁场强度 $\bar{H}$ 分别满足非齐次矢量波动方程式(2.3-4)和式(2.3-5)。

2.3-6　应用麦氏方程组导出 RLC 并联电路的下述电流方程：

$$I=\frac{U}{R}+C\frac{\mathrm{d}U}{\mathrm{d}t}+\frac{1}{L}\int U\mathrm{d}t$$

2.4-1　验证2.1-1题 $r=a$ 处的电场边界条件。

2.4-2　验证2.1-2题 $r=a$ 和 $r=b$ 处电场边界条件。

2.4-3　验证2.1-4题 $\rho=a$、$\rho=b$、$\rho=c$ 处 $\bar{H}$ 和 $\bar{B}$ 的边界条件。

2.5-1　半径为 a 的圆形平行板电容器间距为 $d\ll a$,其间填充电导率为 σ 的介质,两极板间加直流电压 U_0。(a)求介质中的电场强度和磁场强度；(b)求介质中的功率密度,并证明总损耗功率的公式与电路理论中相同。

2.5-2　对例2.5-2的同轴线,若外导体圆筒的外半径为 c,即圆筒壁厚为 $(c-b)$,而且它是良导体,$\sigma\neq 0$,试求其内表面处的坡印廷矢量,并证明流入外导体的电磁功率等于其内部的热损耗功率。

2.5-3　若场源位于封闭面 s 所包围的体积内部,令 $\bar{J}_e$ 代表外加场源电流密度,即 $\bar{J}=\bar{J}_e+\sigma\bar{E}$,则式(2.5-2)化为

$$-\int_v\bar{E}\cdot\bar{J}_e\mathrm{d}v=\oint_s(\bar{E}\times\bar{H})\cdot\overline{\mathrm{d}s}+\frac{\partial}{\partial t}\int_v\left(\frac{1}{2}\varepsilon E^2+\frac{1}{2}\mu H^2\right)\mathrm{d}v+\int_v\sigma E^2\mathrm{d}v \quad (2.5\text{-}2\mathrm{a})$$

请导出此式,并说明其含义。

第3章　静电场及其边值问题的解法

从本章开始我们将依次讨论电磁场的几种常见的特定情形，包括静电场、恒定电流的电场和磁场、时谐电磁场等。我们将把第2章学习的普遍形式场方程和边界条件等应用于这些不同的场合。在这些章节中核心问题始终是如何求其场分布及了解其特点。首先讨论最简单的情形——静电场。其场源是静止电荷——相对于观察者静止且不随时间变化的电荷。在日常生活中静电场也有多方面的应用，如静电复印、静电涂覆、静电分离器、静电加速器等。更重要的是，静电场的基本概念和分析方法也是研究其他电磁场问题的基础，而且，有些其他电磁场问题可直接利用静电场的方法来得出，在本章的最后就举了一个这样的例子。在本章的后面几节中，我们将对静电场边值问题的解法作一些介绍。然而，教学时数是很有限的，为此，可把其中的镜像法和直角坐标系中的分离变量法等作为重点学习的计算方法。

3.1　静电场基本方程与电位方程

3.1.1　静电场基本方程

静电场的场源电荷和所有场量都不随时间变化，只是空间坐标的函数。因而由麦克斯韦方程组得到静电场基本方程如表3.1-1所示，表中第三列适用于简单媒质：$\bar{D}=\varepsilon\bar{E}$。

表3.1-1　静电场基本方程

微分形式		积分形式	
$\nabla\times\bar{E}=0$	(3.1-1)	$\oint_l \bar{E}\cdot\overline{\mathrm{d}l}=0$	(3.1-3)
$\nabla\cdot\bar{D}=\rho_v$	(3.1-2a)	$\oint_s \bar{D}\cdot\overline{\mathrm{d}s}=Q$	(3.1-4a)
$\nabla\cdot\bar{E}=\rho_v/\varepsilon$	(3.1-2b)	$\oint_s \bar{E}\cdot\overline{\mathrm{d}s}=Q/\varepsilon$	(3.1-4b)

式(3.1-1)表明静电场是一个无旋场；式(3.1-2a)表明静电场是有散场，其散度源是电荷。此两方程给定了场强$\bar{E}$的旋度和散度，因此，根据亥姆霍兹定理，它们唯一地确定了$\bar{E}$。

由于电场强度$\bar{E}$代表单位正电荷所受的电场力，因此式(3.1-3)表示，单位正电荷沿任意封闭路径l移动一周，电场力所做的功为零。因而静电场是保守场。静电场与重力场性质相似。物体在重力场中有一定位能，同样地，电荷在静电场中也具有一定的电位能。如图3.1-1所示，由式(3.1-3)知，

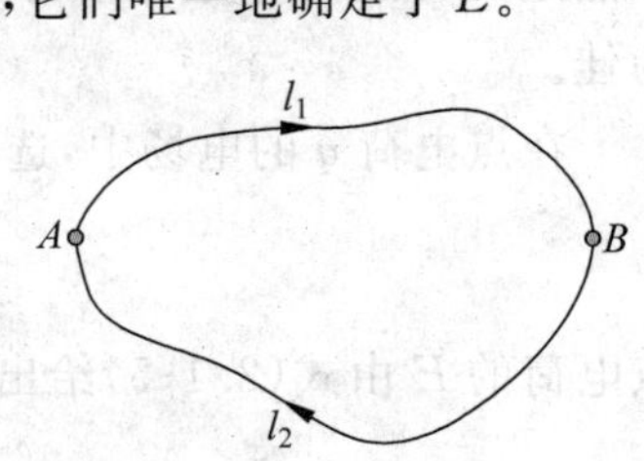

图3.1-1　任意封闭路径

$$\int_{l_1} \bar{E} \cdot \overline{\mathrm{d}l} + \int_{l_2} \bar{E} \cdot \overline{\mathrm{d}l} = 0$$

或

$$\int_{A(\text{沿}l_1)}^{B} \bar{E} \cdot \overline{\mathrm{d}l} = -\int_{B(\text{沿}l_2)}^{A} \bar{E} \cdot \overline{\mathrm{d}l}$$

即

$$\int_{A(\text{沿}l_1)}^{B} \bar{E} \cdot \overline{\mathrm{d}l} = \int_{A(\text{沿}l_2)}^{B} \bar{E} \cdot \overline{\mathrm{d}l}$$

上式说明,电场强度的线积分与积分路径无关,只取决于起点和终点。

式(3.1-4a)是静电场高斯定理,表明通过封闭面 s 的电通量等于它所包围的自由电荷量。因而说明,s 面内的自由电荷是电通量的源。

3.1.2 电位定义

由于静电场的无旋性,可引入电标位 ϕ 来描述静电场。令

$$\bar{E} = -\nabla\phi \tag{3.1-5}$$

式中负号不是矢量恒等式$\nabla\times\nabla\phi=0$ 所要求的,而是由于电位梯度$\nabla\phi$ 指向电位增加最快的方向(由低到高),而电场强度 $\bar{E}$ 指向电位下降最快的方向(由高到低),因而二者正好方向相反(见图1.2-2)。

式(3.1-5)中的 ϕ 不是单值的,因为任加一常数 C,都有$\nabla(\phi+C)=\nabla\phi$。但任何两点间的电位差是不变的,即

$$\phi_A - \phi_B = \int_B^A \mathrm{d}\phi = \int_B^A \nabla\phi \cdot \overline{\mathrm{d}l}$$

由于 $\bar{E}=-\nabla\phi$,上式化为

$$\phi_A - \phi_B = -\int_B^A \bar{E} \cdot \overline{\mathrm{d}l} = \int_A^B \bar{E} \cdot \overline{\mathrm{d}l} \tag{3.1-6}$$

可见,A、B 两点间的电位差等于电场强度 $\bar{E}$ 从 A 点到 B 点沿任意路径的线积分。它也就是把单位正电荷由 A 点移到 B 点电场力所作的功。

为了用单值的电位来描述电场,需选定电位参考点(零点)。选择电位参考点的基本原则是:

(1) 同一个问题只能选择一个参考点;

(2) 当电荷分布在有限区域时,通常选择无限远处为零电位点;

(3) 当电荷分布延伸至无穷远时(如无限长的线电荷分布、无限大的面电荷分布等),则不能选无穷远处作电位参考点,此时要选择在一个有限远处,具体选择以电位表达式简单为佳。

在点电荷 q 的电场中,选择无穷远处为电位参考点 P,则任意点 A 的电位为

$$\phi_A = \phi_A - \phi_P = \int_A^\infty \bar{E} \cdot \overline{\mathrm{d}l} \tag{3.1-7}$$

点电荷的 $\bar{E}$ 由式(2.1-5)给出,得

$$\phi_A = \int_R^\infty \frac{q}{4\pi\varepsilon_0 R^2} \hat{R} \cdot \overline{\mathrm{d}R} = \frac{q}{4\pi\varepsilon_0} \int_R^\infty \frac{\mathrm{d}R}{R^2} = \frac{q}{4\pi\varepsilon_0 R} \tag{3.1-8}$$

当有限空间中有多个电荷 q_1、q_2、q_3、…、q_N 时，由叠加原理得

$$\phi_A = \frac{1}{4\pi\varepsilon_0}\sum_{i=1}^{N}\frac{q_i}{R_i} \tag{3.1-9}$$

若电荷以体密度 $\rho_v(\overline{r'})$ 连续分布，则得

$$\phi(\overline{r}) = \frac{1}{4\pi\varepsilon_0}\int_v \frac{\rho_v(\overline{r'})}{R}\mathrm{d}v' \tag{3.1-10}$$

对密度分布为 $\rho_s(\overline{r'})$ 和 $\rho_l(\overline{r'})$ 的面电荷和线电荷，分别有

$$\phi(\overline{r}) = \frac{1}{4\pi\varepsilon_0}\int_s \frac{\rho_s(\overline{r'})}{R}\mathrm{d}s' \tag{3.1-11}$$

$$\phi(\overline{r}) = \frac{1}{4\pi\varepsilon_0}\int_l \frac{\rho_l(\overline{r'})}{R}\mathrm{d}s' \tag{3.1-12}$$

以上式中 $R=|\overline{r}-\overline{r'}|$，为源点至场点的距离（见图 1.4-2）。

3.1.3　电位方程

根据静电场基本方程 $\nabla\cdot\overline{E}=\rho_v/\varepsilon$，将 $\overline{E}=-\nabla\phi$ 代入，得

$$\nabla^2\phi = -\rho_v/\varepsilon \tag{3.1-13}$$

这是大家熟知的泊松[法]（Simeon D. Poisson）方程。它正是第 2 章中普遍形式的方程(2.3-13)对静态场 $\left(\frac{\partial}{\partial t}=0\right)$ 的特例。

在无界均匀媒质中，当体积 v 中有体电荷密度 $\rho_v(\overline{r'})$ 分布时，泊松方程的解正是式(3.1-10)，只不过将该式中的 ε_0 代以该媒质的介电常数 ε：

$$\phi(\overline{r}) = \frac{1}{4\pi\varepsilon}\int_v \frac{\rho_v(\overline{r'})}{R}\mathrm{d}v',\quad R=|\overline{r}-\overline{r'}| \tag{3.1-10a}$$

下面我们来验证(3.1-10a)满足泊松方程(3.1-13)。

由式(3.1-10a)，考虑到对场点的 ∇^2 运算与对源点的积分次序可以互换，有

$$\nabla^2\phi = \frac{1}{4\pi\varepsilon}\int_v \nabla^2\frac{\rho_v(\overline{r'})}{R}\mathrm{d}v'$$

此式中 $\rho_v(\overline{r'})$ 对 ∇^2 而言是常数，并且

$$\nabla^2\left(\frac{1}{R}\right) = \nabla\cdot\nabla\left(\frac{1}{R}\right)$$

$$\nabla\left(\frac{1}{R}\right) = -\frac{\overline{R}}{R^3}$$

故

$$\nabla^2\phi = -\frac{1}{4\pi\varepsilon}\int_v \rho_v(\overline{r'})\,\nabla\cdot\left(\frac{\overline{R}}{R^3}\right)\mathrm{d}v'$$

当 $R\neq 0$ 时，$\nabla\cdot\left(\frac{\overline{R}}{R^3}\right)=0$（习题 1.2-3），因此上式中的体积分只有在 $R=0$，即 $\overline{r}=\overline{r'}$ 点才有值。这样，只需对包围该点的小球区域 v_0 取体积分。此时 $\rho_v(\overline{r'})=\rho_v(\overline{r})$ 可视为常数，于是

$$\nabla^2\phi = -\frac{\rho_v(\overline{r})}{4\pi\varepsilon}\int_{v_0}\nabla\cdot\left(\frac{\overline{R}}{R^3}\right)\mathrm{d}v' = -\frac{\rho_v(\overline{r})}{4\pi\varepsilon}\oint_{s_0}\frac{\hat{R}\mathrm{d}s'}{R^2}$$

右边封闭面积分结果是小球面 s_0 所张的立体角 4π，因而得

$$\nabla^2\phi(\overline{r}) = -\frac{\rho_v(\overline{r})}{\varepsilon}$$

得证。

在无源区,泊松方程(3.1-13)化为拉普拉斯方程为

$$\nabla^2 \phi = 0 \tag{3.1-14}$$

利用上述方程可根据给定的边界条件求得特定问题的特解,从而便可求得电场强度 $\bar{E}$。由于电位 ϕ 是标量,求解电位方程将比直接求矢量 $\bar{E}$ 方便很多。因此,很多静电场问题都是通过先求电位分布再来求电场分布的。特别是在大多实际静电场问题中,空间中并不存在电荷,而只是在导体表面有面电荷分布。这些情形只需求解拉普拉斯方程。有关这些方程的求解将在本章 3.5~3.8 节中加以讨论。

例 3.1-1 一根细长导线将两个半径分别为 a 和 b 的导体球连接起来,如图 3.1-2 所示。将此组合充电至带电量为 Q,求每个球的带电量和其表面的电场强度。

【解】 假定两导体球 A、B 相距很远,使两球上的电荷仍为均匀分布;并且连线很细,其上电荷可略,即

$$Q = Q_a + Q_b$$

Q_a 和 Q_b 分别是 A、B 球的带电量。

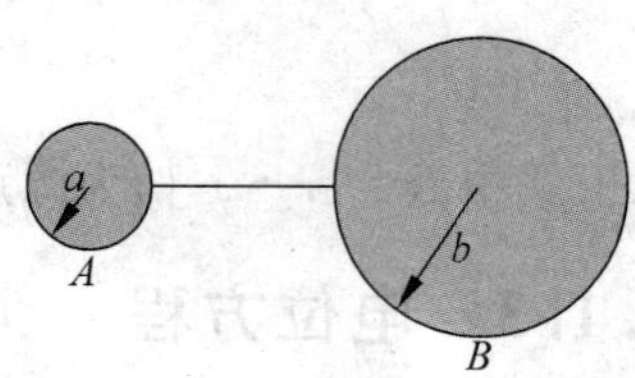

图 3.1-2 两个相连的导体球

对带电量为 Q 的孤立导体球,利用式(3.1-4b)容易求得球外离球心距离 r 处的 M 点电场强度为

$$\bar{E} = \hat{r}\frac{Q}{4\pi\varepsilon r^2} \tag{3.1-15}$$

取无穷远处为电位参考点,则其电位为

$$\phi_M = \int_M^\infty \bar{E} \cdot \overline{\mathrm{d}l} = \int_r^\infty \frac{Q}{4\pi\varepsilon r^2}\hat{r} \cdot \overline{\mathrm{d}r} = \frac{Q}{4\pi\varepsilon r} \tag{3.1-16}$$

由此,A、B 球表面的电位分别为

$$\phi_a = \frac{Q_a}{4\pi\varepsilon a}, \quad \phi_b = \frac{Q_b}{4\pi\varepsilon b}$$

由于有细导线相连,两球的电位是相同的,即

$$\frac{Q_a}{4\pi\varepsilon a} = \frac{Q_b}{4\pi\varepsilon b}$$

考虑到 $Q = Q_a + Q_b$,便可求得

$$Q_a = \frac{a}{a+b}Q, \quad Q_b = \frac{b}{a+b}Q$$

由式(3.1-15)知,A、B 球表面处的电场强度分别为

$$E_a = \frac{Q_a}{4\pi\varepsilon a^2} = \frac{Q}{4\pi\varepsilon(a+b)a}$$

$$E_b = \frac{Q_b}{4\pi\varepsilon b^2} = \frac{Q}{4\pi\varepsilon(a+b)b}$$

可见,若 $a \ll b$,则 $E_a \gg E_b$。此结果表明,若导电场体上包含有小的尖点,则这些尖点处的电场将远大于其他平滑部分。这便是在建筑物上安装避雷针的原理(见图 3.1-3)。

例 3.1-2 在空气中有一个半径为 a 的球形电子云,其中均匀分布着体电荷密度为 $\rho_v = -\rho_0$(C/m^3)的电荷,如图 3.1-4 所示。求:

(a) 球内外的电场强度 $\bar{E}$;

(b) 验证静电场的两个基本方程;

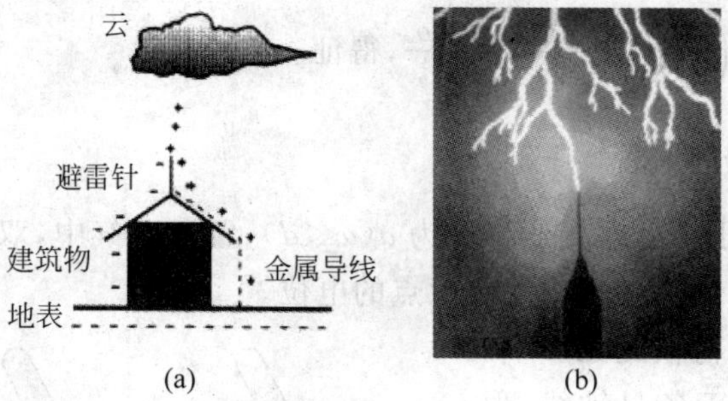

图 3.1-3　避雷针的作用

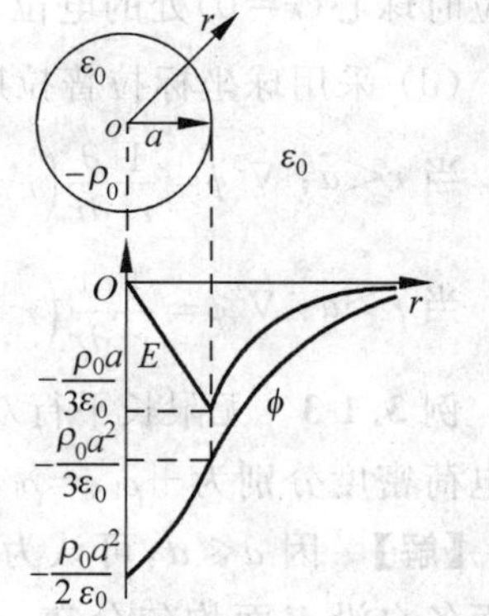

图 3.1-4　球形电子云的电场

（c）球内外的电位分布；

（d）验证静电场的电位方程。

【解】（a）因为电荷均匀分布于球体中，所以电场有球对称性。可应用高斯定理求距球心 r 处的电场强度。取该处球面为高斯面，有

当 $r < a$：$\oint_s \bar{E}\cdot\overline{\mathrm{d}s} = \hat{r}E\cdot\hat{r}4\pi r^2 = \dfrac{-\rho_0}{\varepsilon_0}\cdot\dfrac{4}{3}\pi r^3$，

$$\bar{E} = \hat{r}\frac{-\rho_0 r}{3\varepsilon_0}$$

当 $r > a$：$E\cdot 4\pi r^2 = \dfrac{-\rho_0}{\varepsilon_0}\cdot\dfrac{4}{3}\pi a^3$，　$\bar{E} = \hat{r}\dfrac{-\rho_0 a^3}{3\varepsilon_0 r^2}$

（b）采用球坐标旋度和散度表示式，因 $\bar{E}$ 只有 $\hat{r}$ 分量且只是 r 的函数，得

$$\nabla\times\bar{E} = \hat{\theta}\frac{1}{r\sin\theta}\frac{\partial E_r}{\partial\varphi} - \hat{\varphi}\frac{1}{r}\frac{\partial E_r}{\partial\theta} = 0\text{，得证。}$$

$$\nabla\cdot\bar{E} = \frac{1}{r^2}\frac{\partial}{\partial r}(r^2 E_r)$$

当 $r < a$：$\nabla\cdot\bar{E} = \dfrac{1}{r^2}\dfrac{\partial}{\partial r}\left(r^2\dfrac{-\rho_0 r}{3\varepsilon_0}\right) = \dfrac{-\rho_0}{\varepsilon_0}$，得证。

当 $r > a$：$\nabla\cdot\bar{E} = \dfrac{1}{r^2}\dfrac{\partial}{\partial r}\left(r^2\dfrac{-\rho_0 a^3}{3\varepsilon_0 r^2}\right) = 0$，得证。

（c）取 $r\to\infty$ 处为电位参考点，得

当 $r < a$：$\phi = \displaystyle\int_r^\infty E\mathrm{d}r = \int_r^a \frac{-\rho_0 r}{3\varepsilon_0}\mathrm{d}r + \int_a^\infty \frac{-\rho_0 a^3}{3\varepsilon_0 r^2}\mathrm{d}r = \frac{\rho_0 r^2}{6\varepsilon_0} - \frac{\rho_0 a^2}{2\varepsilon_0}$

当 $r > a$：$\phi = \displaystyle\int_r^\infty E\mathrm{d}r = \int_a^\infty \frac{-\rho_0 a^3}{3\varepsilon_0 r^2}\mathrm{d}r = \frac{-\rho_0 a^3}{3\varepsilon_0 r}$

若取 $r = 0$ 处为电位参考点，则得

当 $r < a$：$\phi = \displaystyle\int_r^0 \frac{-\rho_0 r}{3\varepsilon_0}\mathrm{d}r = \frac{\rho_0 r^2}{6\varepsilon_0}$

当 $r > a$：$\phi = \displaystyle\int_r^a \frac{-\rho_0 a^3}{3\varepsilon_0 r^2}\mathrm{d}r + \int_a^0 \frac{-\rho_0 r}{3\varepsilon_0}\mathrm{d}r = \frac{-\rho_0 a^3}{3\varepsilon_0 r} + \frac{\rho_0 a^2}{2\varepsilon_0}$

由上可见，电位参考点取得不同，电位值仅差一常数 $-\rho_0 a^2/(2\varepsilon_0)$，它是以 $r\to\infty$ 处为零

电位时球心($r=0$)处的电位。

(d) 采用球坐标拉普拉斯算子表示式,因 ϕ 只是 r 函数,得

当 $r<a$:$\nabla^2\phi=\dfrac{1}{r^2}\dfrac{\partial}{\partial r}\left(r^2\dfrac{\partial\phi}{\partial r}\right)=\dfrac{1}{r^2}\dfrac{\partial}{\partial r}\left(r^2\cdot 2\dfrac{-\rho_v r}{6\varepsilon_0}\right)=\dfrac{-\rho_v}{6\varepsilon_0}$,得证。

当 $r>a$:$\nabla^2\phi=\dfrac{1}{r^2}\dfrac{\partial}{\partial r}\left(r^2\cdot\dfrac{-\rho_0 a^3}{3\varepsilon_0 r^2}\right)=0$,得证。

例 3.1-3 无限长平行双导线轴线间距为 d,导线半径为 $a(a\ll d)$,置于空气中,双线上线电荷密度分别为 $+\rho_l$、$-\rho_l$,如图 3.1-5 所示。求空间任意点的电位。

【解】 因 $a\ll d$,可认为双线表面电荷彼此无影响,因而各自沿表面均匀分布,可视为集中于各自轴线,形成两条线电荷。为求 xy 面上任意点 $P(x,y)$ 处电位,取两线电荷连线中点 O 为电位参考点。由例 2.1-2 知,线电荷 $+\rho_l$ 在 P 点的电场为

$$\bar{E}=\hat{\rho}\frac{\rho_l}{2\pi\varepsilon_0\rho_1}$$

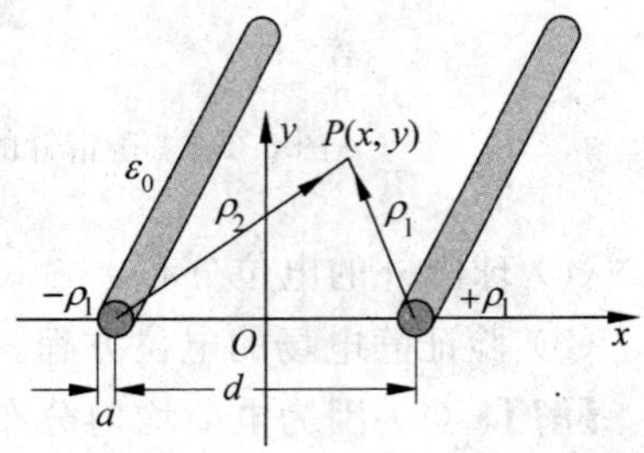

图 3.1-5 平行双导线

它在 P 点产生的电位为

$$\phi_1=\int_P^0\bar{E}\cdot\overline{dl}=\int_{\rho_1}^{\frac{d}{2}}\frac{\rho_l}{2\pi\varepsilon_0\rho_1}d\rho_1=\frac{\rho_l}{2\pi\varepsilon_0}\ln\frac{d}{2\rho_1}$$

同理可得 $-\rho_l$ 在 P 点产生的电位为

$$\phi_2=\int_{\rho_2}^{\frac{d}{2}}-\frac{\rho_l}{2\pi\varepsilon_0\rho_2}d\rho_2=-\frac{\rho_l}{2\pi\varepsilon_0}\ln\frac{d}{2\rho_2}$$

根据叠加原理,P 点的电位应为

$$\phi=\phi_1+\phi_2=\frac{\rho_l}{2\pi\varepsilon_0}\left(\ln\frac{d}{2\rho_1}-\ln\frac{d}{2\rho_2}\right)=\frac{\rho_l}{2\pi\varepsilon_0}\ln\frac{\rho_2}{\rho_1}\tag{3.1-17}$$

采用直角坐标,则

$$\phi=\frac{\rho_l}{4\pi\varepsilon_0}\ln\frac{\left(x+\frac{d}{2}\right)^2+y^2}{\left(x-\frac{d}{2}\right)^2+y^2}$$

例 3.1-4 求电偶极子在空气中远处产生的电位和电场强度。

【解】 采用球坐标系,电偶极子中心位于坐标原点,如图 3.1-6 所示。电偶极子正负电荷 q 与 $-q$ 相距 l。研究其远处($r\gg l$)场点 $P(r,\theta,\phi)$ 处的电位。

取无穷远处为电位参考点,P 点电位为 q 和 $-q$ 在 P 点产生的电位之和:

$$\phi=\frac{q}{4\pi\varepsilon_0}\left(\frac{1}{r_1}-\frac{1}{r_2}\right)=\frac{q}{4\pi\varepsilon_0}\cdot\frac{r_2-r_1}{r_1r_2}$$

当 $r\gg l$ 时,可认为 $\bar{r}_1/\!/\bar{r}/\!/\bar{r}_2$(见图 3.1-6),可见

$$r_1\approx r-\frac{l}{2}\cos\theta$$

$$r_2\approx r+\frac{l}{2}\cos\theta$$

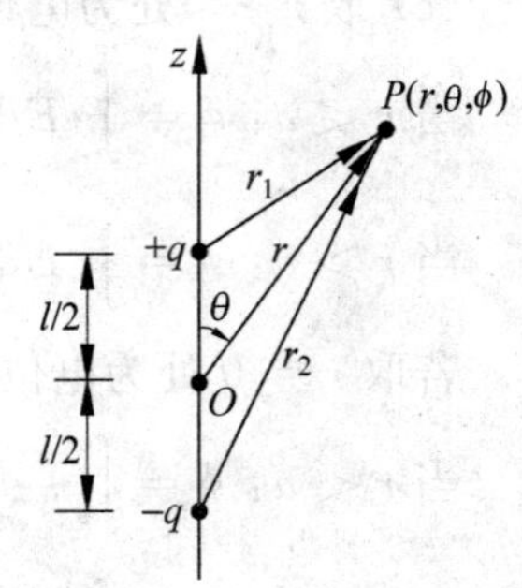

图 3.1-6 电偶极子

$$r_1 r_2 \approx r^2 - \frac{l^2}{4}\cos^2\theta \approx r^2$$

故

$$\phi \approx \frac{ql\cos\theta}{4\pi\varepsilon_0 r^2} = \frac{p_e\cos\theta}{4\pi\varepsilon_0 r^2} \tag{3.1-18}$$

这里定义电偶极子的电矩为

$$\bar{p}_e = q\bar{l}, \quad p_e = ql$$

$$\bar{E} = -\nabla\phi = -\left(\bar{r}\frac{\partial\phi}{\partial r} + \hat{\theta}\frac{1}{r}\frac{\partial\phi}{\partial\theta} + \hat{\varphi}\frac{1}{r\sin\theta}\frac{\partial\phi}{\partial\varphi}\right)$$

得

$$\bar{E} = \hat{r}\frac{p_e\cos\theta}{2\pi\varepsilon_0 r^3} + \hat{\theta}\frac{p_e\sin\theta}{4\pi\varepsilon_0 r^3} \tag{3.1-19}$$

可见,电偶极子的电场有三个特点。一是各分量随 r^{-3} 急速下降；二是各分量大小与方向(θ)有关；三是无 $\hat{\varphi}$ 分量,电力线都分布在$\hat{r}$和 $\hat{\theta}$ 构成的平面上,该平面称为子午面或含轴平面,如图 1.2-2 所示。而且,电场强度与 φ 无关,因而将该图绕轴旋转便得到三维图。

*3.2　静电场中的介质

在前面的处理中,我们已采用介电常数 ε 来代替真空介电常数 ε_0 以反映介质对电场的影响。但是我们并没有解释其中的物理机理。本节就来补充讨论介质与电场的相互作用。

3.2.1　介质的极化

物质的分子都是由带正电荷的原子核与带负电荷的电子组成的。导体中原子核对外层电子的吸引力很小,在微弱的外场作用下,电子就可能脱离原子核作定向运动而形成电流。导体中的这些电子电荷就称为自由电荷。介质与导体不同,其电子被原子核紧紧束缚于其周围,这些电子不会自由运动,称这些电荷为束缚电荷。因此,介质通常都不具有导电能力。不过,若外加电场过强,也可能使介质中的电子脱离原子核作定向运动而形成导电,这种现象称为介质击穿。使介质发生击穿时的临界电场强度称为击穿场强。第 2 章例 2.2-1 提到的闪电就是由于雷云与地面之间形成过强的电场,使空气发生击穿而形成的。空气的击穿场强通常为 3×10^6 V/m(即 30kV/cm),但有水滴存在时可能会降至约 10^6 V/m(10kV/cm)。本节研究的是不致击穿的一般情形。

从宏观电磁场观察,介质分子可用两类模型来描述。一类是无极(性)分子,其正电荷中心与负电荷中心重合,对外不呈现带电；另一类是有极(性)分子,其正电荷中心与负电荷中心不重合,对外形成一电偶极子。不过,由于分子作无规则热运动,它们的排列是随机的,对外合成电矩为零。当有外加电场(小于击穿场强)时,无极分子中正负电荷中心不再重合而形成一电偶极子(称为位移极化)；有极分子电偶极子则沿电场方向排列(称为取向极化)。这两种效应都称为介质的极化,如图 3.2-1 所示。介质极化后无论无极或有极

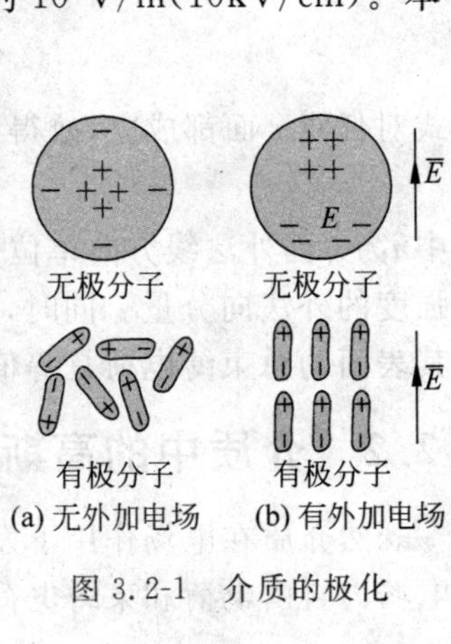

图 3.2-1　介质的极化

分子,其中的束缚电荷对外都呈现一偶极矩,形成二次电场,该二次电场方向与外加电场方向相反,从而使合成电场小于原外加电场。此效应的宏观结果可从例3.1-4式(3.1-19)看出,若电偶极子周围媒质不是空气而是介电常数为ε的介质,则分母上的ε_0将代以$\varepsilon>\varepsilon_0$,因而场强变小。

为了定量地计算介质极化的影响,下面将引入极化强度和束缚电荷密度。

1. 极化强度

极化强度$\bar{P}$定义为介质中给定点处单位体积中电矩的矢量和:

$$\bar{P}=\frac{\sum_{i=1}^{N}\bar{p}_i}{\Delta v} \tag{3.2-1}$$

式中$\bar{p}_i=q_i\bar{l}_i$为体积Δv中第i个电偶极子q_i的电矩,N为Δv中电偶极子的数量。对于均匀、线性,各向同性的简单介质,实验结果表明,$\bar{P}$与介质中的合成电场强度$\bar{E}$成正比,可表示为

$$\bar{P}=\chi_e\varepsilon_0\bar{E} \tag{3.2-2}$$

式中χ_e称为电极化率,一般是正实数。

2. 束缚电荷密度

极化介质对电场的影响可归结于束缚电荷所产生的影响。束缚电荷所产生的电场是极化了的介质内部所有电偶极子的宏观效应。根据高斯定理,穿过媒质中任一封闭面的电通量就等于该面所包围的自由电荷总电量。与此相仿,穿过极化介质中任一封闭面s的极化强度通量必等于该面所包围的束缚电荷总电量Q',即有

$$Q'=-\oint_s\bar{P}\cdot\overline{\mathrm{d}s} \tag{3.2-3}$$

式中的负号是因为$\bar{P}$的正方向规定为从负电荷指向正电荷,而电通密度和电场强度的正方向都是由正电荷指向负电荷。设s面所包围的体积为v,其中束缚电荷体密度为ρ_v',由高斯散度公式知,上式可表示为

$$\int_v\rho_v'\mathrm{d}v=\int_v\nabla\cdot\bar{P}\mathrm{d}v \tag{3.2-4}$$

此式对任意s面所包围的体积v都成立,因而必有

$$\rho_v'=-\nabla\cdot\bar{P} \tag{3.2-5}$$

类似地,设s面上束缚电荷面密度为ρ_s',由式(3.2-3)知,

$$Q'=-\oint_s\bar{P}\cdot\bar{n}\mathrm{d}s=-\oint_s\rho_s'\overline{\mathrm{d}s} \tag{3.2-6}$$

此式对任意s面都成立,故得

$$\rho_s'=\hat{n}\cdot\bar{P}=P_n \tag{3.2-7}$$

式中$\hat{n}$为s面外法线方向单位矢量。可见,极化介质表面上的束缚电荷面密度就等于该处极化强度的外法向分量。同时,式(3.2-6)也表明,任一极化介质区域内部的体束缚电荷总量与其表面的总束缚电荷是等值异性的,介质整体呈电中性。

3.2.2 介质中的高斯定理与相对介电常数

既然介质在电场作用下发生的极化现象归结为在介质内部出现束缚电荷,则介质中的静电场为自由电荷和束缚电荷在真空中共同产生的场。因此只要将真空中高斯定理公式中

的 ρ_v 换成 $\rho_v+\rho_v'$，即可得到介质中的高斯定理：

$$\nabla\cdot\bar{E}=\frac{\rho_v+\rho_v'}{\varepsilon_0} \tag{3.2-8}$$

将式(3.2-5)代入上式，得

$$\nabla\cdot\bar{E}=\frac{1}{\varepsilon_0}(\rho_v-\nabla\cdot\bar{P})$$

即

$$\nabla\cdot(\varepsilon_0\bar{E}+\bar{P})=\rho_v \tag{3.2-9}$$

矢量 $\varepsilon_0\bar{E}+\bar{P}$ 的散度仅与自由电荷有关，我们把这一矢量定义为电通(量)密度 $\bar{D}$，即

$$\bar{D}=\varepsilon_0\bar{E}+\bar{P} \tag{3.2-10}$$

于是式(3.2-9)可化为

$$\nabla\cdot\bar{D}=\rho_v$$

这就是 3.1 节中已引用的介质中静电场的散度公式，也就是介质中高斯定理的微分形式。可见 $\bar{D}$ 的源是自由电荷，$\bar{D}$ 矢量线从正的自由电荷出发终止于负的自由电荷。而 $\bar{E}$ 的源既可以是自由电荷，也可以是束缚电荷，电力线的起点和终点可以是自由电荷或束缚电荷。

将式(3.2-2)代入式(3.2-10)，得①

$$\bar{D}=\varepsilon_0(1+\chi_e)\bar{E}=\varepsilon\bar{E} \tag{3.2-11}$$

式中

$$\varepsilon=\varepsilon_0\varepsilon_r,\quad \varepsilon_r=1+\chi_e \tag{3.2-12}$$

ε_r 称为介质的相对介电常数。由上式可见，对一般介质，$\varepsilon_r>1$。表 3.2-1 列出了几种介质材料的相对介电常数与击穿场强。

最后举一具体例子来了解介质极化是如何影响电场的。设坐标原点处有一点电荷 q，周围介质的相对介电常数为 ε_r，则它在矢径 $\bar{r}$ 处 P 点产生的电场为

$$\bar{E}=\hat{r}\frac{q}{4\pi\varepsilon_0\varepsilon_r r^2}$$

由于 $\varepsilon_r>1$，上式表明，介质中的电场弱于真空中同一点的电场。从物理上看，这是由于

---

① 对于各向异性介质，某一方向的 $\bar{E}$ 不仅引起这一方向的介质极化，还会引起其他方向的极化，使 $\bar{P}$ 与 $\bar{E}$ 的方向不再相同。写成数学关系就是

$$P_x=\varepsilon_0(\chi_{xx}E_x+\chi_{xy}E_y+\chi_{xz}E_z)$$
$$P_y=\varepsilon_0(\chi_{yx}E_x+\chi_{yy}E_y+\chi_{yz}E_z)$$
$$P_z=\varepsilon_0(\chi_{zx}E_x+\chi_{zy}E_y+\chi_{zz}E_z)$$

此时由式(3.2-10)得

$$D_x=\varepsilon_0[(1+\chi_{xx})E_x+\chi_{xy}E_y+\chi_{xz}E_z]=\varepsilon_{xx}E_x+\varepsilon_{xy}E_y+\varepsilon_{xz}E_z$$
$$D_y=\varepsilon_0[\chi_{yx}E_x+(1+\chi_{yy})E_y+\chi_{yz}E_z]=\varepsilon_{yx}E_x+\varepsilon_{yy}E_y+\varepsilon_{yz}E_z$$
$$D_z=\varepsilon_0[\chi_{zx}E_x+\chi_{zy}E_y+(1+\chi_{zz})E_z]=\varepsilon_{zx}E_x+\varepsilon_{zy}E_y+\varepsilon_{zz}E_z$$

这表明，矢量 $\bar{D}$ 不再与 $\bar{E}$ 具有相同的方向。上式可写成矩阵形式：

$$\begin{bmatrix}D_x\\D_y\\D_z\end{bmatrix}=\begin{bmatrix}\varepsilon_{xx}&\varepsilon_{xy}&\varepsilon_{xz}\\\varepsilon_{yx}&\varepsilon_{yy}&\varepsilon_{yz}\\\varepsilon_{zx}&\varepsilon_{zy}&\varepsilon_{zz}\end{bmatrix}\begin{bmatrix}E_x\\E_y\\E_z\end{bmatrix}$$

可见，各向异性介质的相对介电常数不再是一个正实数。此时的介电常数可用并矢来表示，上式可简写为

$$\bar{D}=\bar{\bar{\varepsilon}}\cdot\bar{E}$$

介质极化后在包围点电荷 q 的表面上形成了与之异号的面束缚电荷 Q'。我们来做一定量计算：由式(3.2-10)知，

$$\bar{P}=\bar{D}-\varepsilon_0\bar{E}=\hat{r}\frac{\varepsilon_r-1}{4\pi\varepsilon_r r^2}q$$

故在紧贴 q 的表面上，总的面束缚电荷量为

$$Q'=\lim_{r\to 0}4\pi r^2\,\hat{n}\cdot\bar{P}=\lim_{r\to 0}4\pi r^2(-\hat{r})\cdot\bar{P}=-\frac{\varepsilon_r-1}{\varepsilon_r}q$$

此时产生电场的总电荷量减少为

$$q'=q+Q'=q-\frac{\varepsilon_r-1}{\varepsilon_r}q=\frac{q}{\varepsilon_r}$$

可见，正是总电荷量由真空时的 q 减少至 $q'=q/\varepsilon_r$，而使电场也减弱至 $1/\varepsilon_r$ 倍。

表 3.2-1 介质的相对介电常数和击穿场强

介质材料	ε_r	击穿场强/(V/m)
空气	1.000 59	3×10^6
聚四氟乙烯	2.1	60×10^6
聚乙烯	2.3	18×10^6
聚苯乙烯	2.6	24×10^6
尼龙	3.5	19×10^6
电容器纸	3.7	$(16\sim40)\times10^6$
绝缘子用瓷	5.7～6.8	$(6\sim20)\times10^6$
玻璃	5～10	$(9\sim25)\times10^6$
纯水	80	—

3.3 静电场中的导体与电容

3.3.1 静电场中的导体

导体是含有大量自由电荷的物体，自由电荷是在电场作用下可自由运动的电荷。当将导体置于静电场中时，导体中将呈现所谓的静电感应现象，形成导体中电荷的重新分布。在外加电场的作用下，正电荷将沿电场方向、负电荷沿其反方向向导体表面移动；同时，这些正负电荷又形成与外场反向的二次电场来抵消原电场的作用。最终导致导体中的合成电场为零，电荷运动停止，这种状态称为静电平衡。我们的讨论都限于达到平衡状态以后的现象。

导体的导电率只影响从不平衡状态过渡到平衡状态所需的时间(称为弛豫时间)。例2.3-2已表明，导电率 σ 越大，则弛豫时间越短，对大多数金属来说，该时间都是极短的。而导体导电率的大小并不影响平衡状态本身。因此，在静电场中我们并不考虑导电率，不去区分良导体、非良导体等。从这个意义上说，它们都可看成是理想导体。

基于上述关于导体的定义与概念，静电场中的导体具有以下特征：

(1) 导体内部各处电场强度均为零；

(2) 导体内部不存在任何净电荷，电荷都以面电荷形式分布于导体表面；

(3) 导体为一等位体，其表面为等位面。因为导体内部电场处处为零，沿导体内任意两点间电场的线积分必为零，因而该两点间无电位差；

(4) 导体表面切向电场为零，而只有法向电场分量 E_n。由式(2.4-5c)知，在简单媒质中导体表面处的电场强度为

$$E_n = \hat{n} \cdot \bar{E} = \rho_s/\varepsilon \tag{3.3-1}$$

式中，ρ_s 为导体表面的面电荷密度(C/m^2)，$\hat{n}$是导体表面的外法线方向单位矢量。

3.3.2 电容

任何两个导体，无论其形状和尺寸如何，都可以看作一只电容器。若把一直流电源两端分别接到两个导体上，则在各自表面会积蓄大小相等、极性相反的电荷$+Q$和$-Q$，如图 3.3-1 所示。此时两个导体的电位差 U 将与其表面所带电量 Q 成正比关系。在电磁学中，Q 与 U 之比值称为电容 C，即

$$C = \frac{Q}{U} \tag{3.3-2}$$

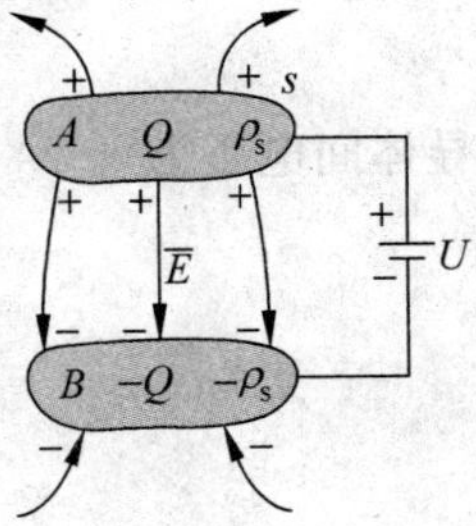

图 3.3-1 两导体构成一电容器

电容的单位是法拉(F)，等于每伏库仑(C/V)。

如果两个导体之一(如图 3.3-1 所示中导体 B)在无穷远处，则对另一导体(如图 3.3-2 中导体 A)有

$$C = \frac{Q}{\phi} \tag{3.3-3}$$

式中 ϕ 为导体 A 充有电量 Q 时以无穷远处为参考点的电位($\phi = U$)。这里 C 是一孤立导体的电容。例如，一个半径为 a 的孤立带电导体球，其表面电荷量为 Q，由式(3.1-16)知，其电位为

$$\phi = \frac{Q}{4\pi\varepsilon_0 a}$$

所以此球孤立电容为

$$C = 4\pi\varepsilon_0 a \tag{3.3-4}$$

地球半径约为 6378 千里(见附录 B 中表 B-1)，它若可视为一导体球，则其电容量为

$$C = 4\pi \times 8.854 \times 10^{-12} \times 6378 \times 10^3 \mathrm{F} = 7.096 \times 10^{-4} \mathrm{F} = 709.6\mu\mathrm{F}$$

可见 F 是一个很大的单位。常用更小的单位：$1\mu F = 10^{-6} F$，$1pF = 10^{-12} F$。

在电容 C 的定义式(3.3-2)中，导体上的电量 Q 等于导体表面电荷 ρ_s 的面积分，利用式(3.3-1)知

$$Q = \int_s \rho_s \mathrm{d}s = \int_s \varepsilon\, \hat{n} \cdot \bar{E} \mathrm{d}s = \int_s \varepsilon \bar{E} \cdot \overline{\mathrm{d}s} \tag{3.3-5}$$

电压 U 可由式(3.1-6)得出，即

$$U = \int_A^B \bar{E} \cdot \overline{\mathrm{d}l} = \int_l \bar{E} \cdot \overline{\mathrm{d}l} \tag{3.3-6}$$

这里 A、B 分别代表导体 A、B 上的任意两点，l 是由 A(高电位)至 B(低电位)的任意路径。于是将上两式代入式(3.3-2)得

$$C = \frac{\int_s \varepsilon \bar{E} \cdot \overline{\mathrm{d}s}}{\int_l \varepsilon \bar{E} \cdot \overline{\mathrm{d}l}} \tag{3.3-7}$$

此式分子和分母上都有 $\bar{E}$，因此任何电容器的 C 值总与 $\bar{E}$ 的大小无关，但与 $\bar{E}$ 的分布有关。

电容 C 取决于两导体的形状、尺寸、相对位置及导体间的介质参数。

计算两导体之间的电容,可有两条途径。一是先假定两导体带等量异号的电量 Q,通过计算电场由式(3.3-6)得出两导体间的电压 U,从而算出电容,这是较常用的途径;二是先假定两导体间电压 U,然后得出电场而由式(3.3-5)求得电量 Q,再求出电容。

例 3.3-1　同轴线内、外导体半径分别为 a、b,其中介质层的介电常数为 ε,求该同轴线长度为 l 时的电容 C。

【解】 设内、外导体分别带电荷 $+Q$、$-Q$,忽略边缘效应,则介质层中电场由高斯定理可得(例 2.1-2):

$$\boldsymbol{E} = \hat{\rho} E = \hat{\rho} \frac{Q}{2\pi\varepsilon\rho l}$$

两导体间电压为

$$U = \int_a^b \hat{\rho} E \cdot \hat{\rho} \mathrm{d}\rho = \frac{Q}{2\pi\varepsilon l} \int_a^b \frac{\mathrm{d}\rho}{\rho} = \frac{Q}{2\pi\varepsilon l} \ln \frac{b}{a}$$

故

$$C = \frac{Q}{U} = \frac{2\pi\varepsilon l}{\ln \dfrac{b}{a}} \tag{3.3-8}$$

一些不同结构的电容值如表 3.3-1 所示。

表 3.3-1　不同结构的电容值

结　构	电　容　C	结　构	电　容　C
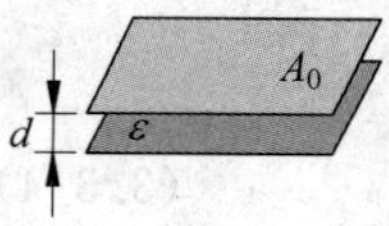	$\dfrac{\varepsilon A_0}{d}$	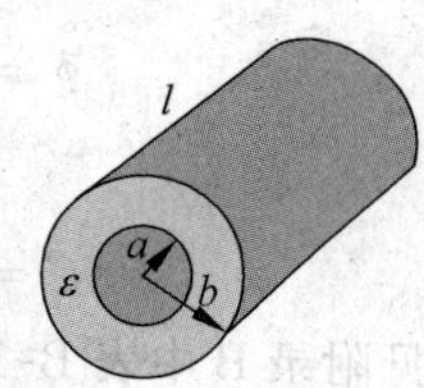	$\dfrac{2\pi\varepsilon l}{\ln \dfrac{b}{a}}$
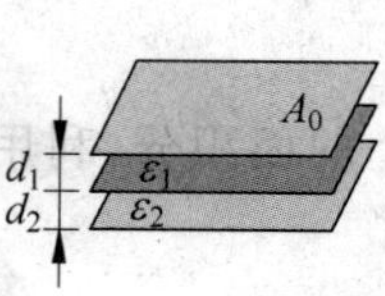	$\dfrac{\varepsilon_1 \varepsilon_2 A_0}{\varepsilon_1 d_1 + \varepsilon_2 d_2}$	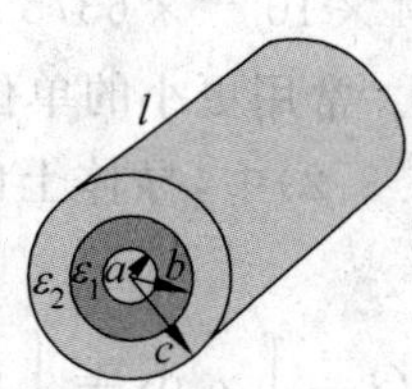	$\dfrac{2\pi l}{\dfrac{1}{\varepsilon_1}\ln \dfrac{b}{a} + \dfrac{1}{\varepsilon_2}\ln \dfrac{c}{b}}$
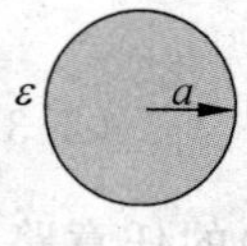	$4\pi\varepsilon a$	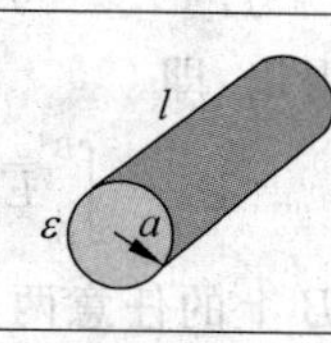	$\dfrac{2\pi\varepsilon l}{\ln \dfrac{l}{a}}$
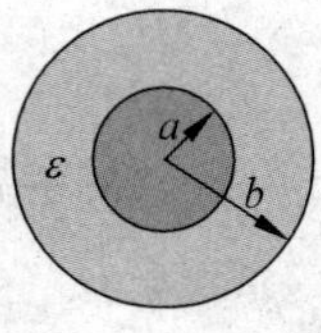	$\dfrac{4\pi\varepsilon ab}{b-a}$	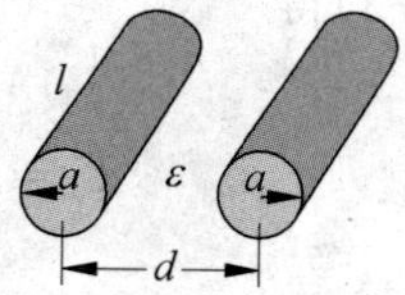	$\dfrac{\pi\varepsilon l}{\ln \dfrac{d}{a}}$ $(d \gg a)$

续表

结　构	电　容 C	结　构	电　容 C
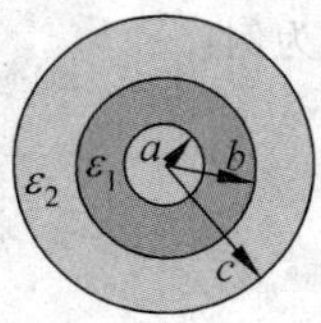	$\dfrac{4\pi}{\frac{1}{\varepsilon_1}\left(\frac{1}{a}-\frac{1}{b}\right)+\frac{1}{\varepsilon_2}\left(\frac{1}{b}-\frac{1}{c}\right)}$	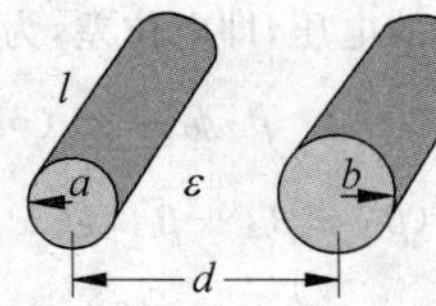	$\dfrac{2\pi\varepsilon l}{\ln\frac{d^2}{ab}}$ $(d\gg a,b)$
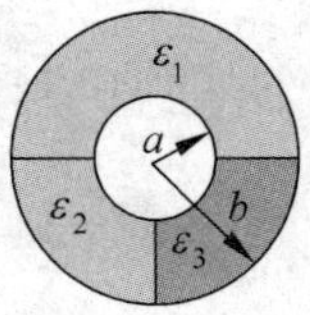	$\dfrac{\pi ab}{b-a}(2\varepsilon_1+\varepsilon_2+\varepsilon_3)$	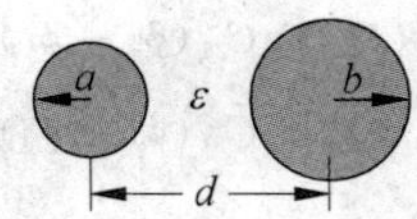	$\dfrac{4\pi\varepsilon abd}{(a+b)d-2ab}$ $(d\gg a,b)$

*3.3.3　导体系的部分电容

当电场中存在两个以上导体时就构成为导体系。作为举例，我们来研究导体系由三个导体及大地构成的情形，如图 3.3-2 所示。考虑大地影响的架空三相输电线就属于这类情形。设三导体的电荷量分别为 Q_1，Q_2，Q_3，则根据叠加原理，每一导体的电位与各导体电荷之间的线性关系为

$$\begin{cases}\phi_1=\alpha_{11}Q_1+\alpha_{12}Q_2+\alpha_{13}Q_3\\ \phi_2=\alpha_{21}Q_1+\alpha_{22}Q_2+\alpha_{23}Q_3\\ \phi_3=\alpha_{31}Q_1+\alpha_{32}Q_2+\alpha_{33}Q_3\end{cases}\tag{3.3-9}$$

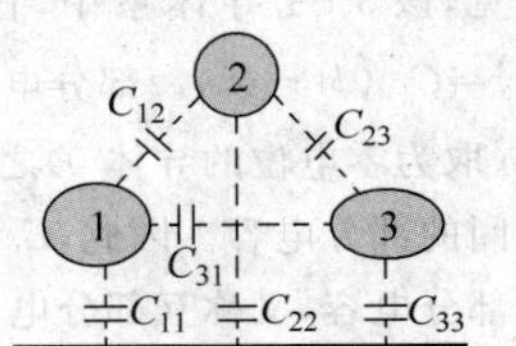

图 3.3-2　3+1 导体系的部分电容

其矩阵形式为

$$[\phi]=[\alpha][Q]\tag{3.3-10}$$

式中 α 称为电位系数，单位为 1/F。由式(3.3-9)知

$$\begin{cases}\alpha_{11}=\left.\dfrac{\phi_1}{Q_1}\right|_{Q_2=Q_3=0}\\ \alpha_{12}=\left.\dfrac{\phi_1}{Q_2}\right|_{Q_1=Q_3=0}\end{cases}\tag{3.3-11}$$

其他 α_{ij} 类推。式(3.3-9)可改写为

$$\begin{cases}Q_1=\beta_{11}\phi_1+\beta_{12}\phi_2+\beta_{13}\phi_3\\ Q_2=\beta_{21}\phi_1+\beta_{22}\phi_2+\beta_{23}\phi_3\\ Q_3=\beta_{31}\phi_1+\beta_{32}\phi_2+\beta_{33}\phi_3\end{cases}\tag{3.3-12}$$

或

$$[Q]=[\beta][\phi]=[\alpha]^{-1}[\phi]\tag{3.3-13}$$

式中 β 称为感应系数或电容系数，其单位为 F。由式(3.3-12)知

$$\begin{cases}\beta_{11}=\left.\dfrac{Q_1}{\phi_1}\right|_{\phi_2=\phi_3=0}\\ \beta_{12}=\left.\dfrac{Q_1}{\phi_2}\right|_{\phi_1=\phi_3=0}\end{cases}\tag{3.3-14}$$

以此类推。它们与电位系数之间的关系为

$$\beta_{ij} = \frac{A_{ji}}{\Delta} \tag{3.3-15}$$

式中，Δ 是$[\alpha]$的行列式的值；A_{ji} 是相应的余因子。

工程上往往已知各导体间的电压，即电位差，为此将式(3.3-12)作一改写，以第一式为例：

$$\begin{aligned} Q_1 &= \beta_{11}\phi_1 + \beta_{12}\phi_1 - \beta_{12}(\phi_1 - \phi_2) + \beta_{13}\phi_1 - \beta_{13}(\phi_1 - \phi_3) \\ &= (\beta_{11} + \beta_{12} + \beta_{13})\phi_1 - \beta_{12}(\phi_1 - \phi_2) - \beta_{13}(\phi_1 - \phi_3) \end{aligned}$$

于是，式(3.3-12)改写为

$$\begin{cases} Q_1 = C_{11}\phi_1 + C_{12}(\phi_1 - \phi_2) + C_{13}(\phi_1 - \phi_3) \\ Q_2 = C_{21}(\phi_2 - \phi_1) + C_{22}\phi_2 + C_{23}(\phi_2 - \phi_3) \\ Q_3 = C_{31}(\phi_3 - \phi_1) + C_{32}(\phi_3 - \phi_2) + C_{33}\phi_3 \end{cases} \tag{3.3-16}$$

式中

$$\begin{cases} C_{ii} = \beta_{i1} + \beta_{i2} + \beta_{i3} \\ C_{ij} = -\beta_{ij} \end{cases} \tag{3.3-17}$$

C_{ii} 和 C_{ij} 称为部分电容，单位为 F。为了解其含义，我们以导体 1 为例，由式(3.3-16)第一式知：

$$Q_1 = C_{11}(\phi_1 - \phi_0) + C_{12}(\phi_1 - \phi_2) + C_{13}(\phi_1 - \phi_3) = Q_{11} + Q_{12} + Q_{13}$$

可见，该 3+1 导体系中，任一导体上的电荷由三部分组成：$Q_{11} = C_{11}(\phi_1 - \phi_0)$，$Q_{12} = C_{12}(\phi_1 - \phi_2)$，$Q_{13} = C_{13}(\phi_1 - \phi_3)$。部分电量 Q_{11} 正比于 $\phi_1 - \phi_0(\phi_0 = 0)$，由电容定义式(3.3-2)知，比值 C_{11} 就是导体 1 与大地(取为零电位的导体 0)之间的部分电容；另一部分电量 Q_{12} 正比于 $\phi_1 - \phi_2$，其比值 C_{12} 是导体 1 与导体 2 之间的部分电容。因此，C_{ii} 是导体 i 与大地之间的部分电容，又称自部分电容；C_{ij} 是导体 i 与导体 j 之间的部分电容，又称互部分电容。所有的部分电容都是正值，且 $C_{ij} = C_{ji}$。由于每两个导体之间都有一部分电容，因而 $N+1$ 个导体组成的导体系中，共有 $C_{N+1}^2 = N(N+1)/2$ 个部分电容，它们构成一电容网络，又称静电网络。

在理论计算中，可通过计算 α_{ij}、β_{ij} 求出部分电容 C_{ij}。但许多实际系统中各部分电容不便算出，而需由实验测出。测试原理可由式(3.3-16)得出。以第一式为例，令 $\phi_1 = \phi_2 = \phi_3 = U_0$，则

$$Q_1 = C_{11}U_0$$

得

$$C_{11} = \frac{Q_1}{U_0}$$

可见，若将三个导体相连并充电至对地电压为 U_0，然后将导体 1 上的电荷通过冲激电流计放电到地，测出 Q_1，便测得 $C_{11} = Q_1/U_0$。为测出 C_{12}，可令 $\phi_2 = -U_0$，取 $\phi_1 = \phi_3 = 0$，则

$$Q_1 = C_{12}U_0$$

得

$$C_{12} = \frac{Q_1}{U_0}$$

因而，用类似方法也可测出其他部分电容值。

在多导体系统中，若电源的正、负极分别接到某两导体上，我们关心的是从电源端口看入的等效电容，也称为工作电容。它可基于部分电容由网络方法算出。例如，输电常用的三芯电缆，其电容网络如图 3.3-3(b)所示，其中 $C_{11} = C_{22} = C_{33}$，$C_{12} = C_{23} = C_{13}$。由 $\Delta \to Y$ 变换可得图 3.3-3(c)所示的等效电容网络，从而得每相单位长度的工作电容为

$$C_1 = C_{11} + 3C_{12}$$

例 3.3-2　一对水平架设的双导线输电线如图 3.3-4(a)所示。离地面高度 $h = 10\text{m}$，线间距离 $d = 2\text{m}$，导线半径 $a = 1\text{cm}$，求：(a)部分电容；(b)两线间单位长度的等效电容 C_1。

【解】　(a)设导线 1、2 的单位长度带电量分别为 $\pm\rho_l$。由于 $a \ll d$，$a \ll h$，可认为电荷均匀分布在表面

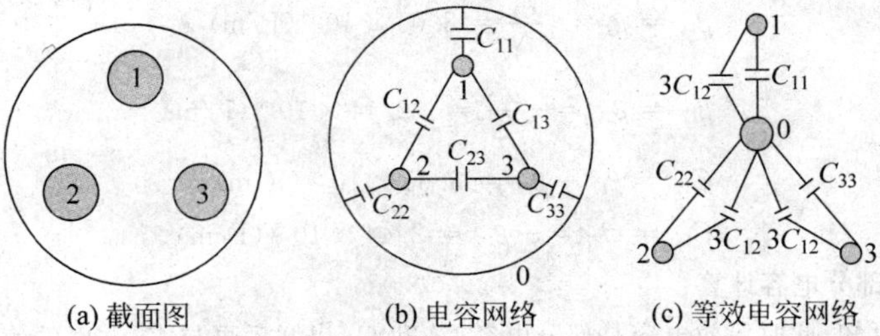

图 3.3-3 三芯电缆与其部分电容

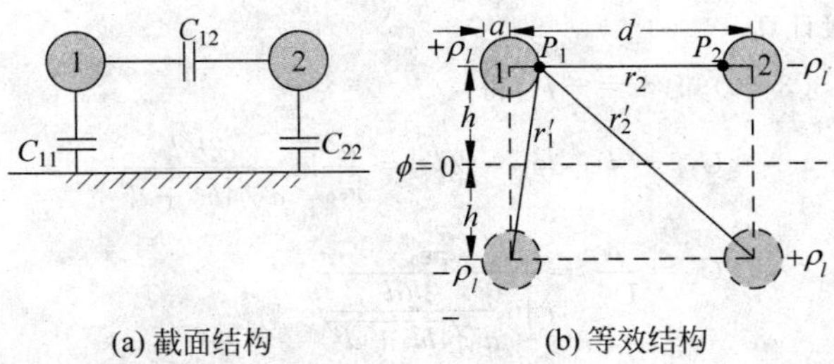

图 3.3-4 水平输电线及其部分电容

上面可等效为两条位于轴线上的线电荷。地面的影响可用图 3.3-4(b)所示镜像电荷$\mp\rho_l$ 来代替，这样仍能保证地表面的电位为零。于是，地面上部空间任一点 P 的电位就等于这四条线电荷所产生的电位之和。由式(3.1-17)可得导线 1 表面 P_1 点的电位为

$$
\begin{aligned}
\phi_1 &= \frac{\rho_l}{2\pi\varepsilon_0}\ln\frac{r_1'}{r_1}+\frac{\rho_l}{2\pi\varepsilon_0}\ln\frac{r_2}{r_2'} \\
&= \frac{\rho_l}{2\pi\varepsilon_0}\left[\ln\frac{\sqrt{4h^2+a^2}}{a}+\ln\frac{d-a}{\sqrt{4h^2+(d-a)^2}}\right]
\end{aligned} \tag{3.3-18}
$$

由于 $a\ll d, a\ll h$，上式可近似为

$$
\phi_1=\frac{\rho_l}{2\pi\varepsilon_0}\left(\ln\frac{2h}{a}+\ln\frac{d}{\sqrt{4h^2+d^2}}\right) \tag{3.3-19}
$$

同理，导线 2 表面 P_2 点的电位近似是

$$
\phi_2=\frac{\rho_l}{2\pi\varepsilon_0}\left(\ln\frac{\sqrt{4h^2+d^2}}{d}+\ln\frac{a}{2h}\right) \tag{3.3-20}
$$

再来求单位长度的 C_{11}、C_{22} 和 C_{12}。将导线 1、2 单位长度带电量$\pm\rho_l$ 分别用 Q_1、Q_2 表示，则

$$
\begin{cases}
\phi_1=\dfrac{Q_1}{2\pi\varepsilon_0}\ln\dfrac{2h}{a}+\dfrac{Q_2}{2\pi\varepsilon_0}\ln\dfrac{\sqrt{4h^2+d^2}}{d}=\alpha_{11}Q_1+\alpha_{12}Q_2 \\
\phi_2=\dfrac{Q_1}{2\pi\varepsilon_0}\ln\dfrac{\sqrt{4h^2+d^2}}{d}+\dfrac{Q_2}{2\pi\varepsilon_0}\ln\dfrac{2h}{a}=\alpha_{21}Q_1+\alpha_{22}Q_2
\end{cases}
$$

可见，

$$
\alpha_{11}=\alpha_{22}=\frac{1}{2\pi\varepsilon_0}\ln\frac{2h}{a}=\frac{1}{2\pi}\times36\pi\times10^9\ln\frac{20}{0.01}=136.8\times10^9\,(\text{m/F})
$$

$$
\alpha_{12}=\alpha_{21}=\frac{1}{2\pi\varepsilon_0}\ln\frac{\sqrt{4h^2+d^2}}{d}=\frac{1}{2\pi}\times36\pi\times10^9\ln\frac{\sqrt{4\times100+4}}{2}=41.5\times10^9\,(\text{m/F})
$$

$$
\Delta=\begin{vmatrix}\alpha_{11} & \alpha_{12}\\ \alpha_{21} & \alpha_{22}\end{vmatrix}=\alpha_{11}^2-\alpha_{12}^2=16\,992\times10^{18}
$$

故

$$\beta_{11}=\beta_{22}=\frac{\alpha_{11}}{\Delta}=8.05\times10^{-6}\,(\mathrm{F/m})$$

$$\beta_{12}=\beta_{21}=-\frac{\alpha_{12}}{\Delta}=-2.44\times10^{-6}\,(\mathrm{F/m})$$

$$C_{11}=\beta_{11}+\beta_{12}=5.61\times10^{-6}\,(\mathrm{F/m})$$

$$C_{12}=C_{21}=-\beta_{12}=2.44\times10^{-6}\,(\mathrm{F/m})$$

(b)**【解 1】** 用部分电容计算：

由图 3.3-4(a)可知，此时等效电容是部分电容 C_{11} 和 C_{22} 串联后再与 C_{12} 并联的值，即

$$C_1=\frac{C_{11}C_{22}}{C_{11}+C_{22}}+C_{12}=\frac{C_{11}}{2}+C_{12}=5.25\times10^{-6}\,(\mathrm{F/m})$$

【解 2】 按定义直接计算：

由式(3.3-19)和式(3.3-20)知，$\phi_2=-\phi_1$，得

$$U_{12}=\phi_1-\phi_2=2\phi_1=\frac{\rho_l}{\pi\varepsilon_0}\ln\frac{2hd}{a\sqrt{4h^2+d^2}}$$

$$C_1=\frac{\rho_l}{U_{12}}=\frac{\pi\varepsilon_0}{\ln\dfrac{2hd}{a\sqrt{4h^2+d^2}}}\tag{3.3-21}$$

其值为

$$C_1=\frac{\pi\times\dfrac{1}{36\pi}\times10^{-9}}{\ln\dfrac{20\times2}{0.01\times\sqrt{400+4}}}=5.25\times10^{-6}\,(\mathrm{F/m})$$

若 $h\gg d$，$\sqrt{4h^2+d^2}\approx2h$，则式(3.3-21)化为

$$C_1=\frac{\pi\varepsilon_0}{\ln\dfrac{d}{a}}\tag{3.3-22}$$

例 3.3-3 二芯电缆如图 3.3-5 所示，测得导体 1、2 之间电容为 0.03μF，导体 1、2 相连后与缆壳之间电容为 0.034μF，求各部分电容。

【解】 由题意，得

$$\frac{C_{11}C_{22}}{C_{11}+C_{22}}+C_{12}=\frac{C_{11}}{7}+C_{12}=0.03\mu\mathrm{F}$$

$$C_{11}+C_{22}=2C_{11}=0.034\mu\mathrm{F}$$

解得

$$C_{11}=0.017\mu\mathrm{F}$$

$$C_{12}=0.03\mu\mathrm{F}-0.017/2\mu\mathrm{F}=0.0215\mu\mathrm{F}$$

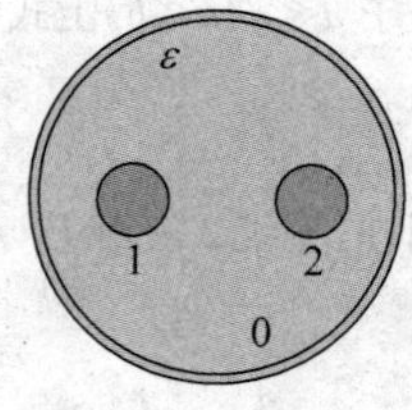

图 3.3-5　二芯电缆

例 3.3-4 常用的静电屏蔽方法是将导体 1 用一个接地金属罩 2 包围起来，如图 3.3-6 所示。请证明这样可以消除罩内导体 1 与罩外导体 3 之间的静电耦合。

【证】 令 $\phi_2=0$，由式(3.3-16)可得

$$\begin{cases}Q_1=C_{11}\phi_1+C_{12}\phi_1+C_{13}(\phi_1-\phi_3)\\Q_2=C_{21}(-\phi_1)+C_{23}(-\phi_3)\\Q_3=C_{31}(\phi_3-\phi_1)+C_{32}\phi_3+C_{33}\phi_3\end{cases}$$

因上式在任何情况下均成立，可令 $Q_1=0$，此时导体罩 2 内部为等电位区，故 $\phi_1=\phi_2=0$，由第一式得 $C_{13}\phi_3=0$。由于 ϕ_3 可以不等于零，故必有 $C_{13}=0$，即导体 1 与导体 3 间无静电耦合。

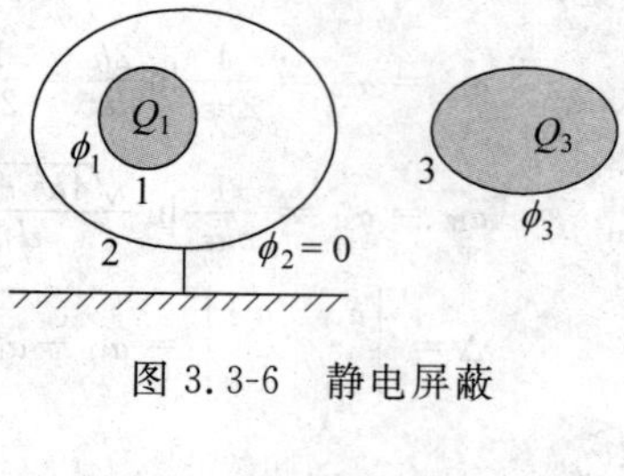

图 3.3-6　静电屏蔽

于是，当导体 1、3 都带电时，由上式得

$$Q_1 = (C_{11} + C_{12})\phi_1$$

$$Q_3 = (C_{32} + C_{33})\phi_3$$

这说明，此时导体罩 2 内外形成相互独立的两个静电系统，导体罩 2 起到了静电屏蔽作用。

3.4　静电场的能量和电场力

3.4.1　静电场的能量

3.1.2 节中已指出，电场中某点处的电位就是将单位正电荷从无限远处（零电位参考点）移到该点所作的功。根据能量守恒原理，该功以位能的形式储存在电场中。这样，从所作的功便可导出电场的储能。

将电荷 q_2 在电荷 q_1 的场中从无限远处移到其所在点所作的功是电荷 q_2 与该点由电荷 q_1 所产生的电位 ϕ_{21} 的乘积，即

$$W_2 = q_2\phi_{21} = q_2 \frac{q_1}{4\pi\varepsilon r_{21}} \tag{3.4-1}$$

式中 ϕ_{21} 的第一个下标指位置，第二个下标指源，r_{21} 为 q_2 与 q_1 间的距离。

同理，依次将 $q_3, q_4 \cdots$ 放置在已有电荷的场中所需作的功分别为

$$W_3 = q_3\phi_{31} + q_3\phi_{32}$$

$$W_4 = q_4\phi_{41} + q_4\phi_{42} + q_4\phi_{43}$$

$$\vdots$$

把以上各项加起来就是总功，也即整个电场的位能：

$$W_e = q_2\phi_{21} + q_3\phi_{31} + q_3\phi_{32} + q_4\phi_{41} + q_4\phi_{42} + q_4\phi_{43} + \cdots \tag{3.4-2}$$

注意，W_2 也可表示为

$$W_2 = q_1 \frac{q_2}{4\pi\varepsilon r_{12}} = q_1\phi_{12} \tag{3.4-1a}$$

其他 W_i 项也都可用等价形式来代替，则有

$$W_e = q_1\phi_{12} + q_1\phi_{13} + q_2\phi_{23} + q_1\phi_{14} + q_2\phi_{24} + q_3\phi_{34} + \cdots \tag{3.4-2a}$$

将式(3.4-2)与式(3.4-2a)相加，得

$$2W_e = q_1(\phi_{12} + \phi_{13} + \phi_{14} + \cdots) + q_2(\phi_{21} + \phi_{23} + \phi_{24} + \cdots) + q_3(\phi_{31} + \phi_{32} + \phi_{34} + \cdots) + q_4(\phi_{41} + \phi_{42} + \phi_{43} + \cdots) + \cdots$$

每一括号中的电位和就是除该处电荷以外，所有其他电荷在该处所产生的电位，例如：

$$\phi_{12} + \phi_{13} + \phi_{14} + \cdots = \phi_1$$

从而对 n 个点电荷系统，电场总能量为

$$W_e = \frac{1}{2}(q_1\phi_1 + q_2\phi_2 + q_3\phi_3 + \cdots) = \frac{1}{2}\sum_{i=1}^{n} q_i\phi_i \tag{3.4-3}$$

能量单位是 C · V=J（焦耳）。

对两个导体极板构成的平面电容器，设电容量为 C，二极板上的电量分别为 $+Q$ 与 $-Q$，

对应电位分别为 ϕ_1 和 ϕ_2,则该电容器储存的电场能量是

$$W_e = \frac{1}{2}Q\phi_1 - \frac{1}{2}Q\phi_2 = \frac{1}{2}Q(\phi_1 - \phi_2) = \frac{1}{2}QU = \frac{1}{2}CU^2 = \frac{1}{2}\frac{Q^2}{C} \quad (3.4\text{-}4)$$

式中 U 是两极板间的电压。

式(3.4-3)可以推广到电荷连续分布的情形。对于体密度为 ρ_v(C/m^3)的体电荷分布,式(3.4-3)可改写为

$$W_e = \frac{1}{2}\int_v \rho_v \phi \mathrm{d}v \quad (3.4\text{-}5)$$

式中 ϕ 为体电荷所在点的电位。

3.4.2　用场量表示的电场能量

为用场量来表示电场能量,用 $\nabla \cdot \overline{D}$ 替代式(3.4-5)中的 ρ_v,有

$$W_e = \frac{1}{2}\int_v (\nabla \cdot \overline{D})\phi \mathrm{d}v$$

利用附录A中矢量场等式(A-13):

$$\nabla \cdot (\phi \overline{D}) = \phi\, \nabla \cdot \overline{D} + \overline{D} \cdot \nabla\phi$$

上式可表示为

$$W_e = \frac{1}{2}\int_v \nabla \cdot (\phi \overline{D})\mathrm{d}v - \frac{1}{2}\int_v \overline{D} \cdot \nabla\phi \mathrm{d}v \quad (3.4\text{-}6)$$

根据散度定理,上式第一个体积分可换为封闭面积分,即

$$\frac{1}{2}\int_v \nabla \cdot (\phi \overline{D})\mathrm{d}v = \frac{1}{2}\oint_s \phi \overline{D} \mathrm{d}s$$

封闭面 s 可取为包围电荷而半径 $r \to \infty$ 的球面,则 ϕ 以 $1/r$ 的速度减小(在无限远处电荷可近似看成为点电荷),而 $\overline{D}$ 以 $1/r^2$ 的速度衰减,但积分面元仅以 r^2 的速度增大,因而该面积分将以 $1/r$ 的速度衰减,随 $r \to \infty$ 而趋近于零。这样式(3.4-6)右边只剩第二个体积分,将 $\overline{E} = -\nabla\phi$ 代入,得

$$W_e = \frac{1}{2}\int_v \overline{D} \cdot \overline{E} \mathrm{d}v \quad (3.4\text{-}7)$$

此即用场量表示的静电场能量公式,其中被积函数是电场中任一点处的电能密度,即

$$w_e = \frac{1}{2}\overline{D} \cdot \overline{E} \quad (3.4\text{-}8)$$

对简单媒质 $\overline{D} = \varepsilon \overline{E}$,得

$$w_e = \frac{1}{2}\varepsilon \overline{E} \cdot \overline{E} = \frac{1}{2}\varepsilon E^2 \quad (3.4\text{-}8a)$$

此结果与2.5.1节的公式一致,表明空间任一点只要有电场,就存在能量。

3.4.3　电场力

两个点电荷之间的作用力可利用库仑定律来计算;对于更复杂的带电系统中物体受力的计算,这里介绍一种通过静电场能量求电场力的方法——虚位移法。分以下两种情形进行处理。

1. Q=const.

设想在虚位移过程中，各导体的电荷量不变，即为常数(constant)(各导体与电源断开)。假设在外力 $\bar{F}$ 的作用下，电场中某导体有一小位移 Δx，这时外力克服电场力作机械功。由于电源不提供能量，这将导致电场储能的减小，从而有

$$\bar{F}\cdot\hat{x}\Delta x = F_x\Delta x = -\Delta W_e$$

故

$$F_x = -\frac{\Delta W_e}{\Delta x}$$

即

$$F_x = -\frac{\partial W_e}{\partial x} \tag{3.4-9}$$

再取电位移在 y 和 z 方向，同理有

$$F_y = -\frac{\partial W_e}{\partial y},\quad F_z = -\frac{\partial W_e}{\partial z}$$

从而得出电场力的矢量公式为

$$\bar{F} = \hat{x}F_x + \hat{y}F_y + \hat{z}F_z = -\nabla W_e \tag{3.4-10}$$

2. ϕ =const.

设想在电位移过程中，各导体的电位不变(各导体与电源相接)。假设某导体有一小位移 Δx，使电源向导体输送电量而作功，此时各导体上电量改变，外源所作的功是

$$\Delta W = \sum_{i=1}^{n}\phi_i\Delta Q_i$$

由式(3.4-3)知，系统电能的增量为

$$\Delta W_e = \frac{1}{2}\sum_{i=1}^{n}\phi_i\Delta Q_i = \frac{1}{2}\Delta W$$

外源所作的功应为其机械功与系统储能增量之和：

$$\Delta W = F_x\Delta x + \Delta W_e$$

即

$$F_x\Delta x = \Delta W - \Delta W_e = \Delta W_e$$

从而得

$$F_x = \frac{\Delta W_e}{\Delta x}$$

即

$$F_x = \frac{\partial W_e}{\partial x} \tag{3.4-11}$$

矢量式为

$$\bar{F} = \nabla W_e \tag{3.4-12}$$

例 3.4-1　平板电容器极板面积为 A_0，间距为 x，中间媒质介电常数为 ε，电极间加电压 U。求极板间的作用力。

【解】　(1) Q=const.

假设有一外力作用于上极板，使它沿 x 向产生位移(图 3.4-1)。设上下极板上电量分别为 $+Q$ 和 $-Q$，则电容器的储能为

$$W_e=\frac{1}{2}\frac{Q^2}{C}=\frac{1}{2}\frac{Q^2}{\varepsilon A_0/x}$$

代入式(3.4-9)得

$$F_x=-\frac{\partial W_e}{\partial x}=-\frac{Q^2}{2\varepsilon A_0}=-\frac{(U\varepsilon A_0/x)^2}{2\varepsilon A_0}=-\frac{U^2\varepsilon A_0}{2x^2}$$

该力为负值,表示其方向与 x 方向相反,这是吸力。

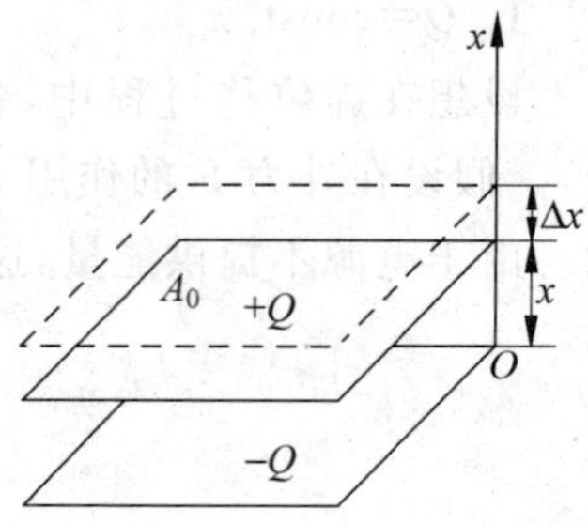

图 3.4-1　平行导体板间的作用力计算

(2) ϕ=const.

$$W_e=\frac{1}{2}CU^2=\frac{U^2\varepsilon A_0}{2x}$$

$$F_x=-\frac{\partial W_e}{\partial x}=-\frac{U^2\varepsilon A_0}{2x^2}$$

可见,两种情形的计算结果是相同的。

例 3.4-2　对例题 3.1-3 中的无限长平行双导线,求两导线间单位长度的作用力。

【解】　(1) Q=const.

$$W_e=\frac{1}{2}\frac{Q^2}{C}=\frac{\rho_l^2}{2C_1}$$

由表 3.3-1 查得单位长度电容量为

$$C_1=\frac{\pi\varepsilon}{\ln\dfrac{d}{a}}$$

故

$$F=-\frac{\partial W_e}{\partial d}=\frac{\partial}{\partial d}\left(\frac{\rho_l^2}{2\pi\varepsilon}\ln\frac{d}{a}\right)=-\frac{\rho_l^2}{2\pi\varepsilon d}$$

(2) ϕ=const.

$$W_e=\frac{1}{2}CU^2=\frac{\pi\varepsilon}{2\ln\dfrac{d}{a}}U^2$$

$$F=\frac{\partial W_e}{\partial d}=-\frac{\pi\varepsilon U^2}{2d}\frac{1}{\left(\ln\dfrac{d}{a}\right)^2}$$

因 $U=\dfrac{\rho_l}{C_1}=\dfrac{\rho_l}{\pi\varepsilon}\ln\dfrac{d}{a}$,上式可化为

$$F=-\frac{\rho_l^2}{2\pi\varepsilon d}$$

两种情形计算结果相同。由于双导线上带异号电荷,相互间的作用力是吸力。

静电力有很多重要应用,最常见的一个例子就是我们日常使用的静电复印机;另一例子是工业界的静电分离技术。图 3.4-2 所示为利用静电力分离两种颗粒状材料的原理图。混合的两种粒子在振动台上经过摩擦后,水晶粒子带正电,磷酸盐粒子带负电,然后在直流高压区静电力的作用下实现了分离。

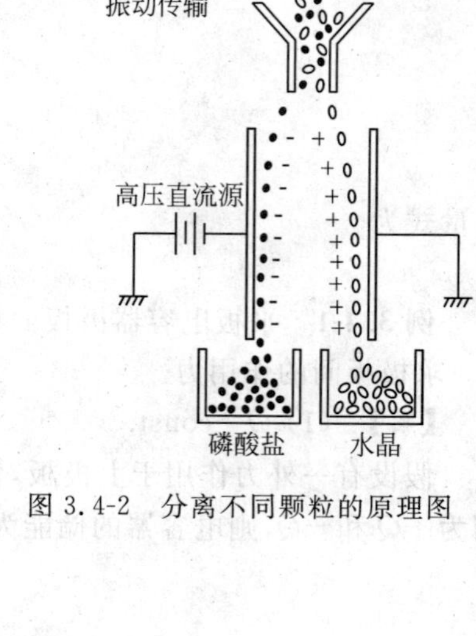

图 3.4-2　分离不同颗粒的原理图

3.5　静电场的边界条件

在求解静电场具体问题时，需根据其边界条件才能得出问题的特解。静电场的边界条件是第 2 章已得出的普遍形式边界条件的特例，介绍如下。

3.5.1　$\bar{E}$ 和 $\bar{D}$ 的边界条件

由第 2 章式(2.4-2a)和式(2.4-2c)得到静电场在不同媒质分界面上的边界条件为

$$\hat{n}\times(\bar{E}_1-\bar{E}_2)=0 \tag{3.5-1}$$

$$\hat{n}\cdot(\bar{D}_1-\bar{D}_2)=\rho_s \tag{3.5-2}$$

式中$\hat{n}$是分界面的法向单位矢量，由媒质 2 指向媒质 1。

下面讨论两种常见情形。

1. 两种介质间的边界条件

在两种介质的分界面上没有自由电荷，$\rho_s=0$，式(3.5-2)化为

$$\hat{n}\cdot(\bar{D}_1-\bar{D}_2)=0 \quad 即 \quad D_{1n}=D_{2n} \tag{3.5-3}$$

对于简单媒质，上式可写为

$$\varepsilon_1 E_{1n}=\varepsilon_2 E_{2n} \tag{3.5-4}$$

可见，两种介质的分界面上电通密度 $\bar{E}$ 的法向分量连续，而电场强度 $\bar{E}$ 的法向分量不连续①。

由式(3.5-1)得出代数式

$$E_{1t}=E_{2t} \tag{3.5-5}$$

此式表示，在分界面上电场强度的切向分量始终连续。结合式(3.5-3)和式(3.5-4)表明，$\bar{E}$ 和 $\bar{D}$ 矢量在分界面上要改变方向。参看图 3.5-1，由式(3.5-4)和式(3.5-5)得

$$\varepsilon_1 E_1\cos\theta_1=\varepsilon_2 E_2\cos\theta_2$$

$$E_1\sin\theta_1=E_2\sin\theta_2$$

上两式相除得

$$\frac{\tan\theta_1}{\tan\theta_2}=\frac{\varepsilon_1}{\varepsilon_2} \tag{3.5-6}$$

只要 $\varepsilon_1\neq\varepsilon_2$，便有 $\theta_1\neq\theta_2$，此式称为静电场折射定律。一个例外是当$\bar{E}$或$\bar{D}$只有法向分量，即垂直于边界时，此时 $\theta_1=\theta_2=0$。

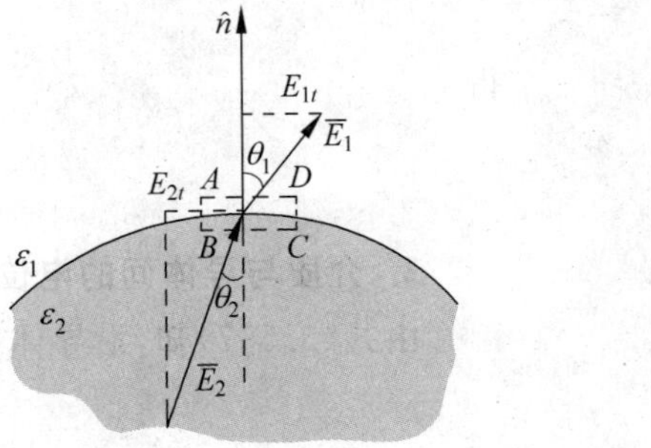

图 3.5-1　两种介质的分界面

---

① 这是因为电场强度 $\bar{E}$ 与介质中的束缚电荷有关，而分界面两侧介质中的束缚电荷面密度不同。设介质的极化强度为 $\bar{P}$，则 $\bar{D}=\varepsilon_0\bar{E}+\bar{P}=\varepsilon\bar{E}$，即 $\bar{P}=(\varepsilon-\varepsilon_0)\bar{E}$。故分界面两侧介质中的束缚电荷面密度分别为

$$\rho'_{s2}=\hat{n}\cdot\bar{P}_2=\hat{n}\cdot(\varepsilon_2-\varepsilon_0)\bar{E}_2=(\varepsilon_2-\varepsilon_0)E_{2n}$$

$$\rho'_{s1}=(-\hat{n})\cdot\bar{P}_1=(-\hat{n})\cdot(\varepsilon_1-\varepsilon_0)\bar{E}_1=-(\varepsilon_1-\varepsilon_0)E_{1n}$$

由上得分界面上总的束缚电荷面密度为(已利用式(3.4-4))

$$\rho'_s=\rho'_{s1}+\rho'_{s2}=\varepsilon_0(E_{1n}-E_{2n})$$

可见 E_{1n}与 E_{2n}之差来自分界面上的束缚面电荷。

2. 介质与导体间的边界条件

若介质1为介质,介质2为导体,由于静电场中导体内电场为零,式(3.5-1)和式(3.5-2)可化为

$$\hat{n}\times\overline{E}_1=0 \quad 即 \quad E_{1t}=0 \tag{3.5-7}$$

$$\hat{n}\cdot\overline{D}_1=\rho_s \quad 即 \quad D_{1n}=\rho_s,\quad \varepsilon_1 E_{1n}=\rho_s \tag{3.5-8}$$

由上两式知,导体表面处电场强度只有法向分量:$\overline{E}_1=\hat{n}E_{1n}$,即$\overline{E}_1$必垂直于导体表面,且其大小为$\rho_s/\varepsilon_1$。

3.5.2 电位的边界条件

1. 两种介质间的电位边界条件

如图3.4-1所示,沿分界面作一矩形回路$ABCD$,其中与界面相平行的两边之长度为Δl,垂直于界面的另两个边长度为Δh。则A、D间与B、C间的电位差分别为

$$\phi_1(A)-\phi_1(D)=\int_A^D\overline{E}_1\cdot\overline{\mathrm{d}l}=E_{1t}\Delta l$$

$$\phi_2(B)-\phi_2(C)=\int_B^C\overline{E}_2\cdot\overline{\mathrm{d}l}=E_{2t}\Delta l$$

令$\Delta h\to 0$,C与D趋于同一点,取作电位参考点,于是由式(3.5-5)知,A点与B点具有相同电位,即

$$\phi_1=\phi_2 \tag{3.5-9}$$

对另一边界条件式(3.5-4),考虑到

$$E_{1n}=\hat{n}\cdot\overline{E}_1=-\hat{n}\cdot\nabla\phi_1=-\frac{\partial\phi_1}{\partial n}$$

$$E_{2n}=\hat{n}\cdot\overline{E}_2=-\hat{n}\cdot\nabla\phi_2=-\frac{\partial\phi_2}{\partial n}$$

得

$$\varepsilon_1\frac{\partial\phi_1}{\partial n}=\varepsilon_2\frac{\partial\phi_2}{\partial n} \tag{3.5-10}$$

2. 介质与导体间的电位边界条件

由式(3.5-7)知,沿导体表面任意两点间的电位差为零:

$$E_t=\hat{l}\cdot\overline{E}=-\hat{l}\cdot\nabla\phi=-\frac{\partial\phi}{\partial l}=0$$

可见,导体表面为等位面,即

$$\phi=\text{const.} \tag{3.5-11}$$

式(3.5-8)化为

$$\varepsilon\frac{\partial\phi}{\partial n}=-\rho_s \tag{3.5-12}$$

式中ρ_s为导体表面的自由电荷面密度。

将以上边界条件作一归纳,列于表3.5-1中。

表 3.5-1　静电场的边界条件

两种介质之间		介质与导体之间	
$\varepsilon E_{1n}=\varepsilon_2 E_{2n}$	(3.5-4)	$\phi_1=\phi_2$	(3.5-9)
$E_{1t}=E_{2t}$	(3.5-5)	$\varepsilon_1\dfrac{\partial\phi_1}{\partial n}=\varepsilon_2\dfrac{\partial\phi_2}{\partial n}$	(3.5-10)
$E_{1t}=0$	(3.5-7)	$\phi=\text{const.}$	(3.5-11)
$\varepsilon_1 E_{1n}=\rho_s$	(3.5-8)	$\varepsilon_1\dfrac{\partial\phi}{\partial n}=-\rho_s$	(3.5-12)

例 3.5-1　无限长同轴线内外导体半径分别为 a、b，外导体接地，内导体电位为 U，内外导体间部分充填介电常数为 ε_1 的介质，其余部分介电常数为 ε_2，如图 3.5-2 所示。图 3.5-2(a)中两介质层分界面半径为 c；图 3.5-2(b)中 $0\leqslant\varphi\leqslant\varphi_1$ 扇形区域充填 ε_1 介质。求内外导体间的电场强度 $\overline{E}$ 及内外导体表面线电荷密度 ρ_l。

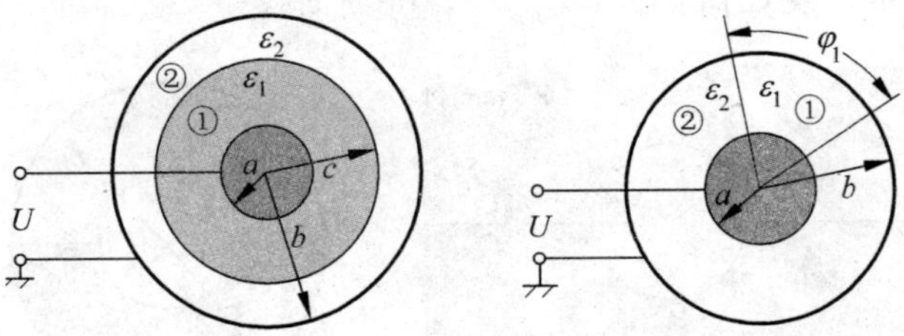

(a) 两介质层　　(b) 扇形充填

图 3.5-2　部分充填介质的同轴电缆

【解】　(a) 图 3.5-2(a)结构：利用高斯定理可得

当 $a<\rho<c$：$\overline{D}_1=\hat{\rho}\dfrac{\rho_l}{2\pi\rho}$，$\overline{E}_1=\dfrac{\overline{D}_1}{\varepsilon_1}=\hat{\rho}\dfrac{\rho_l}{2\pi\varepsilon_1\rho}$

当 $c<\rho<b$：$\overline{D}_2=\hat{\rho}\dfrac{\rho_l}{2\pi\rho}$，$\overline{E}_2=\dfrac{\overline{D}_2}{\varepsilon_2}=\hat{\rho}\dfrac{\rho_l}{2\pi\varepsilon_2\rho}$

不难看出，上述结果满足分界面 $\rho=c$ 处边界条件：$D_{1n}=D_{2n}$。

$$U=\int_a^c\overline{E}_1\cdot\hat{\rho}\mathrm{d}\rho+\int_c^b\overline{E}_2\cdot\hat{\rho}\mathrm{d}\rho=\frac{\rho_l}{2\pi}\left(\frac{1}{\varepsilon_1}\ln\frac{c}{a}+\frac{1}{\varepsilon_2}\ln\frac{b}{c}\right)$$

故

$$\overline{E}_1=\hat{\rho}\frac{U}{\rho\left(\ln\dfrac{c}{a}+\dfrac{\varepsilon_1}{\varepsilon_2}\ln\dfrac{b}{c}\right)},\quad \overline{E}_2=\hat{\rho}\frac{U}{\rho\left(\dfrac{\varepsilon_2}{\varepsilon_1}\ln\dfrac{c}{a}+\ln\dfrac{b}{c}\right)}$$

$$\rho_l=\frac{2\pi U}{\dfrac{1}{\varepsilon_1}\ln\dfrac{c}{a}+\dfrac{1}{\varepsilon_2}\ln\dfrac{b}{c}}$$

内导体表面处为 ρ_l，外导体内表面为 $-\rho_l$。对外总电荷为零，可见外导体起了屏蔽作用。

(b) 图 3.5-2(b)结构：利用高斯定理得

当 $0<\varphi<\varphi_1$，$\overline{D}_1=\hat{\rho}\dfrac{\rho_{l1}}{\varphi_1\rho}$，$\overline{E}_1=\dfrac{\overline{D}_1}{\varepsilon_1}=\hat{\rho}\dfrac{\rho_{l1}}{\varphi_1\varepsilon_1\rho}$

当 $\varphi_1<\varphi<2\pi$，$\overline{D}_2=\hat{\rho}\dfrac{\rho_{l2}}{(2\pi-\varphi_1)\rho}$，$\overline{E}_2=\dfrac{\overline{D}_2}{\varepsilon_2}=\hat{\rho}\dfrac{\rho_{l2}}{(2\pi-\varphi_1)\varepsilon_2\rho}$

$$U=\int_a^b \overline{E}_1\cdot\hat{\rho}\mathrm{d}\rho=\frac{\rho_{l1}}{\varphi_1\varepsilon_1}\ln\frac{b}{a}\text{，从而得 }\overline{E}_1=\hat{\rho}\frac{U}{\rho\ln\dfrac{b}{a}}$$

并有　$U=\displaystyle\int_a^b \overline{E}_2\cdot\hat{\rho}\mathrm{d}\rho=\frac{\rho_{l2}}{(2\pi-\varphi_1)\varepsilon_2}\ln\frac{b}{a}$，从而得 $\overline{E}_2=\hat{\rho}\dfrac{U}{\rho\ln\dfrac{b}{a}}=\overline{E}_1$

此结果表明，$\varphi=0$，$\varphi=\varphi_1$ 处边界条件成立：$E_{1t}=E_{2t}$。由前面两等式又得

$$\rho_{l1}=\frac{\varphi_1\varepsilon_1 U}{\ln\dfrac{b}{a}},\quad \rho_{l2}=\frac{(2\pi-\varphi_1)\varepsilon_2 U}{\ln\dfrac{b}{a}}$$

例 3.5-2　如图 3.5-3(a)所示，球形导体半径为 a，球外上、下半空间媒质介电常数分别为 ε_1 和 ε_2，求电位函数 ϕ 和电场强度 $\overline{E}$。又，若外加一同心球罩，其半径 $b>a$，如图 3.5-3(b)所示，则两球之间 ϕ 和 $\overline{E}$ 又如何？

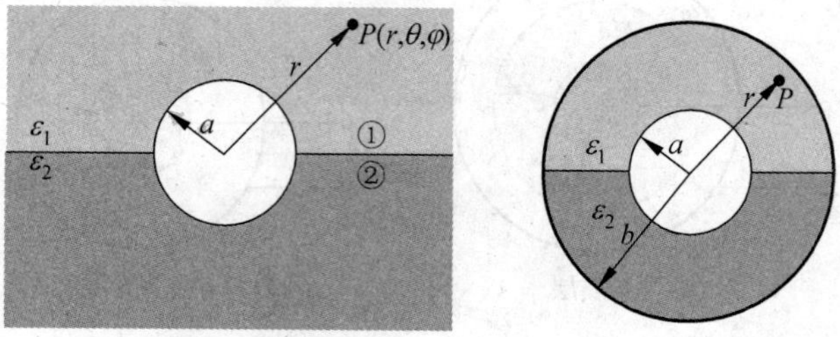

(a) 孤立球　　　　(b) 同心球

图 3.5-3　两种媒质中的带电球

【解】　(a) 取高斯面为等 r 球面，其上各点 E 相同。由高斯定理得

$$\oint_s \overline{D}\cdot\overline{\mathrm{d}s}=\varepsilon_1 E\cdot 2\pi r^2+\varepsilon_2 E\cdot 2\pi r^2=Q$$

故

$$\overline{E}=\hat{r}\frac{Q}{2\pi r^2(\varepsilon_1+\varepsilon_2)}$$

$$\phi=\int_r^\infty \overline{E}\cdot\overline{\mathrm{d}r}=\int_r^\infty\frac{Q}{2\pi r^2(\varepsilon_1+\varepsilon_2)}\mathrm{d}r=\frac{Q}{2\pi r(\varepsilon_1+\varepsilon_2)}$$

我们看到，在等 r 球面上 ε_1 区和 ε_2 区 E 的大小相同。这是因为，两区分界面处边界条件 $E_{1r}=E_{2r}$，即 $E_1=E_2=E$。又，当 $\varepsilon_1=\varepsilon_2=\varepsilon_0$，所得结果与式(3.1-15)和式(3.1-16)一致。

(b) 对两同心球面之间区域，可由上例举一反三来得出：

$$\overline{E}=\hat{r}\frac{Q}{2\pi r^2(\varepsilon_1+\varepsilon_2)}$$

$$\phi=\int_r^b \overline{E}\cdot\overline{\mathrm{d}r}=\frac{Q}{2\pi(\varepsilon_1+\varepsilon_2)}\int_r^b\frac{\mathrm{d}r}{r^2}=\frac{Q}{2\pi(\varepsilon_1+\varepsilon_2)}\left(\frac{1}{r}-\frac{1}{b}\right)\quad(a<r<b)$$

3.6　静电场边值问题与镜像法

3.6.1　静电场边值问题

静电场问题有两种类型。一种是分布型问题，它是给定场源分布，求场中任意点的场强或位函数。前面已介绍过这类问题，例如利用式(2.1-6)和式(2.1-8)求场强；当场强分布具有某种对称性时，利用高斯定理式(2.1-20)计算电场强度；或利用式(3.1-9)～式(3.1-12)计算电位等。另一种是边值型问题，这是给定不同媒质分界面上的边界条件，求场中任意点的位函数或场强。

根据不同的已知条件，边值型问题可分为以下三类。第一类边值问题是给定整个边界上的位函数，称为狄利克雷[德](Peter G. Dirichlet)问题。第二类边值问题是给定整个边界上的位函数的法向导数，称为纽曼[德](C. G Neumann)问题，如给定静电场中导体表面上的面电荷密度分布$\left(\rho_s=-\varepsilon\dfrac{\partial\phi}{\partial n}\right)$。第三类边值问题是给定一部分边界上的位函数，另一部分边界上位函数的法向导数，称为混合型问题。

边值问题的解法很多，主要解法分为解析法和数值法两大类。解析法的解是函数表达式，常用的有镜像法、分离变量法、复变函数法、格林函数法等。数值法由于电子计算机的广泛应用与飞速发展，已成为解决复杂边值问题的主要手段，常用的是有限差分法、有限元法、边界元法及矩量法等。本节仅对几种典型的解析法作一些介绍。

3.6.2　静电场唯一性定理

静电场边值问题归结于在给定边界条件下求解泊松方程和拉普拉斯方程的问题。那么，在什么条件下方程的解是唯一的呢？下面将证明，对于任一静电场，若整个边界上的边界条件给定(可能给出一部分边界上的位函数，另一部分边界上位函数的法向导数)，则空间中的场就唯一地确定了。也就是说，满足边界条件的泊松方程或拉普拉斯方程的解是唯一的，这就是静电场唯一性定理。

采用反证法来证明上述定理。设在静电场的场域中有两个解 ϕ_1 和 ϕ_2，都满足边界条件，则

$$\nabla^2\phi_1=-\frac{\rho_v}{\varepsilon},\quad \nabla^2\phi_2=-\frac{\rho_v}{\varepsilon}$$

令 $\phi_0=\phi_1-\phi_2$，显然

$$\nabla^2\phi_0=\nabla^2(\phi_1-\phi_2)=\nabla^2\phi_1-\nabla^2\phi_2=0$$

应用格林第一定理式(1.4-13)且令 $\psi=\phi=\phi_0$，则

$$\int_v(\phi_0\nabla^2\phi_0+\nabla\phi_0\cdot\nabla\phi_0)\,\mathrm{d}v=\oint_s\phi_0\frac{\partial\phi_0}{\partial n}\mathrm{d}s$$

考虑到$\nabla^2\phi_0=0$，得

$$\int_v|\nabla\phi_0|^2\mathrm{d}v=\oint_v\phi_0\frac{\partial\phi_0}{\partial n}\mathrm{d}s$$

式中 v 是各导体表面外部的无限大空间。设 s 是 v 的界面，它是各导体表面 s_1、s_2、…、s_N 和无限大球面 s_∞ 所围成的封闭面，如图 3.6-1 所示。由于场源电荷分布在有限区域，若源区点至场点距离为 r，则 $\phi_0\propto\dfrac{1}{r}$，

$\frac{\partial \phi_0}{\partial n} \propto \frac{1}{r^2}$, $s \propto r^2$。这样，当球面半径 $r \to \infty$，$\phi_0 \frac{\partial \phi_0}{\partial n}$ 在 s_∞ 上的面积分趋于零，因而上式化为

$$\int_v |\nabla \phi_0|^2 \mathrm{d}v = \sum_{i=1}^{N} \oint_{s_i} \phi_0 \frac{\partial \phi_0}{\partial n} \mathrm{d}s$$

由于 ϕ_1 和 ϕ_2 都满足边界条件，即在 s_1、s_2、…、s_N 边界面上有 $\phi_1 - \phi_2 = \phi_0 = 0$，或有 $\frac{\partial \phi_1}{\partial n} - \frac{\partial \phi_2}{\partial n} = \frac{\partial \phi_0}{\partial n} = 0$，从而有

$$\int_v |\nabla \phi_0|^2 \mathrm{d}v = 0$$

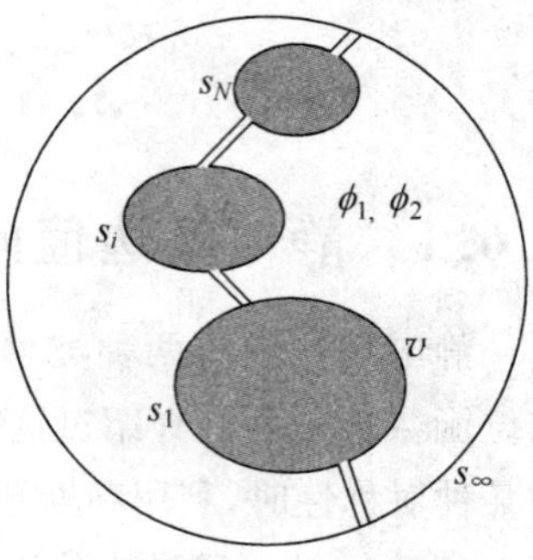

图 3.6-1　证明唯一性定理

上式体积分中被积函数始终是正值，而积分又为零，因而在体积 v 中必然有

$$\nabla \phi_0 = \nabla(\phi_1 - \phi_2) = 0$$

即

$$\phi_1 - \phi_2 = \text{const.}$$

由于已知在有些 s_i 表面上 $\phi_1 = \phi_2$，所以上式常数必为零，即 ϕ_1 必等于 ϕ_2，这样就证明了唯一性定理。

唯一性定理不仅告诉我们已知哪些条件，静电场的解就能被唯一地确定，它还有另一重要意义，即可以自由选择任何一种解法，甚至可以提出试探解，只要它能满足边界条件和泊松方程或拉普拉斯方程，则这个解就是唯一正确的解。下面就来介绍这样一种解法——镜像法。

3.6.3　镜像法

当电荷附近存在规则导体边界时，往往可采用镜像法方便地求解。这一方法的原理是以一个或几个等效电荷代替边界的影响，将原来具有边界的空间变成同一媒质的无限大空间，从而使计算大大简化。根据唯一性定理，这些等效电荷的引入必须保持原有边界条件不变，从而保证原有区域中静电场没有改变。这些等效电荷一般处于源电荷的镜像位置，故称为镜像电荷，而将这种方法称为镜像法。应用此方法的关键就是求取镜像电荷的位置和大小。

1. 导体平面附近的点电荷

如图 3.6-2(a)所示，无限大导体平面上高 h 处有一点电荷 q，媒质介电常数为 ε。今用镜像法求此电荷在上半空间的场。

在点电荷 q 的电场作用下，导体平面上会感应起负的面电荷。电力线从正的点电荷出发，终止于导体表面的负感应电荷。这种电力线分布与电偶极子的上半空间电力线分布相同。由此我们设想，能否以镜像电荷 q' 来代替导体边界的影响？现按此思路作试探解，如图 3.6-2(b)所示，全空间均取为介电常数为 ε 的媒质，则上半空间场点 P 处的电位为

$$\phi = \frac{q}{4\pi\varepsilon R} + \frac{q'}{4\pi\varepsilon R'}$$

式中 R、R' 分别是点电荷 q、q' 到场点 P 的距离。

此时要保证 $z=0$ 平面边界条件不变，即要求 $z=0$ 平面为零电位(分布在某一处的点电荷在无穷远处产生的电位为零，而无限大导体平面是等位面)。取此平面上任意点 P_0，它与点电荷 q、q' 具有相同距离：$R = R' = R_0$，则

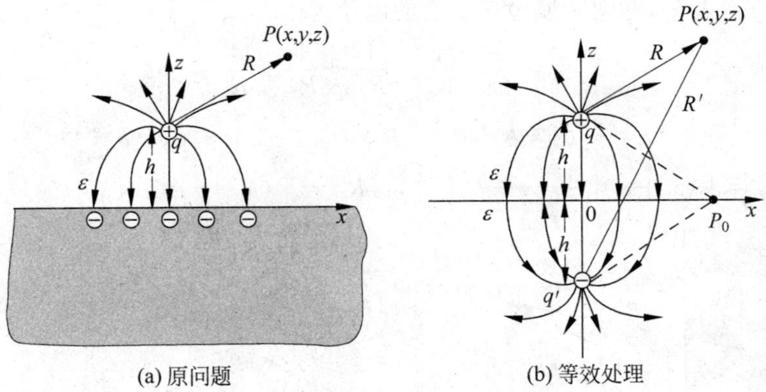

图 3.6-2　导体平面附近的点电荷与其镜像法等效处理

$$\phi=\frac{q+q'}{4\pi\varepsilon R_0}=0$$

故得 $q'=-q$。这就是说，引入的镜像电荷正好与源电荷 q 对零电位面反对称。于是，上半空间任意点 P 处的电位为

$$\phi=\frac{q}{4\pi\varepsilon}\left(\frac{1}{R}-\frac{1}{R'}\right)\tag{3.6-1}$$

采用图示坐标系，则上式中 $R=[x^2+y^2+(z-h)^2]^{\frac{1}{2}}$，$R'=[(x^2+y^2)+(z+h)^2]^{\frac{1}{2}}$。进而可求出 $\bar{E}=-\nabla\phi$。这样，采用镜像电荷 $q'=-q$ 后保证了边界条件不变，同时，镜像电荷位于下半空间，并未改变上半空间的电荷分布，因而上半空间内电位仍满足原有的泊松方程(点电荷处)和拉普拉斯方程(在点电荷外)。于是，根据唯一性定理，式(3.6-1)是上半空间电位 ϕ 唯一正确的解。必须强调的是，这样处理只对上半空间($z>0$ 区域)等效；对于 $z<0$ 的下半空间，实际上是导体，其中没有场，电位为零。

下面利用静电场边界条件式(3.5-12)来求导体表面($z=0$)的总感应电荷量 Q_i。由式(3.5-12)得导体表面感应电荷面密度为

$$\rho_s=-\varepsilon\left.\frac{\partial\phi}{\partial n}\right|_{z=0}=-\varepsilon\left.\frac{\partial\phi}{\partial z}\right|_{z=0}=-\frac{qh}{2\pi(x^2+y^2+h^2)^{\frac{3}{2}}}$$

为求导体表面的总感应电荷，对 $z=0$ 平面上的点改用极坐标(ρ,φ)，$\rho=(x^2+y^2)^{\frac{1}{2}}$，则

$$Q_i=\int_s\rho_x\,\mathrm{d}s=\int_0^{2\pi}\mathrm{d}\varphi\int_0^{\infty}\left(-\frac{qh}{2\pi}\right)\frac{\rho\mathrm{d}\rho}{(\rho^2+h^2)^{\frac{3}{2}}}=\left.\frac{qh}{(\rho^2+h^2)^{\frac{1}{2}}}\right|_0^{\infty}=-q=q'$$

可见，导体表面上的总感应电荷恰好等于所等效的镜像电荷。这就是说，这里的等效处理其实就是以一个镜像电荷 q' 代替了导体表面所有感应电荷对上半空间的作用。

2. 导体劈间的点电荷

现在来研究导体劈所夹区域内有一点电荷 q 时的电位分布，先研究劈角 $\alpha=\pi/2$ 的情形。本例可作为上例的推论用镜像法求解。如图 3.6-3(a)所示，为使 B 面为零电位，可在位置 2 处放置镜像电荷 $-q$，从而与电荷 q 对 B 面形成反对称。同理，要使 C 面为零电位，应在位置 4 处放置镜像电荷 $-q$ 以便对 C 面与电荷 q 反对称，此外，还需在位置 3 设置镜像电荷 q 以求对 C 面与位置 2 处镜像电荷 $-q$ 形成反对称。不难看出，此镜像电荷 q 正好与位置 4 处已有的镜像电荷 $-q$ 对 B 面反对称，因此，B 面此时仍能保持为零电位。这样，共

引入 $N=3$ 个镜像电荷，劈间区域中任意点的电位为

$$\phi=\frac{q}{4\pi\varepsilon}\left(\frac{1}{R_1}-\frac{1}{R_2}+\frac{1}{R_3}-\frac{1}{R_4}\right)$$

式中　　$R_1=[(x-a)^2+(y-b)^2]^{\frac{1}{2}}$，　$R_2=[(x+a)^2+(y-b)^2]^{\frac{1}{2}}$

$R_3=[(x+a)^2+(y+b)^2]^{\frac{1}{2}}$，　$R_4=[(x-a)^2+(y+b)^2]^{\frac{1}{2}}$

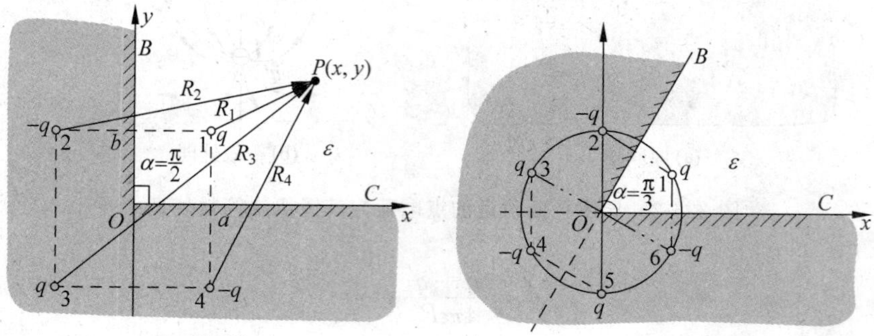

(a) 直角劈　　(b) 60°劈

图 3.6-3　导体劈间点电荷的镜像

再来研究劈角 $\alpha=\frac{\pi}{3}$ 的情形。如图 3.6-3(b)所示，为保证 B 面和 C 面均为零电位，此时可依次找出镜像电荷及镜像电荷的镜像，直到最后的镜像电荷与已有的镜像电荷又形成对零电位面反对称为止。不难看出，此时共有 $N=5$ 个镜像电荷。劈间区域中的电位为

$$\phi=\frac{q}{4\pi\varepsilon}\left(\frac{1}{R_1}-\frac{1}{R_2}+\frac{1}{R_3}-\frac{1}{R_4}+\frac{1}{R_5}-\frac{1}{R_6}\right)$$

式中 R_i 为位置 i 处($i=1,2,\cdots,6$)至场点的距离。

以上我们看到，当劈角为 $\alpha=\frac{\pi}{n}$ 时，共有 $N=2n-1$ 个镜像电荷。无限大平面可看成是 $\alpha=\pi$，即 $n=1$ 的特殊情形，此时有 $N=2-1=1$ 个镜像电荷；而当 $\alpha=\frac{\pi}{4}$ 时，该情形将有 $N=8-1=7$ 个镜像电荷。但是，这种处理有一限制条件：n 必须为整数。否则将出现镜像电荷无限多的情况，甚至镜像还会进入 α 角区域内，因而不能再用镜像法求解。

*3. 导体圆柱附近的线电荷

设半径为 a 的导体圆柱外有一条与其平行的线电荷，线电荷密度为 ρ_l，与圆柱轴线距离为 d，横截面如图 3.6-4 所示。欲求圆柱外空气中任意点的电位。

导体圆柱在线电荷电场的作用下，表面将出现负感应电荷，其分布应该是离线电荷近的一侧多，另一侧少。因而感应电荷的等效中心，将位于圆柱轴线与线电荷之间。圆柱外任一点的电位由源线电荷和感应线电荷共同产生。采用镜像法求解时，我们设在圆柱轴线近线电荷的一侧相距 b 处($b<a$，如图 3.6-4 所示)有一线电荷密度为 $-\rho_l$ 的镜像线电荷，以它来代替导体圆柱的效应。于是，P 点电位由源线电荷 $+\rho_l$ 和镜像线电荷 $-\rho_l$ 共同产生。利用例 3.1-3 中的式(3.1-17)知，P 点电位为

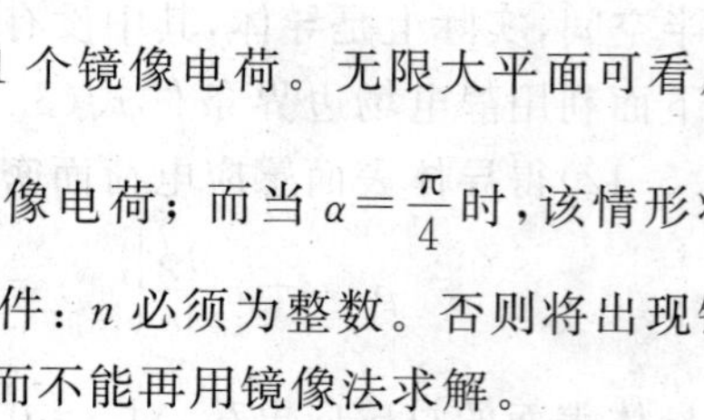

图 3.6-4　导体圆柱附近线电荷的镜像

$$\phi = \frac{\rho_l}{2\pi\varepsilon_0}\ln\frac{\rho_2}{\rho_1}$$

为保持原有的边界条件，导体圆柱表面所在位置应保持为等位面，即

$$\phi\,|_{\rho=a} = \frac{\rho_l}{4\pi\varepsilon_0}\ln\frac{a^2+b^2-2ab\cos\varphi}{a^2+d^2-2ad\cos\varphi} = \text{const.}$$

上式在圆柱面上应处处满足，即对任何 φ 值都成立，故

$$\frac{\partial\phi|_{\rho=a}}{\partial\varphi} = 0$$

得

$$b(a^2+d^2-2ad\cos\varphi) = d(a^2+b^2-2ab\cos\varphi)$$

即

$$b = \frac{a^2}{d}$$

这样，空间任意点的电位可表示为

$$\phi(\rho,\varphi) = \frac{\rho_l}{4\pi\varepsilon_0}\ln\frac{\rho_2^2}{\rho_1^2}$$

$$\rho_1^2 = \rho^2 + d^2 - 2\rho d\cos\varphi$$

$$\rho_2^2 = \rho^2 + b^2 - 2\rho b\cos\varphi = \rho^2 + \left(\frac{a^2}{d}\right)^2 - 2\rho\frac{a^2}{d}\cos\varphi$$

对于圆柱表面，$\rho=a$，则

$$\rho_1^2 = a^2 + d^2 - 2ad\cos\varphi = d^2\left(1+\frac{a^2}{d^2}-2\frac{a}{d}\cos\varphi\right)$$

$$\rho_2^2 = a^2 + \frac{a^4}{d^2} - 2a\frac{a^2}{d}\cos\varphi = a^2\left(1+\frac{a^2}{d^2}-2\frac{a}{d}\cos\varphi\right)$$

故

$$\phi(a,\varphi) = \frac{\rho_l}{2\pi\varepsilon_0}\ln\frac{a}{d}$$

3.7　分离变量法

一类常见的静电场边值问题是求解无源区域的拉普拉斯方程。此时自由电荷仅分布在导体表面，而在求解区域没有任何电荷。当边界面与某一坐标面一致时，可方便地用分离变量法求解。求解的一般步骤是：

(1) 按边界面形状选择适当的坐标系，列出其拉普拉斯方程；

(2) 将待求的电位函数表示为三个一维函数(各对应一个坐标变量)的乘积，从而将拉氏方程分解为三个一维常微分方程，进而可得出它们的通解表示式；

(3) 根据给定的边界条件，确定待定常数。由唯一性定理可知，所得解是唯一的。

下述 11 种正交坐标系都是可以进行分离变量的：直角、圆柱、圆球、椭圆柱、抛物柱、长旋转椭球、扁旋转椭球、旋转抛物面、圆锥、椭球及抛物面坐标系。从侧重掌握方法要领考虑，下面主要介绍采用直角坐标系的情形，而且假设位函数是二维函数，以使求解过程不至于太烦琐。

3.7.1　直角坐标系中的分离变量法

在直角坐标系中，位函数 ϕ 的拉普拉斯方程为

$$\nabla^2 \phi = \frac{\partial^2 \phi}{\partial x^2} + \frac{\partial^2 \phi}{\partial y^2} + \frac{\partial^2 \phi}{\partial z^2} = 0$$

对于二维问题,位函数 ϕ 只是 x 和 y 的函数,而与变量 z 无关,上式化为

$$\frac{\partial^2 \phi}{\partial x^2} + \frac{\partial^2 \phi}{\partial y^2} = 0 \tag{3.7-1}$$

设其解为

$$\phi = X(x)Y(y) \tag{3.7-2}$$

代入式(3.7-1)并对两边同除以 XY,得

$$\frac{1}{X}\frac{\mathrm{d}^2 X}{\mathrm{d}x^2} + \frac{1}{Y}\frac{\mathrm{d}^2 Y}{\mathrm{d}y^2} = 0$$

上式第一项只是 x 的函数,第二项只是 y 的函数,因此将上式对 x 求导,则第二项为零,结果第一项对 x 的导数成零,说明第一项等于常数。同理,第二项也等于常数。令此二常数分别为 $-k_x^2$ 和 $-k_y^2$,得二常微分方程:

$$\frac{\mathrm{d}^2 X}{\mathrm{d}x^2} + k_x^2 X = 0 \tag{3.7-3a}$$

$$\frac{\mathrm{d}^2 Y}{\mathrm{d}y^2} + k_y^2 Y = 0 \tag{3.7-3b}$$

k_x、k_y 称为分离常数。它们并不都是独立的:

$$k_x^2 + k_y^2 = 0 \tag{3.7-4}$$

可见,k_x^2、k_y^2 二者中一个为正值,则另一个为负值,因而 k_x、k_y 中一个为实数,另一个将为虚数。当它们取值不同时,方程的解也有不同形式,下面作一介绍。

(1) $k_x^2 = k_y^2 = 0$:此时方程(3.7-3)的解为

$$X(x) = A_0 x + B_0 \tag{3.7-5}$$

$$Y(y) = C_0 y + D_0 \tag{3.7-6}$$

(2) $k_x^2 > 0, k_y^2 = -k_x^2 < 0$:方程(3.7-3a)的特征方程有一对共轭虚根 $\pm \mathrm{j}kx$,而方程(3.7-3b)的特征方程有一对反号实根 $\pm k_x$,故解的形式为

$$X(x) = A\mathrm{e}^{-\mathrm{j}k_x x} + B\mathrm{e}^{\mathrm{j}k_x x} = A_1 \cos k_x x + B_1 \sin k_x x \tag{3.7-7}$$

$$Y(y) = C\mathrm{e}^{-k_x y} + D\mathrm{e}^{k_x y} = C_1 \mathrm{ch} k_x y + D_1 \mathrm{sh} k_x y \tag{3.7-8}$$

(3) $k_y^2 > 0, k_x^2 = -k_y^2 < 0$:与上同理,可得解的形式为

$$X(x) = A\mathrm{e}^{-k_y x} + B\mathrm{e}^{k_y x} = A_1 \mathrm{ch} k_y x + B_1 \mathrm{sh} k_y x \tag{3.7-9}$$

$$Y(y) = C\mathrm{e}^{-\mathrm{j}k_y y} + D\mathrm{e}^{\mathrm{j}k_y y} = C_1 \cos k_y y + D_1 \sin k_y y \tag{3.7-10}$$

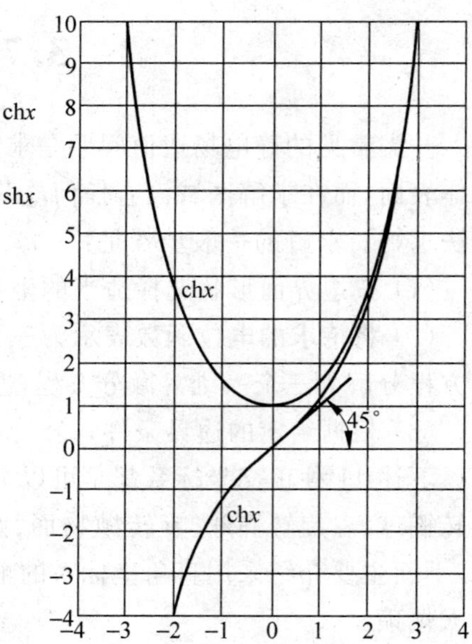

图 3.7-1 双曲正弦和双曲余弦函数曲线

方程(3.7-3a)和方程(3.7-3b)都是线性的,其解的组合仍是方程的解,因此式(3.7-7)~式(3.7-10)中都写了两种解的形式。这利用了下述等式(见附

录 B)：

$$\sin\alpha = \frac{e^{j\alpha} - e^{-j\alpha}}{2j}, \quad \cos\alpha = \frac{e^{j\alpha} + e^{-j\alpha}}{2} \tag{3.7-11}$$

$$\mathrm{sh}x = \frac{e^{x} - e^{-x}}{2}, \quad \mathrm{ch}x = \frac{e^{x} + e^{-x}}{2} \tag{3.7-12}$$

双曲函数 $\mathrm{sh}x$ 和 $\mathrm{ch}x$ 的曲线如图 3.7-1。可见 $\mathrm{sh}x$ 在 x 轴上有一个零点，而 $\mathrm{ch}x$ 在 x 轴上没有零点，$\mathrm{sh}0=0$，$\mathrm{ch}0=1$。

正确选择解的形式可方便地根据边界条件得出特解。一般来说，指数形式适合于无限区域的问题，而三角函数或双曲函数则对应于有限区域边界的情形。分离常数值主要与边界条件是否具有周期性特征有关。这些可通过下面的举例来体会。

表 3.7-1 归纳了方程(3.7-3a)解的形式选择一般原则，供参考。

表 3.7-1　$\dfrac{d^2x}{dx^2}+k_x^2x=0$ 解式的选择(供参考)

序号	k_x^2	k_x	指数形式	其他形式	B. 边界特征
1	+	实数	$Ae^{-jk_xx}+Be^{jk_xx}$	$A_1\cos k_xx+B_1\sin k_xx$	周期性边界条件
2	−	$j\alpha$	$Ce^{-\alpha x}+De^{\alpha x}$	$C_1\mathrm{ch}\alpha x+D_1\mathrm{sh}\alpha x$	非周期性边界条件
3	0	0	—	C_0x+D_0	
A. 应用区域			无限区域	有限区域	

在许多情形下，为了满足边界条件，分离常数要取一系列的特定值，这时得到一个级数解。例如，某一封闭区域二维问题的通解可写为

$$\phi(x,y) = \sum_{n=1}^{\infty}(A_n\cos k_{xn}x + B_n\sin k_{xn}x)(C_n\mathrm{ch}k_{xn}y + D_n\mathrm{sh}k_{xn}y) \tag{3.7-13}$$

式中的待定常数由给定的边界条件确定，最后便求得该特定边值问题的特解。

例 3.7-1　一矩形区域四壁的边界条件如图 3.7-2 所示。求：(a)区域中的电位函数 $\phi(x,y)$；(b)区域中电场强度 E 及 $y=b$ 壁上的面电荷密度。

【解】　(a) (1) 已知边界条件如下：

$$\phi(x,0) = 0 \tag{a}$$

$$\phi(x,b) = 0 \tag{b}$$

$$\left.\frac{\partial\phi}{\partial x}\right|_{x=0} = 0 \tag{c}$$

$$\phi(a,y) = U_0\sin\frac{2\pi y}{b} \tag{d}$$

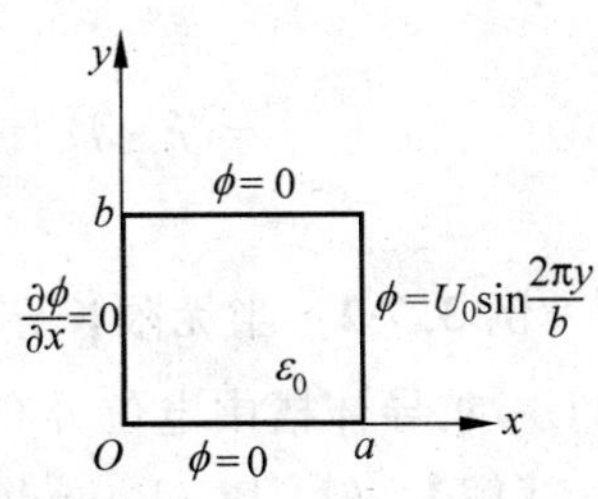

图 3.7-2　矩形盒

(2) 方程：　$\dfrac{\partial^2\phi}{\partial x^2}+\dfrac{\partial^2\phi}{\partial y^2}=0$

(3) 解式：

$$\phi(x,y) = X(x)Y(y)$$

$X(x)$ 分布于 $0<x<a$ 有限区域，$x=0$ 处与 $x=a$ 处边界条件无周期性，故按表 3.7-1，取

$$X(x) = A\mathrm{ch}\alpha x + B\mathrm{sh}\alpha x \tag{e}$$

$Y(y)$分布于 $0<y<b$ 有限区域，$y=0$ 处与 $y=b$ 处边界条件呈周期性(同为 $\phi=0$)，由表 3.7-1，取

$$Y(y)=C\cos k_y y+D\sin k_y y \tag{f}$$

(f)式中分离变量 k_y 与(e)式中分离变量 α 是相关的，对本题有：$k_x^2=-k_y^2$，得 $k_x=\mathrm{j}k_y=\mathrm{j}\alpha$，故有 $k_y=\alpha$。

(4) 定常数：由边界条件(a)，得　$C=0$，　$Y(y)=D\sin\alpha y$

由边界条件(b)，得　$\sin\alpha b=0$，$\alpha=\dfrac{n\pi}{b}$，　$n=1,2,3,\cdots$

由边界条件(c)，　$[\alpha A\mathrm{sh}\alpha x+\alpha B\mathrm{ch}\alpha x]_{x=0}=0$，得 $B=0$

至此，电位的解可表示为

$$\phi(x,y)=\sum_{n=1}^{\infty}A_n\mathrm{ch}\,\frac{n\pi x}{b}\sin\frac{n\pi y}{b}$$

由边界条件(d)得

$$\sum_{n=1}^{\infty}A_n\mathrm{ch}\,\frac{n\pi a}{b}\sin\frac{n\pi y}{b}=U_0\sin\frac{2\pi y}{b},\quad 0<y<b$$

比较上式两边，根据三角函数正交性，得 $n=2$$\Big($或将上式两边同乘 $\sin\dfrac{m\pi y}{b}$，作 $0\sim b$ 积分，得 $m=n=2\Big)$，故

$$A_n\mathrm{ch}\,\frac{n\pi a}{b}=U_0,\quad n=2$$

从而得

$$\phi(x,y)=\frac{U_0}{\mathrm{ch}\,\dfrac{2\pi a}{b}}\mathrm{ch}\,\frac{2\pi x}{b}\sin\frac{2\pi y}{b}$$

(b) $$\bar{E}=-\nabla\phi=-\left(\hat{x}\frac{\partial\phi}{\partial x}+\hat{y}\frac{\partial\phi}{\partial y}\right)=-\frac{2\pi U_0}{b\mathrm{ch}\,\dfrac{2\pi a}{b}}\left(\hat{x}\mathrm{sh}\,\frac{2\pi x}{b}\sin\frac{2\pi y}{b}+\hat{y}\mathrm{ch}\,\frac{2\pi x}{b}\cos\frac{2\pi y}{b}\right)$$

$$\rho_s\,|_{y=b}=\hat{n}\cdot\bar{D}\,|_{y=b}=-\hat{y}\cdot\varepsilon_0\,\bar{E}\,|_{y=b}=\frac{2\pi\varepsilon_0U_0}{b\mathrm{ch}\,\dfrac{2\pi a}{b}}\mathrm{ch}\,\frac{2\pi x}{b}$$

例 3.7-2　半无限长导体槽如图 3.7-3 所示，其上下壁均接地，槽底 $x=0$ 处有激励电压 U_0，求导体槽中电位分布 $\phi(x,y)$和电场强度 $\bar{E}$。

【解】　(1) BC(Boundary Conditions，边界条件)：

$$\phi(x,0)=0 \tag{a}$$

$$\phi(x,b)=0 \tag{b}$$

$$\phi(\infty,y)=0 \tag{c}$$

$$\phi(0,y)=U_0 \tag{d}$$

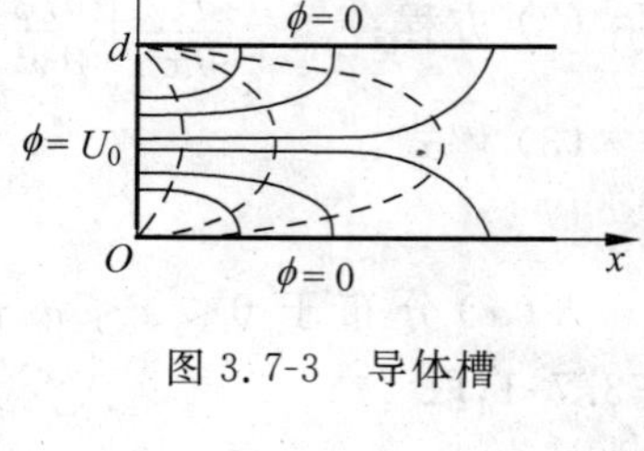

图 3.7-3　导体槽

(2) Eq.(Equation，方程)：

$$\frac{\partial^2\phi}{\partial x^2}+\frac{\partial^2\phi}{\partial y^2}=0$$

(3) 解式：

$$\phi(x,y)=X(x)Y(y)$$

$X(x)$在无限区域取值，边界条件非周期性，故由表 3.7-1，取

$$X(x)=Ae^{-\alpha x}+Be^{\alpha x}$$

$Y(y)$在有限区域取值，边界条件有周期性，故由表 3.7-1，取

$$Y(y)=C\cos\alpha y+D\sin\alpha y$$

这里已计及分离变量的相关性。

(4) 定常数：由 BC(a)，得 $C=0$， $Y(y)=D\sin\alpha y$

由 BC(b)，得 $\sin\alpha d=0$， $\alpha=\dfrac{n\pi}{d}$， $n=1,2,3,\cdots$

由 BC(c)，得 $B=0$， $X(x)=Ae^{-\alpha x}=Ae^{-\frac{n\pi x}{d}}$

至此，电位函数可表示为

$$\phi(x,y)=\sum_{n=1}^{\infty}A_n e^{-\frac{n\pi x}{d}}\sin\frac{n\pi y}{d}$$

由 BC(d)知

$$\sum_{n=1}^{\infty}A_n\sin\frac{n\pi y}{d}=U_0,\quad 0<y<d$$

这是傅里叶[法](Jean B. J. Fourier)级数，可求出其系数 A_n（或对上式两边共同乘以$\sin\dfrac{m\pi y}{d}$，从 $0\sim d$ 积分）：

$$A_n=\frac{2}{d}\int_0^d U_0\sin\frac{n\pi y}{d}\mathrm{d}y=\frac{2U_0}{d}\left[-\frac{d}{n\pi}\cos\frac{n\pi y}{d}\right]_0^d=\frac{2U_0}{n\pi}(1-\cos n\pi)$$

$$=\begin{cases}\dfrac{4U_0}{n\pi},n=1,3,5,\cdots\\ 0,n=2,4,6,\cdots\end{cases}$$

最后得

$$\phi(x,y)=\frac{4U_0}{\pi}\sum_{n=1,3,5,\cdots}\frac{1}{n}e^{-\frac{n\pi x}{d}}\sin\frac{n\pi y}{d}$$

$$\bar{E}=-\nabla\phi=-\left(\hat{x}\frac{\partial\phi}{\partial x}+\hat{y}\frac{\partial\phi}{\partial y}\right)=\frac{4U_0}{d}\sum_{n=1,3,5,\cdots}\left(\hat{x}\sin\frac{n\pi y}{d}-\hat{y}\cos\frac{n\pi y}{d}\right)e^{-\frac{n\pi x}{d}}$$

根据此结果可绘出槽中的等位线和电力线分布，分别如图 3.7-3 中虚线和实线所示。

例 3.7-3 如图 3.7-4 所示，两个平行导体板相距 d，其沿 x 轴和 z 轴方向的尺寸远大于d，上板接一极薄的导体脊片，宽为 $d-a$，沿 z 向延伸（与上板同长度）。上板和脊片电位为 U_0，下板为零电位，求两板间的电位分布。

【解】 按题意，可认为板间电位分布沿 z 向无变化且沿 x 向无限延伸。$|x|\to\infty$ 处电位分布不会受 $x=0$ 处脊片影响，可认为沿 y 向由 $\phi=0$ 线性渐变到 $\phi=U_0$。

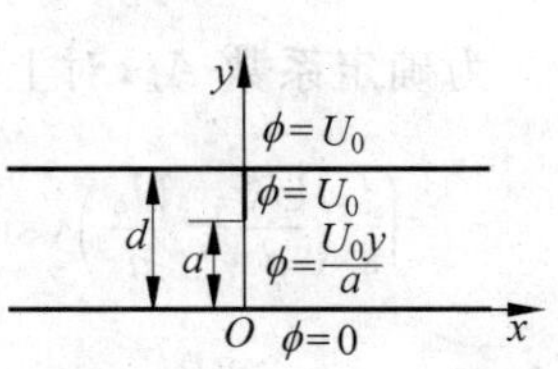

图 3.7-4　加脊平行板

(1) BC：

$$\phi(x,0)=0\qquad\text{(a)}$$

$$\phi(x,d)=U_0\qquad\text{(b)}$$

$$\phi(\pm\infty,y)=\frac{U_0}{d}y \qquad \text{(c)}$$

$$\phi(0,y)=\begin{cases}U_0, & a\leqslant y\leqslant d\\ \dfrac{U_0}{a}y, & 0\leqslant y\leqslant a\end{cases} \qquad \text{(d)}$$

(2) Eq.：

$$\frac{\partial^2\phi}{\partial x^2}+\frac{\partial^2\phi}{\partial y^2}=0$$

(3) 解式：

$$\phi(x,y)=X(x)Y(y)$$

先求 $x>0$ 区域。$X(x)$分布于无限区域，边界条件非周期性，由表 3.7-1，取

$$X(x)=A\mathrm{e}^{-\alpha x}+B\mathrm{e}^{\alpha x}$$

$Y(y)$分布于有限区域，在一端既有线性项又有周期性边界条件，试取

$$Y(y)=C_0y+D_0+C\cos\alpha y+D\sin\alpha y$$

(4) 定常数：

由 BC(a)，得 $D_0=0, C=0, Y(y)=C_0y+D\sin\alpha y$，故通解为

$$\phi(x,y)=C_0y+\sum_n(A_n\mathrm{e}^{-\alpha x}+B_n\mathrm{e}^{\alpha x})\sin\alpha y$$

由 BC(c)，得

$$\frac{U_0}{d}y=C_0y+\sum_n B_n\mathrm{e}^{\alpha x}\sin\alpha y$$

比较上式两边知，$B_n=0, C_0=\dfrac{U_0}{d}$，故

$$\phi(x,y)=\frac{U_0}{d}y+\sum_n A_n\mathrm{e}^{-\alpha x}\sin\alpha y$$

由 BC(b)：$\sin\alpha d=0, \alpha=\dfrac{n\pi}{d}, n=1,2,3,\cdots$。于是

$$\phi(x,y)=\frac{U_0}{d}y+\sum_{n=1}^{\infty}A_n\mathrm{e}^{-\frac{n\pi x}{d}}\sin\frac{n\pi y}{d}$$

由 BC(d)得

$$\frac{U_0}{d}y+\sum_{n=1}^{\infty}A_n\sin\frac{n\pi y}{d}=\begin{cases}U_0, & a\leqslant y\leqslant d\\ \dfrac{U_0}{a}y, & 0\leqslant y\leqslant a\end{cases}$$

为确定系数 A_n，对上式两边乘以 $\sin\dfrac{m\pi y}{d}$，并对 y 从 $0\sim d$ 积分，有

$$\int_0^d\left(\frac{U_0}{d}-\frac{U_0}{a}\right)y\sin\frac{n\pi y}{d}\mathrm{d}y+\int_d^a\left(U_0-\frac{U_0}{a}y\right)\sin\frac{n\pi y}{d}\mathrm{d}y=\int_0^d A_n\sin^2\left(\frac{n\pi y}{b}\right)\mathrm{d}y$$

得

$$A_n=\frac{2U_0b}{(n\pi)^2d}\sin\frac{n\pi d}{b}$$

最后得 $x>0$ 区域的电位分布为

$$\phi(x,y)=\frac{U_0}{d}y+\frac{2U_0 b}{\pi^2 d}\sum_{n=1}^{\infty}\frac{1}{n^2}\sin\frac{n\pi d}{b}\sin\frac{n\pi y}{d}\mathrm{e}^{-\frac{n\pi x}{d}},\quad x>0$$

同理可得 $x<0$ 区域的电位分布为

$$\phi(x,y)=\frac{U_0}{d}y+\frac{2U_0 b}{\pi^2 d}\sum_{n=1}^{\infty}\frac{1}{n^2}\sin\frac{n\pi d}{b}\sin\frac{n\pi y}{d}\mathrm{e}^{\frac{n\pi x}{d}},\quad x<0$$

*3.7.2 圆柱坐标系中的分离变量法

圆柱坐标系中拉普拉斯方程为

$$\frac{1}{\rho}\frac{\partial}{\partial\rho}\left(\rho\frac{\partial\phi}{\partial\rho}\right)+\frac{1}{\rho^2}\frac{\partial^2\phi}{\partial\varphi^2}+\frac{\partial^2\phi}{\partial z^2}=0 \tag{3.7-14}$$

设其解为

$$\phi(\rho,\varphi,Z)=R(\rho)F(\varphi)Z(z) \tag{3.7-15}$$

将上式代入式(3.7-14)有

$$\frac{FZ}{\rho}\frac{\mathrm{d}}{\mathrm{d}\rho}\left(\rho\frac{\mathrm{d}R}{\mathrm{d}\rho}\right)+\frac{RZ}{\rho^2}\frac{\mathrm{d}^2F}{\mathrm{d}\varphi^2}+RF\frac{\mathrm{d}^2Z}{\mathrm{d}z^2}=0$$

上式两边乘以$\frac{\rho^2}{RFZ}$,得

$$\frac{\rho}{R}\frac{\mathrm{d}}{\mathrm{d}\rho}\left(\rho\frac{\mathrm{d}R}{\mathrm{d}\rho}\right)+\frac{1}{F}\frac{\mathrm{d}^2F}{\mathrm{d}\varphi^2}+\frac{\rho^2}{Z}\frac{\mathrm{d}^2Z}{\mathrm{d}z^2}=0 \tag{3.7-16}$$

上式中第二项只是 φ 的函数,如将上式对 φ 求导,则第一、三项均为零,因而第二项对 φ 的导数为零,表明它应为常数,取为 $-n^2$,则有

$$\frac{\mathrm{d}^2F}{\mathrm{d}\varphi^2}+n^2F=0 \tag{3.7-17}$$

于是,方程(3.7-16)可写为

$$\left[\frac{1}{\rho R}\frac{\mathrm{d}}{\mathrm{d}\rho}\left(\rho\frac{\mathrm{d}R}{\mathrm{d}\rho}\right)-\frac{n^2}{\rho^2}\right]+\frac{1}{Z}\frac{\mathrm{d}^2Z}{\mathrm{d}z^2}=0 \tag{3.7-18}$$

上式中第一项只是 ρ 的函数,第二项只是 z 的函数,所以该式要成立,两项必都等于常数。令第一项常数为 $-k_\rho^2$,第二项常数为 $-k_z^2$,则 $k_\rho^2+k_z^2=0$,故 $-k_z^2=k_\rho^2$,从而得

$$\rho\frac{\mathrm{d}}{\mathrm{d}\rho}\left(\rho\frac{\mathrm{d}R}{\mathrm{d}\rho}\right)+(k_\rho^2\rho^2-n^2)R=0 \tag{3.7-19}$$

$$\frac{\mathrm{d}^2Z}{\mathrm{d}z^2}-k_\rho^2Z=0 \tag{3.7-20}$$

由上,方程(3.7-14)分解为三个单变量方程。其中方程(3.7-20)的解式在 3.7.1 节已作详细介绍,这里不再重复其通解表示式。

对于方程(3.7-17)的解式,考虑到 φ 以 2π 为周期,F 一定是以 2π 为周期的周期函数,即 $F(\varphi)=F(\varphi+2\pi)$。这样,该方程的通解可表示为三角函数的组合,即

$$F(\varphi)=A\cos n\varphi+B\sin n\rho,\quad n=1,2,3,\cdots \tag{3.7-21}$$

此外还可有一“零解”($n=0$)为

$$\frac{\mathrm{d}^2F}{\mathrm{d}\varphi^2}=0$$

其解为

$$F(\varphi)=A_0\varphi+B_0 \tag{3.7-22}$$

现在来研究方程(3.7-19)的解式。第一项求导可写为两项:

$$\rho^2\frac{\mathrm{d}^2R}{\mathrm{d}\rho^2}+\rho\frac{\mathrm{d}\rho}{\mathrm{d}\rho}+(k_\rho^2\rho^2-n^2)R=0 \tag{3.7-19a}$$

当 $k_\rho^2>0$ 时,令 $k_\rho\rho=x$,则上式化为

$$x^2\frac{\mathrm{d}^2R}{\mathrm{d}x^2}+x\frac{\mathrm{d}R}{\mathrm{d}x}+(x^2-n^2)R=0$$

即

$$\frac{\mathrm{d}^2R}{\mathrm{d}x^2}+\frac{1}{x}\frac{\mathrm{d}R}{\mathrm{d}x}+\left(1-\frac{n^2}{x^2}\right)R=0 \tag{3.7-23}$$

这是标准的贝塞耳[德](Friedrich W. Bessel)方程,其解为贝塞耳函数:

$$R(\rho)=CJ_n(k_\rho\rho)+DN_n(k_\rho\rho) \tag{3.7-24}$$

式中,$n=0,1,2,\cdots$; $J_n(k_\rho\rho)$是第一类 n 阶贝塞耳函数; $N_n(k_\rho\rho)$是第二类 n 阶贝塞耳函数或称纽曼函数。图 3.7-5 分别是 $J_n(x)$与其导数 $J_n'(x)$的变化曲线,图 3.7-6 是 $N_n(x)$的曲线。我们看到,当 $x=0$ 时,$N_n(x)\to\infty$,因此当 $x=0$ 点位于场区时,场解只有 $J_n(x)$。

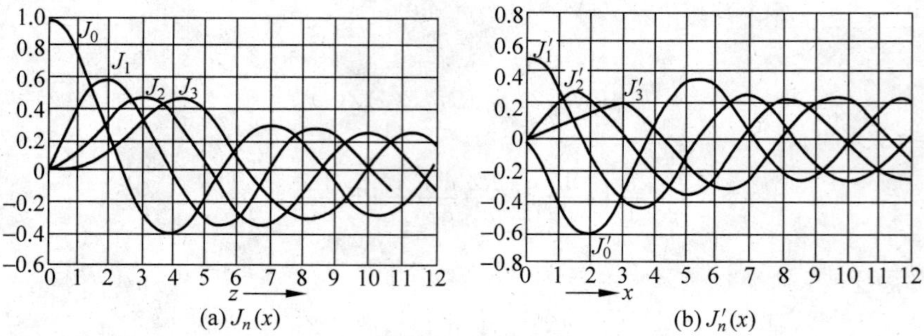

图 3.7-5 第一类贝塞耳函数 $J_n(x)$及其导数 $J_n'(x)$

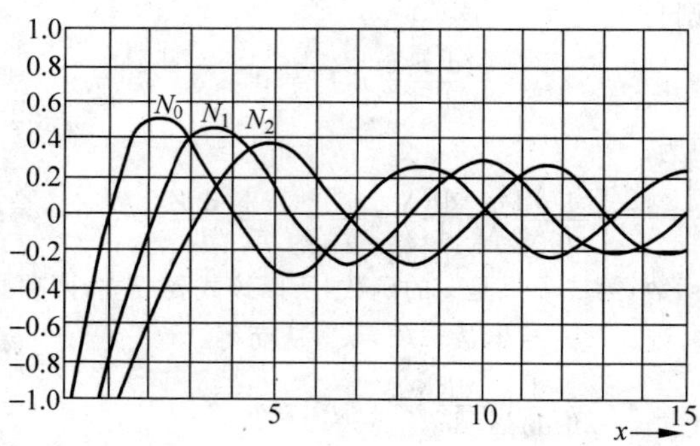

图 3.7-6 第二类贝塞耳函数 $N_n(x)$

可以看出,$J_n(x)$类似于 $\cos x$,而 $N_n(x)$类似于 $\sin x$。特别是,当 $x\gg1$ 时,有

$$J_n(x)\approx\sqrt{\frac{2}{\pi x}}\cos\left(x-\frac{\pi}{4}-\frac{n\pi}{2}\right),\quad x\gg1 \tag{3.7-25}$$

$$N_n(x)\approx\sqrt{\frac{2}{\pi x}}\sin\left(x-\frac{\pi}{4}-\frac{n\pi}{2}\right),\quad x\gg1 \tag{3.7-26}$$

当 $k_\rho^2<0$,式(3.7-19)的通解为

$$R(\rho)=AI_n(|k_\rho|\rho)+Bk_n(|k_\rho|\rho) \tag{3.7-27}$$

式中,$n=0,1,2,\cdots$; $I_n(x)$是第一类 n 阶变态贝塞耳函数; $K_n(|k_\rho|\rho)$是第二类 n 阶变态贝塞耳函数。二者定义为

$$I_n(x)=\mathrm{j}^{-n}J_n(\mathrm{j}x) \tag{3.7-28}$$

$$K_n(x)=\frac{\pi}{2}\mathrm{j}^{n+1}\left[J_n(\mathrm{j}x)+\mathrm{j}N_n(\mathrm{j}x)\right] \tag{3.7-29}$$

其曲线如图 3.7-7 所示。我们看到,二者类似于指数函数。当 $x\gg1$,有

$$J_n(x) \approx \frac{1}{\sqrt{2\pi x}} \mathrm{e}^{x}, \quad x \gg 1 \tag{3.7-30}$$

$$K_n(x) \approx \sqrt{\frac{\pi}{2x}} \mathrm{e}^{-x}, \quad x \gg 1 \tag{3.7-31}$$

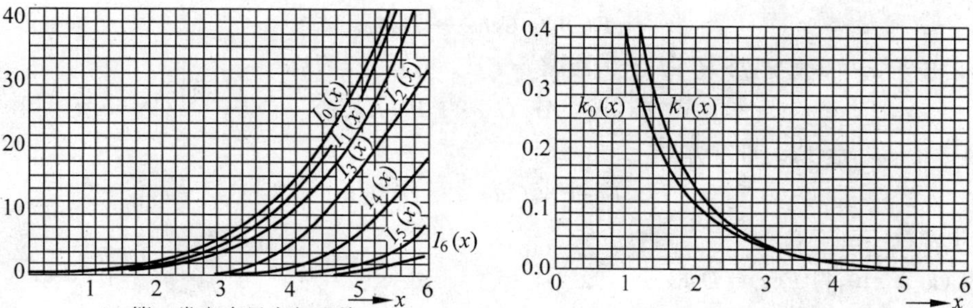

(a) 第一类变态贝塞尔函数　　(b) 第二类变态贝塞尔函数

图 3.7-7　变态贝塞耳函数

当 $k_\rho=0$，式(3.7-23)化为

$$\rho^2 \frac{\mathrm{d}^2 R}{\mathrm{d}\rho^2} + \rho \frac{\mathrm{d}R}{\mathrm{d}\rho} - n^2 R = 0 \tag{3.7-32}$$

这是一个变系数的常微分方程或称欧拉[瑞士](Leohard Euler)方程。令 $\rho=\mathrm{e}^x$，即 $x=\ln\rho$，方程化为

$$\frac{\mathrm{d}^2 R}{\mathrm{d}x^2} - n^2 R = 0$$

其解为

$$R(\rho) = C\mathrm{e}^{-nx} + D\mathrm{e}^{nx}$$

即

$$R(\rho) = C\rho^{-n} + D\rho^{n} \tag{3.7-33}$$

若 $k_\rho=n=0$，则式(3.7-33)化为

$$\frac{\mathrm{d}}{\mathrm{d}\rho}\left(\rho \frac{\mathrm{d}R}{\mathrm{d}\rho}\right) = 0$$

此时解为

$$R(\rho) = C_0 \ln\rho + D_0 \tag{3.7-34}$$

注意，$k_\rho=0$ 意味着 $k_z=0$，则场沿 z 向不变化；$n=0$ 表明场沿 φ 只有线性变化或不变化，因而此时电位分布简化为

$$\phi(\rho,\varphi,z) = R(\rho)F(\varphi) = (C_0\ln\rho + D_0)(A_0\varphi + B_0) \tag{3.7-35}$$

在得出通解后，再利用边界条件定出待定常数，便可求得所需解。

例 3.7-4　一导体圆筒半径为 a，长度为 b，底面 $z=0$ 也是导体，但在底面 $z=b$ 上加电压 U_0，如图 3.7-8 所示。求圆筒内电位分布 $\phi(\rho,\varphi,z)$。

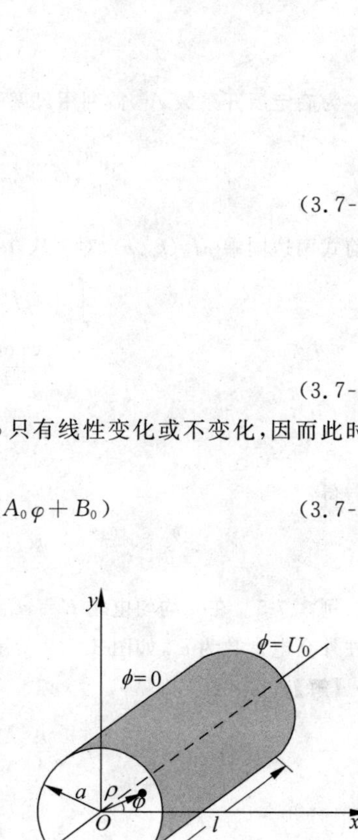

图 3.7-8　导体圆筒

【解】　(1) BC：

$$\phi(\rho,\varphi,0) = 0 \tag{a}$$

$$\phi(\rho,\varphi,l) = U_0 \tag{b}$$

$$\phi(\alpha,\varphi,z) = 0 \tag{c}$$

(2) Eq：

$$\frac{1}{\rho}\frac{\partial}{\partial\rho}\left(\rho\frac{\partial\phi}{\partial\rho}\right) + \frac{1}{\rho^2}\frac{\partial^2\phi}{\partial\varphi^2} + \frac{\partial^2\phi}{\partial z^2} = 0$$

(3) 解式:

由于边界条件具有轴对称性,电位分布与 φ 无关,故

$$\phi(\rho,z)=R(\rho)F(z)$$

因场沿 z 向分布于有限区域,且非周期性,由表 3.7-1 知,应取

$$F(z)=C\mathrm{ch}\alpha z+D\mathrm{sh}\alpha z$$

此解对应于 $k_z^2<0$ 情况,今 $k_\rho^2+k_z^2=0$,故 $k_\rho^2=-k_z^2>0$,且 $n=0$,故

$$R(\rho)=AJ_0(k_\rho\rho)+BN_0(k_\rho\rho)$$

这里 $k_\rho^2=-k_z^2=a^2$,故 $F(z)$ 可写为

$$F(z)=C\mathrm{ch}k_\rho z+D\mathrm{sh}k_\rho z$$

(4) 定常数:

由 BC(a),$C=0$,得 $F(z)=D\mathrm{sh}k_\rho z$

考虑到 $\rho=0$ 处电位应为有限值,得 $B=0$。于是由 BC(c)有

$$J_0(k_{\rho i}a)=0,\quad k_{\rho i}=\frac{\chi_{0i}}{a},\quad i=1,2,3,\cdots$$

式中 χ_{0i} 是 $J_0(x)$ 的第 i 个根。至此,电位函数可表示为

$$\phi(\rho,z)=\sum_{i=1}^{\infty}A_i\,\mathrm{sh}(k_{\rho i}z)J_0(k_{\rho i}\rho)$$

由 BC(b),得

$$U_0=\sum_{i=1}^{\infty}A_i\,\mathrm{sh}(k_{\rho i}l)J_0(k_{\rho i}\rho)$$

为确定展开系数 A_i,需利用贝塞耳函数的正交性公式:

$$\int_0^R xJ_n(\chi_{ni}x)J_n(\chi_{nj}x)\mathrm{d}x=\begin{cases}0, & i\neq j\\ \dfrac{a^2}{2}J_{n+1}^2(\chi_{ni}a), & i=j\end{cases}\tag{3.7-36}$$

将前式两边同乘 $\rho J_0(k_{\rho m}\rho)$,对 ρ 从 $0\sim a$ 积分,得

$$\int_0^a U_0\rho J_0(k_{\rho m}\rho)\mathrm{d}\rho=A_m\mathrm{sh}(k_{\rho m}l)\int_0^a\rho J_0^2(k_{\rho m}\rho)\mathrm{d}\rho$$

$$U_0a\frac{J_1(k_{\rho m}a)}{k_{\rho m}}=A_m\mathrm{sh}(k_{\rho m})\frac{a^2}{2}J_1^2(k_{\rho m}a)$$

$$A_m=\frac{2U_0}{k_{\rho m}a\,\mathrm{sh}(k_{\rho m}l)J_1(k_{\rho m}a)}$$

最后得

$$\phi(\rho,z)=\frac{2U_0}{a}\sum_{m=1}^{\infty}\frac{\mathrm{sh}(k_{\rho m}z)J_0(k_{\rho m}\rho)}{k_{\rho m}\,\mathrm{sh}(k_{\rho m}l)J_1(k_{\rho m}a)}$$

例 3.7-5 在一均匀电场 $\bar{E}=\hat{x}E_0$ 中,沿 z 轴放置一无限长介质圆柱,其半径为 a,介电常数为 $\varepsilon=\varepsilon_0\varepsilon_r$,圆柱外介电常数为 ε_0,如图 3.7-9 所示。求介质圆柱内外的电位函数及电场强度。

【解】 (1) BC:

$$\phi_1(\infty,\varphi)=-E_0x=-E_0\rho\cos\varphi\tag{a}$$

$$\phi_1(a,\varphi)=\varphi_2(a,\varphi)\tag{b}$$

$$\varepsilon_0\frac{\partial\phi_1}{\partial\rho}\bigg|_{\rho=0}=\varepsilon_0\frac{\partial\phi_2}{\partial\rho}\bigg|_{\rho=a}\tag{c}$$

(2) Eq:

因介质圆柱无限长,$\dfrac{\partial\varphi}{\partial z}=0$,$k_z=0$,故有

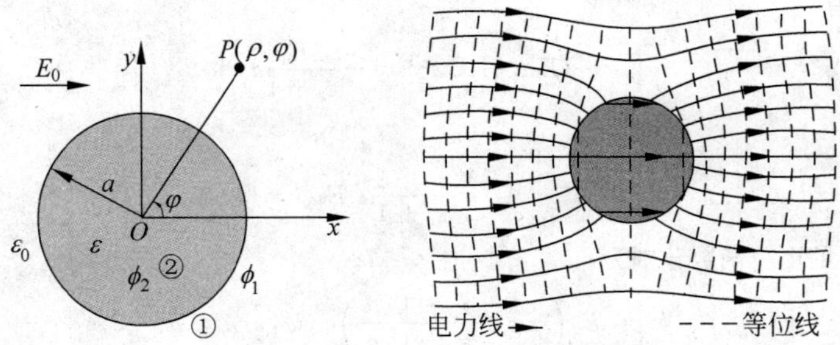

(a) 几何关系　　(b) 等位线和电力线分布

图 3.7-9　均匀电场中的介质圆柱

$$\frac{1}{\rho}\frac{\alpha}{\partial\rho}\left(\rho\frac{\partial\phi}{\partial\rho}\right)+\frac{1}{\rho^2}\frac{\partial^2\phi}{\partial\varphi^2}=0$$

(3) 解式：

$$\phi(\rho,\varphi)=R(\rho)F(\varphi)$$

因 $k_z=0$，必有 $k_\rho=0$，故取

$$R(\rho)=A\rho^{-n}+B\rho^n$$

由于 φ 具有 2π 周期性，故取

$$F(\varphi)=C\cos n\varphi+D\sin n\varphi$$

并且 $\phi(\rho,\varphi)=\phi(\rho,-\varphi)$，故 $D=0$，上式化为

$$F(\varphi)=C\cos n\varphi$$

(4) 定常数：

由式(a)，有

$$-E_0\rho\cos\varphi=\sum_{n=1}^{\infty}(A\rho^{-n}+B\rho^n)C\cos n\varphi$$

得 $n=1$，$BC=-E_0$，故

$$\phi_1(\rho,\varphi)=-E_0\rho\cos\varphi+A_1\rho^{-1}\cos\varphi,\quad \rho\geqslant a$$

因 $\phi_2(0,\varphi)$ 为有限值，$A=0$，故

$$\phi_2(\rho,\varphi)=\sum_{n=1}^{\infty}B_n\rho^n\cos n\varphi,\quad \rho\leqslant a$$

由 BC(b)，有

$$-E_0a\cos\varphi+A_1a^{-1}\cos\varphi=\sum_{n=1}^{\infty}B_na^n\cos n\varphi \tag{d}$$

由 BC(c)，有

$$-\varepsilon_0E_0\cos\varphi-\varepsilon_0A_1a^{-2}\cos\varphi=\varepsilon\sum_{n=1}^{\infty}nB_na^{n-1}\cos n\varphi$$

或

$$-E_0a\cos\varphi-A_1a^{-1}\cos\varphi=\varepsilon_r\sum_{n=1}^{\infty}nB_na^n\cos n\varphi \tag{e}$$

将式(d)与式(e)相加，有

$$-2E_0a\cos\varphi=\sum_{n=1}^{\infty}(\varepsilon_rn+1)B_na^n\cos n\varphi$$

比较上式两边知，$n=1$，$(\varepsilon_r+1)B_1=-2E_0$，即

$$B_1=-\frac{2E_0}{\varepsilon_r+1}$$

于是由式(e),有

$$-E_0 a + A_1 a^{-1} = -\frac{2E_0}{\varepsilon_r + 1} a$$

得

$$A_1 = \frac{\varepsilon_r - 1}{\varepsilon_r + 1} a^2 E_0$$

这样,得到圆柱内外的电位函数分别为

$$\phi_1 = E_0\left(-\rho + \frac{\varepsilon_r - 1}{\varepsilon_r + 1}\frac{a^2}{\rho}\right)\cos\varphi, \quad \rho \geqslant a$$

$$\phi_2 = -\frac{2}{\varepsilon_r + 1} E_0 \rho \cos\varphi, \quad \rho \leqslant a$$

根据 $\bar{E} = -\nabla\phi = -\hat{\rho}\frac{\partial\phi}{\partial\rho} - \hat{\varphi}\frac{1}{\rho}\frac{\alpha\phi}{\partial\varphi}$,可求得圆柱内外的电场强度为

$$\bar{E}_1 = \hat{\rho}E_0\left(1 + \frac{\varepsilon_r - 1}{\varepsilon_r + 1}\frac{a^2}{\rho^2}\right)\cos\varphi - \hat{\varphi}E_0\left(1 - \frac{\varepsilon_r - 1}{\varepsilon_r + 1}\frac{a^2}{\rho}\right)\sin\varphi, \quad \rho \geqslant a$$

$$\bar{E}_2 = \hat{\rho}\frac{2}{\varepsilon_r + 1}E_0\cos\varphi - \hat{\varphi}\frac{2}{\varepsilon_r + 1}E_0\sin\varphi = \hat{x}\frac{2}{\varepsilon_r + 1}E_0, \quad \rho \leqslant a$$

我们看到,圆柱内是一均匀场。因 $\varepsilon_r > 1$,使 $E_2 < E_0$。介质圆柱内电场的减弱,是由于介质圆柱表面出现的束缚电荷产生了与 E_0 方向相反的电场。圆柱内外的等位线和电力线如图 3.7-9(b)所示。

习 题

3.1-1 一个半径为 a,壁厚 d 极薄的肥皂泡对无穷远点的电位为 U_0。当它破灭时假定全部泡沫集中形成一个球形水滴。试求此水滴(drop)对无穷远处的电位 U_d。若 $U_0 = 20\text{V}$,$a = 3\text{cm}$,$d = 10\mu\text{m}$,则 $U_d = ?$

3.1-2 空气中有一半径为 a 的球形电荷分布,已知球体内的电场强度为 $\bar{E} = \hat{r}Cr^2$ $(r < a)$,C 为常数。求:(a)球体内的电荷分布;(b)球体外的电场强度;(c)球内外的电位分布;(d)验证静电场的电位方程。

3.1-3 空气中有一半径为 a,体电荷密度为 ρ_v 的无限长圆柱体。请计算该圆柱体内外的电场强度。

3.1-4 已知空气中半径为 a 的圆环上均匀地分布着线电荷,其密度为 ρ_l,位于 $z=0$ 平面。试求其轴线上任意点 $P(0,0,z)$处的电位和电场强度(参看图 2.1-7,注意与之不同)。

3.1-5 已知空气中半径为 a 的圆盘上均匀地分布着面电荷,其密度为 ρ_s,位于 $z=0$ 平面。试求其轴线上任意点 $P(0,0,z)$处的电位和电场强度(参看图 2.1-7,注意与之不同)。

3.2-1 在均匀介质内部任意点处,体束缚电荷密度 ρ_v' 总等于该处体自由电荷密度 ρ_v 的 $\left(\frac{\varepsilon_0}{\varepsilon} - 1\right)$ 倍,请证明。

3.2-2 已知空气中有一导体球,半径为 a,带电量为 Q,其外面套有外半径为 b、介电常数为 ε 的介质球壳。试求:(a)$r<a$,$a<r<b$,$r>b$ 各区域的 $\bar{D}$ 和 $\bar{E}$;(b)介质球壳中的体束缚电荷密度 ρ_v' 和其内外表面处的面束缚电荷密度 ρ_s'。

3.2-3 平行板电容器的宽和长分别为 a 和 b,两极板间距为 $d(d \ll a、b)$,板间电压为 U。(a)电容器的左半空间 $\left(0 \sim \frac{a}{2}\right)$ 用介电常数为 ε 的介质填充,(b)电容器的下半空间

$\left(0\sim\dfrac{d}{2}\right)$用介电常数为 ε 的介质填充；另一半均为空气，如题图 3-1 所示。请分别对(a)、(b)求下极板上的电荷密度及介质下表面的束缚电荷密度。

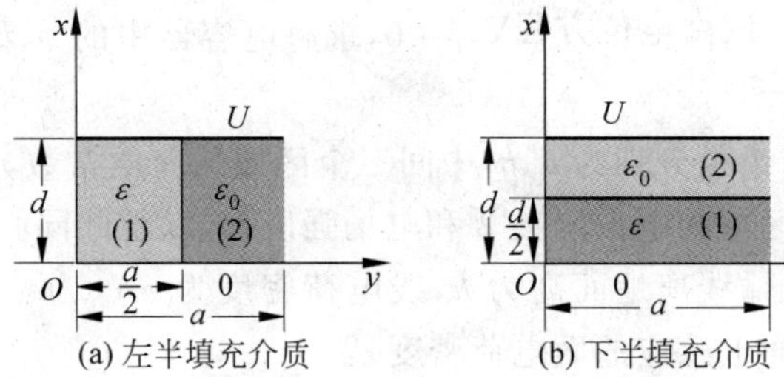

题图 3-1　两平行板电容器

3.2-4　一均匀带电无限长直导线，其线电荷密度为 $\rho_l=10^{-8}\,\mathrm{C/m^2}$，已知距导线 10cm 处的极化强度 $P=1.27\times10^{-8}\,\mathrm{C/m}$，求导线周围介质的介电常数 ε。

3.3-1　对题图 3-1(b)所示平行板电容器，$\varepsilon=3\varepsilon_0$，求：(a)二区域的电场强度和电位函数；(b)电容，设平板面积为 A_0。

3.3-2　对题图 3-1(a)所示平行板电容器，$\varepsilon=3\varepsilon_0$，求其电容，设平板面积为 A_0。

3.3-3　对图 3.1-4 所示平行双导线，若左侧导线半径为 a，而右侧导线半径为 b，二者轴线相距 $d(d\gg b>a)$，求其单位长度电容 C_1；若 $a=b$，则 $C_1=$?

3.3-4　对图 3.4-2(a)所示同轴线，其内外导体半径分别为 a、b，中间充填介电常数分别为 ε_1、ε_2 的二层介质，分界面半径为 c。求：(a)二介质区域的电位函数 ϕ_1 和 ϕ_2；(b)单位长度电容 C_1。

3.3-5　对图 3.4-2(b)所示同轴线，其内、外导体半径分别为 a、b，$0<\varphi<\varphi_1$ 部分填充介电常数为 ε_1 的介质，其余部分介电常数为 ε_2。求单位长度电容 C_1。

3.3-6　如图 3.3-4 所示，设导线 1 为电力线，导线 2 为电话线，二者半径均为 a，相距 d，架高 h。设电力线 1 上电压为 U_1，求电话线上的感应电压 U_2；若 $a=5\mathrm{mm}$，$d=30\mathrm{m}$，$h=12\mathrm{m}$，$U_1=5\mathrm{kV}$，则 $U_2=$?（参看例 3.3-2）

3.3-7　参看例 3.3-3 和图 3.3-5，若图中导体 2 与电缆壳相连，在导体 1、2 间加电压 120V，求导体 1、2 上所带电量。

3.4-1　设同轴线单位长度电容为 C_1，在其内外导体间加电压 U。请证明同轴线单位长度电场储能为$\dfrac{1}{2}C_1U^2$ 或$\dfrac{1}{2}\dfrac{Q^2}{C_1}$。

3.4-2　平板电容器的极板面积为 A_0，间距为 d，极板中间为空气。(a)若在极板中间平行地插入一面积同为 A_0，厚度为 $d_0(d_0<d)$的导体，其电容如何变化？(b)如保持极板上电荷量不变(充电后断开电源)，储能如何变化？(c)如果保持极板间电压不变(充电后仍接电源)，储能又如何变化？

3.4-3　平板电容器沉浸在相对介电常数为 ε_r 的液体介质中。(a)当极板上电荷不变时，求作用在平板上的作用力和作用在液面上的作用力；(b)当极板上电压不变时，求上二电场力。

3.5-1　无限长同轴线内、外导体半径分别为 a、b，外导体接地，内导体加电压 U。请通过电位方程$\nabla^2\phi=0$，求解内外导体间的电位和电场分布。求其单位长度电容 C_1。

3.5-2　参看例3.5-1和图3.5-2,请由电位方程$\nabla^2\phi=0$分别对图3.5-2(a)和图3.5-2(b)求解二介质层区域①、②中的电位和电场强度。

3.5-3　一球形电容器的内、外导体球面半径分别为a、b,中间介质的介电常数为ε。设内球加电压U_0,外球接地。试由电位方程$\nabla^2\phi=0$,求解电容器中的ϕ、$\bar{E}$及内球表面上的面电荷密度ρ_s。

3.5-4　两同心导体球半径分别为a、b,中间三个区域的介电常数分别为ε_1、ε_2、ε_3,如题图3-2所示。求中间介质区域的电位函数ϕ和电场强度$\bar{E}$,以及此同心球的电容C。

3.6-1　一无限长细传输线离地面高为h,线电荷密度为ρ_l(C/m),坐标如题图3-3所示。证明它在导电的地平面上感应的面电荷密度是

$$\rho_s=\frac{-\rho_l h}{\pi(x^2+h^2)}\quad(\mathrm{C/m^2})$$

并证明地平面上沿y向的线电荷密度为$-\rho_l$(C/m)。

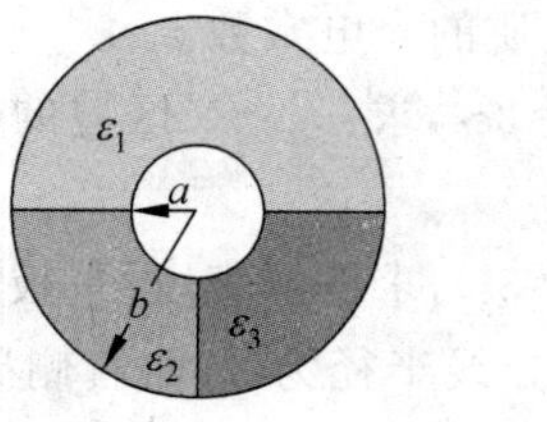

题图3-2　充填三种介质的同心球

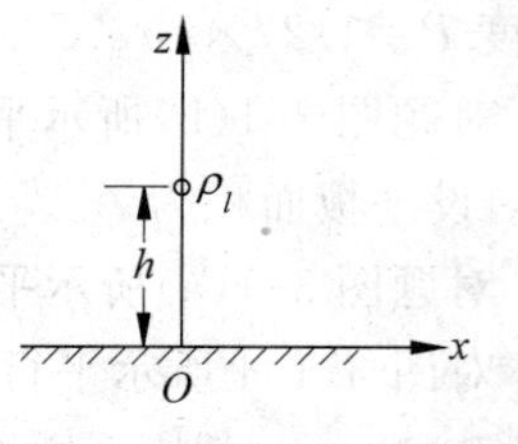

题图3-3　地平面上的线电荷

3.6-2　无限长细传输线半径为$a=2$mm,离地高为$h=10$m,地面可视为无限大导体平面,试求其单位长度电容。

3.6-3　一导体劈的劈角为$\alpha=60°$,如图3.6-3(b)所示。角域内$x=1,y=1$处有一点电荷q。请用镜像法求角域内的电位;并算出$x=2,y=1$点的电位值,设$q=4.5\times10^{-8}$C。

3.6-4　一无限长线电荷的线密度为ρ_l,在它的外面有一以它为轴线的无限长导体圆筒,其内表面半径为a。求圆筒内任意点的电位和电场强度。

3.7-1　一矩形导体管的截面尺寸和四壁的电位如题图3-4所示。(a)请证明管内任意点的电位是

$$\phi(x,y)=\frac{2U_0}{\pi}\sum_{n=1,2,3\cdots}^{\infty}\frac{1-(-1)^n}{n\,\mathrm{sh}\,\frac{n\pi a}{b}}\mathrm{sh}\,\frac{n\pi x}{b}\sin\frac{n\pi y}{b};$$

(b)求管内任意点的电场强度;(c)求$x=0$处内壁上的面电荷密度$\rho_{s|x=0}$,管内媒质为空气。

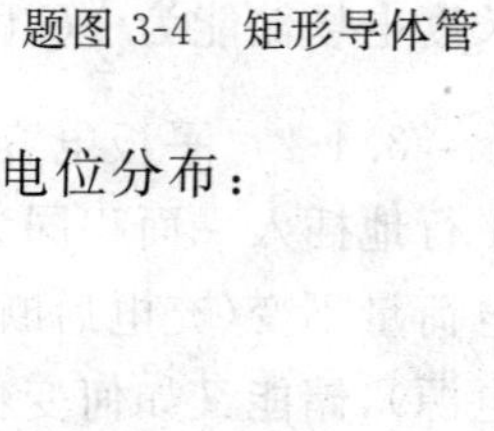

题图3-4　矩形导体管

3.7-2　若题3.28中$x=a$处导体壁上的电位不是U_0,而是下述电位分布:

$$\phi=\begin{cases}U_0 y/b, & 0<y<b/2,\quad x=a\\ U_0(1-y/b), & b/2<y<b,\quad x=a\end{cases}$$

其他条件不变,试证明矩形管内任意点的电位函数是

$$\phi(x,y)=\frac{4U_0}{\pi^2}\sum_{n=1,3,5\cdots}^{\infty}\frac{\sin\frac{n\pi}{2}}{n^2\,\mathrm{sh}\,\frac{n\pi a}{b}}\mathrm{sh}\,\frac{n\pi x}{b}\sin\frac{n\pi y}{b}$$

3.7-3　一矩形管的截面尺寸和四壁的电位如题图 3-5 所示，管内媒质为空气。(a)求管内任意点的电位和电场强度；(b)求 $y=0$ 处内壁上的面电荷密度 $\rho_{s|y=0}$。

3.7-4　半无限长矩形导体槽如题图 3-6 所示，上板电位为 U_0，下板电位为零。求槽中任意点的电位和电场强度。

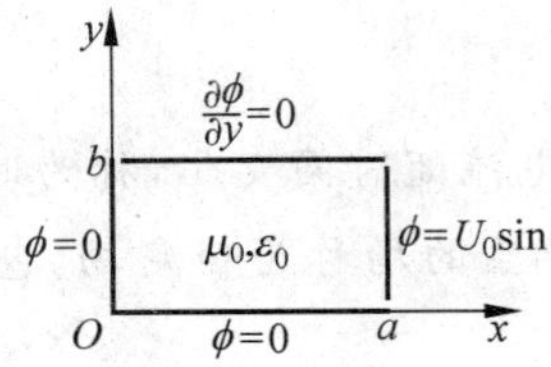

题图 3-5　矩形管

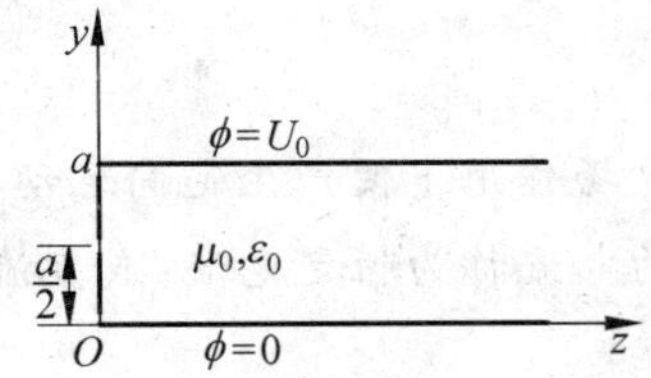

题图 3-6　矩形导体槽

3.7-5　一长方形导体空腔，边长分别为 a、b、c，其边界均为零电位，空腔内充填体电荷，密度为

$$\rho_v = C_0\left(\sin\frac{\pi x}{a}\sin\frac{\pi z}{c}\right)y(y-b)$$

求腔内任意点的电位 $\phi(x,y,z)$。

提示：ϕ 需满足泊松方程 $\nabla^2\phi=-\rho_s/\varepsilon_0$。设 ϕ 可用三维傅里叶级数表示为

$$\phi = \sum_{m=1}^{\infty}\sum_{n=1}^{\infty}\sum_{l=1}^{\infty}A_{mnl}\sin\frac{m\pi x}{a}\sin\frac{n\pi y}{b}\sin\frac{l\pi z}{c}$$

代入泊松方程后，利用正弦函数正交性确定系数 A_{mnl}。

3.7-6　已知在(x,y,z)空间中，$z=0$ 平面上电位分布为

$$\phi(x,y,0) = U_0\sin\beta x$$

请确定空间中任意点的电位和电场强度。

3.7-7　一沿 z 轴方向半无限长导体圆筒半径为 a，该圆筒接地，但在 $z=0$ 处的筒底上加电压 U_0，求筒内电位和电场强度。

3.7-8　在半径为 a 的无限长导体圆柱外面包有一层半径为 b、介电常数为 ε 的介质，如题图 3-7 所示。今其外空间外加一均匀电场 $\bar{E}_0=\hat{x}E_0$，取导体圆柱表面处为电位参考点，求①区($a<\rho<b$)和②区($\rho>b$)的电位函数。

3.7-9　一无限长扇形导体柱的三壁均为零电位，但 $\rho=a$ 处壁电位为 U_0，如题图 3-8 所示。求此扇形域内的电位分布。

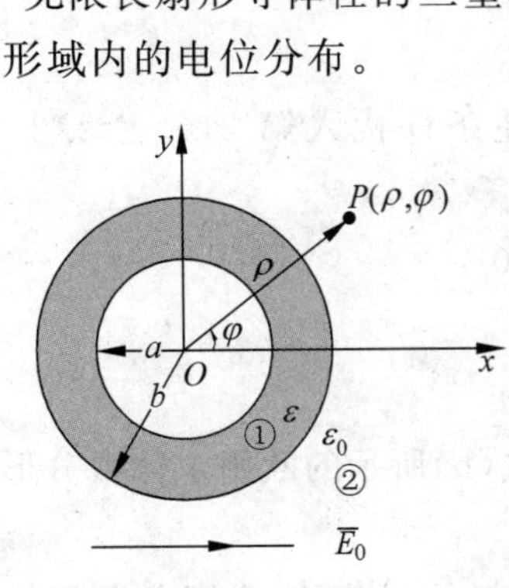

题图 3-7　包有介质层的导体圆柱

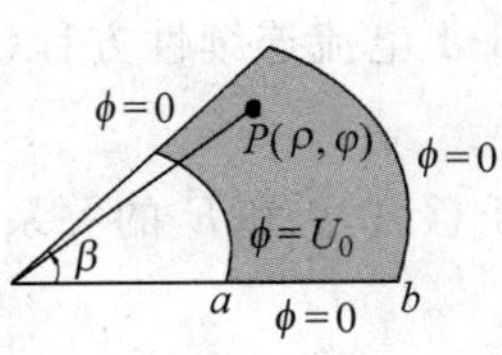

题图 3-8　扇形导体柱

第 4 章　恒定电场和恒定磁场

电荷在电场作用下便产生定向运动，形成电流。若电流随时间变化，称为时变电流；不随时间变化的电流称为恒定电流(或直流)。恒定电流产生的场称为恒定场，包括恒定电场和恒定磁场。

当导体中存在恒定电流时，该导体内部必定存在不随时间变化的电场来驱动电荷作定向运动，这个电场就是导体内部的恒定电场。它是由外加电压导致的，并在导体中存在。此时导体就是一种导电媒质，本章将研究这种导电媒质中即导体内部恒定电场的基本方程、边界条件及电导的计算等。

导体中的恒定电流虽然是处于运动状态的电荷，但是其分布并不随时间变化(参看例 2.1-2 的注解①)。这样的电荷在导体外部空间产生的电场也不会随时间变化，这个电场就是导体外部的恒定电场。它仍是静态电场，因而仍可按静电场处理。实际上在第 3 章中我们已这样处理了，因此本章不再重复，即这里不再研究导体外部的恒定电场。

恒定电流不但在导体内部和外部产生恒定电场，它还在导体内部和外部产生恒定磁场。由于电流是恒定的，恒定电场与恒定磁场没有相互影响而独立存在，因而我们可分别加以研究。本章的另一内容就是研究恒定磁场的基本方程、边界条件及电感的计算等。

本章将出现“磁介质”，它是指 $\mu\neq\mu_0$ ($\varepsilon=\varepsilon_0$ 或 $\varepsilon\neq\varepsilon_0$)的媒质；本书中的“介质”也就是不少书所称的“电介质”，指 $\mu=\mu_0$，$\varepsilon\neq\varepsilon_0$ 的媒质。如未指明，一般都认为它们是无耗的。

4.1　恒定电场

4.1.1　恒定电场的基本方程

恒定电场是电磁场中的一种特殊情形，它满足如下条件：

$$\frac{\partial \bar{F}}{\partial t}=0,\quad \bar{J}=0 \tag{4.1-1}$$

式中 $\bar{F}$ 代表任一场量，它不随时间变化。将上述条件代入第 2 章表 2.3-1 麦氏方程组式(a)，得

$$\nabla\times\bar{E}=0 \tag{4.1-2}$$

由表 2.3-1 电流连续性方程(e)得

$$\nabla\cdot\bar{J}=0 \tag{4.1-3}$$

在导体内部任意点，$\bar{J}$ 和 $\bar{E}$ 的关系式是 2.3 节中式(h)所示的欧姆定律微分形式：

$$\bar{J}=\sigma\bar{E} \tag{4.1-4}$$

上述式(4.1-2)～式(4.1-4)便构成导体内部的恒定电场基本方程。式(4.1-2)和式(4.1-3)的积分形式分别为

$$\oint_l \overline{E} \cdot \overline{\mathrm{d}l} = 0 \tag{4.1-2a}$$

$$\oint_s \overline{J} \cdot \overline{\mathrm{d}s} = 0 \tag{4.1-3a}$$

由式(4.1-2)知，导体中的恒定电场是无旋场，即位场，因而可引入电位函数：

$$\overline{E} = -\nabla\phi \tag{4.1-5}$$

将上式代入式(4.1-4)，再代入式(4.1-3)，便得到电位函数方程(无源区)，它是拉普拉斯方程：

$$\nabla^2\phi = 0 \tag{4.1-6}$$

上两式也可直接由一般情形下的式(2.3-8)和式(2.3-13)导出。

4.1.2 恒定电场的边界条件

在具有不同电导率 σ_1 和 σ_2 的两种导体的分界面上，电场强度 $\overline{E}$ 的边界条件可由基本方程的积分形式式(4.1-2a)和式(4.1-3a)求出。采用与 2.4.1 节中推导不同媒质分界面边界条件相同的方法，可由此两式分别得

$$E_{1t} = E_{2t} \tag{4.1-7}$$

$$J_{1n} = J_{2n} \tag{4.1-8}$$

因 $\overline{J}=\sigma\overline{E}$，相应地有

$$\frac{J_{1t}}{\sigma_1} = \frac{J_{2t}}{\sigma_2} \tag{4.1-9}$$

$$\sigma_1 E_{1n} = \sigma_2 E_{2n} \tag{4.1-10}$$

这些边界条件表明，在不同导体的分界面上，电场强度的切向分量和电流密度的法向分量是连续的；而电场强度的法向分量和电流密度的切向分量并不连续。这样，由于理想导体表面切向电场和切向电流为零，在理想导体与另一导体的分界面处，将只可能存在法向的恒定电场和恒定电流。

对于分界面两侧导体的电位 ϕ_1 和 ϕ_2，由式(4.1-7)和式(4.1-10)知，

$$\phi_1 = \phi_2 \tag{4.1-11}$$

$$\sigma_1 \frac{\partial\phi_1}{\partial n} = \sigma_2 \frac{\partial\phi}{\partial n} \tag{4.1-12}$$

4.1.3 静电比拟法

将导体内恒定电场与介质中静电场(无源区)加以比较，如表 4.1-1 所示。

表 4.1-1　恒定电场与静电场(无源区)的比较

	导体内的恒定电场(电源外)	介质中的静电场($\rho_v=0$)
基本方程	$\nabla\times\overline{E}=0$ $\nabla\cdot\overline{J}=0$ $\overline{J}=\sigma\overline{E}$	$\nabla\times\overline{E}=0$ $\nabla\times\overline{D}=0$ $\overline{D}=\varepsilon\overline{E}$

续表

	导体内的恒定电场(电源外)	介质中的静电场($\rho_v=0$)
导出方程	$\overline{E}=-\nabla\phi$ $\nabla^2\phi=0$ $\phi=\int_l \overline{E}\cdot\overline{\mathrm{d}l}$ $I=\oint_s \overline{J}\cdot\overline{\mathrm{d}s}$	$\overline{E}=-\nabla\phi$ $\nabla^2\phi=0$ $\phi=\int_l \overline{E}\cdot\overline{\mathrm{d}l}$ $Q=\oint_s \overline{D}\cdot\overline{\mathrm{d}s}$
边界条件	$E_{1t}=E_{2t}$ $J_{1n}=J_{2n}$ $\phi_1=\phi_2$ $\sigma_1\dfrac{\partial\phi_1}{\partial n}=\sigma_2\dfrac{\partial\phi_2}{\partial n}$	$E_{1t}=E_{2t}$ $D_{1n}=D_{2n}$ $\phi_1=\phi_2$ $\varepsilon_1\dfrac{\partial\phi_1}{\partial n}=\varepsilon_2\dfrac{\partial\phi_2}{\partial n}$

由表4.1-1可见,两组方程具有相似的形式,导电媒质中的$\overline{E}$、$\overline{J}$、ϕ、I和σ分别与介质中的$\overline{E}$、$\overline{D}$、ϕ、Q和ε相对应,它们互为对偶量。这样,如果两种场具有相同的边界条件,则根据唯一性定理,它们具有相同形式的解。这就是说,在相同条件下,如果已知静电场的解,只要用对偶量代替,就可以得出恒定电场的解。这种计算恒定电场的方法称为静电比拟法。

应用静电比拟法可方便地由静电场中两导体间的电容C,得出恒定电场中两导体间的电导G。我们已知介质中两导体电极间的电容为

$$C=\frac{Q}{U}=\frac{\oint_s \overline{D}\cdot\overline{\mathrm{d}s}}{\int_l \overline{E}\cdot\overline{\mathrm{d}l}}=\frac{\varepsilon\oint_s \overline{E}\cdot\overline{\mathrm{d}s}}{\int_l \overline{E}\cdot\overline{\mathrm{d}l}}(\mathrm{F})$$

而恒定电场中两导体电极间的电导为

$$G=\frac{I}{U}=\frac{\oint_s \overline{J}\cdot\overline{\mathrm{d}s}}{\int_l \overline{E}\cdot\overline{\mathrm{d}l}}=\frac{\sigma\oint_s \overline{E}\cdot\overline{\mathrm{d}s}}{\int_l \overline{E}\cdot\overline{\mathrm{d}l}}(\mathrm{S}) \tag{4.1-13}$$

比较以上两式得

$$\frac{C}{G}=\frac{\varepsilon}{\sigma} \tag{4.1-14}$$

因而恒定电场中两导体电极间的(漏)电阻为

$$R=\frac{1}{G}=\frac{\varepsilon}{\sigma C}(\Omega) \tag{4.1-15}$$

例4.1-1 同轴线内外导体半径分别为a、b,中间充填介电常数为ε、电导率为σ的介质,求该同轴线单位长度的绝缘电阻(漏电阻)R_1。

【解】 由例3.3-1中式(3.3-8)知,同轴线单位长度电容为

$$C_1=\frac{2\pi\varepsilon}{\ln\dfrac{b}{a}}$$

根据静电比拟法,在式(4.1-15)中代入上式得

$$R_1=\frac{\varepsilon}{\sigma C_1}=\frac{1}{2\pi\sigma}\ln\frac{b}{a}(\Omega/\mathrm{m}) \tag{4.1-16}$$

例 4.1-2　半径为 $a=0.5\text{m}$ 的半球形铜电极埋在地面下，如图 4.1-1 所示，大地土壤的电导率为 $\sigma=10^{-1}\text{S/m}$。求此半球铜电极的接地电阻(漏电阻)R；并求离其球心 $r=3\text{m}$ 处，成人跨步 $d=0.8\text{m}$ 间隔时，两点间的"跨步电压"U；若接地电流 $I=20\text{A}$，计算此电压值。如果跨步电压过大，对人畜是很危险的，而且地面上的电位分布将影响附近电子仪器的正常工作。

【解】　黄铜电导率 $\sigma_c=1.57\times10^7\text{S/m}$，故 $\sigma_c\gg\sigma$。由边界条件知，大地中电流密度 $\bar{J}$ 将垂直于铜球表面，而空气中 $\sigma_0=0$，将无漏电流。所以大地中任一点的电流密度为 $\bar{J}=\hat{r}\dfrac{I}{2\pi r^2}$，电场强度为 $\bar{E}=\dfrac{\bar{J}}{\sigma}=\hat{r}\dfrac{I}{2\pi\sigma r^2}$。

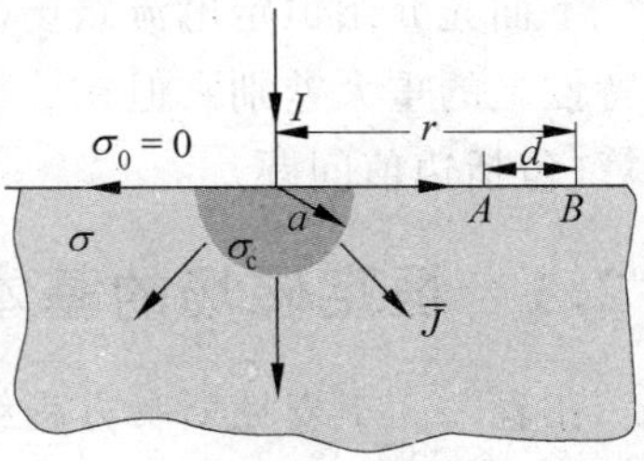

图 4.1-1　半球形接地电极

铜球至无限远处电压是

$$U=\int_a^\infty \bar{E}\cdot\overline{\mathrm{d}r}=\frac{I}{2\pi\sigma}\int_a^\infty\frac{\mathrm{d}r}{r^2}=\frac{I}{2\pi\sigma a}$$

故接地电阻为

$$R=\frac{U}{I}=\frac{1}{2\pi\sigma a}=\frac{1}{2\pi\times10^{-1}\times0.5}=3.2(\Omega)$$

此结果也可利用静电比拟法得出。因为静电场中孤立球体的电容为 $C_0=4\pi\varepsilon a$，则半球的电容为 $C=2\pi\varepsilon a$，由式(4.1-15)得接地电阻 $R=1/(2\pi\sigma a)$。

地面上离球心距离为 r 的 B 点和距离为$(r-d)$的 A 点的电位分别为

$$\phi_B=\int_r^\infty\bar{E}\cdot\overline{\mathrm{d}r}=\frac{I}{2\pi\sigma r}$$

$$\phi_A=\int_{r-d}^\infty\bar{E}\cdot\overline{\mathrm{d}r}=\frac{I}{2\pi\sigma(r-d)}$$

于是，跨步电压为

$$U=\phi_A-\phi_B=\frac{I}{2\pi\sigma}\left(\frac{1}{r-d}-\frac{1}{r}\right)=\frac{I}{2\pi\sigma r}\cdot\frac{d}{r-d}=\frac{20}{2\pi\times10^{-1}\times3}\cdot\frac{0.8}{2.2}=3.9(\text{V})$$

顺便指出，对人身安全来说，可规定 $U<U_0=50\sim70\text{V}$(不过还需说明，实际危及生命安全的首先是电流值。当通过人体的电流值 $I>8\text{mA}$ 时，即有可能发生危险)。于是由上式可近似确定危险区半径 r_0。

由于 $U_0\approx\dfrac{Id}{2\pi\sigma r_0^2}$，故

$$r_0\approx\sqrt{\frac{Id}{2\pi\sigma U_0}}=\sqrt{\frac{adIR}{U_0}}\tag{4.1-17}$$

可见，减小接地电极的接地电阻 R，可减小危险区(禁区)半径。

4.2　恒定磁场的基本方程和边界条件

早在公元前 3 世纪的战国时期，我国就发明了指南针，它正是利用磁铁的磁性来指南的。直到 13 世纪初，欧洲才有在航海中使用指南针的记载。指南针的发明、先进的航海仪器和造船技术使中国的航海事业在中世纪达到了世界最高水平。15 世纪初明代郑和(1371—1435)七下西洋的船只和人员的规模都远胜过半世纪后横渡大西洋的哥伦布

(Cristoforo Columbo,1451—1506,意)。

直到1820年,丹麦的汉斯·奥斯特(Hans C. Oersted)发现了使磁针发生偏转的导线电流的磁效应。随后安培建立了定量描述两个电流回路之间作用力的基本定律——安培磁力定律,毕奥和萨伐提出了描述磁通密度与电流之间关系的基本定律——毕奥-萨伐定律。从而人们明确了磁场由电流产生的本质。

下面先介绍恒定电流磁场(简称恒定磁场)的基本方程,使我们注意到恒定磁场与静电场特性上的重大差别。但在分析方法上,二者具有相似之处。我们将举例介绍恒定磁场的计算(包括边值问题)。

4.2.1 恒定磁场的基本方程

在表2.3-1麦克斯韦方程组中代入式(4.1-1)条件,便得到恒定磁场的 $\overline{H}$ 和 $\overline{B}$ 所满足的基本方程:

$$\nabla\times\overline{H}=\overline{J} \tag{4.2-1}$$

$$\nabla\cdot\overline{B}=0 \tag{4.2-2}$$

对简单媒质,$\overline{H}$ 和 $\overline{B}$ 具有如下关系:

$$\overline{B}=\mu\overline{H} \tag{4.2-3}$$

方程(4.2-1)描述了恒定磁场的旋度特性,表明恒定磁场是一个有旋场,这是它与静电场的一个重要差别。式(4.2-2)反映恒定磁场的散度特性,表明它是无散场,这是它与静电场的又一重要差别。以上两式的积分形式分别为

$$\oint_l\overline{H}\cdot\overline{\mathrm{d}l}=I \tag{4.2-4}$$

$$\oint_s\overline{B}\cdot\overline{\mathrm{d}s}=0 \tag{4.2-5}$$

式(4.2-4)为安培环路定律,它说明恒定磁场的源是电流 I。式(4.2-5)是磁通连续性原理积分形式,表明磁力线总是闭合的。这是因为,自然界中不存在与自由电荷相对应的自由磁荷。虽然习惯上对永久磁棒两端标以南极和北极,但这并不意味着在南极存在孤立的正磁荷,而在北极存在等量的孤立负磁荷。如果将任一磁棒截为两段,得到两根较短的磁棒,每根都会出现新的南极和北极。假如把它们再截为两段,就得到四根磁棒,每根都有南极和北极。由此可见,磁极是不能孤立存在的。磁力线为闭合路径:在磁铁外部,它由磁棒一端到另一端,然后在磁棒内部延续到始端。磁棒上标明南极和北极,只是因为在地球磁场中它们分别指向南和北(有关地球磁场,请参看习题4.3-5)。

4.2.2 恒定磁场的边界条件

两种不同媒质的分界面上恒定磁场的边界条件可以从表2.4-1一般情形的边界条件直接得出:

$$\hat{n}\times(\overline{H}_1-\overline{H}_2)=\overline{J}_s \tag{4.2-6}$$

$$\hat{n}\cdot(\overline{B}_1-\overline{B}_2)=0 \tag{4.2-7}$$

以上两式表明,在不同媒质的分界面上,磁通密度的法向分量永远是连续的,而磁场强度的切向分量仅当分界面上不存在面电流时才是连续的。

当分界面上不存在面电流时，恒定磁场的边界条件化为

$$H_{1t} = H_{2t} \tag{4.2-8}$$

$$B_{1n} = B_{2n} \tag{4.2-9}$$

可见，在不同媒质的分界面上，即使不存在面电流，磁场强度的法向分量和磁通密度的切向分量也是不连续的。

若媒质的磁导率 $\mu\rightarrow\infty$，称为理想导磁体。由式(4.2-8)知，在理想导磁体表面，磁场强度的切向分量必为零。因为，理想导磁体内磁场强度必须为零；否则，由 $\bar{B}=\mu\bar{H}$ 知，将存在无限大的磁通密度，而这需要无限大的电流来激励，当然是不现实的。因此 $\bar{H}_2=0$（设媒质 2 为理想导磁体）。这样，在分界面处媒质 1 中只有 H_{1n} 分量，也就是说，$\bar{H}_1$ 必垂直于理想导磁体。现实世界中，理想导磁体虽然并不存在，但是在处理某些电磁场问题时，引入这个概念将带来方便。有时把某些边界近似处理为理想导磁体边界，称为磁壁，该壁上切向磁场为零。对应的理想导电体边界称为电壁，其上切向电场为零。此外，铁磁材料的磁导率通常是 μ_0 的数千倍，在它与非磁性媒质（$\mu=\mu_0$）的分界面上，就可近似将它视为理想导磁体。

表 4.2-1 给出了三类媒质的相对磁导率 $\mu_r=\mu/\mu_0$ 数值。其中抗磁性媒质指 $\mu<\mu_0$，顺磁性媒质指 $\mu>\mu_0$，但差别都很小，一般可认为 $\mu\approx\mu_0$。

表 4.2-1　媒质的相对磁导率

分　类	媒　质	$\mu_r=\mu/\mu_0$
抗磁性媒质	金	0.9996
	银	0.9998
	铜	$1-0.94\times10^{-5}$
	水	$1-0.88\times10^{-5}$
顺磁性媒质	空气	$1+3.60\times10^{-7}$
	铝	1.000 021
	钛	1.000 180
	铂	1.000 290
铁磁性媒质	镍	250
	冷轧钢(98.5%)	2000
	铁(99.9%)	5000
	78 坡莫合金	100 000

例 4.2-1　在磁导率为 μ 的无限大磁介质平面上方空气中高 h 处，有一电流为 I 的平行直导线，如图 4.2-1(a)所示。求空气中及磁介质中的恒定磁场。

【解】　采用镜像法求解。为求空气中磁场强度 $\bar{H}_1$，先设全部空间均为空气，而在原来的磁介质区域有一镜像线电流 I'，位于上方电流的对称位置，如图 4.2-1(b)所示。$P(\rho,\varphi)$点的磁场应由原电流 I 和镜像电流 I' 共同产生。求磁介质中磁场强度 $\bar{H}_2$ 时，假设整个空间都充满磁导率为 μ 的磁介质，而在原电流所在位置处有一镜像电流 I''，如图 4.2-1(c)所示。为保证解的唯一性，必须使根据假定求出的上半空间的场与下半空间的场在分界面处保持边界条件不变，即 $H_{1t}=H_{2t}$，$B_{1n}=B_{2n}$。对分界面上任意点 P_0，利用式(2.1-35)得

$$\frac{I}{2\pi\rho}\sin\varphi_0-\frac{I'}{2\pi\rho}\sin\varphi_0=\frac{I''}{2\pi\rho}\sin\varphi_0$$

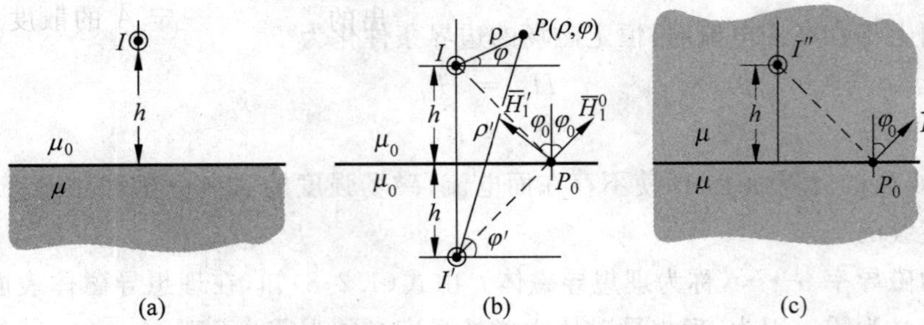

图 4.2-1　无限大磁介质上方线电流的磁场计算

$$\frac{\mu_0 I}{2\pi\rho}\cos\varphi_0+\frac{\mu_0 I'}{2\pi\rho}\cos\varphi_0=\frac{\mu_0 I''}{2\pi\rho}\cos\varphi_0$$

即

$$I-I'=I''$$
$$\mu_0(I+I')=\mu I''$$

解以上两方程得

$$I'=\frac{\mu-\mu_0}{\mu+\mu_0}I$$
$$I''=\frac{2\mu_0}{\mu+\mu_0}I$$

于是,空气中有

$$\overline{H_1}=\hat{\varphi}\frac{I}{2\pi\rho}+\hat{\varphi}'\frac{\mu-\mu_0}{\mu+\mu_0}\cdot\frac{I}{2\pi\rho'}$$
$$\overline{B_1}=\mu_0\overline{H_1}$$

磁介质中有

$$\overline{H_2}=\hat{\varphi}\frac{2\mu_0}{\mu+\mu_0}\cdot\frac{I}{2\pi\rho}$$
$$\overline{B_2}=\mu\overline{H_2}$$

根据以上结果,若磁介质为理想导磁体,即 $\mu\to\infty$,则

$$\overline{H_2}=0$$
$$\overline{B_2}=\hat{\varphi}\frac{\mu_0 I}{\pi\rho}$$

这里 B_2 是式(2.1-35)的两倍。也就是说,铁磁物质中某点的磁通密度是不存在铁磁物质时该点磁通密度的两倍。本例可供工程中架空输电线通过铁矿区时的磁场计算作参考。

4.3　恒定磁场的矢量磁位

4.3.1　磁矢位 $\overline{A}$ 的定义与方程

由于恒定磁场是无散场:$\nabla\cdot\overline{B}=0$,根据场论公式$\nabla\cdot(\nabla\times\overline{A})=0$ 知,可用矢量函数 $\overline{A}$ 的旋度来表示 $\overline{B}$:

$$\overline{B}=\nabla\times\overline{A}\tag{4.3-1}$$

$\overline{A}$ 称为矢量磁位或磁矢位。正如 2.3.3 小节中所指出的，还必须规定 $\overline{A}$ 的散度，这样这个矢量函数才能唯一地确定。在那里我们已引入洛伦茨规范：

$$\nabla\cdot\overline{A}=-\mu\varepsilon\frac{\partial\phi}{\partial t}$$

对于恒定磁场，所有场量对时间的偏导数均为零，故上式可化为

$$\nabla\cdot\overline{A}=0 \tag{4.3-2}$$

此式称为库仑规范。这样恒定磁场的磁矢位便由式(4.3-1)和式(4.3-2)唯一确定。

在电工计算中，利用 $\overline{A}$ 可方便地计算穿过闭合回路所围面积的磁通量：

$$\psi=\int_s\overline{B}\cdot\overline{\mathrm{d}s}=\int_s(\nabla\times\overline{A})\cdot\overline{\mathrm{d}s}=\oint_l\overline{A}\cdot\overline{\mathrm{d}l} \tag{4.3-3}$$

这里已利用了斯托克斯定理，l 表示包围面积 s 的闭合曲线。磁通 ψ 的单位是 Wb(韦伯)，可见 $\overline{A}$ 的单位是 Wb/m。但是，与静电场的电位函数不同，恒定磁场的磁矢位并没有物理意义，它只是辅助计算的一个中间量。

4.3.2　$\overline{A}$ 的微分方程与积分表示式

$\overline{A}$ 的方程可由 2.3.3 小节中式(2.3-11)得到。对恒定磁场，可化为

$$\nabla^2\overline{A}=-\mu\overline{J} \tag{4.3-4}$$

该方程称为矢量泊松方程。它在无界均匀媒质中的解为

$$\overline{A}(\overline{r})=\frac{\mu}{4\pi}\int_v\frac{\overline{J}(\overline{r'})}{R}\mathrm{d}v',\quad R=|\,\overline{r}-\overline{r'}\,| \tag{4.3-5}$$

若场源为面电流或线电流，分别有

$$\overline{A}(\overline{r})=\frac{\mu}{4\pi}\int_s\frac{\overline{J}_s(\overline{r'})}{R}\mathrm{d}s' \tag{4.3-6}$$

$$\overline{A}(\overline{r})=\frac{\mu}{4\pi}\int_l\frac{I\,\overline{\mathrm{d}l'}}{R} \tag{4.3-7}$$

我们看到，$\overline{A}$ 矢量的方向与场源电流的总方向是一致的，这也是它便于应用之处。

式(4.3-5)可由毕奥-萨伐定律导出，推导如下。利用下列场论公式：

$$\nabla\left(\frac{1}{R}\right)=-\frac{\overline{R}}{R^3}$$

$$\nabla\times(\phi\overline{A})=\phi\,\nabla\times\overline{A}+\nabla\phi\times\overline{A}$$

可将式(2.1-36)作如下改写(已用 μ 代替 μ_0)：

$$\overline{B}(\overline{r})=\frac{\mu}{4\pi}\int_v\frac{\overline{J}(\overline{r'})\times\overline{R}}{R^3}\mathrm{d}v'=\frac{\mu}{4\pi}\int_v\nabla\left(\frac{1}{R}\right)\times\overline{J}(\overline{r'})\mathrm{d}v'$$

$$=\frac{\mu}{4\pi}\int_v\left[\nabla\times\frac{\overline{J}(\overline{r'})}{R}-\frac{1}{R}\nabla\times\overline{J}'(\overline{r'})\right]\mathrm{d}v'$$

由于 $\overline{J}(\overline{r'})$ 是源点坐标的函数，而旋度运算是对场点坐标进行的，所以 $\nabla\times\overline{J}(\overline{r'})=0$，从而有

$$\overline{B}(\overline{r})=\frac{\mu}{4\pi}\int_v\nabla\times\frac{\overline{J}(\overline{r'})}{R}\mathrm{d}v'=\nabla\times\left[\frac{\mu}{4\pi}\int_v\frac{\overline{J}(\overline{r'})}{R}\mathrm{d}v'\right]$$

把上式与式(4.3-1)相比较，便得到 $\overline{A}$ 的积分表示式(4.3-5)。

在 3.1.3 节中我们已验证式(3.1-10a)满足标量泊松方程(3.1-13)。采用相似步骤，不难证明式(4.3-5)满足矢量泊松方程(4.3-4)，这留给感兴趣的读者自行验证。

注意,以上推导还不完整,我们还需证明式(4.3-5)满足库仑规范$\nabla\cdot\overline{A}=0$,这样该结果才是唯一确定的磁矢位。为此,对式(4.3-5)取散度:

$$\nabla\cdot\overline{A}(\overline{r})=\frac{\mu}{4\pi}\int_v\nabla\cdot\frac{\overline{J}(\overline{r'})}{R}\mathrm{d}v'$$

利用矢量恒等式$\nabla\cdot(\phi\overline{A})=\phi\nabla\cdot\overline{A}+\overline{A}\cdot\nabla\phi$,并注意到$\nabla\cdot\overline{J}(\overline{r'})$,上式化为

$$\nabla\cdot\overline{A}(\overline{r})=\frac{\mu}{4\pi}\int_v\overline{J}(\overline{r'})\cdot\nabla\left(\frac{1}{R}\right)\mathrm{d}v'=-\frac{\mu}{4\pi}\int_v\overline{J}(\overline{r'})\cdot\nabla'\left(\frac{1}{R}\right)\mathrm{d}v'$$

式中∇'以源点为动点,而∇则以场点为动点,故$\nabla'(1/R)$与$\nabla(1/R)$差一负号。并有$\nabla'\cdot\overline{J}(\overline{r'})=-\partial\rho_v/\partial t=0$及$\nabla'(1/R)=\overline{R}/R^3$,则上式可化为

$$\nabla\cdot\overline{A}(\overline{r})=-\frac{\mu}{4\pi}\int_v\nabla'\cdot\frac{\overline{J}(\overline{r'})}{R}\mathrm{d}v'=-\frac{\mu}{4\pi}\oint_s\frac{\overline{J}(\overline{r'})}{R}\cdot\overline{\mathrm{d}s'}$$

这里利用了散度定理,s是包围体积v的封闭曲面。显然,如将体积取为包围体积v在内的无限大体积,上式仍应成立,因为源区以外区域对体积分并无贡献。这时在包围此无限大体积曲面s_∞上$\overline{J}(\overline{r'})$必然为零。因而有

$$\nabla\cdot\overline{A}(\overline{r})=0\tag{4.3-8}$$

至此,我们证明了$\overline{A}$的积分表示式(4.3-5)是其方程(4.3-4)在库仑规范下的唯一确定解。

*4.3.3 $\overline{A}$的边界条件

由恒定磁场的边界条件式(4.2-6)知,在不同磁介质的分界上有

$$\hat{n}\times\left(\frac{1}{\mu_1}\nabla\times\overline{A_1}-\frac{1}{\mu_2}\nabla\times\overline{A_2}\right)=\overline{J}_s\tag{4.3-9}$$

由式(4.2-7)有

$$\hat{n}\cdot(\nabla\times\overline{A_1}-\nabla\times\overline{A_2})=0\tag{4.3-10}$$

基于上式还可得出更简单的关系。为此,对该式在分界上作面积分:

$$\int_s(\nabla\times\overline{A_1}-\nabla\times\overline{A_2})\cdot\hat{n}\mathrm{d}s=0$$

利用斯托克斯公式,上式可改写为

$$\oint_l(\overline{A_1}-\overline{A_2})\cdot\overline{\mathrm{d}l}=0$$

这要求

$$(\overline{A}-\overline{A_2})\cdot\hat{l}=0$$

式中$\hat{l}$为分界面上任意切线方向,这表示$\overline{A}$的切向分量连续,即

$$A_{1t}=A_{2t}\quad 或\quad \hat{n}\times(\overline{A_1}-\overline{A_2})=0\tag{4.3-11}$$

同时,在库仑规范下,$\nabla\cdot\overline{A}=0$,采用与2.4.1小节中推导边界条件(2.4-1d)相同的步骤,可得

$$A_{1n}=A_{2n}\quad 或\quad \hat{n}\cdot(\overline{A_1}-\overline{A_2})=0\tag{4.3-12}$$

结合式(4.3-11)和式(4.3-12)知

$$\overline{A_1}=\overline{A_2}\tag{4.3-13}$$

此式表明,在分界面两侧$\overline{A}$是连续的。

在柱坐标(ρ,φ,z)中,若电流沿z轴方向,即$\overline{J}=\hat{z}J$,则$\overline{A}$也只有z向分量A_z,即$\overline{A}=\hat{z}A_z$。于是式(4.3-13)化为

$$A_{1z}=A_{2z}\tag{4.3-14}$$

考虑到$\nabla\times\overline{A}$的φ分量为

$$(\nabla\times\overline{A})_\varphi=\frac{\partial A_\rho}{\partial z}-\frac{\partial A_z}{\partial\rho}=-\frac{\partial A_z}{\partial\rho}$$

式(4.3-9)化为

$$\frac{1}{\mu_1}\frac{\partial A_{1z}}{\partial \rho}-\frac{1}{\mu_2}\frac{\partial A_{2z}}{\partial \rho}=J_s \tag{4.3-15}$$

例 4.3-1　空气中圆柱形长直导线的半径为 a，磁导率为 μ，通过直流 I，求导线内外的磁矢位和磁通密度。

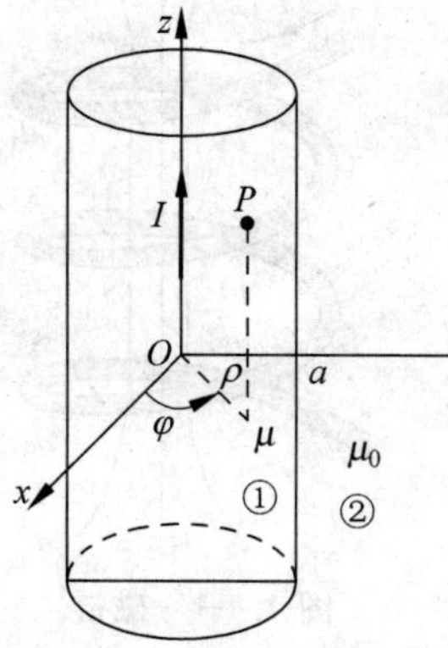

图 4.3-1　载流圆柱

【解】　参看图 4.3-1，导线内电流密度为 $J_z=\frac{I}{\pi a^2}$，则 $\overline{A}$ 只有 A_z 分量，在导线内外分别记为 A_{1z} 和 A_{2z}。由于对称性，A 仅为 ρ 的函数。

方程：

$$\rho<a:\quad \nabla^2 A_{1z}=\frac{1}{\rho}\frac{\mathrm{d}}{\mathrm{d}\rho}\left(\rho\frac{\mathrm{d}A_{1z}}{\mathrm{d}\rho}\right)=-\mu J_z$$

$$\rho>a:\quad \nabla^2 A_{2z}=\frac{1}{\rho}\frac{\mathrm{d}}{\mathrm{d}\rho}\left(\rho\frac{\mathrm{d}A_{2z}}{\mathrm{d}\rho}\right)=0$$

解式：

$$A_{1z}=-\frac{\mu J_z}{4}\rho^2+C_1\ln\rho+C_2$$

$$A_{2z}=C_3\ln\rho+C_4$$

定常数：

取 $\rho=a$ 处为 $\overline{A}$ 的参考点，则

$$A_{1z}\big|_{\rho=a}=A_{2z}\big|_{\rho=a}=0$$

得

$$-\frac{\mu J_z}{4}a^2+C_1\ln a+C_2=C_3\ln a+C_4=0$$

又由式(4.3-15)得

$$-\frac{J_z a}{2}+\frac{C_1}{\mu a}=\frac{C_3}{\mu_0 a}$$

在 $\rho=0$ 处 A_{1z} 应为有限值，故 $C_1=0$，从而由上二式解得

$$C_2=\frac{\mu J_z a^2}{4},\quad C_3=-\frac{\mu_0 J_z a^2}{2},\quad C_4=\frac{\mu_0 J_z a^2}{2}\ln a$$

两个区磁矢位和磁通密度分别为

$$\rho<a:\ \overline{A_1}=\hat{z}A_{1z}=\hat{z}\frac{\mu J_z}{4}(a^2-\rho^2)=\hat{z}\frac{\mu I}{4\pi}\left(1-\frac{\rho^2}{a^2}\right)$$

$$\overline{B_1}=\nabla\times\overline{A_1}=\frac{1}{\rho}\begin{vmatrix}\hat{\rho} & \rho\hat{\varphi} & \hat{z}\\ \frac{\partial}{\partial\rho} & \frac{\partial}{\partial\varphi} & \frac{\partial}{\partial z}\\ \rho & 0 & A_{1z}\end{vmatrix}=\hat{\varphi}\frac{\mu I}{2\pi a^2}\rho$$

$$\rho>a:\ \overline{A_2}=\hat{z}A_{2z}=\hat{z}\frac{\mu_0 J_z a^2}{2}\ln\frac{a}{\rho}=\hat{z}\frac{\mu_0 I}{2\pi}\ln\frac{a}{\rho}$$

$$\overline{B_2}=\hat{\varphi}\frac{\mu_0 I}{2\pi\rho}$$

4.4　电　　感

4.4.1　自感

前面在静电场中引入了电容 C，在恒定电场中引入了电阻 R，在本章研究的恒定磁场中

将引入电感。磁通量与电流的比值称为电感，包括自感(记为 L)和互感(记为 M)。在 SI 制中电感的单位是 H(亨)。

一个导体回路的自感定义为

$$L=\frac{\Psi}{I} \tag{4.4-1}$$

式中 I 为回路电流；Ψ 称为磁链或全磁通，是电流回路各匝所交链的磁通量的总和。参看图 4.4-1，通过单匝回路 l_1 所围面积 s_1 的磁通量为

$$\psi_1=\int_{s_1}\overline{B}\cdot\overline{\mathrm{d}s}$$

通过多匝(图 4.4-1 中为 3 匝)导体回路所围面积的磁通量，即磁链为

$$\Psi=\int_{s_1}\overline{B}\cdot\overline{\mathrm{d}s}+\int_{s_2}\overline{B}\cdot\overline{\mathrm{d}s}+\int_{s_3}\overline{B}\cdot\overline{\mathrm{d}s}=\psi_1+\psi_2+\psi_3$$

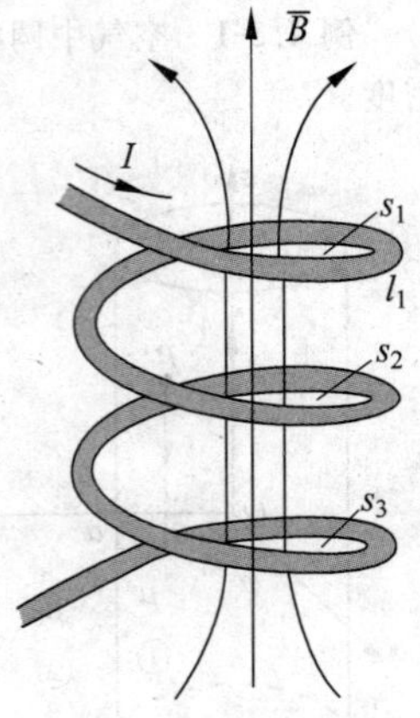

图 4.4-1　磁链

若 N 匝密绕，各匝交链的磁通量相同，则磁链为

$$\Psi=N\psi_1=N\int_{s_1}\overline{B}\cdot\overline{\mathrm{d}s} \tag{4.4-2}$$

由于 $\overline{B}$ 是电流 I 产生的，Ψ 正比于 I，故比例系数 L 与 I 无关，它取决于导线回路的形状、大小、材料及周围媒质的磁导率等。

图 4.4-2 所示为同轴线的横截面，内导体通过直流 I，它与外导体(流过反向直流 I)构成导体回路。导体外部的磁链称为外磁链，用 Ψ_o 表示(下标表示 outside)。由它计算的自感称为外自感 L_o。图 4.4-2 中通过 $a<\rho<b$ 区域的磁通为外磁链，它与内导体中的全部电流交链。由式(2.1-40)知，在该区域有

$$\overline{B}=\hat{z}\frac{\mu I}{2\pi\rho}$$

故轴向长度为 l 时外磁链为

$$\Psi_o=\int_0^l \mathrm{d}z\int_a^b\frac{\mu I}{2\pi\rho}\mathrm{d}\rho=\frac{\mu Il}{2\pi}\ln\frac{b}{a}$$

对应的外自感为

$$L_o=\frac{\Psi_o}{I}=\frac{\mu l}{2\pi}\ln\frac{b}{a} \tag{4.4-3}$$

通过导体内部的磁链称为内磁链，用 Ψ_i 表示(下标表示 inside)。由内磁链算出的自感称为内自感 L_i。图 4.4-2 中通过 $\rho<a$ 区域的磁通为内磁链，它只与内导体中的部分电流交链。在 $\rho<a$ 处通过轴向长度 l、宽 $\mathrm{d}\rho$ 的矩形面元的元磁通为

$$\mathrm{d}\psi_{i1}=B_i\mathrm{d}s=\frac{\mu_0 I\rho}{2\pi a^2}l\mathrm{d}\rho$$

注意，与该元磁通交链的电流不是 I，而是它的一部分 I'：

$$I'=\frac{I}{\pi a^2}\cdot\pi\rho^2=\frac{\rho^2}{a^2}I$$

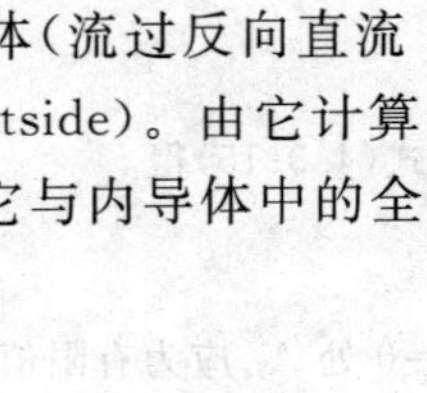

图 4.4-2　外磁链与内磁链的计算

这相当于 $\mathrm{d}\psi_{i1}$ 所交链的匝数 N 小于 1，即

$$N=\frac{I'}{I}=\frac{\rho^2}{a^2}$$

因此，元磁链为

$$\mathrm{d}\Psi_{\mathrm{i}}=N\mathrm{d}\psi_{\mathrm{i}1}=\frac{\rho^2}{a^2}\cdot\frac{\mu_0 I\rho}{2\pi a^2}l\mathrm{d}\rho$$

长为 l 的导体内磁链为

$$\Psi_{\mathrm{i}}=\int_l \mathrm{d}\Psi_{\mathrm{i}}=\frac{\mu_0 Il}{2\pi a^4}\int_0^a \rho^3\mathrm{d}\rho=\frac{\mu_0 Il}{8\pi}$$

故长 l 的圆柱导体内自感为

$$L_{\mathrm{i}}=\frac{\Psi_{\mathrm{i}}}{I}=\frac{\mu_0 l}{8\pi} \tag{4.4-4}$$

此式表明，圆柱导体的内自感与导体半径无关。因此也可用它计算一般导线的内自感。

由上，长 l 的同轴线自感为

$$L=L_{\mathrm{i}}+L_{\mathrm{o}}=\frac{\mu_0 l}{8\pi}+\frac{\mu l}{2\pi}\ln\frac{b}{a} \tag{4.4-5}$$

下面来推导一般导线回路的外自感计算公式。

如图 4.4-3 所示，这是一个任意导线回路，可近似地认为电流集中在导线中心轴 l_{o} 上。对于单匝回路，由式(4.3-7)知，电流回路 l_{o} 在导线内侧边界 l 以外某点产生的磁矢位为

$$\overline{A}=\frac{\mu I}{4\pi}\oint_{l_{\mathrm{o}}}\frac{\overline{\mathrm{d}l_{\mathrm{o}}}}{R}$$

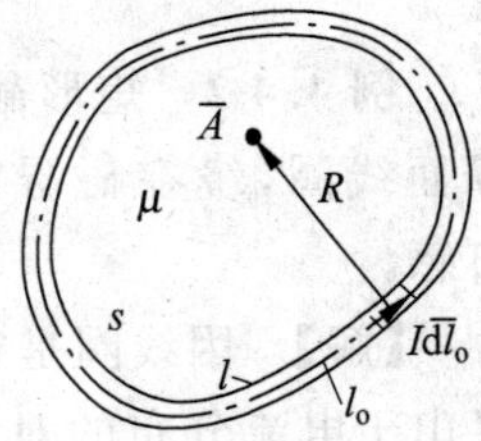

图 4.4-3　导线回路

导线回路交链的外磁链为

$$\Psi_{\mathrm{o}}=\int_s(\nabla\times\overline{A})\cdot\overline{\mathrm{d}s}=\oint_l\overline{A}\cdot\overline{\mathrm{d}l}=\frac{\mu I}{4\pi}\oint_{l_{\mathrm{o}}}\oint_l\frac{\overline{\mathrm{d}l_{\mathrm{o}}}\cdot\overline{\mathrm{d}l}}{R}$$

因此，单匝导线回路的外自感为

$$L_{\mathrm{o}}=\frac{\Psi_{\mathrm{o}}}{I}=\frac{\mu}{4\pi}\int_{l_{\mathrm{o}}}\oint_l\frac{\overline{\mathrm{d}l_{\mathrm{o}}}\cdot\overline{\mathrm{d}l}}{R} \tag{4.4-6}$$

式中 l_{o} 和 l 分别为导线回路中心轴的周长和内侧周长。此式称为自感的纽曼公式。

对于 N 匝紧密绕制的线圈，电流 I 通过时产生的磁通可认为是单匝时的 N 倍，而这些磁通现在又是与 N 匝电流相交链的，因而其外磁链为

$$\Psi_{\mathrm{o}}=N\Psi_{\mathrm{o}}=N\frac{\mu NI}{4\pi}\oint_{l_{\mathrm{o}}}\oint_l\frac{\overline{\mathrm{d}l_{\mathrm{o}}}\cdot\overline{\mathrm{d}l}}{R}$$

故 N 匝线圈的外自感为

$$L_{\mathrm{o}}=N^2\frac{\mu}{4\pi}\oint_{l_{\mathrm{o}}}\oint_l\frac{\overline{\mathrm{d}l_{\mathrm{o}}}\cdot\overline{\mathrm{d}l}}{R} \tag{4.4-7}$$

可见 N 匝线圈的外自感是单匝时的 N^2 倍。

工程应用中，除铁磁导电材料构成的回路外，一般导线回路的内自感远小于外自感，因而往往就将其自感取为外自感：$L=L_{\mathrm{o}}+L_{\mathrm{i}}\approx L_{\mathrm{o}}$。

例 4.4-1　平行双导线横截面如图 4.4-4 所示，导线半径为 a，两轴线间距为 $d(d\gg a)$，通有大小相等、方向相反的电流。求长 l 的外自感和内自感。

【解】 如图 4.4-4 所示,x 处的磁通密度为

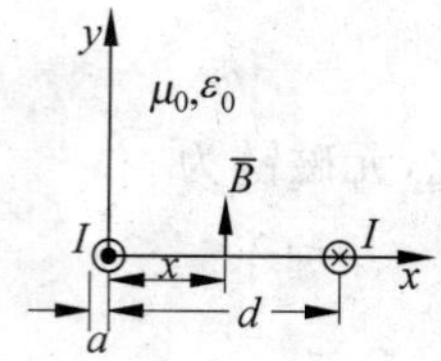

图 4.4-4 平行双导线

$$\overline{B}=\frac{\mu_0 I}{2\pi x}+\frac{\mu_0 I}{2\pi(d-x)}$$

长 l、宽$(d-2a)$面积上的外磁通为

$$\Psi_{\mathrm{o}}=\int_s \overline{B}\cdot\overline{\mathrm{d}s}=\frac{\mu_0 I}{2\pi}l\int_a^{d-a}\left(\frac{1}{x}+\frac{1}{d-x}\right)\mathrm{d}x$$

$$=\frac{\mu_0 Il}{2\pi}\left[\ln\frac{x}{d-x}\right]_a^{d-a}=\frac{\mu_0 Il}{\pi}\ln\frac{d-a}{a}$$

故外自感为

$$L_{\mathrm{o}}=\frac{\Psi_{\mathrm{o}}}{I}=\frac{\mu_0 l}{\pi}\ln\frac{d-a}{a}$$

内自感为

$$L_{\mathrm{i}}=2\times\frac{\mu_0 l}{8\pi}=\frac{\mu_0 l}{4\pi}$$

最后得

$$L=L_{\mathrm{i}}+L_{\mathrm{o}}=\frac{\mu_0 l}{\pi}\left(\frac{1}{4}+\ln\frac{d-a}{a}\right)(\mathrm{H}) \tag{4.4-8}$$

例 4.4-2 矩形截面螺线环如图 4.4-5 所示,共有 N 匝线圈,绕在磁导率为 μ 的磁环上。请计算其外自感。

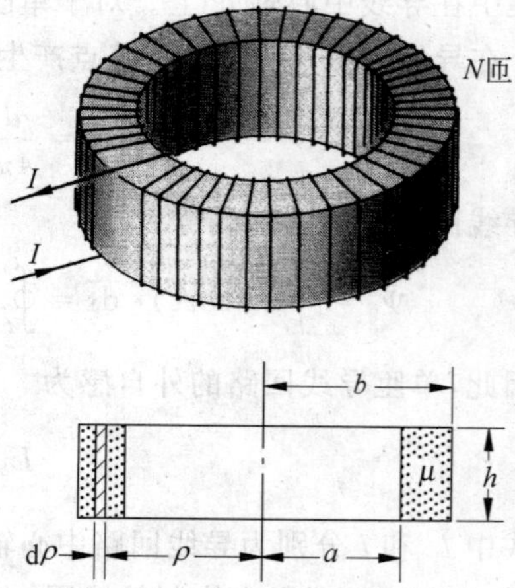

图 4.4-5 螺线环

【解】 因线圈是密绕的,磁场均集中在螺线环内,又由于电流分布的对称性,磁力线都是以中心轴为中心的同心圆。应用安培环路定律,在环内以 ρ 为半径取一圆周作积分路径,则

$$\oint_l \overline{H}\cdot\overline{\mathrm{d}l}=NI$$

$$2\pi\rho H=NI$$

得

$$\overline{H}=\hat{\varphi}\frac{NI}{2\pi\rho}$$

$$\overline{B}=\hat{\varphi}\frac{\mu NI}{2\pi\rho}$$

通过螺线环一匝线圈的磁通量是

$$\psi_1=\int_s \overline{B}\cdot\overline{\mathrm{d}s}=\int_a^b\frac{\mu NI}{2\pi\rho}h\,\mathrm{d}\rho=\frac{\mu NhI}{2\pi}\ln\frac{b}{a}$$

穿过整个螺线环的磁链为

$$\Psi=N\psi_1=\frac{\mu N^2 hI}{2\pi}\ln\frac{b}{a}$$

该环的外自感是

$$L=\frac{\Psi}{I}=\frac{\mu N^2 h}{2\pi}\ln\frac{b}{a}\,(\mathrm{H}) \tag{4.4-9}$$

可见螺线环的自感与其匝数平方成正比。

几种不同形状传输线和导线的(外)自感计算公式如表 4.4-1 所示。

表 4.4-1　不同形状传输线和导线的自感

名　称	形　状	自感公式
同轴线	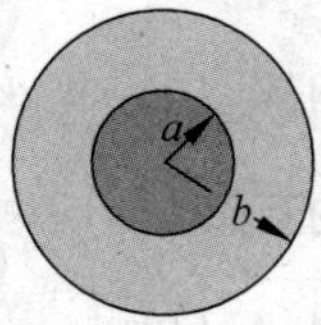	$L=\frac{\mu l}{2\pi}\ln\frac{b}{a}$
双导线	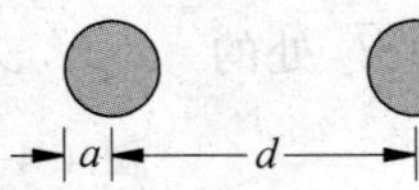	$L=\frac{\mu l}{\pi}\ln\frac{d}{a}\quad(d\gg a)$
平行板	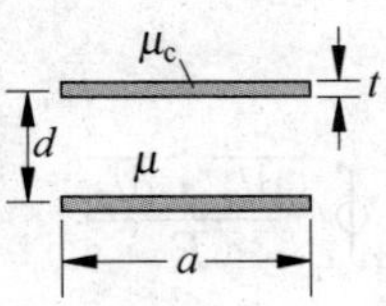	$L_1=\frac{\mu d}{a}+\frac{2\mu_c t}{3a}\quad(\mathrm{H/m})$
直导线	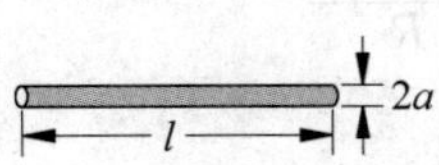	$L=\frac{\mu}{2\pi}\left(l\ln\frac{l+\sqrt{a^2+l^2}}{a}-\sqrt{a^2+l^2}+a\right)$ $l\gg a$：$L=\frac{\mu l}{2\pi}\left(\ln\frac{2l}{a}-1\right)$
导线环	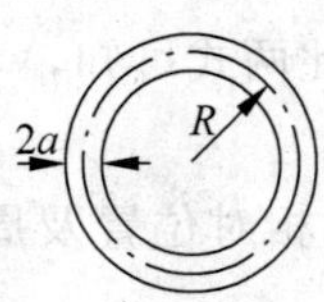	$L=\mu R\left(\ln\frac{8R}{a}-1.75\right)\quad(R\gg a)$
螺线管	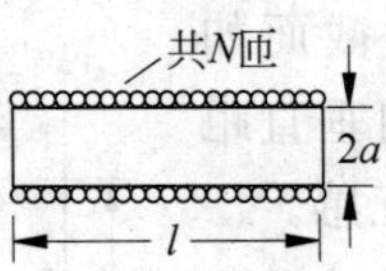	$L=\mu N^2\pi a^2/l\quad(l\gg a)$
螺线环	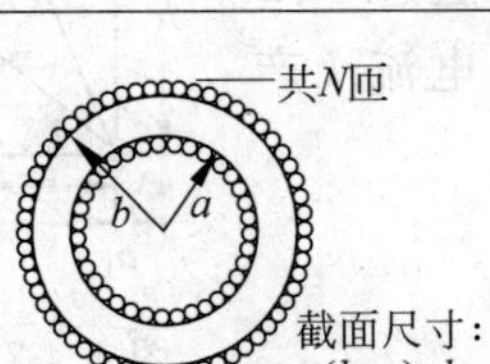	$L=\frac{\mu N^2 h}{2\pi}\ln\frac{b}{a}$

4.4.2　互感

对于两个彼此靠近的导体回路,一个回路电流产生的磁力线,除穿过自身回路外,还与另一个回路相交链,如图4.4-6所示。由回路电流 I_1 所产生而与回路2相交链的磁链,称为互感磁链,以 Ψ_{21} 表示。显然,Ψ_{21} 与 I_1 成正比,即

$$\Psi_{21}=M_{21}I_1$$

故

$$M_{21}=\frac{\Psi_{21}}{I_1} \tag{4.4-10}$$

M_{21} 称为回路1对回路2的互感。同理,回路2对回路1的互感为

$$M_{12}=\frac{\Psi_{12}}{I_2} \tag{4.4-11}$$

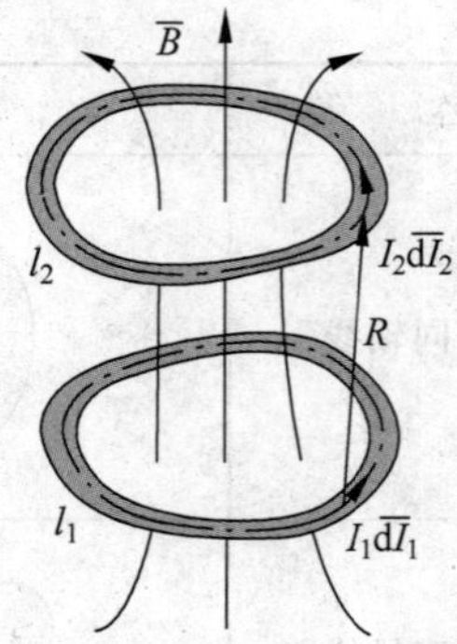

图4.4-6　两回路间的互感

仍可利用磁矢位来计算互感。电流 I_1 在回路2中 $\overline{dl_2}$ 处的磁矢位为

$$\overline{A_{21}}=\frac{\mu I_1}{4\pi}\oint_{l_1}\frac{\overline{dl_1}}{R}$$

穿过回路2的互感磁链是

$$\Psi_{21}=\oint_{l_2}\overline{A_{21}}\cdot\overline{dl_2}=\frac{\mu I_1}{4\pi}\oint_{l_2}\oint_{l_1}\frac{\overline{dl_1}\cdot\overline{dl_2}}{R}$$

因而回路1对回路2的互感为

$$M_{21}=\frac{\mu}{4\pi}\oint_{l_2}\oint_{l_1}\frac{\overline{dl_1}\cdot\overline{dl_2}}{R} \tag{4.4-12}$$

同理,回路2对回路1的互感是

$$M_{12}=\frac{\mu}{4\pi}\oint_{l_1}\oint_{l_2}\frac{\overline{dl_2}\cdot\overline{dl_1}}{R} \tag{4.4-13}$$

式(4.4-12)和式(4.4-13)称为互感的纽曼公式。比较此两式可知,

$$M_{12}=M_{21}=M \tag{4.4-14}$$

同时可看出,互感的大小只与两导体回路的形状、大小、相对位置及周围媒质的磁导率等有关,而与回路中电流无关。

例4.4-3　两对平行双导线A、B与C、D的横截面如图4.4-7所示,两者轴线间距分别为 d_1、d_2,两者 y 向垂直距离为 h,各导线半径远小于间距。求两对传输线间的互感。

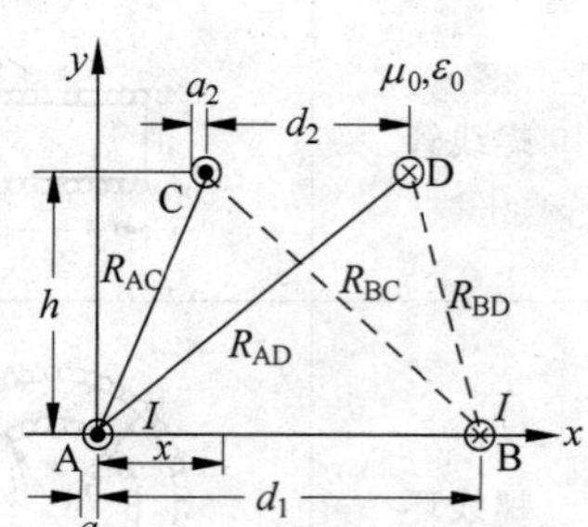

图4.4-7　两对平行传输线

【解】　如图4.4-7所示,设A、B通过电流 I,求通过C、D间长 l、宽 (d_2-2a_2) 面积的磁链 Ψ_{21}。此时导线A电流 I 产生的穿过该面积的磁通为

$$\psi_{21A}=l\int_{R_{AC}}^{R_{AD}}\frac{\mu_0 I}{2\pi\rho}d\rho=\frac{\mu_0 I}{2\pi}l\ln\frac{R_{AD}}{R_{AC}}$$

同理,导线B电流 $-I$ 产生的穿过该面积的磁通为

$$\psi_{21B}=-\frac{\mu_0 Il}{2\pi}\ln\frac{R_{BD}}{R_{BC}}$$

故

$$\Psi_{21}=\psi_{21A}+\psi_{21B}=\frac{\mu_0 Il}{2\pi}\ln\frac{R_{AD}R_{BC}}{R_{AC}R_{BD}}=\frac{\mu_0 Il}{\pi}\ln\frac{R_{AD}}{R_{AC}}$$

因

$$R_{AC}^2=h^2+\left(\frac{d_1-d_2}{2}\right)^2,\quad R_{AD}^2=h^2+\left(d_1-\frac{d_1-d_2}{2}\right)^2=h^2+\left(\frac{d_1+d_2}{2}\right)^2$$

得

$$M=\frac{\Psi_{21}}{I}=\frac{\mu_0 l}{\pi}\ln\frac{R_{AD}}{R_{AC}}=\frac{\mu_0 l}{2\pi}\ln\frac{4h^2+(d_1+d_2)^2}{4h^2+(d_1-d_2)^2}(\mathrm{H})$$

例 4.4-4　直长导线与圆环线圈中心相距 d，圆环半径为 a，匝数为 N，如图 4.4-8 所示。求它们间的互感。

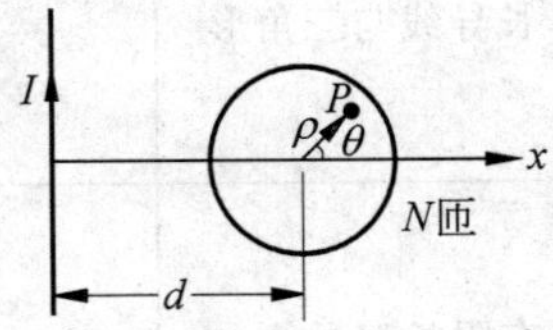

图 4.4-8　长导线与圆环线圈

【解】　直导线电流 I 在圆环线圈内 $P(\rho,\theta)$ 点产生的磁通密度为

$$\overline{B}=\hat{\varphi}\frac{\mu I}{2\pi(d+\rho\cos\theta)}$$

故穿过圆环的互感磁通为

$$\begin{aligned}\psi_1&=\int_s\overline{B}\cdot\overline{\mathrm{d}s}=\int_0^a\int_0^{2\pi}\frac{\mu I\rho\,\mathrm{d}\rho\,\mathrm{d}\theta}{2\pi(d+\rho\cos\theta)}\\&=\frac{\mu I}{2\pi}\int_0^a\left[\frac{2}{\sqrt{d^2-\rho^2}}\arctan\left(\sqrt{\frac{d-\rho}{d+\rho}}\tan\frac{\theta}{2}\right)\right]_0^{2\pi}\rho\,\mathrm{d}\rho\\&=\frac{\mu I}{2\pi}\int_0^a\frac{2\pi\rho\,\mathrm{d}\rho}{\sqrt{d^2-\rho^2}}=\mu I\left(d-\sqrt{d^2-a^2}\right)\end{aligned}$$

N 匝线圈的磁链为

$$\Psi=N\psi_1=\mu NI\left(d-\sqrt{d^2-a^2}\right)$$

故互感为

$$M=\frac{\Psi}{I}=\mu N\left(d-\sqrt{d^2-a^2}\right)(\mathrm{H})$$

表 4.4-2 列出了几种不同形状导线间的互感计算公式。

表 4.4-2　不同形状导线间的互感

名　称	形　状	互感公式
长导线与圆环	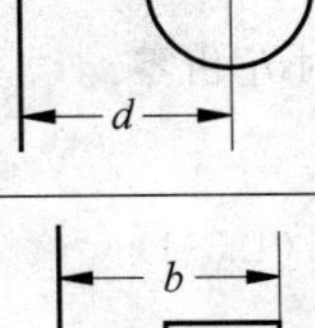	$M=\mu\left(d-\sqrt{d^2-a^2}\right)$
长导线与矩形	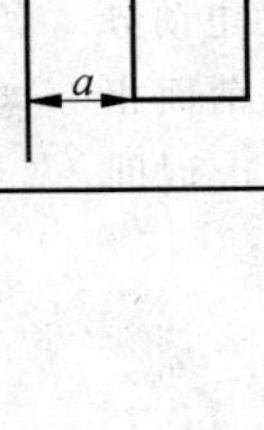	$M=\dfrac{\mu l}{2\pi}\ln\dfrac{b}{a}$

续表

名　称	形　状	互感公式
长导线与菱形	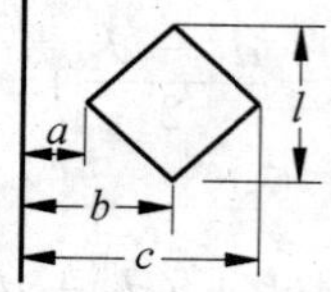	$M=\frac{\mu l}{2\pi}\left(\frac{c}{c-b}\ln\frac{c}{b}-\frac{a}{b-a}\ln\frac{b}{a}\right)$
长导线与三角形	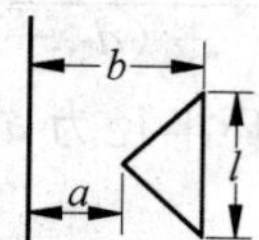	$M=\frac{\mu l}{2\pi}\left(1-\frac{a}{b-a}\ln\frac{b}{a}\right)$
有限长双导线	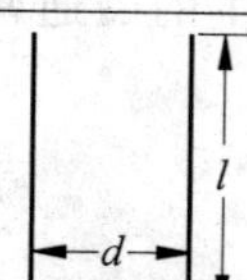	$M=\frac{\mu}{2\pi}\left(l\ln\frac{l+\sqrt{l^2+d^2}}{d}-\sqrt{l^2+d^2}+d\right)$
大小圆环	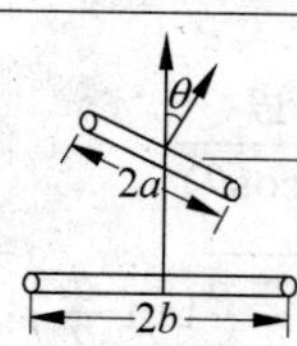	$M=\frac{\mu\pi a^2 b^2}{2(b^2+z^2)^{\frac{3}{2}}}\cos\theta$

*4.5　恒定磁场的能量和磁场力

4.5.1　恒定磁场的能量

在电荷系统中移动电荷要作功，在电流回路中传送电流自然也需要作功，该功就形成磁场的储能。考察两个导线回路 l_1 和 l_2，其电流分别为 i_1 和 i_2。当 $i_2=0$，把 i_1 从零增加到 I_1，设 i_1 在 $\mathrm{d}t$ 时间的增量为 $\mathrm{d}i_1$，在 l_1 中将产生自感电动势 $\varepsilon_{11}=-\mathrm{d}\psi_{11}/\mathrm{d}t$，同时在 l_2 中产生互感电动势 $\varepsilon_{21}=-\mathrm{d}\psi_{21}/\mathrm{d}t$(图 4.5-1)。这些感应电动势将产生感应电流来阻止回路中原有电流的变化。为此，为使 l_1 回路中的电流增加 $\mathrm{d}i_1$，外电源必须外加 $-\varepsilon_{11}$ 的电压去抵消 ε_{11}，为使 l_2 回路保持 $i_2=0$，必须外加 $-\varepsilon_{21}$ 电压去抵消 ε_{21}。因而外源作的功是

$$\mathrm{d}W_1=-\varepsilon_{11}i_1\mathrm{d}t=\left(-\frac{\mathrm{d}\psi_{11}}{\mathrm{d}t}\right)i_1\mathrm{d}t=i_1\mathrm{d}\psi_{11}$$

$$\mathrm{d}W_2=-\varepsilon_{21}i_2\mathrm{d}t=0$$

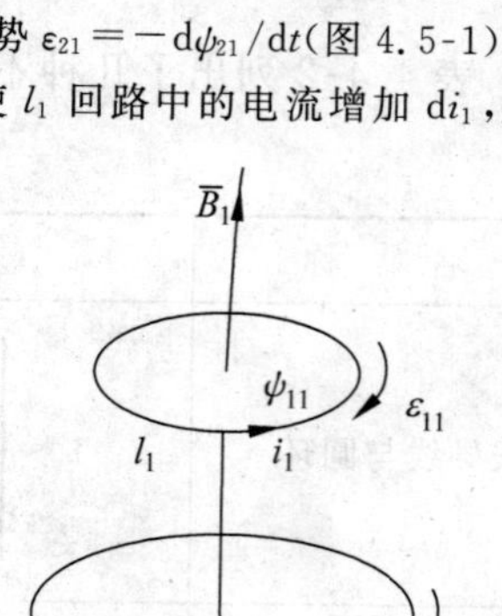

图 4.5-1　$i_2=0, i_1\to I_1$ 时外电源作功的计算

设回路 l_1 的自感为 L_1，则 $\mathrm{d}\psi_1=L_1\mathrm{d}i_1$。因而在 $i_2=0$ 时 i_1 由零增加到 I_1 的过程中外电源作的功是

$$W_1=\int_0^{I_1}L_1 i_1\mathrm{d}i_1=\frac{1}{2}L_1 I_1^2 \tag{4.5-1}$$

再讨论 l_1 回路电流为 I_1，l_2 回路中电流 i_2 由零增加到 I_2 时外源所作的功。当 i_2 在 $\mathrm{d}t$ 时间有一增量 $\mathrm{d}i_2$ 时，在 l_2 中产生自感电动势 $\varepsilon_{22}=-\mathrm{d}\psi_{22}/\mathrm{d}t$，在 l_1 中产生互感电动势 $\varepsilon_{12}=-\mathrm{d}\psi_{12}/\mathrm{d}t$。与前面相同，外电源必然在两个回路中分别产生 $-\varepsilon_{22}$ 和 $-\varepsilon_{12}$。因而在 $\mathrm{d}t$ 时间

内,外电源作的功为

$$dW_2 = -\varepsilon_{22} i_2 dt = \frac{d\psi_{22}}{dt} i_2 dt = L_2 i_2 di_2$$

$$dW_{12} = -\varepsilon_{12} I_1 dt = \frac{d\psi_{12}}{dt} I_1 dt = M I_1 di_2$$

式中,L_2 为回路 l_2 的自感; M_{12}为回路 l_2 对回路 l_1 的互感。于是,保持 I_1 不变,使 i_2 由零增至 I_2 的过程中,外电源作的功是

$$W_2 + W_{12} = \int_0^{I_2} L_2 i_2 di_2 + \int_0^{I_2} M I_1 di_2 = \frac{1}{2} L_2 I_2^2 + M I_1 I_2 \tag{4.5-2}$$

将式(4.5-1)和式(4.5-2)相加,便是在回路 l_1 和 l_2 中分别建立 I_1 和 I_2,外电源所作的总功,也就是两个电流回路中所建立的磁场的储能。所以磁场能量为

$$W_m = \frac{1}{2} L_1 I_1^2 + \frac{1}{2} L_2 I_2^2 + M I_1 I_2 \tag{4.5-3}$$

上式也可用磁通来表示:

$$\begin{aligned} W_m &= \frac{1}{2}(L_1 I_1 + M_{21} I_2) I_1 + \frac{1}{2}(M_{12} I_1 + L_2 I_2) I_2 \\ &= \frac{1}{2}(\psi_{11} + \psi_{21}) I_1 + \frac{1}{2}(\psi_{12} + \psi_{22}) I_2 \\ &= \frac{1}{2}\psi_1 I_1 + \frac{1}{2}\psi_2 I_2 \end{aligned} \tag{4.5-4}$$

式中,$\psi_1 = \psi_{11} + \psi_{21}$是与回路 l_1 交链的总磁通; $\psi_2 = \psi_{12} + \psi_{22}$是与回路 l_2 交链的总磁通。

将上式推广,如果空间有 n 个电流回路,得系统的磁场能量为

$$W_m = \frac{1}{2} \sum_{j=1}^{n} \psi_j I_j \tag{4.5-5}$$

磁场能量也可用场量来表示。为此,利用式(4.3-3)将回路 l_j 上的总磁通 ψ_j 用磁矢位表示:

$$\psi_j = \oint_{l_j} \overline{A} \cdot d\overline{l} \tag{4.5-6}$$

这里 $\overline{A}$ 是 n 个回路在 dl_j 处的总磁矢位。将上式代入式(4.5-5),得

$$W_m = \frac{1}{2} \sum_{j=1}^{n} \oint_{l_j} \overline{A} \cdot I_j d\overline{l}_j$$

现将电流 I_j 改用电流密度 J 来表示:

$$I_j d\overline{l}_j = J \Delta s_j d\overline{l}_j = \overline{J} \Delta v_j$$

当 $n \to \infty$时,Δv_j 变为 dv,求和可写成积分,从而得

$$W_m = \frac{1}{2} \int_v \overline{A} \cdot \overline{J} dv \tag{4.5-7}$$

因$\nabla \times \overline{H} = \overline{J}$,上式可化为

$$\begin{aligned} W_m &= \frac{1}{2} \int_v \overline{A} \cdot (\nabla \times \overline{H}) dv = \frac{1}{2} \int_v [\overline{H} \cdot (\nabla \times \overline{A}) - \nabla \cdot (\overline{A} \times \overline{H})] dv \\ &= \frac{1}{2} \int_v \overline{H} \cdot \overline{B} dv - \frac{1}{2} \oint_s (\overline{A} \times \overline{H}) \cdot \overline{ds} \end{aligned}$$

式中已应用了散度定理,s 是包围 v 的封闭面。若 v 足够大,则其表面 s 上的点将离源电流很远,与静电场的情形类似,第二项面积分趋于零。于是得

$$W_m = \frac{1}{2} \int_v \overline{H} \cdot \overline{B} dv \tag{4.5-8}$$

上式中被积函数是磁场中任一点的磁能密度:

$$w_m = \frac{1}{2} \overline{H} \cdot \overline{B} (\text{J/m}^3) \tag{4.5-9a}$$

对简单媒质,$\overline{B} = \mu \overline{H}$,得

$$w_{\mathrm{m}} = \frac{1}{2}\overline{H} \cdot \mu\overline{H} = \frac{1}{2}\mu H^2(\mathrm{J/m^3}) \tag{4.5-9b}$$

此式与2.5.1节结果一致，表明磁场不为零的空间中储存有磁场能量。

例 4.5-1　利用磁场储能来求出空气中无限长圆柱导体每单位长度的内自感。

【解】　设导体半径为 a，通过电流 I，则距离中心 z 轴处的磁感应强度为

$$B = \frac{\mu_0 I\rho}{2\pi a^2}$$

单位长度的磁场能量为

$$W_{\mathrm{m}} = \frac{1}{2\mu_0}\int_v B^2 \mathrm{d}v = \frac{1}{2\mu}\int_0^a \left(\frac{\mu_0 I\rho}{2\pi a^2}\right)^2 2\pi\rho\,\mathrm{d}\rho\int_0^1 \mathrm{d}z = \frac{\mu_0 I^2}{4\pi a^4}\int_0^a \rho^3\,\mathrm{d}\rho = \frac{\mu_0 I^2}{16\pi}$$

单位长度的内自感为

$$L_{\mathrm{i}} = \frac{2W_{\mathrm{m}}}{I^2} = \frac{\mu_0}{8\pi} \tag{4.5-10}$$

此结果与式(4.4-5)一致，而其导出更为简单些。代入 μ_0 值知，每米长圆导线的内自感为5×10^{-8} H。

4.5.2　磁场力

2.1～2.4节已给出有关磁场力的安培定律和洛伦茨力公式。这里介绍广泛应用的基于磁能变化来计算磁场力的虚位移法，分两种情形来处理。

1. ψ = const.

假设某电流回路有一小位移 Δx，若各回路的磁通量不变，表示电源并不提供能量，则磁场力作的功对应于磁场能量的减小：

$$\overline{F} \cdot \hat{x}\Delta x = F_x \Delta x = -\Delta W_{\mathrm{m}}$$

故

$$F_x = -\frac{\Delta W_{\mathrm{m}}}{\Delta x} \quad 即 \quad F_x = -\frac{\partial W_{\mathrm{m}}}{\partial x} \tag{4.5-11}$$

2. I_i = const.

假设有虚位移 Δx 时，各回路电流不变(各电路与电流源相连)，则各回路中磁通量将发生变化而产生感应电动势。外源所作的功为

$$\Delta W = \sum_{j=1}^{n} I_j \mathrm{d}\psi_j$$

由式(4.5-5)知，此时磁能的增量为

$$\Delta W_{\mathrm{m}} = \frac{1}{2}\sum_{j=1}^{n} I_j \mathrm{d}\psi_j = \frac{1}{2}\Delta W$$

设外力为 F，它所作的机械功为 $\overline{F}\cdot\hat{x}\Delta x = F_x \mathrm{d}x$。该机械功和磁能增量之和应等于外力所作的总功：

$$F_x \Delta x + \Delta W_{\mathrm{m}} = \Delta W$$

$$F_x \Delta x = \Delta W - \Delta W_{\mathrm{m}} = \Delta W_{\mathrm{m}}$$

得

$$F_x = \frac{\Delta W_{\mathrm{m}}}{\Delta x} \quad 或 \quad F_x = \frac{\partial W_{\mathrm{m}}}{\partial x} \tag{4.5-12}$$

例 4.5-2　空气中有两电流圆环，相互平行且共轴，分别载流 I_1 和 I_2，半径分别为 a 和 b，相距 $d \gg a$，如图4.5-2所示。求两圆环线圈间的作用力。

【解】　两个电流线圈的磁场能量由式(4.5-3)给出：

$$W_{\mathrm{m}} = \frac{1}{2}L_1 I_1^2 + \frac{1}{2}L_2 I_2^2 + MI_1 I_2$$

设电流不变，作虚位移 Δz，得

$$F_x = \frac{\partial W_m}{\partial z} = I_1 I_2 \frac{\partial M}{\partial z} \tag{4.5-13}$$

查表 4.4-2 得

$$M = \frac{\pi\mu_0 a^2 b^2}{2(b^2+z^2)^{\frac{3}{2}}}$$

故

$$F_z = -\frac{3\pi\mu_0 a^2 b^2 d}{2(b^2+d^2)^{\frac{5}{2}}} I_1 I_2$$

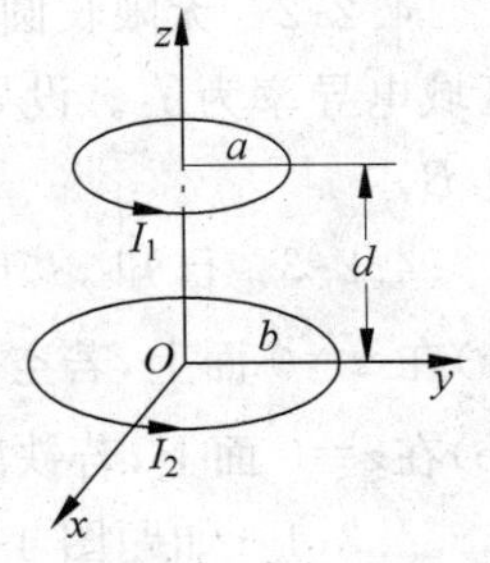

图 4.5-2　两电流圆环

式中,负号表示 I_1 与 I_2 流向相同时,F_z 为吸力;两者反向时则为斥力。显然,若两圆环线圈中分别有 N_1、N_2 个同样的圆环形线圈,则两线圈间的作用力为

$$F_z' = -\frac{3\pi\mu_0 N_1 N_2 a^2 b^2 d}{2(b^2+d^2)^{\frac{5}{2}}} I_1 I_2$$

习　题

4.1-1　已知直径 2mm 的导线,每 100m 长的电阻为 2Ω,当导线上通过电流 20A 时,求导线中的电场强度及导线的电导率。

4.1-2　在两同心金属球面间加直流电压 U_0,外球接地。两球面间媒质电导率为 σ,远小于金属球的电导率。求该媒质区域恒定电场的电流、电流密度、电场强度及电位。

4.1-3　半径 $a=0.5$m 的铜球深埋在地下,作为电器地线的接地器,如题图 4-1 所示。大地土壤的电导率为 $\sigma=10^{-1}$S/m,求铜球的接地电阻(漏电阻)R。

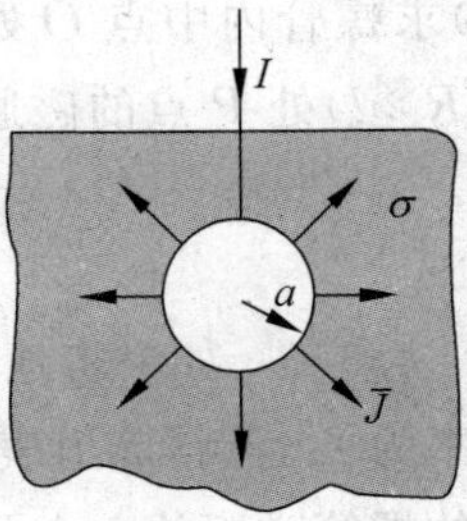

题图 4-1　埋地铜球

4.1-4　扇形电阻片如题图 4-2 所示,其电导率为 σ,请计算 A、B 面之间的电阻。

4.1-5　试用两种方法计算题 4.1-4 扇形电阻片在两圆弧面之间的电阻。

4.1-6　平行板电容器由厚度分别为 d_1 和 d_2 的两层非理想介质绝缘,它们的电参数分别为 ε_1、σ_1 和 ε_2、σ_2,极板面积为 A_0。请用两种方法计算电容器的绝缘电阻 R。

4.2-1　无限长同轴线的横截面如题图 4-3 所示,内外导体通有大小相等、方向相反的电流 I。试求各区的磁通密度(应用安培环路定律)。

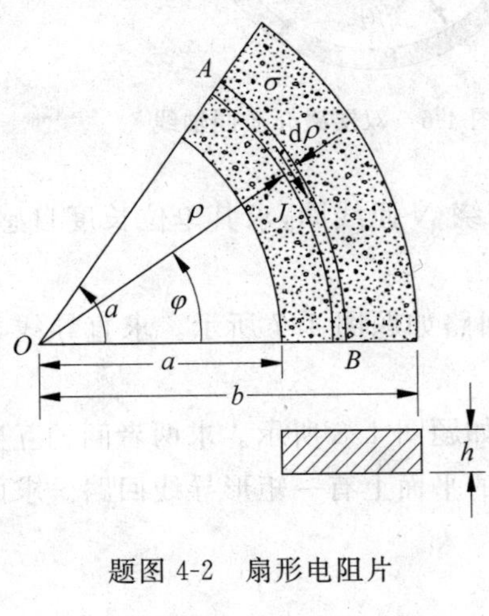

题图 4-2　扇形电阻片

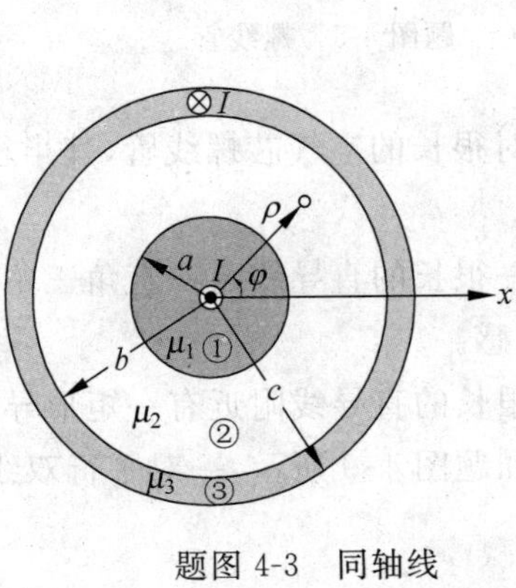

题图 4-3　同轴线

4.2-2　无限长圆柱直导线由两种金属制成,内层 $\rho<a$ 区域电导率为 σ_1,外层 $a<\rho<b$ 区域电导率为 σ_2。设导线中总的轴向电流为 I,求此两区域及导线外区域($\rho>b$)的磁通密度 $\overline{B}$。

4.2-3　已知 $z<0$ 区域为铁磁场物质,其相对磁导率为 $\mu_r=5000$,$z>0$ 区域为空气。(a)在 $z=0$ 面上,若空气中的磁通密度 $\overline{B_0}=\hat{x}1-\hat{z}100$(mT),求铁磁物质中的磁通密度 $\overline{B}$;(b)在 $z=0$ 面上,若铁磁物质中的磁通密度 $\overline{B}=\hat{x}100+\hat{z}1$(mT),求空气中磁通密度 $\overline{B_0}$。

4.3-1　如题图 4-4 所示,$z<0$ 区域为磁导率为 μ 的磁介质,$z>0$ 区域为空气,一线电流 I 沿 x 轴流动。求二区域的磁通密度和磁场强度。

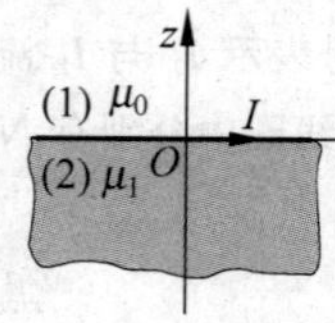

题图 4-4　磁介质与空气边界

4.3-2　参看例 4.3-1,长 $2l$ 的直导线上流过电流 I_0,请利用磁矢位 $\overline{A}$ 计算真空中 P 点的磁通密度。

4.3-3　通过求解磁矢位 $\overline{A}$ 来解习题 4.2-1,并画出 $B\sim\rho$ 曲线。

4.3-4　空气芯长螺线管半径为 a,长 l,密绕 N 匝线圈,电流为 I,如题图 4-5 所示。(a)求螺管内中点 O 处的磁通密度(注:利用例 2.1-4 结果);(b)证明螺管外距中心轴 $R(R\gg l)$处 P 点的磁通密度为

$$B_P=\frac{\mu_0 NI(\pi a^2)}{4\pi R^3}\quad(\text{T})$$

4.3-5　如果将地球的磁场看成是由位于地心的一个长螺线管产生的,假设地壳的磁导率为 μ_0,测得赤道表面处磁通密度为 3.3×10^{-15} T,地球半径为 6380km。试计算位于地心的螺管磁矩的大小(参看习题 4.3-4b)。

4.4-1　一无限长同轴线中有两层磁介质,如题图 4-6 所示。求单位长度自感。

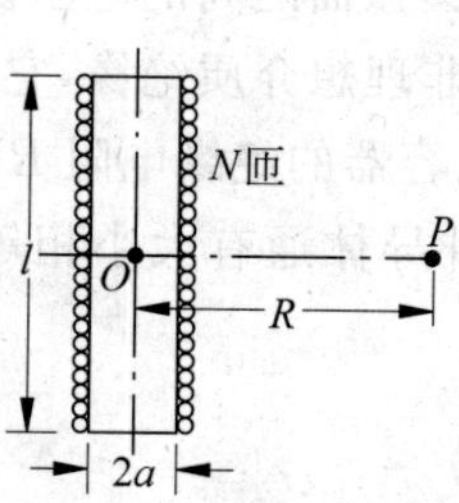

题图 4-5　螺线管

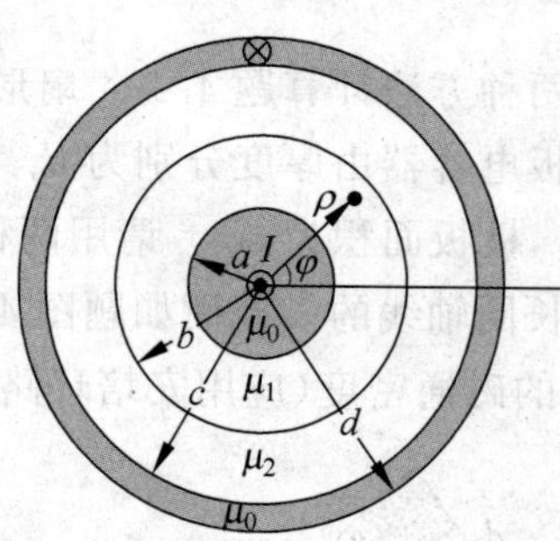

题图 4-6　双层磁介质同轴线

4.4-2　对很长的空气芯螺线管,其半径为 a,密绕 N 匝线圈,求其单位长度自感(参看习题 4.3-4)。

4.4-3　一很长的直导线与一直角三角形导线回路如题图 4-7 所示。求直导线与三角形回路间的互感。

4.4-4　很长的直导线附近有一矩形导线回路,如题图 4-8 所示。求两者间的互感。

4.4-5　如题图 4-9 所示,一对平行双线传输线的平面上有一矩形导线回路。求两者之间的互感。

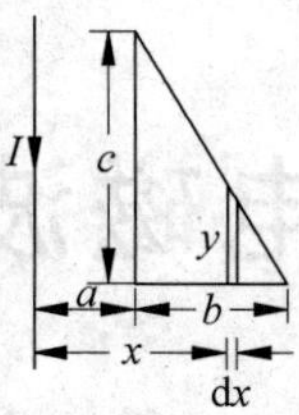

题图 4-7　直导线与直角三角形回路

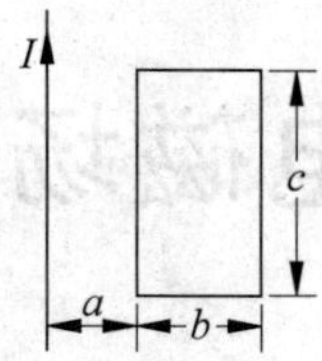

题图 4-8　直导线与矩形回路

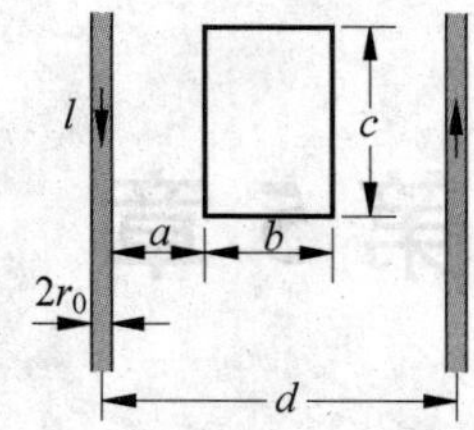

题图 4-9　双导线与矩形回路

4.4-6　半径为 a 的圆柱形螺线管长 l_1，绕有 N_1 匝线圈，在其上同心地绕有 N_2 匝线圈，长为 l_2，如题图 4-10 所示。求两线圈间的互感。

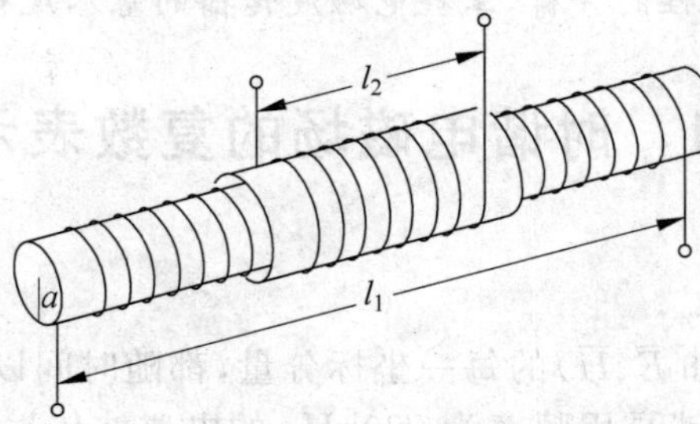

题图 4-10　两个同轴螺线管

4.5-1　一对平行双线传输线的间距为 $d=25\text{mm}$，导线直径 $2r_0=5\text{mm}$（参看题图 4-9）。两线间加了电压 $U=1000\text{V}$，两线上电流方向相反，大小同为 $I=1\text{A}$。请用虚位移法计算两导线间的相互作用力。

4.5-2　在很长的共轴圆柱电容器的内外导体间加直流电压，流过的电流为 I。将它垂直浸入磁导率为 μ、比重为 p 的可磁化液体中，圆柱内液体将比圆筒外的液面高 h。请证明：

$$h=\frac{(\mu-\mu_0)I^2}{4\pi^2(b^2-a^2)pg}\ln\frac{b}{a}$$

式中 a,b 分别为内外圆柱半径，g 是重力加速度。

第5章 时变电磁场和平面电磁波

我们所遇到的电磁场问题，大多数是时变电磁场的问题。而其中最常见的又是随时间按正弦(或余弦)规律作简谐变化的电磁场，称为时谐电磁场或正弦电磁场。在空间，时谐电磁场的能量以电磁波的形式进行传播。

本章首先介绍时谐电磁场的复数表示和复数形式的场方程及能量关系，然后通过平面电磁波在不同媒质中传播特性的分析，掌握电磁波传播的基本规律。

5.1 时谐电磁场的复数表示

5.1.1 复数

时谐电磁场的场矢量(如 $\bar{E}$、$\bar{H}$)的每一坐标分量，都随时间以相同的频率作简谐变化。例如，上海电台“990 新闻”，就是用频率为 990kHz 的电磁波传送的，而“动感 101”的歌曲，则是由中心频率为 101.7MHz 的电磁波进行传播的。我们日常生活中的照明和家用电器的用电，又都是以 50Hz 的频率作简谐变化的交流电。为了便于计算这些随时间作简谐变化的交流电压和电流，在交流电路分析中引入了复数表示。同样地，为分析时谐电磁场也要引入复数表示。为此先来简要地回顾一下数学中的复数知识。

复数(complex number)a 定义为

$$a = a' + \mathrm{j}a'' = |a|\mathrm{e}^{\mathrm{j}\phi_a} = |a|(\cos\phi_a + \mathrm{j}\sin\phi_a) \tag{5.1-1}$$

式中 $\mathrm{j}=\sqrt{-1}$ 是虚数；a' 是 a 的实部(real part)；a'' 是 a 的虚部(imaginary part)，即

$$a' = \mathrm{Re}[a] = |a|\cos\phi_a$$

$$a'' = \mathrm{Im}[a] = |a|\sin\phi_a$$

$|a|$ 称为 a 的模或绝对值；ϕ_a 称为 a 的辐角(argument)，并有

$$|a| = \sqrt{a'^2 + a''^2} \geqslant 0 \tag{5.1-2}$$

$$\phi_a = \mathrm{Arg}[a] = \arctan\frac{a''}{a'} \tag{5.1-3}$$

设复数 b 为

$$b = b' + \mathrm{j}b'' = |b|\mathrm{e}^{\mathrm{j}\phi_b}$$

则

$$a \pm b = (a' \pm b') + \mathrm{j}(a'' \pm b'') \tag{5.1-4}$$

$$ab = |a||b|\mathrm{e}^{\mathrm{j}(\phi_a+\phi_b)} \tag{5.1-5}$$

$$\frac{a}{b} = \frac{|a|}{|b|}\mathrm{e}^{\mathrm{j}(\phi_a-\phi_b)} \tag{5.1-6}$$

a 的共轭复数定义为

$$a^* = a' - \mathrm{j}a'' = |a|\mathrm{e}^{-\mathrm{j}\phi_a} = |a|(\cos\phi_a - \mathrm{j}\sin\phi_a) \tag{5.1-7}$$

将上式与式(5.1-1)相加或相减,得

$$a'=\frac{a+a^*}{2},\quad a''=\frac{a-a^*}{2\mathrm{j}} \tag{5.1-8}$$

容易证明,

$$|a|^2=aa^*,\quad (a^*)^*=a \tag{5.1-9}$$

$$(a\pm b)^*=a^*\pm b^* \tag{5.1-10}$$

$$(ab)^*=a^*b^* \tag{5.1-11}$$

$$\left(\frac{a}{b}\right)^*=\frac{a^*}{b^*} \tag{5.1-12}$$

5.1.2 复矢量

在时谐电磁场中,场矢量的任一坐标分量(如 E_x),不再只是其场点(x,y,z)的函数,而且是时间 t 的函数,它的一般表达式为

$$E_x(x,y,z,t)=E_{xm}(x,y,z)\cos[\omega t+\phi_x(x,y,z)] \tag{5.1-13}$$

式中振幅 E_{xm}和初始相位中 φ_x 是空间坐标的函数,而与时间变量 t 无关。E_x 是时间的周期函数,如图 5.1-1 所示。设 $\omega T=2\pi$,则经过时间 T,E_x值与 $t=0$ 时相同。T 称为周期,$f=1/T$ 为频率,$\omega=2\pi f$ 为角频率。

与交流电路中的处理相似,可将 E_x 写作

$$E_x(x,y,z,t)=\mathrm{Re}[\dot{E}_x(x,y,z)\mathrm{e}^{\mathrm{j}\omega t}] \tag{5.1-14a}$$

$$\dot{E}_x(x,y,z)=E_{xm}(x,y,z)\mathrm{e}^{\mathrm{j}\phi_x(x,y,z)} \tag{5.1-14b}$$

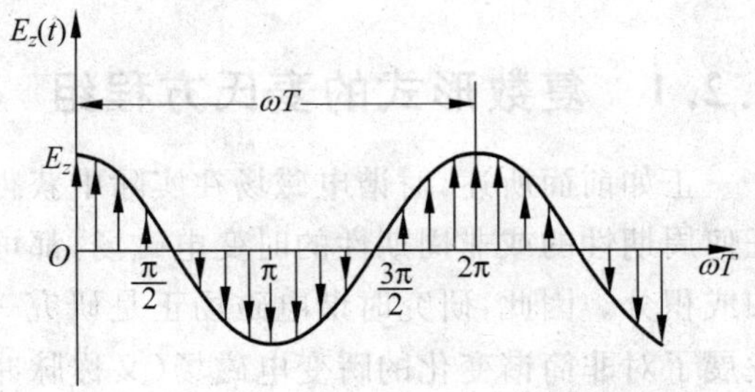

图 5.1-1　时谐函数 $E_x(t)$

式中$\dot{E}_x$ 称为复振幅,是一复数,又称为相量。它不是 t 的函数而只是空间坐标(x,y,z)的函数。但是只要乘以 $\mathrm{e}^{\mathrm{j}\omega t}$ 后,取其实部便可得出作为时间 t 的函数的 $E_x(x,y,z,t)$。这样,对这种随时间 t 作简谐变化的量,只要已知其复振幅,便可方便地得出其随时间变化的瞬时值,即

$$E_x(t)\xleftrightarrow{\text{(对应于)}}\dot{E}_x=E_{xm}\mathrm{e}^{\mathrm{j}\phi_x} \tag{5.1-15}$$

为了简化书写,这里已略去了空间坐标(x,y,z),这正与前几章一致(场量后大多未标空间坐标),但其含义应按式(5.1-14)来理解,即 $E_x(t)$是 $E_x(x,y,z,t)$,而$\dot{E}_x$ 是 $\dot{E}_x(x,y,z)$,下同。并有

$$\frac{\partial}{\partial t}E_x(t)=\mathrm{Re}\left[\frac{\partial}{\partial t}(\dot{E}_x\mathrm{e}^{\mathrm{j}\omega t})\right]=\mathrm{Re}[\mathrm{j}\omega\dot{E}_x\mathrm{e}^{\mathrm{j}\omega t}]$$

$$\frac{\partial^2}{\partial t^2}E_x(t)=\mathrm{Re}\left[\frac{\partial^2}{\partial t^2}(\dot{E}_x\mathrm{e}^{\mathrm{j}\omega t})\right]=\mathrm{Re}[-\omega^2\dot{E}_x\mathrm{e}^{\mathrm{j}\omega t}]$$

可见

$$\frac{\partial}{\partial t}E_x(t)\longleftrightarrow \mathrm{j}\omega\dot{E}_x \tag{5.1-16}$$

这就是说,$E_x(t)$对时间 t 的微分运算可化为对复振幅$\dot{E}_x$乘以 jω 的代数运算。这是采用复数表示的又一方便之处。

设时谐电场强度矢量 $\bar{E}(t)$除了分量 $E_x(t)$外,还有分量 $E_y(t)$和 $E_z(t)$。将这三个分量都用复数表示,则有

$$\begin{aligned}\bar{E}(t) &= \hat{x}E_{xm}\cos(\omega t+\phi_x)+\hat{y}E_{ym}\cos(\omega t+\phi_y)+\hat{z}E_{zm}\cos(\omega t+\phi_z)\\ &= \mathrm{Re}[(\hat{x}E_{xm}e^{j\phi_x}+\hat{y}E_{ym}e^{j\phi_y}+\hat{z}E_{zm}e^{j\phi_z})e^{j\omega t}]\end{aligned}$$

于是

$$\bar{E}(t)\longleftrightarrow\dot{\bar{E}}=\hat{x}E_{xm}e^{j\phi_x}+\hat{y}E_{ym}e^{j\phi_y}+\hat{z}E_{zm}e^{j\phi_z}=\hat{x}\dot{E}_x+\hat{y}\dot{E}_y+\hat{z}\dot{E}_z \tag{5.1-17}$$

$\dot{\bar{E}}$称为电场强度复矢量,它的三个分量分别是复振幅$\dot{E}_x$、$\dot{E}_y$和$\dot{E}_z$。此式中,$\dot{\bar{E}}$不是时间 t 的函数而只是空间坐标(x,y,z)的函数。这样我们就把四维(x,y,z,t)问题简化成了三维(x,y,z)的问题。若要得出瞬时关系式,只要记住下列变换关系即可:

$$\bar{E}(t)=\mathrm{Re}[\dot{\bar{E}}e^{j\omega t}] \tag{5.1-18}$$

注意,只有当 $\varphi_x=\varphi_y=\varphi_z$ 时,复矢量$\dot{\bar{E}}$才能用单一的模和单一的相角表示,其他情形下都不能这样表示。这意味着,随着时间变化,瞬时矢量 $\bar{E}(t)$的方向也可能改变。

5.2　复数形式的麦克斯韦方程组

5.2.1　复数形式的麦氏方程组

正如前面所述,时谐电磁场在实际中获得最广泛的应用。同时,根据傅里叶变换理论,任何周期性的或非周期性的时变电磁场,都可看成是许多具有不同频率的时谐电磁场的叠加或积分。因此,研究时谐电磁场正是研究一切时变电磁场的基础。20 世纪 70 年代以来发展了对非简谐变化的瞬变电磁场(又称脉冲电磁场)的研究。一种基本方法就是先求得对不同频率简谐场的响应特性(求频域解),再由傅里叶反变换或拉普拉斯反变换求得瞬变场的时间特性(时域解),称为频域分析法(自然,同时也发展了直接求时域解的时域分析法等其他方法)。

利用复数表示来分析时谐电磁场时,需导出复数形式的麦氏方程组。为此我们将场矢量都写成式(5.1-18)的形式。对表 2.3-1 中麦氏方程组的式(a),今有

$$\nabla\times\mathrm{Re}[\dot{\bar{E}}e^{j\omega t}]=-\mathrm{Re}[j\omega\dot{\bar{B}}e^{j\omega t}]$$

式中∇是对空间坐标的微分算子,它和取实部符号 Re 可以调换次序,从而得

$$\nabla\times\dot{\bar{E}}=-j\omega\dot{\bar{B}} \tag{5.2-1a}$$

同理,由表 2.3-1 中式(b)～(d)分别得

$$\nabla\times\dot{\bar{H}}=\dot{\bar{J}}+j\omega\dot{\bar{D}} \tag{5.2-1b}$$

$$\nabla\cdot\dot{\bar{D}}=\dot{\rho}_v \tag{5.2-1c}$$

$$\nabla\cdot\dot{\bar{B}}=0 \tag{5.2-1d}$$

这就是复数形式的麦氏方程组。式中$\dot{\bar{E}}$、$\dot{\bar{H}}$、$\dot{\bar{D}}$、$\dot{\bar{B}}$和$\dot{\bar{J}}$都是复矢量,$\dot{\rho}_v$是复数。同时,由表 2.3-1 中式(e)得复数形式电流连续性方程为

$$\nabla\cdot\dot{\bar{J}}=-\mathrm{j}\omega\dot{\rho}_{\mathrm{v}} \tag{5.2-1e}$$

这些式子表明，采用复数形式后，各场量都换成了复矢量，而对时间变量的求导($\partial/\partial t$)则换成为简单的因子 $\mathrm{j}\omega$。

5.2.2　复数形式的波动方程和边界条件

在简单媒质中，电磁场复矢量的本构关系为

$$\dot{\bar{D}}=\varepsilon\dot{\bar{E}} \tag{5.2-1f}$$

$$\dot{\bar{B}}=\mu\dot{\bar{H}} \tag{5.2-1g}$$

$$\dot{\bar{J}}=\sigma\dot{\bar{E}} \tag{5.2-1h}$$

利用这些关系后，复麦氏方程组(5.2-1a)～(5.2-1d)化为

$$\nabla\times\dot{\bar{E}}=-\mathrm{j}\omega\mu\dot{\bar{H}} \tag{5.2-2a}$$

$$\nabla\times\dot{\bar{H}}=\dot{\bar{J}}+\mathrm{j}\omega\varepsilon\dot{\bar{E}} \tag{5.2-2b}$$

$$\nabla\cdot\dot{\bar{E}}=\frac{\dot{\rho}_{\mathrm{v}}}{\varepsilon} \tag{5.2-2c}$$

$$\nabla\cdot\dot{\bar{H}}=0 \tag{5.2-2d}$$

从两个旋度方程中消去$\dot{\bar{E}}$或$\dot{\bar{H}}$，就得到$\dot{\bar{E}}$和$\dot{\bar{H}}$的非齐次二阶偏微分方程，即非齐次复矢量波动方程：

$$\nabla\times\nabla\times\dot{\bar{E}}-k^2\dot{\bar{E}}=-\mathrm{j}\omega\mu\dot{\bar{J}} \tag{5.2-3}$$

$$\nabla\times\nabla\times\dot{\bar{H}}-k^2\dot{\bar{H}}=\nabla\times\dot{\bar{J}} \tag{5.2-4}$$

式中

$$k=\omega\sqrt{\mu\varepsilon}$$

在无源区，$\dot{\bar{J}}=0$，$\dot{\rho}_{\mathrm{v}}=0$，上述方程化为齐次复矢量波动方程：

$$\nabla^2\dot{\bar{E}}+k^2\dot{\bar{E}}=0 \tag{5.2-5}$$

$$\nabla^2\dot{\bar{H}}+k^2\dot{\bar{H}}=0 \tag{5.2-6}$$

对有限区域求解波动方程时，需要利用边界条件。复数形式边界条件与瞬时形式相同，只是各场量不是瞬时值而是复矢量或复数值：

$$\hat{n}\times(\dot{\bar{E}}_1-\dot{\bar{E}}_2)=0 \tag{5.2-7a}$$

$$\hat{n}\times(\dot{\bar{H}}_1-\dot{\bar{H}}_2)=\dot{\bar{J}}_{\mathrm{s}} \tag{5.2-7b}$$

$$\hat{n}\cdot(\dot{\bar{D}}_1-\dot{\bar{D}}_2)=\dot{\rho}_{\mathrm{s}} \tag{5.2-7c}$$

$$\hat{n}\cdot(\dot{\bar{B}}_1-\dot{\bar{B}}_2)=0 \tag{5.2-7d}$$

例 5.2-1　某卫星广播的电视射频信号在空中某点形成频率为 4GHz 的时谐电磁场，其磁场强度复矢量为

$$\dot{\bar{H}}=\hat{y}0.01\mathrm{e}^{-\mathrm{j}(80\pi/3)z}\quad(\mu\mathrm{A/m})$$

求：(a) 磁场强度瞬时值 $\bar{H}(t)$；(b)电场强度瞬时值 $\bar{E}(t)$。

【解】(a)

$\overline{H}(t)=\text{Re}[\hat{y}0.01\text{e}^{-\text{j}(80\pi/3)z}\text{e}^{\text{j}2\pi\times4\times10^{9}t}]=\hat{y}0.01\cos[8\pi\times10^{9}t-(80\pi/3)z](\mu\text{A/m})$

(b) 由$\nabla\times\dot{\overline{H}}=\text{j}\omega\varepsilon_0\dot{\overline{E}}$知,

$$\dot{\overline{E}}=\frac{-\text{j}}{\omega\varepsilon_0}\nabla\times\dot{\overline{H}}=\frac{-\text{j}}{8\pi\times10^{9}\times\dfrac{1}{36\pi}\times10^{-9}}\begin{vmatrix}\hat{x} & \hat{y} & \hat{z}\\ \dfrac{\partial}{\partial x} & \dfrac{\partial}{\partial y} & \dfrac{\partial}{\partial z}\\ 0 & 0.01\text{e}^{-\text{j}(80\pi/3)z} & 0\end{vmatrix}=\hat{x}1.2\pi\text{e}^{-\text{j}(80\pi/3)z}$$

$\dot{\overline{E}}(t)=\text{Re}[\hat{x}1.2\pi\text{e}^{-\text{j}(80\pi/3)z}\text{e}^{\text{j}8\pi\times10^{9}t}]=\hat{x}1.2\pi\cos[8\pi\times10^{9}t-(80\pi/3)z](\mu\text{V/m})$

5.3 复坡印廷矢量和复坡印廷定理

5.3.1 复坡印廷矢量

任意场点处的坡印廷矢量$\overline{S}(t)=\overline{E}(t)\times\overline{H}(t)$(W/m²)代表该点瞬时的电磁场功率流密度。对于时谐电磁场,$\overline{E}(t)$和$\overline{H}(t)$都随时间作周期性的变化。这时我们更关心的是一个周期的平均功率密度。为此我们来求坡印廷矢量的平均值$\overline{S}^{\text{av}}$。

由复数公式(5.1-8)知

$$\overline{E}(t)=\text{Re}[\dot{\overline{E}}\text{e}^{\text{j}\omega t}]=\frac{1}{2}[\dot{\overline{E}}\text{e}^{\text{j}\omega t}+\dot{\overline{E}}^{*}\text{e}^{-\text{j}\omega t}]$$

$$\overline{H}(t)=\text{Re}[\dot{\overline{H}}\text{e}^{\text{j}\omega t}]=\frac{1}{2}[\dot{\overline{H}}\text{e}^{\text{j}\omega t}+\dot{\overline{H}}^{*}\text{e}^{-\text{j}\omega t}]$$

从而得坡印廷矢量瞬时值为

$$\begin{aligned}\overline{S}(t)&=\overline{E}(t)\times\overline{H}(t)=\frac{1}{4}[\dot{\overline{E}}\times\dot{\overline{H}}^{*}+\dot{\overline{E}}^{*}\times\dot{\overline{H}}+\dot{\overline{E}}\times\dot{\overline{H}}\text{e}^{\text{j}2\omega t}+\dot{\overline{E}}^{*}\times\dot{\overline{H}}^{*}\text{e}^{-\text{j}2\omega t}]\\&=\frac{1}{2}\text{Re}[\dot{\overline{E}}\times\dot{\overline{H}}+\dot{\overline{E}}\times\dot{\overline{H}}\text{e}^{\text{j}2\omega t}]\end{aligned}\tag{5.3-1}$$

它在一个周期$T=2\pi/\omega$内的平均值为

$$\overline{S}^{\text{av}}=\frac{1}{T}\int_0^T\overline{S}(t)\text{d}t=\frac{1}{T}\int_0^T\frac{1}{2}\text{Re}[\dot{\overline{E}}\times\dot{\overline{H}}^{*}]\text{d}t+\frac{1}{T}\int_0^T\frac{1}{2}\text{Re}[\dot{\overline{E}}\times\dot{\overline{H}}\text{e}^{\text{j}2\omega t}]\text{d}t$$

此式中$\dot{\overline{E}}$、$\dot{\overline{H}}$、$\dot{\overline{H}}^{*}$均为与时间t无关的复矢量,而$\text{Re}[\text{e}^{\text{j}2\omega t}]=\cos(2\omega t)$在一个周期$T$内的积分等于零,因而得

$$\overline{S}^{\text{av}}=\frac{1}{2}\text{Re}[\dot{\overline{E}}\times\dot{\overline{H}}^{*}]$$

令

$$\dot{\overline{S}}=\frac{1}{2}\dot{\overline{E}}\times\dot{\overline{H}}^{*}\tag{5.3-2}$$

则

$$\overline{S}^{\text{av}}=\text{Re}\left[\frac{1}{2}\dot{\overline{E}}\times\overline{H}^{*}\right]=\text{Re}[\dot{\overline{S}}]\tag{5.3-3}$$

式(5.3-2)所定义的$\dot{\overline{S}}$称为复坡印廷矢量,式(5.3-3)说明其物理意义,即复坡印廷矢

量$\dot{S}$的实部等于(一个周期内的)平均功率流密度,即实功率密度。对复坡印廷矢量定义式(5.3-2),要注意两点:

(1) 这里$\dot{\bar{H}}^*$是$\dot{\bar{H}}$的共轭矢量,它不是$\dot{\bar{H}}$,这是为得出实功率密度所必须的。为理解这一点,我们来考察坡印廷矢量瞬时值的交变分量。由式(5.3-1)和式(5.3-3)知,

$$\bar{S}(t)-\bar{S}^{av}=\frac{1}{2}\mathrm{Re}\left[\dot{\bar{E}}\times\dot{\bar{H}}e^{j2\omega t}\right] \tag{5.3-4}$$

这个结果表明,如直接将$\dot{\bar{E}}e^{j\omega t}$与$\dot{\bar{H}}e^{j\omega t}$相乘,其实部代表的是电磁场功率流密度瞬时值与其平均值之差,它在一个周期内的平均值是零,无实功率。

(2) 与坡印廷矢量瞬时值形式不同,这里多一个因子"$\frac{1}{2}$"。这是因为,平均功率密度在数值上等于$\mathrm{Re}\left[\frac{1}{2}EH^*\right]$,这里的$E$、$H$都代表振幅最大值。如果采用有效值$E_e=E/\sqrt{2}$、$H_e=H/\sqrt{2}$,如参考文献[15]中那样,则

$$\bar{S}^{av}=\mathrm{Re}\left[\dot{\bar{E}}_e\times\dot{\bar{H}}_e^*\right]=\mathrm{Re}\left[\dot{\bar{S}}_e\right] \tag{5.3-5}$$

式中

$$\dot{\bar{S}}_e=\dot{\bar{E}}_e\times\dot{\bar{H}}_e^*,\quad \dot{\bar{E}}_e=\frac{1}{\sqrt{2}}\dot{\bar{E}},\quad \dot{\bar{H}}_e=\frac{1}{\sqrt{2}}\dot{\bar{H}} \tag{5.3-6}$$

显然,采用式(5.3-6)定义的$\dot{\bar{S}}_e$与采用式(5.3-2)定义的$\dot{\bar{S}}$,取其实部都得出同一平均功率密度。

我们看到,上述公式与交流电路中的复功率计算是类似的。设电压和电流的复振幅分别为

$$\dot{U}=Ue^{j\phi_u},\quad \dot{I}=Ie^{j\phi_i}$$

则

$$\frac{1}{2}\dot{U}\dot{I}^*=\frac{1}{2}UIe^{j(\phi_u-\phi_i)}=\frac{1}{2}UI\cos(\phi_u-\phi_i)+j\frac{1}{2}UI\sin(\phi_u-\phi_i)$$

因而其实功率为

$$P_r=\frac{1}{2}UI\cos(\phi_u-\phi_i)=\mathrm{Re}\left[\frac{1}{2}\dot{U}\dot{I}^*\right] \tag{5.3-7}$$

5.3.2 复坡印廷定理

我们来研究复坡印廷矢量的散度。由矢量恒等式(1.3-9),有

$$\nabla\cdot\left(\frac{1}{2}\dot{\bar{E}}\times\dot{\bar{H}}^*\right)=\frac{1}{2}\dot{\bar{H}}^*\cdot\nabla\times\dot{\bar{E}}-\frac{1}{2}\dot{\bar{E}}\cdot\nabla\times\dot{\bar{H}}^*$$

将式(5.2-1a)和式(5.2-1b)代入上式,得

$$-\nabla\cdot\left(\frac{1}{2}\dot{\bar{E}}\times\dot{\bar{H}}^*\right)=j2\omega\left(\frac{1}{4}\mu H^2-\frac{1}{4}\varepsilon E^2\right)+\frac{1}{2}\dot{\bar{E}}\cdot\dot{\bar{J}}^* \tag{5.3-8}$$

这个公式表示了任意场点处的功率密度关系。对其两边取积分,便得到相应的积分形式:

$$-\oint_s\left(\frac{1}{2}\dot{\bar{E}}\times\dot{\bar{H}}^*\right)\cdot\overline{ds}=j2\omega\int_v\left(\frac{1}{4}\mu H^2-\frac{1}{4}\varepsilon E^2\right)dv+\int_v\frac{1}{2}\dot{\bar{E}}\cdot\dot{\bar{J}}^*dv \tag{5.3-9}$$

这就是用复矢量表示的复坡印廷定理。分别取其实部和虚部,得

$$-\oint_s \mathrm{Re}\left[\frac{1}{2}\dot{E}\times\dot{H}^*\right]\cdot\overline{\mathrm{d}s}=\int_v\frac{1}{2}\dot{E}\cdot\dot{J}^*\mathrm{d}v=\int_v\frac{1}{2}\sigma E^2\mathrm{d}v \tag{5.3-10a}$$

$$-\oint_s \mathrm{Im}\left[\frac{1}{2}\dot{E}\times\dot{H}^*\right]\cdot\overline{\mathrm{d}s}=2\omega\int_v\left(\frac{1}{4}\mu H^2-\frac{1}{4}\varepsilon E^2\right)\mathrm{d}v \tag{5.3-10b}$$

式(5.3-10a)表示实功率的平衡,即流入封闭面的实电磁功率等于体积中热损耗功率的平均值。式(5.3-10b)表示虚功率的平衡。它说明,流入封闭面的虚电磁功率等于体积中电磁场储能最大时间变化率。这里 $2\omega\left(\frac{1}{4}\mu H^2-\frac{1}{4}\varepsilon E^2\right)$ 代表单位体积中电磁场储能的最大时间变化率,说明如下。设

$$E(t)=E\cos(\omega t+\phi_e)$$

$$H(t)=H\cos(\omega t+\phi_h)$$

则单位体积电磁储能瞬时值为

$$w_e=\frac{1}{2}\varepsilon E^2\cos^2(\omega t+\phi_e)=\frac{1}{4}\varepsilon E^2[1+\cos(2\omega t+2\phi_e)]$$

$$w_m=\frac{1}{2}\mu H^2\cos^2(\omega t+\phi_h)=\frac{1}{4}\varepsilon H^2[1+\cos(2\omega t+2\phi_h)]$$

其一个周期的平均值为

$$w_e^{av}=\frac{1}{T}\int_0^T w_e\mathrm{d}t=\frac{1}{4}\varepsilon E^2 \tag{5.3-11}$$

$$w_m^{av}=\frac{1}{T}\int_0^T w_m\mathrm{d}t=\frac{1}{4}\mu H^2 \tag{5.3-12}$$

单位体积中总电磁储能的时间变化率为

$$\frac{\partial}{\partial t}(w_m+w_e)=-2\omega\left[\frac{1}{4}\mu H^2\sin(2\omega t+2\phi_h)+\frac{1}{4}\varepsilon E^2\sin(2\omega t+2\phi_e)\right]$$

由于储能是电磁场的虚功率部分,其磁场与电场的相位将是正交的,即 $\phi_h=\phi_e+\frac{\pi}{2}$。于是

$$\frac{\partial}{\partial t}(w_m+w_e)=2\omega\left[\frac{1}{4}\mu H^2\sin(2\omega t+2\phi_e)-\frac{1}{4}\varepsilon E^2\sin(2\omega t+2\phi_e)\right]$$

因此该时间变化率的最大值为

$$\left.\frac{\partial}{\partial t}(w_m+w_e)\right|_{\max}=2\omega\left(\frac{1}{4}\mu H^2-\frac{1}{4}\varepsilon E^2\right)=2\omega(w_m^{av}-w_e^{av}) \tag{5.3-13}$$

式(5.3-10b)也表明,复坡印廷矢量的虚部代表与它垂直的截面上所通过的虚电磁功率密度。

如果将式(5.3-8)应用于有外加的场源电流密度 $\dot{J}_e$ 处,则正如2.3.1小节中最后一段所指出的,这里的 $\dot{J}$ 应为二者之和:$\dot{J}=\dot{J}_e+\dot{J}_c$,其中 $\dot{J}_c=\sigma\dot{E}$。于是该式可表示为

$$-\frac{1}{2}\dot{E}\cdot\dot{J}_e^*=\nabla\cdot\left(\frac{1}{2}\dot{E}\times\dot{H}^*\right)+\frac{1}{2}\sigma E^2+\mathrm{j}2\omega\left(\frac{1}{4}\mu H^2-\frac{1}{4}\varepsilon E^2\right) \tag{5.3-14}$$

对此式两边取体积分,并利用散度定理,得

$$-\int_v\frac{1}{2}\dot{E}\cdot\dot{J}_e^*\mathrm{d}v=\oint_s\left(\frac{1}{2}\dot{E}\times\dot{H}^*\right)\cdot\overline{\mathrm{d}s}+\int_v\frac{1}{2}\sigma E^2\mathrm{d}v+\mathrm{j}2\omega\int_v\left(\frac{1}{4}\mu H^2-\frac{1}{4}\varepsilon E^2\right)\mathrm{d}v \tag{5.3-15}$$

这样，我们导出了适用于有源区的复坡印廷定理。也可以把式(5.3-15)简写为

$$\dot{P}_s=\oint_s \dot{\bar{S}}\cdot \overline{\mathrm{d}s}+\int_v \frac{1}{2}\sigma E^2\,\mathrm{d}v+\mathrm{j}2\omega\int_v (w_{\mathrm{m}}^{\mathrm{av}}-w_{\mathrm{e}}^{\mathrm{av}})\,\mathrm{d}v \tag{5.3-16}$$

这就是说，在一个区域内，源所供给的总复功率等于流出该区域的复电磁功率和区域内部的热损耗功率及体积中电磁场储能的最大时间变化率之和。

例 5.3-1　两无限大理想导体平行板相距 d，坐标如图 5.3-1 所示。在平行板间存在时谐电磁场，其电场强度为

$$\bar{E}(t)=\hat{x}E_0\sin\frac{\pi y}{d}\cos(\omega t-kz)\ (\mathrm{V/m})$$

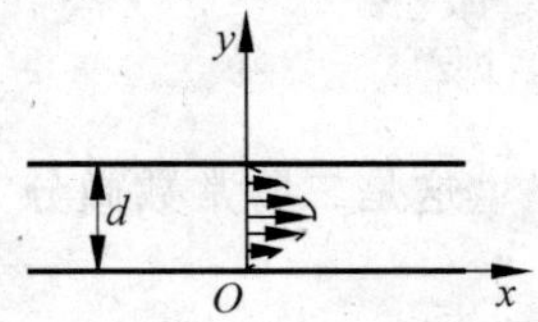

图 5.3-1　平行板波导

求：(a) 磁场强度 $\bar{H}(t)$；

(b) 复坡印廷矢量$\dot{\bar{S}}$及平均功率流密度；

(c) $y=0$ 导体板内表面的面电流分布 $\bar{J}_s(t)$。

【解】　(a) $\dot{\bar{E}}=\hat{x}E_0\sin\dfrac{\pi y}{d}\mathrm{e}^{-\mathrm{j}kz}$

由$\nabla\times\dot{\bar{E}}=-\mathrm{j}\omega\mu\,\dot{\bar{H}}$知，

$$\dot{\bar{H}}=\frac{\mathrm{j}}{\omega\mu}\nabla\times\dot{\bar{E}}=\frac{\mathrm{j}}{\omega\mu}\begin{vmatrix}\hat{x} & \hat{y} & \hat{z}\\ \dfrac{\partial}{\partial x} & \dfrac{\partial}{\partial y} & \dfrac{\partial}{\partial z}\\ \dot{E}_x & 0 & 0\end{vmatrix}=\frac{\mathrm{j}}{\omega\mu}\left[\hat{y}\frac{\partial \dot{E}_x}{\partial z}-\hat{z}\frac{\partial \dot{E}_x}{\partial y}\right]$$

$$=\hat{y}\frac{k}{\omega\mu}E_0\sin\frac{\pi y}{d}\mathrm{e}^{-\mathrm{j}kz}-\hat{z}\frac{\mathrm{j}\pi}{\omega\mu d}E_0\cos\frac{\pi y}{d}\mathrm{e}^{-\mathrm{j}kz}$$

$$\bar{H}(t)=\mathrm{Re}[\dot{\bar{H}}\mathrm{e}^{\mathrm{j}\omega t}]=\hat{y}\frac{k}{\omega\mu}E_0\sin\frac{\pi y}{d}\cos(\omega t-kz)+\hat{z}\frac{\pi}{\omega\mu d}E_0\cos\frac{\pi y}{d}\sin(\omega t-kz)\ (\mathrm{A/m})$$

(b) $\dot{\bar{S}}=\dfrac{1}{2}\dot{\bar{E}}\times\dot{\bar{H}}^*=\hat{z}\dfrac{k}{2\omega\mu}E_0^2\sin^2\left(\dfrac{\pi y}{d}\right)-\hat{y}\dfrac{\mathrm{j}\pi}{4\omega\mu d}E_0^2\sin\left(\dfrac{2\pi y}{d}\right)$

$$\bar{S}^{\mathrm{av}}=\mathrm{Re}\left[\dot{\bar{S}}\right]=\hat{z}\frac{k}{2\omega\mu}E_0^2\sin^2\left(\frac{\pi y}{d}\right)\ (\mathrm{W/m^2})$$

(c) $\dot{\bar{J}}_s=\hat{y}\times\dot{\bar{H}}\big|_{y=0}=-\hat{x}\dfrac{\mathrm{j}\pi}{\omega\mu d}E_0\mathrm{e}^{-\mathrm{j}kz}$

$$\bar{J}_s(t)=\mathrm{Re}\left[\dot{\bar{J}}_s\mathrm{e}^{\mathrm{j}\omega t}\right]=\hat{x}\frac{\pi}{\omega\mu d}E_0\sin(\omega t-kz)\ (\mathrm{A/m})$$

我们注意到，$\bar{S}^{\mathrm{av}}$表明，此平行板间电磁场有实功率沿 z 向传输。同时，导体平行板上有面电荷沿 z 向流动。平行板起了引导电磁波功率的作用，故称为平行板波导。

为了书写简便，今后不再在复矢量上面打点，即直接用 $\bar{E}$、$\bar{H}$ 等表示复矢量。由于复数公式中会出现 j 而不会有 t，因此并不难辨认它是复数公式还是瞬时值公式。并且，我们一般都将瞬时值写作 $\bar{E}(t)$、$\bar{H}(t)$等，以示区别。

5.4　理想介质中的平面波

5.4.1　平面波的电磁场

现在来研究理想介质($\sigma=0$)中无源区时谐电磁场波动方程的解。其电场复矢量 $\bar{E}$ 的波动方程为(5.2-5)。为简单起见，选择坐标使 $\bar{E}$ 沿 x 轴方向，即 $\bar{E}=\hat{x}E_x$，这里对复数不再打点。于是式(5.2-5)化为下述标量波动方程：

$$\nabla^2 E_x + k^2 E_x = 0, \quad k = \omega\sqrt{\mu\varepsilon} \tag{5.4-1}$$

注意,式中 E_x 是指复振幅 $\dot{E}_x$。设 E_x 仅与坐标 z 有关而与 x、y 无关,则

$$\nabla^2 = \frac{\partial^2}{\partial x^2} + \frac{\partial^2}{\partial y^2} + \frac{\partial^2}{\partial z^2} = \frac{\partial^2}{\partial z^2}$$

故式(5.4-1)化为

$$\frac{\mathrm{d}^2 E_x}{\mathrm{d}z^2} + k^2 E_x = 0$$

这是二阶常数微分方程,其解为

$$E_x = C_1 \mathrm{e}^{-\mathrm{j}kz} + C_2 \mathrm{e}^{\mathrm{j}kz}$$

对应的瞬时值为

$$E_x(t) = \mathrm{Re}[E_x \mathrm{e}^{\mathrm{j}\omega t}] = C_1 \cos(\omega t - kz) + C_2 \cos(\omega t + kz) \tag{5.4-2}$$

上式第一项的相位随 z 增加而逐渐落后,代表向 $+z$ 方向传播的波。因为,当 t 增加,只要 $\omega t - kz =$ 常数,其值是相同的。如图 5.4-1 所示,当 $t_0 \to t_1$,则相应地 $z_0 \to z_1$,在这两点处场的总相位 $\omega t - kz$ 保持不变,从而使场值不变。这表明,z_0 处的状态沿 $+z$ 方向移动到了 z_1 处。同理,第二项的相位随 z 增加而逐渐引前,代表向 $-z$ 方向的行波。因此,我们称第一项为正向行波,称第二项为反向行波。

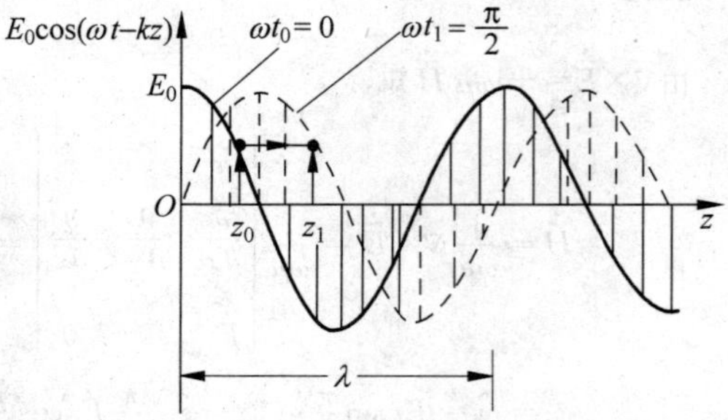

图 5.4-1　电磁波的瞬时波形

现在来研究正向行波的传播参数。其电场复振幅和瞬时值可表示为

$$E_x = E_0 \mathrm{e}^{-\mathrm{j}kz}, \quad E_x(t) = E_0 \cos(\omega t - kz) \tag{5.4-3}$$

式中,E_0 是 $z=0$ 处电场强度的振幅;ωt 称为时间相位;kz 称为空间相位。空间相位相同的场点所组成的曲面称为等相面、波前或波面。可见,$z=\mathrm{const.}$ 的平面为波面。因此称这种电磁波为平面电磁波。又因 E_x 与 x、y 无关,在 $z=\mathrm{const.}$ 的波面上各点场强相等。这种在波面上场强均匀分布的平面波称为均匀平面波。它是最基本的电磁波形式。此外较常见的波面(等相面)形式有圆柱面、球面,分别称为柱面波和球面波。

空间相位 kz 变化 2π 所经过的距离称为波长或相位波长,以 λ 表示。由 $k\lambda = 2\pi$ 得

$$k = \frac{2\pi}{\lambda} \tag{5.4-4}$$

k 称为波数,因为,空间相位变化 2π 相当于一个全波,k 表示单位长度内所具有的全波数目。

时间相位 ωt 变化 2π 所经历的时间称为周期,以 T 表示;而一秒内相位变化 2π 的次数称为频率,用 f 表示。因 $\omega T = 2\pi$,得

$$f = \frac{1}{T} = \frac{\omega}{2\pi} \tag{5.4-5}$$

等相面(波前)传播的速度称为相速。我们来考察波前上的一个特定点,这样的点对应于 $\cos(\omega t - kz) = \mathrm{const.}$,即 $\omega t - kz = \mathrm{const.}$,由此得 $\omega \mathrm{d}t - k\mathrm{d}z = 0$,故相速为

$$v_{\mathrm{p}} = \frac{\mathrm{d}z}{\mathrm{d}t} = \frac{\omega}{k} = \frac{1}{\sqrt{\mu\varepsilon}} \tag{5.4-6}$$

对于真空，

$$v_p=\frac{1}{\sqrt{\mu_0\varepsilon_0}}=\frac{1}{\sqrt{4\pi\times10^{-7}\times\dfrac{1}{36\pi}\times10^{-9}}}=3\times10^8\,(\mathrm{m/s})=c$$

可见，电磁波在真空中的相速等于真空中的光速，其更精确的值是 $2.997\,924\,58\times10^8\,\mathrm{m/s}$。在一般介质中 $\varepsilon>\varepsilon_0$，$\mu\approx\mu_0$，故 $v_p<c$，称为慢波。相应地，介质中的(相位)波长也比真空中的波长短，因为

$$\lambda=\frac{2\pi}{k}=\frac{2\pi v_p}{\omega}=\frac{v_p}{f}<\frac{c}{f}$$

电磁波的磁场强度可由复麦氏方程组式(5.2-2a)得出：

$$\overline{H}=\frac{\mathrm{j}}{\omega\mu}\nabla\times\overline{E}=\frac{\mathrm{j}}{\omega\mu}\begin{vmatrix}\hat{x}&\hat{y}&\hat{z}\\ \dfrac{\partial}{\partial x}&\dfrac{\partial}{\partial y}&\dfrac{\partial}{\partial z}\\ E_x&0&0\end{vmatrix}=\hat{y}\frac{\mathrm{j}}{\omega\mu}\frac{\partial E_x}{\partial z}$$

$$=\hat{y}\frac{\mathrm{j}}{\omega\mu}(-\mathrm{j}k)E_0\mathrm{e}^{-\mathrm{j}kz}=\hat{y}\frac{E_0}{\eta}\mathrm{e}^{-\mathrm{j}kz}=\hat{y}H_0\mathrm{e}^{-\mathrm{j}kz}\tag{5.4-7}$$

式中

$$\eta=\frac{E_0}{H_0}=\frac{\omega\mu}{k}=\sqrt{\frac{\mu}{\varepsilon}}\,(\Omega)\tag{5.4-8}$$

η 具有阻抗的量纲，单位为欧姆(Ω)，它的值与媒质的参数有关，因此它被称为媒质的波阻抗。在真空中它是 $\eta_0=\sqrt{\mu_0/\varepsilon_0}=377\approx120\pi(\Omega)$，更精确的值是 376.730 35Ω。

5.4.2 平面波的传播特性

由上，均匀平面波的电场和磁场复矢量具有下列形式：

$$\begin{cases}\overline{E}=\hat{x}E_0\mathrm{e}^{-\mathrm{j}kz}\\ \overline{H}=\hat{y}H_0\mathrm{e}^{-\mathrm{j}kz}\end{cases}\tag{5.4-9}$$

因此，对此特定的场有

$$\nabla=\hat{x}\frac{\partial}{\partial x}+\hat{y}\frac{\partial}{\partial y}+\hat{z}\frac{\partial}{\partial z}=-\mathrm{j}k\hat{z}\tag{5.4-10}$$

于是在无源区，复麦氏方程组(5.2-2)化为

$$-\mathrm{j}k\hat{z}\times\overline{E}=-\mathrm{j}\omega\mu\overline{H}\tag{5.4-11a}$$

$$-\mathrm{j}k\hat{z}\times\overline{H}=\mathrm{j}\omega\varepsilon\overline{E}\tag{5.4-11b}$$

$$-\mathrm{j}k\hat{z}\cdot\overline{E}=0\tag{5.4-11c}$$

$$-\mathrm{j}k\hat{z}\cdot\overline{H}=0\tag{5.4-11d}$$

即

$$\overline{H}=\frac{1}{\eta}\hat{z}\times\overline{E}\tag{5.4-12a}$$

$$\overline{E}=-\eta\hat{z}\times\overline{H}\tag{5.4-12b}$$

$$\hat{z}\cdot\overline{E}=0 \tag{5.4-12c}$$

$$\hat{z}\cdot\overline{H}=0 \tag{5.4-12d}$$

这些关系简单地给出了均匀平面波的电场 $\overline{E}$ 和磁场 $\overline{H}$ 的互换关系及重要特性。这些关系的导出利用了式(5.4-10)的处理，称为对均匀平面波的简化算法，它的条件是式(5.4-9)，即电磁场为均匀平面波。

基于5.4.1节的分析和上述关系，我们知道在理想介质中传播的均匀平面波有以下基本性质。其空间分布如图5.4-2所示。

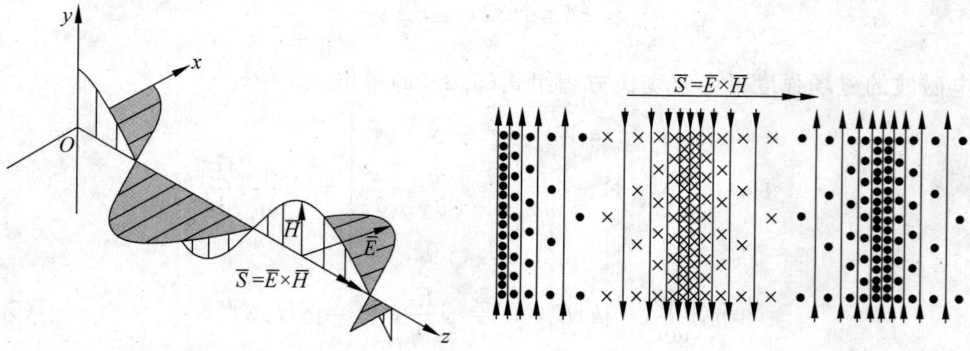

(a) 某一时刻$\overline{E}$和$\overline{H}$沿z轴的变化($\overline{E}$和$\overline{H}$相互垂直，同相)

(b) xz平面上的瞬时$\overline{E}$和$\overline{H}$($\overline{S}=\overline{E}\times\overline{H}$处处指向传播方向)

图5.4-2 均匀平面波的电磁场分布

(1) 由式(5.4-12a)和式(5.4-12b)知，$\overline{E}$、$\overline{H}$ 互相垂直，并由式(5.4-12c)和式(5.4-12d)知，$\overline{E}$、$\overline{H}$ 都与传播方向$\hat{z}$相垂直，即都无纵向分量，因此它是横波，称为横电磁波，或TEM(Transverse Electro-Magnetic)波。

(2) 式(5.4-12a)和式(5.4-12b)表明，$\overline{E}$、$\overline{H}$ 处处同相，两者振幅之比为媒质的波阻抗 η(实数)。

(3) 复坡印廷矢量为

$$\overline{S}=\frac{1}{2}\overline{E}\times\overline{H}^{*}=\frac{1}{2}\hat{x}E_{0}\mathrm{e}^{-\mathrm{j}kz}\times\hat{y}\frac{E_{0}}{\eta}\mathrm{e}^{+\mathrm{j}kz}=\hat{z}\frac{1}{2}\frac{E_{0}^{2}}{\eta}=\overline{S}^{\mathrm{av}} \tag{5.4-13}$$

均匀平面波沿传播方向传输实功率，且沿途无衰减(无损耗)；无虚功率。

(4) 瞬时电、磁能密度分别为

$$w_{\mathrm{e}}(t)=\frac{1}{2}\varepsilon E^{2}(t)=\frac{1}{2}\varepsilon E_{0}^{2}\cos^{2}(\omega t-kz)$$

$$w_{\mathrm{m}}(t)=\frac{1}{2}\mu H^{2}(t)=\frac{1}{2}\mu H_{0}^{2}\cos^{2}(\omega t-kz)=\frac{1}{2}\mu\frac{E_{0}^{2}}{\mu/\varepsilon}\cos^{2}(\omega t-kz)=w_{\mathrm{e}}(t)$$

可见，任一时刻电能密度与磁能密度相等，各为总电磁能密度的一半。

总电磁能密度的平均值为$\frac{1}{2}\varepsilon E_{0}^{2}=\frac{1}{2}\mu H_{0}^{2}$，因

$$w^{\mathrm{av}}=\frac{1}{T}\int_{0}^{T}w(t)\mathrm{d}t=\frac{1}{T}\int_{0}^{T}\varepsilon E_{0}^{2}\cos^{2}(\omega t-kz)\mathrm{d}t=\frac{1}{2}\varepsilon E_{0}^{2} \tag{5.4-14}$$

均匀平面波的能量传播速度等于其相速：

$$v_e=\frac{S^{av}}{w^{av}}=\frac{\dfrac{1}{2}\dfrac{E_0^2}{\eta}}{\dfrac{1}{2}\varepsilon E_0^2}=\frac{1}{\varepsilon\eta}=\frac{1}{\sqrt{\mu\varepsilon}}=v_p$$

这也说明，电磁波是电磁能量的携带者。

值得指出的是，“均匀平面波”是一个理想化的简化模型。例如电视塔发射天线的辐射场，一般来说它近于球面波而不是平面波。但是若从远离该塔的一个小区域来观察，则总可以把这种来波近似看成是均匀平面波(图 5.4-3)。这正如我们日常都把射入房间的太阳光看成是平行光一样。因此，在多数情形下，日常所用的电视或通信接收天线都可以把到达的来波看成是均匀平面波。

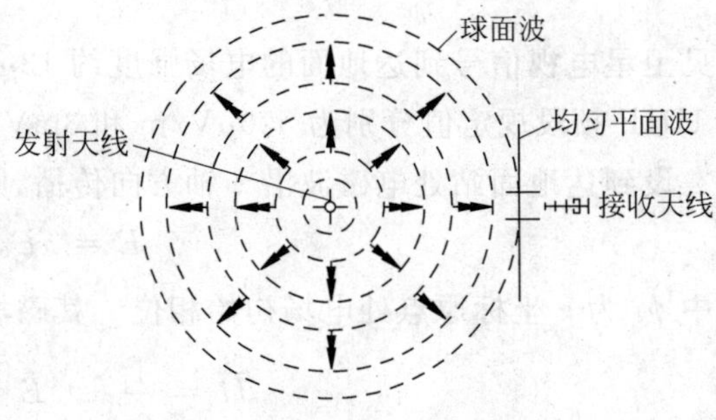

图 5.4-3　在远处小区域观察球面波

例 5.4-1　亚洲卫星Ⅰ号(Asiasat Ⅰ)转播中央电视台第一套节目，中心频率为 4.12GHz，它在我国上海的等效全向辐射功率(EIRP)为 $P=36$dBW。

(a) 求上海地面站接收的功率流密度，设它离卫星的距离 $r=37\,100$km①；

(b) 求地面站处电场强度和磁场强度振幅，并以自选的坐标写出其复矢量的瞬时值表示式；

(c) 若中央台北京发射站离卫星 $r'=37\,590$km①，则接收信号比中央台至少延迟了多久？(参见图 5.4-4)

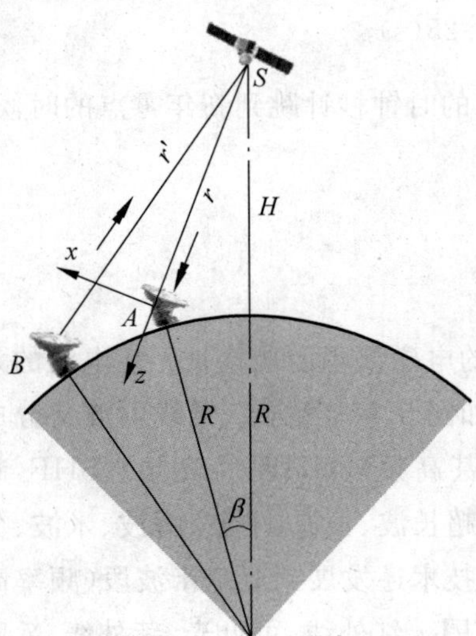

图 5.4-4　卫星电视广播线路

【解】 (a) 功率 P 以 dBW 为单位计的定义是

$$P(\text{dBW})=10\lg\frac{P(\text{W})}{1(\text{W})}\qquad(5.4\text{-}15)$$

故以 W(瓦)为单位计的功率为

$$P(\text{W})=10^{\frac{P(\text{dBW})}{10}}=10^{3.6}\approx 3981(\text{W})$$

卫星功率按要求只向亚洲地区辐射，而尽量不向其他方向辐射，因此到达我国各地的功率流密度相当强。为了便于计算，该功率密度由卫星对接收点方向的等效全向辐射功率 P 来计算，它规定为设想 P 向四周均匀辐射时接收点处的功率密度。从而得

$$S^{av}=\frac{P}{4\pi r^2}=\frac{3981}{4\pi\times 37\,100^2\times 10^6}=2.30\times 10^{-13}(\text{W/m}^2)$$

(b) 由式(5.4-13)知：

$$S^{av}=\frac{1}{2}\frac{E_0^2}{\eta_0}$$

---

① 同步地球卫星位于赤道上空约 35 800km 处。纬度为 θ，经度为 ϕ 的接收点至卫星的距离为

$$r=35\,786\sqrt{1+0.419\,98(1-\cos\Delta\phi\cos\theta)}\ (\text{km})$$

式中 $\Delta\phi$ 为接收点与卫星经度之差。1990 年 4 月发射的亚卫Ⅰ号定点于东经 105.5°。上海位于东经 121.43°、北纬 31.17°，由上式求得 $r=37\,100$km；北京位于东经 116.47°、北纬 39.80°，得 $r'=37\,590$km。

故

$$E_0 = \sqrt{2S^{\mathrm{av}}\eta_0} = \sqrt{2\times 2.30\times 10^{-13}\times 377} = 1.32\times 10^{-5}(\mathrm{V/m})$$

$$H_0 = \frac{E_0}{\eta_0} = \frac{1.32\times 10^{-5}}{377} = 3.50\times 10^{-8}(\mathrm{A/m})$$

可见卫星电视信号到达地面的电场强度约 13μV/m。它比本地电视台播发的场强值(VHF 和 UHF 频段规定值分别为 500μV/m 和 3mV/m)弱得多。

设到达地面站处电磁波沿 z 轴方向传播,则其电场强度复矢量可表示为

$$\overline{E} = \hat{x}E_0\mathrm{e}^{\mathrm{j}\phi_0}\mathrm{e}^{-\mathrm{j}kz}$$

式中 ϕ_0 为 z 坐标原点处电场初始相位。其磁场强度复矢量为

$$\overline{H} = \frac{1}{\eta_0}\hat{z}\times\overline{E} = \hat{y}\frac{E_0}{\eta_0}\mathrm{e}^{\mathrm{j}\phi_0}\mathrm{e}^{-\mathrm{j}kz}$$

由此,利用式(5.1-18),电磁场强度的瞬时值可表示为

$$\overline{E}(t) = \hat{x}E_0\cos(\omega t - kz + \phi_0)$$

$$\overline{H}(t) = \hat{y}\frac{E_0}{\eta_0}\cos(\omega t - kz + \phi_0)$$

式中

$$\omega = 2\pi f = 2\pi\times 4.12\times 10^9 = 2.59\times 10^{10}(\mathrm{rad/s})$$

$$k = \frac{\omega}{t} = \frac{2.59\times 10^{10}}{3\times 10^8} = 86.3(\mathrm{rad/m})$$

(c)
$$t \geqslant \frac{r'+r}{c} = \frac{37\,590+37\,100}{3\times 10^8} = 0.25(\mathrm{s})$$

这个结果表明,当我们在上海电视屏幕上见到中央电视台的时钟秒针跳到新年零点的时候,实际上上海人已步入新年约 $\frac{1}{4}$ 秒了。

5.4.3 电磁波谱

麦克斯韦方程组对电磁波的频率并没有限制。已知的电磁波频谱从特长无线电波的几百赫[兹]延续到宇宙辐射的极高能 γ 射线 10^{24} Hz 量级,如图 5.4-5 所示。无线电波又分成 VLF(甚低频)、LF(低频)、MF(中频)、HF(高频)、VHF(甚高频)、UHF(特高频)、SHF(超高频)和 EHF(极高频)等频段,它们依其波长也分别称为超长波、长波、中波、短波、米波、分米波、厘米波和毫米波等波段(参看附录 D)。当代无线电技术还发展到亚毫米波段(频率高于 3×10^{11} Hz,波长短于 1mm),这已属于红外线的频率范围。红外线、可见光、紫外线、X 射线、γ 射线等全都是电磁波。例如,X 射线就是波长在 $(0.01\sim 100)\times 10^{-10}$ m 范围内的电磁波。电磁波谱是一项有限的资源。在短短的最近一百年的时间里,人们已对各无线电波频段开发了成功的应用,参看附录 D 中表 D-1。

许多实验已表明,所有这些波仍有其基本的共同点,如都是横波,它们在自由空间都以光速传播。人们曾同时用无线电波和光波来观察星球,两者频率相差 10^6 倍以上,却已证实,它们的传播速度是相同的,其差异在实验误差范围之内。自然,也有不同点,如无线电波呈现明显的波动性,而光波及波长更短的 γ 射线等则较强地呈现粒子性。

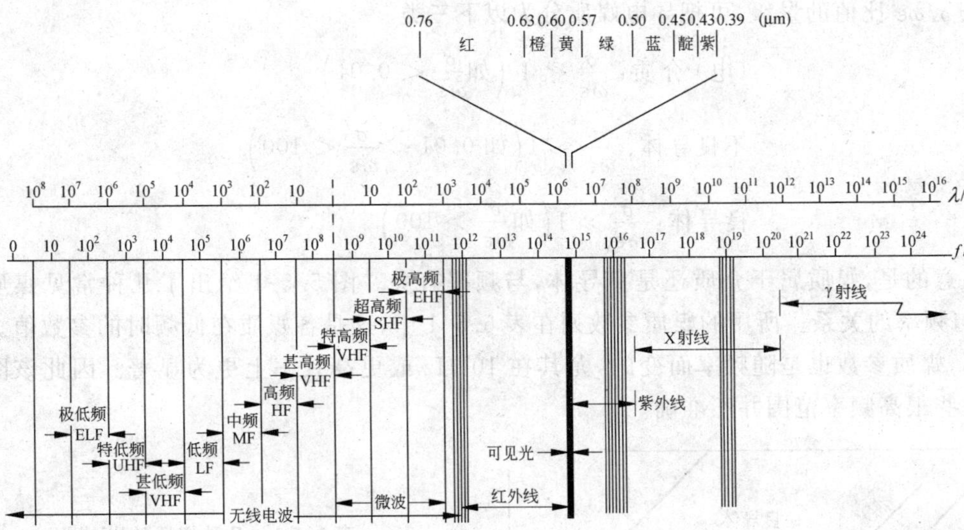

图 5.4-5　电磁波谱

产生各电磁波的基本原理都是相同的，即实现电荷扰动。电荷只要不是作匀速直线运动（惯性运动），其他各种电荷运动都将辐射电磁波。但可以分为两类：①所有无线电波都是利用振荡回路使电荷在回路中来回振动而产生的，其波长可从 30km 至 0.2mm；②对于更短波长的电磁波，则不是利用电的方法产生，而是通过热骚动激发原子或分子中的电子能级跃迁来产生。

实际波源既有人工的又有天然的。电视广播、通信和雷达的发射天线、医用辐射计、微波炉、激光器、核爆炸等是电磁波的人工源；太阳、星球和雷电等则是电磁波的天然源。

5.5　导电媒质中的平面波

5.5.1　导电媒质的分类

导电媒质又称为有（损）耗媒质，是指 $\sigma\neq0$ 的媒质。电磁波在导电媒质中传播时，根据欧姆定律，将出现传导电流 $\overline{J}_c=\sigma\overline{E}$，也称为欧姆电流。此时麦氏方程(5.2-2b)中 $\overline{J}=\overline{J}_e+\overline{J}_c$，$\overline{J}_e$ 是外加的源电流。在无源区 $\overline{J}_e=0$，于是有

$$\nabla\times\overline{H}=\sigma\overline{E}+\mathrm{j}\omega\varepsilon\overline{E}=\mathrm{j}\omega\left(\varepsilon-\mathrm{j}\frac{\sigma}{\omega}\right)\overline{E}=\mathrm{j}\omega\varepsilon_x\overline{E}\tag{5.5-1}$$

式中

$$\varepsilon_x=\varepsilon-\mathrm{j}\frac{\sigma}{\omega}=\varepsilon\left(1-\mathrm{j}\frac{\sigma}{\omega\varepsilon}\right)\tag{5.5-2}$$

称为等效复介电常数，下标 x 代表复数(complex number)。引入等效复介电常数 ε_x 后导电媒质可看成一种等效的介质，只是 ε 换以等效复介电常数 ε_x。ε_x 与 ε 的不同在于多一项虚部。该虚部的大小取决于比值 $\frac{\sigma}{\omega\varepsilon}$，该比值其实就是导电媒质中传导电流密度振幅（$|\sigma E|$）与位移电流密度振幅（$|\mathrm{j}\omega\varepsilon E|$）之比。

按 $\sigma/\omega\varepsilon$ 比值的量级,可把导电媒质分为以下三类。

$$\text{(电)介质:}\frac{\sigma}{\omega\varepsilon}\ll 1\left(\text{如}\frac{\sigma}{\omega\varepsilon}<0.01\right)$$

$$\text{不良导体:}\frac{\sigma}{\omega\varepsilon}\approx 1\left(\text{如 }0.01<\frac{\sigma}{\omega\varepsilon}<100\right)$$

$$\text{良导体:}\frac{\sigma}{\omega\varepsilon}\gg 1\left(\text{如}\frac{\sigma}{\omega\varepsilon}>100\right)$$

值得注意的是,媒质属于介质还是良导体,与频率有关。图 5.5-1 给出了几种常见媒质的 $\sigma/\omega\varepsilon$ 与频率的关系。所用的媒质参数列在表 5.5-1 中,这是各媒质在低频时的参数值。值得说明,媒质参数也是随频率而变的,尤其在 10^9 Hz 或更高频率上更为显著。因此该图曲线对这些很高频率范围并不准确。

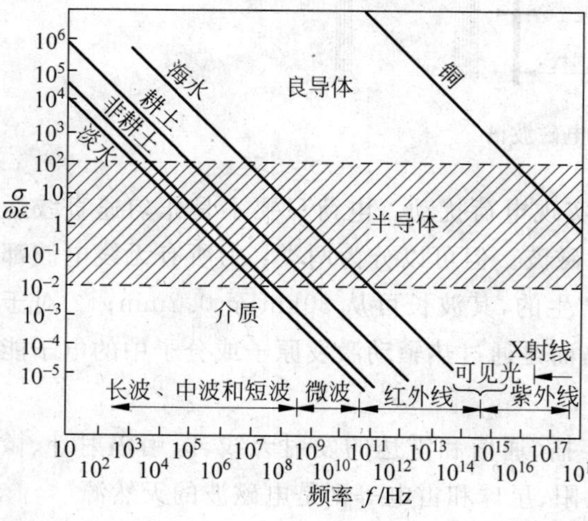

图 5.5-1 几种媒质的$\frac{\sigma}{\omega\varepsilon}$与频率的关系(对数坐标)

表 5.5-1 几种媒质的电参数

媒质	$\varepsilon_r=\varepsilon/\varepsilon_0$	σ/(S/m)
铜	1	5.8×10^7
海水	80	4
耕土	14	10^{-2}
非耕土	3	10^{-4}
淡水	80	10^{-3}

由图 5.5-1 可见,在 1MHz 时海水性质像导体,而在微波频率上它的性质像不良导体。铜平常认为是一种良导体,在普通无线电波频率范围内,其 $\sigma/\omega\varepsilon$ 很大,甚至当频率高至 30GHz,仍达 3.5×10^7,即仍属于优良导电体。但是当频率是 10^{20} Hz 时,即对于短 X 射线,其 $\sigma/\omega\varepsilon$ 约为 10^{-2}。这就是说,铜对 X 射线而言犹如一介质。因此 X 射线可以透入金属(如铜)一定的深度。从微观来看,这时的波长已短到可与金属原子间的距离相比拟或更小,因而能透入。

5.5.2 平面波在导电媒质中的传播特性

采用等效复介电常数 ε_x 后,平面波在导电媒质中的场表达式和传播参数可仿照理想介质情况来得出。在无源区,设其时谐电磁场的电场复矢量为 $\bar{E}=\hat{x}E_x$,则由式(5.4-1)知,E_x 的波动方程为

$$\nabla^2 E_x + k_x^2 E_x = 0,\quad k_x = \omega\sqrt{\mu\varepsilon_x} = \omega\sqrt{\mu\left(\varepsilon - \mathrm{j}\frac{\sigma}{\omega}\right)} \tag{5.5-3}$$

对于沿 $+z$ 方向传播的波,其解的形式为 $E_0\mathrm{e}^{-\mathrm{j}k_x z}$,故

$$\bar{E} = \hat{x}E_0\mathrm{e}^{-\mathrm{j}k_x z} \tag{5.5-4}$$

磁场复矢量为

$$\overline{H}=\frac{1}{\varepsilon_x}\hat{z}\times\overline{E}=\hat{y}\frac{E_0}{\varepsilon_x}\mathrm{e}^{-\mathrm{j}k_x z} \tag{5.5-5}$$

式中

$$\varepsilon_x=\sqrt{\frac{\mu}{\varepsilon_x}}=\sqrt{\frac{\mu}{\varepsilon-\mathrm{j}\dfrac{\sigma}{\omega}}} \tag{5.5-6}$$

复数 k_x 称为传播常数,它可以写成如下形式:

$$k_x=\beta-\mathrm{j}\alpha \tag{5.5-7}$$

β 称为相位常数;α 称为衰减常数。将上式代入式(5.5-3)的 k_x,两边平方后有

$$k_x^2=\beta^2-\alpha^2-\mathrm{j}2\beta\alpha=\omega^2\mu\left(\varepsilon-\mathrm{j}\frac{\sigma}{\omega}\right)$$

上式两边的实部和虚部应分别相等,即

$$\begin{cases}\beta^2-\alpha^2=\omega^2\mu\varepsilon\\ 2\beta\alpha=\omega\mu\sigma\end{cases}$$

由以上两方程解得

$$\alpha=\omega\sqrt{\frac{\mu\varepsilon}{2}}\left[\sqrt{1+\left(\frac{\sigma}{\omega\varepsilon}\right)^2}-1\right]^{\frac{1}{2}} \tag{5.5-8a}$$

$$\beta=\omega\sqrt{\frac{\mu\varepsilon}{2}}\left[\sqrt{1+\left(\frac{\sigma}{\omega\varepsilon}\right)^2}+1\right]^{\frac{1}{2}} \tag{5.5-8b}$$

将式(5.5-7)代入式(5.5-4)知,

$$\overline{E}=\hat{x}E_0\mathrm{e}^{-\alpha z}\mathrm{e}^{-\mathrm{j}\beta z} \tag{5.5-9a}$$

其瞬时表示式为(设 E_0 为实数)

$$\overline{E}(t)=\hat{x}E_0\mathrm{e}^{-\alpha z}\cos(\omega t-\beta z) \tag{5.5-9b}$$

可见,场强振幅随 z 的增加按指数律不断衰减。衰减的产生是由于传播过程中一部分电磁能转变成热能(热损耗)。衰减量可用场量衰减值的自然对数来计量,记为奈比(Np)。若电磁波传播 l 距离后振幅由 E_0 衰减为 E_1,则

$$E_1=E_0\mathrm{e}^{-\alpha l}$$

$$\alpha l=\ln\frac{E_0}{E_1}(\mathrm{Np}) \tag{5.5-10}$$

工程上又常用分贝(dB)来计算这类量,其定义为

$$A_{\mathrm{dB}}=10\lg\frac{P_0}{P_1}=20\lg\frac{E_0}{E_1}(\mathrm{dB}) \tag{5.5-11}$$

当 $E_0/E_1=\mathrm{e}=2.7183$,衰减量为 1Np,或 20lg 2.718=8.686dB,故

$$1\mathrm{Np}=8.686\mathrm{dB} \tag{5.5-12}$$

衰减常数 α 的单位为 Np/m 或 dB/m。按式(5.5-11)定义的分贝值与其功率比和场强比的对比关系如表 5.5-2 所示。

表 5.5-2 分贝值与功率比和场强比的对比关系

dB	P_0/P_1	E_0/E_1	dB	P_0/P_1	E_0/E_1
$10n$	10^n	$10^{n/2}$	-3	0.5	0.707
20	100	10	-6	0.25	0.5
10	10	3.162	-10	0.1	0.316
6	4	2	-20	0.01	0.1
3	2	1.414	$-10n$	10^{-n}	$10^{-n/2}$
0	1	1			

场强的空间相位随 z 的增加按 βz 滞后,即波沿 z 方向传播。波的相速为

$$v_p=\frac{\omega}{\beta}=\frac{1}{\sqrt{\mu\varepsilon}}\left[\frac{2}{\sqrt{1+\left(\frac{\sigma}{\omega\varepsilon}\right)^2}+1}\right]^{\frac{1}{2}}<\frac{1}{\sqrt{\mu\varepsilon}} \tag{5.5-13}$$

可见,在导电媒质中传播时,波的相速比在 μ、ε 相同的理想介质中慢,且 α 越大,v_p 越慢。该相速还随频率而变化,频率低,则相速越慢。这样,携带信号的电磁波其不同的频率分量将以不同的相速传播。经过一段距离后,它们的相位关系将发生变化,从而导致信号失真。这种波的相速随频率而变的现象称为色散。

色散的名称来源于光学。当一束阳光射在三棱镜上时,在三棱镜的另一边就可看到红、橙、黄、绿、蓝、靛、紫七色光散开的图像。这就是光谱段电磁波的色散现象。这是由于不同频率的光在同一媒质中具有不同的折射率,亦即具有不同的相速所致。因此导电媒质是色散媒质。

导电媒质的波阻抗为复数:

$$\varepsilon_x=\sqrt{\frac{\mu}{\varepsilon-\mathrm{j}\frac{\sigma}{\omega}}}=\sqrt{\frac{\mu}{\varepsilon}}\left(1-\mathrm{j}\frac{\sigma}{\omega\varepsilon}\right)^{-\frac{1}{2}}=|\varepsilon_x|\mathrm{e}^{\mathrm{j}\zeta} \tag{5.5-14}$$

则

$$|\varepsilon_x|^2\mathrm{e}^{\mathrm{j}2\zeta}=\frac{\mu}{\varepsilon}\frac{1+\mathrm{j}\frac{\sigma}{\omega\varepsilon}}{1+\left(\frac{\sigma}{\omega\varepsilon}\right)^2}$$

得

$$|\varepsilon_x|=\sqrt{\frac{\mu}{\varepsilon}}\left[1+\left(\frac{\sigma}{\omega\varepsilon}\right)^2\right]^{-\frac{1}{4}}<\sqrt{\frac{\mu}{\varepsilon}} \tag{5.5-15}$$

$$\zeta=\frac{1}{2}\arctan\left(\frac{\sigma}{\omega\varepsilon}\right)=0\sim\frac{\pi}{4} \tag{5.5-16}$$

可见,波阻抗具有感性相角。这意味着电场引前于磁场,二者不再同相。此时磁场强度复矢量为

$$\overline{H}=\hat{y}\frac{E_0}{\varepsilon_x}\mathrm{e}^{-\mathrm{j}k_x z}=\hat{y}\frac{E_0}{|\varepsilon_x|}\mathrm{e}^{-\alpha z}\mathrm{e}^{-\mathrm{j}\beta z}\mathrm{e}^{-\mathrm{j}\zeta} \tag{5.5-17}$$

其瞬时值为

$$\overline{H}(t)=\hat{y}\frac{E_0}{|\varepsilon_x|}\mathrm{e}^{-\alpha z}\cos(\omega t-\beta z-\zeta) \tag{5.5-18}$$

磁场强度的相位比电场强度滞后 ξ，σ 越大则滞后越多。其振幅也随 z 的增加按指数衰减，如图 5.5-2 所示。

磁场强度的方向与电场强度相垂直，并都垂直于传播方向 $\hat{z}$，因此导电媒质中的平面波是横电磁波。这个性质与理想介质中的平面电磁波是相同的。导电媒质中的复坡印廷矢量为

$$\overline{S}=\frac{1}{2}\overline{E}\times\overline{H}^*$$

$$=\hat{z}\frac{E_0^2}{2|\varepsilon_x|}\mathrm{e}^{-2\alpha z}\mathrm{e}^{\mathrm{j}\zeta}\qquad(5.5\text{-}19)$$

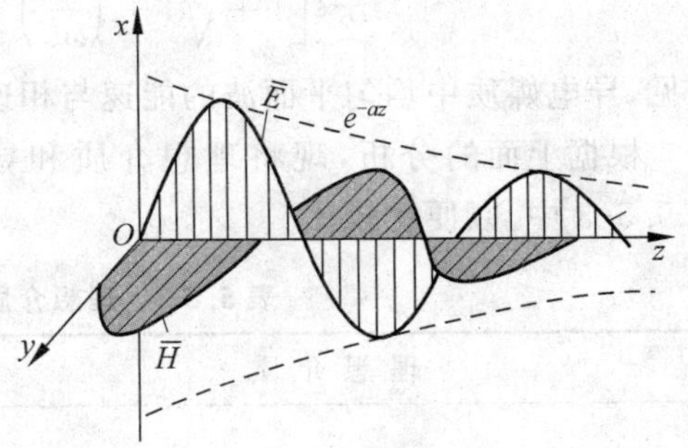

图 5.5-2　导电媒质中平面电磁波瞬时图形

由于电场与磁场不同相，复功率密度不但有实部，还有虚部，即既有单向流动的功率，又有来回流动的交换功率(虚功率)。利用式(5.5-9b)和式(5.5-18)可知，其瞬时坡印廷矢量为

$$\overline{S}(t)=\overline{E}(t)\times\overline{H}(t)=\hat{z}\frac{E_0^2}{|\varepsilon_x|}\mathrm{e}^{-2\alpha z}\cos(\omega t-\beta z)\cos(\omega t-\beta z-\zeta)$$

$$=\hat{z}\frac{E_0^2}{2|\varepsilon_x|}\mathrm{e}^{-2\alpha z}[\cos\zeta+\cos(2\omega t-2\beta z-\zeta)]\qquad(5.5\text{-}20)$$

上式第二项是时间的周期函数，周期为 $2\pi/(2\omega)=T/2$。对一固定的观察点($z=z_1$)而言，在这个周期内该瞬时功率项在正负间来回变换，意味着一会儿向 $+z$ 方向流动，一会儿又向 $-z$ 方向流动，而一周内沿 $+z$ 方向的总功率流密度为零，因此这部分功率为虚功率。因 $\zeta=0\sim\pi/4$，第一项为正值，代表向 $+z$ 方向流动的实功率。它也正是一周内沿 $+z$ 方向的平均功率流密度 $\overline{S}^{\mathrm{av}}$。对式(5.5-19)取实部可得到相同的结果：

$$\overline{S}^{\mathrm{av}}=\mathrm{Re}[\overline{S}]=\hat{z}\frac{E_0^2}{2|\varepsilon_x|}\mathrm{e}^{-2\alpha z}\cos\zeta\qquad(5.5\text{-}21)$$

式中 $\cos\zeta$ 与 σ 的关系可利用式(5.5-16)导出，得

$$\cos\zeta=\frac{1}{\sqrt{2}}\left[1+\frac{1}{\sqrt{1+\left(\dfrac{\sigma}{\omega\varepsilon}\right)^2}}\right]^{\frac{1}{2}}\qquad(5.5\text{-}22)$$

若 $\sigma\neq0$，即 $\zeta\neq0$，将使平均功率流密度减小。该平均功率流密度随 z 的增大按 $\mathrm{e}^{-2\alpha z}$ 关系迅速衰减。

电、磁场储能在一个周期内的平均值分别如下：

$$w_{\mathrm{e}}^{\mathrm{av}}=\frac{1}{4}\varepsilon|E|^2=\frac{1}{4}\varepsilon E_0^2\mathrm{e}^{-2\alpha z}\qquad(5.5\text{-}23)$$

$$w_{\mathrm{m}}^{\mathrm{av}}=\frac{1}{4}\mu|H|^2=\frac{1}{4}\mu\frac{E_0^2}{|\varepsilon_x|^2}\mathrm{e}^{-2\alpha z}=\frac{1}{4}\varepsilon E_0^2\sqrt{1+\left(\frac{\sigma}{\omega\varepsilon}\right)^2}\mathrm{e}^{-2\alpha z}\qquad(5.5\text{-}24)$$

我们看到，在导电媒质中，平均磁能密度比平均电能密度大。这正是由于 $\sigma\neq0$ 所引起的传导电流所致，因为它激发了附加的磁场。总平均储能密度为

$$w^{\mathrm{av}}=w_{\mathrm{e}}^{\mathrm{av}}+w_{\mathrm{m}}^{\mathrm{av}}=\frac{1}{4}\varepsilon E_0^2\mathrm{e}^{-2\alpha z}\left[1+\sqrt{1+\left(\frac{\sigma}{\omega\varepsilon}\right)^2}\right]\qquad(5.5\text{-}25)$$

能量传播速度为

$$v_e = \frac{S^{av}}{w^{av}} = \frac{\frac{\cos\zeta}{|\varepsilon_x|}}{\frac{1}{2}\varepsilon\left[1+\sqrt{1+\left(\frac{\sigma}{\omega\varepsilon}\right)^2}\right]} = \frac{1}{\sqrt{\mu\varepsilon}}\left[\frac{2}{1+\sqrt{1+\left(\frac{\sigma}{\omega\varepsilon}\right)^2}}\right]^{\frac{1}{2}} = v_p \qquad (5.5\text{-}26)$$

可见,导电媒质中均匀平面波的能速与相速相同。

根据上面的分析,现将理想介质和导电媒质中的平面波传播参数和场表示式列在表 5.5-3 中,以便比较。

表 5.5-3 理想介质和导电媒质传播特性比较

理 想 介 质	导 电 媒 质
ε	$\varepsilon_x=\varepsilon-\mathrm{j}\,\frac{\sigma}{\omega}$
$k=\omega\sqrt{\mu\varepsilon}$	$k_x=\omega\sqrt{\mu\varepsilon_x}=\beta-\mathrm{j}\alpha$
$\eta=\sqrt{\frac{\mu}{\varepsilon}}$	$\varepsilon_x=\sqrt{\frac{\mu}{\varepsilon_x}}=\lvert\varepsilon_x\rvert \mathrm{e}^{\mathrm{j}\zeta}$
$v_p=\frac{\omega}{k}=\frac{1}{\sqrt{\mu\varepsilon}}$	$v_p=\frac{\omega}{\beta}<\frac{1}{\sqrt{\mu\varepsilon}}$
$\bar{E}=\hat{x}E_0\mathrm{e}^{-\mathrm{j}kz}$	$\bar{E}=\hat{x}E_0\mathrm{e}^{-\alpha z}\mathrm{e}^{-\mathrm{j}\beta z}$
$\bar{H}=\hat{y}\frac{E_0}{\eta}\mathrm{e}^{-\mathrm{j}kz}$	$\bar{H}=\hat{y}\frac{E_0}{\lvert\varepsilon_x\rvert}\mathrm{e}^{-\alpha z}\mathrm{e}^{-\mathrm{j}\beta z}\mathrm{e}^{-\mathrm{j}\zeta}$
$\bar{S}^{av}=\hat{z}\frac{E_0^2}{2\eta}$	$\bar{S}^{av}=\hat{z}\frac{E_0^2}{2\lvert\varepsilon_x\rvert}\mathrm{e}^{-2\alpha z}\cos\zeta$

对于介质(低耗介质),$\frac{\sigma}{\omega\varepsilon}\ll 1$。例如,聚四氟乙烯、聚苯乙烯、聚乙烯及有机玻璃等材料,在高频和超高频范围内均有$\frac{\sigma}{\omega\varepsilon}<10^{-2}$。则其平面波传播常数为①

$$k_x=\omega\sqrt{\mu\varepsilon\left(1-\mathrm{j}\,\frac{\sigma}{\omega\varepsilon}\right)}\approx\omega\sqrt{\mu\varepsilon}\left(1-\mathrm{j}\,\frac{\sigma}{2\omega\varepsilon}\right) \qquad (5.5\text{-}27)$$

即

$$\alpha\approx\frac{\sigma}{2}\sqrt{\frac{\mu}{\varepsilon}} \qquad (5.5\text{-}28a)$$

$$\beta\approx\omega\sqrt{\mu\varepsilon} \qquad (5.5\text{-}28b)$$

波阻抗为②

---

① 更准确的近似式是:

$$k_x=\omega\sqrt{\mu\varepsilon}\left(1-\mathrm{j}\,\frac{\sigma}{\omega\varepsilon}\right)^{\frac{1}{2}}\approx\omega\sqrt{\mu\varepsilon}\left[1-\mathrm{j}\,\frac{\sigma}{2\omega\varepsilon}+\frac{1}{8}\left(\frac{\sigma}{\omega\varepsilon}\right)^2+\cdots\right]$$

得

$$\beta\approx\omega\sqrt{\mu\varepsilon}\left[1+\frac{1}{8}\left(\frac{\sigma}{\omega\varepsilon}\right)^2\right]$$

② 更准确的近似式是:$\varepsilon_x=\sqrt{\frac{\mu}{\varepsilon}}\left(1-\mathrm{j}\,\frac{\sigma}{\omega\varepsilon}\right)^{-\frac{1}{2}}\approx\sqrt{\frac{\mu}{\varepsilon}}\left(1+\mathrm{j}\,\frac{\sigma}{2\omega\varepsilon}\right)$

$$\varepsilon_x \approx \sqrt{\frac{\mu}{\varepsilon}} \tag{5.5-29}$$

可见，平面波在低损耗介质中的传播特性，除了由微弱的损耗引起的衰减外，与理想介质中几乎相同。该衰减常数式(5.5-28a)也可基于其热损耗功率来导出，这留作读者的思考题。

例 5.5-1　人体肌肉组织 $\varepsilon_r=58.5$，$\sigma=1.21\text{S/m}$，当接收 900MHz 的手机电磁波信号时，它的传播参数 α、β 及 ε_x 多大？

【解】　先来计算在接收频率上的$\dfrac{\sigma}{\omega\varepsilon}$：

$$\frac{\sigma}{\omega\varepsilon}=\frac{1.21}{2\pi\times900\times10^6\times58.5\times8.854\times10^{-12}}=0.413$$

由式(5.5-8)，

$$\left.\begin{matrix}\alpha\\ \\ \beta\end{matrix}\right\}=2\pi\times900\times10^6\times\frac{1}{3\times10^8}\sqrt{\frac{5.85}{2}}\left[\sqrt{1+(0.413)^2}\mp1\right]^{\frac{1}{2}}=\begin{cases}29.2(\text{Np/m})\\ 147(\text{rad/m})\end{cases}$$

由式(5.5-14)，

$$\varepsilon_x=\frac{377}{\sqrt{58.5}}\left[1+(0.413)^2\right]^{-\frac{1}{4}}e^{j\frac{1}{2}\arctan0.413}=47.4e^{j11.2^\circ}(\Omega)$$

对于不同类型的媒质，现将其传播参数 α、β、ε_x 及相速 v_p 的表示式列在表 5.5-4 中。

表 5.5-4　不同类型媒质的传播参数表示式

媒质类型	α/(Np/m)	β/(rad/m)	ε_x/Ω	v_p/(m/s)
一般导电媒质	$\omega\sqrt{\frac{\mu\varepsilon}{2}}\left[\sqrt{1+\left(\frac{\sigma}{\omega\varepsilon}\right)^2}-1\right]^{\frac{1}{2}}$	$\omega\sqrt{\frac{\mu\varepsilon}{2}}\left[\sqrt{1+\left(\frac{\sigma}{\omega\varepsilon}\right)^2}+1\right]^{\frac{1}{2}}$	$\sqrt{\frac{\mu}{\varepsilon}}\left[1+\left(\frac{\sigma}{\omega\varepsilon}\right)^2\right]^{-\frac{1}{4}}\cdot e^{j\frac{1}{2}\arctan\left(\frac{\sigma}{\omega\varepsilon}\right)}$	$\frac{\omega}{\beta}$
理想介质 ($\sigma=0$)	0	$\omega\sqrt{\mu\varepsilon}$	$\sqrt{\frac{\mu}{\varepsilon}}$	$\frac{1}{\sqrt{\mu\varepsilon}}$
低耗介质 $\left(\frac{\sigma}{\omega\varepsilon}\ll1\right)$	$\frac{\sigma}{2}\sqrt{\frac{\mu}{\varepsilon}}$	$\omega\sqrt{\mu\varepsilon}$	$\sqrt{\frac{\mu}{\varepsilon}}$	$\frac{1}{\sqrt{\mu\varepsilon}}$
良导体 $\left(\frac{\sigma}{\omega\varepsilon}\gg1\right)$	$\sqrt{\pi f\mu\sigma}$	$\sqrt{\pi f\mu\sigma}$	$(1+j)\sqrt{\frac{\pi f\mu}{\sigma}}$	$\sqrt{\frac{4\pi f}{\mu\sigma}}$

5.5.3　平面波在良导体中的传播特性及集肤深度和表面电阻

对于良导体，$\sigma/\omega\varepsilon\gg1$，传导电流密度远大于位移电流密度：$|\sigma E|\gg|j\omega\varepsilon E|$。例如银、金、铜、铝等金属，在整个无线电频率范围上都有 $\sigma/\omega\varepsilon>10^2$。其中平面波的传播常数为

$$k_x\approx\omega\sqrt{\mu\varepsilon\left(-j\frac{\sigma}{\omega\varepsilon}\right)}=\sqrt{\omega\mu\sigma}\,e^{-j\frac{\pi}{4}}=(1-j)\sqrt{\frac{\omega\mu\sigma}{2}}=(1-j)\sqrt{\pi f\mu\sigma}$$

即

$$\alpha \approx \beta \approx \sqrt{\pi f \mu \sigma} \tag{5.5-30}$$

波阻抗为

$$\varepsilon_x \approx \sqrt{\frac{\mu}{\varepsilon\left(-\mathrm{j}\,\frac{\sigma}{\omega\varepsilon}\right)}} = \sqrt{\frac{2\pi f\mu}{\sigma}}\,\mathrm{e}^{\mathrm{j}\frac{\pi}{4}} = (1+\mathrm{j})\sqrt{\frac{\pi f\mu}{\sigma}} = (1+\mathrm{j})\frac{\alpha}{\sigma} \tag{5.5-31}$$

由式(5.5-30)得平面波在良导体中传播的相速为

$$v_{\mathrm{p}} = \frac{\omega}{\beta} = \sqrt{\frac{4\pi f}{\mu\sigma}} \tag{5.5-32}$$

良导体中的相速与频率的开方值成正比。当 $f=900\mathrm{MHz}$,对铜($\sigma=5.8\times10^7\mathrm{S/m}$)有

$$v_{\mathrm{p}}=\sqrt{\frac{4\pi\times900\times10^6}{4\pi\times10^{-7}\times5.8\times10^7}}=1.25\times10^4\,(\mathrm{m/s})$$

这远比真空中的光速慢。相应的波长也比真空中波长(0.33m)短得多:

$$\lambda=\frac{v_{\mathrm{p}}}{f}=\frac{1.25\times10^4}{9\times10^8}=1.39\times10^{-5}\,(\mathrm{m})$$

该频率上铜的波阻抗是

$$\varepsilon_x=(1+\mathrm{j})\sqrt{\frac{9\pi\times10^8\times4\pi\times10^{-7}}{5.8\times10^7}}=7.83\times10^{-3}\,(1+\mathrm{j})\,(\Omega)$$

可见 $|\varepsilon_x|\ll1$,因此良导体中 $|E_x|\ll|H_y|$。

良导体中平面波的电磁场分量和电流密度为

$$E_x = E_0\mathrm{e}^{-(1+\mathrm{j})\alpha z} \tag{5.5-33}$$

$$H_y = \frac{E_x}{\eta} = H_0\mathrm{e}^{-(1+\mathrm{j})\alpha z},\quad H_0 = \frac{E_0}{\varepsilon_x} = E_0\sqrt{\frac{\sigma}{2\pi f\mu}}\,\mathrm{e}^{-\mathrm{j}\pi/4} = E_0\,\frac{\sigma}{\sqrt{2}\,\alpha}\,\mathrm{e}^{-\mathrm{j}\pi/4} \tag{5.5-34}$$

$$J_x = \sigma E_x = J_0\mathrm{e}^{-(1+\mathrm{j})\alpha z},\quad J_0 = \sigma E_0 \tag{5.5-35}$$

H_0 和 J_0 分别是导体表面($z=0$)处的磁场强度复振幅和电流密度复振幅。H_y 的相位比 E_z 滞后 45°,因此其复功率流密度将有虚功率:

$$S = \frac{1}{2}E_xH_y^* = \frac{1}{2}E_0H_0^*\,\mathrm{e}^{-2\alpha z} = \frac{1}{2}E_0^2\mathrm{e}^{-2\alpha z}\sqrt{\frac{\sigma}{4\pi f\mu}}\,(1+\mathrm{j}) \tag{5.5-36}$$

$z=0$ 处平均功率流密度为

$$S^{\mathrm{av}}(z=0)=\mathrm{Re}[S(z=0)]=\frac{1}{2}E_0^2\sqrt{\frac{\sigma}{4\pi f\mu}}\,(\mathrm{W/m^2}) \tag{5.5-37a}$$

这代表导体表面每单位面积所吸收的平均功率,也就是单位面积导体内传导电流的热损耗功率:

$$p_\sigma = \frac{1}{2}\int_v \sigma|E|^2\mathrm{d}v = \frac{1}{2}\int_0^\infty \sigma E_0^2\mathrm{e}^{-2\alpha z}\mathrm{d}z = \frac{\sigma}{4\alpha}E_0^2 = \frac{1}{2}E_0^2\sqrt{\frac{\sigma}{4\pi f\mu}}\,(\mathrm{W/m^2}) \tag{5.5-37b}$$

因此,传入导体的电磁波实功率全部化为热损耗功率。

值得注意的是,电磁波在良导体中衰减极快。由于良导体的 σ 一般在 10^7(S/m)量级,使高频率电磁波传入良导体后,往往在微米量级的距离内就衰减得近于零了。所以高频电磁场只能存在于导体表面的一个薄层内。这个现象称为集肤效应。电磁波场强振幅衰减到

表面处的 1/e 即 36.8%的深度，称为集肤深度(或穿透深度)δ。即

$$E_0 e^{-\alpha\delta} = \frac{1}{e} E_0$$

得

$$\delta = \frac{1}{\alpha} = \sqrt{\frac{1}{\pi f \mu \sigma}}\ (\mathrm{m}) \tag{5.5-38}$$

导电性能越好(σ 越大)，工作频率越高，则集肤深度越小。例如，银的电导率为 6.15×10^7(S/m)，磁导率为 $\mu_0=4\pi\times10^{-7}$(H/m)，由式(5.5-38)得

$$\delta = \sqrt{\frac{1}{\pi f \times 4\pi \times 6.15}} = \frac{0.0642}{\sqrt{f}}(\mathrm{m})$$

当频率 $f=3$GHz(对应的自由空间波长为 $\lambda_0=10$cm)时，得 $\delta=1.17\times10^{-6}\mathrm{m}=1.17\mu\mathrm{m}$。因此，虽然微波器件通常用黄铜制成，但只在其导电层的表面涂上若干微米(如 7μm)银，就能保证表面电流主要在银层通过。一些导体的 δ 值已列在表 5.5-5 中。

表 5.5-5　导体的集肤效应特性

材料	σ/(S/m)	μ_r	δ/m	δ			R_s/Ω
				50Hz,mm	10MHz,mm	3GHz,μm	
银	6.15×10^7	1	$0.0642/\sqrt{f}$	9.08	0.0203	1.17	$2.53\times10^{-7}\sqrt{f}$
铜	5.80×10^7	1	$0.0661/\sqrt{f}$	9.35	0.0209	1.21	$2.61\times10^{-7}\sqrt{f}$
金	4.50×10^7	1	$0.0750/\sqrt{f}$	10.6	0.0237	1.37	$2.96\times10^{-7}\sqrt{f}$
铬	3.80×10^7	1	$0.0816/\sqrt{f}$	11.5	0.0258	1.49	$3.22\times10^{-7}\sqrt{f}$
铝	3.54×10^7	1	$0.0846/\sqrt{f}$	11.0	0.0267	1.54	$3.26\times10^{-7}\sqrt{f}$
锌	1.86×10^7	1	$0.117/\sqrt{f}$	16.5	0.0369	2.13	$4.60\times10^{-7}\sqrt{f}$
黄铜	1.57×10^7	1	$0.127/\sqrt{f}$	18.0	0.0402	2.32	$5.01\times10^{-7}\sqrt{f}$
镍	1.3×10^7	100*	$0.014/\sqrt{f}$	2.0	0.0044	0.25	$5.5\times10^{-6}\sqrt{f}$
软铁	1.0×10^7	200*	$0.011/\sqrt{f}$	1.6	0.0036	0.21	$8.9\times10^{-6}\sqrt{f}$
焊锡	7.06×10^6	1	$0.0189/\sqrt{f}$	26.8	0.0598	3.45	$7.48\times10^{-7}\sqrt{f}$
石墨	1.0×10^5	1	$1.59/\sqrt{f}$	225	0.503	29	$6.3\times10^{-6}\sqrt{f}$

* 当 $B=0.002$T 时。

场强或电流密度振幅随 z 的变化曲线如图 5.5-3 所示。如果要求经 $z=l$ 距离后，场强振幅衰减至 $E=10^{-6}E_0$，则由 $E=E_0 e^{-\alpha l}$ 知，

$$l = \frac{1}{\alpha}\ln\frac{E_0}{E} = \delta\ln\frac{E_0}{E} = \delta\ln10^6 = 13.8\delta \tag{5.5-39}$$

可见只要经过 13.8 个集肤深度，场强振幅就衰减到只有表面值的百万分之一。因此很薄的金属片对无线电波都有很好的屏蔽作用，如中频变压器的铝罩，晶体管的金属外壳，都

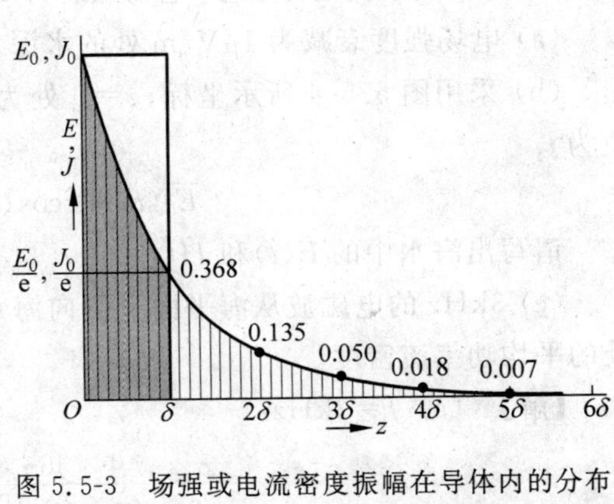

图 5.5-3　场强或电流密度振幅在导体内的分布

很好地起了隔离外部电磁场对其内部影响的作用。

导体表面处切向电场强度 E_x 与切向磁场强度 H_y 之比定义为导体的表面阻抗,即

$$Z_s = \frac{E_x}{H_y}\bigg|_{z=0} = \frac{E_0}{H_0} = \varepsilon_x = (1+\mathrm{j})\sqrt{\frac{\pi f\mu}{\sigma}} = R_s + \mathrm{j}X_s \tag{5.5-40}$$

可见,导体的表面阻抗等于其波阻抗。R_s 与 X_s 分别称为表面电阻和表面电抗,并有

$$R_s = X_s = \sqrt{\frac{\pi f\mu}{\sigma}} = \frac{1}{\sigma\delta} = \frac{1}{\sigma(\delta w)}\bigg|_{l=w=1} \tag{5.5-41}$$

这意味着,表面电阻相当于单位长度和单位宽度而厚度为 δ 的导体块的直流电阻。如图 5.5-4 所示,流过单位宽度平面导体的总电流(z 由 0 至∞)为

$$J_s = \int_0^\infty J_x \mathrm{d}z = \int_0^\infty \sigma E_0 \mathrm{e}^{-(1+\mathrm{j})\alpha z}\mathrm{d}z = \frac{\sigma E_0}{(1+\mathrm{j})\alpha} = \frac{\sigma\delta}{1+\mathrm{j}}E_0 = H_0 \tag{5.5-42}$$

从电路观点,该电流通过表面电阻所损耗的功率为

$$p_\sigma = \frac{1}{2}|J_s|^2 R_s = \frac{1}{2}H_0^2 R_s \tag{5.5-43}$$

并有

$$p_\sigma = \frac{1}{2}|J_s|^2 R_s = \frac{1}{2}\frac{\sigma\delta}{2}E_0^2 = \frac{1}{2}E_0^2\sqrt{\frac{\sigma}{4\pi f\mu}}\ (\mathrm{W/m^2}) \tag{5.5-44}$$

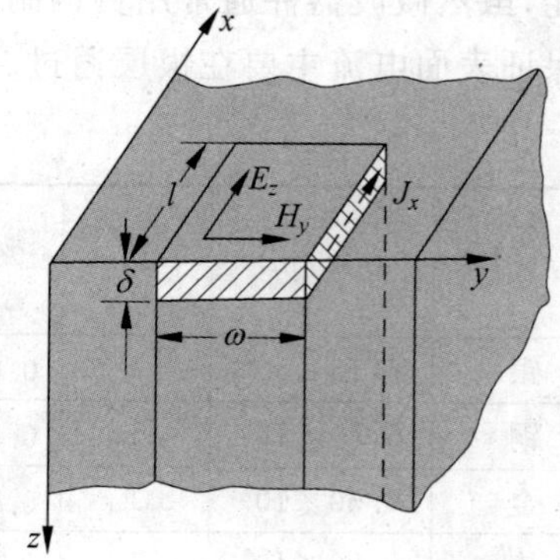

图 5.5-4 平面导体

此结果与式(5.5-37a)和式(5.5-37b)相同。这就是说,设想面电流 J_s 均匀地集中在导体表面 δ 厚度内,此时导体的直流电阻所吸收的功率就等于电磁波垂直传入导体所耗散的热损耗功率。这样,我们可方便地应用式(5.5-43)由 $|J_s|$ 或 H_0 通过 R_s 求得导体的损耗功率。R_s 是平面导体单位长度单位宽度上的电阻,因而也称为表面电阻率。对于有限面积的导体,用 R_s 乘以长度 l 再除以宽度 w 就得出其总电阻。R_s 和 δ 一样,往往被当作导体导电性的参数来对待,已列在表 5.5-5 中。我们看到 $R_s \propto \sqrt{f}$,可见高频时导体的电阻远比低频或直流电阻大。这是由于集肤效应,使高频时电流在导体上所流过的截面积减小了,从而使电阻增大。

例 5.5-2 海水 $\varepsilon_r = 80$,$\mu_r = 1$,$\sigma = 4\mathrm{S/m}$,频率为 3kHz 和 30MHz 的电磁波在海平面处(刚好在海平面下侧的海水中)电场强度为 1V/m。求:

(a) 电场强度衰减为 1μV/m 处的水深。应选用哪个频率作潜水艇的水下通信?

(b) 采用图 5.5-4 所示坐标,$z=0$ 处为海平面,设 3kHz 电磁波在该处电场强度瞬时值为

$$\overline{E_0}(t) = \hat{x}\cos(6\pi\times10^3 t)\ (\mathrm{V/m})$$

请写出海水中的 $\overline{E}(t)$ 和 $\overline{H}(t)$。

(c) 3kHz 的电磁波从海平面下侧向海水中传播的平均功率流密度,及传播了 3δ 距离处的平均功率流密度。

【解】 (a) $f=3\mathrm{kHz}$:

$$\frac{\sigma}{\omega\varepsilon} = \frac{4\times36\pi\times10^9}{2\pi\times3\times10^3\times80} = 3\times10^5 \gg 1$$

此时海水为良导体，由式(5.5-30)得

$$\alpha=\sqrt{\pi f\mu\sigma}=\sqrt{\pi\times3\times10^3\times4\pi\times10^{-7}\times4}=0.218$$

$$l=\frac{1}{\alpha}\ln\frac{E_0}{E}=\frac{1}{\alpha}\ln10^6=\frac{13.8}{\alpha}=63.3(\text{m})$$

$f=30\text{MHz}$：

$$\frac{\sigma}{\omega\varepsilon}=\frac{4\times36\pi\times10^9}{2\pi\times3\times10^7\times80}=30$$

此时海水为不良导体，由式(5.5-8a)得

$$\alpha=\omega\sqrt{\frac{\mu\varepsilon}{2}}\left[\sqrt{1+\left(\frac{\sigma}{\omega\varepsilon}\right)^2}-1\right]^{\frac{1}{2}}=2\pi\times3.0\times10^6\sqrt{\frac{4\pi\times10^{-7}\times80}{2\times36\pi\times10^9}}\times29.0=21.4$$

$$l=\frac{13.8}{\alpha}=0.645(\text{m})$$

可见，选高频 30MHz 衰减太大，应采用特低频 3kHz 左右。但具体频率的选取还应作更全面的论证。例如，f 取低一些，如 2kHz，衰减将更小些；但天线尺寸会大一些(见第 8 章)，且传输给定信号所需的时间也长些。受这些因素制约，看来 f 也不宜取得过低。

(b) $\overline{E}=\hat{x}E_0\mathrm{e}^{-\alpha z}\mathrm{e}^{-\mathrm{j}\beta z}$

$$\overline{H}=\hat{y}\frac{E_0}{\eta_c}\mathrm{e}^{-\alpha z}\mathrm{e}^{-\mathrm{j}\beta z},\quad \eta_c=(1+\mathrm{j})\frac{\alpha}{\sigma}=\sqrt{2}\mathrm{e}^{\mathrm{j}\pi/4}\frac{0.218}{4}=0.0771\mathrm{e}^{\mathrm{j}\pi/4}$$

故

$$\overline{E}(t)=\mathrm{Re}[\hat{x}E_0\mathrm{e}^{-\alpha z}\mathrm{e}^{-\mathrm{j}\beta z}\mathrm{e}^{\mathrm{j}\omega t}]=\hat{x}\mathrm{e}^{-0.218z}\cos(6\pi\times10^3t-0.218z)(\text{V/m})$$

$$\overline{H}(t)=\mathrm{Re}\left[\hat{y}\frac{E_0}{0.0771}\mathrm{e}^{-\alpha z}\mathrm{e}^{-\mathrm{j}\beta z}\mathrm{e}^{\mathrm{j}\omega t}\mathrm{e}^{-\mathrm{j}\pi/4}\right]=\hat{y}13.0\mathrm{e}^{-0.218z}\cos(6\pi\times10^3t-0.218z-45°)(\text{A/m})$$

(c) 由式(5.5-37b)，有

$$S_0^{\text{av}}=p_\sigma=\frac{\sigma}{4\alpha}E_0^2=\frac{4}{4\times0.218}=4.6(\text{W/m}^2)$$

或

$$S_0^{\text{av}}=\mathrm{Re}\left[\frac{1}{2}\frac{E_0^2}{\eta_c}\right]=\mathrm{Re}\left[\frac{1}{2}\frac{1}{0.0771}\mathrm{e}^{-\mathrm{j}\pi/4}\right]=4.6(\text{W/m}^2)$$

$$S^{\text{av}}=S_0^{\text{av}}\mathrm{e}^{-2\alpha z}=S_0^{\text{av}}\mathrm{e}^{-2\alpha\cdot3\delta}=4.6\mathrm{e}^{-6}=0.011(\text{W/m}^2)$$

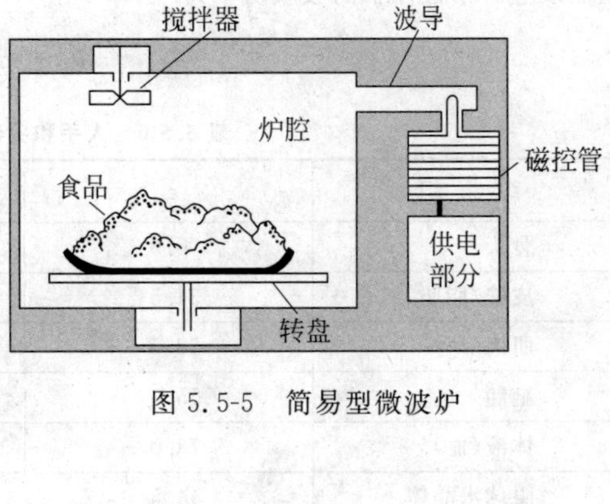

图 5.5-5　简易型微波炉

例 5.5-3　微波炉(图 5.5-5)利用磁控管输出的 2.45GHz 微波来加热食品。在该频率上，牛排的等效复介电常数[①]为

---

① 等效复介电常数更一般的定义是(与式(5.5-2)相比)

$$\varepsilon_x=\varepsilon'-\mathrm{j}\varepsilon''=\varepsilon'(1-\mathrm{j}\tan\delta_e),\quad \tan\delta_e=\frac{\varepsilon''}{\varepsilon'}\qquad(5.5\text{-}2\text{a})$$

$\tan\delta_e$ 称为损耗角正切，ε'' 称为损耗因子。ε'' 包括传导电流引起的损耗项 $\sigma/(\omega\varepsilon')$，还包括由极化损耗引起的“德拜(Debye)”项。本书只记入导电损耗项 $\sigma/(\omega\varepsilon')$，一般食品都属于这类情形(其“德拜项”可略)。

$$\varepsilon'=40\varepsilon_0,\quad \tan\delta_e=0.3$$

(a) 求微波传入牛排的集肤深度 δ。在牛排内 8mm 处的微波场强是表面处的百分之几?

(b) 微波炉中盛牛排的盘子用发泡聚苯乙烯制成,其 $\varepsilon'=1.03\varepsilon_0$,$\tan\delta_e=0.3\times10^{-4}$,说明为何用微波加热时牛排被烧熟而该盘子并不会烧掉。

【解】 (a) 牛排为不良导体,利用式(5.5-8a)得

$$\delta=\frac{1}{\alpha}=\frac{1}{\omega}\sqrt{\frac{2}{\mu\varepsilon}}\left[\sqrt{1+\left(\frac{\sigma}{\omega\varepsilon}\right)^2}-1\right]^{-\frac{1}{2}}=0.0208\text{m}=20.8\text{mm}$$

$$\frac{E}{E_0}=\mathrm{e}^{-z/\delta}=\mathrm{e}^{-8/20.8}=68\%$$

可见,微波加热相比于其他加热方法的一个优点是,功率能直接传入食品中,即能对食品的内部进行加热。同时,微波场分布在三维空间中,加热均匀且快。

(b) 发泡聚苯乙烯是低耗介质,利用式(5.5-28a)得其集肤深度为

$$\delta=\frac{1}{\alpha}=\frac{2}{\sigma}\sqrt{\frac{\varepsilon}{\mu}}=\frac{2}{\omega\left(\dfrac{\sigma}{\omega\varepsilon}\right)}\sqrt{\frac{1}{\mu\varepsilon}}$$

$$=\frac{2\times3\times10^8}{2\pi\times2.45\times10^9\times(0.3\times10^{-4})\times\sqrt{1.03}}=1.28\times10^3\,(\text{m})$$

可见其集肤深度很大,意味着微波在其中传播的热损耗极小,因此称这种材料对微波是“透明”的。它所消耗的热极小,所以不会被烧掉。

*5.5.4 电磁波对人体的热效应①

随着移动手机的日益普及,人们普遍关心电磁波对人体的影响。表 5.5-6 列出了 900MHz 时人手和头部组织的相对介电常数、电导率和密度。可见这类组织都是有耗导电媒质,它们吸收电磁波的结果便发生热效应。单位体积的吸收功率为

$$p_a=\frac{1}{2}\sigma E^2\ (\text{W/m}^3)\tag{5.5-45}$$

表 5.5-6 人手和头部组织的有关参数(900MHz)

组　织	ε_r	σ/(S/m)	密度/(g/cm³)
骨头	8.0	0.105	1.85
皮肤/脂肪	34.5	0.60	1.10
肌肉	58.5	1.21	1.04
脑髓	55.0	1.23	1.03
体液(血)	73.0	1.97	1.01
眼球水晶体	44.5	0.80	1.05
角膜	52.0	1.85	1.02

① M. C. Huynh and W. Stutzman. A review of radiation effects on human operators of hand-held radios, Microwave Journal, Vol. 47, No. 6, June 2004: 22～42.

人体实际吸收的射频功率用比吸收率 SAR(Specific Absorption Rate)来定量表示。它定义为每单位质量的吸收功率：

$$\mathrm{SAR} = \frac{p_{\mathrm{a}}}{\rho_{\mathrm{d}}} = \frac{\sigma}{2\rho_{\mathrm{d}}} E^2\ (\mathrm{W/kg}) \tag{5.5-46}$$

式中 ρ_{d} 是材料的密度($\mathrm{kg/m^3}$)。SAR 是研究电磁功率由人体吸收所引起的健康危险的一个主要指标。

生物组织吸收射频功率将使组织的运动能量随其照射时间而增加。若照射的功率密度足够高，吸收的射频功率将引起温度升高。温度升高快慢与 SAR 成正比，有下述关系：

$$\mathrm{SAR} = C_{\mathrm{h}} \frac{\Delta T}{\Delta t} \tag{5.5-47}$$

式中 C_{h} 为组织的比热容，J/(kg・℃)；ΔT 为短暂的温升，℃；Δt 为线性温升期功率照射的时间(在照射初期，温度随时间呈线性升高)。

表 5.5-7 列出了对一般公众的电磁照射限量的普通标准。手机及其他无线产品都要很好地达到这些标准。例如，若体重 50kg，吸收照射的电磁功率不应超过 $0.08\times50=4\mathrm{W}$。

表 5.5-7　一般公众电磁照射限量的普通标准

应用地区	国　　际	欧　　洲	美　　国
频率范围	100kHz～10GHz	100kHz～6GHz	
平均 SAR(全身)	0.08W/kg	0.08W/kg	0.08W/kg
局部 SAR 及平均质量	2W/kg 100g(连续组织)	2W/kg 10g(立方体)	6W/kg 1g(立方体)

*5.6　等离子体中的平面波

等离子体(Plasma)是被电离的气体，含有正离子和带负电的自由电子。其正、负电荷总量相等，因此整体上是呈中性的。地球上空 80～400km 处的电离层，就是等离子体，是由于太阳紫外线和宇宙射线电离那里稀薄空气中的氮、氧分子而形成的。此外，火箭喷射的废气，流星遗迹等也都是等离子体。为分析电磁波在其中的传播特性，我们先来讨论其等效介电常数。

5.6.1　等离子体的等效介电常数

电磁波通过等离子体时，将产生位移电流$\overline{J_{\mathrm{d}}}$和运流电流$\overline{J_{\mathrm{v}}}$。由于离子的质量远大于电子，例如氮原子的质量就比电子大 25 800 倍，因此运流电流主要是由电子运动引起的，离子的缓慢移动可以忽略。设每单位体积中的电子数为 N，电子运动的平均速度为$\overline{v}$，电子带电量为 $\mathrm{e}=1.602\times10^{-19}\mathrm{C}$，则运流电流密度为

$$\overline{J_{\mathrm{v}}} = -N\mathrm{e}\,\overline{v} \tag{5.6-1}$$

在高频电磁场作用下，带电粒子的运动速度可利用牛顿定律得出。设高频电场为 $\overline{E}=\hat{x}E\mathrm{e}^{\mathrm{j}\omega t}$，则单个电子受力为

$$\overline{F} = -\mathrm{e}\overline{E}$$

由牛顿第二定律知

$$\overline{F}(t) = m\frac{\mathrm{d}\,\overline{v}}{\mathrm{d}t},\overline{F} = m\mathrm{j}\omega\,\overline{v}$$

式中 m 为电子质量，$m=9.11\times10^{-31}\mathrm{kg}$。忽略高频磁场的作用力$-\mathrm{e}\,\overline{v}\times\overline{B}$(比$-\mathrm{e}\overline{E}$ 小得多)，并且不计电子运动时的磁撞，以上两式应相等，从而得

$$\overline{v} = \mathrm{j}\frac{\mathrm{e}}{\omega m}\overline{E} \tag{5.6-2}$$

等离子体中的全电流为

$$\overline{J}=\overline{J_{\mathrm{d}}}+\overline{J_{\mathrm{v}}}=\mathrm{j}\omega\varepsilon_0\overline{E}-\mathrm{j}\frac{Ne^2}{\omega m}\overline{E}=\mathrm{j}\omega\varepsilon_0\left(1-\frac{Ne^2}{\omega^2 m\varepsilon_0}\right)\overline{E} \tag{5.6-3}$$

于是,等离子体可看作是一种导电媒质,其相对介电常数为

$$\begin{aligned}\varepsilon_{\mathrm{r}}&=1-\frac{Ne^2}{\omega^2 m\varepsilon_0}=1-\frac{N(1.602\times10^{-10})^2}{(2\pi f)^2\times9.11\times10^{-31}\times8.854\times10^{-12}}\\&=1-80.6\frac{N}{f^2}\end{aligned} \tag{5.6-4a}$$

或

$$\varepsilon_{\mathrm{r}}=1-\frac{f_{\mathrm{p}}^2}{f^2},\quad f_{\mathrm{p}}=\sqrt{80.6N} \tag{5.6-4b}$$

f_{p} 称为等离子体频率。例如,白天电离层最大电子密度典型值为 $N=10^{12}$(个/m^3),得 $f_{\mathrm{p}}=9.0\mathrm{MHz}$。

5.6.2　平面波在等离子体中的传播特性

引入等效介电常数后,平面电磁波在等离子体中的传播可利用5.4节的结果。忽略等离子体中电子的碰撞效应,也即忽略等离子体中的热损耗,此时等效介电常数是实数。传播常数为

$$k=\omega\sqrt{\mu_0\varepsilon_0\left(1-\frac{f_{\mathrm{p}}^2}{f^2}\right)}=k_0\sqrt{1-\frac{f_{\mathrm{p}}^2}{f^2}} \tag{5.6-5}$$

根据工作频率 f 的高低,可有三种情形。

(1) $f>f_{\mathrm{p}}$: k 为实数,$k=k_0\sqrt{1-f_{\mathrm{p}}^2/f^2}=\beta$,故电场强度可表示为

$$E=E_0\mathrm{e}^{-\mathrm{j}\beta z} \tag{5.6-6}$$

这意味着电磁波将无衰减地传播(已忽略了损耗)。

值得注意,该波传播的相速大于光速:

$$v_{\mathrm{p}}=\frac{\omega}{\beta}=\frac{\omega}{k_0\sqrt{1-f_{\mathrm{p}}^2/f^2}}=\frac{c}{\sqrt{1-f_{\mathrm{p}}^2/f^2}}>c \tag{5.6-7}$$

但是,其实际能量的传播速度 v_{e} 仍小于光速①:

$$v_{\mathrm{e}}=c\sqrt{1-f_{\mathrm{p}}^2/f^2}<c \tag{5.6-8}$$

$$v_{\mathrm{e}}v_{\mathrm{p}}=c^2 \tag{5.6-9}$$

从而有

---

① 证明如下:此时电磁能还应包括形成运流电流的电子动能(kinetic energy)。由式(5.6-2)知,单位体积中电子的动能为

$$w_{\mathrm{k}}(t)=\frac{1}{2}Nmv^2=\frac{1}{2}Nm\left[\frac{e}{\varepsilon m}E_0\cos(\omega t-kz)\right]^2$$

它在一个周期内的平均值是

$$w_{\mathrm{k}}^{\mathrm{av}}=\frac{1}{4}\frac{Ne^2}{\omega^2 m}E_0^2=\frac{1}{4}\frac{f_{\mathrm{p}}^2}{f^2}\varepsilon_0E_0^2$$

单位体积中电、磁场的储能平均值分别为

$$w_{\mathrm{e}}^{\mathrm{av}}=\frac{1}{4}\varepsilon_0E_0^2,\quad w_{\mathrm{m}}^{\mathrm{av}}=\frac{1}{4}\mu_0H_0^2=\frac{1}{4}\mu_0\frac{E_0^2}{\mu_0/(\varepsilon_0\varepsilon_{\mathrm{r}})}=\frac{1}{4}\varepsilon_0E_0^2\left(1-\frac{f_{\mathrm{p}}^2}{f^2}\right)$$

从而得

$$w^{\mathrm{av}}=w_{\mathrm{k}}^{\mathrm{av}}+w_{\mathrm{k}}^{\mathrm{av}}+w_{\mathrm{m}}^{\mathrm{av}}=\frac{1}{2}\varepsilon_0E_0^2$$

又因

$$S^{\mathrm{av}}=\frac{1}{2}\frac{E_0^2}{\sqrt{\mu_0/(\varepsilon_0\varepsilon_{\mathrm{r}})}}=\frac{1}{2}\frac{E_0^2}{\sqrt{\mu_0/\varepsilon_0}}\sqrt{1-\frac{f_{\mathrm{p}}^2}{f^2}}$$

所以

$$v_{\mathrm{e}}=\frac{S^{\mathrm{av}}}{w^{\mathrm{av}}}=\frac{1}{\sqrt{\mu_0\varepsilon_0}}\sqrt{1-f_{\mathrm{p}}^2/f^2}=c\sqrt{1-f_{\mathrm{p}}^2/f^2}$$

图 5.6-1 示出 v_p 和 v_e 随 f/f_p 的变化。我们看到，能量速度永远不会超过光速，这符合相对论中"物质运动速度以光速为极限"的结论。

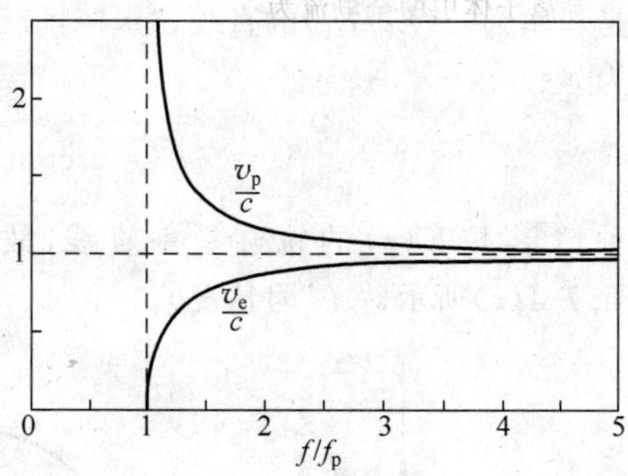

图 5.6-1　等离子体中电磁波的相速 v_p 和能速 v_e

(2) $f=f_p$：$k=0$，则 $E=E_0$，电场强度瞬时值为

$$E = E_0\cos\omega t \tag{5.6-10}$$

它不是空间的函数，因此不发生传播。

(3) $f<f_p$：k 为虚数，$k=-\mathrm{j}\alpha$，$\alpha=k_0\sqrt{\frac{f_p^2}{f^2}-1}$，故电场强度为

$$E = E_0\mathrm{e}^{-\alpha z} \tag{5.6-11}$$

此时也没有波的传播，场沿 z 向按指数衰减。下面我们用坡印廷矢量来证明，这时沿 z 向的平均传输功率为零。设电场强度为 $\hat{x}$向，$E_x=E$，磁场强度为

$$H_y=\frac{\mathrm{j}}{\omega\mu_0}\frac{\partial E_x}{\partial z}=\frac{-\mathrm{j}\alpha}{\omega\mu_0}E_0\mathrm{e}^{-\alpha z} \tag{5.6-12}$$

故平均功率流密度为

$$S^{\mathrm{av}}=\frac{1}{2}\mathrm{Re}[E_xH_y^*]=\frac{1}{2}\mathrm{Re}\left[\frac{\mathrm{j}\alpha}{\omega\mu_0}E_0^2\mathrm{e}^{-2\alpha z}\right]=0$$

由上可知，频率高($f>f_p$)的电磁波将无衰减地在等离子体中传播；而频率低($f<f_p$)的电磁波不能在等离子体中传播。因此，为了与地球电离层外的高空通信卫星和宇宙飞船通信，必须采用高于至少 9MHz 的频率(参见例 6.3-1)。

5.7　电磁波的极化

上面讨论平面波的传播特性时，认为电磁波场强的方向与时间无关。实际上，平面波场强的方向可能随时间按一定的规律变化。电场强度 $\bar{E}$ 的方向随时间变化的方式称为电磁波的极化(polarization)，在物理学中称为偏振。根据 $\bar{E}$ 矢量的端点轨迹形状，电磁波的极化可分为 3 种：线极化、圆极化和椭圆极化。

5.7.1 线极化

考察沿 z 向传播的平面波，其电场矢量位于 xy 平面(横电磁波)。作为一般情形，可同时有沿 x 向和沿 y 向的电场分量，则电场矢量瞬时值可表示为

$$\bar{E}(t) = \hat{x}E_x(t)+\hat{y}E_y(t)$$

式中

$$\begin{cases}E_x(t)=E_1\cos(\omega t-kz)\\E_y(t)=E_2\cos(\omega t-kz+\phi)\end{cases} \tag{5.7-1}$$

其中 ϕ 是两分量间的相位差。为确定 $\bar{E}(t)$ 的端点轨迹，可从式(5.7-1)中消去($\omega t-kz$)而得到 $E_x(t)$ 和 $E_y(t)$ 间的方程。当 $\phi=0$ 或 π 时，得到 $E_x(t)$ 和 $E_y(t)$ 间的关系如下：

$$E_y(t)=\pm\left(\frac{E_2}{E_1}\right)E_x(t) \tag{5.7-2}$$

这是斜率为$\pm(E_2/E_1)$的直线,"+"对应于$\phi=0$,"−"对应于$\phi=\pi$。$\bar{E}(t)$方向与x轴的夹角为

$$\varphi_t=\arctan\frac{E_y(t)}{E_x(t)}=\pm\arctan\frac{E_2}{E_1} \tag{5.7-3}$$

这种情形下$\bar{E}(t)$的轨迹是一直线,故称为线极化,记为 LP(Linear Polarization),如图 5.7-1(a)所示("+"号情况)。

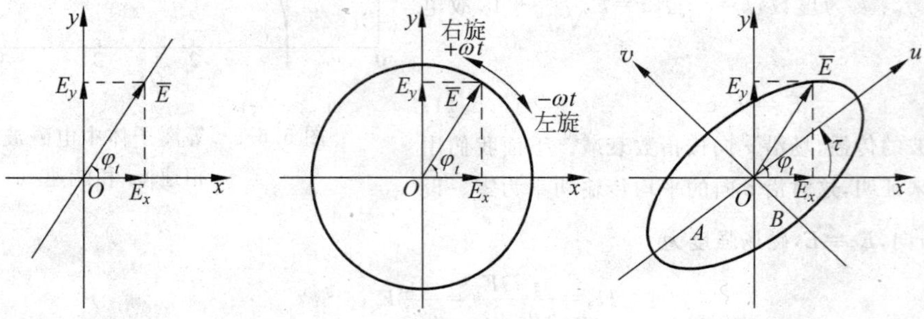

图 5.7-1　三种极化波的电场矢量端点轨迹

5.7.2　圆极化

当$\phi=\pm\frac{\pi}{2}$,$E_1=E_2=E_0$,由式(5.7-1)得

$$E_x^2(t)+E_y^2(t)=E_0^2 \tag{5.7-4}$$

这是半径为E_0的圆,如图 5.7-1(b)所示。$\bar{E}(t)$的大小不随t而变化,而$\bar{E}(t)$的方向与x轴夹角为

$$\varphi_t=\arctan\frac{E_0\cos(\omega t-kz\pm\pi/2)}{E_0\cos(\omega t-kz)}=\arctan[\mp\tan(\omega t-kz)]=\mp(\omega t-kz) \tag{5.7-5}$$

这表明,对于给定z值的某点,随时间t的增加,$\bar{E}(t)$的方向以角频率ω作等速旋转。$\bar{E}(t)$矢量端点轨迹为圆,故称为圆极化,记为 CP(Circular Polarization)。当E_y相位引前$E_x 90^\circ(\phi=\pi/2)$,$\bar{E}(t)$旋向与波的传播方向$\hat{z}$成左手螺旋关系,称为左旋圆极化(LHCP);而当E_y相位落后$E_x 90^\circ(\phi=-\pi/2)$,$\bar{E}(t)$旋向与传播方向$\hat{z}$成右手螺旋关系,称为右旋圆极化(RHCP)。这样$y$向和$x$向电场分量的复振幅有如下关系:

$$\begin{cases}\text{LHCP: } E_y=\mathrm{j}E_x\\ \text{RHCP: } E_y=-\mathrm{j}E_x\end{cases} \tag{5.7-6}$$

此时电场复矢量为

$$\begin{cases}\text{LHCP: } \bar{E}=\hat{x}E_0\mathrm{e}^{-\mathrm{j}kz}+\hat{y}\mathrm{j}E_0\mathrm{e}^{-\mathrm{j}kz}=(\hat{x}+\mathrm{j}\hat{y})E_0\mathrm{e}^{-\mathrm{j}kz}\\ \text{RHCP: } \bar{E}=\hat{x}E_0\mathrm{e}^{-\mathrm{j}kz}-\hat{y}\mathrm{j}E_0\mathrm{e}^{-\mathrm{j}kz}=(\hat{x}-\mathrm{j}\hat{y})E_0\mathrm{e}^{-\mathrm{j}kz}\end{cases} \tag{5.7-7}$$

或表示为

$$\begin{cases} \text{LHCP}: \bar{E} = \hat{L}\sqrt{2}E_0 e^{-jkz}, \quad \hat{L} = \dfrac{1}{\sqrt{2}}(\hat{x} + j\hat{y}) \\ \text{RHCP}: \bar{E} = \hat{R}\sqrt{2}E_0 e^{-jkz}, \quad \hat{R} = \dfrac{1}{\sqrt{2}}(\hat{x} - j\hat{y}) \end{cases} \tag{5.7-8}$$

$\hat{L}$、$\hat{R}$分别为左、右旋圆极化波电场的单位矢量。

由上，两个相位相差 $\pi/2$、振幅相等的空间上正交的线极化波，可合成一个圆极化波；反之，一个圆极化波可分解为两个相位相差 $\pi/2$，振幅相等的空间上正交的线极化波。

容易证明，两个旋向相反、振幅相等的圆极化波可合成一个线极化波；反之亦成立。例如，

$$\begin{aligned} \bar{E} &= \hat{L}E_0 e^{-jkz} + \hat{R}E_0 e^{-jkz} = \frac{1}{\sqrt{2}}(\hat{x} + j\hat{y})E_0 e^{-jkz} + \frac{1}{\sqrt{2}}(\hat{x} - j\hat{y})E_0 2^{-jkz} \\ &= \hat{x}\sqrt{2}E_0 e^{-jkz} \end{aligned} \tag{5.7-9}$$

5.7.3　椭圆极化

最一般的情形是式(5.7-1)中的相位差 ϕ 为任意值且两个分量的振幅不相等($E_1 \neq E_2$)。此时消去该式中的 $\cos(\omega t - kz)$，有

$$\frac{E_y(t)}{E_2} = \cos(\omega t - kz)\cos\phi - \sin(\omega t - kz)\sin\phi = \frac{E_x(t)}{E_1}\cos\phi - \sqrt{1 - \frac{E_x^2(t)}{E_1^2}}\sin\phi$$

$$\left[\frac{E_y(t)}{E_2} - \frac{E_x(t)}{E_1}\cos\phi\right]^2 = \left[1 - \frac{E_x^2(t)}{E_1^2}\right]\sin^2\phi$$

得

$$\frac{E_x^2(t)}{E_1^2} - \frac{2E_x(t)E_y(t)}{E_1E_2}\cos\phi + \frac{E_y^2(t)}{E_2^2} = \sin^2\phi \tag{5.7-10}$$

这是一般形式的椭圆方程，因此合成的电场矢量的端点轨迹是一个椭圆，如图 5.7-1(c)所示，称为椭圆极化，记为 EP(Elliptical Polarization)。若将原坐标系旋转 τ 角，采用新坐标系(u,v)，可将椭圆方程(5.7-10)化为标准形式：

$$\frac{E_u^2}{A^2} + \frac{E_v^2}{B^2} = 1 \tag{5.7-11}$$

A、B 分别为椭圆半长轴和半短轴，二者之比称为极化椭圆的轴比 r_A(axial ratio)，即

$$r_A = \frac{A}{B} = 1 \sim \infty \tag{5.7-12}$$

极化椭圆长轴对 x 轴的夹角 τ，称为极化椭圆的倾角(tilt angle)。

极化椭圆的轴比、倾角及旋向是描述极化特性的 3 个特征量。为得出它们与直角坐标分量 $E_x(t)$、$E_y(t)$的关系，可通过比较式(5.7-10)和式(5.7-11)来导出。坐标旋转公式为

$$\begin{cases} E_u = E_x\cos\tau + E_y\sin\tau \\ E_v = -E_x\sin\tau + E_y\cos\tau \end{cases} \tag{5.7-13}$$

把此关系代入式(5.7-11)，然后将其各项系数与式(5.7-10)对应项系数相比较，联立

所得方程可求得①

$$r_A^2 = t + \sqrt{t^2 - 1}, \quad t = \frac{\left(a^2 + 2\cos^2\phi + \dfrac{1}{a^2}\right)}{(2\sin^2\phi)} \tag{5.7-14a}$$

$$\tan 2\tau = \frac{2a}{1 - a^2}\cos\phi \tag{5.7-15b}$$

式中 $a = E_2/E_1$，即把复振幅 E_y、E_x 之比表为

$$\frac{E_y}{E_x} = a\mathrm{e}^{\mathrm{j}\phi} \tag{5.7-16}$$

电场复矢量为

$$\bar{E} = (\hat{x}E_x + \hat{y}E_y)\mathrm{e}^{-\mathrm{j}kz} \tag{5.7-17}$$

可见，这是最一般的情形，线极化($r_A = \infty$)和圆极化($r_A = 1$)都是其特例。在 E_y/E_x 的复平面上，不同的(a,ϕ)都有一个对应点，各点的极化特性如图5.7-2所示。线极化波对应于

---

① 式(5.7-14a)、式(5.7-14b)的推导简介如下：
将式(5.7-13)代入式(5.7-11)，得

$$\left(\frac{\cos^2\tau}{A^2} + \frac{\sin^2\tau}{B^2}\right)E_x^2 + \left(\frac{\sin^2\tau}{A^2} + \frac{\cos^2\tau}{B^2}\right)E_y^2 + \left(\frac{1}{A^2} - \frac{1}{B^2}\right)E_xE_y\sin 2\tau = 1$$

比较上式与式(5.7-10)的对应项系数知

$$B^2\cos^2\tau + A^2\sin^2\tau = \frac{A^2B^2}{E_1^2\sin^2\phi} \tag{1}$$

$$B^2\sin^2\tau + A^2\cos^2\tau = \frac{A^2B^2}{E_2^2\sin^2\phi} \tag{2}$$

$$(B^2 - A^2)\sin 2\tau = \frac{-2A^2B^2\cos\phi}{E_1E_2\sin^2\phi} \tag{3}$$

将式(1)与式(2)相减、相加，有

$$(B^2 - A^2)\cos 2\tau = \left(\frac{E_2^2 - E_1^2}{E_1^2E_2^2}\right)\frac{A^2B^2}{\sin^2\phi} \tag{4}$$

$$B^2 + A^2 = \left(\frac{E_2^2 + E_1^2}{E_1^2E_2^2}\right)\frac{A^2B^2}{\sin^2\phi} \tag{5}$$

令 $a = \frac{E_2}{E_1}$，$r_A = \frac{A}{B}$，由式(3)除以式(4)得

$$\tan 2\tau = \frac{2a}{1 - a^2}\cos\phi \tag{5.7-14b}$$

由式(4)除以式(5)得

$$\frac{1 - r_A^2}{1 + r_A^2} = \left(\frac{a^2 - 1}{a^2 + 1}\right)\sec 2\tau, \quad 即 \quad \left(\frac{1 - r_A^2}{1 + r_A^2}\right)^2 = \left(\frac{a^2 - 1}{a^2 + 1}\right)^2(\tan^2 2\tau + 1)$$

将式(5.7-14b)代入上式，有

$$\left(\frac{1 - r_A^2}{1 + r_A^2}\right)^2 = \frac{(2a\cos\phi)^2 + (1 - a^2)^2}{a^2 + 1} \equiv b$$

$$1 - 2r_A^2 + r_A^4 = b(1 + 2r_A^2 + r_A^4), \quad 即 \quad (1 - b)r_A^4 - (1 + b)r_A^2 + 1 - b = 0$$

或写作

$$r_A^4 - 2tr_A^2 + 1 = 0, \quad t \equiv \frac{1 + b}{1 - b}$$

最后得其解为

$$r_A^2 = t + \sqrt{t^2 - 1},$$

$$t = \frac{(a^2 + 1)^2 + (2a\cos\phi)^2 + (1 - a^2)^2}{(a^2 + 1)^2 - (2a\cos\phi)^2 - (1 - a^2)^2} = \frac{\dfrac{a^2 + 2\cos^2\phi + 1}{a^2}}{2\sin^2\phi} \tag{5.7-15a}$$

E_y/E_x 位于实轴上，$\phi=0$ 或 π；圆极化波对应于 $a=1,\phi=\pm\pi/2$ 两点。上半平面上的其他点都对应于左旋椭圆极化波；而下半平面上的点对应于右旋椭圆极化波。例如，若 $a=1,\phi=\pi/4$，由式(5.7-14)得 $r_A=2.414,\phi=\pi/4$。这是左旋椭圆极化波，如图 5.7-2 所示。注意，旋向以传播方向 $\hat{z}$ 为参考，它直接由 ϕ 决定。若 ϕ 在第一、二象限，即 E_y 引前 E_x，则为左旋波；若 ϕ 在第三、四象限，即 E_y 落后于 E_x，则为右旋波。

前面的推导已表明，两个空间上正交的线极化波可合成一个椭圆极化波；反之亦然。同样可以证明，两个旋向相反的圆极化波可合成一个椭圆极化波；反之，一个椭圆极化波可分解为两个旋向相反的圆极化波。椭圆极化波的轴比取决于两圆极化波电场的振幅比，而极化椭圆的倾角正好是这两圆极化波电场的相位差的 1/2(这些关系的导出请见参考文献[19])。

极化波的分类是按瞬时电场矢量 $\bar{E}$ 的端点轨迹来分类的(沿传播方向观察)。图 5.7-3 给出了实际电场沿传播方向变化的典型轨迹，上图为右旋圆极化波，下图为线极化波。

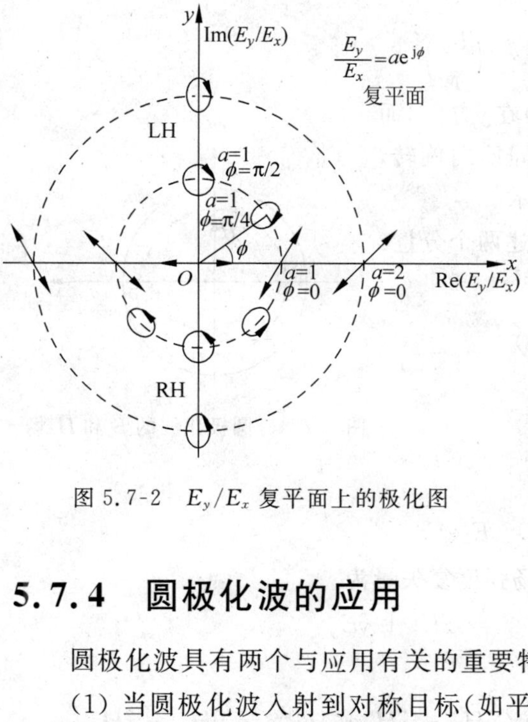

图 5.7-2　E_y/E_x 复平面上的极化图

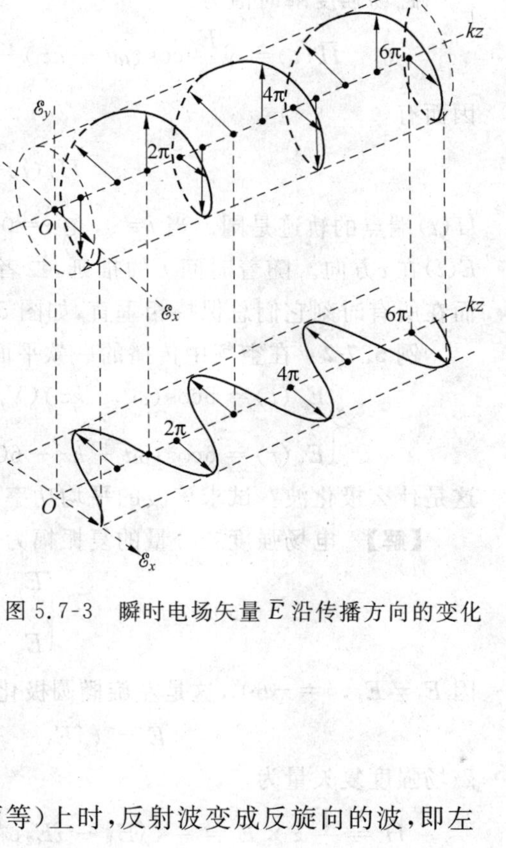

图 5.7-3　瞬时电场矢量 $\bar{E}$ 沿传播方向的变化

5.7.4　圆极化波的应用

圆极化波具有两个与应用有关的重要特性：

(1) 当圆极化波入射到对称目标(如平面、球面等)上时，反射波变成反旋向的波，即左旋波变成右旋波，右旋波变成左旋波。

(2) 天线若辐射左旋圆极化波，则只接收左旋圆极化波而不能接收右旋圆极化波；反之，若天线辐射右旋圆极化波，则只接收右旋圆极化波。这称为圆极化天线的旋向正交性。

根据这些性质，在雨雾天气里，雷达采用圆极化波工作将具有抑制雨雾干扰的能力。因为，水点近似呈球形，对圆极化波的反射是反旋的，不会为雷达天线所接收；而雷达目标(如飞机、船舰、坦克等)一般是非简单对称体，其反射波是椭圆极化波，必有同旋向的圆极化成分，因而仍能收到。同样，若电视台播发的电视信号是由圆极化波载送的(由卫星转发的电视信号正是这样),则它在建筑物墙壁上的反射波是反旋向的,这些反射波便不会由接收原旋向波的电视天线所接收,从而可避免城市建筑物的多次散射所引起的电视图像的重影效应。

由于一个线极化波可分解为两个旋向相反的圆极化波,这样,不同取向的线极化波都可由圆极化天线收到。因此,现代战争中都采用圆极化天线进行电子侦察和实施电子干扰。同样,圆极化天线也有许多民用方面的应用。例如,大多数的FM调频广播都是用圆极化波载送的,因此,立体声音乐的爱好者可以用任意取向的线极化天线收到FM信号。

例 5.7-1 在空气中传播的一款均匀平面波,其电场强度复矢量为

$$\overline{E} = (\hat{x} + \mathrm{j}\,\hat{y})E_0 \mathrm{e}^{-\mathrm{j}kz}$$

请问它是什么极化波?写出磁场强度瞬时值,并求其端点轨迹。

【解】 这是左旋圆极化波,因 $E_y/E_x = \mathrm{j}$。由式(5.4-12)知

$$\overline{H} = \frac{1}{\eta_0}\hat{z}\times\overline{E} = \frac{1}{\eta_0}(\hat{y} - \mathrm{j}\,\hat{x})E_0\mathrm{e}^{-\mathrm{j}kz},\quad \eta_0 = \sqrt{\frac{\mu_0}{\varepsilon_0}}$$

磁场强度瞬时值为

$$\overline{H}(t) = \hat{y}\frac{E_0}{\eta_0}\cos(\omega t - kz) + \hat{x}\frac{E_0}{\eta_0}\sin(\omega t - kz) = \hat{y}H_y(t) + \hat{x}H_x(t)$$

因而有

$$H_x^2(t) + H_y^2(t) = \left(\frac{E_0}{\eta_0}\right)^2$$

$H(t)$端点的轨迹是圆。当 $t=0$,在 $z=0$ 处 $\overline{H}(t)$在$\hat{y}$方向,而$\overline{E}(t)$在$\hat{x}$方向。随着时间 t 的推延,二者都按相同旋向旋转,而在所有时刻它们总保持相垂直,如图 5.7-4 所示。

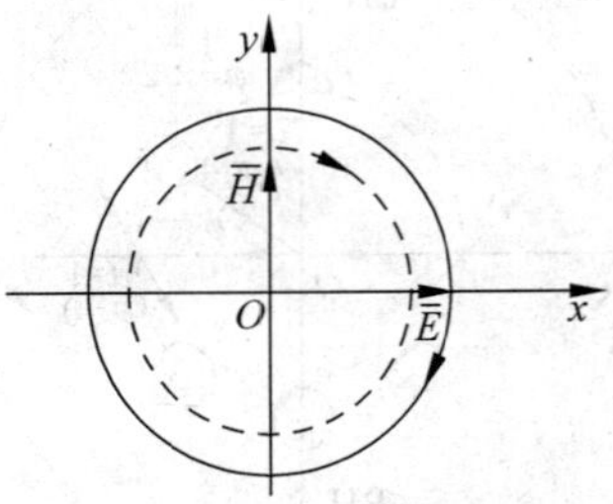

图 5.7-4 圆极化波的 $\overline{E}$ 和 $\overline{H}$ 场

例 5.7-2 在空气中传播的一款平面波有下述两个分量:

$$\begin{cases} E_x(t) = 5\cos(\omega t - kz)\ (\mathrm{V/m}) \\ E_y(t) = 6\cos(\omega t - kz - 60^\circ)\ (\mathrm{V/m}) \end{cases}$$

这是什么极化波?试求该波的平均功率密度。

【解】 电场强度二分量的复振幅为

$$\begin{cases} E_x = 5 = E_1 \\ E_y = 6\mathrm{e}^{-\mathrm{j}60^\circ} = E_2\mathrm{e}^{\mathrm{j}\phi} \end{cases}$$

因 $E_1 \neq E_2$,$\phi = -60^\circ$,这是左旋椭圆极化波。电场强度复矢量为

$$\overline{E} = (\hat{x}E_1 + \hat{y}E_2\mathrm{e}^{\mathrm{j}\phi})\mathrm{e}^{-\mathrm{j}kz} = \hat{x}E_x + \hat{y}E_y$$

磁场强度复矢量为

$$\overline{H} = \frac{1}{\eta_0}\hat{z}\times\overline{E} = \frac{1}{\eta_0}(\hat{y}E_1 - \hat{x}E_2\mathrm{e}^{\mathrm{j}\phi})\mathrm{e}^{-\mathrm{j}kz} = (\hat{y}H_1 - \hat{x}H_2\mathrm{e}^{\mathrm{j}\phi})\mathrm{e}^{-\mathrm{j}kz} = \hat{y}H_y - \hat{x}H_x$$

其共轭复矢量为

$$\overline{H}^* = (\hat{y}H_1 - \hat{x}H_2\mathrm{e}^{-\mathrm{j}\phi})\mathrm{e}^{\mathrm{j}kz}$$

平均功率密度为

$$\overline{S}^{\mathrm{av}} = \frac{1}{2}\mathrm{Re}[\overline{E}\times\overline{H}^*] = \frac{1}{2}\mathrm{Re}[(\hat{x}\times\hat{y})E_1H_1^* - (\hat{y}\times\hat{x})E_2H_2^*]$$

$$= \frac{1}{2}\hat{z}(E_1H_1^* + E_2H_2^*) = \hat{z}\frac{E_1^2 + E_2^2}{2\eta_0}$$

并有

$$S^{av}=\frac{1}{2}\frac{E_1^2+E_2^2}{\eta_0}=80.9(\mathrm{mW/m^2})$$

它是两款空间上正交的线极化波的平均功率密度之和，它与二者的相位差 ϕ 无关。

习　题

5.1-1　已知 $z^2=1+\mathrm{j}$，求复数 z 的两个解。

5.1-2　已知 a 是正实数，试证：

(a) 若 $a\ll 1$，$\sqrt{1+\mathrm{j}a}\approx\pm\left(1+\frac{\mathrm{j}a}{2}\right)$；

(b) 若 $a\gg 1$，$\sqrt{1+\mathrm{j}a}\approx\pm(1+\mathrm{j})\left(\frac{a}{2}\right)^{\frac{1}{2}}$。

5.1-3　设 $E(t)$ 的复振幅为 $\dot{E}=e+\mathrm{j}e_i$，$H(t)$ 的复振幅为 $\dot{H}=h+\mathrm{j}h_i$，试证 $E(t)H(t)\neq\mathrm{Re}[\dot{E}\dot{H}\mathrm{e}^{\mathrm{j}\omega t}]$，并求 $E(t)$、$H(t)$。

5.1-4　将下列场矢量的瞬时值变换为复矢量，或作相反的变换：

(a) $\bar{E}(t)=\hat{x}E_0\sin(\omega t-kz)+\hat{y}3E_0\cos(\omega t-kz)$；

(b) $\bar{E}(t)=\hat{x}\left[E_0\sin\omega t+3E_0\cos\left(\omega t+\frac{\pi}{6}\right)\right]$；

(c) $\dot{\bar{H}}=(\hat{x}+\mathrm{j}\hat{y})\mathrm{e}^{-\mathrm{j}kz}$；

(d) $\dot{\bar{H}}=-\hat{y}\mathrm{j}H_0\mathrm{e}^{-\mathrm{j}kz\sin\theta}$。

5.2-1　已知自由空间某点的电场强度 $\bar{E}(t)=\hat{x}E_0\sin(\omega t-kz)$（V/m），求：

(a) 磁场强度 $\bar{H}(t)$；

(b) 坡印廷矢量 $\bar{S}(t)$ 及其一个周期 $T=2\pi/\omega$ 内的平均值 $\bar{S}^{av}$。

5.2-2　对于非均匀的各向同性线性媒质，请证明其无源区电场强度复矢量的波动方程为

$$\nabla^2\dot{\bar{E}}+\omega^2\mu\varepsilon\dot{\bar{E}}+\frac{\nabla\mu}{\mu}\times\nabla\times\dot{\bar{E}}+\nabla\left(\frac{\nabla\varepsilon}{\varepsilon}\cdot\dot{\bar{E}}\right)=0$$

5.3-1　设真空中同时存在两款时谐电磁场，其电场强度分别为 $\dot{\bar{E}}_1=\hat{x}E_{10}\mathrm{e}^{-\mathrm{j}k_1z}$，$\dot{\bar{E}}_2=\hat{y}E_{20}\mathrm{e}^{-\mathrm{j}k_2z}$，试证总平均功率流密度等于两款时谐场的平均功率流密度之和。

5.3-2　同轴线内导体半径为 a，外导体内半径为 b，某截面处内外导体间电压的复振幅为 $\dot{U}$，内导体上电流的复振幅为 $\dot{I}$。试用复坡印廷矢量计算内、外导体间向负载传输的总功率。

5.3-3　在理想导体平面上方的空气区域（$z>0$）存在时谐电磁场，其电场强度为 $\bar{E}(t)=\hat{x}E_0\sin kz\cos\omega t$。

(a) 求磁场强度 $\bar{H}(t)$；

(b) 求在 $z=0,\pi/4k$ 和 $\pi/2k$ 处的坡印廷矢量瞬时值及平均值；

(c) 求导体表面的面电流密度。

5.3-4　已知时谐电磁场瞬时值为 $\bar{E}_e(t)=\hat{x}\sqrt{2}E_e\cos(\omega t+30°)$，$\bar{H}_e(t)=$

$\hat{y}\sqrt{2}H_e\cos(\omega t+30°)$。请写出其复矢量$\dot{E}_e$和$\dot{H}_e$，求坡印廷矢量瞬时值$\overline{S}(t)=\overline{E}_e(t)\times\overline{H}_e(t)$，并证明其一个周期的平均值为$\overline{S}^{av}=\hat{z}E_eH_e$。

5.3-5　设时谐电磁场瞬时值为

$$\overline{E}(t)=\mathrm{Im}[\dot{\overline{E}}e^{j\omega t}],\quad \overline{H}(t)=\mathrm{Im}[\dot{\overline{H}}e^{j\omega t}]$$

试求坡印廷矢量瞬时值$\overline{S}(t)=\overline{E}(t)\times\overline{H}(t)$，并求其一个周期内平均值$\overline{S}^{av}$。

5.4-1　氦氖激光器发射的激光束在空气中的波长为6.328×10^{-7}m，计算其频率、周期和波数(标出单位)。

5.4-2　人马座a星离地球4.33光年，1光年是光在一年中传播的距离。问该星座离地球多少公里？

5.4-3　地球接收太阳全部频率的辐射功率密度约为$1.4\mathrm{kW/m^2}$。问：

(a) 若设到达地面的是单一频率的平面波，则其电场强度和磁场强度振幅多大？

(b) 地球接收太阳能总功率约为多少？地球半径为6380km。

(c) 若太阳的辐射是各向同强度的，那么太阳总辐射功率约为多大？太阳与地球相距约1.5×10^8km。

5.4-4　如题图5-1所示为对称振子天线。若用它来接收波长λ的电视信号，当其长度$L\approx\lambda/2$时最有效。问接收下列频道时，L应取多长：

(a) 5频道($f_0=88$MHz)；

(b) 8频道($f_0=187$MHz)；

(c) 26频道($f_0=618$MHz)。

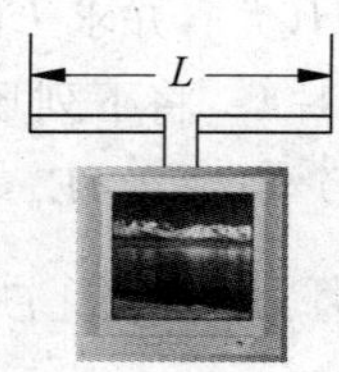

题图5-1　电视机天线

5.4-5　设$\overline{E}=\hat{z}E_0e^{-jkz}$，该电场是否满足无源区麦氏方程组？若满足，求出其$\overline{H}$；若不满足，请指出为什么。

5.4-6　在理想介质中一平面波的电场强度为

$$\overline{E}(t)=\hat{x}5\cos2\pi(10^8t-z)\,(\mathrm{V/m})$$

(a) 求介质中波长及自由空间波长；

(b) 已知介质$\mu=\mu_0$，$\varepsilon=\varepsilon_0\varepsilon_r$，求介质的$\varepsilon_r$；

(c) 写出磁场强度的瞬时表示式。

5.4-7　某一自由空间传播的电磁波，其电场强度复矢量为$\overline{E}=(\hat{x}-\hat{y})e^{j(\frac{\pi}{4}-kz)}$(V/m)。

(a) 写出磁场强度复矢量；

(b) 求平均功率流密度。

5.5-1　分别在3kHz和3GHz计算下列媒质中传导电流和位移电流振幅之比，并指出是否是介质或导体：

(a) 海水，$\varepsilon_r=80$，$\sigma=4\times10^{-4}$S/m；

(b) 聚四氟乙烯，$\varepsilon_r=2.1$，$\sigma=10^{-16}$S/m；

(c) 铜，$\varepsilon_r=1$，$\sigma=5.8\times10^7$S/m。

5.5-2　频率为550kHz的广播信号通过一导电媒质，$\varepsilon_r=2.1$，$\mu_r=1$，$\sigma/(\omega\varepsilon)=0.2$，求：

(a) 衰减常数和相位常数；

(b) 相速和相位波长；

(c) 波阻抗。

5.5-3　对高速固态电路中常用的砷化镓(GaAs)基片，若样品足够大，通过 10GHz 均匀平面波，$\varepsilon_r=12.9$，$\mu_r=1$，$\tan\delta_e=5\times10^4$，求：

(a) 衰减常数 α(Np/m)；

(b) 相速 v_p(m/s)；

(c) 波阻抗 $\eta_c(\Omega)$。

5.5-4　平面波在导电媒质中传播，$f=1950$MHz，媒质 $\varepsilon_r=\mu_r=1$，$\sigma=0.11$S/m。

(a) 求波在该媒质中的相速和波长；

(b) 设在媒质中某点 $E=10^{-2}$V/m，求该点的磁场强度；

(c) 波行进多大距离后，场强衰减为原来的 1/1000?

5.5-5　证明电磁波在良导体中传播时，每波长内场强的衰减约为 55dB。

5.5-6　铜导线的半径 $a=1.5$mm，求它在 $f=20$MHz 时的单位长度电阻和单位长度直流电阻(注：只要 $\alpha\gg\delta$(集肤深度)，计算电阻时可把导线近似为宽 $2\pi a$ 的平面导体)。

5.5-7　若要求电子仪器的铝外壳至少为 5 个集肤深度厚，为防止 20kHz～200MHz 的无线电干扰，铝外壳应取多厚？

5.5-8　若 10MHz 平面波垂直射入铝层，设铝层表面处磁场强度振幅 $H_0=0.5$A/m，求：

(a) 铝表面处的电场强度 E_0；经 5δ(集肤深度)后，E 为多少？

(b) 铝层每单位面积吸收的平均功率。

5.5-9　飞机高度表利用接收所发射电脉冲的地面回波来测高。若地面上有 $d=20$cm 厚的雪，对 3GHz 的电磁波，雪的参数为 $\varepsilon_r=1.2$，$\tan\delta_e=3\times10^{-4}$。问：

(a) 雪层引起的测高误差多大？(设高度表按 $h=(1/2)ct$ 计算高度，c 为空气中光速，t 为地面回波延迟的时间，如题图 5-2 所示。)

(b) 由雪层引起的回波信号衰减约多少 dB?(忽略各交界面处的反射损失)。

5.6-1　请证明：在等离子体中 $vB\ll E$，即 $E/B\gg v$，v 是电子速度。

5.7-1　以下各式表示的是什么极化波？

(a) $\bar{E}=\hat{x}E_0\sin(\omega t-kz)+\hat{y}E_0\cos(\omega t-kz)$；

(b) $\bar{E}=\hat{x}E_0\cos(\omega t-kz)+\hat{y}2E_0\cos(\omega t-kz)$；

(c) $\bar{E}=\hat{x}E_0\cos\left(\omega t-kz+\dfrac{\pi}{4}\right)+\hat{y}E_0\cos\left(\omega t-kz-\dfrac{\pi}{4}\right)$；

(d) $\bar{E}=\hat{x}E_0\sin\left(\omega t+kz+\dfrac{\pi}{4}\right)+\hat{y}E_0\cos\left(\omega t+kz-\dfrac{\pi}{3}\right)$。

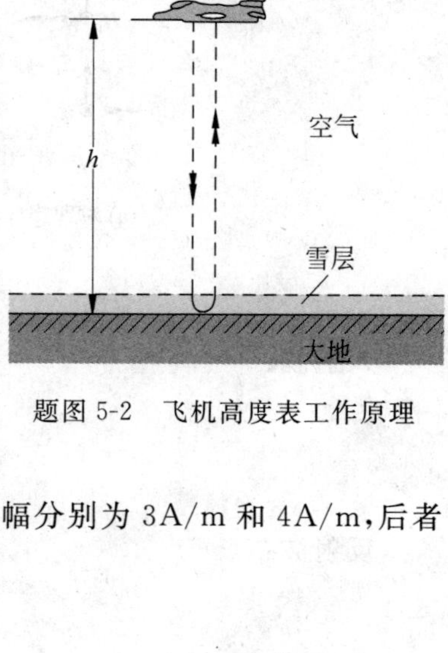

题图 5-2　飞机高度表工作原理

5.7-2　将下列线极化波分解为圆极化波的叠加：

(a) $\bar{E}=\hat{x}E_0e^{-jkz}$；

(b) $\bar{E}=\hat{x}E_0e^{-jkz}-\hat{y}E_0e^{-jkz}$。

5.7-3　在 $\varepsilon_r=5$，$\mu_r=2$，$\sigma=0$ 的媒质中，一椭圆极化波的磁场强度有两相互垂直的分量(都垂直于传播方向)，振幅分别为 3A/m 和 4A/m，后者相位引前 45°。试求：

(a) 轴比 r_A、倾角 τ 及旋向；

(b) 通过与其传播方向相垂直的 5m^2 面积的平均功率。

第6章　平面电磁波的反射与折射

第5章已研究了平面电磁波在不同的均匀媒质中的传播。但是，电磁波在传播过程中经常会遇到不同媒质的分界面。例如，在地面上传播的无线电波要遇到空气和大地的分界面；而在空心金属波导中传播的微波要遇到空气与金属导体的分界面；在光导纤维中传播的光波则遇到光纤纤芯与包层的交界面等。一般来说，这时在交界面上将有一部分能量被反射回来，形成反射波；另一部分能量可能穿过边界，形成折射波。它们都可根据电磁场边界条件加以确定。遵循由易到难的原则，我们先来研究垂直入射于无限大平面边界的情形，然后再研究斜入射的情形。

6.1　平面波对平面边界的垂直入射

6.1.1　对理想导体的垂直入射

如图6.1-1(a)所示，媒质1是理想介质($\sigma_1=0$)，媒质2是理想导体($\sigma_2=\infty$)，其分界面为$z=0$平面。当均匀平面波沿z轴方向由媒质1向边界垂直入射时，由于电磁波不能穿入理想导体，全部电磁能量都被边界反射回来。设入射波是x向极化的，则反射波也会是x向极化的(这样才能满足理想导体表面切向电场为零的边界条件)。它们的场强表示式如下：

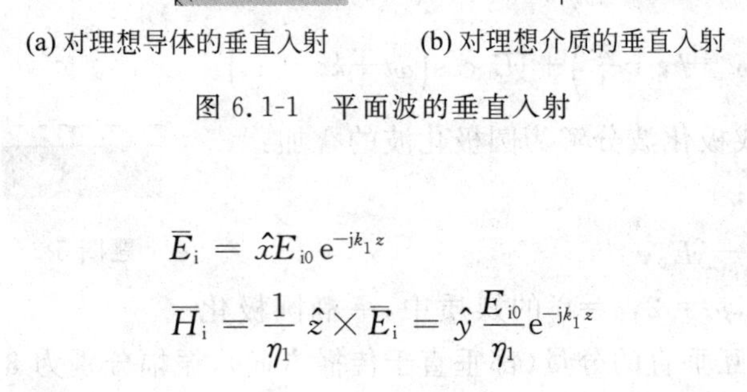

图6.1-1　平面波的垂直入射

入射波：

$$\bar{E}_i = \hat{x}E_{i0}e^{-jk_1z} \tag{6.1-1a}$$

$$\bar{H}_i = \frac{1}{\eta_1}\hat{z}\times\bar{E}_i = \hat{y}\frac{E_{i0}}{\eta_1}e^{-jk_1z} \tag{6.1-1b}$$

反射波：

$$\bar{E}_r = \hat{x}E_{r0}e^{-jk_1z} \tag{6.1-1c}$$

$$\overline{H}_r = \frac{1}{\eta_1}(-\hat{z}) \times \overline{E}_r = -\hat{y}\frac{E_{r0}}{\eta_1}e^{-jk_1 z} \tag{6.1-1d}$$

$$k_1 = \omega\sqrt{\mu_1\varepsilon_1} = \frac{2\pi}{\lambda_1}, \quad \eta_1 = \sqrt{\frac{\mu_1}{\varepsilon_1}} \tag{6.1-1e}$$

注意，式(6.1-1c)和式(6.1-1d)中的指数均为 jk_1z，表示反射波向 $-z$ 方向传播；反射波磁场矢量指向 $-y$ 方向，从而将与 x 向的反射波电场矢量形成向 $-z$ 向传播的反射波功率。

式(6.1-1a)～式(6.1-1d)中的 E_{i0} 和 E_{r0} 分别为 $z=0$ 处入射波(incident wave)和反射波(reflected wave)电场的振幅，其相对值由 $z=0$ 处边界条件决定。该处总的切向电场应为零，故由式(6.1-1a)和式(6.1-1c)得(令 $z=0$)

$$E_{i0} + E_{r0} = 0 \quad 即 \quad E_{r0} = -E_{i0} \tag{6.1-2}$$

因此图 6.1-1(a)中的①区合成场为

$$\overline{E}_1 = \overline{E}_i + \overline{E}_r = \hat{x}E_{i0}(e^{-jk_1z} - e^{jk_1z}) = -\hat{x}j2E_{i0}\sin k_1 z \tag{6.1-3a}$$

$$\overline{H}_1 = \overline{H}_i + \overline{H}_r = \hat{y}\frac{E_{i0}}{\eta_1}(e^{-jk_1z} + e^{jk_1z}) = \hat{y}\frac{2E_{i0}}{\eta_1}\cos k_1 z \tag{6.1-3b}$$

瞬时值为

$$\overline{E}_1(t) = \hat{x}2E_{i0}\sin k_1 z\cos\left(\omega t - \frac{\pi}{2}\right) = \hat{x}2E_{i0}\sin k_1 z\sin\omega t \tag{6.1-4a}$$

$$\overline{H}_1(t) = \hat{y}\frac{2E_{i0}}{\eta_1}\cos k_1 z\cos\omega t \tag{6.1-4b}$$

可见，①区中合成电场的振幅随 z 按正弦变化。电场零值发生于 $\sin k_1z=0$，即 $k_1z=-n\pi$，故 $z=-n\lambda_1/2, n=0,1,2,\cdots$。这些零值的位置都不随时间变化，称为电场波节点。而电场最大值发生于 $\sin k_1z=1$，即 $k_1z=-(2n+1)\pi/2$，故 $z=-(2n+1)\lambda_1/4, n=0,1,2,\cdots$。这些最大值的位置也是不随时间而变的，称为电场波腹点。这可用图 6.1-2 来说明。图中给出了在时间等于 0、$T/8$、$T/4$、$5T/8$ 和 $3T/4$ 时，$E_1(t)$与 z 的关系。我们看到，空间各点的电场都随时间按 $\sin\omega t$ 作简谐变化。但其波腹点处电场振幅总是最大(如 P 点)，而波节点处电场总是零。这种状态并不随时间沿 z 移动，这是与行波情形不同的。它是驻立不动的，故称为驻波。驻波就是波腹点和波节点位置都固定不动的电磁波。

从物理上看，驻波是振幅相等的两个反向行波——入射波与反射波相互叠加的结果。在电场波腹点，两者电场同相叠加，故呈现最大振幅 $2E_{i0}$；而在电场波节点，两者电场反相叠加，故相消为零。

驻波电场振幅曲线(瞬时值曲线的包络线)如图 6.1-3 所示。电场波腹点和波节点都每隔 $\lambda_1/4$ 交替出现。两个相邻波节点之间的距离为 $\lambda_1/2$。这种特性已用来测定驻波的工作波长。

由式(6.1-4b)知，磁场振幅也是驻波分布，但磁场的波腹点对应于电场的波节点，而磁场的波节点对应于电场的波腹点。由图 6.1-3 可见，导体表面($z=0$)处正是电场的波节点，磁场的波腹点。这是因为该处反射电场与入射电场反相相消，而反射磁场与入射磁场同相叠加。由式(6.1-3a)得

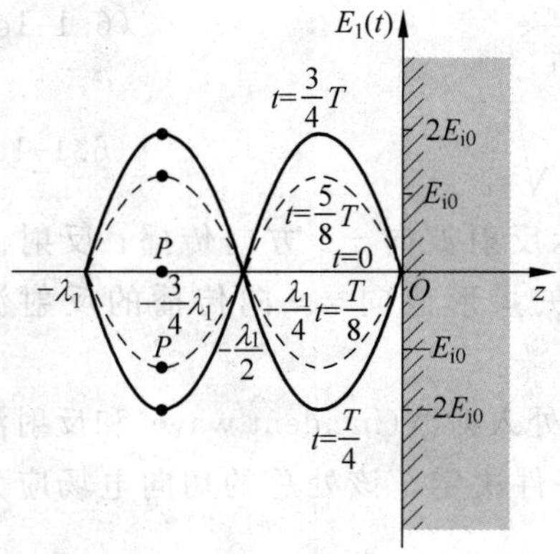

图 6.1-2　不同瞬间的驻波 $E_1(t)$

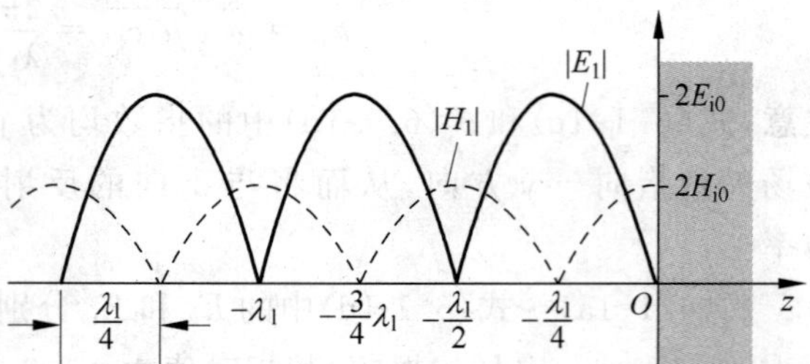

图 6.1-3　驻波的电磁场振幅分布

$$\bar{E}_1\big|_{z=0} = \hat{x}E_{i0}(1-1) = 0 \tag{6.1-5a}$$

$$\bar{H}_1\big|_{z=0} = \hat{y}\frac{2E_{i0}}{\eta_1}(1+1) = \hat{y}\frac{2E_{i0}}{\eta_1} = \hat{y}2H_{i0},\quad H_{i0} = \frac{E_{i0}}{\eta_1} \tag{6.1-5b}$$

由于②区中无电磁场，在理想导体表面两侧的磁场切向分量不连续，因而交界面上存在面电流。根据边界条件式(5.2-7b)，得面电流密度为

$$\bar{J}_s = \hat{n}\times\bar{H}_1\big|_{z=0} = -\hat{z}\times\hat{y}2H_{i0} = \hat{x}2H_{i0} \tag{6.1-6}$$

驻波不传输能量，其平均功率流密度为

$$\bar{S}_1^{av} = \mathrm{Re}\left[\frac{1}{2}\bar{E}_1\times\bar{H}_1^*\right] = \mathrm{Re}\left[-\hat{z}\mathrm{j}\frac{4E_{i0}^2}{\eta_1}\sin k_1z\cos k_1z\right] = 0 \tag{6.1-7a}$$

可见没有单向流动的实功率，而只有虚功率。其瞬时功率流密度为

$$\begin{aligned}\bar{S}_1(t) &= \bar{E}_1(t)\times\bar{H}_1(t) = \hat{z}\frac{4E_{i0}^2}{\eta_1}\sin k_1z\cos k_1z\sin\omega t\cos\omega t\\ &= \hat{z}\frac{E_{i0}^2}{\eta_1}\sin 2k_1z\sin 2\omega t\end{aligned} \tag{6.1-7b}$$

此式表明，瞬时功率流随时间按周期变化。例如，当 $\omega t=\pi/2$ 时，它为零；而当 $\omega t=3\pi/4$ 时，它达到最大值，发生于 $z=-\lambda_1/4,-3\lambda_1/4,\cdots$处，如图 6.1-4 所示。图中也已标出其流动方向，在 $-\lambda_1/4$ 处与 $-3\lambda_1/4$ 处相邻的两侧，其瞬时功率流的流向是相反的。不难看出，此功率流只是来回流动，如由电能密度大的区域流向磁能密度大的区域或反之，从而使能量在电能和磁能之间来回交换，并不形成单向的功率传输。当 $\omega t=\pi$ 时，又回到无瞬时功率流动的状态。因此，整个周期内无实功率单向传输。

6.1.2　对理想介质的垂直入射

若媒质①与媒质②都是理想介质($\sigma_1=\sigma_2=0$)，则当 x 向极化的平面波由媒质①向交界面($z=0$)垂直入射时，边界处既产生向 $-z$ 方向传播的反射波，又有沿 z 向传播的透射波。由于电场的切向分量在边界两侧是连续的，反射波和透射波的电场也只有 x 向分量，如图 6.1-1(b)所示。入射波和反射波的电磁场强度表示式与式(6.1-1)相同，其透射波(transmitted wave)场强表示式为

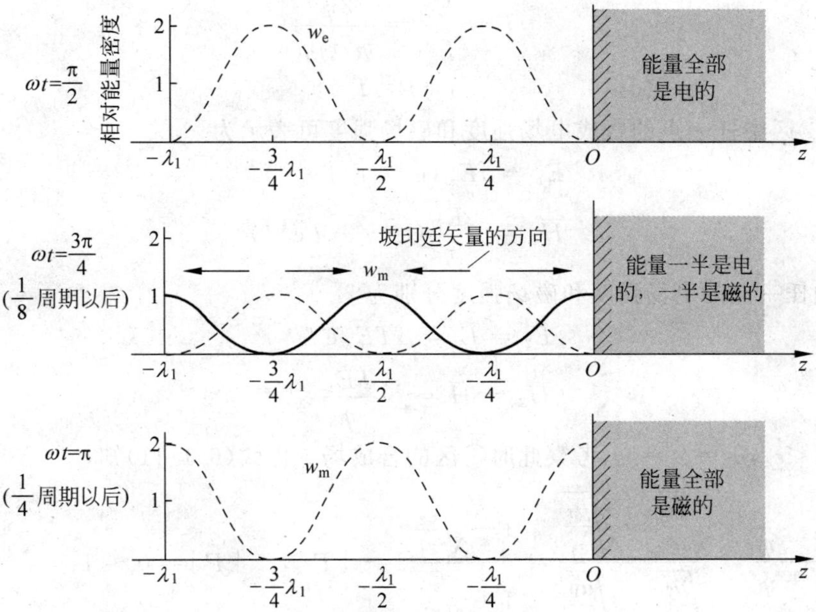

图 6.1-4　驻波场的瞬时电能和磁能密度分布

透射波：

$$\overline{E}_t = \hat{x}E_{t0}\,\mathrm{e}^{-\mathrm{j}k_2 z} \tag{6.1-8a}$$

$$\overline{H}_t = \frac{1}{\eta_2}\hat{z}\times E_t = \hat{y}\frac{E_{t0}}{\eta_2}\mathrm{e}^{-\mathrm{j}k_2 z} \tag{6.1-8b}$$

$$k_2 = \omega\sqrt{\mu_2\varepsilon_2} = \frac{2\pi}{\lambda_2},\quad \eta_2 = \sqrt{\frac{\mu_2}{\varepsilon_2}} \tag{6.1-8c}$$

注意，透射波的波数是媒质②中的值 k_2，其波阻抗是媒质②的波阻抗 η_2。其电场振幅 E_{t0} 和反射波电场振幅 E_{r0} 都需由边界条件决定。

边界两侧的电场切向分量应连续；同时，因边界上无外加面电流，两侧的磁场切向分量也是连续的。因此在 $z=0$ 处有

$$\hat{x}E_{i0} + \hat{x}E_{r0} = \hat{x}E_{t0} \tag{6.1-9a}$$

$$\hat{y}\frac{E_{i0}}{\eta_1} - \hat{y}\frac{E_{r0}}{\eta_1} = \hat{y}\frac{E_{t0}}{\eta_2} \tag{6.1-9b}$$

相加和相减上二式的标量关系式得

$$E_{r0} = \frac{\eta_2-\eta_1}{\eta_2+\eta_1}E_{i0} = \Gamma E_{i0} \tag{6.1-10a}$$

$$E_{t0} = \frac{2\eta_2}{\eta_2+\eta_1}E_{i0} = TE_{i0} \tag{6.1-10b}$$

式中 Γ 为边界上反射波电场强度与入射波电场强度之比，称为边界上的反射系数；T 为边界上透射波电场强度与入射波电场强度之比，称为边界上的透射系数，即

$$\Gamma = \frac{E_{r0}}{E_{i0}} = \frac{\eta_2-\eta_1}{\eta_2+\eta_1} \tag{6.1-11a}$$

$$T=\frac{E_{t0}}{E_{i0}}=\frac{2\eta_2}{\eta_2+\eta_1} \tag{6.1-11b}$$

并有

$$1+\Gamma=T \tag{6.1-11c}$$

于是,①区中任一点的合成电场强度和磁场强度可表示为

$$\bar{E}_1=\hat{x}E_{i0}(\mathrm{e}^{-\mathrm{j}k_1z}+\Gamma\mathrm{e}^{\mathrm{j}k_1z}) \tag{6.1-12a}$$

$$\bar{H}_1=\hat{y}\frac{E_{i0}}{\eta_1}(\mathrm{e}^{-\mathrm{j}k_1z}-\Gamma\mathrm{e}^{\mathrm{j}k_1z}) \tag{6.1-12b}$$

②区中任一点的电场强度和磁场强度分别为

$$\bar{E}_2=\bar{E}_t=\hat{x}TE_{i0}\mathrm{e}^{-\mathrm{j}k_2z} \tag{6.1-13a}$$

$$\bar{H}_2=\bar{H}_t=\hat{y}\frac{TE_{i0}}{\eta_2}\mathrm{e}^{-\mathrm{j}k_2z} \tag{6.1-13b}$$

今设 $\varepsilon_1<\varepsilon_2,\mu_1=\mu_2=\mu_0$,考察此时①区的合成场。由式(6.1-11)知,

$$\Gamma=\frac{\eta_2-\eta_1}{\eta_2+\eta_1}=\frac{\sqrt{\frac{\mu_2}{\varepsilon_2}}-\sqrt{\frac{\mu_1}{\varepsilon_1}}}{\sqrt{\frac{\mu_2}{\varepsilon_2}}+\sqrt{\frac{\mu_1}{\varepsilon_1}}}=\frac{1-\sqrt{\frac{\varepsilon_2}{\varepsilon_1}}}{1+\sqrt{\frac{\varepsilon_2}{\varepsilon_1}}}=-|\Gamma|,\quad |\Gamma|=0\sim1 \tag{6.1-14a}$$

$$T=\frac{2\eta_2}{\eta_2+\eta_1}=\frac{2}{1+\sqrt{\frac{\varepsilon_2}{\varepsilon_1}}}=1-|\Gamma| \tag{6.1-14b}$$

式(6.1-12)化为

$$\bar{E}_1=\hat{x}E_{i0}(1-|\Gamma|\mathrm{e}^{\mathrm{j}2k_1z})\mathrm{e}^{-\mathrm{j}k_1z} \tag{6.1-15a}$$

$$\bar{H}_1=\hat{y}\frac{E_{i0}}{\eta_1}(1+|\Gamma|\mathrm{e}^{\mathrm{j}2k_1z})\mathrm{e}^{-\mathrm{j}k_1z} \tag{6.1-15b}$$

此时电磁场振幅随 z 的分布如图 6.1-5(a)所示。在 $2k_1z=-2n\pi$ 处,即 $z=-n\lambda_1/2$, $n=0,1,2,\cdots$,电场振幅达最小值(为电场波节点):

$$|E_1|_{\min}=E_{i0}(1-|\Gamma|) \tag{6.1-16a}$$

而在 $2k_1z=-(2n+1)\pi$ 处,即 $z=-(2n+1)\lambda_1/4, n=0,1,2,\cdots$,电场振幅达最大值(为电场波腹点):

$$|E_1|_{\max}=E_{i0}(1+|\Gamma|) \tag{6.1-16b}$$

在电场波节点处,反射波和入射波的电场反相,因而合成场为最小值;而在电场波腹点处,二者同相,从而形成最大值。这些值的位置都不随时间而改变,具有驻波特性。但在现在的情形下,反射波的振幅比入射波振幅小,反射波只与入射波的一部分形成驻波,因而电场振幅最小值不为零而其最大值也达不到 $2E_{i0}$。这时既有驻波成分,又有行波成分,故称为行驻波。同样地,磁场振幅也随 z 呈行驻波的周期性变化,只是磁场波腹点对应于电场波节点,而磁场波节点对应于电场波腹点,这不难由式(6.1-15)看出。

若 $\varepsilon_1>\varepsilon_2,\mu_1=\mu_2=\mu_0$,则有

$$\Gamma=\frac{\eta_2-\eta_1}{\eta_2+\eta_1}=\frac{1-\sqrt{\frac{\varepsilon_2}{\varepsilon_1}}}{1+\sqrt{\frac{\varepsilon_2}{\varepsilon_1}}}=|\Gamma|,\ |\Gamma|=0\sim1 \tag{6.1-17a}$$

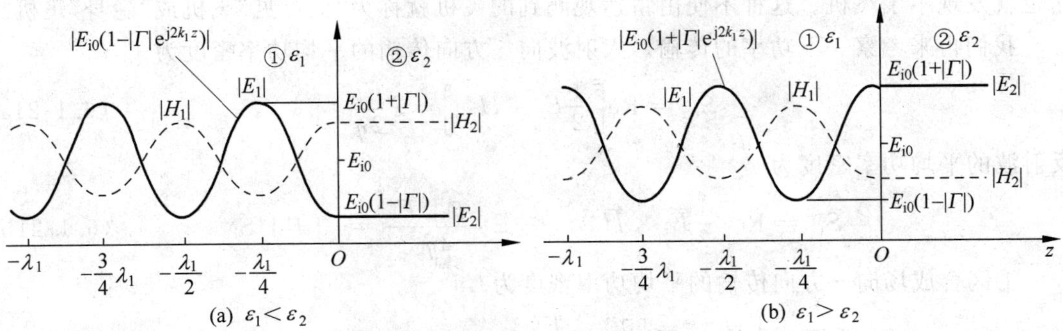

图 6.1-5　行驻波的电磁场振幅分布

$$T=\frac{2\eta_2}{\eta_2+\eta_1}=1+\Gamma=1+|\Gamma| \tag{6.1-17b}$$

式(6.1-12)化为

$$\bar{E}_1=\hat{x}E_{i0}(1+|\Gamma|e^{j2k_1z})e^{-jk_1z} \tag{6.1-18a}$$

$$\bar{H}_1=\hat{y}\frac{E_{i0}}{\eta_1}(1-|\Gamma|e^{j2k_1z})e^{-jk_1z} \tag{6.1-18b}$$

此时电磁场振幅分布如图 6.1-5(b)所示。$z=0,-\lambda_1/2,-\lambda_1,-3\lambda_1/2,\cdots$处为电场波腹点：

$$|E_1|_{\max}=E_{i0}(1+|\Gamma|) \tag{6.1-19a}$$

而在 $z=-\lambda_1/4,-3\lambda_1/4,-5\lambda_1/4,\cdots$处为电场波节点：

$$|E_1|_{\min}=E_{i0}(1-|\Gamma|) \tag{6.1-19b}$$

可见，与 $\varepsilon_1<\varepsilon_2$ 时一样，也形成行驻波分布。不同的是，交界面($z=0$)处 $\varepsilon_1<\varepsilon_2$ 时是电场波节点，而这时是电场波腹点。这两种情形电场波节点和波腹点的形成也可从图 6.1-6 所示的曲柄图更好地理解。

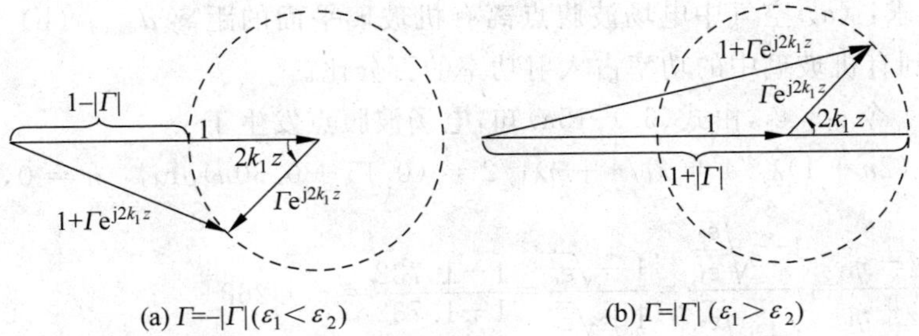

图 6.1-6　合成场振幅最小值和最大值的形成

为反映行驻波状态的驻波成分大小，定义电场振幅的最大值与最小值之比为驻波比 S 或 VSWR(Voltage Standing Wave Ratio)：

$$S=\frac{|E|_{\max}}{|E|_{\min}}=\frac{1+|\Gamma|}{1-|\Gamma|} \tag{6.1-20}$$

因$|\Gamma|=0\sim1$，故 $S=1\sim\infty$。当$|\Gamma|=0$，$S=1$ 时，为纯行波状态，无反射波，此时全部入射功率都输入②区。称这种边界状况为匹配状态。这往往是应用上最令人感兴趣的状态。例如，如果飞机表面具有这种特性，则雷达发射信号到达飞机处将不会产生反射回波，这样雷

达也就发现不了飞机。这种不便由雷达观测到的飞机就称为“低可见”飞机或“隐身”飞机。

我们再来考察一下功率的传输。入射波向 z 方向传输的平均功率密度为

$$\bar{S}_{\mathrm{i}}^{\mathrm{av}}=\mathrm{Re}\left[\frac{1}{2}\bar{E}_{\mathrm{i}}\times\bar{H}_{\mathrm{i}}^{*}\right]=\hat{z}\frac{E_{\mathrm{i0}}^{2}}{2\eta_1} \tag{6.1-21a}$$

反射波的平均功率密度为

$$\bar{S}_{\mathrm{r}}^{\mathrm{av}}=\mathrm{Re}\left[\frac{1}{2}\bar{E}_{\mathrm{r}}\times\bar{H}_{\mathrm{r}}^{*}\right]=-\hat{z}\frac{|\Gamma|^2E_{\mathrm{i0}}^{2}}{2\eta_1}=-|\Gamma|^2\bar{S}_{\mathrm{i}}^{\mathrm{av}} \tag{6.1-21b}$$

①区合成场向 z 方向传输的平均功率密度为

$$\bar{S}_{1}^{\mathrm{av}}=\mathrm{Re}\left[\frac{1}{2}\bar{E}_{1}\times\bar{H}_{1}^{*}\right]=\hat{z}\frac{E_{\mathrm{i0}}^{2}}{2\eta_1}(1-|\Gamma|^2)=\bar{S}_{\mathrm{i}}^{\mathrm{av}}(1-|\Gamma|^2) \tag{6.1-21c}$$

它就是入射波传输的功率减去反射波向相反方向传输的功率。同时,②区中向 z 方向透射的平均功率密度是

$$\bar{S}_{2}^{\mathrm{av}}=\bar{S}_{\mathrm{t}}^{\mathrm{av}}=\mathrm{Re}\left[\frac{1}{2}\bar{E}_{\mathrm{t}}\times\bar{H}_{\mathrm{t}}^{*}\right]=\hat{z}\frac{|T|^2E_{\mathrm{i0}}^{2}}{2\eta_2}=\frac{\eta_1}{\eta_2}|T|^2\bar{S}_{\mathrm{i}}^{\mathrm{av}} \tag{6.1-21d}$$

并有

$$\bar{S}_{1}^{\mathrm{av}}=\bar{S}_{\mathrm{i}}^{\mathrm{av}}(1-|\Gamma|^2)=\bar{S}_{\mathrm{i}}^{\mathrm{av}}\left[1-\frac{\left(1-\sqrt{\frac{\varepsilon_2}{\varepsilon_1}}\right)^2}{\left(1+\sqrt{\frac{\varepsilon_2}{\varepsilon_1}}\right)^2}\right]=\bar{S}_{\mathrm{i}}^{\mathrm{av}}\frac{4}{\left(1+\sqrt{\frac{\varepsilon_2}{\varepsilon_1}}\right)^2}\sqrt{\frac{\varepsilon_2}{\varepsilon_1}}=\bar{S}_{2}^{\mathrm{av}} \tag{6.1-21e}$$

这就是说,①区中向 z 方向传输的合成场功率等于②区中向 z 方向透射的功率。可见符合能量守恒定律。

如果媒质①和媒质②是有耗媒质(导电媒质),可用式(5.5-2)的等效复介电常数 ε_c 代替实数介电常数 ε,而上述分析方法仍然适用。

例 6.1-1　波长为 $0.6\mu\mathrm{m}$ 的黄色激光由空气垂直入射到相对介电常数 $\varepsilon_r=3$ 的有机玻璃平面上。试求:(a) 空气中电场波腹点离有机玻璃平面的距离 $d_{\max}$;(b) 空气中的驻波比;(c) 传输到有机玻璃中的功率占入射功率的百分比。

【解】　(a) 今 $\varepsilon_1<\varepsilon_2$,由式(6.1-15a)知,电场波腹点发生于

$$d_{\max}=(2n+1)\lambda_1/4=\lambda_1/4+n\lambda_1/2=(0.15+0.30n)\mu\mathrm{m},\quad n=0,1,2,\cdots$$

(b) $$\Gamma=\frac{\eta_2-\eta_1}{\eta_2+\eta_1}=\frac{1-\sqrt{\frac{\varepsilon_2}{\varepsilon_1}}}{1+\sqrt{\frac{\varepsilon_2}{\varepsilon_1}}}=\frac{1-\sqrt{\varepsilon_r}}{1+\sqrt{\varepsilon_r}}=\frac{1-1.732}{1+1.732}=-0.268$$

$$S=\frac{1+|\Gamma|}{1-|\Gamma|}=\frac{1+0.268}{1-0.268}=1.73$$

(c) $$\frac{S_2^{\mathrm{av}}}{S_{\mathrm{i}}^{\mathrm{av}}}=1-|\Gamma|^2=1-(0.268)^2=0.928=92.8\%$$

例 6.1-2　一右旋圆极化波由空气向一理想介质平面($z=0$)垂直入射,坐标与图 6.1-5(a)相同,今 $\varepsilon_2=9\varepsilon_0$,$\varepsilon_1=\varepsilon_0$,$\mu_2=\mu_1=\mu_0$。试求反射波和透射波的电场强度及相对平均功率密度;它们各是何种极化波?

【解】　入射波电场复矢量可表示为

$$\overline{E}_{\mathrm{i}}=\frac{1}{\sqrt{2}}(\hat{x}-\mathrm{j}\hat{y})E_0\mathrm{e}^{-\mathrm{j}k_1z},\quad k_1=\omega\sqrt{\mu_0\varepsilon_0}$$

反射波和透射波电场强度分别为

$$\overline{E}_{\mathrm{r}}=\frac{1}{\sqrt{2}}(\hat{x}-\mathrm{j}\hat{y})\Gamma E_0\mathrm{e}^{-\mathrm{j}k_1z}$$

$$\overline{E}_{\mathrm{t}}=\frac{1}{\sqrt{2}}(\hat{x}-\mathrm{j}\hat{y})TE_0\mathrm{e}^{-\mathrm{j}k_2z},\quad k_2=\omega\sqrt{\mu_2\varepsilon_2}=3\omega\sqrt{\mu_0\varepsilon_0}$$

式中

$$\Gamma=\frac{\eta_2-\eta_1}{\eta_2+\eta_1}=\frac{1-\sqrt{\frac{\varepsilon_2}{\varepsilon_1}}}{1+\sqrt{\frac{\varepsilon_2}{\varepsilon_1}}}=\frac{1-3}{1+3}=-0.5$$

$$T=\frac{2\eta_2}{\eta_2+\eta_1}=\frac{2}{1+\sqrt{\frac{\varepsilon_2}{\varepsilon_1}}}=\frac{2}{1+3}=0.5$$

入射波、反射波和透射波都可以看成是两个分量的线极化波的合成，每个线极化波的功率关系与式(6.1-21)相同，从而得

$$\frac{S_{\mathrm{r}}^{\mathrm{av}}}{S_{\mathrm{i}}^{\mathrm{av}}}=|\Gamma|^2=0.5^2=0.25=25\%$$

$$\frac{S_{\mathrm{t}}^{\mathrm{av}}}{S_{\mathrm{i}}^{\mathrm{av}}}=1-|\Gamma|^2=1-0.25=0.75=75\%$$

由反射波和透射波的电场强度表示式可以看出，它们的 y 分量仍落后于 x 分量(且大小相等)，故电场矢量本身的旋向并没有变，都是由 x 轴向 y 轴方向旋转。透射波是沿 z 轴方向传输的，因此它仍是右旋圆极化波；但反射波则沿 $-z$ 方向传播，因而它是左旋圆极化波。这个例子清楚地表明，经对称物体反射后，右旋圆极化波将变为左旋波；反之亦然。

*6.1.3　对多层边界的垂直入射

本节研究均匀平面波垂直入射到多层媒质上的问题。一般来说，除最后一层外，每层媒质中都存在各自的入射波和反射波，最后一层则只有透射波。为简单起见，我们只研究仅有 3 个介质区域的模型，如图 6.1-7 所示。这是一种常见的情形，例如，光线垂直投射于一层窗玻璃上，就属于这种情形。更有意义的是，下面的处理方法可推广到更多层的情形。

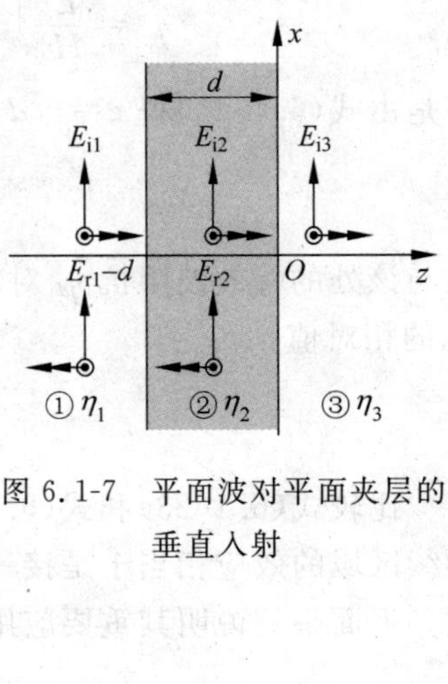

图 6.1-7　平面波对平面夹层的垂直入射

图 6.1-7 中①区和②区中都有入射波和反射波，③区中只有透射波。设①区中入射波电场只有 x 分量，磁场只有 y 分量，媒质分界面分别位于 $z=-d$ 和 $z=0$ 处，则各区中的电磁场可表示如下。

①区：

$$\overline{E}_1=\hat{x}(E_{\mathrm{i}1}\mathrm{e}^{-\mathrm{j}k_1(z+d)}+E_{\mathrm{r}1}\mathrm{e}^{\mathrm{j}k_1(z+d)})\quad(6.1\text{-}22\mathrm{a})$$

$$\overline{H}_1=\hat{y}\frac{1}{\eta_1}(E_{\mathrm{i}1}\mathrm{e}^{-\mathrm{j}k_1(z+d)}-E_{\mathrm{r}1}\mathrm{e}^{\mathrm{j}k_1(z+d)})\quad(6.1\text{-}22\mathrm{b})$$

②区：

$$\bar{E}_2 = \hat{x}(E_{i2}\mathrm{e}^{-\mathrm{j}k_2 z} + E_{r2}\mathrm{e}^{\mathrm{j}k_2 z}) \tag{6.1-22c}$$

$$\bar{H}_2 = \hat{y}\frac{1}{\eta_2}(E_{i2}\mathrm{e}^{-\mathrm{j}k_2 z} - E_{r2}\mathrm{e}^{\mathrm{j}k_2 z}) \tag{6.1-22d}$$

③区：

$$\bar{E}_3 = \hat{x}E_{i3}\mathrm{e}^{-\mathrm{j}k_3 z} \tag{6.1-22e}$$

$$\bar{H}_3 = \hat{y}\frac{1}{\eta_3}E_{i3}\mathrm{e}^{-\mathrm{j}k_3 z} \tag{6.1-22f}$$

以上各式中，E_{i1} 是①区入射电场复振幅，假设是已知的，E_{r1}、E_{i2}、E_{r2}、E_{i3} 是 4 个未知量。在两个分界面上，电场和磁场的切向分量都必须连续。因此有 4 个边界条件，可以解出上述 4 个未知量。在 $z=0$ 处有

$$E_{i2} + E_{r2} = E_{i3}$$

$$\frac{1}{\eta_2}(E_{i2} - E_{r2}) = \frac{1}{\eta_3}E_{i3}$$

两式相除得

$$\eta_2\frac{E_{i2} + E_{r2}}{E_{i2} - E_{r2}} = \eta_3$$

由此得该边界处的反射系数为

$$\Gamma_2 = \frac{E_{r2}}{E_{i2}} = \frac{\eta_3 - \eta_2}{\eta_3 + \eta_2} \tag{6.1-23}$$

在 $z=-d$ 处有

$$E_{i1} + E_{r1} = E_{i2}(\mathrm{e}^{\mathrm{j}k_2 d} + \Gamma_2\mathrm{e}^{-\mathrm{j}k_2 d})$$

$$\frac{1}{\eta_1}(E_{i1} - E_{r1}) = \frac{1}{\eta_2}E_{i2}(\mathrm{e}^{\mathrm{j}k_2 d} - \Gamma_2\mathrm{e}^{-\mathrm{j}k_2 d})$$

两式相除得

$$\eta_1\frac{E_{i1} + E_{r1}}{E_{i1} - E_{r1}} = \eta_2\frac{\mathrm{e}^{\mathrm{j}k_2 d} + \Gamma_2\mathrm{e}^{-\mathrm{j}k_2 d}}{\mathrm{e}^{\mathrm{j}k_2 d} - \Gamma_2\mathrm{e}^{-\mathrm{j}k_2 d}} \equiv \eta_d \tag{6.1-24}$$

令上式右端为 η_d，它其实就是 $z=-d$ 处的切向电场和切向磁场之比，故称为 $z=-d$ 处的等效波阻抗。利用式(6.1-23)后可得出它的下述计算公式：

$$\eta_d = \frac{E_x}{H_y}\bigg|_{z=-d} = \eta_2\frac{\mathrm{e}^{\mathrm{j}k_2 d} + \Gamma_2\mathrm{e}^{-\mathrm{j}k_2 d}}{\mathrm{e}^{\mathrm{j}k_2 d} - \Gamma_2\mathrm{e}^{-\mathrm{j}k_2 d}} = \eta_2\frac{\eta_3 + \mathrm{j}\eta_2\tan k_2 d}{\eta_2 + \mathrm{j}\eta_3\tan k_2 d} \tag{6.1-25}$$

于是由式(6.1-24)得 $z=-d$ 处的反射系数为

$$\Gamma_d = \frac{E_{r1}}{E_{i1}} = \frac{\eta_d - \eta_1}{\eta_d + \eta_1} \tag{6.1-26}$$

它与该处的等效波阻抗 η_d 对①区波阻抗 η_1 的相对值有关；反之，如已知 Γ_d，便可得知 η_d 对 η_1 的相对值：

$$\frac{\eta_d}{\eta_1} = \frac{1 + \Gamma_d}{1 - \Gamma_d} \tag{6.1-27}$$

比较式(6.1-23)和式(6.1-26)可知，引入等效波阻抗后，对①区的入射波来说，②区和后续区域的效应相当于是接一个波阻抗为 η_d 的媒质。这给多层结构的处理带来很大的方便。下面举例说明其重要应用。

例 6.1-3　频率为 10GHz 的机载雷达有一个用 $\varepsilon_r=2.25$ 的介质薄板构成的天线罩，如图 6.1-8 所示。假设其介质损耗可忽略不计，为使它对垂直入射到罩上的电磁波不产生反射，该板应取多厚？

【解】　为使介质罩不反射电磁波，在其界面处的反射系数应为零，即该处等效波阻抗 η_d 应等于空气的波阻抗 η_0。由式(6.1-25)，并考虑到 $\eta_3=\eta_0$，要求

$$\eta_d=\eta_2\frac{\eta_0+j\eta_2\tan k_2 d}{\eta_2+j\eta_0\tan k_2 d}=\eta_0$$

即

$$\eta_2^2\tan k_2 d=\eta_0^2\tan k_2 d$$

已知 $\eta_3\neq\eta_0$，因此上式成立的条件是

$$\tan k_2 d=0$$

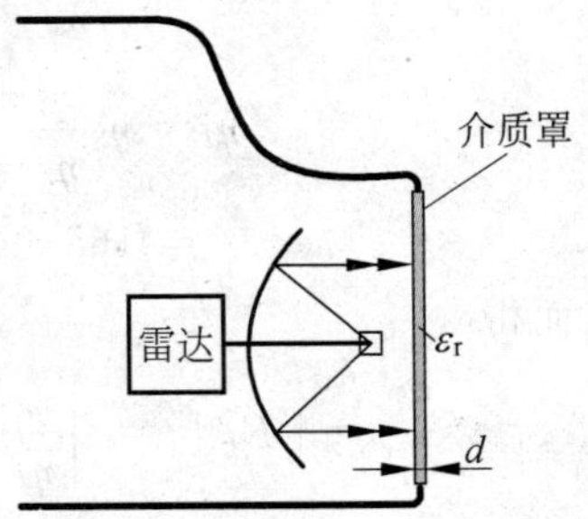

图 6.1-8　机载雷达天线罩

即

$$k_2 d=n\pi,\quad d=\frac{n\lambda_2}{2}=\frac{n\lambda_0}{2\sqrt{\varepsilon_r}},\quad n=1,2,3\cdots \tag{6.1-28}$$

如果取最薄情况，令 $n=1$，得

$$d=\frac{\lambda_0}{2\sqrt{\varepsilon_r}}=\frac{c}{2f\sqrt{\varepsilon_r}}=\frac{3\times10^8}{2\times10^{10}\times\sqrt{2.25}}\text{m}=10^{-2}\text{m}=1\text{cm}$$

这个结果利用了等效波阻抗的半波(长)重复性。直接从式(6.1-25)可看出，只要夹层厚度为 $\lambda_2/2$ 的整数倍，由于 $\tan k_2 d=0$，总有 $\eta_d=\eta_3=\eta_0$。

例 6.1-4　在 $\varepsilon_{r3}=5$，$\mu_{r3}=1$ 的玻璃上涂一层薄膜以消除红外线($\lambda=0.75\mu$m)的反射。请确定：(a) 介质薄膜的厚度 d 和相对介电常数 ε_r，设玻璃和薄膜可视为理想介质；

(b) 它对紫外线($\lambda=0.38\mu$m)的反射功率百分比。

【解】　(a) 由于薄膜两侧媒质波阻抗不同，通常利用 $d=\lambda_2/4$ 的夹层来变换波阻抗，使对①区呈现的 η_d 等于 η_1。当 $k_2 d=\pi/2$ 时，有

$$\eta_d=\eta_2\frac{\eta_3+j\eta_2\tan\frac{\pi}{2}}{\eta_2+j\eta_3\tan\frac{\pi}{2}}=\frac{\eta_2^2}{\eta_3} \tag{6.1-29}$$

令 $\eta_d=\eta_1$，由上式得

$$\eta_2=\sqrt{\eta_1\eta_3} \tag{6.1-30}$$

因 $\eta_1=\eta_0=377(\Omega)$，$\eta_3=\eta_0/\sqrt{\varepsilon_{r3}}=377/\sqrt{5}=168.6(\Omega)$，故

$$\eta_2=\sqrt{377\times168.6}=252.1(\Omega)$$

并因 $\eta_2=\eta_0/\sqrt{\varepsilon_r}$，得

$$\sqrt{\varepsilon_r}=\frac{\eta_0}{\eta_2}=\frac{377}{252.1}=1.495,\quad \varepsilon_r=2.236$$

$$d=\frac{\lambda_2}{4}=\frac{\lambda_0}{4\sqrt{\varepsilon_r}}=\frac{0.75}{4\times1.495}=0.125\mu\text{m}$$

这种夹层也称为 1/4 波长阻抗变换段，其原理已广泛应用，照相机镜头上就有消除光反

射的薄膜。

(b) 为采用式(6.1-26)计算反射系数 Γ_d，先由式(6.1-25)求 η_d。此时

$$k_2 d=\frac{2\pi\sqrt{\varepsilon_r}}{\lambda_0}d=\frac{2\pi\times 1.495}{0.38}\times 0.125=0.984\pi=177^\circ$$

$$\eta_d=\eta_2\frac{\eta_3+\mathrm{j}\eta_2\tan k_2 d}{\eta_2+\mathrm{j}\eta_3\tan k_2 d}=252.1\times\frac{168.6+\mathrm{j}252.1\tan 177^\circ}{252.1+\mathrm{j}168.6\tan 177^\circ}$$

$$=168.9\angle-2.5^\circ=168.7-\mathrm{j}7.4\Omega$$

从而得

$$\frac{S_\mathrm{r}^\mathrm{av}}{S_\mathrm{i}^\mathrm{av}}=|\Gamma_d|^2=\left|\frac{\eta_d-\eta_1}{\eta_d+\eta_1}\right|^2=\left|\frac{168.7-\mathrm{j}7.4-377}{168.7-\mathrm{j}7.4+377}\right|^2=0.146=14.6\%$$

6.2 平面波对理想导体的斜入射

6.2.1 沿任意方向传播的平面波

前几节讨论的均匀平面波，其传播方向规定为 z 方向，因而电场强度复矢量可简单地表示为

$$\bar{E}=\bar{E}_0\mathrm{e}^{-\mathrm{j}kz}\tag{6.2-1}$$

式中 $\bar{E}_0$ 是垂直于 z 轴的常矢量。波的等相面是 $z=$常数的平面，垂直于 z 向，如图 6.2-1(a)所示。设等相面上任意点 $P(x,y,z)$ 的位置矢量(矢径)为 $\bar{r}=\hat{x}x+\hat{y}y+\hat{z}z$，则它相对于原点的相位 $-kz=-k\hat{z}\cdot\bar{r}$。因而 P 点的电场矢量也可表示为

$$\bar{E}=\bar{E}_0\mathrm{e}^{-\mathrm{j}k\hat{z}\cdot\bar{r}}\tag{6.2-2}$$

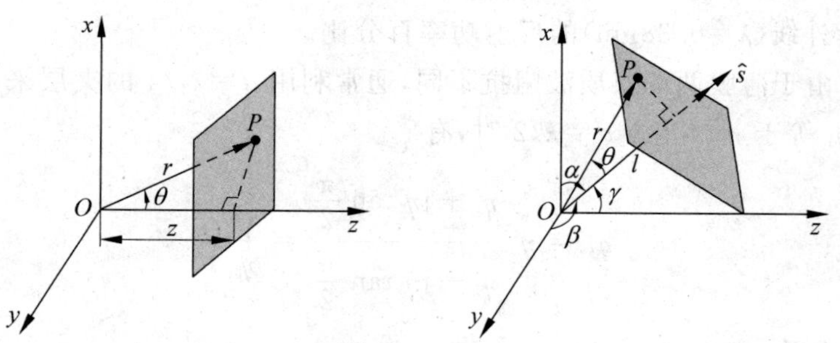

(a) 沿z轴方向传播　　　　(b) 沿任意方向传播

图 6.2-1　沿 z 轴和沿任意方向传播的平面波坐标关系

以后我们将研究向任意方向 $\hat{s}$ 传播的平面波，现在就来导出它的表示式。参看图 6.2-1(b)，沿 $\hat{s}$ 向传播的平面波等相面垂直于 $\hat{s}$，该等相面上任意点 $P(x,y,z)$ 相对于原点的相位为 $-kl=-k\hat{s}\cdot\bar{r}$。实际上，由图直接可得 $\hat{s}\cdot\bar{r}=r\cos\theta=l$。这样，$P$ 点的电场矢量可表示为

$$\bar{E}=\bar{E}_0\mathrm{e}^{-\mathrm{j}k\hat{s}\cdot\bar{r}}=\bar{E}_0\mathrm{e}^{-\mathrm{j}\bar{k}\cdot\bar{r}}\tag{6.2-3}$$

式中

$$\bar{k}=k\hat{s}\tag{6.2-4}$$

$\bar{k}$ 称为传播矢量或波矢量，其大小等于波数 k，方向为传播方向 $\hat{s}$。

若传播方向$\hat{s}$与 x、y、z 轴的夹角分别为 α、β、γ，即其方向余弦为 $\cos\alpha$、$\cos\beta$、$\cos\gamma$，有

$$\hat{s} = \hat{x}\cos\alpha + \hat{y}\cos\beta + \hat{z}\cos\gamma$$

则

$$\bar{k} = k\hat{s} = \hat{x}k_x + \hat{y}k_y + \hat{z}k_z \tag{6.2-5a}$$

$$k_x = k\cos\alpha,\quad k_y = k\cos\beta,\quad k_z = k\cos\gamma \tag{6.2-5b}$$

这样，电场矢量又可表示为

$$\bar{E} = \bar{E}_0 e^{-j(k_x x + k_y y + k_z z)} \tag{6.2-6}$$

由于 $\cos^2\alpha+\cos^2\beta+\cos^2\gamma=1$，故

$$k_x^2 + k_y^2 + k_z^2 = k^2 \tag{6.2-7}$$

这表明，k_x、k_y、k_z 三者中只有两个是独立的。

磁场强度可利用麦氏方程得出。对于这种均匀平面波，与式(5.4-11)类似，其∇运算有如下简化算法：

$$\nabla e^{\bar{k}\cdot\bar{r}} = \bar{k}e^{\bar{k}\cdot\bar{r}}$$

$$\nabla\cdot(\bar{E}_0 e^{\bar{k}\cdot\bar{r}}) = \bar{k}\cdot(\bar{E}_0 e^{\bar{k}\cdot\bar{r}})$$

$$\nabla\times(\bar{E}_0 e^{\bar{k}\cdot\bar{r}}) = \bar{k}\times(\bar{E}_0 e^{\bar{k}\cdot\bar{r}}) \tag{6.2-8}$$

这就是说，在这些运算中$\nabla=\bar{k}$。这些公式其实就是$\frac{d}{dx}e^{kx}=ke^{kx}$的推广。证明如下：

$$\nabla e^{\bar{k}\cdot\bar{r}} = (\hat{x}\frac{\partial}{\partial x}+\hat{y}\frac{\partial}{\partial y}+\hat{z}\frac{\partial}{\partial z})e^{k_x x+k_y y+k_z z} = (\hat{x}k_x+\hat{y}k_y+\hat{z}k_z)e^{k_x x+k_y y+k_z z} = \bar{k}e^{\bar{k}\cdot\bar{r}}$$

$$\nabla\cdot(\bar{E}_0 e^{\bar{k}\cdot\bar{r}}) = (\nabla\cdot\bar{E}_0)e^{\bar{k}\cdot\bar{r}} + \bar{E}_0\cdot\nabla e^{\bar{k}\cdot\bar{r}} = \bar{E}_0\cdot\bar{k}e^{\bar{k}\cdot\bar{r}} = \bar{k}\cdot\bar{E}_0 e^{\bar{k}\cdot\bar{r}}$$

$$\nabla\times(\bar{E}_0 e^{\bar{k}\cdot\bar{r}}) = (\nabla\times\bar{E}_0)e^{\bar{k}\cdot\bar{r}} + \nabla e^{\bar{k}\cdot\bar{r}}\times\bar{E}_0 = \bar{k}e^{\bar{k}\cdot\bar{r}}\times\bar{E}_0 = \bar{k}\times\bar{E}_0 e^{\bar{k}\cdot\bar{r}}$$

显然，如均匀平面波场采用式(6.2-3)中的第一个等式表示，指数为$-jk\hat{s}\cdot\bar{r}$，则有$\nabla=-jk\hat{s}$。于是在无源区，麦氏方程组(5.2-2)化为

$$-j\bar{k}\times\bar{E} = -j\omega\mu\bar{H} \tag{6.2-9a}$$

$$-j\bar{k}\times\bar{H} = -j\omega\varepsilon E \tag{6.2-9b}$$

$$-j\bar{k}\times\bar{E} = 0 \tag{6.2-9c}$$

$$-j\bar{k}\times\bar{H} = 0 \tag{6.2-9d}$$

即

$$\bar{H} = \frac{1}{\eta}\hat{s}\times\bar{E} \tag{6.2-10a}$$

$$\bar{E} = -\eta\hat{s}\times\bar{H} \tag{6.2-10b}$$

$$\hat{s}\cdot\bar{E} = 0 \tag{6.2-10c}$$

$$\hat{s}\cdot\bar{H} = 0 \tag{6.2-10d}$$

式中

$$\eta = \frac{\omega\mu}{k} = \frac{k}{\omega\varepsilon} = \sqrt{\frac{\mu}{\varepsilon}} \tag{6.2-11}$$

式(6.2-10a)和式(6.2-10b)给出了 $\bar{H}$ 与 $\bar{E}$ 的互换关系；而式(6.2-10c)和式(6.2-10d)表

明,均匀平面波的 $\bar{E}$ 和 $\bar{H}$ 都与传播方向$\hat{s}$相垂直。

该均匀平面波的平均功率流密度为

$$\bar{S}^{av}=\mathrm{Re}\left[\frac{1}{2}\bar{E}\times\bar{H}^*\right]=\frac{1}{2\eta}\mathrm{Re}[\bar{E}\times\hat{s}\times\bar{E}^*]$$

$$=\frac{1}{2\eta}\mathrm{Re}[(\bar{E}\cdot\bar{E}^*)\hat{s}-(\bar{E}\cdot\hat{s})\bar{E}^*]=\frac{1}{2\eta}|\bar{E}|^2\hat{s}=\hat{s}\frac{E_0^2}{2\eta} \tag{6.2-12}$$

可见,传播方向$\hat{s}$就是实功率的传输方向。

例 6.2-1　已知空气中一均匀平面波的磁场强度复矢量为

$$\bar{H}=(-\hat{x}A+\hat{y}2\sqrt{6}+\hat{z}4)\mathrm{e}^{-\mathrm{j}\pi(4x+3z)}\quad(\mu\mathrm{A/m})$$

试求:(a)波长、传播方向单位矢量及传播方向与 z 轴夹角;(b)常数 A;(c)电场强度复矢量 $\bar{E}$。

【解】　(a) 由 $\bar{H}$ 的相位因子知,$k_x=4\pi$,$k_z=3\pi$,故

$$k=\sqrt{k_x^2+k_z^2}=5\pi=\frac{2\pi}{\lambda},\quad \lambda=\frac{2\pi}{k}=\frac{2}{5}=0.4(\mathrm{m})$$

$$\hat{s}=\frac{\bar{k}}{k}=\frac{\hat{x}4\pi+\hat{z}3\pi}{5\pi}=\hat{x}\frac{4}{5}+\hat{z}\frac{3}{5}$$

设$\hat{s}$与$\hat{z}$夹角为 θ,则

$$\cos\theta=\hat{s}\cdot\hat{z}=\frac{3}{5},\quad \theta=53.13^\circ$$

(b) 根据式(6.2-10d),应有

$$\left(\hat{x}\frac{4}{5}+\hat{z}\frac{3}{5}\right)\cdot(-\hat{x}A+\hat{y}2\sqrt{6}+\hat{z}4)=0$$

$$-\frac{4}{5}A+\frac{3}{5}\times4=0,\quad A=3$$

(c) 由式(6.2-10b),有

$$\bar{E}=-\eta\hat{s}\times\bar{H}=-377(\hat{x}\frac{4}{5}+\hat{z}\frac{3}{5})\times(-\hat{x}3+\hat{y}2\sqrt{6}+\hat{z}4)\mathrm{e}^{-\mathrm{j}\pi(4x+3z)}$$

$$=(\hat{x}\frac{6}{5}\sqrt{6}+\hat{y}5-\hat{z}\frac{8}{5}\sqrt{6})377\mathrm{e}^{-\mathrm{j}\pi(4x+3z)}\quad(\mu\mathrm{V/m})$$

6.2.2　垂直极化波对理想导体的斜入射与快波

我们来研究均匀平面波向理想导体平面 $z=0$ 斜入射的情况。入射波射线与平面边界法线所构成的平面称为入射平面,取为 $y=0$ 面,如图 6.2-2 所示。图 6.2-2(a)中电场矢量与入射平面相垂直,称为垂直于入射面极化,简称垂直极化;图 6.2-2(b)中电场矢量与入射面平行,称为平行于入射面极化,简称平行极化①。任意极化的平面波都可分解为垂直极化波和平行极化波的合成。下面先研究垂直极化波的斜入射。

① 当边界平面为地面时,习惯上常将图 6.2-2(a)中垂直于入射面极化,即电场矢量平行于地面的极化,称为水平极化;而将图 6.2-2(b)中平行于入射面极化称为垂直极化(其实通常其电场矢量并不垂直于地面,这种命名欠严格),应与这里的命名相区别。

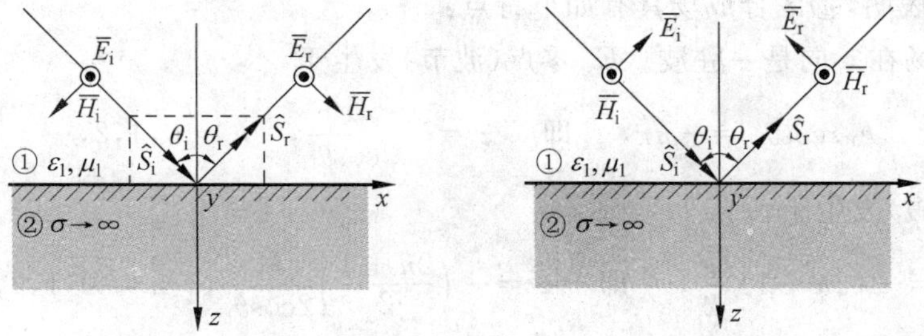

图 6.2-2　两种极化波对理想导体平面的斜入射

参看图 6.2-2(a)，在入射面($y=0$)上，①区的入射场传播矢量为$\hat{s}_i=\hat{x}\sin\theta_i+\hat{z}\cos\theta_i$，$\theta_i$ 是入射线与导体平面法线之间的夹角，称为入射角。入射场为

$$\overline{E}_i=\hat{y}E_{i0}e^{-jk_1\hat{s}_i\cdot\overline{r}}=\hat{y}E_{i0}e^{-jk_1(x\sin\theta_i+z\cos\theta_i)} \tag{6.2-13a}$$

$$\overline{H}_i=\frac{1}{\eta_1}\hat{s}_i\times\overline{E}_i=(-\hat{x}\cos\theta_i+\hat{z}\sin\theta_i)\frac{E_{i0}}{\eta_1}e^{-jk_1(x\sin\theta_i+z\cos\theta_i)} \tag{6.2-13b}$$

①区的反射场传播矢量为$\hat{s}_r=\hat{x}\sin\theta_r-\hat{z}\cos\theta_r$，$\theta_r$ 是反射线与导体平面法线之间的夹角，称为反射角。反射场为

$$\overline{E}_r=\hat{y}E_{r0}e^{-jk_1\hat{s}_r\cdot\overline{r}}=\hat{y}E_{r0}e^{-jk_1(x\sin\theta_r-z\cos\theta_r)} \tag{6.2-13c}$$

$$\overline{H}_r=\frac{1}{\eta_1}\hat{s}_r\times\overline{E}_r=(\hat{x}\cos\theta_r+\hat{z}\sin\theta_r)\frac{E_{r0}}{\eta_1}e^{-jk_1(x\sin\theta_r-z\cos\theta_r)} \tag{6.2-13d}$$

这些场表示式也可直接根据图 6.2-2(a)几何关系得出。现在②区为理想导体，其内部无电磁场。根据理想导体表面切向电场为零的边界条件，由式(6.2-13a)和式(6.2-13c)得

$$E_{iy}\big|_{z=0}+E_{ry}\big|_{z=0}=0$$

即

$$E_{i0}e^{-jk_1x\sin\theta_i}+E_{r0}e^{-jk_1x\sin\theta_r}=0 \tag{6.2-14}$$

要使上式成立，首先要求两个项的相位因子相等，故有

$$\theta_i=\theta_r=\theta_1 \tag{6.2-15}$$

可见入射角等于反射角。从而由式(6.2-14)得

$$E_{i0}+E_{r0}=0\quad 即\quad E_{r0}=-E_{i0} \tag{6.2-16}$$

将以上两个关系代入式(6.2-13)，得到①区中入射场和反射场的合成场如下：

$$\begin{aligned}E_y&=E_{i0}(e^{-jk_1z\cos\theta_1}-e^{jk_1z\cos\theta_1})e^{-jk_1x\sin\theta_1}\\&=-j2E_{i0}\sin(k_1z\cos\theta_1)e^{-jk_1x\sin\theta_1}\end{aligned} \tag{6.2-17a}$$

$$\begin{aligned}H_x&=-\frac{E_{i0}}{\eta_1}\cos\theta_1(e^{-jk_1z\cos\theta_1}+e^{jk_1z\cos\theta_1})e^{-jk_1x\sin\theta_1}\\&=-\frac{2E_{i0}}{\eta_1}\cos\theta_1\cos(k_1z\cos\theta_1)e^{-jk_1x\sin\theta_1}\end{aligned} \tag{6.2-17b}$$

$$\begin{aligned}H_z&=\frac{E_{i0}}{\eta_1}\sin\theta_1(e^{-jk_1z\cos\theta_1}-e^{jk_1z\cos\theta_1})e^{-jk_1x\sin\theta_1}\\&=-j\frac{2E_{i0}}{\eta_1}\sin\theta_1\sin(k_1z\cos\theta_1)e^{jk_1x\sin\theta_1}\end{aligned} \tag{6.2-17c}$$

这个结果表明,①区合成场具有如下特点:

(1) 合成场在 z 向是一驻波。E_y 零点(波节)发生于

$$k_1 z\cos\theta_1 = -n\pi, \quad 即 \quad z = -\frac{n\lambda_1}{2\cos\theta_1}, \quad n = 0,1,2,\cdots \tag{6.2-18a}$$

E_y 最大点(波腹)发生于

$$k_1 z\cos\theta_1 = -(2n+1)\frac{\pi}{2}, \quad 即 \quad z = -\left(\frac{2n+1}{2}\right)\frac{\lambda_1}{2\cos\theta_1}, \quad n = 0,1,2,\cdots \tag{6.2-18b}$$

合成电场的这些零点和最大点位置都不随时间而变化,其瞬时图如图 6.2-3(a)所示。这是因为入射波与反射波以不同相位叠加的结果。如图 6.2-3(b)所示,在导体表面 O 点,入射电场与反射电场振幅相等而实际方向相反,抵消为零。在 a 点,入射波的波前比 O 点引前 $\lambda_1/2$ 波程,而反射波的波前比 O 点落后 $\lambda_1/2$ 波程,结果两者的相位关系仍与 O 点处相同,因而又形成零点。由 ΔabO 知,$\overline{aO}=(\lambda_1/2)/\cos\theta_1$。在离导体表面为$\overline{aO}$的整数倍处,同样都形成零点,这正与式(6.2-18a)一致。在$\overline{aO}$的中点 c 处,情况正好相反,反射波与入射波的波程差减半而引入 180°相位差,使反射电场与入射电场同向相加,合成电场呈最大值。这样,随离开导体表面的距离增加,每隔 $\lambda_1/4\cos\theta_1$ 交替出现最大点和零点。

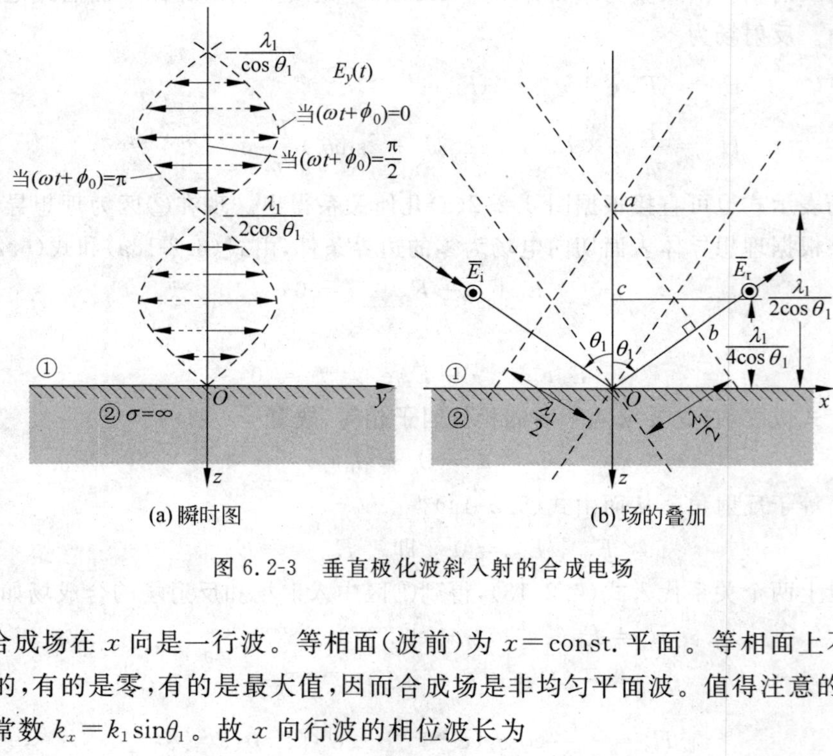

图 6.2-3　垂直极化波斜入射的合成电场

(2) 合成场在 x 向是一行波。等相面(波前)为 $x=$const. 平面。等相面上不同 z 处振幅是不同的,有的是零,有的是最大值,因而合成场是非均匀平面波。值得注意的是,该方向上的相位常数 $k_x=k_1\sin\theta_1$。故 x 向行波的相位波长为

$$\lambda_x = \frac{2\pi}{k_x} = \frac{2\pi}{k_1\sin\theta_1} = \frac{\lambda_1}{\sin\theta_1}$$

合成场在此传播方向上的相位速度为

$$v_x = \frac{\omega}{k_x} = \frac{\omega}{k_1\sin\theta_1} = \frac{v_1}{\sin\theta_1} \geqslant v_1 \tag{6.2-19}$$

式中 $v_1=1/\sqrt{\mu_1\varepsilon_1}$ 是媒质①中的光速。所以合成波的相速将大于光速。这是什么原因呢?

如图 6.2-4 所示，当入射平面波沿其传播方向以速度 v_1 前进了距离 λ_1 时，从 x 方向观察，同相位点前进的距离是 $\lambda_x=\lambda_1/\sin\theta$，前进的速度为 $v_x=v_1/\sin\theta$。可见，v_x 是沿 x 方向观察时合成波的“视在速度”，它是可以大于光速的。但这个速度不是能量传播速度，下面我们就会看到，能速仍小于光速。由于其相速大于光速，我们称这种波为“快波”。

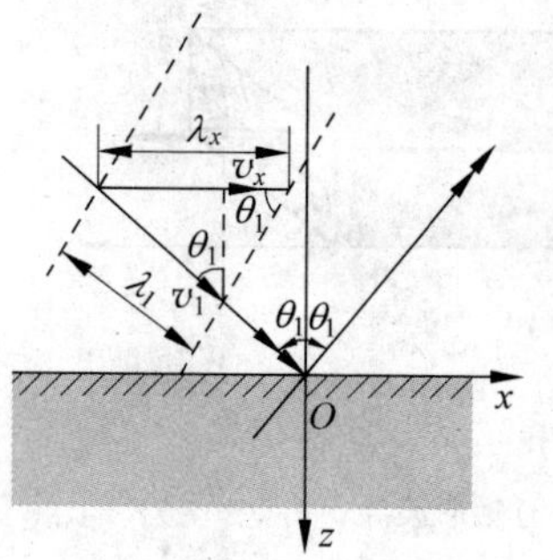

图 6.2-4　合成场的相速

(3) 合成波沿 x 向有实功率流，而在 z 向只有虚功率。其复坡印廷矢量为

$$\begin{aligned}\bar{S}&=\frac{1}{2}\bar{E}\times\bar{H}^*=\frac{1}{2}\hat{y}E_y\times(\hat{x}H_x^*+\hat{z}H_z^*)\\&=-\hat{z}\frac{1}{2}E_yH_x^*+\hat{x}\frac{1}{2}E_yH_x^*\\&=-\hat{z}\mathrm{j}\frac{E_{i0}^2}{\eta_1}\cos\theta_1\sin(2k_1z\cos\theta_1)+\hat{x}\frac{2E_{i0}^2}{\eta_1}\sin\theta_1\sin^2(k_1z\cos\theta_1)\end{aligned}$$

平均功率流密度为

$$\bar{S}^{\mathrm{av}}=\mathrm{Re}[\bar{S}]=\hat{x}\frac{2E_{i0}^2}{\eta_1}\sin\theta_1\sin^2(k_1z\cos\theta_1)\tag{6.2-20}$$

能量传播速度为

$$v_{\mathrm{e}}=\frac{S^{\mathrm{av}}}{w^{\mathrm{av}}}=\frac{\dfrac{2E_{i0}^2}{\eta_1}\sin\theta_1\sin^2(k_1z\cos\theta_1)}{\dfrac{1}{2}\varepsilon_1[2E_{i0}\sin(k_1z\cos\theta_1)]^2}=\frac{\sin\theta_1}{\eta_1\varepsilon_1}=v_1\sin\theta_1\leqslant v_1\tag{6.2-21}$$

这一关系其实也可直接从图 6.2-4 看出：能量沿 x 向的传播速度是 v_1 沿 x 轴的分量，故 $v_{\mathrm{e}}=v_1\sin\theta_1$。

结合式(6.2-19)和式(6.2-21)知

$$v_xv_{\mathrm{e}}=v_1^2\tag{6.2-22}$$

可见，相速大于光速时其能速总是小于光速的。

(4) 导体表面上存在感应面电流。它由边界条件 $\bar{J}_{\mathrm{s}}=\hat{n}\times\bar{H}|_{z=0}$ 给出。在 $z=0$ 处，$H_z=0$，但 $H_x\neq0$，得

$$\bar{J}_{\mathrm{s}}=-\hat{z}\times(-\hat{x})\frac{2E_{i0}}{\eta_1}\cos\theta_1\cos(k_1z\cos\theta_1)\mathrm{e}^{-\mathrm{j}k_1x\sin\theta_1}\Big|_{z=0}=\hat{y}\frac{2E_{i0}}{\eta_1}\cos\theta_1\mathrm{e}^{-\mathrm{j}k_1x\sin\theta_1}\tag{6.2-23}$$

①区反射波的初级场源正是此表面电流。

(5) 合成波沿传播方向 $\hat{x}$ 有磁场分量 H_x，因此这种波不是横电磁波(TEM 波)。由于其电场仍只有横向(垂直于传播方向)分量 E_y，称为横电波，记为 TE 波或 H 波。

注意，在①区实际观察到的是合成波，而不是由其分解的入射波和反射波。合成波电场在 $z=-n\lambda_1/2\cos\theta_1$ 处为零，因此在该处(如取 $n=1$)放置一理想导电平板并不会破坏原来的场分布。这表明，在两块平行导体板间可以传播 TE 波。这时的 TE 波可以看成是入射平面波在两块平行导体板间来回反射而形成的。平行板结构起了引导电磁波沿其表面方向传播的作用，称为平行板波导，如图 6.2-5(a)所示。这样传播的电磁波称为导行电磁波，简称导波。假如再放置两块平行导体板垂直于 y 轴，由于电场 E_y 与该表面相垂直，因而仍不会破坏场的边界条件。这样，在这四块板所形成的矩形截面空间中也可传播 TE 波。这一

导波结构就是微波波段的一种常用传输线——矩形波导,如图6.2-5(b)所示。

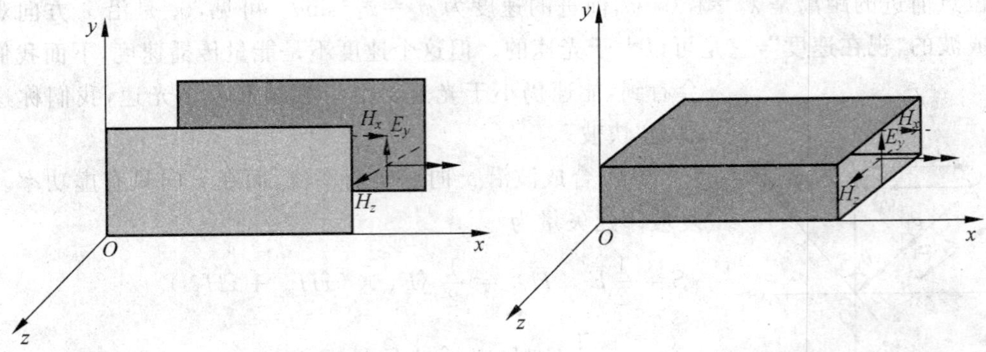

(a) 平行板波导　　(b) 矩形波导

图6.2-5　平行板波导和矩形波导

6.2.3　平行极化波对理想导体的斜入射

当平行极化波斜入射时,如图6.2-2(b)所示,入射面($y=0$)上的入射场和反射场可表示如下。

入射场:
$$\overline{E}_i=(\hat{x}\cos\theta_i-\hat{z}\sin\theta_i)E_{i0}e^{-jk_1(x\sin\theta_i+z\cos\theta_i)} \tag{6.2-24a}$$
$$\overline{H}_i=\hat{y}\frac{E_{i0}}{\eta_1}e^{-jk_1(x\sin\theta_i+z\cos\theta_i)} \tag{6.2-24b}$$

反射场:
$$\overline{E}_r=-(\hat{x}\cos\theta_r+\hat{z}\sin\theta_r)E_{r0}e^{-jk_1(x\sin\theta_r-z\cos\theta_r)} \tag{6.2-24c}$$
$$\overline{H}_r=\hat{y}\frac{E_{r0}}{\eta_1}e^{-jk_1(x\sin\theta_r-z\cos\theta_r)} \tag{6.2-24d}$$

由于②区为理想导体,其内部无时变电磁场。由$z=0$处边界条件得
$$E_{ix}\big|_{z=0}+E_{rx}\big|_{z=0}=0$$
即
$$\cos\theta_i E_{i0}e^{-jk_1x\sin\theta_i}-\cos\theta_r E_{r0}e^{-jk_1x\sin\theta_r}=0 \tag{6.2-25}$$

上式要求两个项的相位因子相等,故有$\theta_i=\theta_r=\theta_1$,并得
$$E_{i0}-E_{r0}=0\quad 即\quad E_{r0}=E_{i0} \tag{6.2-26}$$

于是得①区入射场和反射场的合成场分量为
$$E_x=-j2E_{i0}\cos\theta_1\sin(k_1z\cos\theta_1)e^{-jk_1x\sin\theta_1} \tag{6.2-27a}$$
$$E_z=-2E_{i0}\sin\theta_1\cos(k_1z\cos\theta_1)e^{-jk_1x\sin\theta_1} \tag{6.2-27b}$$
$$H_y=\frac{2E_{i0}}{\eta_1}\cos(k_1z\cos\theta_1)e^{-jk_1x\sin\theta_1} \tag{6.2-27c}$$

可见,合成场在z向是驻波,沿x向为行波。因此在z向只有虚功率而沿z向有实功率流。它在传播方向$\hat{x}$上有电场分量E_x,但磁场仍只有横向分量H_y,故称为横磁波,记为TM波或E波。如果在$z=-n\lambda_1/2\cos\theta_1$处(如$n=1$)放置一无限大理想导电平板,由于此处$E_x=0$,它不会破坏原来的场分布。这说明,在两平行板波导间可以传播TM波。同理,在矩形波导中也可传播TM波。因此在空心波导中既可传输TE波,也可传输TM波,它们都是非均匀平面波。

例 6.2-2　一均匀平面波由空气斜入射至理想导体表面，如图 6.2-6 所示。入射电场强度为

$$\bar{E}_i = (\hat{x} - \hat{z} + \hat{y}j\sqrt{2})E_0 e^{-j(\pi x + az)} \quad (\text{V/m})$$

试求：(a) 常数 a、波长 λ、入射波传播方向单位矢量 $\hat{s}_i$ 及入射角 θ；

(b) 反射波电场和磁场；

(c) 入射波和反射波各是什么极化波。

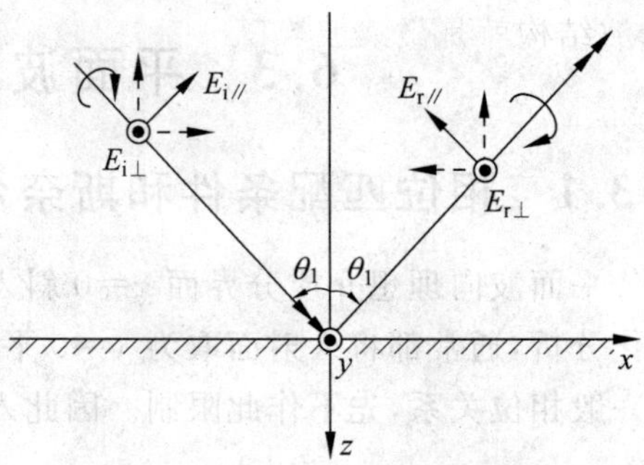

图 6.2-6　圆极化波的斜入射

【解】　(a) 入射波传播矢量为 $\hat{k}_i = \hat{x}\pi + \hat{z}a$，因 $\bar{E}_i \cdot \bar{k}_i = 0$，得

$$(\hat{x} - \hat{z} + \hat{y}j\sqrt{2}) \cdot (\hat{x}\pi + \hat{z}a) = 0, \quad \pi - a = 0, \quad a = \pi$$

$$k_i = \sqrt{k_{ix}^2 + k_{iz}^2} = \sqrt{\pi^2 + \pi^2} = \pi\sqrt{2} = \frac{2\pi}{\lambda}, \quad \lambda = \sqrt{2} = 1.414(\text{m})$$

$$\hat{s}_i = \frac{\bar{k}_i}{k_i} = \frac{\hat{x}\pi + \hat{z}\pi}{\pi\sqrt{2}} = (\hat{x} + \hat{z})\frac{1}{\sqrt{2}}$$

$$\cos\theta_1 = \hat{s}_i \cdot \hat{z} = \frac{1}{\sqrt{2}}, \quad \theta_1 = 45^\circ$$

(b) 反射波传播方向单位矢量为

$$\hat{s}_r = \hat{x}\sin\theta_1 - \hat{z}\cos\theta_1 = (\hat{x} - \hat{z})\frac{1}{\sqrt{2}}$$

故反射波传播矢量为

$$\bar{k}_r = \hat{s}_r k_r = \hat{s}_r k_i = (\hat{x} - \hat{z})\pi$$

因入射波电场包括垂直极化波电场($\hat{y}$向)和平行极化波电场($\hat{x}-\hat{z}$向)两部分，相应地反射波电场也有两部分：

$$\bar{E}_{r\perp} = \hat{y}E_{r0\perp} e^{-j\bar{k}_r \cdot \bar{r}} = \hat{y}(-E_{i0\perp})e^{-j(x-z)\pi} = -\hat{y}j\sqrt{2}E_0 e^{-j(x-z)\pi}$$

$$\bar{E}_{r//} = -(\hat{x}\cos\theta_1 + \hat{z}\sin\theta_r)E_{r0//} e^{-j\bar{k}_r \cdot \bar{r}} = -(\hat{x} + \hat{z})\frac{1}{\sqrt{2}}(E_{i0//})e^{-j(x-z)\pi}$$

$$= -(\hat{x} + \hat{z})E_0 e^{-j(x-z)\pi}$$

故

$$\bar{E}_r = \bar{E}_{r\perp} + \bar{E}_{r//} = -(\hat{x} + \hat{z} + \hat{y}j\sqrt{2})E_0 e^{-j(x-z)\pi} \quad (\text{V/m})$$

$$\bar{H}_r = \frac{1}{\eta_0}\hat{s}_r \times \bar{E}_r = [\hat{y}\sqrt{2} - (\hat{x} + \hat{z})j]\frac{E_0}{377}e^{-j(x-z)\pi} \quad (\text{V/m})$$

(c) 参看图 6.2-6，入射波电场的 y 分量引前($\hat{x}-\hat{z}$)分量 90°且大小相等(均为$\sqrt{2}E_0$)，故为左旋圆极化波；反射波的$\hat{y}$分量落后$-(\hat{x}+\hat{z})$分量 90°且大小相等，它是右旋圆极化波。可见，经导体平面反射后，圆极化波的旋向改变了。

6.3 平面波对理想介质的斜入射

6.3.1 相位匹配条件和斯奈尔定律

平面波向理想介质分界面 $z=0$ 斜入射时，不但会产生反射波，而且会形成透射波。为简化分析，通常都将入射面取为 $y=0$ 平面，如图 6.3-1 所示。但本节为了导出这些波之间的一般相位关系，先不作此限制。因此入射波、反射波和透射波的传播矢量可表示为

$$\bar{k}_{\rm i}=\hat{s}_{\rm i}k_{\rm i}=\hat{x}k_{{\rm i}x}+\hat{y}k_{{\rm i}y}+\hat{z}k_{{\rm i}z} \tag{6.3-1a}$$

$$\bar{k}_{\rm r}=\hat{s}_{\rm r}k_{\rm r}=\hat{x}k_{{\rm r}x}+\hat{y}k_{{\rm r}y}+\hat{z}k_{{\rm r}z} \tag{6.3-1b}$$

$$\bar{k}_{\rm t}=\hat{s}_{\rm t}k_{\rm t}=\hat{x}k_{{\rm t}x}+\hat{y}k_{{\rm t}y}+\hat{z}k_{{\rm t}z} \tag{6.3-1c}$$

式中

$$k_{\rm i}=k_{\rm r}=k_1=\omega\sqrt{\mu_1\varepsilon_1} \tag{6.3-1d}$$

$$k_{\rm t}=k_2=\omega\sqrt{\mu_2\varepsilon_2} \tag{6.3-1e}$$

三种波的电场强度复矢量可写为

$$\bar{E}_{\rm i}=\bar{E}_{\rm i0}{\rm e}^{-{\rm j}\bar{k}_{\rm i}\cdot\bar{r}} \tag{6.3-2a}$$

$$\bar{E}_{\rm r}=\bar{E}_{\rm r0}{\rm e}^{-{\rm j}\bar{k}_{\rm r}\cdot\bar{r}} \tag{6.3-2b}$$

$$\bar{E}_{\rm t}=\bar{E}_{\rm t0}{\rm e}^{-{\rm j}\bar{k}_{\rm t}\cdot\bar{r}} \tag{6.3-2c}$$

根据边界条件，分界面($z=0$)两侧电场矢量的切向分量应连续，故有

$$E_{\rm i0}^{\tan}{\rm e}^{-{\rm j}(k_{{\rm i}x}x+k_{{\rm i}y}y)}+E_{\rm r0}^{\tan}{\rm e}^{-{\rm j}(k_{{\rm r}x}x+k_{{\rm r}y}y)}=E_{\rm t0}^{\tan}{\rm e}^{-{\rm j}(k_{{\rm t}x}x+k_{{\rm t}y}y)} \tag{6.3-3}$$

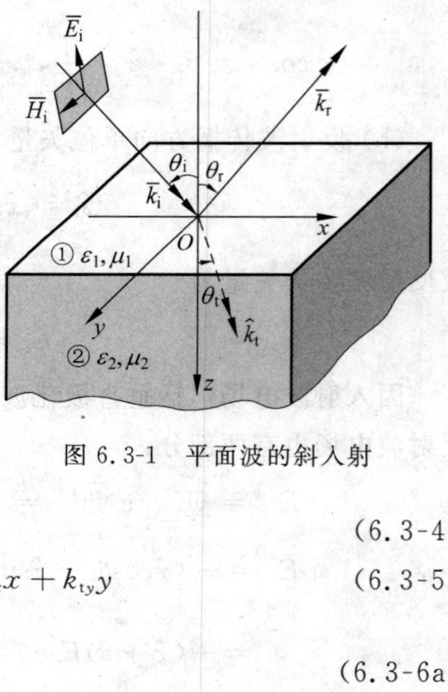

图 6.3-1 平面波的斜入射

式中上标 tan 表示切向分量。此式对分界面上任意一点都成立，因而有

$$E_{\rm i0}^{\tan}+E_{\rm r0}^{\tan}=E_{\rm t0}^{\tan} \tag{6.3-4}$$

$$k_{{\rm i}x}x+k_{{\rm i}y}y=k_{{\rm r}x}x+k_{{\rm r}y}y=k_{{\rm t}x}x+k_{{\rm t}y}y \tag{6.3-5}$$

由于式(6.3-5)对不同的 x 和 y 均成立，必有

$$k_{{\rm i}x}=k_{{\rm r}x}=k_{{\rm t}x}=k_x \tag{6.3-6a}$$

$$k_{{\rm i}y}=k_{{\rm r}y}=k_{{\rm t}y}=k_y \tag{6.3-6b}$$

这样，3 个传播矢量 $\bar{k}_{\rm i}$、$\bar{k}_{\rm r}$ 和 $\bar{k}_{\rm t}$ 沿介质分界面的切向分量都是相等的。这一结论称为相位匹配条件。它对求解分层媒质的电磁场边值问题是很有用的。由它可导出反射定律和斯奈尔折射定律。推证如下。

我们取入射面为 $y=0$ 平面，即入射线位于 xOz 面内。应用式(6.3-6a)和式(6.3-6b)得

$$k_1\cos\alpha_{\rm i}=k_1\cos\alpha_{\rm r}=k_2\cos\alpha_{\rm t} \tag{6.3-7a}$$

$$0=k_1\cos\beta_{\rm r}=k_2\cos\beta_{\rm t} \tag{6.3-7b}$$

由式(6.3-7b)知

$$\beta_{\rm r}=\beta_{\rm t}=\frac{\pi}{2} \tag{6.3-8}$$

这说明，反射线和折射线也位于入射面(xOz 面)内。于是有(见图 6.3-1)

$$\alpha_i = \frac{\pi}{2} - \theta_i, \quad \alpha_r = \frac{\pi}{2} - \theta_r, \quad \alpha_t = \frac{\pi}{2} - \theta_t \tag{6.3-9}$$

代入式(6.3-7a)得

$$k_1 \sin\theta_i = k_1 \sin\theta_r = k_2 \sin\theta_t \tag{6.3-10}$$

由上式第一等式得

$$\theta_i = \theta_r = \theta_1 \tag{6.3-11}$$

即反射角等于入射角，此即反射定律。我们在 6.2.2 节中已看到，它也适用于对理想导体的斜入射。

式(6.3-10)的后一等式给出(令 $\theta_t = \theta_2$)

$$\frac{\sin\theta_2}{\sin\theta_1} = \frac{k_1}{k_2} = \sqrt{\frac{\mu_1 \varepsilon_1}{\mu_2 \varepsilon_2}} \tag{6.3-12a}$$

当 $\mu_1 = \mu_2$ 即有

$$\frac{\sin\theta_2}{\sin\theta_1} = \sqrt{\frac{\varepsilon_1}{\varepsilon_2}} = \frac{n_1}{n_2} \tag{6.3-12b}$$

它就是光学中的斯奈尔(Snell)折射定律，式中 $n = \sqrt{\varepsilon_r}$ 代表相对介电常数为 ε_r 的介质的折射率。它说明折射角正弦与入射角正弦之比等于介质 1 与介质 2 的折射率之比。这里基于电磁场边界条件导出了与光学中完全相同的反、折射定律。这是光波为电磁波的又一佐证。

值得一提的是，现代科技工作者正是利用这个古老的光学定律作出了很有意义的重大创新。大家都知道，雷达是利用从物体反射回来的信号来发现目标的。回波信号的强弱与目标的大小、形状和材料有关。为反映目标产生回波功率的能力，定义了一个参数，称为雷达散射截面，记为 σ_r，相当于目标对雷达的有效反射面积(其严格定义请见 7.4.2 小节)。若将飞机的 σ_r 做得很小，便可能使雷达发现不了，而达到“隐身”的效果。近年来迅速发展的“隐身”技术正是利用改进飞行体外形设计和采用吸波涂层或透波材料等技术来减小 σ_r 的。例如(见图 6.3-2)，美国 B-52 战略轰炸机有 4 个发动机吊舱，巨大的垂尾和宽大的平直机身，使其 σ_r 达 40m^2 以上；而改进后的 B-1B 轰炸机使 σ_r 降到其 1/100，即约 0.4m^2；进一步的改进使 B-2 轰炸机的 σ 只有 0.01m^2，近于一只小鸟的散射面积；而“隐身”飞机 F117 的 σ_r 甚至做到了 $0.001 \sim 0.01\text{m}^2$，即近于一只昆虫的散射面积。B-2 和 F117 都采用了惊人的突破性设计，将底部做成平板形状，使它对地面来波形成镜面反射。这样，由于反射角等于入射角，雷达反射波被反射到前方，单站雷达无法收到其回波，从而使飞机达到隐身的目的。自然，有矛即有盾。为此又发展了收发分开的双站雷达，用来接收其前向反射波，从而发现目标。科学技术的发展是永无止境的。

例 6.3-1 地球上空的电离层分布如图 6.3-3 所示，图中也示出了夏季白天电离层电子密度 N 与高度 h 的关系。电子密度有 4 个最大值，每一最大值所在的范围称为一层，由下而上依次称为 D、E、F_1 和 F_2 层。

(a) 试利用折射定律说明电磁波在其中的传播轨迹，并导出电磁波从电离层反射回来的条件。

(b) 设 F_2 层的最大电子密度为 $N_{max} = 2 \times 10^{12}$(电子数/$\text{m}^3$)，求电离层反射的最高频率。

(a) B-52　(c) B-2

(b) B-1B　(d) F117

图 6.3-2　雷达散射截面不断减小的美军轰炸机

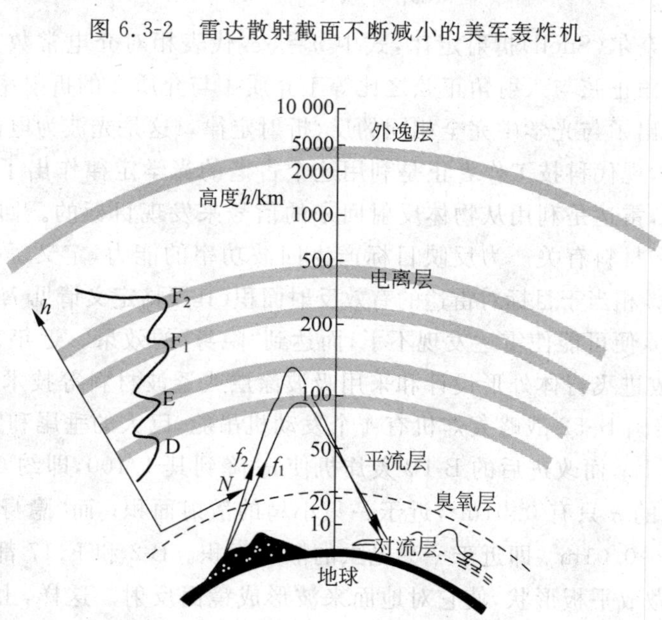

图 6.3-3　电离层分布及对电磁波的反射

【解】 (a) 电离层每一层中电子密度都是随高度变化的。我们可把它处理成由许多具有不同电子密度的薄层组成。每一薄层中电子密度可认为是均匀的，设由下而上依次为 N_1，N_2，…，N_m，如图 6.3-3 所示，且 $0<N_1<N_2<\cdots<N_m$。由式(5.6-4)知，第 i 层对频率为 f 的电磁波的折射率为

$$n_{\mathrm{i}}=\sqrt{\varepsilon_{ri}}=\sqrt{1-80.6\frac{N_i}{f^2}}$$

因此 $1>n_1>n_2>\cdots>n_m$。

把折射定律(6.3-12b)应用于薄层界面，得

$$\sin\theta_0 = n_1\sin\theta_1 = n_2\sin\theta_2 = \cdots = n_m\sin\theta_m$$

从而有

$$\theta_0 < \theta_1 < \theta_2 < \cdots < \theta_m$$

式中 θ_0 是最下层界面处的入射角，θ_m 是第 m 层界面处的入射角。当 $\theta_m = 90°$，表明电磁波传播方向已成水平方向。其等相面为垂直方向，下部相速（$c/\sqrt{\varepsilon_r}$）小而上部相速大。这样，等相面的传播方向将变为弯向下方。由折射定律知，其下行的轨迹与上行的轨迹是对称的，因而电磁波能折返地面。这就是“电离层反射”现象。短波广播正是利用了这种效应而能传播到数千里以外。

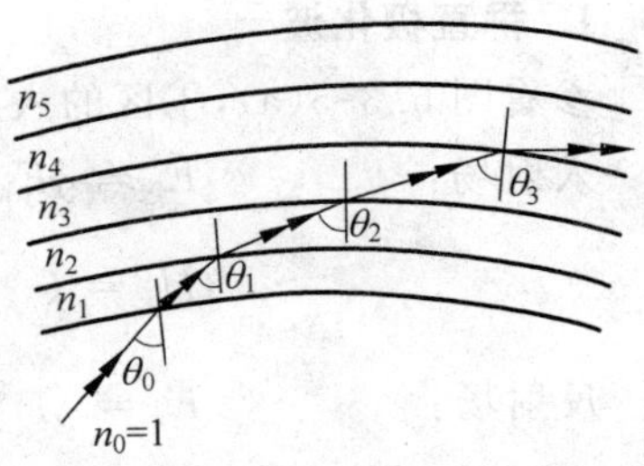

图 6.3-4　电磁波在电离层中的折射

当 $\theta_m = 90°$，由上面的公式知

$$\sin\theta_0 = n_m = \sqrt{1 - 80.6\frac{N_m}{f^2}} \tag{6.3-13}$$

这正是频率 f、入射角 θ_0 的电磁波从电离层反射回来的条件。我们看到，若 θ_0 一定，则 f 越高，要求 N_m 越大。当 N_{max} 小于该值时，电磁波不能反射回来，而要穿透这一层进入更上一层，或穿越大气层一去不返。如图 6.3-3 所示，图中 $f_2 > f_1$。

(b) 式(6.3-13)也表明，若 f 一定，则 θ_0 越小，反射条件要求的 N_m 越大。因此电离层能反射的最高频率对应于 $\theta_0 = 0$ 而 $N_m = N_{max}$ 时，即

$$f_P = \sqrt{80.6N_{max}} \tag{6.3-13a}$$

该频率称为电离层的临界频率。对本题，代入 N_{max} 值得 $f_P = 12.7\text{MHz}$。这属于短波波段，因此频率更高的微波都不会被电离层反射而能穿透大气层，从而可用来进行地球的星际通信和卫星广播等。

6.3.2　菲涅耳公式

以上确定的是反射波和折射波的传播方向和相位关系。现在来研究其相对振幅的确定。为使问题简化，把入射波分为垂直极化波和平行极化波来分别研究，如图 6.3-5 所示（取入射面为 $y=0$ 平面）。

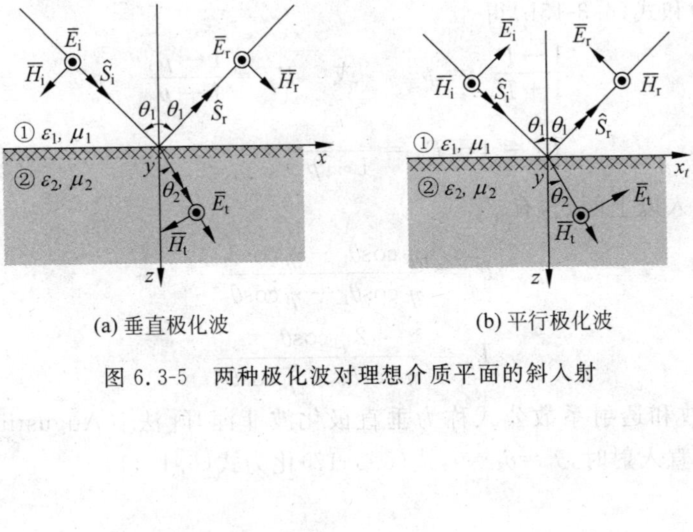

图 6.3-5　两种极化波对理想介质平面的斜入射

1. 垂直极化波

参看图 6.3-5(a),①区的入射场和反射场仍可用式(6.2-13)表达,即

入射场：
$$\bar{E}_{\mathrm{i}} = \hat{y}E_{\mathrm{i0}}\mathrm{e}^{-\mathrm{j}k_1(x\sin\theta_1+z\cos\theta_1)} \tag{6.3-14a}$$

$$\bar{H}_{\mathrm{i}} = (-\hat{x}\cos\theta_1 + \hat{z}\sin\theta_1)\frac{E_{\mathrm{i0}}}{\eta_1}\mathrm{e}^{-\mathrm{j}k_1(x\sin\theta_1+z\cos\theta_1)} \tag{6.3-14b}$$

反射场：
$$\bar{E}_{\mathrm{r}} = \hat{y}\Gamma_{\perp}E_{\mathrm{i0}}\mathrm{e}^{-\mathrm{j}k_1(x\sin\theta_1-z\cos\theta_1)} \tag{6.3-14c}$$

$$\bar{H}_{\mathrm{r}} = (\hat{x}\cos\theta_1 + \hat{z}\sin\theta_1)\frac{\Gamma_{\perp}E_{\mathrm{i0}}}{\eta_1}\mathrm{e}^{-\mathrm{j}k_1(x\sin\theta_1-z\cos\theta_1)} \tag{6.3-14d}$$

上述矢量关系也可直接利用图 6.3-5(a)几何关系得出。因入射场传播矢量为$\hat{s}_{\mathrm{i}}=\hat{x}\sin\theta_1+\hat{z}\cos\theta_1$,反射场传播矢量为$\hat{s}_{\mathrm{r}}=\hat{x}\sin\theta_1-\hat{z}\cos\theta_1=\hat{x}\sin(\pi-\theta_1)+\hat{z}\cos(\pi-\theta_1)$,可见反射场与入射场表示式的差异是把$\theta_1$换为$(\pi-\theta_1)$,及$E_{\mathrm{i0}}$换为$\Gamma_{\perp}E_{\mathrm{i0}}$。这里$\Gamma_{\perp}=E_{\mathrm{r0}}/E_{\mathrm{i0}}$是边界$z=0$处的反射系数。同样可得出②区的折射场,只要把$\theta_1$换为$\theta_2$、把$k_1$、$\eta_1$分别换成$k_2$、$\eta_2$及$E_{\mathrm{i0}}$换成$T_{\perp}E_{\mathrm{i0}}$。$T_{\perp}=E_{\mathrm{t0}}/E_{\mathrm{i0}}$是边界$z=0$处的透射系数。于是有

折射场：
$$\bar{E}_{\mathrm{t}} = \hat{y}T_{\perp}E_{\mathrm{i0}}\mathrm{e}^{-\mathrm{j}k_2(x\sin\theta_2+z\cos\theta_2)} \tag{6.3-14e}$$

$$\bar{H}_{\mathrm{t}} = (-\hat{x}\cos\theta_2 + \hat{z}\sin\theta_2)\frac{T_{\perp}E_{\mathrm{i0}}}{\eta_2}\mathrm{e}^{-\mathrm{j}k_2(x\sin\theta_2+z\cos\theta_2)} \tag{6.3-14f}$$

根据边界条件,在$z=0$平面上①区的合成电场强度切向分量(y分量)应与②区电场强度切向分量相等,同时①区和②区的磁场强度切向分量(x分量)也相等。从而由式(6.3-14)各式得

$$E_{\mathrm{i0}}\mathrm{e}^{-\mathrm{j}k_1x\sin\theta_1} + \Gamma_{\perp}E_{\mathrm{i0}}\mathrm{e}^{-\mathrm{j}k_1x\sin\theta_1} = T_{\perp}E_{\mathrm{i0}}\mathrm{e}^{-\mathrm{j}k_2x\sin\theta_2}$$

$$-\cos\theta_1\frac{E_{\mathrm{i0}}}{\eta_1}\mathrm{e}^{-\mathrm{j}k_1x\sin\theta_1} + \cos\theta_1\frac{\Gamma_{\perp}E_{\mathrm{i0}}}{\eta_1}\mathrm{e}^{-\mathrm{j}k_1x\sin\theta_1} = -\cos\theta_2\frac{T_{\perp}E_{\mathrm{i0}}}{\eta_2}\mathrm{e}^{-\mathrm{j}k_2x\sin\theta_2}$$

因有相位匹配条件$k_1\sin\theta_1=k_2\sin\theta_2$,上两式化为

$$1+\Gamma_{\perp} = T_{\perp} \tag{6.3-15a}$$

$$\frac{\cos\theta_1}{\eta_1}(1-\Gamma_{\perp}) = \frac{\cos\theta_2}{\eta_2}T_{\perp}\quad 即\quad 1-\Gamma_{\perp} = p_{\perp}T_{\perp} \tag{6.3-15b}$$

式中
$$p_{\perp} = \frac{\eta_1\cos\theta_2}{\eta_2\cos\theta_1} \tag{6.3-15c}$$

取立式(6.3-15a)和式(6.3-15b)得

$$\frac{1-\Gamma_{\perp}}{1+\Gamma_{\perp}} = p_{\perp}\quad 或\quad \Gamma_{\perp} = \frac{1-p_{\perp}}{1+p_{\perp}} \tag{6.3-16a}$$

$$T_{\perp} = 1+\Gamma_{\perp} = \frac{2}{1+p_{\perp}} \tag{6.3-16b}$$

将式(6.3-15c)代入以上两式,有

$$\Gamma_{\perp} = \frac{\eta_2\cos\theta_1 - \eta_1\cos\theta_2}{\eta_2\cos\theta_1 + \eta_1\cos\theta_2} \tag{6.3-17a}$$

$$T_{\perp} = \frac{2\eta_2\cos\theta_1}{\eta_2\cos\theta_1 + \eta_1\cos\theta_2} \tag{6.3-17b}$$

上述反射系数和透射系数公式称为垂直极化波菲涅耳[法](Augustin J. Fresnel)公式。容易看出,垂直入射时,$\theta_1=\theta_2=0$,式(6.3-17)化为式(6.1-11)。

设 $\mu_1=\mu_2, n_1=\sqrt{\varepsilon_{r1}}, n_2=\sqrt{\varepsilon_{r2}}$，这是较常用的情形（如光纤中），此时上述菲涅耳公式化为

$$\Gamma_{\perp}=\frac{n_1\cos\theta_1-n_2\cos\theta_2}{n_1\cos\theta_1+n_2\cos\theta_2} \tag{6.3-18a}$$

$$T_{\perp}=\frac{2n_2\cos\theta_1}{n_1\cos\theta_1+n_2\cos\theta_2} \tag{6.3-18b}$$

2. 平行极化波

按照图 6.3-5(b)所示，①区的入射场、反射场及折射场可表示为

入射场：

$$\bar{E}_{\mathrm{i}}=(\hat{x}\cos\theta_1-\hat{z}\sin\theta_1)E_{\mathrm{i0}}\mathrm{e}^{-\mathrm{j}k_1(x\sin\theta_1+z\cos\theta_1)} \tag{6.3-19a}$$

$$\bar{H}_{\mathrm{i}}=\hat{y}\frac{E_{\mathrm{i0}}}{\eta_1}\mathrm{e}^{-\mathrm{j}k_1(x\sin\theta_1+z\cos\theta_1)} \tag{6.3-19b}$$

反射场：

$$\bar{E}_{\mathrm{r}}=-(\hat{x}\cos\theta_1+\hat{z}\sin\theta_1)\Gamma_{/\!/}E_{\mathrm{i0}}\mathrm{e}^{-\mathrm{j}k_1(x\sin\theta_1-z\cos\theta_1)} \tag{6.3-19c}$$

$$\bar{H}_{\mathrm{r}}=\hat{y}\frac{\Gamma_{/\!/}E_{\mathrm{i0}}}{\eta_1}\mathrm{e}^{-\mathrm{j}k_1(x\sin\theta_1-z\cos\theta_1)} \tag{6.3-19d}$$

折射场：

$$\bar{E}_{\mathrm{t}}=(\hat{x}\cos\theta_2-\hat{z}\sin\theta_2)T_{/\!/}E_{\mathrm{i0}}\mathrm{e}^{-\mathrm{j}k_2(x\sin\theta_2+z\cos\theta_2)} \tag{6.3-19e}$$

$$\bar{H}_{\mathrm{t}}=\hat{y}\frac{T_{/\!/}E_{\mathrm{i0}}}{\eta_2}\mathrm{e}^{-\mathrm{j}k_2(x\sin\theta_2+z\cos\theta_2)} \tag{6.3-19f}$$

在 $z=0$ 平面上①区和②区的电场强度切向分量（x 分量）应相等，同时磁场强度切向分量（y 分量）也相等，并考虑到相位匹配条件 $k_1\sin\theta_1=k_2\sin\theta_2$，由式(6.3-19)各式得

$$\cos\theta_1(1-\Gamma_{/\!/})=\cos\theta_2 T_{/\!/} \tag{6.3-20a}$$

$$\frac{1}{\eta_1}(1+\Gamma_{/\!/})=\frac{1}{\eta_2}T_{/\!/} \tag{6.3-20b}$$

联立式(6.3-20a)和式(6.3-20b)得

$$\frac{1-\Gamma_{/\!/}}{1+\Gamma_{/\!/}}=p_{/\!/}\quad 或\quad \Gamma_{/\!/}=\frac{1-p_{/\!/}}{1+p_{/\!/}} \tag{6.3-21a}$$

$$T_{/\!/}=\frac{\eta_2}{\eta_1}(1+\Gamma_{/\!/})\quad 或\quad T_{/\!/}=\frac{\eta_2}{\eta_1}\frac{2}{1+p_{/\!/}} \tag{6.3-21b}$$

式中

$$p_{/\!/}=\frac{\eta_2\cos\theta_2}{\eta_1\cos\theta_1} \tag{6.3-21c}$$

将式(6.3-21c)代入式(6.3-21a)和式(6.3-21b)，得

$$\Gamma_{/\!/}=\frac{\eta_1\cos\theta_1-\eta_2\cos\theta_2}{\eta_1\cos\theta_1+\eta_2\cos\theta_2} \tag{6.3-22a}$$

$$T_{/\!/}=\frac{2\eta_2\cos\theta_1}{\eta_1\cos\theta_1+\eta_2\cos\theta_2} \tag{6.3-22b}$$

此两式称为平行极化波的菲涅耳公式。值得注意，当垂直入射时，$\theta_1=\theta_2=0$，由式(6.3-22a)和式(6.3-17a)知，$\Gamma_{/\!/}=-\Gamma_{\perp}$。为什么这时两极化波的反射系数会差一负号呢？请读者思考。又，由式(6.3-21b)知，对于平行极化波 $T_{/\!/}\neq 1+\Gamma_{/\!/}$。这些公式有许多重

要的应用,并且,若把 ε 换成等效介电常数 ε_c,这些分析也可推广于有耗媒质。

当 $\mu_1=\mu_2$, $n_1=\sqrt{\varepsilon_{r1}}$, $n_2=\sqrt{\varepsilon_{r2}}$,上述菲涅耳公式化为

$$\Gamma_{/\!/}=\frac{n_2\cos\theta_1-n_1\cos\theta_2}{n_2\cos\theta_1+n_1\cos\theta_2} \tag{6.3-23a}$$

$$T_{/\!/}=\frac{2n_1\cos\theta_1}{n_2\cos\theta_1+n_1\cos\theta_2} \tag{6.3-23b}$$

例 6.3-2 均匀平面波自空气斜入射于 $\varepsilon_r=2.25$ 的理想介质平面,试求分界面上单位面积的反射功率百分比 γ 和透射功率百分比 τ。

【解】 由式(6.2-12)知,入射波、反射波和折射波的平均功率密度分别为

$$\overline{S}_i^{av}=\hat{s}_i\frac{E_{i0}^2}{2\eta_1},\quad \overline{S}_r^{av}=\hat{s}_r\frac{E_{r0}^2}{2\eta_1},\quad \overline{S}_t^{av}=\hat{s}_t\frac{E_{t0}^2}{2\eta_2} \tag{6.3-24}$$

设分界面法向单位矢量为 $\hat{z}$,则得

$$\gamma=\left|\frac{\overline{S}_r^{av}\cdot\hat{z}}{\overline{S}_i^{av}\cdot\hat{z}}\right|=\frac{E_{r0}^2}{E_{i0}^2}=|\Gamma|^2 \tag{6.3-25a}$$

$$\tau=\left|\frac{\overline{S}_t^{av}\cdot\hat{z}}{\overline{S}_i^{av}\cdot\hat{z}}\right|=\frac{\eta_1\cos\theta_2E_{t0}^2}{\eta_2\cos\theta_1E_{i0}^2}=\left(\frac{n_2\cos\theta_2}{n_1\cos\theta_1}\right)|T|^2 \tag{6.3-25b}$$

对垂直极化波和平行极化波,利用式(6.3-18)和式(6.3-23)后,有

$$\gamma_\perp=\left[\frac{n_1\cos\theta_1-n_2\cos\theta_2}{n_1\cos\theta_1+n_2\cos\theta_2}\right]^2,\quad \tau_\perp=\frac{4n_1n_2\cos\theta_1\cos\theta_2}{[n_1\cos\theta_1+n_2\cos\theta_2]^2} \tag{6.3-26a}$$

$$\gamma_{/\!/}=\left[\frac{n_2\cos\theta_1-n_1\cos\theta_2}{n_2\cos\theta_1+n_1\cos\theta_2}\right]^2,\quad \tau_{/\!/}=\frac{4n_1n_2\cos\theta_1\cos\theta_2}{[n_2\cos\theta_1+n_1\cos\theta_2]^2} \tag{6.3-26b}$$

可以看出,对两种极化波均有 $\gamma+\tau=1$,即简单地有 $\tau=1-\gamma=1-|\Gamma|^2$,这符合能量守恒定律。在上述公式中,代入 $n_1=1$, $n_2=\sqrt{\varepsilon_r}=1.5$,得各量随入射角 $\theta_i=\theta_1$ 的变化如图 6.3-6 所示。

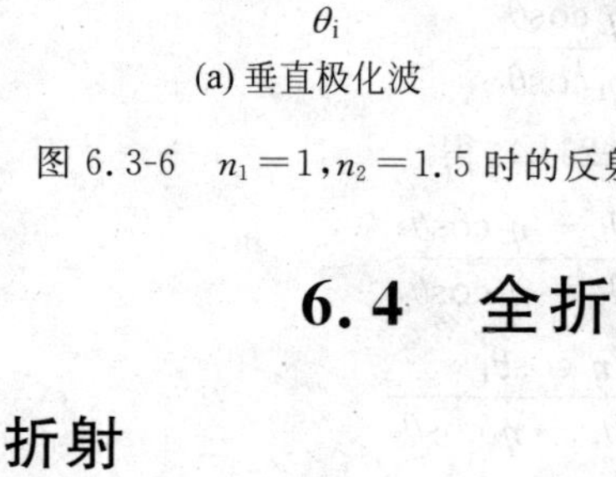

(a) 垂直极化波

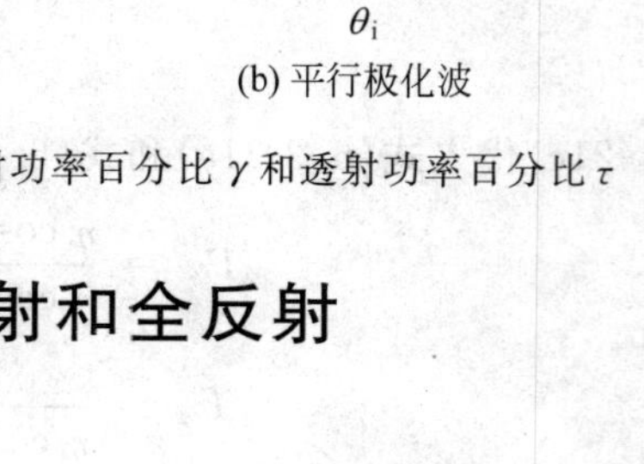

(b) 平行极化波

图 6.3-6 $n_1=1$, $n_2=1.5$ 时的反射功率百分比 γ 和透射功率百分比 τ

6.4 全折射和全反射

6.4.1 全折射

在图 6.3-5 中我们见到,在某入射角上平行极化波透射功率百分比达 100%($\tau_{/\!/}=1$),而反射功率百分比为 0($\gamma_{/\!/}=0$)。这时在界面上产生全折射而无反射。现在就来研究其发

生条件。利用折射定律式(6.3-12b)有

$$\cos\theta_2 = \sqrt{1-\sin^2\theta_2} = \sqrt{1-\frac{\varepsilon_1}{\varepsilon_2}\sin^2\theta_1} = \sqrt{\frac{\varepsilon_1}{\varepsilon_2}}\sqrt{\frac{\varepsilon_2}{\varepsilon_1}-\sin^2\theta_1} \tag{6.4-1}$$

代入菲涅耳公式(6.3-23a)得

$$\Gamma_{/\!/} = \frac{\frac{\varepsilon_2}{\varepsilon_1}\cos\theta_1 - \sqrt{\frac{\varepsilon_2}{\varepsilon_1}-\sin^2\theta_1}}{\frac{\varepsilon_2}{\varepsilon_1}\cos\theta_1 + \sqrt{\frac{\varepsilon_2}{\varepsilon_1}-\sin^2\theta_1}} \tag{6.4-2}$$

可见，$\Gamma_{/\!/}=0$ 发生于

$$\frac{\varepsilon_2}{\varepsilon_1}\cos\theta_1 = \sqrt{\frac{\varepsilon_2}{\varepsilon_1}-\sin^2\theta_1}$$

$$\left(\frac{\varepsilon_2}{\varepsilon_1}\right)^2 - \left(\frac{\varepsilon_2}{\varepsilon_1}\right)^2\sin^2\theta_1 = \frac{\varepsilon_2}{\varepsilon_1} - \sin^2\theta_1$$

$$\sin^2\theta_1 = \frac{\varepsilon_2^2-\varepsilon_2\varepsilon_1}{\varepsilon_2^2-\varepsilon_1^2} = \frac{\varepsilon_2}{\varepsilon_2+\varepsilon_1}, \quad \tan^2\theta_1 = \frac{\sin^2\theta_1}{1-\sin^2\theta_1} = \frac{\varepsilon_2}{\varepsilon_1}$$

得

$$\theta_1 = \arcsin\sqrt{\frac{\varepsilon_2}{\varepsilon_2+\varepsilon_1}} = \arctan\sqrt{\frac{\varepsilon_2}{\varepsilon_1}} \equiv \theta_B \tag{6.4-3}$$

此角度称为布儒斯特角(Brewster angle)，记为 θ_B。当以 θ_B 角入射时，平行极化波将无反射而被全部折射。对图 6.3-5 情形有

$$\theta_B = \arctan\frac{n_2}{n_1} = \arctan 1.5 = 56.31^\circ$$

对于垂直极化波，将式(6.4-1)代入式(6.3-18a)得

$$\Gamma_\perp = \frac{\cos\theta_1 - \sqrt{\frac{\varepsilon_2}{\varepsilon_1}-\sin^2\theta_1}}{\cos\theta_1 + \sqrt{\frac{\varepsilon_2}{\varepsilon_1}-\sin^2\theta_1}} \tag{6.4-4}$$

$\Gamma_\perp=0$ 发生于

$$\cos\theta_1 = \sqrt{\frac{\varepsilon_2}{\varepsilon_1}-\sin^2\theta_1}$$

这要求 $\varepsilon_1=\varepsilon_2$。因此当 $\varepsilon_1\neq\varepsilon_2$ 时，即当垂直极化波投射到两种不同介质的界面上时，任何入射角下都将有反射而不会发生全折射。图 6.3-5 的结果正是这样。

图 6.4-1 为由空气入射到(a)蒸馏水($\varepsilon_r=81$)和(b)铅玻璃($\varepsilon_r=10$)上的垂直极化波和平行极化波反射系数模$|\Gamma_\perp|$和$|\Gamma_{/\!/}|$。平行极化波都有$|\Gamma_{/\!/}|=0$ 的角度(即布儒斯特角)，对应于：

(a) $\theta_B=\arctan\sqrt{81}=83.66^\circ$

(b) $\theta_B=\arctan\sqrt{10}=72.45^\circ$

$\Gamma_\perp$的相角总是 π，而 $\Gamma_{/\!/}$ 的相角在 θ_B 处由 0 跳

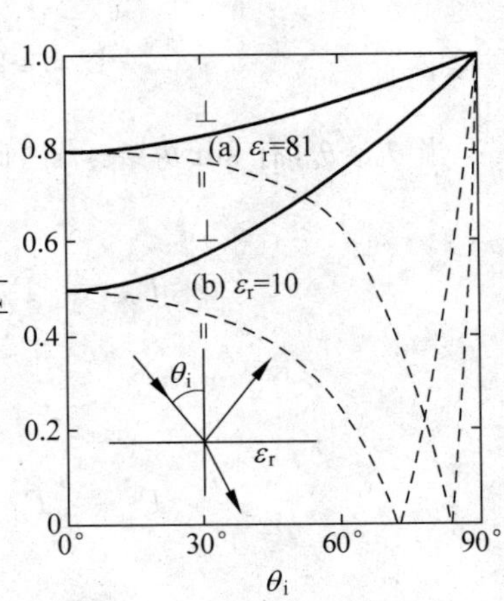

图 6.4-1　反射系数模值随入射角的变化

到 π。

当由垂直极化波和平行极化波一起组成的波以布儒斯特角入射时，将产生只有垂直极化波成分的反射波。这样，当圆极化波以布儒斯特角入射时，其反射波将变成线极化波。光学中已利用这种原理来实现极化滤除。布儒斯特角也因而称为极化角。

6.4.2 全反射与慢波

由式(6.4-2)和式(6.4-4)知，只要

$$\sin^2\theta_1 = \frac{\varepsilon_2}{\varepsilon_1} \quad 即 \quad \theta_1 = \arcsin\sqrt{\frac{\varepsilon_2}{\varepsilon_1}} \equiv \theta_c \tag{6.4-5}$$

则无论平行极化波或垂直极化波，均有 $\Gamma=1$。并且，当 θ_1 再增大时，即 $\theta_c<\theta_1\leqslant 90°$，$\Gamma$ 成为复数而仍有 $|\Gamma|=1$。式(6.4-5)所决定的角度 θ_c 称为临界角(critical angle)。这就是说，当入射角等于或大于临界角时，电磁波功率将全部反射回第一媒质，这种现象便称为全反射。注意，式(6.4-5)要求 $\varepsilon_2<\varepsilon_1$，因此，全反射发生于电磁波由介电常数较大的"光密媒质"①入射到介电常数较小的"光疏媒质"②时。

对于平行极化波，当由光密媒质斜入射到光疏媒质时，既可能发生全折射，又可能发生全反射，取决于入射角的大小。其布儒斯特角和临界角与 $\sqrt{\varepsilon_1/\varepsilon_2}=n_1/n_2$ 的关系如图 6.4-2 所示。

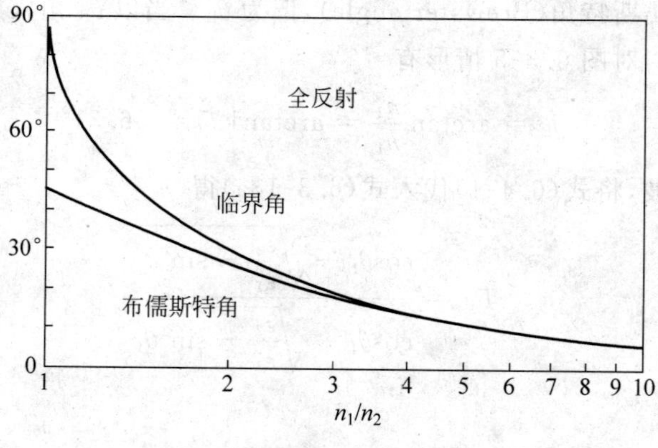

图 6.4-2 平行极化波的布儒斯特角和临界角

当 $\theta_1>\theta_c$，有 $\sin^2\theta_1>\varepsilon_2/\varepsilon_1$，此时式(6.4-2)和式(6.4-4)化为

$$\Gamma_{/\!/} = |\Gamma_{/\!/}|\,\mathrm{e}^{\mathrm{j}2\phi_{/\!/}} = \frac{\dfrac{\varepsilon_2}{\varepsilon_1}\cos\theta_1 + \mathrm{j}\sqrt{\sin^2\theta_1 - \dfrac{\varepsilon_2}{\varepsilon_1}}}{\dfrac{\varepsilon_2}{\varepsilon_1}\cos\theta_1 - \mathrm{j}\sqrt{\sin^2\theta_1 - \dfrac{\varepsilon_2}{\varepsilon_1}}} \tag{6.4-6a}$$

$$\Gamma_{\perp} = |\Gamma_{\perp}|\,\mathrm{e}^{\mathrm{j}2\phi_{\perp}} = \frac{\cos\theta_1 + \mathrm{j}\sqrt{\sin^2\theta_1 - \dfrac{\varepsilon_2}{\varepsilon_1}}}{\cos\theta_1 - \mathrm{j}\sqrt{\sin^2\theta_1 - \dfrac{\varepsilon_2}{\varepsilon_1}}} \tag{6.4-6b}$$

从而

$$|\Gamma_{/\!/}|=1,\quad \phi_{/\!/}=\arctan\frac{\varepsilon_2}{\varepsilon_1}\frac{\sqrt{\sin^2\theta_1-\sin^2\theta_c}}{\cos\theta_1}\tag{6.4-7a}$$

$$|\Gamma_{\perp}|=1,\quad \phi_{\perp}=\arctan\frac{\sqrt{\sin^2\theta_1-\sin^2\theta_c}}{\cos\theta_1}\tag{6.4-7b}$$

可见，两种情况下反射系数的模值都是 1。又，这时式(6.4-1)应表示为

$$\cos\theta_2=\pm\mathrm{j}\sqrt{\frac{\varepsilon_1}{\varepsilon_2}}\sqrt{\sin^2\theta_1-\frac{\varepsilon_2}{\varepsilon_1}}\tag{6.4-8}$$

相应地，媒质②中折射波的 z 向指数因子化为

$$-\mathrm{j}k_{2z}z=-\mathrm{j}k_2z\cos\theta_2=\pm k_2z\sqrt{\frac{\varepsilon_1}{\varepsilon_2}}\sqrt{\sin^2\theta_1-\frac{\varepsilon_2}{\varepsilon_1}}\tag{6.4-9}$$

式中"+"号意味着媒质②中透射波的振幅随离开界面距离 z 的增加而增大，在无限远处增至无限大。这在物理上是不合理的。因此取"−"号，代入式(6.3-23a)和式(6.3-18a)得到与式(6.4-6)一致的结果。

下面来讨论全反射时媒质①和媒质②中的场分布特点。设入射波是垂直极化波，由式(6.3-14a)、式(6.3-14c)和式(6.4-6b)、式(6.4-7b)得

$$\begin{aligned}E_1&=E_{i0}\mathrm{e}^{-\mathrm{j}k_1(x\sin\theta_1+z\cos\theta_1)}+E_{i0}\mathrm{e}^{\mathrm{j}2\phi_\perp-\mathrm{j}k_1(x\sin\theta_1-z\cos\theta_1)}\\&=2E_{i0}\cos(k_1z\cos\theta_1+\phi_\perp)\mathrm{e}^{-\mathrm{j}(k_1x\sin\theta_1-\phi_\perp)}\end{aligned}\tag{6.4-10}$$

这表明，合成场沿 z 向呈驻波分布，而沿 x 向传播。由于是在无耗媒质中，其振幅沿传向(传播方向)是不变的，而沿与之垂直的 z 向是变化的。因此这是一种非均匀平面波。其等幅面($z=\text{const.}$)与等相面($x=\text{const.}$)互相垂直，如图 6.4-3 所示。

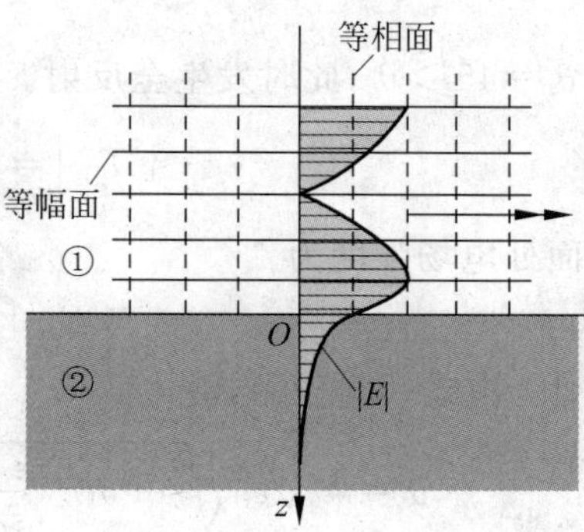

图 6.4-3　全反射时垂直极化波电场的场分布

媒质①中 x 向相位常数为

$$\beta=k_1\sin\theta_1=k_0\sqrt{\varepsilon_{r1}}\sin\theta_1\tag{6.4-11}$$

因全反射条件下 $\theta_c<\theta_1<90°$，故

$$k_0\sqrt{\varepsilon_{r1}}\sin\theta_c<\beta<k_0\sqrt{\varepsilon_{r1}}\quad 即\quad k_2<\beta<k_1$$

该非均匀平面波的相速 $v_p=\omega/\beta$ 有如下关系：

$$\frac{\omega}{k_2}>\frac{\omega}{\beta}>\frac{\omega}{k_1},\quad v_{p2}>v_p>v_{p1}\tag{6.4-12}$$

其相速比平面波在媒质②中的相速小，而比媒质①中的相速大。媒质②中的相速最大时就是自由空间光速，因此该波的相速总小于光速，从而称为慢波。由于它是沿界面方向传播即由界面所导行的，所以是一种导行电磁波。

把式(6.4-8)代入式(6.3-18b)知，全反射情形下的透射系数为

$$T_\perp=|T_\perp|\mathrm{e}^{\mathrm{j}\phi_t}=\frac{2\cos\theta_1}{\cos\theta_1-\mathrm{j}\sqrt{\sin^2\theta_1-\dfrac{\varepsilon_2}{\varepsilon_1}}}\tag{6.4-13a}$$

$$|T_\perp|=\frac{2\cos\theta_1}{\sqrt{1-\dfrac{\varepsilon_2}{\varepsilon_1}}}=\frac{2\cos\theta_1}{\cos\theta_c},\quad \phi_t=\arctan\frac{\sqrt{\sin^2\theta_1-\sin^2\theta_c}}{\cos\theta_1}=\phi_\perp\tag{6.4-13b}$$

于是,媒质②中的场为

$$E_2 = E_t = E_{i0} \mid T_\perp \mid e^{-\alpha z} e^{-j(k_1 x\sin\theta_1 - \phi_\perp)} \tag{6.4-14}$$

参看式(6.4-9)知,式中

$$\alpha = jk_{2z} = jk_2\cos\theta_2 = k_0\sqrt{\frac{\varepsilon_1}{\varepsilon_2}}\sqrt{\sin^2\theta_1 - \frac{\varepsilon_2}{\varepsilon_1}} \tag{6.4-15}$$

可见,透射场的振幅沿 z 向按指数衰减,如图 6.4-3 所示。在媒质②中的这种波称为凋落波(evanescent wave)。在②区中它沿 z 向的衰减与欧姆损耗引起的衰减性质不同,并没有能量损耗掉。根据相位匹配条件,该场沿 x 向的相位常数与媒质①中相同,它是沿 x 向传播的。同时我们看到,式(6.4-15)中的 $\cos\theta_2$ 是虚数,它只是代表一个运算因子,因而 θ_2 并不代表实际的透射波传播方向。

例 6.4-1 一垂直极化平面波由淡水($\varepsilon_{r1}=81, \mu_{r1}=1, \sigma_1\approx 0$)以 45°入射角射到水-空气界面上,入射电场强度为 $E_{i0}=1\text{V/m}$,求:

(a) 界面处电场强度;

(b) 空气中离界面 $\lambda_0/4$ 处的电场强度;

(c) 空气中的平均功率流密度。

【解】 (a) 临界角为

$$\theta_c = \arcsin\sqrt{\frac{1}{81}} = 6.38°$$

可见 $\theta_1 = 45° > \theta_c$,此时发生全反射。由式(6.4-13b)知,

$$\mid T_\perp \mid = \frac{2\cos\theta_1}{\cos\theta_c} = \frac{2\cos 45°}{\cos 6.38°} = 1.42$$

故界面处电场强度为

$$\mid E_{t0} \mid = E_{i0} \mid T_\perp \mid = 1.42\text{V/m}$$

(b) 由式(6.4-15),得

$$\alpha = k_0\sqrt{\varepsilon_{r1}}\sqrt{\sin^2\theta_1 - \frac{\varepsilon_{r2}}{\varepsilon_{r1}}} = \frac{2\pi}{\lambda_0}\cdot 9\cdot\sqrt{0.5 - \frac{1}{81}} = \frac{39.5}{\lambda_0}(\text{Np/m})$$

由式(6.4-14)知,离界面 $\lambda_0/4$ 处的透射电场为

$$\mid E_t \mid = \mid E_{t0} \mid e^{-\alpha\lambda_0/4} = 1.42e^{-39.5/4} = 7.34\times 10^{-5}(\text{V/m})$$

(c) 据式(6.4-14),空气中电场矢量为

$$\bar{E}_t = \hat{y} \mid E_{t0} \mid e^{-\alpha z} e^{-j(k_1 z\sin\theta_1 - \phi_\perp)}$$

由式(6.3-14f),相应的磁场矢量为

$$\bar{H}_t = (-\hat{x}\cos\theta_2 + \hat{z}\sin\theta_2)\frac{|E_{t0}|}{\eta_0}e^{-\alpha z} e^{-j(k_1 z\sin\theta_1 - \phi_\perp)}$$

利用式(6.4-15)有

$$\cos\theta_2 = -j\frac{\alpha}{k_0},\quad \sin\theta_2 = \sqrt{1-\cos^2\theta_2} = \sqrt{1+\left(\frac{\alpha}{k_0}\right)^2}$$

从而得

$$\bar{H}_t = (\hat{x}j\alpha + \hat{z}\sqrt{k_0^2+\alpha^2})\frac{|E_{t0}|}{k_0\eta_0}e^{-\alpha z} e^{-j(k_1 x\sin\theta_1 - \phi_\perp)}$$

平均功率流密度为

$$
\begin{aligned}
\bar{S}_t^{av} &= \frac{1}{2}\mathrm{Re}[\bar{E}_t \times \bar{H}_t^*] \\
&= \hat{z}\,\frac{1}{2}\mathrm{Re}\left[-\mathrm{j}\alpha\,\frac{|E_{t0}|^2}{k_0\eta_0}\mathrm{e}^{-2\alpha z}\right] + \hat{x}\,\frac{1}{2}\mathrm{Re}\left[\sqrt{k_0^2+\alpha^2}\,\frac{|E_{t0}|^2}{k_0\eta_0}\mathrm{e}^{-2\alpha z}\right] \\
&= \hat{x}\sqrt{1+\left(\frac{\alpha}{k_0}\right)^2}\,\frac{|E_{t0}|^2}{2\eta_0}\mathrm{e}^{-2\alpha z} \qquad (6.4\text{-}16)
\end{aligned}
$$

代入本题数据得

$$
\bar{S}_t^{av} = \hat{x}\sqrt{1+\left(\frac{39.5}{2\pi}\right)^2}\,\frac{1.42}{2\times 377}\mathrm{e}^{-79z/\lambda_0} = \hat{x}0.0171\mathrm{e}^{-79z/\lambda_0}\ (\mathrm{W/m^2})
$$

可见，在空气中沿界面法向$\hat{z}$无实功率传输，只有沿界面的$\hat{x}$向有实功率流。空气中 $\bar{E}_t$ 和 $\bar{H}_t$ 都随 z 按指数衰减。

6.4.3　光纤通信

光纤通信的原理框图如图 6.4-4 所示，即在发送端将电信号对光源发出的光载波进行调制，此光波经光纤传输到接收端，由光电检测器解调为电信号，再由电端机接收（“电-光-电”模式）。

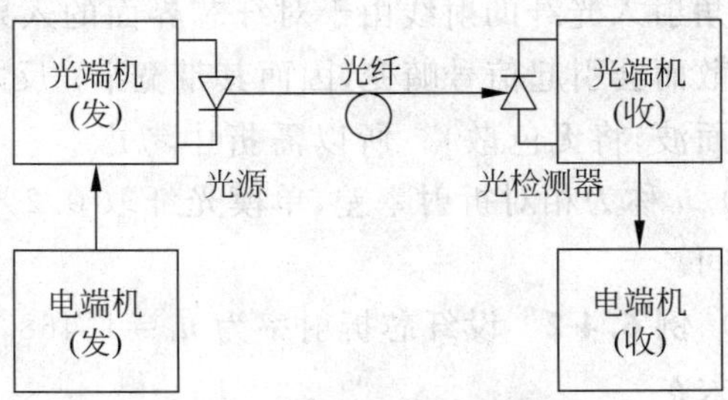

图 6.4-4　光纤通信原理框图

光纤(optical fiber，光导纤维)利用纤芯界面处的全反射效应来传输光通信信号。为减小外界影响，其实际设计采用多层结构，结构简图如图 6.4-5 所示。纤芯和包层大多用高纯度的石英材料(SiO_2)制作，损耗低。包层的折射率比纤芯略小($n_1 < n_2$)，通过掺入少量不同的杂质来控制折射率。在包层外面还要套上一层塑料，如尼龙(聚丙烯)，以提高光纤的机械强度并起保护作用。由石英光纤损耗曲线知，它存在三个窗口波长：短波长 820nm，衰减约为 2.5dB/km；中波长 1300nm，衰减约0.4dB/km；长波长 1550nm，衰减约 0.25dB/km。其中 1550nm 衰减最小，所以目前多采用 1550nm 波段。上海嘉定新沪玻璃厂生产的一种单模光纤的场斑直径为 10μm、包层直径 125μm、尼龙套外径 1.4mm，在 1.3μm 波长的衰减为 0.45dB/km，而在 1.56μm 波长的衰减仅为 0.2dB/km。

图 6.4-5　光纤结构简图

如图 6.4-6 所示，研究包含光纤轴线的平面(称为子午面)内传播的光线，称为子午光线。如光线在纤芯界面处产生全反射，则入射光波在纤芯界面间来回全反射从而便可形成沿轴向传播的导波。

入射光波在光纤端面处的入射角 θ_0 最大可达多大，以使入射光波在纤芯界面间来回全反射而形成导波?设入射光波在光纤端面处的折射角为θ_t,折射线对纤芯界面的入射角为θ_i。为使纤芯界面处产生全反射,应有

$$\theta_i \geqslant \theta_c = \arcsin\frac{n_2}{n_1}$$

由折射定律知,

$$\sin\theta_0 = \frac{n_1}{n_0}\sin\theta_t = \frac{n_1}{n_0}\cos\theta_i = \frac{n_1}{n_0}\sqrt{1-\sin^2\theta_i}$$

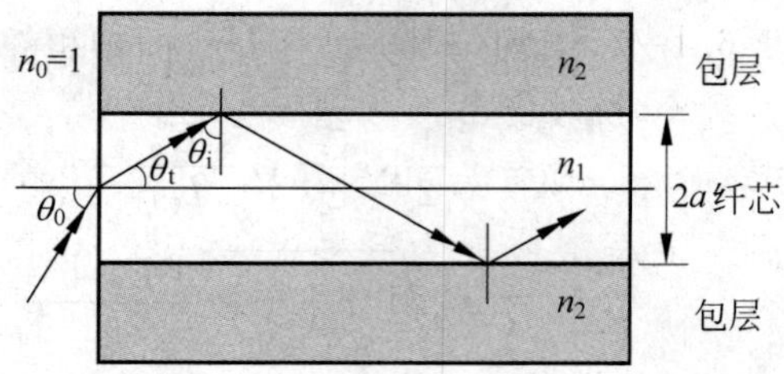

图 6.4-6 光纤中的子午射线

在临界情形下$\theta_i=\theta_c$,因而由上得

$$\mathrm{NA} = \sin\theta_{0m} = \frac{n_1}{n_0}\sqrt{1-\sin^2\theta_c} = \frac{n_1}{n_0}\sqrt{1-\left(\frac{n_2}{n_1}\right)^2} = \sqrt{n_1^2-n_2^2} \tag{6.4-17}$$

式中已取$n_0=1$。该最大入射角θ_{0m}称为光纤的接收角,其正弦值称为光纤的数值口径NA(Numerical Aperture)。

若纤芯与包层的折射率相差大,则数值口径大,光纤捕获射线的能力强;但是,以不同θ_0角射入光纤的射线由于对纤芯界面的入射角θ_i不同,其轴向传播速度也将不同,即导致色散而会引起信号畸变,因而其带宽窄;反之,n_1与n_2相近,则带宽大(当$n_1=n_2$,传输均匀平面波,将无色散)。所以需折中考虑。一般取n_1与n_2相近,称为弱导光纤。$\Delta=(n_1-n_2)/n$称为相对折射率差,单模光纤取0.2%~0.35%之间,其数值口径NA在0.1~0.12之间。

例 6.4-2 设纤芯折射率为$n_1=1.468$,包层折射率为$n_2=1.464$,问:该光纤的接收角多大?

【解】 将本题数据代入式(6.4-17)得

$$\mathrm{NA} = \sqrt{1.468^2-1.464^2} = 0.108, \quad \theta_{0m} = 6.2°$$

习 题

6.1-1 电场强度振幅为$E_{i0}=0.1\text{V/m}$的平面波由空气垂直入射于理想导体平面。试求:(a) 入射波的电、磁能密度最大值;

(b) 空气中的电、磁场强度最大值;

(c) 空气中的电、磁能密度最大值。

6.1-2 均匀平面从空气垂直入射于一介质墙上。在此墙前方测得的电场振幅分布如题图6-1所示,求:(a) 介质墙的ε_r($\mu_r=1$);

(b) 电磁波频率f。

6.1-3 平面波从空气向理想介质($\mu_r=1,\sigma=0$)垂直入射,在分界面上$E_0=16\text{V/m}$,$H_0=0.1061\text{A/m}$。试求:

(a) 理想介质(媒质2)的ε_r;

(b) $\overline{E}_i,\overline{H}_i,\overline{E}_r,\overline{H}_r,\overline{E}_t,\overline{H}_t$;

(c) 空气中的驻波比S。

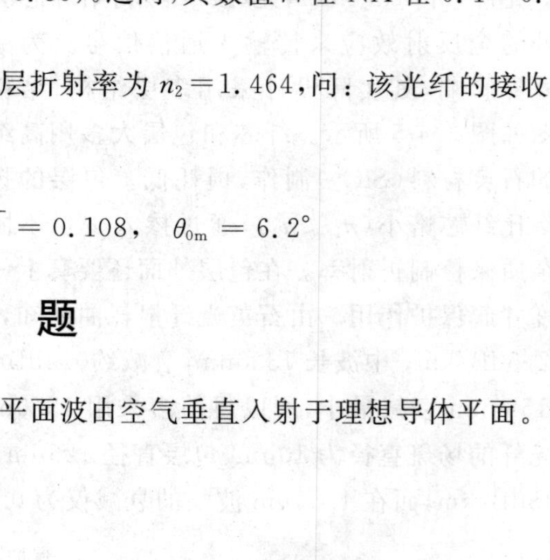

题图 6-1 电场振幅分布

6.1-4 当均匀平面波由空气向理想介质($\mu_r=1,\sigma=0$)垂直入射时，有96%的入射功率输入此介质，试求介质的相对介电常数ε_r。

6.1-5 频率为30MHz的平面波从空气向海水($\varepsilon_r=81,\mu_r=1,\sigma=4S/m$)垂直入射。在该频率上海水可视为良导体。已知入射波电场强度为10mV/m，试求以下各点的电场强度：

(a) 空气与海水分界面处；

(b) 空气中离海面2.5m处；

(c) 海水中离海面2.5m处。

6.1-6 10GHz平面波透过一层玻璃($\varepsilon_r=9,\mu_r=1$)自室外垂直射入室内，玻璃的厚度为4mm，室外入射波场强为2V/m，求室内的场强。

6.1-7 电子器件以铜箔作电磁屏蔽，其厚度为0.1mm。当300MHz平面波垂直入射时，透过屏蔽片后的电场强度和功率为入射波的百分之几？衰减了多少dB？(屏蔽片两侧均为空气)

6.1-8 雷达天线罩用$\varepsilon_r=3.78$的SiO_2玻璃制成，厚10mm。雷达发射的电磁波频率为9.375GHz，设其垂直入射于天线罩平面上。试计算其反射系数Γ和反射功率占发射功率的百分比γ。若要求无反射，天线罩厚度应取多少？

6.2-1 电视台发射的电磁波到达某电视天线处的场强用以该接收点为原点的坐标表示为

$$\bar{E}=(\hat{x}+\hat{z}2)E_0,\quad \bar{H}=\hat{y}H_0$$

已知$E_0=1mA/m$，求：

(a) 电磁波的传播方向$\hat{s}$；

(b) H_0；

(c) 平均功率流密度；

(d) 点$P(\lambda,\lambda,-\lambda)$处的电场强度和磁场强度复矢量，$\lambda$为电磁波波长。

6.2-2 一均匀平面波从空气入射到$z=0$处理想导体表面，入射电场为

$$\bar{E}_i=\hat{y}e^{-j(3x+4z)}\quad (mV/m)$$

(a) 确定波长λ和入射角θ_1；

(b) 写出反射波电场和磁场；

(c) 写出空间合成电场瞬时式$\bar{E}(t)$。

6.2-3 一均匀平面波由空气向理想导体表面($z=0$)斜入射，入射电场为

$$\bar{E}_i=(-\hat{x}8+\hat{z}C)e^{-j\pi(6x+8z)}\quad (\mu V/m)$$

求：(a)入射线传播方向$\hat{s}_i$和空气中波长λ_0；

(b) 入射角θ_i和常数C；

(c) 理想导体表面电流密度$\bar{J}_s$。

6.2-4 根据式(6.3-19)和式(6.3-23)导出平行极化波斜入射于理想导体表面时的下列参数：

(a) 合成磁场的零点和最大点z值；

(b) 合成场的相速和能速；

(c) 导体表面的感应电流面密度$\bar{J}_s$。

6.3-1 垂直极化波从空气向一理想介质($\varepsilon_r=4,\mu_r=1$)斜入射,分界面为平面,入射角为60°,入射波电场强度为5V/m,求每单位面积上透射入理想介质的平均功率。

6.3-2 均匀平面波从空气入射到 $\varepsilon_r=2.7,\mu_r=1$ 的介质表面($z=0$ 平面),入射电场强度为(参看例 6.2-2 图 6.2-6):

$$\bar{E}_i=(\hat{x}-\hat{z}+\hat{y}j\sqrt{2})E_0e^{-j(x+z)\pi}$$

试求:

(a) 入射波磁场强度;

(b) 反射波电场强度和磁场强度;

(c) 反射波是什么极化波?

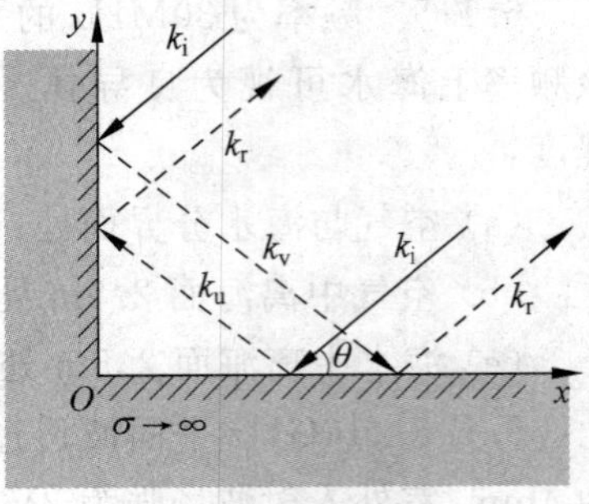

题图 6-2 角反射器

6.3-3 90°角反射器如题图 6-2 所示。它由两正交的导体平面构成。一均匀平面波以 θ 角入射,其电场强度为

$$\bar{E}_i=\hat{z}E_0e^{-jk(x\cos\theta+y\sin\theta)}$$

试证合成电场为

$$\bar{E}=-\hat{z}4E_0\sin(kx\cos\theta)\sin(ky\sin\theta)$$

6.3-4 一平面波垂直入射于直角等腰三角形棱镜的长边,并经反射而折回,如题图 6-3 所示。棱镜材料 $\varepsilon_r=4$,问反射波功率占入射波功率的百分比多大?若棱镜置于 $\varepsilon_{r1}=81$ 的水中,此百分比又如何?

6.3-5 光束自空气以 $\theta_1=45°$ 入射到 $\varepsilon_r=4$,厚 5mm 的玻璃板上,从另一侧穿出,如题图 6-4 所示。求:

(a) 光束穿入点与穿出点间的垂直距离 l_1;

(b) 光束的横向偏移量 l_2;

(c) 透过玻璃的功率占入射功率的百分比。

6.4-1 线极化平面波由自由空间入射于 $\varepsilon_r=4,\mu_r=1$ 的介质分界面。若入射波电场与入射面夹角是 45°,试问:

(a) 入射角 θ_i 为多少时反射波只有垂直极化波?

(b) 此时反射波的实功率是入射波的百分之几?

6.4-2 均匀平面波自空气入射于 $z=0$ 处的 $\varepsilon_r=9,\mu_r=1$ 理想介质表面,入射电场为

$$\bar{E}_i=(\sqrt{3}\,\hat{x}-\hat{z})\frac{E_0}{2}e^{-j\pi(x+\sqrt{3}z)/2}$$

求:(a) 入射波传播方向 $\hat{s}_i$、入射角 θ_i、折射角 θ_2;

(b) 入射波磁场强度 $\bar{H}_i$ 和反射波电场强度 $\bar{E}_r$,并算出分界面上单位面积反射功率占入射功率的百分比;

(c) 要使分界面上单位面积的反射功率百分比为零,应如何选择入射角?

(d) 试证明该入射角时分界面上单位面积的透射功率百分比 τ 为 100%。

6.4-3 介质(棒)波导如题图 6-5 所示。为使以任意角 θ_0 入射到端面上的电磁波都约束在介质区域内传播,应如何选取 ε_r?

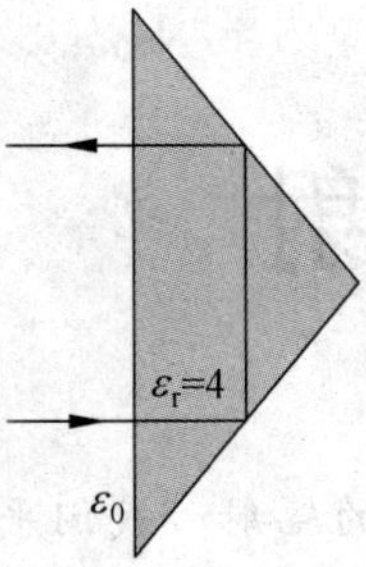

题图 6-3　三棱镜

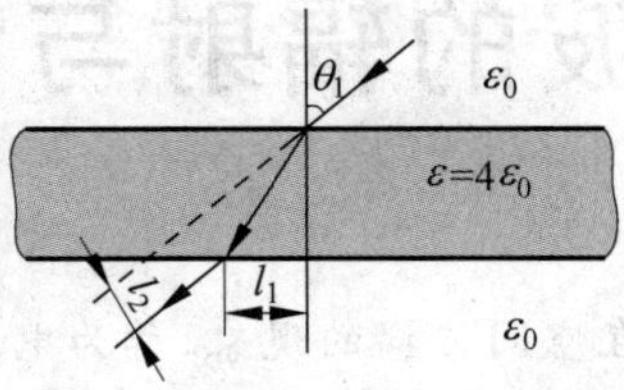

题图 6-4　光入射于玻璃板

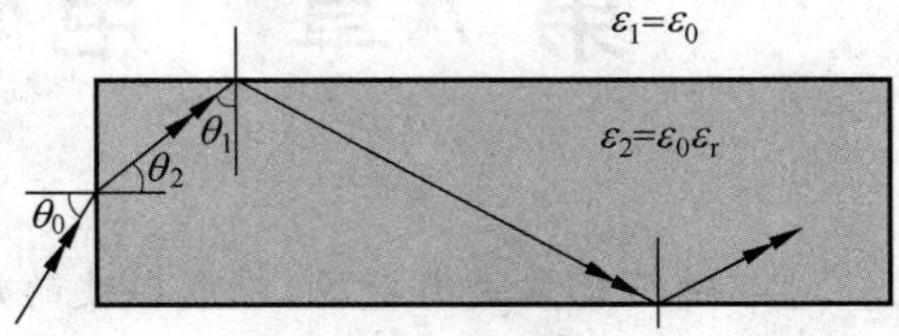

题图 6-5　介质波导

6.4-4　请证明：当垂直极化波从空气斜入射到铁磁媒质($\varepsilon=\varepsilon_0,\mu=\mu_0\mu_r$)平面上时，存在一个无反射的布儒斯特角

$$\theta_{Bm}=\arcsin\sqrt{\frac{\mu_r}{\mu_r+1}}$$

但若平行极化波斜入射到铁磁媒质平面上，则总有反射。

6.4-5　4.025MHz 平面波从空气以 60°入射角射入一均匀电离层上，该电离层的临界频率为 $f_p=9$MHz，界面为 xOy 平面，其法向为 z 轴，指向电离层里面。求：

(a) 对垂直极化波和对平行极化波的反射系数 $\Gamma_\perp,\Gamma_{/\!/}$；

(b) 对垂直极化波，求出空气中和电离层中的电场强度，并画出其振幅 $|E|$ 随 z 轴的变化图；

(c) 以 60°入射角入射时，此电离层能产生全反射的最高频率为多少？

第7章 电磁波的辐射与散射

电磁场能量脱离场源，以电磁波的形式在空间传播的现象，称为电磁波的辐射。我们平常用手机发出信息，就是通过手机天线来辐射电磁波加以传送的。当在空间传播的电磁波遇到物体时，它将被散射。我们所看到的天空的蔚蓝色，就是太阳光被地球大气层的空气分子散射所形成的。本章就来介绍电磁波辐射与散射问题的一些基本分析与其特点。

7.1 时谐电磁场的位函数

7.1.1 时谐场位函数的定义与方程

研究辐射问题就要求解有源区的波动方程，即根据场源分布来求其所产生的空间电磁场。正如2.3节中所指出的，若直接求解非齐次波动方程式(2.3-4)和式(2.3-5)来得出 $\overline{E}$ 和 $\overline{H}$，其积分运算是相当复杂的；较简单的方法是先求其位函数，再由之得出 $\overline{E}$ 和 $\overline{H}$。下节就用此法来求解电流元所产生的电磁场。

对时谐场前面已引入复数表示，本章同样处理，因此这里的矢量都是复矢量，标量场量也是复数。时谐场矢位 $\overline{A}$ 和标位 ϕ 的定义式为

$$\overline{B} = \nabla\times\overline{A}, \quad \overline{H} = \frac{1}{\mu}\nabla\times\overline{A} \tag{7.1-1}$$

$$\overline{E} = -\nabla\phi - \mathrm{j}\omega\overline{A} \tag{7.1-2}$$

注意，为了简化书写，这里在复矢量上都没有打点。但这些公式与式(2.3-6)、式(2.3-8)中的符号意义有所不同。同时，因 $\partial/\partial t\rightarrow \mathrm{j}\omega$，洛伦茨规范条件化为

$$\nabla\times\overline{A} = -\mathrm{j}\omega\mu\varepsilon\phi \tag{7.1-3}$$

把此关系代入式(7.1-2)，则

$$\overline{E} = -\mathrm{j}\omega\overline{A} + \frac{1}{\mathrm{j}\omega\mu\varepsilon}\nabla(\nabla\cdot\overline{A}) \tag{7.1-4}$$

可见，$\overline{E}$ 和 $\overline{H}$ 都可由矢位 $\overline{A}$ 来确定。此时 $\overline{A}$ 的方程(2.3-11)化为

$$\nabla^2\overline{A} + k^2\overline{A} = -\mu\overline{J}, \quad k^2 = \omega^2\mu\varepsilon \tag{7.1-5}$$

类似地，标位 ϕ 的方程(2.3-13)化为

$$\nabla^2\phi + k^2\phi = -\frac{\rho_{\mathrm{v}}}{\varepsilon}, \quad k^2 = \omega^2\mu\varepsilon \tag{7.1-6}$$

7.1.2 时谐场位函数的求解与格林函数

先来求解标位 ϕ 的方程(7.1-6)，因它是标量方程，其求解要比解矢量方程(7.1-5)简单，并可由它导出后者的解式。

我们来考察无界空间中只在坐标原点上有一单位点源电荷作时谐变化的情形。通常用

δ 函数来表示单位强度的点源，它由下列性质来定义：

$$\delta(\overline{r}-\overline{r'})=0,\quad 当\ r\neq r' \tag{7.1-7a}$$

$$\int_v \delta(\overline{r}-\overline{r'})\mathrm{d}v=1 \tag{7.1-7b}$$

$$\int_v f(\overline{r})\delta(\overline{r}-\overline{r'})\mathrm{d}v=f(\overline{r'}) \tag{7.1-7c}$$

式中，$\overline{r'}$为源点的位置矢量，$\overline{r}$为场点的位置矢量；体积 v 包含源点($\overline{r}=\overline{r'}$)；$f(\overline{r})$必须在$\overline{r}$处连续。$\delta(\overline{r}-\overline{r'})$称为狄拉克[英](Paul. A. M. Dirac)δ 函数，又称脉冲函数。现在$\overline{r'}=0$，$\delta(\overline{r}-\overline{r'})=\delta(\overline{r})=\delta(r)$。由于球对称性，$\phi$ 只是场点离原点的距离 r 的函数。这样，在球坐标中式(7.1-6)化为

$$\frac{1}{r^2}\frac{\mathrm{d}}{\mathrm{d}r}\left(r^2\frac{\mathrm{d}}{\mathrm{d}r}\phi\right)+k^2\phi=-\frac{\delta(r)}{\varepsilon} \tag{7.1-8}$$

对 $r\neq0$ 处，$\delta(r)=0$，故有

$$\frac{1}{r^2}\frac{\mathrm{d}}{\mathrm{d}r}\left(r^2\frac{\mathrm{d}}{\mathrm{d}r}\phi\right)+k^2\phi=0 \tag{7.1-9}$$

令 $\phi=u/r$，得

$$\frac{\mathrm{d}}{\mathrm{d}r}\phi=\frac{1}{r}\frac{\mathrm{d}u}{\mathrm{d}r}-\frac{u}{r^2}$$

$$\frac{\mathrm{d}}{\mathrm{d}r}\left(r^2\frac{\mathrm{d}}{\mathrm{d}r}\phi\right)=\frac{\mathrm{d}}{\mathrm{d}r}\left(r\frac{\mathrm{d}u}{\mathrm{d}r}-u\right)=\frac{\mathrm{d}u}{\mathrm{d}r}+r\frac{\mathrm{d}^2u}{\mathrm{d}r^2}-\frac{\mathrm{d}u}{\mathrm{d}r}=r\frac{\mathrm{d}^2u}{\mathrm{d}r^2}$$

从而方程(7.1-9)可写为

$$\frac{\mathrm{d}^2u}{\mathrm{d}r^2}+k^2u=0$$

其通解为

$$u=C_1\mathrm{e}^{-\mathrm{j}kr}+C_2\mathrm{e}^{\mathrm{j}kr}$$

所以 ϕ 的通解为

$$\phi=C_1\frac{\mathrm{e}^{-\mathrm{j}kr}}{r}+C_2\frac{\mathrm{e}^{\mathrm{j}kr}}{r} \tag{7.1-10}$$

式中 C_1、C_2为待定常数。第一项代表向外传输的波；第二项代表内向波。由于无界空间中从无穷远处无内向波(这称为辐射条件)，故第二项应为零，得 $C_2=0$。于是

$$\phi=C_1\frac{\mathrm{e}^{-\mathrm{j}kr}}{r} \tag{7.1-11}$$

常数 C_1需由激励条件来确定，可与已有的静电场结果相比较来定出。对于静电场，$k=0$，上式给出

$$\phi=\frac{C_1}{r}$$

已知静电场结果为

$$\phi_0=\frac{1}{4\pi\varepsilon r}$$

比较上两式得

$$C_1=\frac{1}{4\pi\varepsilon}$$

值得指出，ϕ 是复数，而 ϕ_0 是实数，二者含义有所不同，而且它们都可加上一常数项来反映参考点的变化。但是，它的比例关系并不因这些因素而变化，因而所得 C_1 值是正确的。把它代入式(7.1-11)，得

$$\phi=G(r)=\frac{e^{-jkr}}{4\pi\varepsilon r}\tag{7.1-12}$$

一般来说，凡是单位点源在场点处产生的某种“反应”，如某一场强、某一位函数等，往往称为格林函数(Green's function)。上式就是无界空间中单位点源电荷在场点 r 处的格林函数，故也用 $G(r)$ 来表示。

一旦求得格林函数后，对场源分布在一给定区域的情况，都可利用叠加原理来得出其合成场。设时谐电荷以体密度 ρ_v 分布在体积 v 中，如图7.1-1所示，则全部电荷所产生的标位为

$$\begin{aligned}\phi(r)&=\int_v G(\bar{r}-\bar{r}')\rho_v(\bar{r}')\mathrm{d}v\\&=\frac{1}{4\pi\varepsilon r}\int_v\rho_v(\bar{r}')\frac{e^{-jkr}}{R}\mathrm{d}v\end{aligned}\tag{7.1-13}$$

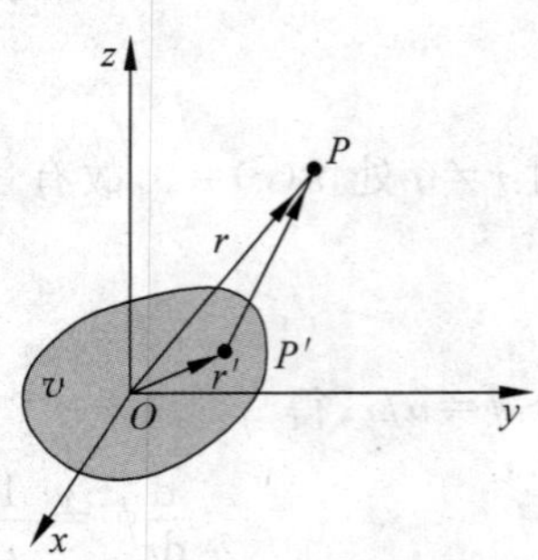

图7.1-1　计算位函数的坐标关系

式中 $R=|\bar{r}-\bar{r}'|$ 为场点($\bar{r}$)与源点($\bar{r}'$)之间的距离。此式就是标位方程(7.1-6)在无界空间区域(不包括源点)的解。

矢位方程(7.1-5)可分解为3个标量方程，每个标量方程的形式都与式(7.1-6)类似，因而解式也相似。因此，若时谐电流以体密度 $\bar{J}$ 分布在体积 v 中，则它们在场点 $\bar{r}$ 处所产生的矢位为

$$\bar{A}(\bar{r})=\frac{\mu}{4\pi}\int_v\bar{J}(\bar{r}')\frac{e^{-jkR}}{R}\mathrm{d}v,\quad R=|\bar{r}-\bar{r}'|\tag{7.1-14}$$

这就是矢位方程(7.1-5)在无界空间区域(源点除外)的解。

式(7.1-13)和式(7.1-14)表明，对离开源点 R 距离处的场点，其位函数的变化滞后于源的变化 $kR=\omega R/v_p=\omega t_p$ 相位，即滞后的时间为 $t_p=R/v_p$，这正是电磁波传输 R 距离所需的时间。也就是说，滞后的根本原因是由于场源的电磁效应是以有限速度 v_p 传输的。因此式(7.1-13)所表示的 ϕ 和式(7.1-14)所表示的 $\bar{A}$ 都称为滞后位。

7.2　电流元的辐射

7.2.1　定义与其电磁场

所谓电流元是设想从实际的线电流上取出的一段非常短的直线电流(如同微分单元)，如图7.2-1(a)所示。它的长度 l 远小于工作波长 λ，因而其电流可认为沿线不变(均匀分布)，即 $I=\text{const.}$。它的总强度可用电矩 Il 来表征。实际天线上的电流分布可以看成是由很多这样的电流元所组成的。因此电流元也称为电基本振子。研究电流元的辐射是研究更复杂天线之辐射特性的基础。

根据电流连续性定律，电流元的两端必须同时积存大小相等、符号相反的时谐电荷 Q，以

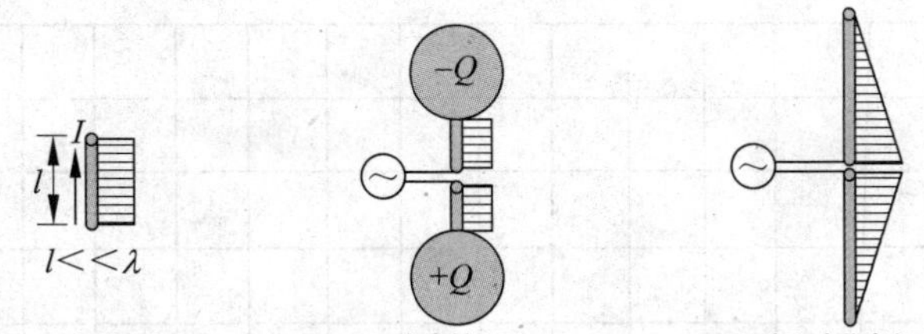

(a) 电流元　　(b) 电偶极子　　(c) 短对称振子

图 7.2-1　电流元及短振子

使 $I(t)=\partial Q/\partial t$，即电流复振幅 $I=\mathrm{j}\omega Q$。为此，其实际结构是在两端各加载一个大金属球，如图 7.2-1(b)所示。这就是早期赫兹试验所用的形式，所以又称为赫兹电偶极子或赫兹振子(Hertzian dipole)。普通的短对称振子，由于其两端的电流近于零(相当于开路端)，沿线电流不是均匀分布的而是呈三角形分布，如图 7.2-1(c)所示。

下面利用间接法(矢位法)来求电流元所辐射的电磁场，将电流元置于坐标原点，沿 z 轴方向，如图 7.2-2 所示。在式(7.1-14)中，$\overline{J}\mathrm{d}v=\overline{J}\mathrm{d}s\mathrm{d}l=\hat{z}I\,\mathrm{d}z$，故

$$\overline{A}=\frac{\mu}{4\pi}\int_l \hat{z}I\,\frac{\mathrm{e}^{-\mathrm{j}kr}}{r}\mathrm{d}z=\hat{z}\,\frac{\mu Il}{4\pi r}\mathrm{e}^{-\mathrm{j}kr}=\hat{z}A_z \tag{7.2-1}$$

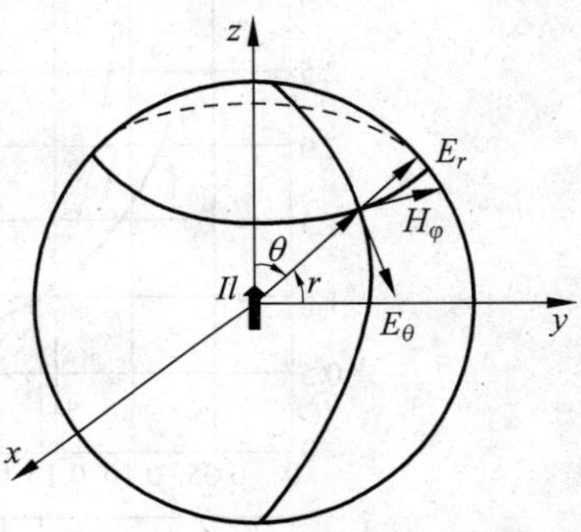

图 7.2-2　电流元的电磁场分量

为了采用球坐标，利用附录 A 表 A-2 进行坐标变换，得

$$\overline{A}=\hat{r}A_r+\hat{\theta}A_\theta+\hat{\varphi}A_\varphi=\hat{r}A_z\cos\theta-\hat{\theta}A_z\sin\theta \tag{7.2-2}$$

$\overline{H}$ 由式(7.1-1)得出，利用附录 A 式(A-35)知

$$\overline{H}=\frac{1}{\mu}\nabla\times\overline{A}=\hat{\varphi}\,\frac{1}{\mu r}\left[\frac{\partial}{\partial r}(-rA_z\sin\theta)-\frac{\partial}{\partial\theta}(A_z\cos\theta)\right]=\hat{\varphi}H_\varphi$$

$$H_\varphi=\mathrm{j}\,\frac{kIl}{4\pi r}\sin\theta\left(1+\frac{1}{\mathrm{j}kr}\right)\mathrm{e}^{-\mathrm{j}kr} \tag{7.2-3}$$

因为场点处无源($\overline{J}=0$)，$\overline{E}$ 可方便地由麦氏方程(5.2-1b)得出，利用附录 A 式(A-35)后有

$$\hat{E}=\frac{1}{\mathrm{j}\omega\varepsilon}\nabla\times\overline{H}=\frac{1}{\mathrm{j}\omega\varepsilon}\left[\frac{\hat{r}}{\gamma\sin\theta}\frac{\partial}{\partial\theta}(H_\varphi\sin\theta)-\frac{\hat{\theta}}{r}\frac{\partial}{\partial r}(rH_\varphi)\right]=\hat{r}E_r+\hat{\theta}E_\theta$$

$$\begin{cases}E_r=\eta\,\dfrac{Il}{2\pi r^2}\cos\theta\left(1+\dfrac{1}{\mathrm{j}kr}\right)\mathrm{e}^{-\mathrm{j}kr}\\[2ex]E_\theta=\mathrm{j}\eta\,\dfrac{kIl}{4\pi r}\sin\theta\left(1+\dfrac{1}{\mathrm{j}kr}-\dfrac{1}{k^2r^2}\right)\mathrm{e}^{-\mathrm{j}kr}\end{cases} \tag{7.2-4}$$

可见，磁场强度只有一个分量 H_φ，而电场强度有两个分量 E_r 和 E_θ。无论哪个分量都随距离 r 的增加而减小。只是它们的成分(不同项)有的随 r 减小得快，有的则减小得慢。图 7.2-3 表示 E_θ、E_r 和 H_φ 中不同项随 r/λ 的变化。我们看到，在源点的近区和远区，占优势的成分是不同的。

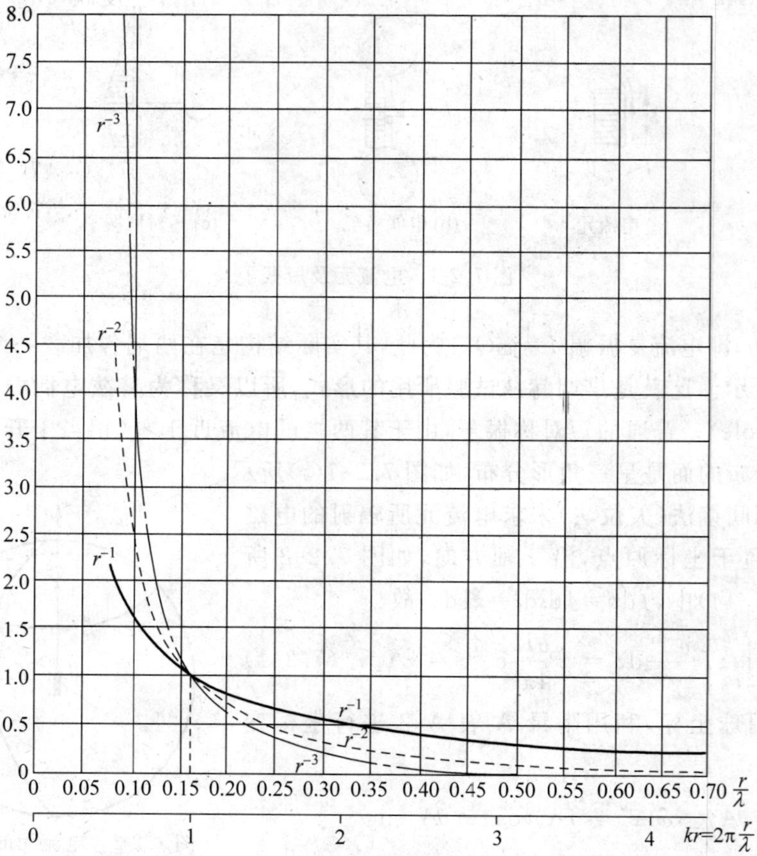

图 7.2-3 场分量各成分随 r/λ 的变化曲线

7.2.2 近区场

近区是指 $kr \ll 1$ 即 $r \ll \lambda/(2\pi)$(但 $r > l$)的区域。在这个区域中,有

$$1 \ll \frac{1}{kr} \ll \frac{1}{k^2 r^2} \tag{7.2-5}$$

$$e^{-jkr} \approx 1 \tag{7.2-6}$$

式(7.2-3)和式(7.2-4)可近似为

$$\begin{cases} E_r = -j\eta \dfrac{Il}{2\pi k r^3}\cos\theta \\ E_\theta = -j\eta \dfrac{Il}{4\pi k r^3}\sin\theta \\ H_\varphi = \dfrac{Il}{4\pi r^2}\sin\theta \end{cases} \tag{7.2-7}$$

这个区域由于滞后效应不明显($e^{-jkr} \approx 1$),其电场 E_r、E_θ 的表示与静电场偶极子的电场表示式(3.1-19)相同,而磁场 H_φ 表示式与恒定电流元的磁场表示式相同,故称为似稳场或感应场。电场强度与磁场强度之间相位相差 $\pi/2$,这是由于滞后效应不明显,电场直接随电荷变化,而磁场直接随电流变化。电流 I 与电荷 Q 之间有 $\pi/2$ 的相位差($I = j\omega Q$),因而 H 与 E 间也有 $\pi/2$ 相位差,其平均功率流密度 $\bar{S}^{av} = \frac{1}{2}\mathrm{Re}[\bar{E} \times \bar{H}^*] = 0$,无实功率,只有虚功率。

值得说明的是,式(7.2-7)是忽略了相对较小的项而得出的,它反映了这个区域电磁场的主要特征。但是被略去的较小项实际上仍然是存在的,并且它们具有不同的特征。有的项却是传输实功率的,电偶极子向外辐射的净功率正是由它们携带和传送的。

7.2.3 远区场

对电流元来说,远区是指 $kr\gg1$,即 $r\gg\lambda/(2\pi)$的区域。例如,上海电视台 8 频道节目是用中心频率为 $f=187\text{MHz}$ 的电磁波传送的,其中心波长为 $\lambda=c/f=1.6\text{m}$。对以此为工作波长的电流元来说,$r\gg1.6/(2\pi)=0.25\text{m}$,即 $r>2.5\text{m}$ 就是其远区了。因此远区是对我们最有实用意义的区域。这个区域中,有

$$1\gg\frac{1}{kr}\gg\frac{1}{k^2r^2} \tag{7.2-8}$$

式(7.2-3)和式(7.2-4)中仅保留各分量中最大的项,并用 $\eta=\eta_0=120\pi(\Omega)$代入,得

$$\begin{cases}E_\theta=\mathrm{j}\eta_0\dfrac{kIl}{4\pi r}\sin\theta\mathrm{e}^{-\mathrm{j}kr}=\mathrm{j}\dfrac{60\pi Il}{\lambda r}\sin\theta\mathrm{e}^{-\mathrm{j}kr}\\[2ex] H_\varphi=\mathrm{j}\dfrac{kIl}{4\pi r}\sin\theta\mathrm{e}^{-\mathrm{j}kr}=\mathrm{j}\dfrac{Il}{2\lambda r}\sin\theta\mathrm{e}^{-\mathrm{j}kr}=\dfrac{E_\theta}{120\pi}\end{cases} \tag{7.2-9}$$

这个场有以下特点:

(1) 场的方向。电场只有 E_θ 分量,磁场只有 H_φ 分量。其坡印廷矢量为 $\bar{S}=\frac{1}{2}\bar{E}\times\bar{H}^*=\frac{1}{2}\hat{\theta}E_\theta\times\hat{\varphi}H_\varphi^*=\hat{r}\frac{1}{2}E_\theta H_\varphi^*$。可见,$\bar{E}$、$\bar{H}$ 互相垂直,并都与传播方向 $\hat{r}$ 相垂直。因此这是横电磁波(TEM 波)。

(2) 场的相位。无论 E_θ 或 H_φ,其空间相位因子都是 $-kr$,即其相位随离源点的距离 r 增大而滞后,等 r 的球面为其等相面,所以这是球面波。这种波相当于是从球心一点发出的,因而这种波源称为点源,球心称为相位中心。

$E_\theta/H_\varphi=\eta=\eta_0=\sqrt{\mu_0/\varepsilon_0}=120\pi\Omega$。因此,$E_\theta$ 和 H_φ 在时间上同相,$S=\frac{1}{2}E_\theta H_\varphi^*=\frac{1}{2}|E_\theta|^2/\eta_0$ 为实功率即传输实功率,故称为辐射场。

(3) 场的振幅。场的振幅与 r 成反比,这是因为电流元由源点向外辐射时,其功率渐渐扩散,由分布于小的球面变成分布于更大的球面上。由于球面面积$\propto r^2$,而总辐射功率不变,因而功率流密度 $S\propto1/r^2$,而 $S=\frac{1}{2}|E_\theta|^2/\eta_0$,故$|E_\theta|^2\propto1/r$。这是球面波的振幅特点,故将 $\mathrm{e}^{-\mathrm{j}kr}/r$ 称为球面波因子。

同时,场的振幅与 I 成正比,也与 l/λ 成正比。这是由于场来源于波源之故。值得注意的是,它与电尺寸 l/λ 有关而不是仅与几何尺寸 l 有关。

此外,场的振幅还正比于 $\sin\theta$,当 $\theta=90°$时最大,当 $\theta=0°$(轴向)时为零。这说明电流元的辐射是有方向性的。这种方向性正是天线的一个主要特性。

图 7.2-4 表示电流元周围电力线(实线)和磁力线(虚线)的分布,图中也标出了空间某些点的功率流方向 $\bar{S}$。图 7.2-5 表示了电流元的辐射过程。图中实线表示电力线,"·"和"+"分别表示"出"和"入"纸面的磁力线。画了一个周期 T 内不同时刻的分布图,图中还插画了瞬时电流 $I(t)$和电荷 $Q(t)$的振荡曲线。我们看到,当时间由 $t=t_0=0$ 增加时,电磁力

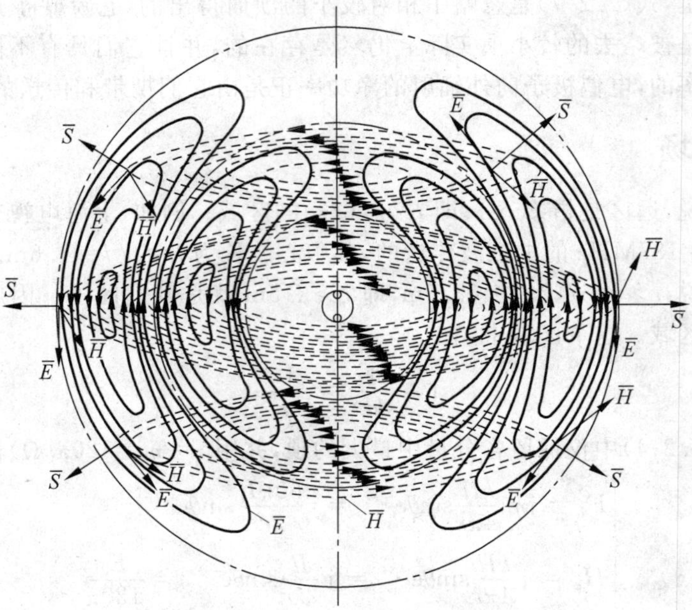

图 7.2-4 电流元周围电磁力线的瞬时分布

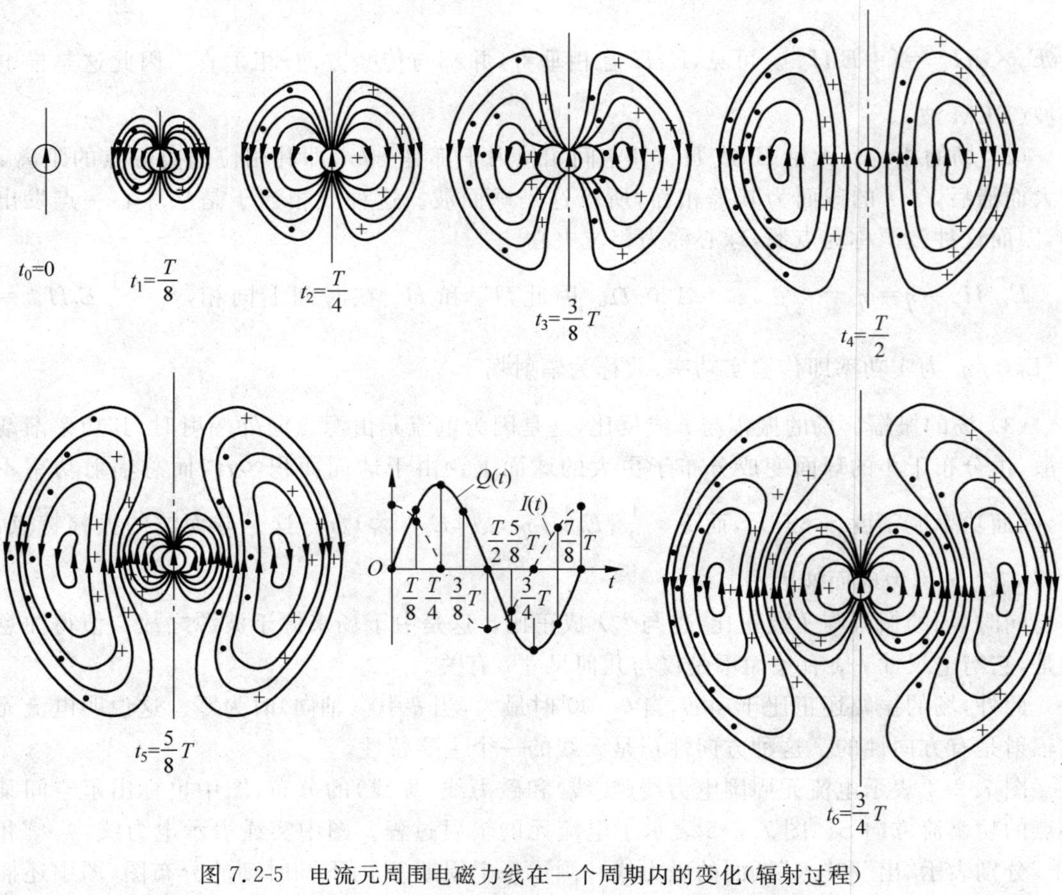

图 7.2-5 电流元周围电磁力线在一个周期内的变化(辐射过程)

线向外“扩张”，其外缘为$(t/T)\lambda$。当$t=t_4=(1/2)T$时，电力线脱离场源而自成闭合回路。当时间再增加时，后半个周期的场源变化所产生的力线“推挤”前半个周期的力线，使电磁场源源地从场源向外面空间传播。

7.2.4　辐射方向图

任何实际天线的辐射都具有方向性。单单把辐射场振幅与方向的关系用曲线表示出来，我们称为(辐射)方向图(radiation pattern)，即天线方向图就是远区任意方向上某点的场强与同一距离的最大场强之比同方向的关系曲线。图 7.2-6(a)是用极坐标画的电流元在E面(最大方向与电场矢量所形成的平面，含轴平面)内的方向图，呈对电流元轴对称的∞型，$\theta=90°$为最大方向。图中最大值($\theta=90°$方向)用 1 表示，其他方向的矢径按$\sin\theta$绘出，而在轴向($\theta=0°$和$\theta=180°$方向)该值为零。在H面(最大方向与磁场矢量所形成的平面，垂直轴平面，$\theta=90°$)上，各方向场强是相同的(轴对称)，其方向图是一个圆，如图 7.2-6(b)所示。图 7.2-7 是立体方向图。虽然现在利用电子计算机可以画出很复杂的立体方向图，但是最常用的仍是E面和H面这两个主平面的方向图。因为，有了这样两个主平面内的方向图，整个立体的方向性也就可以想象了。

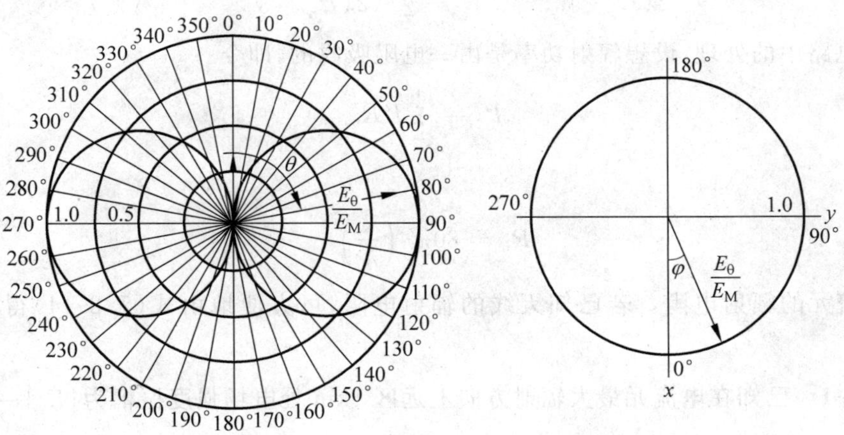

(a) E面　　(b) H面

图 7.2-6　电流元的二主面方向图

为便于绘出方向图，定义方向图函数(简称方向函数)为

$$F(\theta,\varphi)=\frac{|E(\theta,\varphi)|}{E_M} \tag{7.2-10}$$

E_M是$|E(\theta,\varphi)|$的最大值。对于电流元，有

$$F(\theta,\varphi)=F(\theta)=\sin\theta \tag{7.2-11}$$

为了表征方向图波瓣的宽窄，定义波瓣(主瓣)两侧半功率点处即$F(\theta)=1/\sqrt{2}=0.707$处的$\theta$角为$\theta_{0.5}$，定义$2\theta_{0.5}$为半功率波瓣宽度 HP(Half-Power Beamwidth)。对电流元，由式(7.2-11)知(取θ'从$\theta=90°$算起，即$\theta'=$

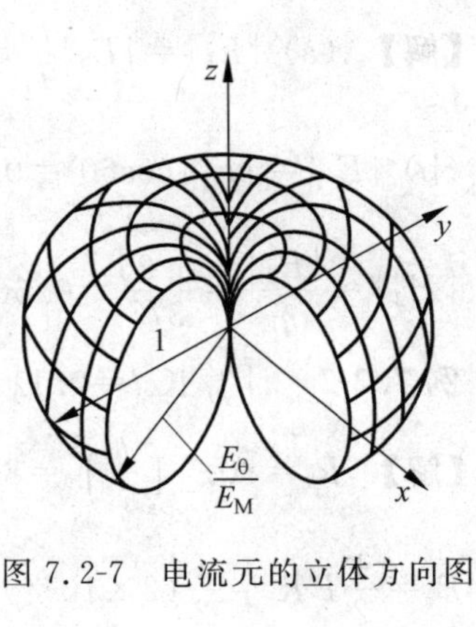

图 7.2-7　电流元的立体方向图

$90°-\theta$)

$$\sin\theta_{0.5}=\cos\theta'_{0.5}=0.707$$

故

$$\mathrm{HP}=2\theta'_{0.5}=2\times 45°=90° \tag{7.2-12}$$

7.2.5 辐射功率和辐射电阻

电流元所辐射的总功率可由其平均功率流密度在包围电流元的球面上的面积分来得出。其平均功率密度为

$$\overline{S}^{\mathrm{av}}=\mathrm{Re}\left[\frac{1}{2}\overline{E}\times\overline{H}^*\right]=\hat{r}\frac{1}{2}\frac{|E_\theta|^2}{\eta_0}=\hat{r}\frac{\eta_0}{2}\left(\frac{Il}{2\lambda r}\sin\theta\right)^2$$

故辐射功率(实功率)为

$$P_{\mathrm{r}}=\oint_s\overline{S}^{\mathrm{av}}\cdot\overline{\mathrm{d}s}=\int_0^{2\pi}\int_0^{\pi}\frac{\eta_0}{2}\left(\frac{Il}{2\lambda}\sin\theta\right)^2\sin\theta\mathrm{d}\theta\mathrm{d}\varphi$$

$$=\frac{\eta_0}{2}\left(\frac{Il}{2\lambda}\right)^2 2\pi\int_0^{\pi}\sin^3\theta\mathrm{d}\theta=\frac{\eta_0}{2}\left(\frac{Il}{2\lambda}\right)^2 2\pi\frac{4}{3}=40\pi^2\left(\frac{Il}{\lambda}\right)^2 \tag{7.2-13}$$

仿照电路中的处理,设想辐射功率是由一电阻吸收的,即令

$$P_{\mathrm{r}}=\frac{1}{2}I^2R_{\mathrm{r}} \tag{7.2-14}$$

得

$$R_{\mathrm{r}}=80\pi^2\left(\frac{l}{\lambda}\right)^2 \tag{7.2-15}$$

R_{r}称为电流元的辐射电阻。若已知天线的辐射电阻,可方便地由式(7.2-14)得出其辐射功率。

例 7.2-1 已知在电流元最大辐射方向上远区 1km 处电场强度振幅为$|E_0|=1\mathrm{mV/m}$,试求:

(a) 最大辐射方向上 2km 处电场强度$|E_1|$;

(b) E 面上偏离最大方向 60°,2km 处的磁场强度振幅$|H_2|$。

【解】 (a) $|E_1|=|E_0|\dfrac{r_0}{r_1}=1\times\dfrac{1}{2}=0.5\mathrm{mV/m}$

(b) $|E_2|=|E_1|\cos 60°=0.5\times\dfrac{1}{2}=0.25\mathrm{mV/m}$

$|H_2|=\dfrac{|E_2|}{\eta_0}=\dfrac{0.25}{377}=0.663\times 10^{-3}=0.663\mu\mathrm{A/m}$

例 7.2-2 计算长 $l=0.1\lambda$ 的电流元当电流为 2mA 时的辐射功率。

【解】 $R_{\mathrm{r}}=80\pi^2\left(\dfrac{l}{\lambda}\right)^2=80\pi^2(0.1)^2=7.9\Omega$

$P_{\mathrm{r}}=\dfrac{1}{2}I^2R_{\mathrm{r}}=\dfrac{1}{2}(2\times 10^{-3})^2\times 7.9=15.8\times 10^{-6}\mathrm{W}=15.8\mu\mathrm{W}$

7.3 对偶原理及磁流元的辐射

7.3.1 广义麦克斯韦方程组与对偶原理

我们已知道,自然界并不存在任何单独的磁荷,因而也不存在作为磁荷运动的磁流。正是因此,麦克斯韦方程组是不对称的。但是,为了便于处理某些电磁场问题,可以引入磁荷和磁流作为等效源。例如,这一节我们将会证明,一个小电流环可以等效为与其环面相垂直的一段磁流元,而计算等效的磁流元的场将比直接计算小电流环的场简便得多,从而可以把小电流环上的电流用一段磁流元来代替,以便计算。

引入假想的磁荷和磁流后,便得到对称形式的广义麦克斯韦方程组:

$$\nabla\times\bar{E}=-\bar{J}^{\mathrm{m}}-\mathrm{j}\omega\mu\bar{H} \tag{7.3-1a}$$

$$\nabla\times\bar{H}=\bar{J}+\mathrm{j}\omega\varepsilon\bar{E} \tag{7.3-1b}$$

$$\nabla\cdot\bar{E}=\rho_{\mathrm{v}}/\varepsilon \tag{7.3-1c}$$

$$\nabla\cdot\bar{H}=\rho_{\mathrm{v}}^{\mathrm{m}}/\mu \tag{7.3-1d}$$

并有

$$\nabla\cdot\bar{J}=-\mathrm{j}\omega\rho,\quad \nabla\cdot\bar{J}^{\mathrm{m}}=-\mathrm{j}\omega\rho^{\mathrm{m}} \tag{7.3-1e}$$

式中,$\bar{J}^{\mathrm{m}}$(有的书表示为$\bar{M}$)为磁流(体)密度;$\rho_{\mathrm{v}}^{\mathrm{m}}$ 为磁荷(体)密度。引入这些等效源后,激发电磁场的场源分成两种:电流(及电荷)和磁流(及磁荷),仅由场源电流$\bar{J}$(不包括已由$\bar{J}^{\mathrm{m}}$等效的部分)所产生的场$\bar{E}^{\mathrm{e}}$、$\bar{H}^{\mathrm{e}}$的方程为

$$\nabla\times\bar{E}^{\mathrm{e}}=-\mathrm{j}\omega\mu\bar{H}^{\mathrm{e}} \tag{7.3-2a}$$

$$\nabla\times\bar{H}^{\mathrm{e}}=\bar{J}+\mathrm{j}\omega\varepsilon\bar{E}^{\mathrm{e}} \tag{7.3-2b}$$

由一部分电流源所等效的磁流源$\bar{J}^{\mathrm{m}}$所产生的场$\bar{E}^{\mathrm{m}}$、$\bar{H}^{\mathrm{m}}$的方程为

$$\nabla\times\bar{H}^{\mathrm{m}}=\mathrm{j}\omega\varepsilon\bar{E}^{\mathrm{m}} \tag{7.3-3a}$$

$$\nabla\times\bar{E}^{\mathrm{m}}=-\bar{J}^{\mathrm{m}}-\mathrm{j}\omega\mu\bar{H}^{\mathrm{m}} \tag{7.3-3b}$$

比较以上两组方程知,二者数学形式完全相同,因此它们的解也将取相同的数学形式。这样,可由一种场源下电磁场问题的解导出另一种场源下对应问题的解。这一原理称为对偶原理或二重性原理(duality theorem)。

上述两组形式相同的方程中处于相同位置的量称为对偶量。相应地,对矢位$\bar{A}$也有其对偶量$\bar{F}$,它们的对偶公式如下。

电流源($\bar{J}$):

$$\bar{E}^{\mathrm{e}}=-\mathrm{j}\omega\bar{A}+\frac{1}{\mathrm{j}\omega\mu\varepsilon}\nabla(\nabla\cdot\bar{A}) \tag{7.3-4a}$$

$$\bar{H}^{\mathrm{e}}=\frac{1}{\mu}\nabla\times\bar{A} \tag{7.3-4b}$$

$$\bar{A}=\frac{\mu}{4\pi}\int_v\frac{\bar{J}}{R}\mathrm{e}^{-\mathrm{j}kR}\,\mathrm{d}v \tag{7.3-4c}$$

磁流源($\bar{J}^{\mathrm{m}}$):

$$\bar{H}^{\mathrm{m}}=-\mathrm{j}\omega\bar{F}+\frac{1}{\mathrm{j}\omega\varepsilon\mu}\nabla(\nabla\cdot\bar{F}) \tag{7.3-5a}$$

$$\overline{E}^{m} = \frac{1}{\varepsilon}\nabla\times\overline{F} \tag{7.3-5b}$$

$$\overline{F} = \frac{\varepsilon}{4\pi}\int_{v}\frac{\overline{J}^{m}}{R}e^{-jkR}dv \tag{7.3-5c}$$

式(7.3-4c)和式(7.3-5c)分别是 $\overline{J}$ 和 $\overline{J}^{m}$ 在无界空间区域产生的矢位,称 $\overline{A}$ 为磁矢位,称 $\overline{F}$ 为电矢位。

表 7.3-1 列出电流源和磁流源的对偶量,其中 $k=\omega\sqrt{\mu\varepsilon}$,$\eta=\sqrt{\mu/\varepsilon}$。这是一种对偶方式,但并不是唯一的。按这些对偶量互换,若只有电流源时的边界条件与只有磁流源时的边界条件形式相同,也成对偶关系,便可由前者的解得出后者的场;反之亦然。

表 7.3-1 电流源与磁流源的对偶量

电流源 $\overline{J}(\overline{J}^{m}=0)$	磁流源 $\overline{J}^{m}(\overline{J}=0)$	电流源 $\overline{J}(\overline{J}^{m}=0)$	磁流源 $\overline{J}^{m}(\overline{J}=0)$
$\overline{E}^{e}$	$\overline{H}^{m}$	ε	μ
$\overline{H}^{e}$	$-\overline{E}^{m}$	μ	ε
$\overline{J}$	$\overline{J}^{m}$	k	k
$\overline{A}$	$\overline{F}$	η	$1/\eta$

7.3.2 磁流元和小电流环的辐射

设想一段很短的直线磁流,长 $l\ll\lambda$,沿线 $I^{m}=\text{const.}$(即磁矩为 $I^{m}l$),置于坐标原点,沿 z 轴方向,如图 7.3-1 所示。这与图 7.2-1 所示的电流元情形,互成对偶,因此利用表 7.3-1 的对偶关系,就可从电流元辐射的场式(7.2-3)和式(7.2-4),得到磁流元产生的场:

$$\begin{cases} E_{\varphi} = -j\dfrac{kI^{m}l}{4\pi r}\sin\theta\left(1+\dfrac{1}{jkr}\right)e^{-jkr} \\ H_{r} = \dfrac{I^{m}l}{2\pi r^{2}\eta}\cos\theta\left(1+\dfrac{1}{jkr}\right)e^{-jkr} \\ H_{\theta} = j\dfrac{kI^{m}l}{4\pi r\eta}\sin\theta\left(1+\dfrac{1}{jkr}-\dfrac{1}{k^{2}r^{2}}\right)e^{-jkr} \end{cases} \tag{7.3-6}$$

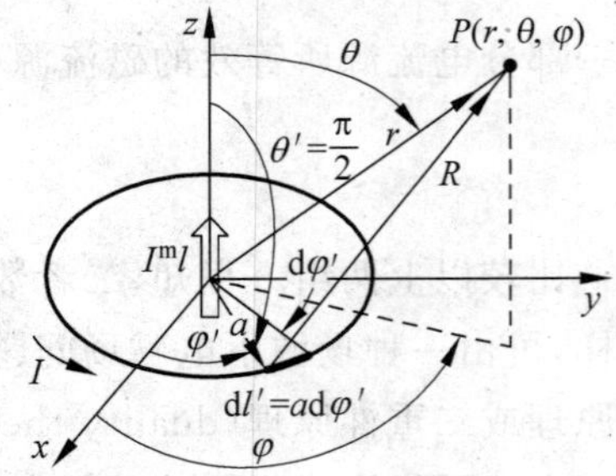

图 7.3-1 小电流环的分析

对于图 7.3-1 所示的小电流环,沿线电流 $I=\text{const}$ 半径 $a\ll\lambda$,它所辐射的场仍可由矢位法得出。根据式(7.3-4c),它在场点 $P(r,\theta,\varphi)$ 处的磁矢位为

$$\overline{A}(r,\theta,\varphi) = \frac{\mu}{4\pi}\int_{l}\hat{\varphi}'\frac{I}{R}e^{-jkR}dl' = \frac{\mu}{4\pi}\int_{0}^{2\pi}\frac{\hat{\varphi}'I}{R}e^{-jkR}a\,d\varphi' \tag{7.3-7}$$

积分对源点(带撇坐标)进行,场点是固定的,因此积分时 $\hat{\varphi}'$ 是变化的,需改用场点的球坐标单位矢量表示。利用附录 A 表 A-2 得

$$\begin{aligned} \hat{\varphi}' &= -\hat{x}\sin\varphi' + \hat{y}\cos\varphi' \\ &= -(\hat{r}\sin\theta\cos\varphi + \hat{\theta}\cos\theta\cos\varphi - \hat{\varphi}\sin\varphi)\sin\varphi' \\ &\quad + (\hat{r}\sin\theta\sin\varphi + \hat{\theta}\cos\theta\sin\varphi + \hat{\varphi}\cos\varphi)\cos\varphi' \\ &= \hat{r}\sin\theta\sin(\varphi-\varphi') + \hat{\theta}\cos\theta\sin(\varphi-\varphi') + \hat{\varphi}\cos(\varphi-\varphi') \end{aligned} \tag{7.3-8}$$

又有

$$R=|\bar{r}-\bar{r}'|=[r^2+a^2-2ra\sin\theta\cos(\varphi-\varphi')]^{\frac{1}{2}}$$
$$\approx r-a\sin\theta\cos(\varphi-\varphi') \tag{7.3-9}$$

这里已利用了 $a\ll\lambda<r$ 的近似，从而有

$$e^{-jkR}\approx e^{-jkr}[1+jka\sin\theta\cos(\varphi-\varphi')]$$
$$\frac{1}{R}\approx\frac{1}{r}+\frac{a\sin\theta\cos(\varphi-\varphi')}{r^2}$$

故

$$\frac{e^{-jkR}}{R}\approx\left[\frac{1}{r}+\left(\frac{jk}{r}+\frac{1}{r^2}\right)a\sin\theta\cos(\varphi-\varphi')\right]e^{-jkr} \tag{7.3-10}$$

将式(7.3-8)和式(7.3-10)代入式(7.3-7)，得

$$\bar{A}=\hat{\varphi}A_\varphi=\hat{\varphi}j\mu\frac{ka^2I}{4r}\sin\theta\left(1+\frac{1}{jkr}\right)e^{-jkr} \tag{7.3-11}$$

与求电流元电磁场的处理相似，把 $\bar{A}$ 代入式(7.1-1)和式(5.2-1b)，得小电流环的场为

$$\begin{cases}E_\varphi=\eta\dfrac{(ka)^2I}{4r}\sin\theta\left(1+\dfrac{1}{jkr}\right)e^{-jkr}\\ H_r=j\dfrac{ka^2I}{2r^2}\cos\theta\left(1+\dfrac{1}{jkr}\right)e^{-jkr}\\ H_\theta=-\dfrac{(ka)^2I}{4r}\sin\theta\left(1+\dfrac{1}{jka}-\dfrac{1}{k^2r^2}\right)e^{-jkr}\end{cases} \tag{7.3-12}$$

比较式(7.3-12)与式(7.3-6)知：二者的场具有完全相同的形式，等效关系为

$$I^m l=jka^2I\pi\eta=j\omega\mu IA_0 \tag{7.3-13}$$

式中 $A_0=\pi a^2$ 为圆环面积。由此，为分析的目的，小电流环可等效为一个磁流元(又称为磁基本振子或磁偶极子)。

磁流元的远区($kr\gg1$)场为($\eta=\eta_0=120\pi\Omega$)：

$$\begin{cases}E_\varphi=-j\dfrac{kI^ml}{4\pi r}\sin\theta e^{-jkr}=-j\dfrac{I^ml}{2\lambda r}\sin\theta e^{-jkr}\\ H_\theta=j\dfrac{kI^ml}{4\pi r\eta_0}\sin\theta e^{-jkr}=j\dfrac{I^ml}{2\lambda r\eta_0}\sin\theta e^{-jkr}=-\dfrac{E_\varphi}{120\pi}\end{cases} \tag{7.3-14}$$

此结果与式(7.2-9)互成对偶，二者远场矢量方向如图 7.3-2 所示。我们看到，磁流元的方向图与电流元的方向图形式相同，差别仅在于含轴平面对电流元是 E 面，而对磁流元是 H 面，垂直轴平面则反之。

由式(7.3-14)，或直接由式(7.3-12)知，小电流环的远区场为

$$\begin{cases}E_\varphi=\eta_0\dfrac{(ka)^2I}{4r}\sin\theta e^{-jkr}=\dfrac{120\pi^2A_0I}{r\lambda^2}\sin\theta e^{-jkr}\\ H_\theta=-\dfrac{(ka)^2I}{4r}\sin\theta e^{-jkr}=-\dfrac{\pi A_0I}{r\lambda^2}\sin\theta e^{-jkr}\end{cases} \tag{7.3-15}$$

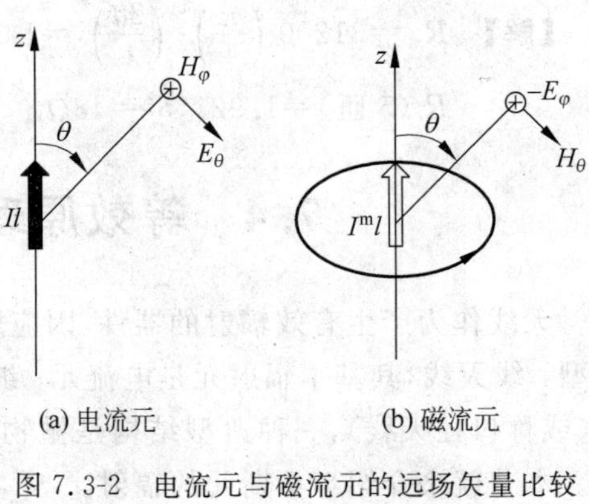

图 7.3-2　电流元与磁流元的远场矢量比较

小环的 H 面方向图和立体方向图如图 7.3-3 所示。我们注意到，它与电流元的方向图形状相

同,但这里含轴平面是 H 面而不是 E 面,垂直轴平面是 E 面。

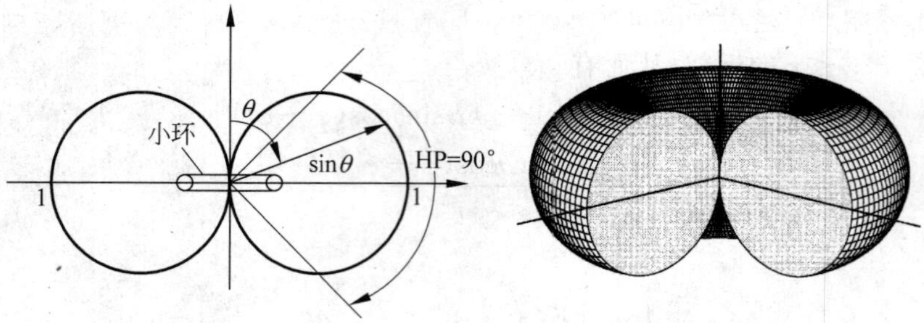

(a) H面方向图　　(b) 立体方向图

图 7.3-3　小电流环的 H 面方向图和立体方向图

小电流环的辐射电阻公式可由其辐射功率 P_r 导出:

$$P_r = \frac{1}{2} I^2 R_r \tag{7.3-16}$$

该辐射功率由坡印廷矢量在远区等 r 球面上的面积分得出:

$$\overline{S}^{av} = \text{Re}\left[\frac{1}{2}\hat{\varphi}E_\varphi \times \hat{\theta}H_\theta^*\right] = \hat{r}\,\frac{1}{2}\,\frac{|E_\varphi|^2}{120\pi} = \hat{r}60\pi\left(\frac{\pi I}{r}\frac{A_0}{\lambda^2}\right)^2 \sin^2\theta \tag{7.3-17}$$

$$P_r = \int_s S^{av} \cdot r^2 \sin\theta \mathrm{d}\theta \mathrm{d}\rho = 60\pi\left(\pi I \frac{A_0}{\lambda^2}\right)^2 \cdot 2\pi \cdot \int_0^{2\pi} \sin^3\theta \mathrm{d}\theta = 160\pi^4\left(\frac{A_0}{\lambda^2}\right)^2 I^2$$

得

$$R_r = 320\pi^4\left(\frac{A_0}{\lambda^2}\right)^2 = 31171\left(\frac{A_0}{\lambda^2}\right)^2 \approx 31200\left(\frac{A_0}{\lambda^2}\right)^2, A_0 = \pi a^2 \tag{7.3-18}$$

或

$$R_r = 20\pi^2\left(\frac{C}{\lambda}\right)^4 = 197\left(\frac{C}{\lambda}\right)^4, C = 2\pi a \tag{7.3-19}$$

与电流元一样,小电流环的辐射电阻偏小,但是有所不同的是,它却可采用多匝环来增加辐射电阻。当有 N 匝环时,由式(7.3-16)可知,其辐射电阻等于单匝环的值乘以 N^2 倍,即

$$R_r = 31200\left(\frac{A_0}{\lambda^2}\right)^2 N^2 = 197\left(\frac{C}{\lambda}\right)^4 N^2 \tag{7.3-20}$$

例 7.3-1　求单匝和 5 匝小圆环的辐射电阻,环的直径是 $\lambda/10$。

【解】　$R_{r1} = 31200\left(\frac{\pi}{4}\right)^2\left(\frac{2a}{\lambda}\right)^4 = 1.92\Omega$

R_r(5 匝)$= 1.92 \times 5^2 = 48\Omega$

7.4　等效原理与惠更斯元的辐射

天线作为产生有效辐射的器件,因应用的需求而发展了很多形式。其基本形式有三种类型:线天线,其基本辐射元是电流元;缝天线,其基本辐射元是缝隙上的磁流元;及面天线(或称口径天线),一种典型结构是抛物反射面天线,其基本辐射元是口径面上的惠更斯元。本节就来介绍惠更斯元的辐射。

微波抛物面天线的工作原理与光学探照灯很类似(见图 7.4-1)。其辐射场的确定在原理上就是基于光学中的惠更斯[荷兰](Christiaan Huygens)原理。惠更斯原理表述为：初始波前上的每一点都可看成是次级球面波的新波源，这些次级波的包络便构成次级波前。如图 7.4-2 所示，研究光通过屏上口径的绕射时，可从初始波前开始，依次确定后续的波前。1936 年谢昆诺夫[俄/美](S. A. Schelkunoff)导出等效原理，它是惠更斯原理的更严格的表达。

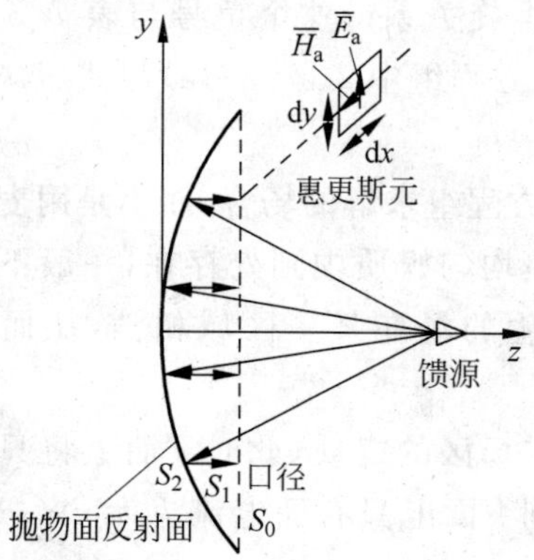

图 7.4-1　抛物面天线与惠更斯元

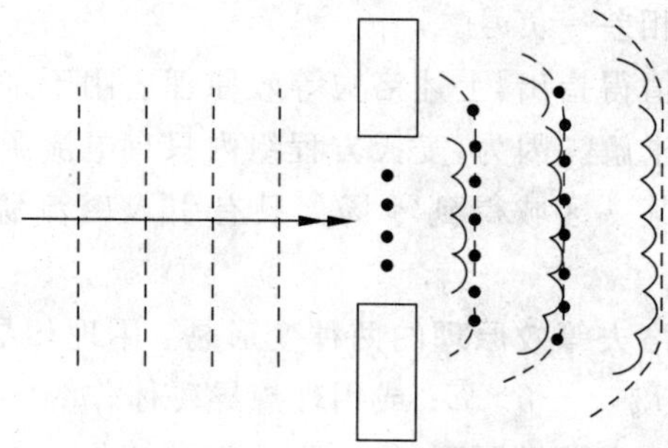

图 7.4-2　光通过屏上口径的绕射

7.4.1　等效原理

如果有一假想场源，它在空间某一区域中产生的场与实际场源所产生的相同，我们称此二场源对该区域是等效的。此即场的等效原理(field equivalence principle)，一般表示如图 7.4-3 所示。原来问题是电流源 $\overline{J}$ 和磁流源 $\overline{J}^m$ 在空间各处产生电磁场($\overline{E}$,$\overline{H}$)(图 7.4-3(a))。今设想用一封闭面 s 来包围原场源，并将该场源取消，令 s 面内场为($\overline{E}_1$,$\overline{H}_1$)，而 s 面外的场仍保持为原来的场($\overline{E}$,$\overline{H}$)(图 7.4-3(b))。s 面内的场与 s 面外的场之间必须满足 s 面处边界条件：

$$\overline{J}_s = \hat{n} \times (\overline{H} - \overline{H}_1) \quad s\text{ 面上} \tag{7.4-1a}$$

$$\overline{J}_s^m = -\hat{n} \times (\overline{E} - \overline{E}_1) \quad s\text{ 面上} \tag{7.4-1b}$$

式中 $\hat{n}$ 为 s 面的外法线方向单位矢量。假想的 s 面上的电流 $\overline{J}_s$ 和磁流 $\overline{J}_s^m$ 就是 s 面外区域的等效场源。因为，根据场的唯一性定理，s 面上外区域的场由 s 面上的边界条件唯一地决定①，而这些边界上的源在 s 面外产生的场正是原来的场($\overline{E}$,$\overline{H}$)。

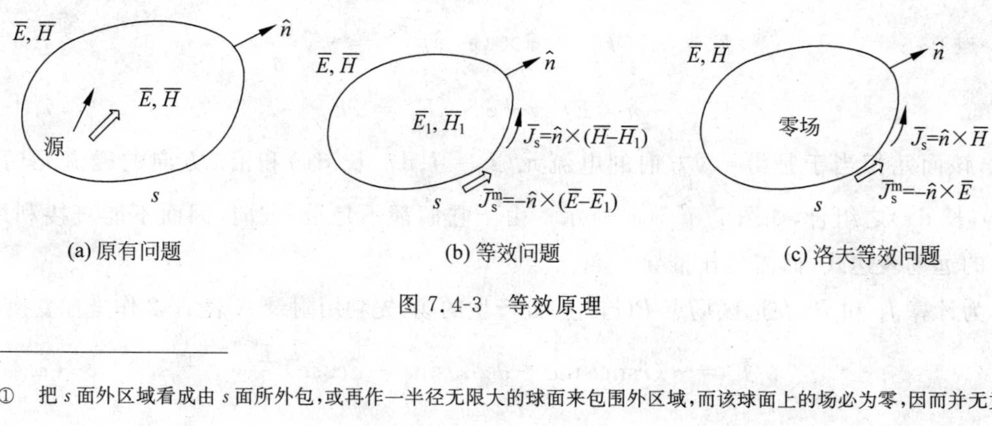

图 7.4-3　等效原理

① 把 s 面外区域看成由 s 面所外包，或再作一半径无限大的球面来包围外区域，而该球面上的场必为零，因而并无贡献。

由于 s 面内的场$(\overline{E}_1,\overline{H}_1)$可以是任何值,可假定它们是零。这时等效问题简化为图7.4-2(c),而 s 面上的等效场源化为

$$\overline{J}_s = \hat{n}\times\overline{H} \quad s\text{面上} \tag{7.4-2a}$$

$$\overline{J}_s^m = -\hat{n}\times\overline{E} \quad s\text{面上} \tag{7.4-2b}$$

等效性原理的这一形式称为洛夫(A. E. H. Love)等效原理。这是最常用的等效原理形式。注意,式(7.4-2b)与式(7.4-2a)相比,右端有一负号,即电流密度与 s 面法向、磁场强度成右手螺旋关系,而磁流密度与 s 面法向、电场强度成左手螺旋关系。这个负号与表7.3-1中 $\overline{H}^e\Leftrightarrow-\overline{E}^m$ 的对偶关系是一致的。这些都源自广义麦氏方程组中式(7.3-1a)与式(7.3-1b)右边相差一负号。

值得指出,上述洛夫等效原理适用于采用广义麦氏方程组求解的场合,而不是用麦氏方程组求解。因为,麦氏方程组内只有电流源,其辐射场在均匀媒质中到处存在,一般不能使空间某一区域得到零场。只有引入磁流源后,二者产生的场在某一区域相消,从而形成零场。

洛夫等效原理的两种变形是:用理想导电体作为零场区的媒质,此时 s 面上将只有面磁流 $\overline{J}_s^m=-\hat{n}\times\overline{E}$;或用理想导磁体作为零场区媒质,则 s 面上只有面电流 $\overline{J}_s=\hat{n}\times\overline{H}$。这时再结合镜像原理,往往可使问题简化。

7.4.2　惠更斯元的辐射

惠更斯元就是抛物面天线之类天线的开口面 s_0(称为口径,aperture)上的一个小面元 $\mathrm{d}s=\mathrm{d}x\mathrm{d}y$ $(\mathrm{d}x,\mathrm{d}y\ll\lambda)$,其上的电场和磁场都是均匀的。采用图7.4-4所示坐标系,惠更斯元上的电磁场为

$$\overline{E}_a = \hat{y}E_a \tag{7.4-3a}$$

$$\overline{H}_a = \hat{x}H_a = -\hat{x}\frac{E_a}{\eta} \tag{7.4-3b}$$

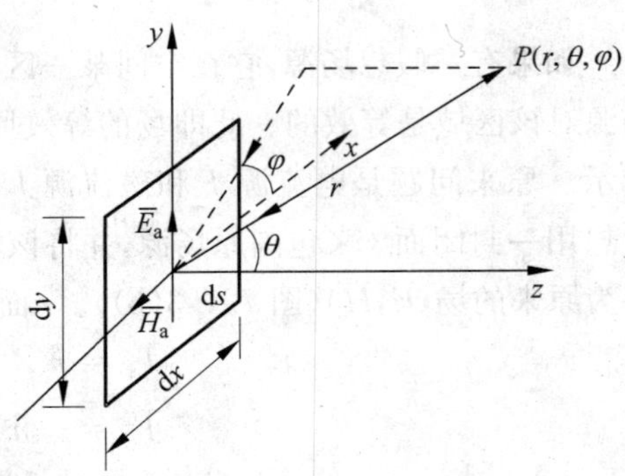

图7.4-4　惠更斯元坐标系

式中的负号是因为它代表向 $\hat{z}$ 向传播的横电磁波:

$$\overline{S} = \frac{1}{2}\overline{E}_a\times\overline{H}_a = \hat{z}\frac{E_a^2}{2\eta} \tag{7.4-3c}$$

应用洛夫等效原理,面元上的等效场源为

$$\overline{J}_s = \hat{n}\times\overline{H}_a = \hat{z}\times(-\hat{x})\frac{E_a}{\eta} = -\hat{y}\frac{E_a}{\eta} \tag{7.4-4a}$$

$$\overline{J}_s^m = -\hat{n}\times\overline{E}_a = -\hat{z}\times\hat{y}E_a = \hat{x}E_a \tag{7.4-4b}$$

可见,该面元相当于是沿 $-\hat{y}$ 方向的电流元($I_y=J_s\mathrm{d}x$,长 $\mathrm{d}y$)和沿 $\hat{x}$ 方向的磁流元($I_x^m=J_s^m\mathrm{d}y$,长 $\mathrm{d}x$)之组合,如图7.4-5(a)所示。由于它们都不是沿 $\hat{z}$ 方向,因而不能直接利用已导出的远场表达式,而需另作推导。

为计算 $\overline{J}_s$ 和 $\overline{J}_s^m$ 在远区场点 $P(r,\theta,\varphi)$ 处产生的场,先利用附录A表A-2作坐标变换:

$$\overline{J}_s = -(\hat{r}\sin\theta\sin\varphi+\hat{\theta}\cos\theta\sin\varphi+\hat{\varphi}\cos\varphi)\frac{E_a}{\eta} \tag{7.4-5a}$$

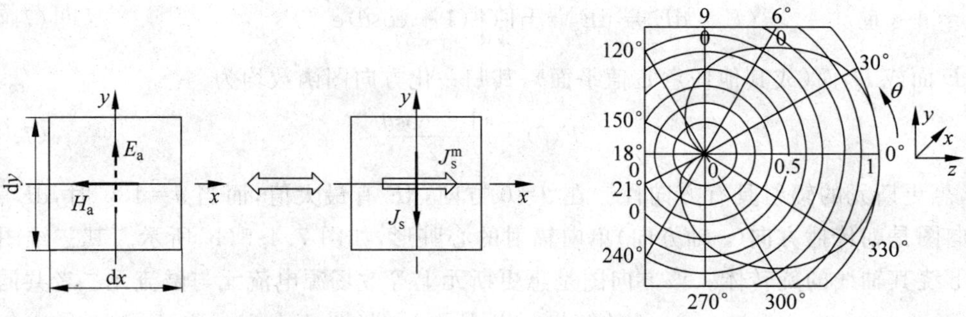

(a) 惠更斯元的等效　　(b) 惠更斯元方向图

图 7.4-5　惠更斯元的等效及其方向图

$$\bar{J}_s^m = (\hat{r}\sin\theta\cos\varphi + \hat{\theta}\cos\theta\cos\varphi - \hat{\varphi}\sin\varphi)E_a \tag{7.4-5b}$$

电流元的电场可由式(7.3-4a)得出。对远区，其中第二项$\left(\dfrac{1}{r}\text{的高阶微分项}\right)$可略且远场无$\hat{r}$分量，故利用式(7.3-4c)得

$$\begin{aligned} d\bar{E}^e &\approx -j\omega\mu\bar{A} = -j\omega\mu\frac{\bar{J}_s dx}{4\pi r}e^{-jkr}dy \\ &\approx (\hat{\theta}\cos\theta\sin\varphi + \hat{\varphi}\cos\varphi)j\frac{kE_a}{4\pi r}e^{-jkr}dxdy \end{aligned} \tag{7.4-6a}$$

对磁流元，同理由式(7.3-5a)和式(7.3-5c)得

$$d\bar{H}^m \approx -j\omega\varepsilon\bar{F} \approx -(\hat{\theta}\cos\theta\cos\varphi - \hat{\varphi}\sin\varphi)j\frac{kE_a}{4\pi r\eta}e^{-jkr}dxdy \tag{7.4-6b}$$

$$d\bar{E}^m \approx -\eta\hat{r}\times d\bar{H}^m = (\hat{\theta}\sin\varphi + \hat{\varphi}\cos\theta\cos\varphi)j\frac{kE_a}{4\pi r}e^{-jkr}dxdy \tag{7.4-6c}$$

二者合成电场为

$$\begin{aligned} d\bar{E} &= d\bar{E}^e + d\bar{E}^m = (\hat{\theta}\sin\varphi + \hat{\varphi}\cos\varphi)(1+\cos\theta)j\frac{kE_a}{4\pi r}e^{-jkr}dxdy \\ &= (\hat{\theta}\sin\varphi + \hat{\varphi}\cos\varphi)j\frac{E_a}{2\lambda r}(1+\cos\theta)e^{-jkr}dxdy \end{aligned} \tag{7.4-7}$$

或

$$d\bar{E} = \hat{\theta}dE_\theta + \hat{\varphi}dE_\varphi$$

$$\begin{cases} dE_\theta = j\dfrac{E_a}{2\lambda r}(1+\cos\theta)\sin\varphi e^{-jkr}ds \\ dE_\varphi = j\dfrac{E_a}{2\lambda r}(1+\cos\theta)\cos\varphi e^{-jkr}ds \end{cases} \tag{7.4-8}$$

对 $\varphi=90°$平面 (E 面)，上式化为

$$dE = dE_\theta = j\frac{E_a}{2\lambda r}(1+\cos\theta)e^{-jkr}ds \tag{7.4-9}$$

电场只有 θ 分量，在 z 方向上它是 y 向分量，与口径电场同向，故 $\varphi=90°$平面为 E 面。对 $\varphi=0°$平面(H 面)，电场只有 φ 分量，式(7.4-8)化为

$$\mathrm{d}E = \mathrm{d}E_\varphi = \mathrm{j}\,\frac{E_{\mathrm{a}}}{2\lambda r}(1+\cos\theta)\mathrm{e}^{-\mathrm{j}kr}\,\mathrm{d}s \tag{7.4-10}$$

无论 E 面或 H 面(或其他任意 φ 值平面),其归一化方向图函数均为

$$F(\theta) = \frac{1+\cos\theta}{2} \tag{7.4-11}$$

可见,惠更斯元的辐射具有方向性。在 $\theta=0$ 方向,$\mathrm{d}E$ 有最大值,而当 $\theta=180°$时,$\mathrm{d}E$ 为零。该方向图是朝传播方向(z 轴方向)单向辐射的心脏形,如图 7.4-5(b)所示。其三维图是此心脏形绕其轴线的旋转体。该方向图是惠更斯元上等效场源电流元与磁流元二者共同作用的结果。以 E 面为例(图 7.4-6):磁流元 I^{m} 形成各向同性的圆形方向图,而电流元 I_y形成从 z 轴方向算起的 $\cos\theta$ 方向图。在 z 轴方向($\theta=0$),二者是同相叠加的,形成最大值$\frac{1+1}{2}=1$;而 $\theta=180°$方向,二者反相,$\frac{1-1}{2}=0$;在 $\theta=90°$方向,只有磁流元的辐射,归一化方向图值为$\frac{1+0}{2}=0.5$。这样,惠更斯元的辐射主要是朝其前方(传播方向),但在其侧后向仍有一定辐射(或称绕射)。

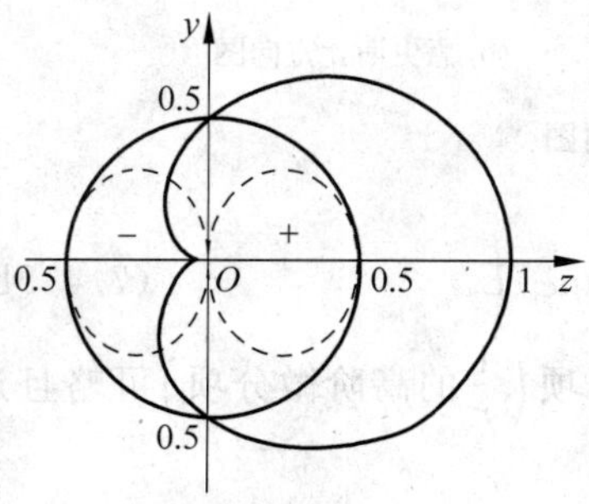

图 7.4-6 惠更斯元 E 面方向图的形成

由上可见,惠更斯元就相当于惠更斯原理所述波前上任一点的新波源。将面天线口径上各点惠更斯元的辐射场进行叠加,就能得出整个面天线的辐射场。值得指出,从本质上说,只有电流元是天线的基本辐射元。引入磁流元和惠更斯元只是一种处理方法,便于求得缝天线和面天线的辐射场。

7.5 电磁波的散射

7.5.1 散射场定义与瑞利散利

当均匀媒质中存在某一物体(例如空气中的雨滴,天空中的飞机等),它将对入射电磁波产生散射。设不存在物体时某场源在均匀媒质空间中的场为 $\overline{E}_{\mathrm{i}}$,$\overline{H}_{\mathrm{i}}$,称为入射场。在有物体时,同一场源在空间(包括物体内)所产生的场变为 $\overline{E}$,$\overline{H}$。其改变量为 $\overline{E}_{\mathrm{s}}$,$\overline{H}_{\mathrm{s}}$,称为散射场(scattering field)。即

$$\overline{E} = \overline{E}_{\mathrm{i}} + \overline{E}_{\mathrm{s}} \tag{7.5-1a}$$

$$\overline{H} = \overline{H}_{\mathrm{i}} + \overline{H}_{\mathrm{s}} \tag{7.5-1b}$$

此式表明,散射场就是物体对入射场的修正,它取决于由入射场所激发的导电物体上的传导电流和介电体中的极化电流等。下面就来计算一个典型问题的散射场。

电磁波在空气中传播时往往受到云、雨或冰雹等水汽凝结物的散射。这些散射体一般都可模拟为球形体。由半径远小于波长的介质球所引起的散射现象,称为瑞利散射(rayleigh scattering)。

设介质球半径为 a,$ka\ll1$,其介电常数为 $\varepsilon=\varepsilon_0\varepsilon_r$,磁导率仍为 μ_0。由于介质球的 ε 与空气中不同,介质球区域的麦氏方程组可表示为

$$\nabla\times\overline{E}=-\mathrm{j}\omega\mu_0\overline{H} \tag{7.5-2a}$$

$$\nabla\times\overline{H}=\mathrm{j}\omega\varepsilon\overline{E}=\mathrm{j}\omega\varepsilon_0\overline{E}+\overline{J}_{\mathrm{eq}},\overline{J}_{\mathrm{eq}}=\mathrm{j}\omega(\varepsilon-\varepsilon_0)\overline{E} \tag{7.5-2b}$$

这样,介质球的影响可处理为在该处存在等效电流元 $\overline{J}_{\mathrm{eq}}$(由介质中的极化电流引起)。

采用图 7.5-1 所示坐标系,坐标原点位于介质球中心。设入射平面波的电场矢量为 z 向,则介质球感应的等效电流元沿 z 向。因 $ka\ll1$,等效电流元的散射场("再辐射"场)将具有式(7.2-4)形式。现在的问题归结于其等效电流矩 Il 的确定。它可根据入射电场利用球体界面处的边界条件来求得。

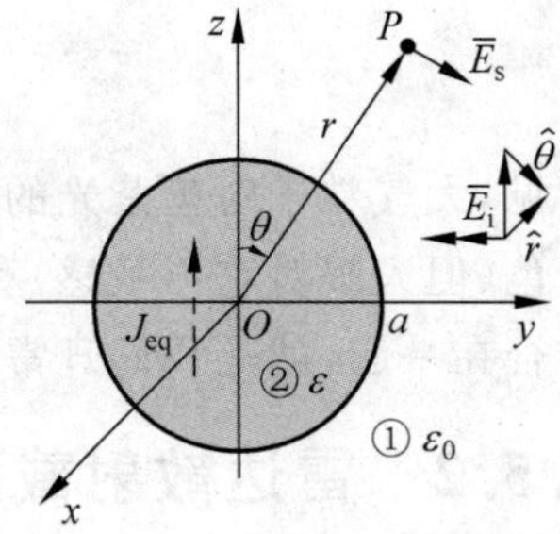

图 7.5-1　瑞利散射计算

界面处 z 向入射电场可表示为

$$\overline{E}_{\mathrm{i}}=\hat{z}E_0=(\hat{r}\cos\theta-\hat{\theta}\sin\theta)E_0 \tag{7.5-3}$$

由于 $ka\ll1$,界面处的散射电场是式(7.2-4)的感应场分量,即式(7.2-7):

$$\overline{E}_{\mathrm{s}}=-\mathrm{j}\mu\frac{Il}{4\pi ka^3}(\hat{r}2\cos\theta+\hat{\theta}\sin\theta) \tag{7.5-4}$$

于是,界面处球外一侧(①区)的总电场为

$$\overline{E}_1=\overline{E}_{\mathrm{i}}+\overline{E}_{\mathrm{s}} \tag{7.5-5}$$

界面处球内一侧(②区)的电场可认为与入射电场同方向,因而可写为

$$\overline{E}_{\mathrm{i}}=\hat{z}E_{\mathrm{a}}=-(\hat{r}\cos\theta-\hat{\theta}\sin\theta)E_{\mathrm{a}} \tag{7.5-6}$$

在界面 $r=a$ 处应有边界条件 $E_{1\theta}=E_{2\theta},D_{1r}=D_{2r}$。从而得

$$\begin{cases}E_0+\mathrm{j}\eta\dfrac{Il}{4\pi ka^3}=E_{\mathrm{a}} & (7.5\text{-}7\mathrm{a})\\[2ex] E_0-\mathrm{j}\eta\dfrac{2Il}{4\pi ka^3}=\dfrac{\varepsilon}{\varepsilon_0}E_{\mathrm{a}} & (7.5\text{-}7\mathrm{b})\end{cases}$$

解得

$$E_{\mathrm{a}}=\frac{3\varepsilon_0}{2\varepsilon_0+\varepsilon}E_0 \tag{7.5-8}$$

$$\mathrm{j}\eta\frac{Il}{4\pi ka^3}=\frac{\varepsilon_0-\varepsilon}{3\varepsilon_0}E_{\mathrm{a}}=\frac{\varepsilon_0-\varepsilon}{2\varepsilon_0+\varepsilon}E_0 \tag{7.5-9}$$

远区散射电磁场由式(7.2-9)给出。将式(7.5-9)的 Il 代入后有

$$E_{\mathrm{s}}=E_\theta=\frac{\varepsilon_0-\varepsilon}{2\varepsilon_0+\varepsilon}E_0k_0^2a^3\,\frac{\sin\theta}{r}\mathrm{e}^{-\mathrm{j}kr} \tag{7.5-10a}$$

$$H_{\mathrm{s}}=H_\varphi=\frac{E_\theta}{\eta_0} \tag{7.5-10b}$$

可见,小介质球的散射场具有方向性,在来波的前向和背向散射最强。介质球所散射的总功率为

$$P_{\mathrm{s}}=\int_0^{2\pi}\mathrm{d}\varphi\int_0^{\pi}\frac{|E_{\mathrm{s}}|^2}{2\eta_0}r^2\sin\theta\mathrm{d}\theta=\frac{\pi}{\eta_0}\int_0^{\pi}\left(\frac{\varepsilon-\varepsilon_0}{\varepsilon+2\varepsilon_0}\right)^2E_0^2k_0^4a^6\sin^3\theta\mathrm{d}\theta$$

$$=\frac{4\pi}{3\eta_0}\left(\frac{\varepsilon-\varepsilon_0}{\varepsilon+2\varepsilon_0}\right)^2E_0^2k_0^4a^6 \tag{7.5-11}$$

定义总散射功率与入射功率密度之比为总散射截面 TCS(Total Cross Section),记为

σ_t(单位：m^2)，则

$$\sigma_t = \frac{P_s}{\frac{E_0^2}{2\eta_0}} = \frac{8\pi}{3}\left(\frac{\varepsilon-\varepsilon_0}{\varepsilon+2\varepsilon_0}\right)^2 k_0^4 a^6 \tag{7.5-12}$$

此结果表明：散射功率正比于频率的四次方。这便是著名的瑞利散射定律，由英国物理学家瑞利(John W. S. Rayleigh)首先提出。

当太阳光射入地球大气层时，它要受到空气分子的瑞利散射。其中紫光的频率约为 6.9×10^{14} Hz，而红光频率约为 4.6×10^{14} Hz，因而它们的散射功率是不同的。其比值为

$$\frac{\sigma_t(紫)}{\sigma_t(红)} = \left(\frac{6.9}{4.6}\right)^4 = 5.1$$

可见，大气粒子对蓝紫光的散射要比红黄光强5倍左右。因此白天晴朗天空的颜色主要是紫色(但人眼对它不敏感)和蓝色，并混有一定的绿色和黄色及很小比例的红色。这些颜色结合在一起，就是我们日常所看到的可爱的天蓝色。

7.5.2 雷达散射截面

如图7.5-2所示，当雷达发射的电磁波遇到目标时，它将被散射，其中后向散射功率即雷达回波功率又回到雷达处并由雷达天线接收。这里人们所关心的是该后向散射功率密度多大？为此定义了雷达散射截面RCS(Radar Cross Section)，记为 σ_r。

σ_r 定义为一个面积，它所接收的入射波功率，被全向(均匀)散射后，到达雷达接收天线处的功率密度等于目标在该处的功率密度 S_s。由此，设雷达在目标处的入射功率密度为 S_i，则有

$$P_i = \sigma_r S_i, \quad S_s = \frac{P_i}{4\pi r^2} \tag{7.5-13}$$

从而得 σ_r 的定义式为

$$\sigma_r = 4\pi r^2 \frac{S_s}{S_i} = 4\pi r^2 \frac{|E_s|^2}{|E_i|^2} \tag{7.5-14}$$

式中 r 规定为足够大，使目标位于雷达天线的远区。值得指出，虽然 σ_r 的公式中有 r 和 S_i，但 σ_r 与它们无关，它只由目标本身的尺寸、形状和材料决定。

作为举例，现在来计算矩形导体平板的 σ_r 值。如图7.5-3所示，矩形板在 x 向长为 a，在 y 向长为 b，坐标原点位于矩形中心。设入射线在 yz 平面内，入射电场相位以原点处为

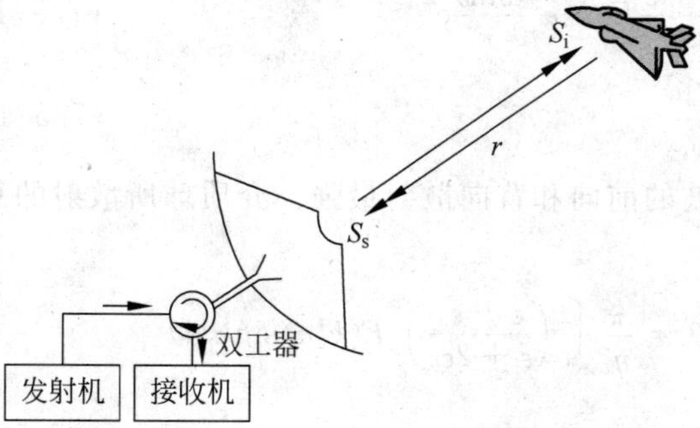

图7.5-2 雷达散射截面的定义

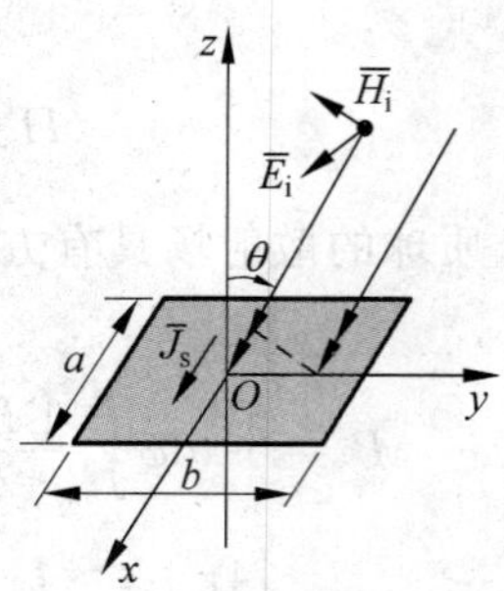

图7.5-3 矩形导体平板 σ_r 值的计算

参考，它可表示为

$$\overline{E}_{\rm i} = \hat{x}E_0 {\rm e}^{{\rm j}k(y\sin\theta+3\cos\theta)} \tag{7.5-15}$$

入射磁场为

$$\overline{H}_{\rm i} = \frac{1}{\eta_0}\hat{S}_{\rm i}\times\overline{E}_{\rm i} = \frac{1}{\eta_0}(-\hat{y}\sin\theta-\hat{z}\cos\theta)\times\hat{x}{\rm e}^{{\rm j}k(y\sin\theta+3\cos\theta)}$$

$$= (-\hat{y}\cos\theta+\hat{z}\sin\theta)\frac{E_0}{\eta_0}{\rm e}^{{\rm j}k(y\sin\theta+3\cos\theta)} \tag{7.5-16}$$

由理想导体边界条件知，导体平板上的感应电流为（注意，$\overline{H}_{\rm i}$ 为入射磁场而不是空气中的合成磁场）。

$$\overline{J}_{\rm s} = 2\,\hat{n}\times\overline{H}_{\rm i}\,|_{z=0} = 2\,\hat{z}\times\overline{H}_{\rm i}\,|_{z=0} = \hat{x}\,\frac{E_0}{\eta_0}2\cos\theta{\rm e}^{{\rm j}ky\sin\theta}$$

这时平板上每个小面元 $ds(ds\ll\lambda^2)$ 可看作一个 x 向电流元，其电流矩为

$$Il = (J_{\rm s}dy)dx = J_{\rm s}dxdy$$

该电流元在后向散射方向（即来波方向的反方向）的散射场为

$$d\overline{E}_{\rm s} = -\hat{x}{\rm j}\eta_0\frac{J_{\rm s}ds}{2\lambda r}{\rm e}^{-{\rm j}k(r-y\sin\theta)}$$

故总散射场为

$$\overline{E}_{\rm s} = \int_{\rm s} d\overline{E}_{\rm s} = -\hat{x}{\rm j}\frac{\eta_0}{2\lambda r}{\rm e}^{-{\rm j}kr}\int_{-\frac{a}{2}}^{\frac{a}{2}}dx\int_{-\frac{b}{2}}^{\frac{b}{2}}\frac{E_0}{\eta_0}2\cos\theta{\rm e}^{{\rm j}2ky\sin\theta}dy$$

$$= -\hat{x}{\rm j}\frac{E_0ab}{\lambda r}\cos\theta\frac{\sin(kb\sin\theta)}{kb\sin\theta}{\rm e}^{-{\rm j}kr} \tag{7.5-17}$$

将 $E_{\rm i}$ 和 $E_{\rm s}$ 代入式(7.5-14)，最后得

$$\sigma_{\rm r} = \frac{4\pi}{\lambda^2}A_0^2\cos^2\theta\left[\frac{\sin(kb\sin\theta)}{kb\sin\theta}\right]^2,\quad A_0 = ab \tag{7.5-18}$$

可见，$\sigma_{\rm r}$ 与 θ 有关。当 $\theta=0°$，即垂直入射时，有

$$\sigma_{\rm r} = \frac{4\pi}{\lambda^2}A_0^2 \tag{7.5-19}$$

我们看到，雷达散射截面并不等于目标的几何面积 A_0，而是与 A_0^2 成正比，但与 λ^2 成反比。这可以这样来理解：它所接收的功率为 $A_0S_{\rm i}$，而这个功率又被再辐射出去，截面法向（z 向）的再辐射功率密度又与 A_0/λ^2 成正比。

习　题

7.1-1　定义另一种位函数——赫兹电矢量如下：

$$\overline{A} = {\rm j}\omega\mu\varepsilon\,\overline{\Pi}$$

$$\phi = -\nabla\cdot\overline{\Pi}$$

(a) 证明 $\overline{\Pi}$ 满足洛伦茨条件；

(b) 导出 $\overline{\Pi}$ 的微分方程；

(c) 导出 $\overline{E}$、$\overline{H}$ 与 $\overline{\Pi}$ 的关系式。

7.2-1　距频率为 500kHz 的电流元多远的地方，其辐射场等于感应场？在距电流元一个波长处，在垂直于电流元的方向上，辐射电场与感应电场相对振幅多大？

7.2-2　电基本振子天线长 8m，频率为 10^6 Hz，电流振幅 $I=5$A。试求垂直电基本振子

轴线的方向上,距离10m和100km处的电场强度及其功率流密度。该电基本振子的总辐射功率为多少?

7.2-3　在电基本振子最大辐射方向上远区 $r=10\text{km}$ 处,磁场强度振幅 $H_0=10^{-3}\text{A/m}$,求该基本振子在其含轴平面与最大方向夹角45°的方向上相同 r 处的磁场强度和电场强度振幅,并求总辐射功率。

7.2-4　短对称振子全长为 $2l$,$kl\ll1$,其电流呈三角形分布:$I(z)=I_0(l-|z|)/l$,I_0 为最大电流(题图7-1)。

(a) 导出其远区电场;

(b) 求其辐射电阻 $R_r=2P_r/I_0^2$,它是相同长度电基本振子辐射电阻 R_{rd} 的多少倍?

7.3-1　若在小电流环中心沿极轴方向置一电偶极子,二者馈电电流同相且具有相同功率(参看图7.3-1)。

(a) 请导出其远区电场强度表示式,它是什么极化波?

(b) 写出其归一化方向图函数,概画二主面方向图。

7.3-2　在 xy 面上置一小方环,每边长 $a\ll\lambda$,沿线电流 $I=\text{const.}$,如题图7-2所示。请导出其远区电场表示式及辐射电阻公式。

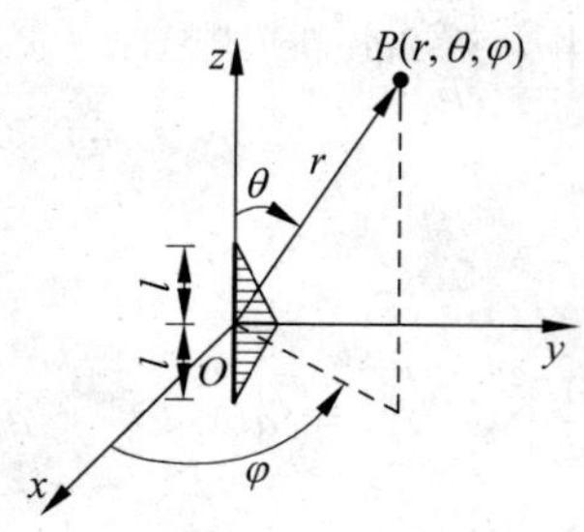

题图7-1　短对称振子

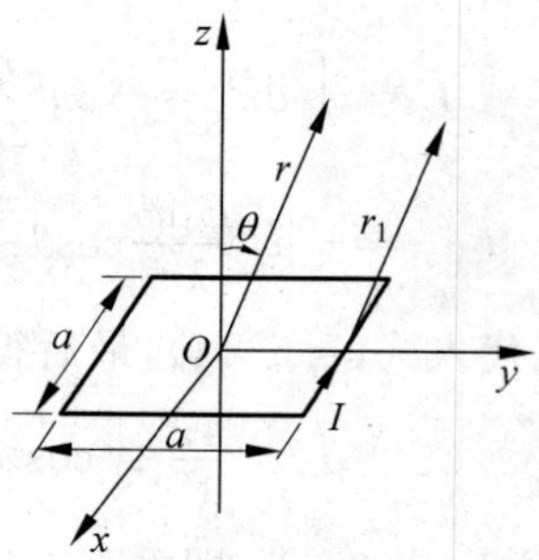

题图7-2　小方环

7.4-1　已知惠更斯元上的电磁场为

$$\overline{E}_b=\hat{x}E_b$$

$$\overline{H}_b=\hat{y}H_b=\hat{y}\frac{E_b}{\eta}$$

请导出其远区场。

7.4-2　对图7.4-4所示惠更斯元,(a)画出其 H 面归一化方向图;(b)(选作)编程画出其三维方向图。

7.5-1　证明小介质球的雷达散射截面 σ_r 与其总散射截面 σ_t 的关系为

$$\sigma_r=\frac{3}{2}\sigma_t$$

7.5-2　设雨滴是半径为 $a=1.5\text{mm}$ 的介质球,在10GHz频率上 $\varepsilon=61\varepsilon_0$。求该频率时的 σ_t 和 σ_r,用其截面积 $A_0=\pi a^2$ 表示。

7.5-3　参看图7.5-3,矩形导体板尺寸为 $a\times b$,今设平面波在 xz 平面上以入射角 θ 入射。导出其雷达散射截面 σ_r。

第8章 天线基础

无线电系统中辐射或接收电磁波的器件称为天线(antenna)。它是移动通信、卫星通信、导航、雷达、测控、遥感、射电天文及电子对抗等各种民用和军用无线电系统中必不可少的部件之一。它的性能不但直接关系到整个系统的性能指标,而且往往也是确定系统整体工作方式的重要依据。本章将在第7章的基础上,介绍天线的基础知识。

8.1 天线的功能与分类

8.1.1 天线的功能

天线主要有两项功能,一个功能是能量转换:将发射机经传输线输出的射频导波能量变换成无线电波能量向空间辐射(发射天线),如图8.1-1所示,或反之,将入射的空间电磁波能量变换成射频导波能量传输给接收机(接收天线)。可见,天线就是导行波与空间电磁波(无线电波)之间的转换器:

$$导行波\underset{接收天线}{\overset{发射天线}{\rightleftarrows}}空间波(无线电波)$$

因此,“天线可说是波源与空间(space)的匹配件。”[20] 由于一般天线都具有可逆性,即同一副天线既可用作发射天线,也可用作接收天线,为简便起见本书中一般都把它作为发射天线进行分析。

天线的另一主要功能是,能量发射与接收具有方向性,即具有对能量作空间分配(或选择)的功能。例如,图8.1-2所示卫星地面站天线,能将辐射能量集成一个很窄的主波束,将它指向卫星。5.4节例5.4-1中北京地面站正是这样把中央电视台的第一套节目传送给亚卫Ⅰ号上的转发器的。而后又通过卫星天线形成集束波束向地球转发。在该例中提到,卫星在上海的等效全向辐射功率为36dBW,即3981W。设想卫星天线以3981W功率对其四周各方向均匀辐射时,到达上海的功率密度就是当地的实际功率密度。而实际上,由于火箭

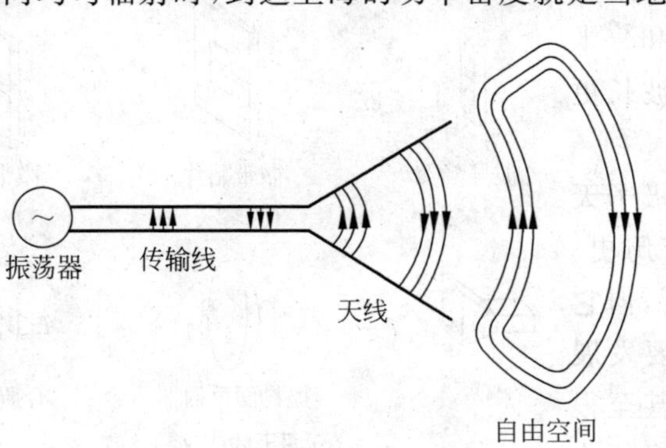

图8.1-1 发射天线的能量转换

图8.1-2 卫星地面站天线

运力的限制,卫星设备并不能提供这么大的功率,卫星天线实际辐射功率要比这小很多(约10W量级),而是利用天线形成了窄的辐射波束,相当于将向四周其他方向辐射的功率都加强到向地球方向辐射,从而使到达上海的功率密度大大增大了。这正是需采用特定设计之天线的原因。

为能满意地完成天线的功能,已对它提出了一系列具体要求。表达这些要求的电指标称为天线电参数,如辐射效率、波瓣宽度、方向系数、增益、输入阻抗和频带宽度等。在某些无线电系统中,天线的电参数直接决定其整个系统的性能指标,如卫星地面接收站的G/T值(增益噪声温度比)、通信卫星的等效全向辐射功率、探测雷达的远程测角精度和射电天文望远镜的分辨度(即天线的半功率波瓣宽度)等。

随着天线技术的发展,它在无线电系统中的作用更加突出了。现在它不但具有上述功能,而且因不同的应用需求,又发展了天线的更多功能。例如,相控阵雷达天线能将波束进行电控扫描;单脉冲雷达天线能形成用于发射的针状"和"波束和用于接收精密跟踪目标信息的叉瓣形"差"波束等。此外,天线不但用作信息传递,也已应用于非信号的能量传输,如微波输能用的整流天线(包括太阳能卫星微波传送、管道机器人的微波供电等)、微波波束武器、医用辐射计等。正是各种应用对天线的形形色色、逐步发展的需求,不断地推动着天线理论与技术的发展,导致了千姿百态、性能万千的天线结构的应用。

8.1.2 天线的分类

天线有多种分类方法。按工作性质分,可分为发射天线和接收天线。按用途分,可分为通信天线、雷达天线、测向天线、电视天线、广播天线、电子对抗天线等。最常用的是按形式分,但由于天线品种繁多,国际上并没有统一的分法。从便于学习的角度,可把天线分为三种基本类型,如图8.1-3所示。其中图8.1-3(a)类为线天线(wire antenna),其基本辐射元是电流元,最主要的形式是对称振子和多个对称振子组成的天线阵(阵列天线)、环形天线及螺旋天线;图8.1-3(b)是缝天线(slot antenna),其基本辐射元是缝隙上的磁流元,最常见的是波导缝隙天线阵、微带贴片天线、微带缝隙天线和微带天线阵等;图8.1-3(c)类是面天线或口径天线(aperture antenna),其基本辐射元是口径面上的惠更斯元,最典型的是喇叭天线、抛物反射面天线和透镜天线。线天线广泛应用于长、中、短波及超短波(米波和分米波)波段;缝天线和面天线则主要用于波长更短的微波波段。

自从赫兹在1887年使用第一副偶极子天线发射电磁波至今,天线已有一百多年历史。天线技术现已具有成熟科学的许多特征,但它仍然是一个富有活力的技术领域。主要发展方向是:多功能化(一副天线代替多副甚至很多天线)、智能化(提高信息处理能力)、轻便化(小型化、集成化)及高性能化。

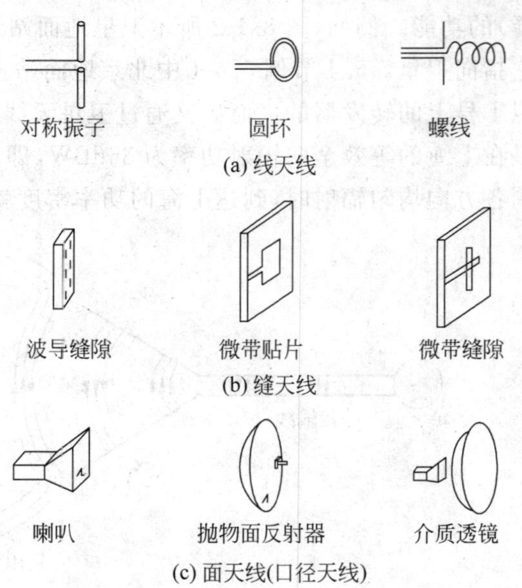

图8.1-3 天线的基本类型

8.2　天线电参数和传输方程

8.2.1　方向系数

为了定量地描述天线方向性的强弱，定义天线在最大辐射方向上远区某点的功率密度与辐射功率相同的无方向性天线在同一点的功率密度之比，为天线的方向（性）系数 D(directivity)，即（图 8.2-1）

$$D=\left.\frac{S_{\mathrm{M}}}{S_0}\right|_{P_{\mathrm{r}}\text{相同},r\text{相同}} \tag{8.2-1}$$

不同天线都取无方向性天线作为标准进行比较，因而能比较出不同天线最大辐射的相对大小，即方向系数能比较不同天线方向性的强弱，上式中 S_{M} 和 S_0 可分别表示为

$$S_{\mathrm{M}}=\frac{1}{2}\frac{E_{\mathrm{M}}^2}{120\pi},\quad S_0=\frac{P_{\mathrm{r}}}{4\pi r^2}$$

故

$$D=\frac{\dfrac{1}{2}\dfrac{E_{\mathrm{M}}^2}{120\pi}}{\dfrac{P_{\mathrm{r}}}{4\pi r^2}}=\frac{E_{\mathrm{M}}^2 r^2}{60P_{\mathrm{r}}} \tag{8.2-2}$$

因此

$$|E_{\mathrm{M}}|=\frac{\sqrt{60P_{\mathrm{r}}D}}{r} \tag{8.2-3}$$

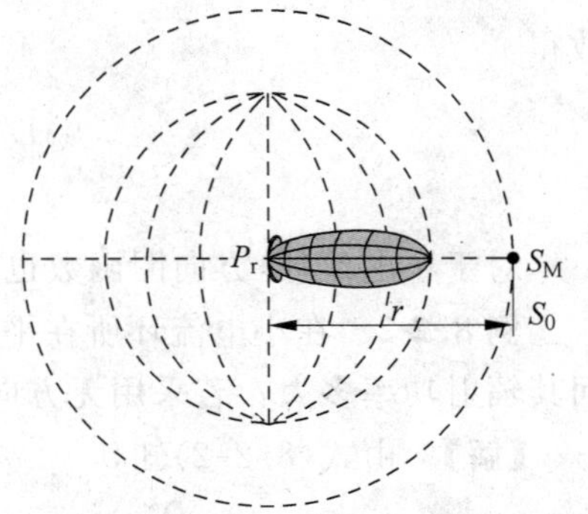

图 8.2-1　方向性系数的定义

由上式可看出方向系数的物理意义如下：

(1) 在辐射功率相同的情况下，有方向性天线在最大方向的场强是无方向性天线（$D=1$）的场强的 $\sqrt{D}$ 倍。即对最大辐射方向而言，这等效于辐射功率增大到 D 倍。因此 $P_{\mathrm{r}}D$ 称为天线在该方向的等效辐射功率。其物理实质是，天线把向其他方向辐射的部分功率加强到此方向上去了。主瓣越窄，意味着加强得越多，则方向系数越大。

(2) 若要求在场点产生相同场强（$E_{\mathrm{M}}=E_0$），有方向性天线辐射功率只需无方向性天线的 $1/D$ 倍。

上述讨论表明，方向系数由场强在全空间的分布情况决定。也就是说，若方向图已给定，则 D 也就确定了。因此 D 可由方向图函数算出。由式(7.2-10)，得

$$|E(\theta,\varphi)|=E_{\mathrm{M}}F(\theta,\varphi) \tag{8.2-4}$$

故

$$P_{\mathrm{r}}=\oint_s\frac{1}{2}\frac{|E(\theta,\varphi)|^2}{120\pi}\mathrm{d}s=\frac{E_{\mathrm{M}}^2}{240\pi}\int_0^{2\pi}\int_0^{\pi}F^2(\theta,\varphi)r^2\sin\theta\mathrm{d}\theta\mathrm{d}\varphi \tag{8.2-5}$$

代入式(8.2-2)得

$$D=\frac{4\pi}{\displaystyle\int_0^{2\pi}\int_0^{\pi}F^2(0,\varphi)\sin\theta\mathrm{d}\theta\mathrm{d}\varphi} \tag{8.2-6}$$

若 $F(\theta,\varphi)=F(\theta)$，即方向图轴对称（与 φ 无关）时，则

$$D=\frac{2}{\int_0^\pi F^2(\theta)\sin\theta\mathrm{d}\theta} \tag{8.2-7}$$

我们看到,主瓣越窄,分母积分越小,因而 D 越大。对于主瓣较窄,旁瓣可以忽略的天线来说,可用天线二主面半功率波瓣宽度(HP)来估算其方向系数,近似公式为

$$D=\frac{35000}{\mathrm{HP}^\circ_E\cdot\mathrm{HP}^\circ_H} \tag{8.2-8}$$

式中 HP°_E 和 HP°_H 均以度计。

例 8.2-1 计算电流元和小电流环的方向系数。

【解】 对于电流元,式(8.2-7)的分母积分为

$$I_D=\int_0^\pi \sin^2\theta\cdot\sin\theta\mathrm{d}\theta=\frac{4}{3}$$

故得

$$D=\frac{2}{I_D}=\frac{2}{\frac{4}{3}}=\frac{3}{2}=1.5$$

对于小电流环,方向图函数也是 $F(\theta)=\sin\theta$,因而方向系数也相同:$D=1.5$。

例 8.2-2 在小电流环所在平面上距离 $r=10\text{km}$ 处(远区)测得其电场强度为 5mV/m,问其辐射功率多大?若采用无方向性天线发射,则需多大辐射功率?

【解】 由式(8.2-2)知,

$$P_\mathrm{r}=\frac{E_\mathrm{M}^2r^2}{60D}=\frac{(5\times10^{-3})^2\times(10\times10^3)^2}{60\times1.5}=27.8(\mathrm{W})$$

若采用无方向性天线发射,则 $P'_\mathrm{r}=P_\mathrm{r}\times1.5/1=41.7\mathrm{W}$。

8.2.2 辐射效率和增益

实际天线中的导体和介质都要引入一定的欧姆损耗,使天线辐射功率 P_r 小于其输入功率 P_in。若天线损耗功率表示为

$$P_\sigma=\frac{1}{2}I_\mathrm{M}^2R_\sigma \tag{8.2-9}$$

则天线辐射效率(radiation efficiency)为

$$e_\mathrm{r}=\frac{P_\mathrm{r}}{P_\mathrm{in}}=\frac{P_\mathrm{r}}{P_\mathrm{r}+P_\sigma}=\frac{R_\mathrm{r}}{R_\mathrm{r}+R_\sigma} \tag{8.2-10}$$

大多数微波天线的欧姆损耗都很小,因而 $e_\mathrm{r}\approx1$。但对于频率很低的长、中波天线,除天线本身的欧姆损耗外,还有大地中感应电流所引入的等效损耗,使 R_σ 大些;又因波长长,天线电长度小,使 R_r 小,这样导致其辐射效率很低。

天线增益(gain)定义为天线在最大辐射方向上远区某点的功率密度与输入功率相同的无方向性天线在同一点的功率密度之比,即

$$G=\left.\frac{S_\mathrm{M}}{S_\mathrm{v}}\right|_{P_\mathrm{in}\text{相同},r\text{相同}} \tag{8.2-11}$$

因无方向性天线假定是理想的,其 $P_\sigma=0$,故有

$$G=\frac{E_\mathrm{M}^2r^2}{60P_\mathrm{in}}=\frac{E_\mathrm{M}^2r^2}{60P_\mathrm{r}}\frac{P_\mathrm{r}}{P_\mathrm{in}}=De_\mathrm{r} \tag{8.2-12}$$

可见天线增益是天线方向系数和辐射效率这两个参数的结合。对于微波天线，由于辐射效率很高，天线增益与方向系数差别不大，这两个术语往往是混用的。

通常用分贝来表示增益，即令

$$G(\mathrm{dB}) = 10\lg G, \quad \mathrm{dB} \tag{8.2-13}$$

设电偶极子 $e_r=1$，故有

$$G(\mathrm{dB}) = D(\mathrm{dB}) = 10\lg 1.5 = 1.76 \quad \mathrm{dB}$$

8.2.3　输入阻抗与带宽

天线的输入阻抗是天线在其输入端所呈现的阻抗。在线天线中，它等于天线输入端的电压 U_{in} 与电流 I_{in} 之比，或用输入功率 P_{in} 来表示：

$$Z_{in} = \frac{U_{in}}{I_{in}} = \frac{P_{in}}{\frac{1}{2}|I_{in}|^2} = R_{in} + jX_{in} \tag{8.2-14}$$

可见，输入电阻 R_{in} 和输入电抗 X_{in} 分别对应于输入功率的实部和虚部。

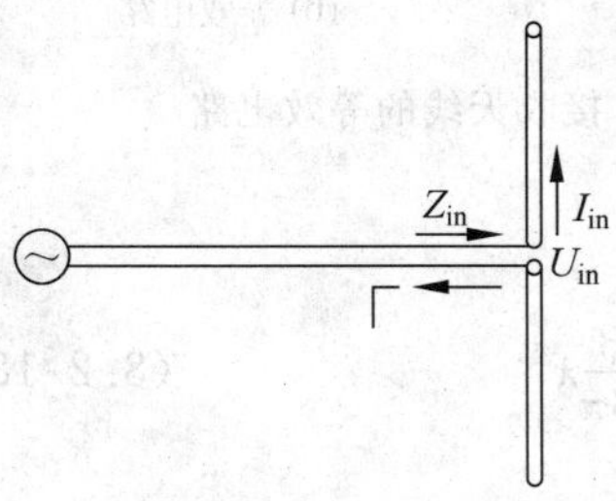

图 8.2-2　天线的馈线

天线输入阻抗就是其馈线的负载阻抗(图 8.2-2)。当天线输入阻抗等于其馈线的特性阻抗时，将无反射波，称为匹配状态。此时全部入射功率都输给了天线，而且不会有反射波反射回振荡源，不致影响振荡源的输出频率和输出功率。因此这是应用中最希望的。

天线输入阻抗一般都随频率而变。其他天线电参数也都随着频率的改变而有所变化。无线电系统对这些电参数的恶化有一个允许范围。定义天线电参数在允许范围之内的频率范围为天线的带宽(bandwidth)。绝对带宽为 $B=f_h-f_l$，f_h 和 f_l 分别为带宽内最高(highest)和最低(lowest)频率。相对带宽或称百分带宽为 $B_r=(f_h-f_l)/f_0\times 100\%$，$f_0$ 为中心频率或设计频率。对宽频带天线，往往直接用比值 f_h/f_l 来表示其带宽，一般将相对带宽小于 10% 的天线称为窄频带天线，而将 f_h/f_l 大于 2∶1 的天线称为宽频带天线。若 f_h/f_l 大于 3∶1 可称为特宽带(UWB)天线(ultra-wideband antenna)。对 f_h/f_l 在 10∶1 以上的天线，通常称为超宽带(SWB)天线(super-wideband antenna)。

对于天线增益、波瓣宽度、输入阻抗等不同的电参数，它们各自在其允许值之内的频率范围是不同的。天线的带宽由其中最窄的一个来决定。对许多天线来说，最窄的往往是其阻抗带宽。对这些天线来说，阻抗带宽就决定天线带宽，如对称振子天线、微带天线等。

8.2.4　有效面积与传输方程

1. 有效面积

通常，天线是无源的可逆器件。天线既可用来发射电磁波，也可用来接收电磁波。当天线用于接收时，最让人关心的是该天线能从来波中获取多大的功率(图 8.2-3)。天线最大可接收功率(实功率)P_{RM} 与来波的实功率流密度 S_i 是成正比的：

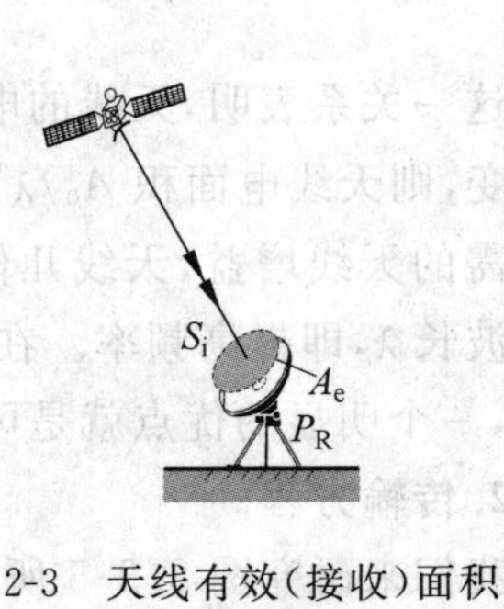

图 8.2-3　天线有效(接收)面积

$$P_{RM} = A_e S_i \tag{8.2-15}$$

比例系数 A_e 具有面积的量纲,因而称为天线有效面积(effective area)。这样,如已知天线的有效面积 A_e,便可方便地根据来波的功率密度 S_i 求得天线可接收的最大功率。

为导出 A_e 的计算公式,我们来考察图 8.2-4(b)所示的接收天线等效电路。这里利用戴维宁定理把图 8.2-4(a)中的接收天线在其输出端 ab 处用一个电压源与内阻抗的串联组合来等效。U_r 为接收电动势,$Z_{in}=R_{in}+jX_{in}$ 为其内阻抗,$Z_L=R_L+jX_L$ 为所接负载阻抗。当 $Z_L=Z_{in}^*$(共轭)时,负载获得最大接收功率:

$$I_{in} = \frac{U_r}{Z_{in}+Z_L} = \frac{U_r}{2R_{in}}$$

$$P_{RM} = \frac{1}{2}I_{in}^2 R_L = \frac{1}{2}\frac{U_r^2}{4R_{in}}R_{in} = \frac{U_r^2}{8R_{in}} \tag{8.2-16}$$

故

$$A_e = \frac{P_{RM}}{S_i} = \frac{U_r^2}{8R_{in}S_i} \tag{8.2-17}$$

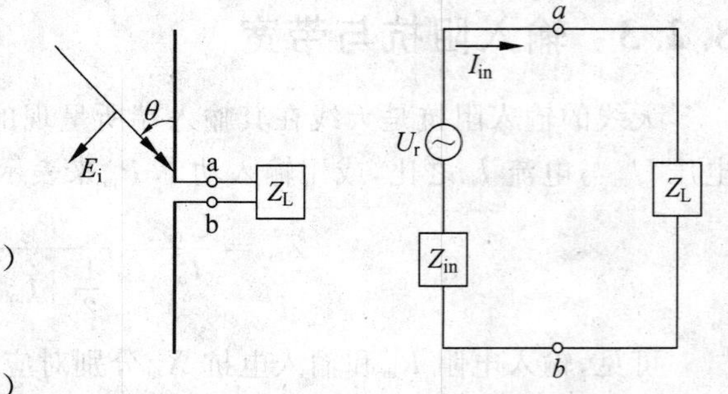

(a) 接收天线 (b) 等效电路

图 8.2-4 接收天线的等效电路

对于长 l 的电流元,当来波电场强度为 E_i 时,所感应的接收电动势为 $U_r=E_i l\sin\theta=E_i l$(最大值对应于 $\theta=90°$),$R_{in}=R_r=80\pi^2(l/\lambda)^2$。从而得

$$A_e = \frac{(E_i l)^2}{8\times 80\pi^2(l/\lambda)^2\times E_i^2/240\pi} = \frac{3}{8\pi}\lambda^3 \tag{8.2-18}$$

对电流元,前面已得

$$G = D = \frac{3}{2}$$

比较上二式可得增益 G 与 A_e 的关系为

$$\frac{G}{A_e} = \frac{\frac{3}{2}}{\frac{3}{8\pi}\lambda^2} = \frac{4\pi}{\lambda^2} \tag{8.2-19}$$

虽然这一关系是对电流元导出的,但可以证明[21],这个比例系数对任何天线都相同。于是,我们可利用此式由天线的 G 得出其 A_e 值。

令 $A_e=A_0 e_a$,A_0 为天线在与其最大方向相垂直的横截面上的几何面积,e_A 称为天线效率,得

$$G = \frac{4\pi}{\lambda^2}A_e = \frac{4\pi}{\lambda^2}A_0 e_A \tag{8.2-20}$$

这一关系表明,天线的电有效面积 A_e/λ^2 越大,则天线的增益越高。如果保持天线效率 e_A 不变,则天线电面积 A_0/λ^2 越大,天线增益越高。正是基于这一关系,在许多应用中,为实现所需的天线增益,天线几何尺寸不能做小;另外,为了使尺寸不变而具有高的增益,可以减小波长 λ,即提高频率。在移动通信中,把手机通信频率由 900MHz 提高到 1800MHz 及更高,一个明显的优点就是可改进天线的性能。

2. 传输方程

我们来研究图 8.2-5 所示通信线路的功率传输关系。

设发射端天线输入功率为 P_t，增益为 G_t，它的最大辐射方向指向相距 r 的接收端，它在该接收端处产生的功率密度为

$$S_i = \frac{P_r D_t}{4\pi r^2} = \frac{P_t e_t D_t}{4\pi r^2} = \frac{P_t G_t}{4\pi r^2} \tag{8.2-21}$$

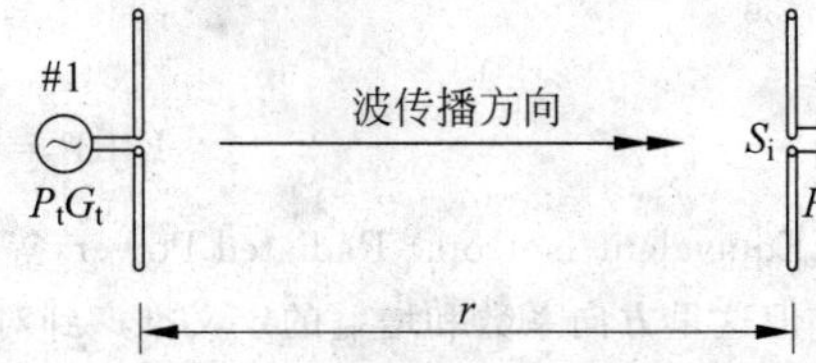

图 8.2-5　无线电通信线路示意图

设接收天线增益为 G_r，它的最大方向也指向发射端，因而它能收到的最大接收功率为

$$P_{RM} = A_e S_i = \frac{G_r}{\frac{4\pi}{\lambda^2}} \frac{P_t G_t}{4\pi r^2} = \left(\frac{\lambda}{4\pi r}\right)^2 P_t G_t G_r \tag{8.2-22}$$

此式称为弗里斯(Friis)传输方程。用分贝表示，为

$$P_{RM}(\text{dBm}) = P_t(\text{dBm}) + G_t(\text{dB}) + G_r(\text{dB}) - 20\lg r(\text{km}) - 20\lg f(\text{MHz}) - 32.44 \tag{8.2-23}$$

式中 P(dBm)是相对于 1mW 的功率分贝数；P(dBW)是相对于 1W 的功率分贝数：

$$P(\text{dBm}) = 10\lg\frac{P(\text{mW})}{1(\text{mW})};\quad P(\text{dBW}) = 10\lg\frac{P(\text{W})}{1(\text{W})} \tag{8.2-24}$$

例 8.2-3　设图 8.2-5 中发射天线和接收天线都是短振子，工作频率为 200MHz。若发射天线输入功率为 1kW，则在 $r=500$km 处的接收天线所能收到的最大功率多大？

【解】　$\lambda = \frac{c}{f} = \frac{3\times10^8}{2\times10^8} = 1.5\text{m}$

$$P_{RM} = \left(\frac{\lambda}{4\pi r}\right)^2 P_t G_t G_r = \left(\frac{1.5}{4\pi\times5\times10^5}\right)^2 \times 10^3 \times (1.5)^2 = 1.28\times10^{-10}\,\text{W}$$

作为式(8.2-23)的一次具体应用，我们来考察卫星通信中宇宙站(卫星)与地球站之间的信号传输，其示意图如图 8.2-6 所示。对于下行线路，信号从卫星上的发射天线发出，向下经自由空间传播，由地球站的接收天线接收。根据弗里斯方程(8.2-22)，接收机输入端的载波信号功率可表示为

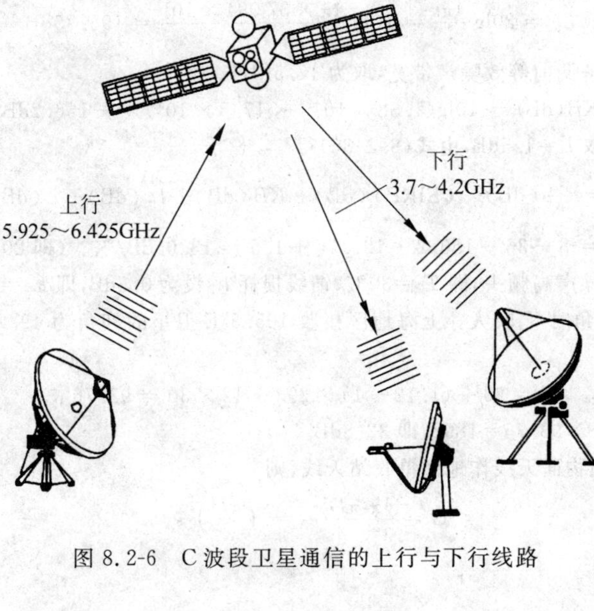

图 8.2-6　C 波段卫星通信的上行与下行线路

$$P_{RM}=\left(\frac{\lambda}{4\pi r}\right)^2 P_t G_t G_r \frac{1}{L}=\frac{\text{EIRP}}{L_p}\frac{G_r}{L} \tag{8.2-25}$$

式中

$$\text{EIRP}=P_t G_t, \quad L_p=\left(\frac{4\pi r}{\lambda}\right)^2 \tag{8.2-26}$$

EIRP(Equivalent Isotropic Radiated Power,等效全向辐射功率)就是8.4.1节中的等效辐射功率,也即P_tG_t;但这里方向系数和增益的定义推广到对任意方向来定义而不一定是最大方向。这样可用它来表示卫星转发器对地面不同方向的等效辐射效率。例如,亚洲Ⅰ号卫星北部波束对上海(位于波束中心覆盖区)的EIRP为36dBW,对新疆的阿勒泰地区为34dBW,而对黑龙江的漠河则只有31dBW。L_p称为自由空间传播(propagation)损失,系因功率扩散而引起的信号衰减;L是附加的其他损失,如降雨损失、空气吸收损失及馈线损失、极化损失等。

卫星接收系统的接收质量实际上取决于载波信号功率P_R与噪声功率P_N之比。P_N可由接收系统等效噪声温度T_s(K)算出:

$$P_N=KT_sB \tag{8.2-27}$$

式中$K=1.38\times10^{-23}$J/℃K(波耳茨曼常数),B是频带宽度(Hz),T_s为

$$T_s=T_a+(L_F-1)T_o+L_FT_r \tag{8.2-28}$$

式中,T_a是天线的等效噪声温度;T_o是馈线周围环境温度;L_F是馈线损耗(>1);T_r为接收机噪声温度。值得说明的是,任何天线都从周围环境接收到噪声功率P_a。与式(8.2-27)类似,它也可表示为

$$P_a=KT_aB \tag{8.2-29}$$

可见T_a是一个想象的量,并不是天线的实际温度,仅代表它输出的噪声功率大小。

于是,接收系统的信号噪声比为

$$\frac{C}{N}=\frac{P_c}{P_N}=(\text{EIRP})\frac{G_r}{KT_sBL_pL}=(\text{EIRP})\frac{G}{T}\frac{1}{KBL_pL} \tag{8.2-30}$$

G/T是G_r/T_s的简写,称为接收系统的品质因数。上式也称为下行传输方程。其分贝表示式为

$$\frac{C}{N}(\text{dB})=(\text{EIRP})_{\text{dB}}+\frac{G}{T}(\text{dB})-KB(\text{dB})-L_p(\text{dB})-L(\text{dB}) \tag{8.2-31}$$

例8.2-4　为在上海接收亚洲Ⅰ号卫星传播的电视信号,$f=3.95$GHz($\lambda=7.6$cm),试决定所需天线增益G,并估计所需抛物面天线直径d。设要求$C/N\geqslant8$dB(图像质量在4级左右)。

【解】(a) 亚洲Ⅰ号卫星在1990年4月7日由中国长征三号火箭发射进入轨道,定点于东经105.5°。上海至卫星距离由式(5.4-14)算得为$r=37\,094$km。故卫星至上海的自由空间传播损失为

$$L_p=20\lg\frac{4\pi r}{\lambda}=20\lg\frac{4\pi\times37\,094\times10^5}{7.6}=195.75\text{dB}$$

式(8.2-30)中B指系统解调前等效噪声带宽,取为17.5MHz,故

$$KB(\text{dB})=10\lg(1.38\times10^{-23}\times17.5\times10^6)=-156.2\text{dB}$$

因EIRP=36dBW,取$L=1.5$dB,由式(8.2-36)得

$$\frac{G}{T}(\text{dB})=\frac{C}{N}(\text{dB})-(\text{EIRP})(\text{dB})+KB(\text{dB})+L_r(\text{dB})+L(\text{dB})$$

$$=8-36-156.2+195.75+1.5=13.05\text{dB}/℃K\quad(\text{即}\ 20.181℃K)$$

今选用市售30℃K低噪声高频头,即$T_r=30$℃K,馈线损耗L_F设为0.5dB,即$L_F=1.12$。天线等效噪声温度与天线仰角有关,低仰角时T_a较大。上海地区接收105.5°E卫星的仰角为49.76°,估计$T_a\approx25$℃K。故由式(8.2-27)得

$$T=25+(1.12-1)\times293+12\times30=93.76℃K$$

因此,要求$G\geqslant20.18\times93.75=1892$,即32.8dB。

(b) 若采用圆口径抛物面天线作地面单收站天线,则

$$G=\frac{4\pi}{\lambda^2}\frac{\pi D^2}{4}e_A=\left(\frac{\pi D}{\lambda}\right)^2 e_A$$

取$e_A=70\%$,得

$$D=\frac{\lambda}{\pi}\sqrt{\frac{G}{e_A}}=\frac{0.076}{\pi}\sqrt{\frac{1892}{0.7}}=1.26\text{m}$$

这里取 $e_A=70\%$，但若采用偏馈抛物面天线，效率可提高到 80%，这样计算时 $D=1.18$m。因此，如天线设计得好，可采用 1.2m 直径来接收。自然，若采用 25°K高频头，接收效果将更好。科技发展很快，第二代亚洲卫星采用 Ku 波段(12GHz)，下行波长减小到原来的 1/3 左右，已能在上海用 0.45m 直径来接收了。

3. 雷达作用距离

雷达(radar)一词是英文 radio direction and range(无线电定向和测距)的首字母缩写的音译。在 7.5.2 节中我们已引入了雷达散射截面 σ_r 的定义，σ_r 的大小直接影响雷达的作用距离。现在我们就来导出雷达作用距离的计算式。如图 7.5-2 所示，设雷达发射功率为 P_t，发射天线增益为 G_t，接收天线增益为 G_r，它们的最大方向都对准目标，则雷达最大接收功率为

$$P_{RM}=A_eS_i=\frac{G_r}{4\pi/\lambda^2}\frac{\sigma_rS_t}{4\pi r^2}=\frac{G_r}{4\pi/\lambda^2}\frac{\sigma_r}{4\pi r^2}\frac{P_tG_t}{4\pi r^2}=\frac{P_tG_tG_r\lambda^2\sigma_r}{(4\pi)^3r^4} \tag{8.2-32}$$

设雷达的最小可测功率(接收机灵敏度)为 P_{Rmin}，则由上式得雷达最大作用距离为

$$r_{max}=\sqrt[4]{\frac{P_tG^2\lambda^2\sigma_r}{(4\pi)^3P_{Rmin}}} \tag{8.2-33}$$

这里已设雷达天线是收发共用的(单站雷达)。故取 $G_t=G_r=G$。这是最简单形式的雷达距离方程。可见，雷达作用距离与 $P_{Rmin}^{\frac{1}{4}}$ 成反比，而与 $P_t^{\frac{1}{4}}$、$\sigma_r^{\frac{1}{4}}$ 和 $G^{\frac{1}{2}}$ 成正比。这就是说，为增大雷达作用距离，若天线增益增大到 4 倍，它的作用相当于发射机发射功率增大到 16 倍，而发射机功率的增大还需同时增大其电源设备的功率，自然，功耗也大大增大了。

例 8.2-5 雷达参数为 $P_t=300$kW，$P_{Rmin}=-105$dBm，$f=5$GHz，$G=45$dB。问该雷达能探测 $\sigma_r=1\text{m}^2$ 目标的最大距离为多少？若天线增益增到两倍呢？

【解】 $P_{Rmin}=10^{-10.5}=3.162\times10^{-11}\text{mW}=3.162\times10^{-14}\text{W}$

由式(8.2-32)得

$$r_{max}=\sqrt[4]{\frac{3\times10^5\times3.162^2\times10^8\times0.06^2\times1}{(4\pi)^3\times3.162\times10^{-14}}}=3.62\times10^5\text{m}=362\text{km}$$

若 G 增至 2 倍，则 r_{max} 增至 $r'_{max}=\sqrt{2}r_{max}=\sqrt{2}\times362\text{km}=512\text{km}$。

8.3 对 称 振 子

8.3.1 对称振子的电流分布和远区场

对称振子是最基本的也是最常见的天线形式，如图 8.3-1(a)所示。从振子中心馈电，一臂长度为 l，全长 $2l$，圆柱导体的半径为 a。这个结构可以看成是由终端开路的双线传输线张开而成的，如图 8.3-1(b)所示。平行双线传输线上的导行波在开路终端处将形成全反射，其电流沿线呈驻波分布，在开路终端处电流总是零。上下平行线上电流的方向是相反的，并且两导线的间距远小于波长，因此双导线上电流的辐射场几乎相消而并无明显辐射。但当双导线的终端张开后，演变成了图 8.3-1(a)的形式，使上下导线上的电流由原来方向相反变成方向相同，因而它们产生的辐射场不再相消，而成了能有效辐射的天线。对 $a\ll\lambda$ 的振子，若略去因辐射而引起的电流分布的改变，其沿线电流近似于正弦分布：

$$I=\begin{cases} I_M\sin[k(l-z)] & z\geqslant 0 \\ I_M\sin[k(l+z)] & z<0 \end{cases}$$

即

$$I=I_M\sin[k(l-|z|)]\quad z\geqslant 0 \tag{8.3-1}$$

式中 I_M 为电流驻波的波腹电流,即电流最大值。

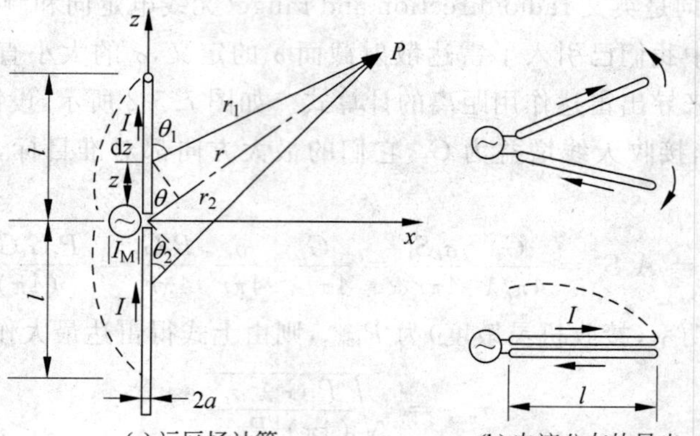

(a) 远区场计算　　(b) 电流分布的导出

图 8.3-1　对称振子的电流分布和远区场计算

有了电流分布,便可利用叠加原理来求出对称振子的远区场。振子上 z 处的微分电流元 $I\mathrm{d}z$ 在场点 P 产生的远区电场为

$$\mathrm{d}\bar{E}_1=\hat{\theta}_1\mathrm{j}\,\frac{\eta I\,\mathrm{d}z}{2\lambda r_1}\sin\theta_1\,\mathrm{e}^{-\mathrm{j}kr_1}$$

下臂上对中点对称的 $-|z|$ 处电流元具有相同的电流 I,它在 P 点处产生的远区电场为

$$\mathrm{d}\bar{E}_2=\hat{\theta}_2\mathrm{j}\,\frac{\eta I\,\mathrm{d}z}{2\lambda r_2}\sin\theta_2\,\mathrm{e}^{-\mathrm{j}kr_2}$$

对远区场点,各源点至场点的射线可看成是平行的,即 $\bar{r}_1/\!/\bar{r}/\!/\bar{r}_2$,从而有

(1) $\theta_1\approx\theta_2\approx\theta,\hat{\theta}_1\approx\hat{\theta}_2\approx\hat{\theta}$　　(8.3-2a)

(2) $\begin{cases} r_1\approx r-|z|\cos\theta \\ r_2\approx r+|z|\cos\theta \end{cases}$　　(8.3-2b)

(3) $\dfrac{1}{r_1}\approx\dfrac{1}{r}\approx\dfrac{1}{r_2}$　　(8.3-2c)

根据式(8.3-2b),由于在远区中 $r\gg|z|\cos\theta$,因而有式(8.3-2c),即 r_1、r_2 的微小差异对振幅因子 $1/r_1$、$1/r_2$ 的影响甚微。然而在相位因子中决不能把 r_1 和 r_2 看作相同。因为,虽然 $|z|\cos\theta$ 与 r 相比很小,但与波长 λ 相比却会是同一数量级,这样就可能导致大的相位差 $\dfrac{2\pi}{\lambda}|z|\cos\theta$。根据式(8.3-2a),电场 $\mathrm{d}\bar{E}_1$ 和 $\mathrm{d}\bar{E}$ 的方向都是 $\hat{\theta}$,因而它们的矢量和化为代数和。故得

$$\begin{aligned}\mathrm{d}E_\theta&=\mathrm{d}E_1+\mathrm{d}E_2=\mathrm{j}\,\frac{\eta I\,\mathrm{d}z}{2\lambda r}\sin\theta\mathrm{e}^{-\mathrm{j}kr}\left[\mathrm{e}^{\mathrm{j}k|z|\cos\theta}+\mathrm{e}^{-\mathrm{j}k|z|\cos\theta}\right]\\&=\mathrm{j}\,\frac{\eta I_M\sin[k(l-|z|)]\mathrm{d}z}{2\lambda r}\sin\theta\mathrm{e}^{-\mathrm{j}kr}2\cos(k\,|z|\cos\theta)\end{aligned}$$

总电场为

$$E_\theta = \int_0^l \mathrm{d}E_\theta = \mathrm{j}\,\frac{\eta I_M}{\lambda r}\sin\theta \mathrm{e}^{-\mathrm{j}kr}\int_0^l \sin[k(l-|z|)]\cos(k|z|\cos\theta)\,\mathrm{d}z$$

$$= \mathrm{j}\,\frac{60 I_M}{r}\,\frac{\cos(kl\cos\theta)-\cos kl}{\sin\theta}\mathrm{e}^{-\mathrm{j}kr} \qquad (8.3\text{-}3)$$

式中已代入 $\eta=\eta_0=120\pi(\Omega)$。其磁场与电场的关系仍与电流元时相同，即

$$H_\varphi = \frac{E_\theta}{\eta_0} \qquad (8.3\text{-}4)$$

上式结果表明，对称振子远区场的特点与电流元相似。场的方向：电场只有 E_θ 分量，磁场只有 H_φ 分量，是横电磁波。场的相位：是以振子中心为相位中心的球面波；磁场与电场同相。场的振幅：与 r 成反比，与 I_M 成正比，并与场点的方向 θ 有关，即具有方向性。

对称振子最常见的长度是 $l=\lambda/4$，即全长 $2l=\lambda/2$，称为半波振子。由式(8.3-3)得半波振子的远区场为

$$\begin{cases} E_\theta = \mathrm{j}\,\dfrac{60 I_M}{r}\,\dfrac{\cos\left(\dfrac{\pi}{2}\cos\theta\right)}{\sin\theta}\mathrm{e}^{-\mathrm{j}kr} \\ H_\varphi = \dfrac{E_\theta}{\eta_0} \end{cases} \qquad (8.3\text{-}5)$$

8.3.2 对称振子的方向图、辐射电阻和方向系数

式(8.3-5)中与方向有关的因子为

$$f(\theta,\varphi) = \frac{|E(\theta,\varphi)|}{\dfrac{60 I_M}{r}} = \frac{\cos(kl\cos\theta)-\cos kl}{\sin\theta} \qquad (8.3\text{-}6)$$

由之可得出按式(7.2-10)定义的归一化方向(图)函数：

$$F(\theta,\varphi) = \frac{f(\theta,\varphi)}{f_M} \qquad (8.3\text{-}7)$$

f_M是 $f(\theta,\varphi)$的最大值。对于半波振子，$f_M=1$，得

$$F(\theta,\varphi) = f(\theta,\varphi) = \frac{\cos\left(\dfrac{\pi}{2}\cos\theta\right)}{\sin\theta} \qquad (8.3\text{-}8)$$

图 8.3-2 是不同长度的对称振子在 E 面(含轴平面)上的方向图。当 $l>0.7\lambda$，$\theta=90°$方向不再是其最大方向。由于轴对称性，它们在 H 面(垂直轴平面)上的方向图仍然是一个圆。

若用对称振子作为电视接收天线，当长度按接收 5 频道(中心波长为 $\lambda_1=3.41\mathrm{m}$)设计时，取 $l=\lambda_1/4=85.2\mathrm{cm}$。但用于接收 26 频道(中心波长为 $\lambda_2=48.5\mathrm{cm}$)，$l=85.2/48.5=1.76\lambda_2$。此时在 $\theta=90°$方向不再是最大值，反而会很小以致可能收不到信号。这样，为了接收高频道信号，需再加一副短些的振子。例如，再按接收 26 频道来设计一副，取 $l'=\lambda_2/4=12.1\mathrm{cm}$。某些全频道电视接收天线正是基于这种原理制成的，即采用长短不同的两套对称振子系统。

对称振子的辐射功率为

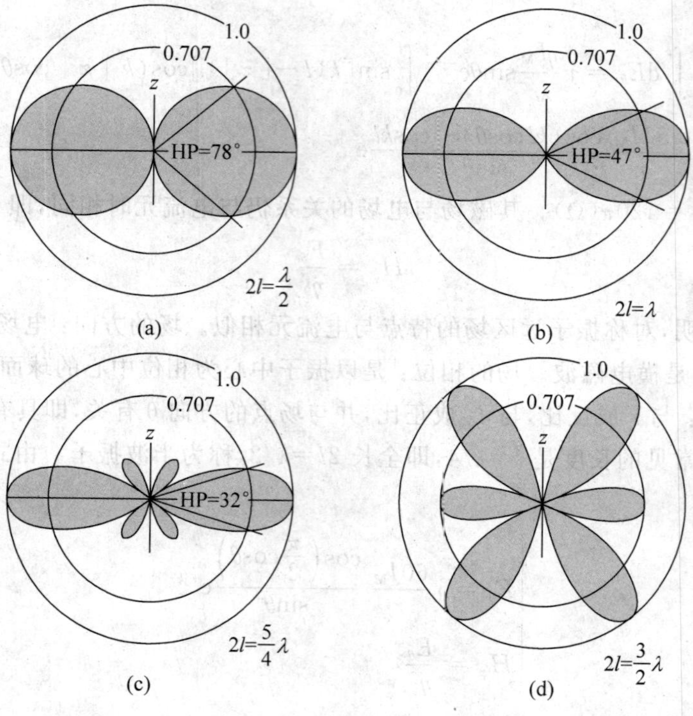

图 8.3-2 不同长度对称振子的 E 面方向图

$$P_{\mathrm{r}}=\int_0^{2\pi}\int_0^{\pi}\frac{|E_\theta|^2}{2\eta_0}r^2\sin\theta\mathrm{d}\theta\mathrm{d}\varphi=30I_{\mathrm{M}}^2\int_0^{\pi}\frac{[\cos(kl\cos\theta)-\cos kl]^2}{\sin\theta}\mathrm{d}\theta \tag{8.3-9}$$

因此辐射电阻为

$$R_{\mathrm{r}}=\frac{2P_{\mathrm{r}}}{I_{\mathrm{M}}^2}=60\int_0^{\pi}\frac{[\cos(kl\cos\theta)-\cos kl]^2}{\sin\theta}\mathrm{d}\theta \tag{8.3-10}$$

上式积分可用正弦积分和余弦积分表示(参看书末文献[19]或[21])。对半波振子,由上式求得 $R_{\mathrm{r}}=73.1\Omega$,对全波振子($2l=\lambda$),$R_{\mathrm{r}}=200\Omega$。

利用辐射电阻来表示辐射功率,可方便地计算对称振子的方向系数。由式(8.2-3),利用式(8.3-6)有

$$D=\frac{E_{\mathrm{M}}^2r^2}{60P_{\mathrm{r}}}=\frac{\left(\frac{60I_{\mathrm{M}}}{r}f_{\mathrm{M}}\right)^2}{60\cdot\frac{1}{2}I_{\mathrm{M}}^2R_{\mathrm{r}}}=\frac{120f_{\mathrm{M}}^2}{R_{\mathrm{r}}} \tag{8.3-11}$$

当对称振子臂长 $l\leqslant0.625\lambda$,其最大方向为 $\theta=90°$,得

$$f_{\mathrm{M}}=1-\cos kl$$

故

$$D=\frac{120(1-\cos kl)^2}{R_{\mathrm{r}}} \tag{8.3-12}$$

根据上式画出的 $D\sim l/\lambda$ 曲线如图 8.3-3 所示。可见,随 l/λ 的增大,D 增大,当 $l/\lambda=0.625$,D 达到最大值,随后 D 开始下降,且迅速下降。这与方向图的变化规律是一致的,当 l/λ 大于0.625,最大方向已不在 $\theta=90°$方向上。

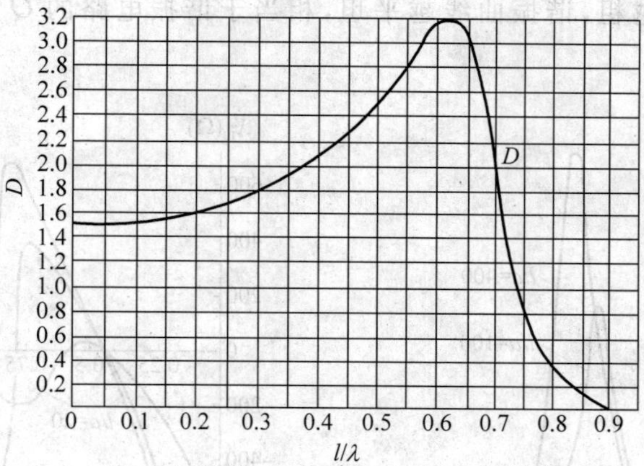

图 8.3-3　对称振子的方向系数($\theta=90°$方向)

对半波振子，由式(8.3-12)得

$$D=\frac{120\times1^2}{73.1}=1.64$$

其分贝值为 2.15dB。对于全波振子，有

$$D=\frac{120\times2^2}{200}=2.4$$

对应的分贝值为 3.80dB。这比半波振子大，因为其波束更窄。

例 8.3-1　一单极振子如图 8.3-4(a)所示，长 $l=\lambda/4$，馈源接在振子臂与导体平面之间。求其方向图，辐射电阻和方向系数。

【解】　设导体平面为无限大理想导体，则其影响可用镜像振子来等效。于是，单极振子与其镜像臂构成一对称振子。它在上半空间的辐射场可直接用自由空间半波振子的远场表达式(8.3-8)来计算($0\leqslant\theta\leqslant90°$)。其方向图如图 8.3-4(b) 所示。

由于单极振子只在上半空间辐射，其辐射功率只是式(8.3-9)的一半。因此，其辐射电阻也只是式(8.3-10)的一半：$R_r=36.5\Omega$。

既然单极天线比同臂长自由空间半波振子的辐射电阻下降一半而方向函数最大值 f_M不变，由式(8.3-12)可知，方向系数 D 将提高一倍。这是由于单极振子辐射的功率经导体平面反射，使上半空间最大点的功率密度增大一倍所致。这样，理想导电平面上的单极 $\lambda/4$ 振子，$D=3.28$。对 $l\ll\lambda$ 的短单极子，$D\approx3$。注意，这里的"短"是相对于波长而言的，对于短波通信，波长可达几十米，所用的鞭形天线其实就是短单极子，但也有一两米高。

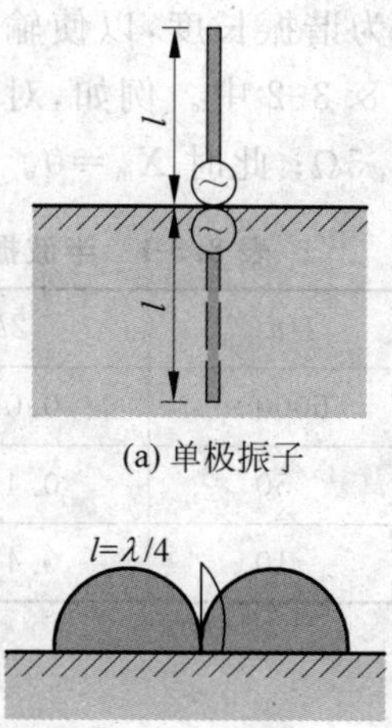

图 8.3-4　单极振子及其方向图

8.3.3　对称振子的输入阻抗

图 8.3-5 和图 8.3-6 分别是对称振子输入电阻 R_{in}和输入电抗 X_{in}的一组实验曲线。可见，当 $2l/\lambda\approx0.5$ 时，$X_{in}=0$，对称振子处于谐振状态，较短时(包括短振子)，X_{in}呈容性，更长时则为感性。因此半波振子的输入阻抗特性犹如一个 RLC 串联谐振电路。我们看

到,l/a 越小,即振子越粗,谐振曲线越平坦,相当于谐振电路的 Q 值越低,因而频带将越宽。

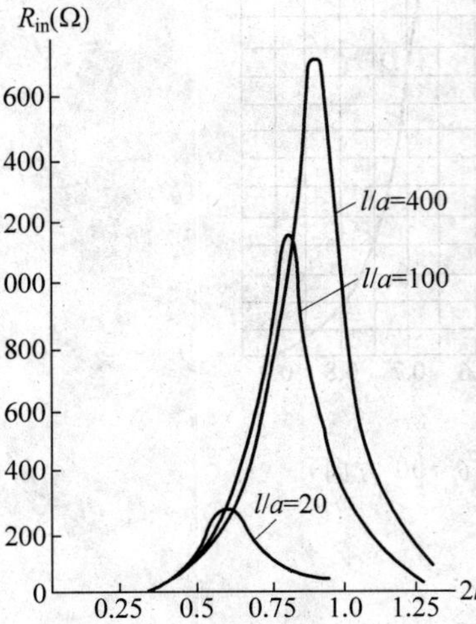

图 8.3-5 对称振子 $R_{in}\sim 2l/\lambda$ 实验曲线

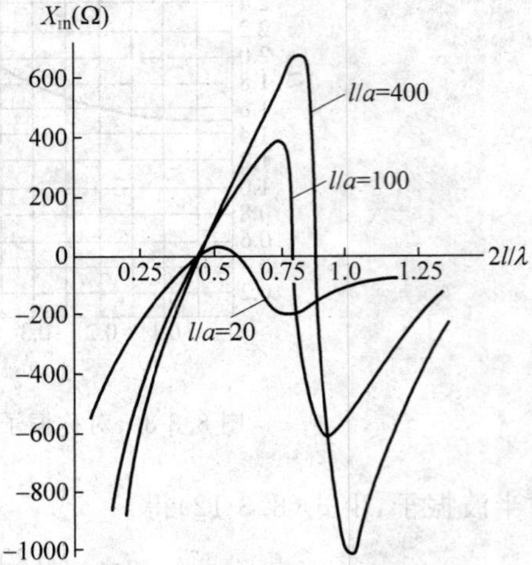

图 8.3-6 对称振子 $X_{in}\sim 2l/\lambda$ 实验曲线

正如图 8.3-6 所示,半波振子的谐振长度稍小于 $\lambda/2$。计算的半波振子谐振长度值列在表 8.3-1 中。可见,振子越粗,l/a 越小,则缩短得越多,若 $l/a=50$,谐振长度为 $2l_0=0.475\lambda$,约缩短 5%。半波振子是最常用的对称振子,为便于馈线匹配,实际尺寸都需设计为谐振长度,以使输入阻抗为纯电阻。对称振子输入电阻的几个简单计算公式列在表 8.3-2 中。例如,对 $l/a=50$,取 $2l_0=0.475\lambda$ 时,由表 8.3-2 中第二个公式求得 $R_{in}=64.5\Omega$;此时 $X_{in}=0$。

表 8.3-1 半波振子的谐振长度

l/a	$2l_0$	缩短的百分比
5000	0.049λ	2%
50	0.475λ	5%
10	0.455λ	9%

表 8.3-2 对称振子的输入电阻公式

$2l$	R_{in}/Ω
$0<2l<0.25\lambda$	$20\pi^2(2l/\lambda)^2$
$0.25\lambda<2l<0.5\lambda$	$24.7(2\pi l/\lambda)^{2.4}$
$0.5\lambda<2l<0.637\lambda$	$11.14(2\pi l/\lambda)^{4.17}$

8.4 天 线 阵

对称振子之类单元天线的方向图较宽。为了增强方向性,一个基本方法是排阵。由多个单元天线组成的天线称为天线阵或阵列天线(array antenna)。我们将侧重研究由两个单元组成的二元阵,以便掌握分析方法和基本概念。然后再介绍由 N 个相同单元组成的典型阵列。

8.4.1 二元边射阵与方向图乘积定理

一个由半波振子构成的阵列如图 8.4-1(a)所示,由于采用并合式馈电,此二振子的电流是相等的,即 $I_{M1}=I_{M2}$。二振子至 xz 面上远区任意点的矢径可看成是平行的,即 $\bar{r}_1 /\!/ \bar{r} /\!/$

$\bar{r}_2$，因此 $r_1=r+\Delta r$，而 $r_2=r-\Delta r$，$\Delta r=(d/2)\cos\theta$。它们的电场都沿 $\hat{\theta}$ 方向。于是，二振子至远区同一点的场分别为

$$E_1=\mathrm{j}\,\frac{60I_{\mathrm{M1}}}{r}\,\frac{\cos\left(\frac{\pi}{2}\cos\theta\right)}{\sin\theta}\mathrm{e}^{-\mathrm{j}k(r+\Delta r)}$$

$$E_2=\mathrm{j}\,\frac{60I_{\mathrm{M2}}}{r}\,\frac{\cos\left(\frac{\pi}{2}\cos\theta\right)}{\sin\theta}\mathrm{e}^{-\mathrm{j}k(r-\Delta r)}$$

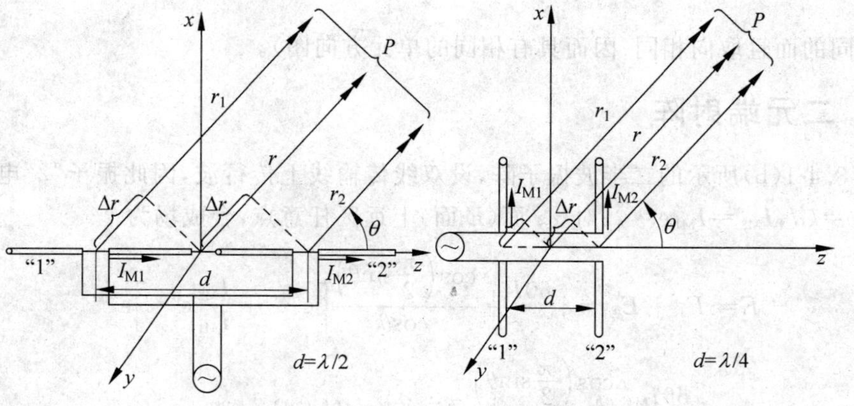

图 8.4-1　半波振子二元阵

合成场为

$$E=E_1+E_2=\mathrm{j}\,\frac{60I_{\mathrm{M1}}}{r}\,\frac{\cos\left(\frac{\pi}{2}\cos\theta\right)}{\sin\theta}\left[\mathrm{e}^{-\mathrm{j}k\Delta r}+\frac{I_{\mathrm{M2}}}{I_{\mathrm{M1}}}\mathrm{e}^{\mathrm{j}k\Delta r}\right]\mathrm{e}^{-\mathrm{j}kr}$$

$$=\mathrm{j}\,\frac{60I_{\mathrm{M1}}}{r}\,\frac{\cos\left(\frac{\pi}{2}\cos\theta\right)}{\sin\theta}\left[\mathrm{e}^{-\mathrm{j}\frac{kd}{2}\cos\theta}+\mathrm{e}^{\mathrm{j}\frac{kd}{2}\cos\theta}\right]\mathrm{e}^{-\mathrm{j}kr}$$

$$=\mathrm{j}\,\frac{60I_{\mathrm{M1}}}{r}\,\frac{\cos\left(\frac{\pi}{2}\cos\theta\right)}{\sin\theta}2\cos\left(\frac{kd}{2}\cos\theta\right)\mathrm{e}^{-\mathrm{j}kr}\tag{8.4-1}$$

方向函数为

$$F(\theta)=\frac{|E|}{E_{\mathrm{M}}}=\frac{\cos\left(\frac{\pi}{2}\cos\theta\right)}{\sin\theta}\cos\left(\frac{\pi}{2}\cos\theta\right)=F_1\cdot F_{\mathrm{a}}\tag{8.4-2}$$

前一因子 F_1 为单元方向图，后一因子 F_{a} 称为阵因子。式中已代入 $d=\lambda/2$。对此情形概画方向图如图 8.4-2 所示。可见波瓣变窄了(例如，对 $\theta=45°$，半波振子 $F_1=0.63$，二元阵 $F=F_1\cdot F_{\mathrm{a}}=0.63\times0.44=0.28$)，即方向性增强了。这种阵在阵轴线(振子中点连线)的侧向辐射最大，称为边射阵(broadside array)。

我们看到，由相同单元组成的阵列的辐射方向图是单元方向图和阵因子方向图的乘积，阵因子是用无方向性的点源来代替实际单元(但具有原来的相对振幅和相位)而形成的阵列方向图。这就是方向图乘积原理。它同样可用于 N 元阵和更复杂的阵，其条件是：各单元

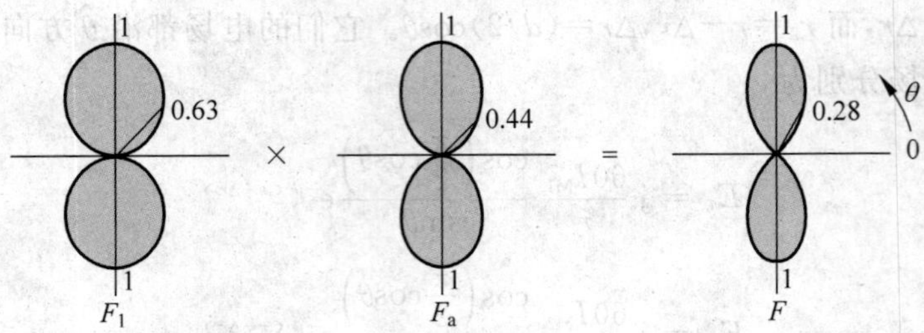

图 8.4-2　二元边射阵的方向图(E 面)

天线是相同的而且取向相同(因而具有相同的单元方向图)。

8.4.2　二元端射阵

对图 8.4-1(b)所示的二半波振子阵,设双线传输线上传行波,因此振子"2"电流比振子"1"落后 $\psi=kd$,$I_{M2}=I_{M1}e^{-j\psi}$。对 xz 面(E 面)上远区任意点,合成场为

$$E=E_1+E_2=j\frac{60I_{M1}}{r}\frac{\cos\left(\dfrac{\pi}{2}\sin\theta\right)}{\cos\theta}\left[e^{-jkr}+\frac{I_{M2}}{I_{M1}}e^{jk\Delta r}\right]e^{-jkr}$$

$$=j\frac{60I_{M1}}{r}\frac{\cos\left(\dfrac{\pi}{2}\sin\theta\right)}{\cos\theta}\left[e^{-jk\Delta r}+e^{j(k\Delta r-\psi)}\right]e^{-jkr}$$

$$=j\frac{60I_{M1}}{r}\frac{\cos\left(\dfrac{\pi}{2}\sin\theta\right)}{\cos\theta}2\cos\left(\frac{kd}{2}\cos\theta-\frac{\psi}{2}\right)e^{-jkr}e^{-j\frac{\psi}{2}} \tag{8.4-3}$$

方向函数为

$$F(\theta)=\frac{\cos\left(\dfrac{\pi}{2}\sin\theta\right)}{\cos\theta}\cos\left[\frac{\pi}{4}(1-\cos\theta)\right] \tag{8.4-4}$$

式中已代入 $d=\lambda/4$,$\psi=kd=(2\pi/\lambda)\cdot(\lambda/4)=\pi/2$,这里 θ 仍从 z 轴算起而不是从振子轴算起,因而振子方向函数表示式有所不同,即将原来从振子轴算起的角度代以 $90°-\theta$。但实际方向图仍相同,只是角度坐标的标注有所不同而已。天线方向图如图 8.4-3(a)所示。此时阵方向图在 $\theta=90°$方向最大,这是因为,振子"2"的电流落后振子"1" $\psi=\pi/2$,而在波程上它又引前振子"1"$k\Delta r=kd\cos\theta=\pi/2$,因此二振子的场同相叠加,故最大。相反,在 $\theta=180°$方向远区场点,振子"2"的场比振子"1"相位上落后 $\psi+kd=\pi/2+\pi/2=\pi$,因而互相抵消成零。

对 yz 面(H 面)上远区任意点,由于对称振子本身在该面的辐射无方向性,总场为

$$E=j\frac{60I_{M1}}{r}2\cos\left(\frac{kd}{2}\cos\theta-\frac{\psi}{2}\right)e^{-jkr}e^{-j\frac{\psi}{2}} \tag{8.4-5}$$

方向函数为

$$F(\theta)=1\cdot\cos\left[\frac{\pi}{4}(1-\cos\theta)\right] \tag{8.4-6}$$

概画方向图如图 8.4-3(b)所示。这种阵在阵轴线(振子中点连线)一端方向辐射最大,称为端射阵(endfire array)。8.4.2 节二元边射阵和这里二元端射阵的阵因子方向图的三维极坐标图如图 8.4-4 所示。

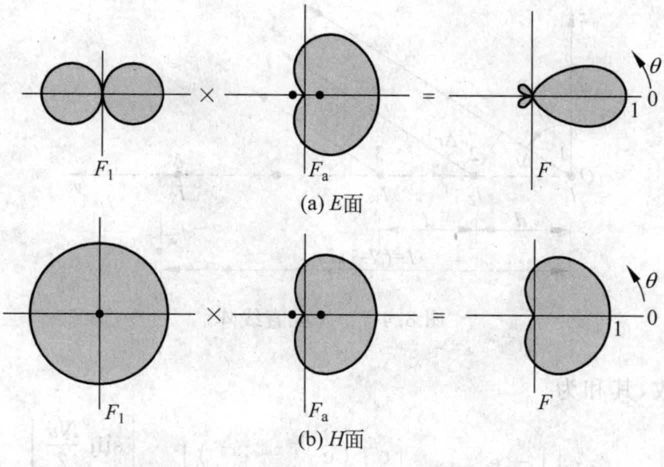

图 8.4-3　二元端射阵的方向图

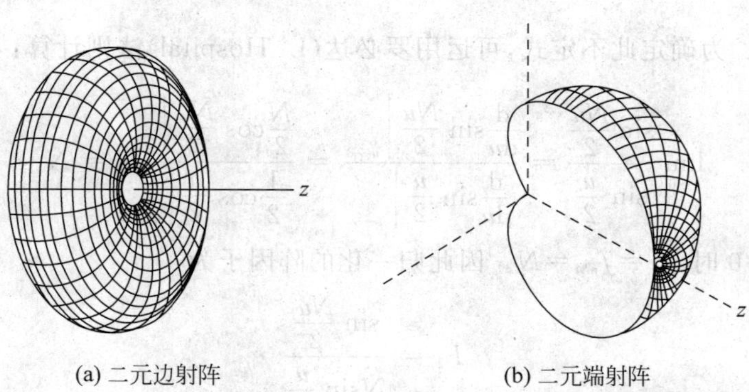

图 8.4-4　二元边射阵和端射阵的阵因子三维图

8.4.3　*N* 元边射阵

1. *N* 元直线阵阵因子

我们来研究 N 个振子排在一条直线上的情形，称为直线阵。每个振子都相同，因此阵列的合成方向图是单元方向图与阵因子方向图的乘积。这里将着重分析阵因子方向图，因此将各振子都用无方向性的点源来代替，如图 8.4-5 所示。设第 i 元电流为

$$I_{Mi}=I_{M1}e^{j(i-1)\psi} \tag{8.4-7}$$

即相邻单元电流相位相差 ψ 而振幅都相同，其阵因子为

$$\begin{aligned} f_a &= \left|1+\frac{I_{M2}}{I_{M1}}e^{jk\Delta r}+\frac{I_{M3}}{I_{M1}}e^{j2k\Delta r}+\cdots+\frac{I_{MN}}{I_{M1}}e^{j(N-1)k\Delta r}\right| \\ &= \left|1+e^{j(k\Delta r+\psi)}+e^{j2(k\Delta r+\psi)}+\cdots+e^{j(N-1)(k\Delta r+\psi)}\right| \end{aligned} \tag{8.4-8}$$

令

$$u=k\Delta r+\psi=kd\sin\theta+\psi \tag{8.4-9}$$

则

$$f_a=\left|1+e^{ju}+e^{j2u}+\cdots+e^{j(N-1)u}\right|$$

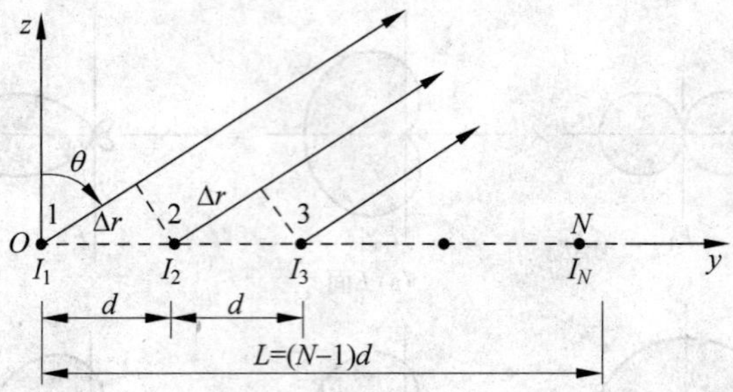

图 8.4-5　N 元直线阵

这是一个等比级数，其和为

$$f_{\mathrm{a}}=\left|\frac{1-\mathrm{e}^{\mathrm{j}Nu}}{1-\mathrm{e}^{\mathrm{j}u}}\right|=\left|\frac{\mathrm{e}^{\mathrm{j}\frac{Nu}{2}}\left(\mathrm{e}^{-\mathrm{j}\frac{Nu}{2}}-\mathrm{e}^{\mathrm{j}\frac{Nu}{2}}\right)}{\mathrm{e}^{\mathrm{j}\frac{u}{2}}\left(\mathrm{e}^{-\mathrm{j}\frac{u}{2}}-\mathrm{e}^{\mathrm{j}\frac{u}{2}}\right)}\right|=\left|\frac{\sin\frac{Nu}{2}}{\sin\frac{u}{2}}\right| \tag{8.4-10}$$

当 $u=0, f_{\mathrm{a}}=\frac{0}{0}$。为确定此不定式，可运用罗必达(L' Hospital)法则计算：

$$\lim_{u\to 0}\frac{\sin\frac{Nu}{2}}{\sin\frac{u}{2}}=\frac{\frac{\mathrm{d}}{\mathrm{d}u}\sin\frac{Nu}{2}\Big|_{u\to 0}}{\frac{\mathrm{d}}{\mathrm{d}u}\sin\frac{u}{2}\Big|_{u\to 0}}=\frac{\frac{N}{2}\cos\frac{Nu}{2}\Big|_{u\to 0}}{\frac{1}{2}\cos\frac{u}{2}\Big|_{u\to 0}}=N$$

可见，当 $u=0$ 时，$f_{\mathrm{a}}=f_{\mathrm{aM}}=N$。因此归一化的阵因子为

$$F_{\mathrm{a}}=\frac{\sin\frac{Nu}{2}}{N\sin\frac{u}{2}} \tag{8.4-11}$$

图 8.4-6 给出 $\sin(Nx)/(N\sin x)$ 曲线($N=2,4,6,8,10,12$)，它也称为 N 元等幅等距线阵的通用方向图。下面来研究一种典型情形。

2. *N* 元半波振子边射阵的方向图

一种半波振子边射阵几何关系如图 8.4-7 所示。各单元电流都等幅同相($\psi=0$)。在阵法线方向($\theta=0$)，各单元的辐射场无波程差，各单元电流本身都同相，因而各单元场都同相叠加，形成最大值，为边射。为便于计算，图中已将最大方向取为 z 轴，θ 角从 z 轴算起，它与图 8.4-1 中的 θ 角定义不同！

研究 xz 面方向图。此时式(8.4-9)中 u 值为 $u=k\Delta r+\psi=kd\sin\theta$。当 $N=8, d=\lambda/2$，$u=\pi\sin\theta$，式(8.4-11)化为

$$F_{\mathrm{a}}=\frac{\sin\left(\frac{N\pi d}{\lambda}\sin\theta\right)}{N\sin\left(\frac{\pi d}{\lambda}\sin\theta\right)}=\frac{\sin\left(8\cdot\frac{\pi}{2}\sin\theta\right)}{8\sin\left(\frac{\pi}{2}\sin\theta\right)} \tag{8.4-12}$$

由于单元天线是半波振子(采用谐振长度，实际长度短于半波长)，合成场方向函数为

$$F(\theta)=F_1\cdot F_{\mathrm{a}}=\frac{\cos\left(\frac{\pi}{2}\sin\theta\right)}{\cos\theta}\cdot\frac{\sin(4\pi\sin\theta)}{8\sin\left(\frac{\pi}{2}\sin\theta\right)} \tag{8.4-13}$$

F_1、F_a及 F 如图 8.4-8 所示，F_a图可利用图 8.4-6 曲线来画出。

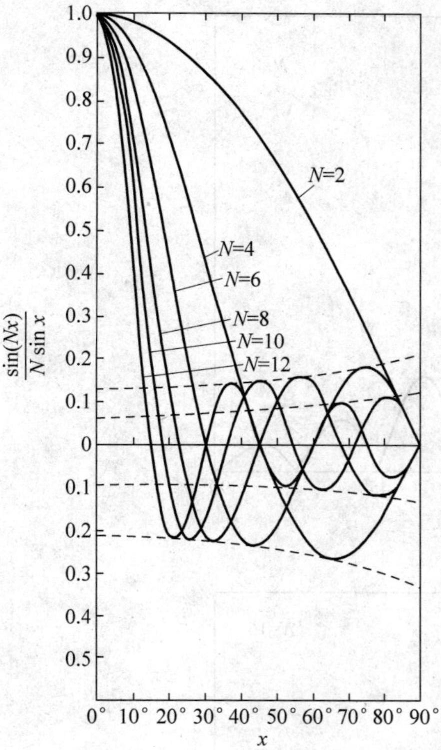

图 8.4-6　函数 $F_N(x)=\dfrac{\sin(Nx)}{N\sin x}$的曲线

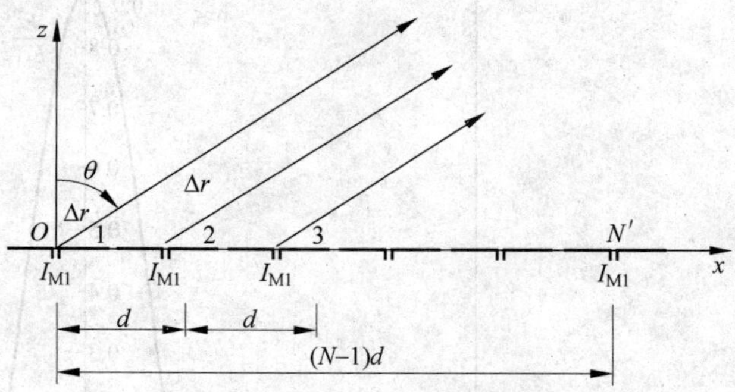

图 8.4-7　N 元半波振子边射阵几何关系

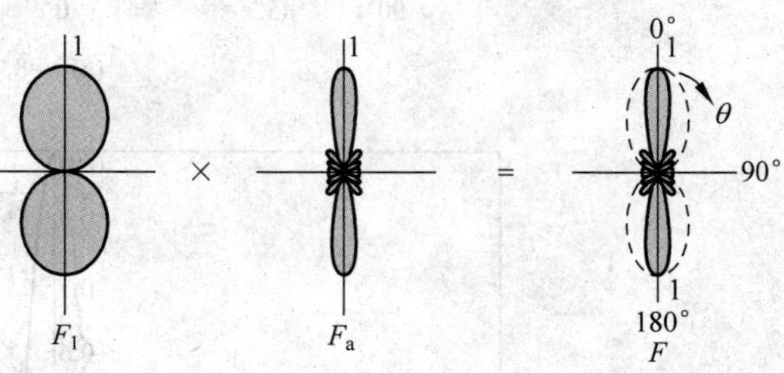

图 8.4-8　半波振子边射阵的方向图（$N=8,\psi=0,d=\lambda/2$）

3. 波瓣宽度与旁瓣电平

我们看到，对于阵列天线，方向图形状主要取决于阵因子方向图，它的半功率波瓣宽度可根据阵因子方向图主瓣的半功率点角度 $\theta_{0.5}$ 得出。由式(8.4-12)，令

$$F_a(\theta_{0.5})=\frac{\sin\left(\dfrac{N\pi d}{\lambda}\sin\theta_{0.5}\right)}{N\sin\left(\dfrac{\pi d}{\lambda}\sin\theta_{0.5}\right)}=0.707$$

由数值法求得

$$\frac{N\pi d}{\lambda}\sin\theta_{0.5}=1.391 \tag{8.4-14}$$

从而得

$$\mathrm{HP}=2\theta_{0.5}=2\arcsin\left(0.443\,\frac{\lambda}{Nd}\right)\approx 0.886\,\frac{\lambda}{Nd} \tag{8.4-15a}$$

化为以度计，并取 $L=Nd$ 为阵长度，有

$$\mathrm{HP}=2\theta_{0.5}=0.89\,\frac{\lambda}{L}=51^\circ\,\frac{\lambda}{L} \tag{8.4-15b}$$

上式反映了边射阵的一个重要特性，即半功率宽度与阵列电长度 L/λ 成反比，L/λ 越大，波瓣越窄。对本例（$d=\lambda/2,N=8$），HP=12.8°；而当 $d=\lambda/2,N=16$，得 HP=6.4°。图 8.4-9 示出这两种阵的直角坐标方向图。与极坐标相比，直角坐标的角度尺度可以放大，

因而更能反映方向图的细节。

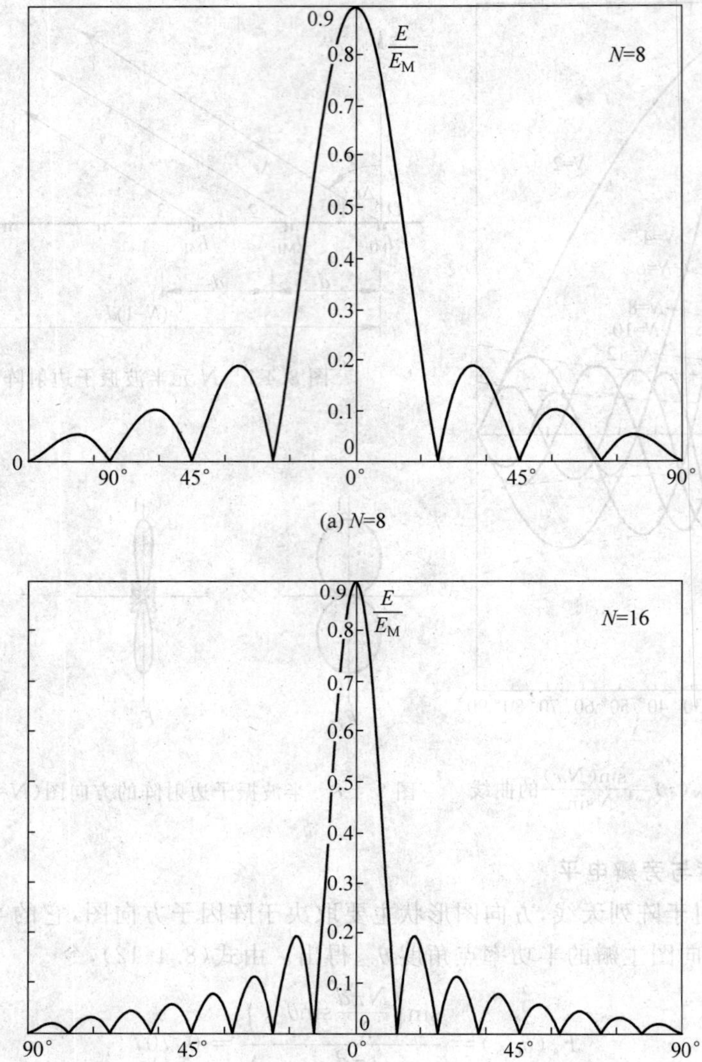

(a) N=8

(b) N=16

图 8.4-9　边射阵阵因子方向图($d=\lambda/2,\psi=0$)

旁瓣最大值相对于主瓣最大值的电平定义为旁瓣电平 SLL(Sidelobe Level),通常用分贝表示。对式(8.4-12)阵因子方向图,旁瓣最大值发生于$\frac{Nu}{2}\approx\frac{3\pi}{2}$时,该方向的阵因子为

$$F_a(\theta_{m1})=\frac{\sin\frac{3\pi}{2}}{N\sin\frac{3\pi}{2N}}\approx\frac{1}{N\cdot\frac{3\pi}{2N}}=\frac{2}{3\pi}=0.212$$

故

$$\begin{aligned}\text{SLL}&=20\lg\frac{F_a(\theta_{m1})}{F_a(0)}=20\lg F_a(\theta_{m1})\\&=20\lg 0.212=-13.5\text{dB}\end{aligned}\tag{8.4-16}$$

一般希望旁瓣电平低些，如低于 -20dB（$E_m/E_M\leqslant 0.1$，即旁瓣的最大值只是主瓣最大值的 1/10 或更小），以减小外来干扰和噪声的影响。现代预警机上背驮的天线为求抑制大面积地面干扰的影响，则要求采用超低旁瓣天线（旁瓣电平低于 -40dB）。

例 8.4-1 一移动通信基站天线为四元等幅同相半波振子阵，如图 8.4-10 所示，元距 $d=0.6\lambda$。

(a) 写出 xz 面方向图函数 $F(\theta)$；

(b) 概画其方向图，如图 8.4-11 所示。

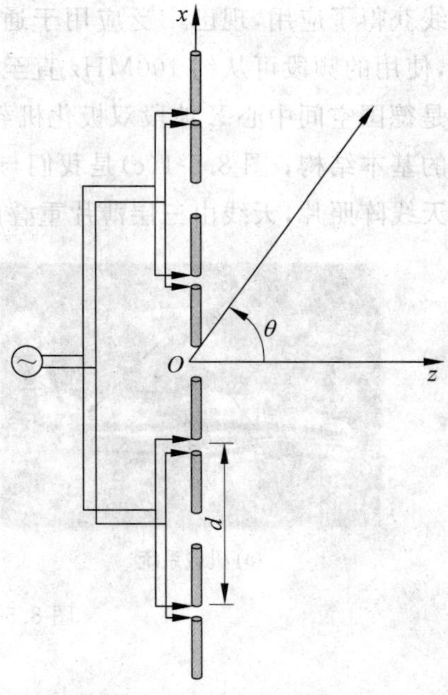

图 8.4-10 四元基站天线

【解】 (a)

$$F(\theta)=\frac{\cos\left(\frac{\pi}{2}\sin\theta\right)}{\cos\theta}\cdot\frac{\sin\left(N\frac{\pi d}{\lambda}\sin\theta\right)}{N\sin\left(\frac{\pi d}{\lambda}\sin\theta\right)}$$

$$=\frac{\cos\left(\frac{\pi}{2}\sin\theta\right)}{\cos\theta}\cdot\frac{\sin(2.4\pi\sin\theta)}{4\sin(0.6\pi\sin\theta)}$$

(b)

图 8.4-11 方向图

8.5 微带天线

8.5.1 引言

微带天线由带导体接地板的介质基片上贴加导体薄片形成。通常利用微带线和同轴线等馈线馈电，使在导体贴片与接地板之间激励起射频电磁场，并通过贴片四周与接地板间的缝隙向外辐射。其基片厚度与波长相比一般很小，因而它实现了一维小型化。

微带天线具有如下优点：①剖面薄，体积小，重量轻，具有平面结构，并可制成与导弹、卫星等载体表面共形的结构；②馈电网络可与天线结构一起制成，能与有源器件和电路集成为单一的模件，适合于用印刷电路技术大批量生产，造价低；③天线形式和性能多样化，便于获得圆极化，容易实现双频段、双极化等多功能工作。主要缺点是：①工作频带窄；②有导体和介质损耗，并且会激励表面波，影响辐射效率；③功率容量较小。不过，已发展了不少技术来克服或减小上述缺点。例如，已有多种途径来展宽微带天线的频带。常规设计的相对带宽约为 1%～6%；新一代设计的典型值为 15%～20%，也已制成超宽频带微带天线。

微带天线是 1972 年以来发展起来的一种新型天线。它首先作为火箭和导弹上的共形天线获得了应用,现已广泛应用于通信、雷达、遥感、遥控遥测、电子对抗、医用器件等领域中,使用的频段可从约100MHz直至约100GHz。图8.5-1是两个应用举例。图8.5-1(a)中是德国空间中心X波段双极化机载合成口径雷达系统;图8.5-1(b)是其双极化微带天线阵的基本结构;图8.5-1(c)是我们与电子科技集团公司某研究所合作研制的双极化实验微带天线阵照片,天线由三层薄片重叠而成①。

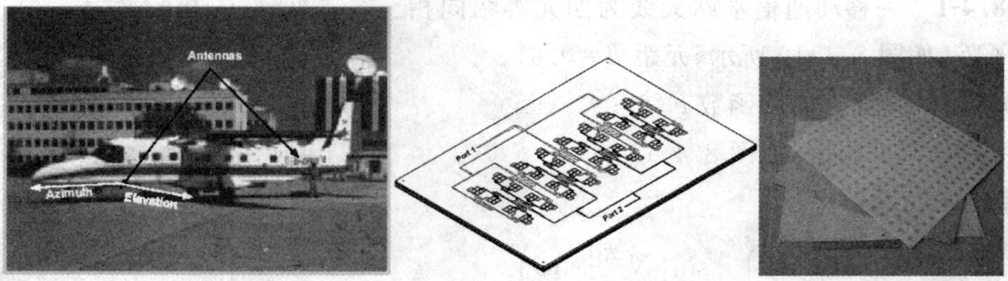

(a) 机载系统　　(b) 天线基本结构　　(c) 我们的实验天线

图8.5-1　机载合成口径雷达天线

8.5.2 微带天线工作原理

我们来研究最典型的矩形微带天线,如图8.5-2(a)所示,矩形贴片尺寸为$a\times b$,基片厚度$h\ll\lambda$。该微带贴片可看成是宽为a、长为b的一段微带传输线。沿长度b方向的终端呈现开路,因而形成电压波腹,即贴片与(接)地板之间内场的电场强度$|E|$最大。一般取$b=\lambda_m/2$,λ_m是微带线上波长。于是b边另一端也是电压波腹。贴片与地板间窄缝上的电场分布如图8.5-2(b)所示,即

$$\bar{E}=\hat{x}E_0\cos\frac{\pi y}{b} \tag{8.5-1}$$

天线的辐射主要就由贴片与接地板间沿这两端的a边缝隙形成。该两边称为辐射边。将两条缝隙的辐射场叠加,便得到天线的总辐射场。根据等效原理(见7.4.1小节),两窄缝上电场的辐射可由其上等效面磁流的辐射来等效。由式(7.4-2b)知,等效的面磁流密度为

$$y=0\text{ 处 }a\text{ 边缝隙}:\ \bar{J}_s^m=-\hat{n}\times\bar{E}\big|_{y=0}=\hat{y}\times\hat{x}E_0=-\hat{z}E_0$$
$$y=b\text{ 处 }a\text{ 边缝隙}:\ \bar{J}_s^m=-\hat{n}\times\bar{E}\big|_{y=b}=-\hat{y}\times\hat{x}(-E_0)=-\hat{z}E_0 \tag{8.5-2}$$

可见,沿两条a边的磁流是同向的,如图8.5-2(b)所示。故其辐射场在贴片法线方向(x轴)同相相加,呈最大值,且随偏离此方向的角度增大而减小,形成边射方向图,其xz面(H面)和$xy(E)$面方向图分别如图8.5-2(c)、(d)所示。各图下侧画出了磁流方向。由于地板的存在,对上半空间而言,等效于引入磁流$\bar{J}_s^m$的正镜像,并因$h\ll\lambda$,这只相当于将$\bar{J}_s^m$加倍而方向图不变,同时下半空间理论上无辐射。

---

① Wei Wang, Shun-Shi Zhong and Xian-LingLiang, A dual-polarized stacked microstrip subarray antenna for X-band SAR application, IEEE Antennas and Propagation Society International Symposium, Monterey, USA, June 2004, Vol. 1: 281-284.

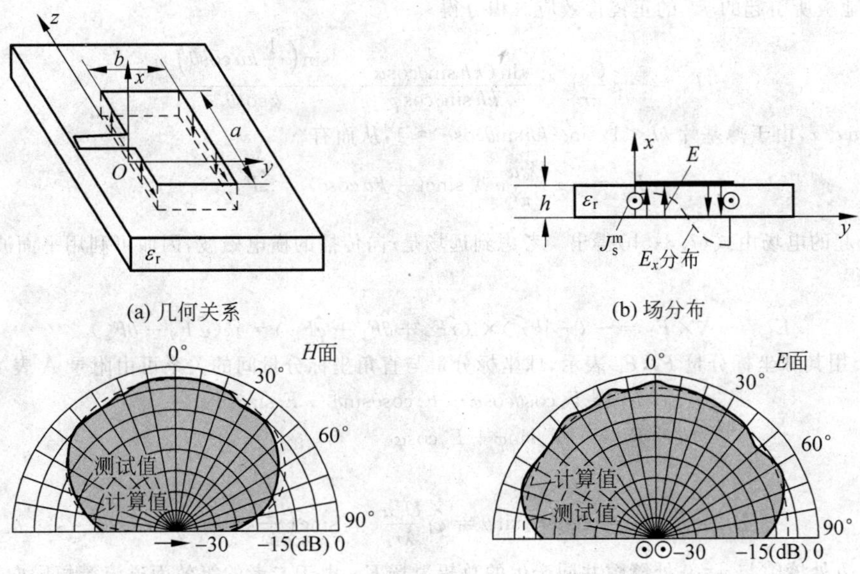

图 8.5-2　矩形贴片天线的几何关系与主面方向图

*8.5.3　微带贴片天线分析

1. 辐射场和方向图

分析微带天线主要有 3 类理论：传输线模型、空腔模型和全波分析法。这里采用传输线模型进行简化分析[20]。如图 8.5-3(a)所示，矩形微带贴片可看成是宽为 a 长为 $b=\lambda_m/2$ 的一段开路传输线，其两端缝隙为辐射边。于是，该微带贴片可表示为相距 b 的两条具有复导纳 G_s+jB_s 的缝隙。其等效电路如图 8.5-3(b)所示。

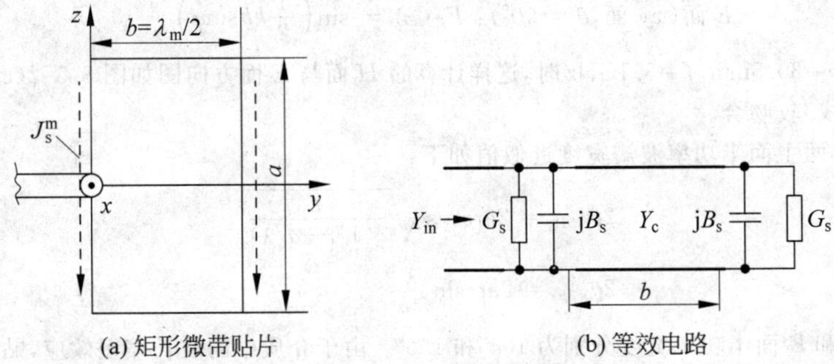

图 8.5-3　矩形贴片天线的传输线模型

先分析 $y=0$ 处窄缝的辐射。该缝隙上等效面磁流密度是

$$\bar{J}_s^m=-\hat{z}E_0=-\hat{z}\frac{U_0}{h} \tag{8.5-3}$$

U_0是缝隙端点的电压。该磁流所产生的电矢位 $\bar{F}_1$ 由式(7.3-5c)给出。对远区场点 $P(r,\theta,\varphi)$（r 是以 O 为原点的矢径长度，θ 从 z 轴算起，φ 从 x 轴算起），$R=r-\bar{r}'\cdot\hat{r}$，$\bar{r}'\cdot\hat{r}=(\hat{x}x+\hat{z}z)\cdot(\hat{x}\sin\theta\cos\varphi+\hat{y}\sin\theta\sin\varphi+\hat{z}\cos\theta)=x\sin\theta\cos\varphi+z\cos\theta$。故

$$\bar{F}_1=-\hat{z}\frac{1}{4\pi r}e^{-jkr}\int_{-a/2}^{a/2}dz\int_{-h}^{h}\frac{U_0}{h}e^{jk(x\sin\theta\cos\varphi+z\cos\theta)}dx$$

这里已计了地板所引起的 $\bar{J}_s^m$ 的正镜像效应。积分得

$$\bar{F}_1 = -\hat{z}\frac{U_0}{\pi r}e^{-jkr}\,\frac{\sin(kh\sin\theta\cos\varphi)}{kh\sin\theta\cos\varphi}\cdot\frac{\sin\left(\frac{1}{2}ka\cos\theta\right)}{k\cos\theta} \tag{8.5-4}$$

令 $\mathrm{sinc}x=\sin x/x$,由于薄基片 $kh\ll 1$,$\mathrm{sinc}(kh\sin\theta\cos\varphi)\approx 1$,从而有

$$\bar{F}_1 = -\hat{z}\frac{U_0 a}{2\pi r}e^{-jkr}\,\mathrm{sinc}(\frac{1}{2}ka\cos\theta) = \hat{z}F_z \tag{8.5-5}$$

$\bar{F}_1$ 所引起的电场由式(7.3-5b)得出。考虑到远场是$\hat{r}$向传播的横电磁波,因而可利用平面波场的简化算法。于是得

$$\bar{E}_1 = -\nabla\times\bar{F}_1 = -(-jk\hat{r})\times(\hat{r}F_r+\hat{\theta}F_\theta+\hat{\varphi}F_\varphi) = jk(\hat{\varphi}F_\theta-\hat{\theta}F_\varphi) \tag{8.5-6}$$

式中已将 $\bar{F}_1$ 用其球坐标分量 F_θ,F_φ 表示,球坐标分量与直角坐标分量间的关系可由附录 A 表 A-2 得出:

$$\begin{aligned} F_\theta &= F_x\cos\theta\cos\varphi + F_y\cos\theta\sin\varphi - F_z\sin\theta \\ F_\varphi &= -F_x\sin\varphi + F_y\cos\varphi \end{aligned} \tag{8.5-7}$$

故

$$\bar{E}_1 = \hat{\varphi}jkF_\theta = -\hat{\varphi}jkF_z\sin\theta = \hat{\varphi}j\frac{U_0 a}{\lambda r}e^{-jkr}\,\mathrm{sinc}\left(\frac{1}{2}ka\cos\theta\right)\sin\theta \tag{8.5-8}$$

再求 $y=b$ 处缝隙与 $y=0$ 处缝隙共同产生的总辐射场 $\bar{E}$。由于二者的等效面磁流等幅同向,其合成场就是由上式乘一个二元阵因子,即

$$\begin{aligned} \bar{E} &= \bar{E}_1(1+e^{jkb\hat{y}\cdot\hat{r}}) = \bar{E}_1(1+e^{jkb\sin\theta\sin\varphi}) \\ &= \bar{E}_1 e^{j\frac{1}{2}kb\sin\theta\sin\varphi}2\cos\left(\frac{1}{2}kb\sin\theta\sin\varphi\right) = \hat{\varphi}E_\varphi \\ E_\varphi &= j\frac{2U_0 a}{\lambda r}e^{-jk\left(r-\frac{1}{2}b\sin\theta\sin\varphi\right)}\,\mathrm{sinc}\left(\frac{1}{2}ka\cos\theta\right)\cos\left(\frac{1}{2}kb\sin\theta\sin\varphi\right)\sin\theta \end{aligned} \tag{8.5-9}$$

可见其归一化方向函数为

$$F(\theta,\varphi) = \mathrm{sinc}\left(\frac{1}{2}ka\cos\theta\right)\cos\left(\frac{1}{2}kb\sin\theta\sin\varphi\right)\sin\theta \tag{8.5-10}$$

$$H\text{ 面}(xz\text{ 面},\varphi=0^\circ):\ F_H(\theta) = \mathrm{sinc}\left(\frac{1}{2}ka\cos\theta\right)\sin\theta \tag{8.5-11}$$

$$E\text{ 面}(xy\text{ 面},\theta=90^\circ):\ F_E(\varphi) = \sin\left(\frac{1}{2}kb\sin\varphi\right) \tag{8.5-12}$$

当 $a=10\mathrm{mm}$,$b=30.5\mathrm{mm}$,$f=3.1\mathrm{GHz}$ 时,这样计算的 H 面与 E 面方向图如图 8.5-2(c)、(d)中虚线,可见与测试结果(实线)较吻合。

由上两式求得两主面半功率波瓣宽度近似值如下:

$$2\theta_{0.5\mathrm{H}} = 2\arccos\sqrt{\frac{1}{2(1-\pi a/\lambda)}} \tag{8.5-13}$$

$$2\theta_{0.5\mathrm{E}} = 2\arcsin\frac{\lambda}{4b} \tag{8.5-14}$$

对上例情形,H 面和 E 面半功率宽度分别为 104°和 105°。由于介质中的波长缩短效应,贴片的 b 尺寸都较小于 $\lambda/2$,即使对聚四氟乙烯类低介电常数基片,b 也在 0.3λ 左右。故波瓣较宽。这使微带天线在许多应用中(如电子对抗和作相控阵辐射单元等)很有吸引力。

2. 输入导纳与谐振频率

图 8.5-3(b)所示的等效电路中,G_s 为一条辐射边缝隙的辐射电导。它所损耗的功率等于缝隙的辐射功率:

$$P_r = \frac{1}{2}U_0^2 G_s \tag{8.5-15}$$

该辐射功率为

$$P_r = \int_0^\pi\int_{-\pi/2}^{\pi/2}\frac{1}{2}\frac{|E_1|^2}{120\pi}r^2\sin\theta\,d\theta\,d\varphi \tag{8.5-16}$$

将式(8.5-8)代入上式，再代入式(8.5-15)得

$$G_s = \frac{2P_r}{U_0^2} = \frac{1}{120\pi^2}\int_0^\pi \sin^2\left(\frac{1}{2}ka\cos\theta\right)\tan^2\theta\sin\theta d\theta \tag{8.5-17}$$

对上式用 $t=\cos\theta$ 代换进行积分后有

$$G_s = \frac{1}{120\pi^2}(x\mathrm{Si}x + \cos x - 2 + \mathrm{sinc}x) \tag{8.5-18}$$

式中

$$x = ka,\quad \mathrm{sinc}x = \frac{\sin x}{x},\quad \mathrm{Si}x = \int_0^x \mathrm{sinc}u\,du \tag{8.5-19}$$

利用级数展开式表示上式，略去高阶项后得近似结果如下：

$$G_s = \begin{cases} \dfrac{1}{90}\left(\dfrac{a}{\lambda}\right)^2, & a < 0.35\lambda \\ \dfrac{1}{120}\dfrac{a}{\lambda} - \dfrac{1}{60\pi^2}, & 0.35\lambda \leqslant a < 2\lambda \\ \dfrac{1}{120}\dfrac{a}{\lambda}, & 2\lambda \leqslant a \end{cases} \tag{8.5-20}$$

可见，当 $a/\lambda \ll 1$ 时 G_s 与 $(a/\lambda)^2$ 成正比，而当 a/λ 较大时，G_s 与 a/λ 成正比。

除辐射电导外，开路端缝隙的等效导纳还有一电容部分，它由边缘效应引起。其电纳可用延伸长度 Δl 来表示：

$$B_s = Y_c\tan(\beta\Delta l) \approx \beta\Delta l / Z_c \tag{8.5-21}$$

式中 $\beta = k\sqrt{\varepsilon_e}$，$Z_c = 1/Y_c$ 是微带线的特性阻抗，惠勒(H. A. Wheeler)给出 Z_c 的计算公式见式(9.4-8)($w=a$)；ε_e 的一个经验公式见式(9.4-7)：

$$\varepsilon_e = \frac{\varepsilon_r + 1}{2} + \frac{\varepsilon_r - 1}{2}\left(1 + \frac{10h}{a}\right)^{-\frac{1}{2}}$$

哈默斯塔德(E. Hammererstad)给出 Δl 的经验公式如下：

$$\Delta l = 0.412h\left(\frac{\varepsilon_e + 0.3}{\varepsilon_e - 0.258}\right)\left(\frac{a/h + 0.264}{a/h + 0.8}\right) \tag{8.5-22}$$

设等效电容为 C_s，即 $B_s = \omega C_s$，由于 $\beta = k\sqrt{\varepsilon_e} = \omega\sqrt{\varepsilon_e}/c$，则由式(8.5-21)得

$$C_s = \frac{\sqrt{\varepsilon_e}\Delta l}{cZ_c} \tag{8.5-23}$$

由图 8.5-3(b)知，矩形贴片天线的输入导纳就是将一条缝隙的导纳 Y_s 经长为 b、特性导纳为 Y_c 的传输线变换后，与另一条缝隙的导纳 Y_s 并联的结果：

$$Y_{in} = Y_s + Y_c\frac{Y_s + jY_c\tan\beta b}{Y_c + jY_s\tan\beta b} \tag{8.5-24}$$

式中 $Y_s = G_s + jB_s$。如果用延伸长度来表示电容效应，则有

$$Y_{in} = G_s + Y_c\frac{G_s + jY_c\tan\beta(b + 2\Delta l)}{Y_c + jG_s\tan\beta(b + 2\Delta l)} \tag{8.5-25}$$

谐振时，Y_{in} 的虚部为零，得 $Y_{in} = 2G_s = G_r$，谐振长度为

$$b = \frac{\lambda}{2\sqrt{\varepsilon_e}} - 2\Delta l = \frac{c}{2f_r\sqrt{\varepsilon_e}} - 2\Delta l \tag{8.5-26}$$

式中 $c = 3\times10^8$ m/s。由此得天线谐振频率 f_r 的计算式如下：

$$f_r = \frac{c}{2(b + 2\Delta l)\sqrt{\varepsilon_e}} \tag{8.5-27}$$

例 8.5-1　矩形贴片天线边长为 $a=11.43$cm，$b=7.62$cm，其基片厚 $h=1.59$mm，相对介电常数 $\varepsilon_r = 2.62$。求其谐振频率 f_r。

【解】

$$\varepsilon_e = \frac{\varepsilon_r + 1}{2} + \frac{\varepsilon_r - 1}{2}\left(1 + \frac{10h}{a}\right)^{-\frac{1}{2}} = \frac{3.62}{2} + \frac{1.62}{2}\left(1 + \frac{1.59}{11.43}\right)^{-\frac{1}{2}} = 2.569$$

$$\Delta l = 0.412h\left(\frac{\varepsilon_e + 0.3}{\varepsilon_e - 0.258}\right)\left(\frac{a/h + 0.264}{a/h + 0.8}\right) = 0.412 \times 1.59\left(\frac{2.869}{2.311}\right)\left(\frac{72.15}{72.69}\right)$$
$$= 0.81\text{mm}$$
$$b + 2\Delta l = 76.2 + 2 \times 0.81 = 77.8\text{mm}$$
$$f_r = \frac{c}{2(b + 2\Delta l)\sqrt{\varepsilon_e}} = \frac{3 \times 10^8}{2 \times 77.8 \times 10^{-3}\sqrt{2.569}} = 1.203 \times 10^9\,\text{Hz} = 1203\text{MHz}$$

已知其实测值为 1190MHz,可见相对误差仅为 1%。可惜,传输线模型得出的式(8.5-24)和式(8.5-25),用来计算 Y_{in}虽然简单,但并不准确。

8.6 抛物面天线

第二次世界大战期间,雷达技术飞速发展,采用抛物面天线的炮瞄雷达大显神威。抛物反射面天线特别适合于微波波段工作。现代跟踪雷达、气象雷达、微波中继通信、卫星通信地面站、射电天文望远镜和登月车等大量系统中都使用了这类天线。它主要由抛物反射面和馈源两部分组成(图 8.6-1)。馈源(也称为照射器)置于抛物面焦点,向抛物面照射电磁波,这些波经抛物面反射后,都沿抛物面轴线方向辐射出去,从而获得很强的方向性。其工作原理类似于光学探照灯。下面就先来介绍它的几何关系和几何光学特性。

8.6.1 抛物面的几何关系和几何光学特性

抛物面是抛物线绕其轴旋转所得到的曲面,在包含焦轴的任一平面内,它的截线都是抛物线。因而其柱坐标方程为(图 8.6-1)

$$\rho^2 = 4fz \tag{8.6-1}$$

这里采用以抛物面顶点 O 为原点的柱坐标,抛物面上点的柱坐标是(ρ,φ,z),f 是柱坐标原点 O 至焦点 F 的距离,即焦距。

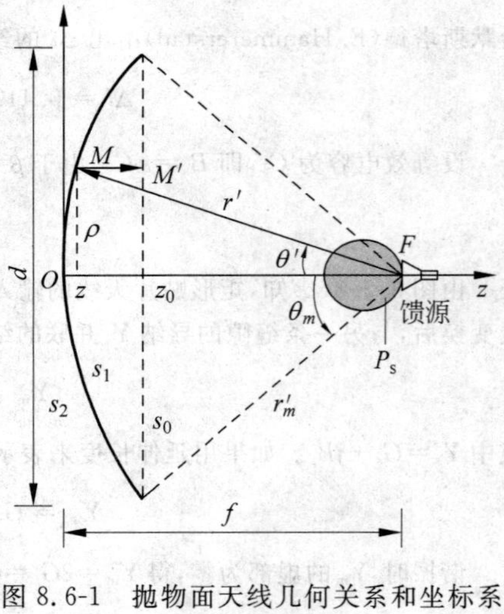

图 8.6-1 抛物面天线几何关系和坐标系

更便于今后应用的是球坐标方程。如以焦点 F 为原点,取抛物面上任意点 M 的球坐标为(r',θ',φ'),则有

$$\rho = r'\sin\theta'$$
$$z = f - r'\cos\theta', \quad \text{即 } f - z = r'\cos\theta'$$

上两式平方后相加,并将式(8.6-1)代入,得

$$r' = \sqrt{\rho^2 + (f-z)^2} = \sqrt{4fz + f^2 - 2fz + z^2}$$
$$= f + z = 2f - r'\cos\theta'$$

故

$$r' = \frac{2f}{1+\cos\theta'} = \frac{f}{\cos^2\dfrac{\theta'}{2}} \tag{8.6-2}$$

上式就是抛物面上任意点 M 的球坐标方程。抛物面上点将是抛物面天线的源点,因而在其球坐标上都加上“′”号。抛物面的几何参数是直径 d、焦距 f 和半张角 θ_m。由上式可得出三个参数间的关系式。因为半径对应于半张角 θ_m,于是

$$\frac{d}{2}=r_m\sin\theta_m=\frac{f}{\cos^2\dfrac{\theta_m}{2}}\sin\theta_m=2f\tan\frac{\theta_m}{2}$$

即

$$\tan\frac{\theta_m}{2}=\frac{d}{4f} \tag{8.6-3}$$

可见 d,f,θ_m 三量中只有两个是独立的。给定其中之二(如 d,f)便确定了抛物面。d 一般由增益决定,然后由 f/d 值选定 f,通常取 $f/d=0.3\sim0.4$。

如果把一个点光源置于金属抛物面焦点,经抛物面反射后,反射线都是与轴线平行的平行光(平面波)。这就是说,所有射线到达口径的波程长度都相等。这可利用式(8.6-2)来证明:由焦点 F 经 M 点反射,到达口径处 M' 点的波程为

$$\overline{FM}+\overline{MM'}=r'+z_0-(f-r'\cos\theta')=-f+z_0=\text{const.} \tag{8.6-4}$$

可见此波程为一常数,与 M 点坐标无关。因此口径场为同相场。这就是说,抛物面的几何光学特性就是:把由其焦点发出的球面波,通过抛物面的反射转变为平面波。从而使抛物面轴线方向的辐射大大加强。

*8.6.2　口径天线的辐射场和方向性

1. 辐射场和方向图

如图 8.6-1 所示,抛物面天线口径平面 s_0 上 M' 点的电磁场来自抛物面照明面 s_1 上 M 点的反射,也就是来自 M 点处导体上感应电流的辐射。因此,直接的场源是导体面上的感应面电流。计算抛物面天线辐射场的一种方法,就是求出 s_1 面上这些感应面电流的总辐射,称为电流分布法。这种算法要进行曲面积分,较为麻烦。下面采用的简化处理是基于等效原理,由包围这些面电流的封闭面上的等效场源来计算天线的辐射场。这个封闭面 s 就由口径平面 s_0 和金属抛物面的背面 s_2 来组成,而 s_2 面上的感应电流可以忽略不计。因此,天线的辐射就取决于口径平面 s_0 面上等效场源的辐射。正如 7.4 节所述,将口径天线口径 s_0 面上各点惠更斯元的辐射场进行叠加,就能得出整个 s_0 面的总辐射场。这种方法称为口径场法。这里只需进行平面积分,因而较为简单,广泛应用于各种口径天线。

本节先来推导口径天线辐射场的一般公式。采用图 8.6-2 所示的坐标系,天线口径平面 s_0 位于 xOy 面内。设 s_0 面上的电磁场分布为

$$\overline{E_a}=\hat{y}E_a \tag{8.6-5a}$$

$$\overline{H_a}=-\hat{x}H_a=-\hat{x}\frac{E_a}{\eta} \tag{8.6-5b}$$

式(8.6-5b)中的负号是因为这代表的是向 $\hat{z}$ 方向传播的平面波:

$$\overline{S}=\frac{1}{2}\overline{E}_a\times\overline{H}_a^*=\hat{z}\frac{1}{2}E_a^2/\eta \tag{8.6-5c}$$

口径平面 s_0 上任意点处的微小面元 $ds=dxdy$ 就是一惠更斯元,它的辐射场可利用 7.4 节式(7.4-8)得出,但原来式中的 $\overline{r}$ 应改为这里的 $\overline{R}$。在图 8.6-2 坐标系中,考虑到 $\overline{R}\,/\!/\,\overline{r}$,有

$$\begin{aligned}R&\approx r-\overline{r'}\cdot\hat{r}=r-(\hat{x}x+\hat{y}y)\cdot(\hat{x}\sin\varphi\cos\varphi+\hat{y}\sin\theta\sin\varphi+\hat{z}\cos\theta)\\&=r-(x\sin\theta\cos\varphi+y\sin\theta\sin\varphi)\\\frac{1}{R}&\approx\frac{1}{r}\end{aligned} \tag{8.6-6}$$

从而求得 s_0 面上全部惠更斯元的总辐射场为

$$\overline{E}=\hat{\theta}E_a+\hat{\varphi}E_\varphi$$

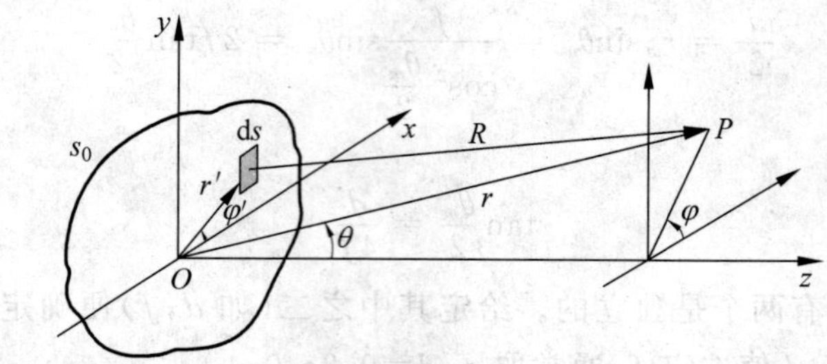

图 8.6-2 平面口径的坐标系

$$E_\theta = C_0(1+\cos\theta)\sin\varphi\int_{s_0} E_a e^{jk(x\sin\theta\cos\varphi+y\sin\theta\sin\varphi)}ds$$

$$E_\varphi = C_0(1+\cos\theta)\cos\varphi\int_{s_0} E_a e^{jk(x\sin\theta\cos\varphi+y\sin\theta\sin\varphi)}ds \tag{8.6-7}$$

式中

$$C_0 = j\frac{k}{4\pi r}e^{-jkr} \tag{8.6-8}$$

并有

$$E_P = \sqrt{E_\theta^2+E_\varphi^2} = C_0(1+\cos\theta)\int_{s_0} E_a e^{jk(x\sin\theta\cos\varphi+y\sin\theta\sin\varphi)}ds \tag{8.6-9}$$

如口径平面 s_0 上点采用图 8.6-2 所示的柱坐标(r',φ')即(ρ,φ')($r'=\rho$)①,则有

$$x=\rho\cos\varphi',\quad y=\rho\sin\varphi'$$

$$x\sin\theta\cos\varphi + y\sin\theta\sin\varphi = \rho\sin\theta\cos(\varphi-\varphi')$$

$$ds = \rho\, d\rho\, d\varphi'$$

此时式(8.6-9)改写为

$$E_P = C_0(1+\cos\theta)\int_{s_0} E_a e^{jk\rho\sin\theta\cos(\varphi-\varphi')}\rho\, d\rho\, d\varphi' \tag{8.6-10}$$

由式(8.6-9)知,口径天线的方向图函数为

$$f(\theta,\varphi) = (1+\cos\theta)\left|\int_{s_0} E_a e^{jk(x\sin\theta\cos\varphi+y\sin\theta\sin\varphi)}ds\right| \tag{8.6-11}$$

式中第一个因子($1+\cos\theta$)就是惠更斯元方向图。可见,口径天线的方向图仍可表示为“单元”方向图 F_1 和“阵因子”方向图 F_a 的乘积。这里的“单元”是惠更斯元,这里的“阵”不是离散阵,而是连续阵,因此“阵因子”由积分得出而不是级数和,今后通常把它称为空间因子(space factor)。

例 8.6-1 一矩形口径的边长为 $a=3\lambda, b=3\lambda$。已知口径上电场为 $\bar{E}_a=\hat{y}E_y$,E_y 沿 x 向呈余弦分布,沿 y 向为均匀分布,即

$$E_y = E_0\cos\frac{\pi x}{a} \tag{8.6-12}$$

这种分布实际上可能会遇到。例如,矩形波导中传输 TE_{10} 模,其波导开口基本上就是这种分布。由开口矩形波导张开而成的喇叭天线,若其口径场的相位近于同相,则其口径场也近于此分布。求其 E 面($\varphi=90°$)方向函数,概画方向图,并求半功率波瓣宽度和旁瓣电平。

【解】 由式(8.6-11),对 $\varphi=90°$ 得

$$f_E(\theta) = (1+\cos\theta)\int_{-\frac{a}{2}}^{\frac{a}{2}} E_0\cos\frac{\pi x}{a}dx\int_{-\frac{b}{2}}^{\frac{b}{2}} e^{jky\sin\theta}dy$$

① 这里的柱坐标与图 8.6-1 所示的柱坐标有所不同。那里是以抛物面顶点为原点,这里的原点 O 在口径平面 s_0 上,一般取口径中心点。但它们的 ρ 坐标是相同的;那里的 φ 也就是这里的 φ'。

$$= (1+\cos\theta)E_0\ \frac{2a}{\pi}\ \frac{\mathrm{e}^{\mathrm{j}\frac{kb}{2}\sin\theta}-\mathrm{e}^{-\mathrm{j}\frac{kb}{2}\sin\theta}}{\mathrm{j}k\sin\theta}$$

$$= E_0 ab\left(\frac{2}{\pi}\right)E_0(1+\cos\theta)\ \frac{\sin\left(\dfrac{kb}{2}\sin\theta\right)}{\dfrac{kb}{2}\sin\theta}$$

E 面归一化方向函数为

$$F_E(\theta) = \frac{1+\cos\theta}{2}\ \frac{\sin\left(\dfrac{kb}{2}\sin\theta\right)}{\dfrac{kb}{2}\sin\theta} \tag{8.6-13}$$

我们看到，上式方向图是惠更斯元方向图和空间因子方向图的乘积。该式与 8.4.3 节式(8.4-19)是很相似的。该式中的空间因子其实就是式(8.4-12)当 $d\to 0, Nd\to b$ 的结果：

$$F_a(\theta) = \lim_{\substack{d\to 0\\ Nd\to a}} \frac{\sin\left(\dfrac{Nkd}{2}\sin\theta\right)}{N\sin\left(\dfrac{kd}{2}\sin\theta\right)} = \frac{\sin\left(\dfrac{kb}{2}\sin\theta\right)}{\dfrac{kb}{2}\sin\theta}$$

对 $b=3\lambda$ 画出的 E 面方向图如图 8.6-3 所示，它类似于图 8.4-8。

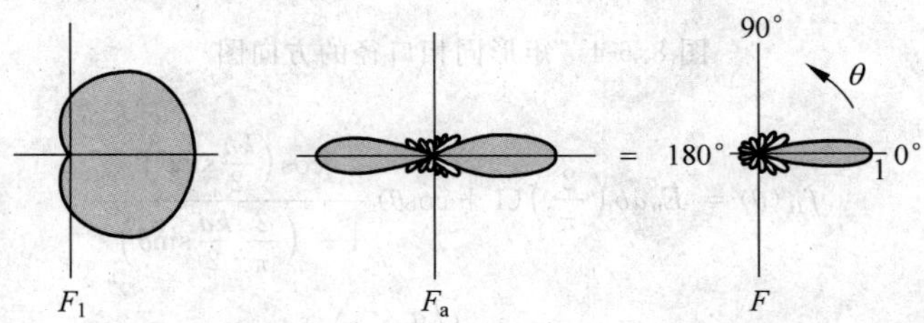

图 8.6-3　矩形口径的 E 面方向图($b=3\lambda$)

口径天线的方向图主要由其空间因子决定。式(8.6-13)中空间因子形式为$\dfrac{\sin u}{u}$，$u=\dfrac{kb}{2}\sin\theta$。

图 8.6-4 中画了$\dfrac{\sin u}{u}$的直角坐标方向图，它与 8.4.3 节图 8.4-6 相似。令

$$F_a(u_{0.5}) = \frac{\sin u_{0.5}}{u_{0.5}} = 0.707$$

从而得其半功率波瓣宽度为

$$\mathrm{HP} = 2\theta_{0.5} = 2\arcsin\left(1.39\ \frac{\lambda}{\pi b}\right) \tag{8.6-14}$$

当 $b\gg\lambda$，化为以度计，有

$$\mathrm{HP} \approx 0.89\ \frac{\lambda}{b} = 51^\circ\ \frac{\lambda}{b} \tag{8.6-15}$$

显然，此结果与 N 元等幅边射阵的式(8.4-15a)是一致的。本题 $b=3\lambda$，代入式(8.6-14)求得 HP$=17^\circ$。

第 1 旁瓣为最高旁瓣，极大值方向为 θ_{m1}，故其旁瓣电平为

$$\mathrm{SLL} = 20\lg F_a(\theta_{m1}) = 20\lg 0.217 = -13.2\mathrm{dB} \tag{8.6-16}$$

例 8.6-2　求上例矩形口径的 H 面($\varphi=0$)方向函数，并求半功率宽度和旁瓣电平。

【解】　由式(8.6-11)，对 $\varphi=0$ 得

$$f_H(\theta) = (1+\cos\theta)\int_{-\frac{a}{2}}^{\frac{a}{2}} E_0\cos\frac{\pi x}{a}\mathrm{e}^{\mathrm{j}kx\sin\theta}\mathrm{d}x\int_{-\frac{b}{2}}^{\frac{b}{2}}\mathrm{d}y$$

利用 $\cos x=(\mathrm{e}^x+\mathrm{e}^{-x})/2$ 作积分或直接查积分表，可求得

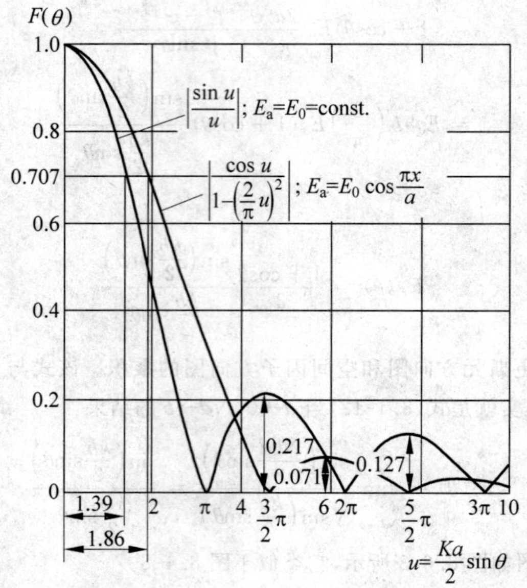

图 8.6-4　矩形同相口径的方向图

$$f_H(\theta) = E_0 ab\left(\frac{2}{\pi}\right)(1+\cos\theta)\frac{\cos\left(\frac{ka}{2}\sin\theta\right)}{1-\left(\frac{2}{\pi}\frac{ka}{2}\sin\theta\right)^2}$$

$$F_H(\theta) = \frac{1+\cos\theta}{2}\frac{\cos\left(\frac{ka}{2}\sin\theta\right)}{1-\left(\frac{2}{\pi}\frac{ka}{2}\sin\theta\right)^2} \tag{8.6-17}$$

其空间因子直角坐标方向图已示于图 8.6-4 中。由该空间因子计算的半功率宽度和旁瓣电平分别为

$$\mathrm{HP} = 2\theta_{0.5} = 2\arcsin\left(1.86\frac{\lambda}{\pi a}\right) \approx 1.18\frac{\lambda}{a} = 68^\circ\frac{\lambda}{a} \tag{8.6-18}$$

$$\mathrm{SLL} = 20\lg 0.071 = -23.0\mathrm{dB} \tag{8.6-19}$$

本题 $a=3\lambda$,代入式(8.6-18)求得 HP=22.8°。

以上两例的结果表明,振幅呈渐降分布的 a 边所对应的主面方向图与振幅均匀分布的 b 边所对应的主面方向图相比,其主瓣将展宽,而旁瓣电平降低。

2. 方向系数

口径天线的方向系数仍可利用式(8.2-2)求出。对平面口径,取最大辐射方向 $\theta=\varphi=0$,由式(8.6-9)得

$$E_M = \left|\frac{k}{4\pi r}2\int_{s_0} E_a \mathrm{d}s\right| = \frac{1}{\lambda r}\left|\int_{s_0} E_a \mathrm{d}s\right|$$

$$P_a = R_a\left(\frac{1}{2}\int_{s_0} \bar{E}_a \times \bar{H}_a^* \cdot \mathrm{d}s\right) = \frac{1}{2}\int_{s_0}\frac{E_a^2}{\eta}\mathrm{d}s = \frac{1}{240\pi}\int_{s_0} E_a^2 \mathrm{d}s$$

式中 P_a 表示由平面口径 s_0 辐射的功率。代入式(8.2-2),得

$$D = \frac{E_M^2 r^2}{60P_a} = \frac{4\pi}{\lambda^2}\frac{\left|\int_{s_0} E_a \mathrm{d}s\right|^2}{\int_{s_0} E_a^2 \mathrm{d}s} \tag{8.6-20}$$

对均匀分布口径,$E_a=E_0=\mathrm{const.}$,设口径几何面积为 A_0,则有

$$D = \frac{4\pi}{\lambda^2}\frac{|E_0 A_0|^2}{E_0^2 A_0} = \frac{4\pi}{\lambda^2}A_0 \tag{8.6-21}$$

一般情况下有

$$D = \frac{4\pi}{\lambda^2}A_0 e_a, \quad e_a = \frac{\left|\int_{s_0} E_a \mathrm{d}s\right|^2}{A_0\int_{s_0} |E_a|^2 \mathrm{d}s} \leqslant 1 \tag{8.6-22}$$

这里，e_a称为口径效率（或口径分布效率）。口径均匀分布时（口径场处处等幅同相），$e_a=1$，最大；而当不均匀分布时，例如，口径场不等幅分布或口径场不同相（口径不是等相面），e_a将下降而小于 1。

例 8.6-3　求例 8.6-1 矩形口径的方向系数。

【解】　把式(8.6-12)代入式(8.6-14)，得口径效率为

$$e_a = \frac{\left|\int_{-\frac{a}{2}}^{\frac{a}{2}} E_0 \cos\frac{\pi x}{a}\mathrm{d}x \int_{-\frac{b}{2}}^{\frac{b}{2}} \mathrm{d}y\right|^2}{ab\int_{-\frac{a}{2}}^{\frac{a}{2}}\left|E_0\cos\frac{\pi x}{a}\right|^2 \mathrm{d}x\int_{-\frac{b}{2}}^{\frac{b}{2}}\mathrm{d}y} = \frac{\left|\frac{a}{\pi}2b\right|^2}{ab\,\frac{a}{2}b} = \frac{8}{\pi^2} = 0.81$$

$$D = \frac{4\pi}{\lambda^2}abe_a = 4\pi\times 2\times 2\times 0.81 = 40.7$$

此结果说明，沿 a 边振幅呈渐降分布不但导致对应的主面方向图主瓣展宽，旁瓣电平降低，同时口径效率也下降了。这些规律与离散阵是相同的。

*8.6.3　抛物面天线的方向图和方向系数

1. 抛物面天线口径场

如图 8.6-1 所示，口径 s_0 面上任意点 M' 处的场来自抛物面上 M 点的反射。该 M 点的场来自馈源在焦点 F 处向 θ' 方向的辐射。设馈源向抛物面辐射球面波，其方向图为 $f(\theta')$，则馈源辐射到抛物面上 M 点的场强 E_f 可表示为

$$E_f = B_0\,\frac{\mathrm{e}^{-\mathrm{j}kr'}}{r'}f(\theta') \tag{8.6-23}$$

式中 B_0 是与 M 点坐标(r',θ',φ')无关的常数。由于反射后形成平面波，不存在距离扩散现象，M' 处的场强 E_a 在大小上将等于 M 点的场强 E_f。而在波程上，由式(8.6-4)知，从焦点 F 经抛物面反射再到达口径的波程，对口径上任一点都相同，口径场为同相场，因而口径场 E_a 可表示为

$$E_a = \frac{B_0}{r'}f(\theta') \tag{8.6-24}$$

将上式中 r' 用式(8.6-2)表示，得

$$E_a = \frac{B_0}{f}f(\theta')\cos^2\frac{\theta'}{2} \tag{8.6-25}$$

这就是抛物面天线的口径场公式。由于馈源方向图 $f(\theta')$ 是轴对称的，口径场也具有轴对称性，它只是 θ' 的函数，而与 φ' 无关。

2. 辐射场与方向图

抛物面天线的辐射场可利用式(8.6-10)得出。对于直径为 d 的圆形口径，若口径场具有轴对称性，则其辐射场也必定是轴对称的，与 φ 无关。于是，可取 $\varphi=0$，将式(8.6-10)先对 φ' 作 $0\sim 2\pi$ 积分。考虑到

$$\int_0^{2\pi}\mathrm{e}^{\mathrm{j}x\cos\varphi}\mathrm{d}\varphi = 2\pi J_0(x) \tag{8.6-26}$$

式(8.6-10)化为

$$E_P = C_0 2\pi(1+\cos\theta)\int_0^{d/2} E_a J_0(k\rho\sin\theta)\rho\mathrm{d}\rho \tag{8.6-27}$$

将上式中 E_a 用式(8.6-23)代入，便可求得抛物面口径的远区辐射场。为积分方便，将上式中的 ρ 用 θ' 表示（图 8.6-5）：

$$\rho = r'\sin\theta' = \frac{f}{\cos^2(\theta'/2)} 2\sin\frac{\theta'}{2}\cos\frac{\theta'}{2} = 2f\tan\frac{\theta'}{2},\quad d\rho = f\sec^2\frac{\theta'}{2}d\theta' \tag{8.6-28}$$

以上关系代入式(8.6-27)后,得

$$E_P = B_0\frac{kf}{r}e^{-jkr}(1+\cos\theta)\int_0^{\theta_m} f(\theta')J_0\left(2kf\sin\theta\tan\frac{\theta'}{2}\right)\tan\frac{\theta'}{2}d\theta' \tag{8.6-29}$$

其方向函数为

$$f(\theta,\varphi) = (1+\cos\theta)\left|\int_0^{\theta_m} f(\theta')J_0\left(2kf\sin\theta\tan\frac{\theta'}{2}\right)\tan\frac{\theta'}{2}d\theta'\right| \tag{8.6-30}$$

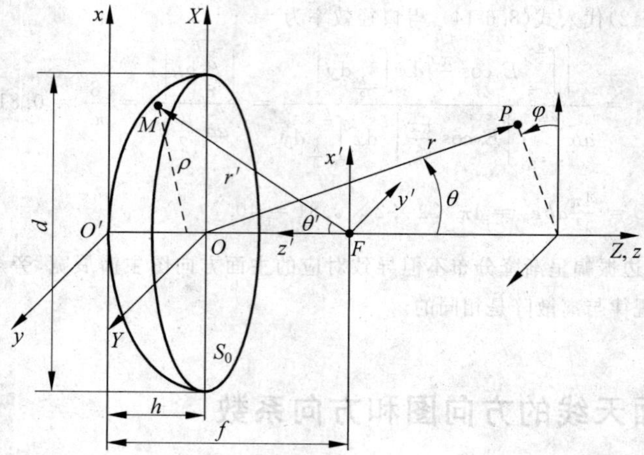

图 8.6-5 抛物面天线的坐标关系

例 8.6-4 直径 3m 的抛物面天线工作于 9.375GHz, $f/d = 0.38$,馈源方向图轴对称,可用 $f(\theta') = \cos\theta'$ 来近似,其背向辐射可略。请写出方向函数积分式,编程画出方向图并求其半功率宽度 HP 和旁瓣电平 SLL。

【解】 其方向函数可由式(8.6-30)得出:

$$f(\theta) = (1+\cos\theta)\int_0^{\theta_m}\cos\theta' J_0(v)\tan\frac{\theta'}{2}d\theta'$$

$$\tan\frac{\theta_m}{2} = \frac{d}{4f} = \frac{0.25}{0.38} = 0.658,\quad \theta_m' = 2\times 33.35° = 66.7°$$

$$\lambda = \frac{30}{9.375} = 3.2\text{cm},\quad f = 0.38\times 300 = 114\text{cm}$$

$$v = 2kf\tan\frac{\theta'}{2}\sin\theta = \frac{4\pi}{3.2}\times 114\tan\frac{\theta'}{2}\sin\theta = 447.7\tan\frac{\theta'}{2}\sin\theta$$

由上式编程画出的方向图如图 8.6-6 所示。左侧直角坐标图中也画出了电流分布法的计算结果,它与口径场法的结果几乎重合。同时求得:HP=0.714°(对应于 $K_{0.5}=67°$),SLL=−25.2dB。

3. 方向系数计算公式

图 8.6-1 中示出了焦点 F 处的馈源照射抛物面的方向图。我们看到,有一小部分的馈源辐射功率未能由抛物面截获而形成漏溢(spillover)功率 P_s。由抛物面所截获的功率为 P_a,则由漏溢所引起的效率(简称为"漏溢"效率,或称为截获效率)为

$$e_s = \frac{P_a}{P_r} = \frac{P_a}{P_a + P_s} \leqslant 1 \tag{8.6-31}$$

这里已忽略天线本身的损耗,把经抛物面反射后由口径 s_0 所辐射的功率 P_a 视为等于抛物面所截获的功率。于是抛物面天线方向系数如下:

$$D = \frac{E_M^2 r^2}{60P_r} = \frac{E_M^2 r^2}{60P_a}\frac{P_a}{P_r} = D_a e_s = \frac{4\pi}{\lambda^2}A_0 e_a e_s \leqslant 1 \tag{8.6-32}$$

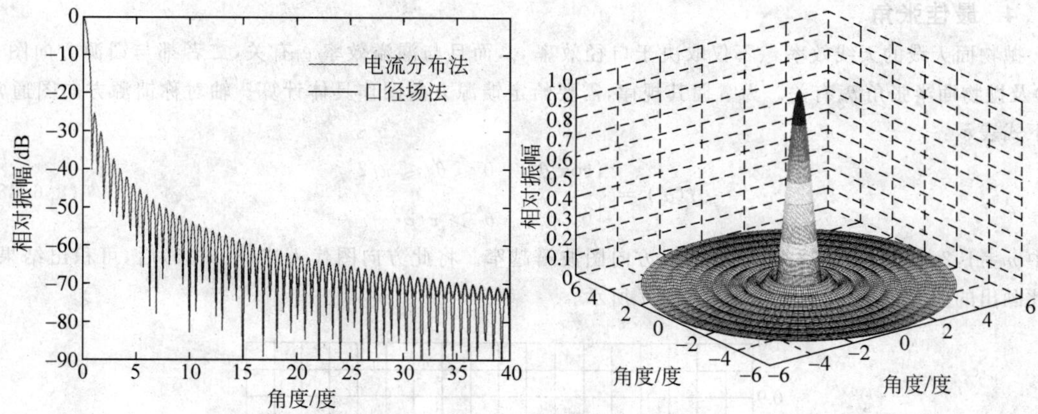

(a) 直角坐标方向图　　(b) 三维方向图

图 8.6-6　3m 直径抛物面天线的方向图

即

$$D=\frac{4\pi}{\lambda^2}A_0e_A,\quad e_A=e_ae_s \tag{8.6-33}$$

e_A为天线效率，它是抛物面口径效率 e_a 和漏溢效率 e_s 的乘积。

式(8.6-24)中的 r 是指由口径中心 O 至远区场点 $P(r,\theta,\varphi)$处的距离，E_M是以 O 为球心以 r 为半径的球面上各点的最大场强，它发生于 $\theta=0$ 方向。设馈源具有轴对称方向图 $f(\theta')$，由式(8.6-29)知，因 $\theta=0$，$J_0(0)=1$，得

$$E_M=\frac{2kf}{r}B_0\int_0^{\theta_m}f(\theta')\tan\frac{\theta'}{2}\mathrm{d}\theta' \tag{8.6-34}$$

天线辐射功率也就是馈源的辐射功率 P_r：

$$\begin{aligned}P_r&=\int_0^{\pi}\int_0^{2\pi}\frac{1}{2}\frac{|E_a|^2}{120\pi}r'^2\sin\theta'\mathrm{d}\theta'\mathrm{d}\varphi'=\frac{2\pi}{240\pi}B_0^2\int_0^{\pi}f^2(\theta')\sin\theta'\mathrm{d}\theta'\\&=\frac{B_0^2}{120}\int_0^{\pi}f^2(\theta')\sin\theta'\mathrm{d}\theta'\end{aligned} \tag{8.6-35}$$

代入式(8.6-32)，并利用式(8.6-3)，得

$$D=\frac{\left|(2\pi/\lambda)fB_0\int_0^{\theta_m}f(\theta')\tan\frac{\theta'}{2}\mathrm{d}\theta'\right|^2}{(B_0^2/2)\int_0^{\pi}f^2(\theta')\sin\theta'\mathrm{d}\theta'}=\left(\frac{\pi d}{\lambda}\right)^2 2\cot^2\left(\frac{\theta_m}{2}\right)\frac{\left|\int_0^{\theta_m}f(\theta')\tan\frac{\theta'}{2}\mathrm{d}\theta'\right|^2}{\int_0^{\pi}f^2(\theta')\sin\theta'\mathrm{d}\theta'}$$

或

$$D=\left(\frac{\pi d}{\lambda}\right)^2e_A=\frac{4\pi}{\lambda^2}\left(\frac{\pi d^2}{4}\right)e_A,$$

$$e_A=2\cot^2\left(\frac{\theta_m}{2}\right)\frac{\left|\int_0^{\theta_m}f(\theta')\tan\frac{\theta'}{2}\mathrm{d}\theta'\right|^2}{\int_0^{\pi}f^2(\theta')\sin\theta'\mathrm{d}\theta'}=e_ae_s \tag{8.6-36}$$

$$\begin{cases}e_a=2\cot^2\left(\dfrac{\theta_m}{2}\right)\dfrac{\left|\int_0^{\theta_m}f(\theta')\tan\frac{\theta'}{2}\mathrm{d}\theta'\right|^2}{\int_0^{\theta_m}f^2(\theta')\sin\theta'\mathrm{d}\theta'}\\[2ex] e_s=\dfrac{\int_0^{\theta_m}f^2(\theta')\sin\theta'\mathrm{d}\theta'}{\int_0^{\pi}f^2(\theta')\sin\theta'\mathrm{d}\theta'}\end{cases} \tag{8.6-37}$$

4. 最佳张角

抛物面天线的天线效率 e_A 不仅取决于口径效率 e_a，而且与漏溢效率 e_s 有关，二者都与馈源方向图 $f(\theta')$ 及抛物面半张角 θ_m 有关。为掌握其规律，需要给定馈源方向图作具体计算。轴对称馈源方向图通常用下式表示：

$$f(\theta')=\begin{cases}\cos^m\theta', & 0\leqslant\theta'\leqslant\pi/2\\ 0, & \theta'>\pi/2\end{cases} \tag{8.6-38}$$

式中 $m=1,2,3,\cdots$，m 值越大，表示馈源方向图波瓣越窄。将此方向图代入式(8.6-36)后，可积出结果。由此画出的 e_A 与 θ_m 的关系曲线如图 8.6-7 所示。

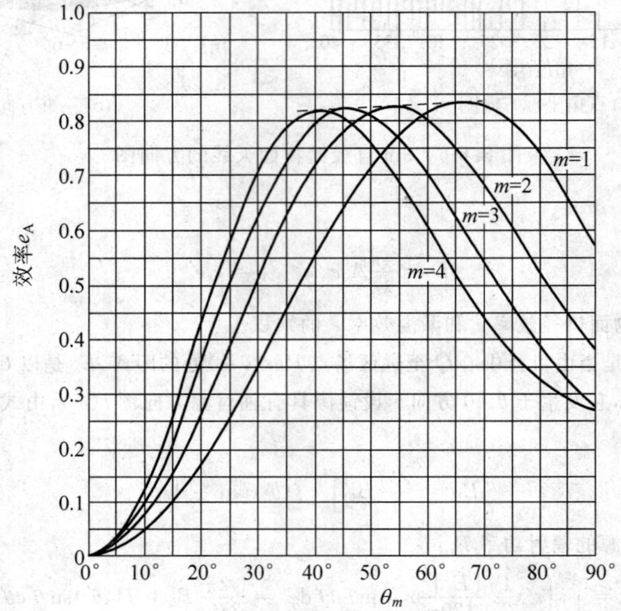

图 8.6-7 抛物面天线效率与其张角和馈源方向图的关系

图 8.6-7 表明，对给定的馈源方向图(即当 m 一定)，有一最佳张角 θ_{mopt}，此时天线效率 e_A 最大。这是兼顾口径效率 e_a 和漏溢效率 e_s 而获得的最佳状态。这可由式(8.6-37)计算得的图 8.6-8 曲线(以 $m=1$ 为例)定量地看出。从概念上分析，对给定的馈源方向图(m 一定)，当 θ_m 由小角度开始增大时，一方面口径场(振幅)分布更不均匀，即 e_a 降低，从而使 e_A 下降；另一方面漏溢功率减小，即 e_s 升高，从而使 e_A 上升。可见二者形成一对矛盾。事物的性质由其主要矛盾的主要方面决定，并需注意其力量对比的转化。当 θ_m 较小时，随着 θ_m 的增大，漏溢明显减小，即 e_s 升高是主要方面，因而此时 e_A 上升；反之，当 θ_m 较大时再增大 θ_m，则口径场分布变得明显不均匀，即 e_a 降低是主要方面，从而使 e_A 下降。这样，当且仅当 θ_m 为某一适中值 θ_{mopt} 时，两方面正好相当，处于平衡状态，这时口径场分布较为均匀，漏溢又不过大，从而使 e_A 达到最大值。这说明，最大 e_A 值是兼顾了矛盾的两方面 e_a 与 e_s 的结果。这种中间高两头低的曲线在人类社会和日常生活中也往往会遇到。这里的矛盾论分析对这些曲线通常也都适用，即中间的高处一般都是兼顾矛盾两方面的结果。这也表明，采用"中庸"的和谐原则来处理问题，是最明智的。

同时由图 8.6-8 可见，m 越小则 θ_{mopt} 越大，即 f/d 越小；而且，m 越小曲线越平坦；但无论 m 为多大，均有 $e_{Aopt}=e_{Amax}\approx 0.82\sim 0.83$。

如何确定上述最佳状态？常用参数是抛物面的口径边缘照射 EI(Edge Illumination)，即口径边缘处的相对场强(用低于口径中心场强多少分贝来表示)。由式(8.6-24)知

$$|E_{ae}|=|E_a(\theta'=\theta_m)|=f(\theta_m)B_0/r'_m=f(\theta_m)B_0/f\sec^2\left(\frac{\theta_m}{2}\right)=f(\theta_m)\cos^2\left(\frac{\theta_m}{2}\right)B_0/f$$

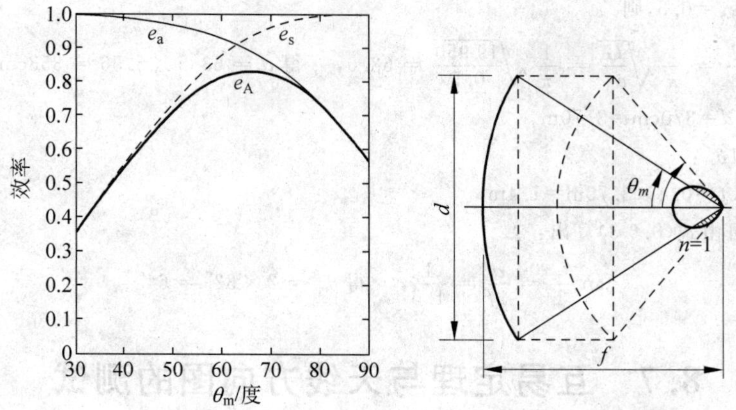

(a) 效率与 θ_m 的关系　　(b) 抛物面 θ_m 增大的情形

图 8.6-8　对 $m=1$ 馈源方向图，e_a、e_s 和 e_A 与抛物面张角的关系

$$|E_{a0}| = |E_a(\theta'=0)| = f(0)B_0/f$$

得

$$\mathrm{EI} = 20\lg\frac{|E_{ae}|}{|E_{a0}|} = 20\lg\frac{f(\theta_m)}{f(0)} + 40\lg\cos\left(\frac{\theta_m}{2}\right) \tag{8.6-39}$$

上式右端第一项为口径边缘处的馈源渐降 FT(Feed Taper)，与馈源方向图 $f(\theta')$ 有关；第二项为口径边缘处的空间衰减 SA(Space Attenuation)，与 r'_m/f 有关(图 8.6-9)。对不同 m 值计算最佳张角时的边缘照射电平，发现无论 m 多大，即不管馈源方向图宽或窄，其最佳张角时的口径边缘照射均约为 -11dB。由此得到普遍规律：抛物面天线的最高口径效率发生于 EI≈-11dB 处。这就是说，为获得最高的口径效率，抛物面天线要有相配合的馈源，使其对抛物面口径边缘处的照射为 -11dB。

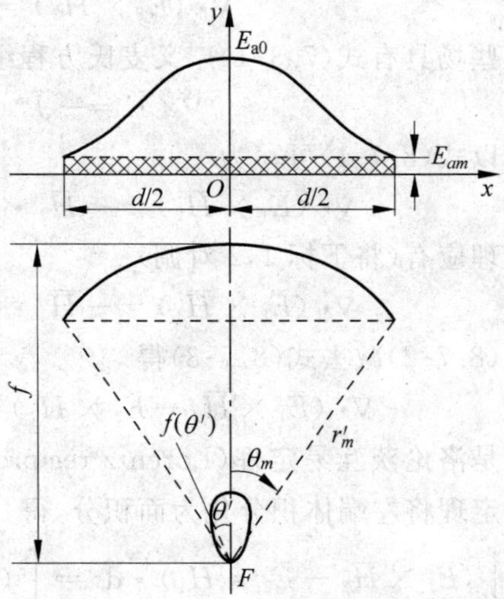

图 8.6-9　抛物面口径的相对场强分布曲线

抛物面天线即使按最佳张角设计，其实际效率并不能达到 0.83，因为存在一些实际因素的影响，如馈源与支架对口径的遮挡、馈源的偏焦误差、反射面的表面误差等。

常用抛物面天线的计算公式为

$$D = \left(\frac{\pi d}{\lambda}\right)^2 e_A, \quad e_A = 0.5 \sim 0.75 \tag{8.6-40}$$

$$\mathrm{HP} = K_{0.5}\frac{\lambda}{d}, \quad K_{0.5} = 65° \sim 80° \tag{8.6-41}$$

当按最佳张角原则设计时，边缘照射为 -11dB，$K_{0.5}$≈65°～70°，旁瓣电平约为 -17dB～-20dB；如按低旁瓣设计，边缘照射取为 -20dB，$K_{0.5}$≈80°，旁瓣电平约达 -25dB，但 e_A 可能低至 0.5。

例 8.6-5　要求选定一气象雷达抛物面天线的抛物面，工作频率为 5.4GHz。给定 $D \geqslant 43$dB，HP$\leqslant 1.2°$，SLL$\leqslant -25$dB。请确定该抛物面的直径 d、焦距 f 和半张角 θ_m。

【解】　(a) 确定 d：

$$\lambda = \frac{3\times10^{10}}{5.4\times10^9} = 5.56\text{cm}$$

为使 SLL$=-25$dB，式(8.6-41)中取 $K_{0.5}=80°$，故

$$\frac{d}{\lambda} = \frac{80°}{1.2°} = 66.6, \quad 得\ d = 66.6\times5.56 = 370\text{cm}$$

由式(8.6-40),取 $e_A=0.5$,则

$$\frac{d}{\lambda}=\frac{1}{\pi}\sqrt{\frac{G}{e_A}}=\frac{1}{\pi}\sqrt{\frac{19\,950}{0.5}}=63.6,\quad 得\ d=63.5\times5.56=353\text{cm}$$

比较上两结果,取 $d=370\text{cm}=3.70\text{m}$。

(b) 确定 f 和 θ_m:

取 $f/d=0.4$, $f=0.4\times3.70\text{m}=1.4\text{m}$

其半张角 θ_m 可由式(8.6-3)算出:

$$\tan\frac{\theta_m}{2}=\frac{d}{4f}=\frac{1}{1.6},\quad 得\ \theta_m=2\times32^\circ=64^\circ$$

8.7 互易定理与天线方向图的测试

8.7.1 互易定理的一般形式

互易定理是电磁场理论的基本定理之一,它可用来证明天线用于发射和用于接收时特性之间的互易性,简介如下。

设在线性媒质中存在两组频率的电磁场 $\bar{E}_1,\bar{H}_1$ 和 $\bar{E}_2,\bar{H}_2$,它们分别由场源 $\bar{J}_1,\bar{E}_1^{\text{m}}$ 和场源 $\bar{J}_2,\bar{J}_2^{\text{m}}$ 单独产生。根据附录 A 矢量恒等式(A-18),有

$$\nabla\cdot(\bar{E}_1\times\bar{H}_2)=\bar{H}_2\cdot(\nabla\times\bar{E}_1)-\bar{E}_1\cdot(\nabla\times\bar{H}_2)\tag{8.7-1}$$

这些场具有式(7.3-1)广义麦氏方程组所示关系:

$$\nabla\times\bar{E}=-\bar{J}^{\text{m}}-\text{j}\omega\mu\bar{H},\quad \nabla\times\bar{H}=\bar{J}+\text{j}\omega\varepsilon\bar{E}$$

所以式(8.7-1)可写为

$$\nabla\cdot(\bar{E}_1\times\bar{H}_2)=-\bar{H}_2\cdot\bar{J}_1^{\text{m}}-\bar{H}_2\cdot\text{j}\omega\mu\bar{H}_1-\bar{E}_1\cdot\bar{J}_2-\bar{E}_1\cdot\text{j}\omega\varepsilon\bar{E}_2\tag{8.7-2}$$

同理应有(将下标 1,2 对调)

$$\nabla\cdot(\bar{E}_2\times\bar{H}_1)=-\bar{H}_1\cdot\bar{J}_2^{\text{m}}-\bar{H}_1\cdot\text{j}\omega\mu\bar{H}_2-\bar{E}_2\cdot\bar{J}_1-\bar{E}_2\cdot\text{j}\omega\varepsilon\bar{E}_1\tag{8.7-3}$$

式(8.7-2)减去式(8.7-3)得

$$\nabla\cdot(\bar{E}_1\times\bar{H}_2-\bar{E}_2\times\bar{H}_1)=\bar{E}_2\cdot\bar{J}_1-\bar{E}_1\cdot\bar{J}_2+\bar{H}_1\cdot\bar{J}_2^{\text{m}}-\bar{H}_2\cdot\bar{J}_1^{\text{m}}\tag{8.7-4}$$

这是洛伦茨互易定理(Lorentz reciprocity theorem)的微分形式。对两端作体积分,并用散度定理将左端体积分化为面积分,得

$$\int_s(\bar{E}_1\times\bar{H}_2-\bar{E}_2\times\bar{H}_1)\cdot\overline{\text{d}s}=\int_v(\bar{E}_2\cdot\bar{J}_1-\bar{E}_1\cdot\bar{J}_2+\bar{H}_1\cdot\bar{J}_2^{\text{m}}-\bar{H}_2\cdot\bar{J}_1^{\text{m}})\text{d}v\tag{8.7-5}$$

上式是洛伦茨互易定理的积分形式,它就是互易定理的一般表示式。式中 s 是包围体积 v 的封闭面,当 v 扩展到无穷远时,上式两端便成为在无穷远处 s_∞ 面上的积分。设场源 $\bar{J}_1$, $\bar{J}_1^{\text{m}}$ 位于有限体积 v_1 中,场源 $\bar{J}_2,\bar{J}_2^{\text{m}}$ 位于有限体积 v_2 中,则它们在 s_∞ 面上产生的电磁场必然是微弱得可以忽略的。这样,上式左端在 s_∞ 上的积分趋于零,即

$$\int_{s_\infty}(\bar{E}_1\times\bar{H}_2-\bar{E}_2\times\bar{H}_1)\cdot\overline{\text{d}s}=0\tag{8.7-6}$$

同时,式(8.7-5)右端在 v_∞ 内的体积分趋于零,从而得

$$\int_{v_1}(\bar{E}_2\cdot\bar{J}_1-\bar{H}_2\cdot\bar{J}_1^{\text{m}})\text{d}v=\int_{v_2}(\bar{E}_1\cdot\bar{J}_2-\bar{H}_1\cdot\bar{J}_2^{\text{m}})\text{d}v\tag{8.7-7}$$

这是最有用的互易定理形式,由卡森(J. R. Carson)导出而称为卡森形式。它反映了两个源与其场之间的互易关系,这种互易性源自在线性媒质中麦氏方程组是线性的。

把式(8.7-7)应用于电路源就得到常见的电路形式互易定理。对于电流源，有

$$\int_{v_1} \bar{E}_2 \cdot \bar{J}_1 \mathrm{d}v = I_1 \int_{l_2} \bar{E}_2 \cdot \overline{\mathrm{d}l} = -I_1 U_1^{\mathrm{oc}}$$

式中 $U_1^{\mathrm{oc}} = -\int_{l_1} \bar{E}_2 \cdot \overline{\mathrm{d}l}$ 是源 2 所产生的 $\bar{E}_2$ 在 1 端所引起的开路电压(open circuit voltage)。同理，有

$$\int_{v_2} \bar{E}_1 \cdot \bar{J}_2 \mathrm{d}v = -I_2 U_2^{\mathrm{oc}}$$

于是得

$$I_1 U_1^{\mathrm{oc}} = I_2 U_2^{\mathrm{oc}} \quad 即 \quad \frac{U_1^{\mathrm{oc}}}{I_2} = \frac{U_2^{\mathrm{oc}}}{I_1} \tag{8.7-8}$$

8.7.2　收发天线方向图的互易性与方向图的测试

一个天线用作发射时和用作接收时，其方向图、增益和输入阻抗都是相同的①。下面我们就应用互易定理来说明收、发方向图的互易性。

如图 8.7-1(a)所示，天线＃1 用作发射，而天线＃2 沿一个固定半径的球面移动，记下开路端电压 $U_2^{\mathrm{oc}}(\theta,\varphi)$。如图 8.7-1(b)所示，天线＃1 作接收，而天线＃2 作发射并沿同样半径的球面移动，记下开路端电压 $U_1^{\mathrm{oc}}(\theta,\varphi)$。令 $I_1 = I_2$，由式(8.7-8)得

$$U_1^{\mathrm{oc}}(\theta,\varphi) = U_2^{\mathrm{oc}}(\theta,\varphi) \tag{8.7-9}$$

因此，天线＃1 用作发射时与用作接收时方向图相同。

实际测试天线方向图时一般采用图 8.7-1(b)的方式，将被测天线用作接收。并且不必沿球面移动发射天线＃2，而是原地转动接收天线＃1，因为接收设备较发射设备轻便。

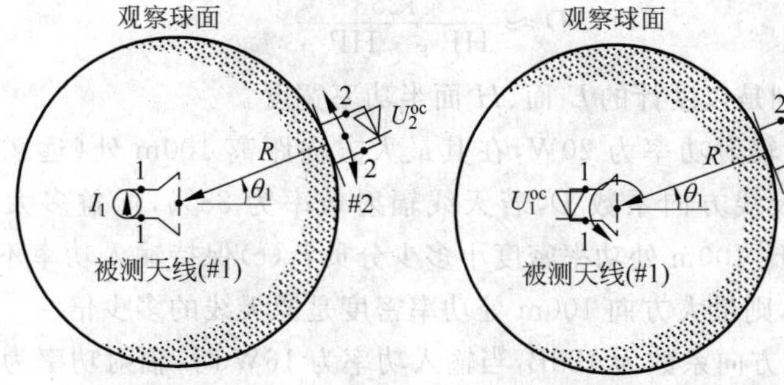

图 8.7-1　方向图互易性

在图 8.7-1(a)中，为使发射天线口径轴上距离 R 处的接收点位于天线远区，即口径上任意点至接收点(场点)的射线可视为平行，需满足一定的距离条件。通常取远区近似所引起的最大相位误差不超过$\frac{\pi}{8}$，即最大波程差不超过$\frac{\lambda}{16}$。如图 8.7-2 所示，口径边缘射线$\overline{R'}$与 $\bar{R}$ 的程差为

① 参看参考文献[3]

$$R'-R=\left[R^2+\left(\frac{L}{2}\right)^2-2R\left(\frac{L}{2}\right)\cos\theta\right]^{\frac{1}{2}}-R$$

$$=\frac{L}{2}\cos\theta-\frac{1}{2}\frac{(L/2)^2}{R}-\frac{1}{2}\frac{(L/2)^3}{R^2}\cos\theta+\cdots$$

最大程差发生于 $\cos\theta=90°$,则要求

$$\frac{1}{2}\frac{(L/2)^2}{R}\leqslant\frac{\lambda}{16}$$

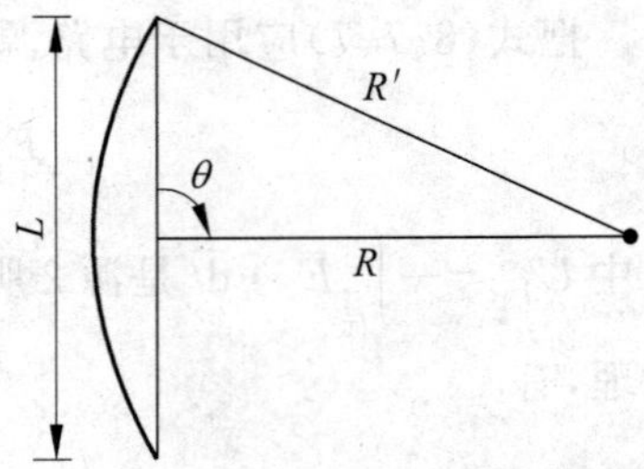

图 8.7-2 远区距离条件

得

$$R\geqslant 2\frac{L^2}{\lambda} \tag{8.7-10}$$

此即天线方向图测试的远区距离条件,式中 L 为被测天线的最大尺寸。

习 题

8.2-1 已知喇叭天线的方向图近似为

$$F(\theta)=\begin{cases}\cos^{\frac{m}{2}}\theta, & 0\leqslant\theta\leqslant\frac{\pi}{2}\\ 0, & \frac{\pi}{2}<\theta<\pi\end{cases} \tag{8-1}$$

试证其方向性系数($\theta=0$ 方向)为

$$D=2(m+1) \tag{8-2}$$

8.2-2 若具有单一波瓣的天线仅在立体角 Ω_a 内均匀辐射,且 $\Omega_a\approx \mathrm{HP}_E\cdot\mathrm{HP}_H$,试证:

$$D\approx\frac{41253}{\mathrm{HP}^\circ{}_E\cdot\mathrm{HP}^\circ{}_H} \tag{8-3}$$

式中 $\mathrm{HP}^\circ{}_E$、$\mathrm{HP}^\circ{}_H$ 分别是以度计的 E 面、H 面半功率宽度。

8.2-3 已知天线辐射功率为 20W,在其最大方向距离 100m 处(远区)的功率密度为 15mW/m^2。求:(a)天线方向系数 D,若天线辐射效率为 88%,增益多大?(b)最大方向 200m 处功率密度,它比 100m 处功率密度小多少分贝?(c)保持输入功率不变,但将上述天线换成理想电偶极子,则最大方向 100m 处功率密度是原天线的多少倍?

8.2-4 已知天线方向系数为 18dB,当输入功率为 16W 时,辐射功率为 10W,问其增益达多少分贝?

8.2-5 某天线方向图可用余弦函数的 m 次方近似,即

$$F(\theta)=\begin{cases}\cos^m\theta, & |\theta|\leqslant\pi/2\\ 0, & |\theta|\geqslant\pi/2\end{cases}$$

已知其半功率波束宽度 $\mathrm{HP}=2\theta_{0.5}=65.5°$,请确定 m 值,并求其方向系数。

8.2-6 国际通信卫星 5 号的区域波束接收天线工作于 6.1GHz 时,增益为 25.2dB,则其有效接收面积 A_e 为多少平方米?

8.2-7 我国东方红三号通信卫星(题图 8-1)定点于东经 125°赤道上空,距上海 36870km,用 4GHz 频率转播电视信号,发射天线对上海方向的增益为 500,其输入功率为 10W。问:(a)它在上海的等效全向辐射功率多大?EIRP 为多少 dB?(b)上海接收点的功

率密度 S^{av} 为多少？若星上发射天线是无方向性的，则该功率密度将多大？(c)若采用圆口径抛物面天线作地面单收站天线，其效率 $e_A=70\%$，取直径 $d=1.2\text{m}$，则其增益 G_r 为多少？(d)此时最大接收功率 P_{RM} 为多少？

8.2-8　已知雷达工作波长为 11cm，天线增益 33.7dB，发射功率为 2MW，接收机最小可测功率为 10^{-13} W，求此雷达对 $\sigma_r=3\text{m}^2$ 目标的最大作用距离。若天线增益增大到 2 倍呢？

8.3-1　全波振子全长 $2l=\lambda$。(a)写出其电流分布 $I(z)$；(b)导出其远区电场；(c)导出其辐射功率表示式，求辐射电阻(查曲线)；(d)(选作)写出归一化方向图函数，编程画出其 E 面方向图。

题图 8-1　东方红三号通信卫星

8.3-2　对称振子臂长 $l=0.625\lambda$，全长 $2l$。(a)写出其电流分布函数和归一化方向图函数；(b)编程画出其电流分布和 E 面方向图；(c)利用曲线查出其辐射电阻 R_r，算出方向系数。

8.3-3　半波振子工作于 200MHz，直径 3cm，为使其输入阻抗为纯电阻，全长 $2l_0$ 应取多长？此时输入电阻多大？

8.4-1　二半波振子阵排列如图 8.4-1(a)所示。写出 E 面方向函数，概画方向图：(a) $I_{M2}=I_{M1}$，$d=\lambda$；(b) $I_{M2}=I_{M1}$，$d=1.5\lambda$；(c) $I_{M2}=I_{M1}e^{-j30^\circ}$，$d=\lambda/2$。

8.4-2　二半波振子阵排列(不包括馈电网络)如图 8.4-1(b)所示。写出 E 面方向函数，概画方向图：(a) $I_{M2}=I_{M1}$，$d=\lambda/4$；(b) $I_{M2}=I_{M1}e^{j90^\circ}$，$d=\lambda/4$；(c) $I_{M2}=0.6I_{M1}e^{j90^\circ}$，$d=\lambda/4$。

8.4-3　设半波振子水平地位于一理想导体平面上方高 $h=\lambda/4$ 处，请利用镜像法求其垂直轴平面(H 面)的远区电场强度，并概画方向图。

8.4-4　一半波振子水平地位于理想导体平面上方高 $h=3\lambda$ 处，试利用镜像法求其垂直轴平面(H 面)归一化方向函数，概画方向图，并求最靠近导体平面的第一个最大值方向 θ_{M1}。

8.4-5　一短振子垂直地位于一理想导体平面上距离 h 处，试利用镜像法求其含轴平面(E 面)的远区电场强度，写出归一化方向函数，概画方向图。取 $h=\lambda/4$、$\lambda/2$、λ。

8.4-6　长 $l=\lambda/2$ 的单极天线垂直安装在接地导体平面上，如图 8.4-10(a)所示。设天线波腹电流为 I_M，利用镜像法求其远区辐射场、归一化方向函数、辐射电阻和方向系数。

8.4-7　N 元半波振子直线阵如图 8.4-7 排列，$N=6$，$d=\lambda/2$，各单元等幅同相(边射阵)。求 xz 面归一化方向函数，概画其直角坐标方向图。

8.4-8　将图 8.4-7 所示的 N 元半波振子，各自都旋转 90°，使其振子轴沿 z 轴方向。设 $N=6$，$d=\lambda/4$，各单元等幅，但相邻单元相位依次滞后 $\psi_0=kd=\pi/2$(端射阵)。求 yz 面归一化方向函数，编程画出其直角坐标方向图。

8.4-9　对图 8.4-7 所示 N 元半波振子直线阵，各单元等幅同相激励(边射阵)，$d\leqslant\lambda/2$，设 N 较大，$L\approx Nd$，其方向图近似为

$$F(\theta)=\sin\theta\frac{\sin\left(\dfrac{\alpha}{2}\cos\theta\right)}{\dfrac{\alpha}{2}\cos\theta},\quad \alpha=kL=2\pi L/\lambda \tag{8-4}$$

试证：

(a) 其方向系数为

$$D=\left[2\left(\frac{\mathrm{Si}\alpha}{\alpha}+\frac{\cos\alpha-2}{\alpha^2}+\frac{\sin\alpha}{\alpha^3}\right)\right]^{-1},\quad \mathrm{Si}\alpha=\int_0^\alpha\frac{\sin t}{t}\mathrm{d}t \tag{8-5}$$

(b) 当 $kL\gg1$，有

$$D\approx2\frac{L}{\lambda} \tag{8-6}$$

8.4-10　二半波振子阵水平地位于一导体平面上方高 $h=\lambda/4$ 处，如题图 8-2 所示。(a)请利用镜像法求其 yz 面方向函数，概画方向图；(b)(选作)如忽略二振子间及导体平面对辐射电阻的影响，试证其最大方向系数为 $D\approx1.64\times2\times4\approx13$。

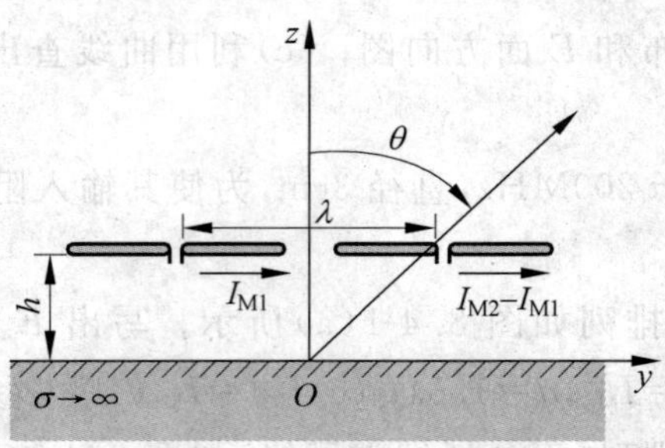

题图 8-2　二元阵位于导体平面上方

8.5-1　对图 8.5-3 所示矩形微带天线，贴片几何尺寸为 $a'=31.8\text{mm}$，$b'=21.2\text{mm}$，基片厚 $h=2\text{mm}$，$\varepsilon_r=2.8$。求谐振频率 f_{01}。

8.5-2　对题 8.5-1 天线，写出其 E 面(yz 面)方向函数，概画其方向图。

8.6-1　一矩形口径 x 向尺寸为 a，y 向尺寸为 b，口径场为 $E_a=E_0\cos\dfrac{\pi x}{a}$，$a$、$b\gg\lambda$，证明其口径效率为 $e_a=0.81$。

8.6-2　旋转抛物面天线焦径比为 $f/d=0.35$，求其半张角 θ_m；若天线直径 $d=12\lambda$，天线效率 $e_A=65\%$，则其增益为多少 dB?

8.7-1　利用互易定理证明：位于理想导电体表面处的垂直磁流元不会产生场。

8.7-2　利用互易定理证明：位于理想导磁体表面处的垂直电流元和水平磁流元都不会产生任何电磁场。

第9章　射频传输线

第8章图8.1-1表明，射频振荡器(发射机)产生的射频能量需要通过传输线来传递给天线。传输线的功用就是在相隔一定距离的点与点之间，完成射频能量的有线传输。现代长距离点与点之间的电子信号有线传输，大都利用光纤来完成。光纤的传输损耗小、频带宽、成本低，但是在其两端都需另加光电转换器件；对于直接的射频信号有线传输，如射频发射机或接收机与天线之间的射频信号传输，一般利用射频传输线。这些传输线或长或短，但都是无线电系统所不可缺少的组成部分之一。例如，在某厘米波雷达中，在天线与收发信机之间，用了矩形波导传输线来连接；而架设在海岛上的某米波警戒雷达中，则用了十多米双导线传输线来连接室外的天线与室内的收发信机。对射频传输线的基本要求是传输损耗小、功率容量大、频带宽及成本低。

射频(Radio Frequency，RF)表示可以辐射到空间的电磁振荡频率。其频率范围为300kHz～300GHz，对应的波长范围是1km～1mm。可见，它包括了中波、短波、米波和微波波段(参看附录D)。微波是其中的高频段：300MHz～300GHz，对应的波长范围是1m～1mm，其特点是波长很短，与一般物体尺寸相比在同一数量级或更小。在射频的较低频段，常用的是双导线和同轴线；而在更高的微波波段，广泛采用波导和微带线。即在不同的射频频段需使用相应的传输线。一般来说，频率越高，导体损耗越大，越要采用导电面积大的传输线(如波导)。

在这些射频传输线中传输的是导行电磁波。作为系统性的学习，本章将从传输线中导行电磁波的一般分析开始，依次介绍波导、同轴线、微带线、双导线等射频传输线，并讨论传输线的匹配理论及一种计算工具——史密斯圆图。

9.1　传输线中的导行电磁波

我们在第6章6.2节中已看到，均匀平面波斜入射到导体平面边界上将形成沿界面传输的导行电磁波。在6.4节我们又见到由于介质表面全反射形成的另一种导行电磁波。图9.1-1中示出了多种导波传输线。对这些导波的分析，原理上可由斜入射的均匀平面波经界面反射来得出合成场，这称为射线分析法，但有局限性。本节简要介绍基于求解波动方程的波动法及导行波的分类。

9.1.1　纵向场法

如图9.1-1所示，导波系统一般由单根或多根互相平行的实心或空心的柱形导体或介质构成。电磁波沿柱体的纵轴方向传播，取该轴为z轴，通常称为纵向。与z轴垂直的方向称为横向。系统横截面的形状、尺寸、材料性质都不随z变化，即沿纵向是均匀的。此时其电场和磁场复矢量可表示为

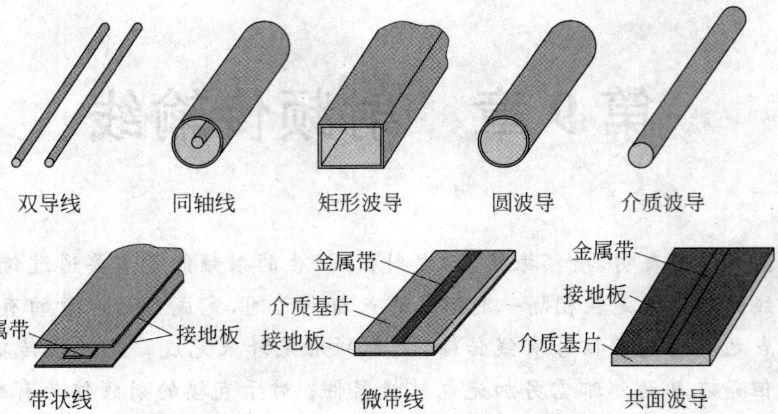

图 9.1-1 几种射频传输线

$$\overline{E}(x,y,z)=\overline{E}(x,y)e^{-j\beta z} \tag{9.1-1a}$$

$$\overline{H}(x,y,z)=\overline{H}(x,y)e^{-j\beta z} \tag{9.1-1b}$$

式中β表示z向传播常数；$\overline{E}(x,y)$和$\overline{H}(x,y)$只是横向坐标(x,y)的函数(但它们一般都有3个直角坐标分量)。于是有

$$\frac{\partial^2 \overline{E}}{\partial z^2}=-\beta^2\overline{E} \tag{9.1-2a}$$

$$\frac{\partial^2 \overline{H}}{\partial z^2}=-\beta^2\overline{H} \tag{9.1-2b}$$

将齐次复矢量波动方程(5.2-5)和方程(5.2-6)在直角坐标系中展开,并利用上式关系,得

$$\nabla_t^2\overline{E}+(k^2-\beta^2)\overline{E}=0 \tag{9.1-3a}$$

$$\nabla_t^2\overline{H}+(k^2-\beta^2)\overline{H}=0 \tag{9.1-3b}$$

式中

$$\nabla_t^2=\frac{\partial^2}{\partial x^2}+\frac{\partial^2}{\partial y^2} \tag{9.1-3c}$$

称为横向拉普拉斯算子。

式(9.1-3a)和式(9.1-3b)是导波系统中电磁场应满足的矢量波动方程,它可分解为6个直角坐标分量的标量波动方程。根据导波系统的边界条件,即可求解这些方程。但是,根据麦氏方程组,我们可以求得各横向分量与两个纵向分量E_z,H_z的关系。这样,仅需求解纵向分量所满足的标量波动方程,然后利用横向分量的纵向分量表示式便可得出全部分量。这种解法称为纵向场法。

在理想介质中,无源区内的麦氏方程组的旋度方程为

$$\nabla\times\overline{E}=-j\omega\mu\overline{H}$$

$$\nabla\times\overline{H}=j\omega\varepsilon\overline{E}$$

将它们在直角坐标系中展开,有

$$\hat{x}\left(\frac{\partial E_z}{\partial y}-\frac{\partial E_y}{\partial z}\right)+\hat{y}\left(\frac{\partial E_x}{\partial z}-\frac{\partial E_z}{\partial x}\right)+\hat{z}\left(\frac{\partial E_y}{\partial x}-\frac{\partial E_x}{\partial y}\right)=-j\omega\mu(\hat{x}H_x+\hat{y}H_y+\hat{z}H_z)$$

$$\hat{x}\left(\frac{\partial H_z}{\partial y}-\frac{\partial H_y}{\partial z}\right)+\hat{y}\left(\frac{\partial H_x}{\partial z}-\frac{\partial H_z}{\partial x}\right)+\hat{z}\left(\frac{\partial H_y}{\partial x}-\frac{\partial H_x}{\partial y}\right)=j\omega\varepsilon(\hat{x}E_x+\hat{y}E_y+\hat{z}E_z)$$

上述方程两边的对应分量应相等，并利用式(9.1-1a)和式(9.1-1b)，可得到 6 个标量方程：

$$\frac{\partial E_z}{\partial y}+\mathrm{j}\beta E_y=-\mathrm{j}\omega\mu H_x \qquad \frac{\partial H_z}{\partial y}+\mathrm{j}\beta H_y=\mathrm{j}\omega\varepsilon E_x$$

$$-\mathrm{j}\beta E_x-\frac{\partial E_z}{\partial x}=-\mathrm{j}\omega\mu H_y \qquad -\mathrm{j}\beta H_x-\frac{\partial H_z}{\partial x}=\mathrm{j}\omega\varepsilon E_y$$

$$\frac{\partial E_y}{\partial x}-\frac{\partial E_x}{\partial y}=-\mathrm{j}\omega\mu H_z \qquad \frac{\partial H_y}{\partial x}-\frac{\partial H_x}{\partial y}=\mathrm{j}\omega\varepsilon E_z$$

如果用 E_z 和 H_z 来表示其他分量，那么由上式可得(例如，从右侧第 1 式和左侧第 2 式中消去 H_y，便可求得 E_x)

$$E_x=\frac{1}{k_c^2}\left(-\mathrm{j}\beta\frac{\partial E_z}{\partial x}-\mathrm{j}\omega\mu\frac{\partial H_z}{\partial y}\right) \tag{9.1-4a}$$

$$E_y=\frac{1}{k_c^2}\left(-\mathrm{j}\beta\frac{\partial E_z}{\partial y}+\mathrm{j}\omega\mu\frac{\partial H_z}{\partial x}\right) \tag{9.1-4b}$$

$$H_x=\frac{1}{k_c^2}\left(\mathrm{j}\omega\varepsilon\frac{\partial E_z}{\partial y}-\mathrm{j}\beta\frac{\partial H_z}{\partial x}\right) \tag{9.1-4c}$$

$$H_y=\frac{1}{k_c^2}\left(-\mathrm{j}\omega\varepsilon\frac{\partial E_z}{\partial x}-\mathrm{j}\beta\frac{\partial H_z}{\partial y}\right) \tag{9.1-4d}$$

$$k_c^2=k^2-\beta^2 \tag{9.1-4e}$$

上式就是以纵向场表示横向场的一般表示式。可以看出，z 向传输线中的导波特性将与 k_c 直接有关。将式(9.1-4e)代入方程(9.1-3)知，k_c 是波动方程(9.1-3)在特定边界条件下的本征值。本征值可以有多个，由它决定传输线所传播的场型，或称模式。对应于某一特定的模式有它特定的本征值 k_c 及特定的本征函数即场分布。因此，k_c 是与传输线横截面形状、尺寸及传输模式有关的参量。

因波数 $k=\omega\sqrt{\mu\varepsilon}$ 与电磁波频率成正比，所以式(9.1-4e)也决定了导行波的相位常数 β 与频率的关系，即其传播特性。导行波的相速是其等相面沿波导轴向的传播速度。等相面为

$$\omega t-\beta z=\text{const.}$$

因而相速为

$$v_p=\frac{\omega}{\beta}=\frac{\omega}{\sqrt{k^2-k_c^2}}=\frac{\omega}{k\sqrt{1-\left(\frac{k_c}{k}\right)^2}}=\frac{v}{\sqrt{1-\left(\frac{k_c}{k}\right)^2}} \tag{9.1-5}$$

式中 $v=\omega/k=1/\sqrt{\mu\varepsilon}=c/\sqrt{\mu_r\varepsilon_r}$ 是无界媒质中光速；μ_r 和 ε_r 分别是媒质的相对磁导率和相对介电常数。

9.1.2　导行波的分类

根据 k_c 的不同情况，可将导行波作如下分类。

1. $k_c^2=0$ 即 $k_c=0$

由式(9.1-4)知，当传输系统传播 $k_c=0$ 的导行波时，必然有

$$E_z=H_z=0$$

否则其横向分量将无限大，这在物理上是不可能的。这种 $E_z=0$ 及 $H_z=0$ 的波称为横电磁

波或 TEM 波。这时 $\beta=k, v_p=v$。这种导行波的传播特性与均匀平面波相同,其相速等于电磁波所在媒质中的光速,且与频率无关。

由式(9.1-3a)知,此时有

$$\nabla_t^2 \bar{E}=0 \tag{9.1-6}$$

我们知道,静电场 $\bar{E}_c$ 在无源区中满足拉普拉斯方程,即

$$\nabla^2 \bar{E}_c=0$$

若带电系统沿 z 向是均匀的,场量一定与 z 无关,即$\partial^2 \bar{E}_c/\partial z^2=0$,因此

$$\nabla_t^2 \bar{E}_c=0 \tag{9.1-7}$$

这说明,TEM 波电场和静电场满足同样的二维微分方程。对于同样的结构,它们具有相同的边界条件,因而 TEM 波电场在横截面上的分布将与二维静电场的分布一样。并且由此可知,只有建立二维静电场的系统才能传播 TEM 波。双导线、同轴线及带状线等能够建立二维静电场,因此它们都能传输 TEM 波。而金属波导实际上只有单个导体,其横截面上不可能存在静电场,因而不可能传输 TEM 波。

2. $k_c^2>0$

由式(9.1-4)知,当传输系统中存在 $k_c^2>0$ 的波时,E_z 和 H_z 不可能同时为零,否则全部横向场都将为零,系统中不会存在任何场。这种导行波又可分成两类:

(1) $E_z=0$ 而 $H_z\neq 0$ 的波,称为横电波或 TE 波,也称 H 波;

(2) $E_z\neq 0$ 而 $H_z=0$ 的波,称为横磁波或 TM 波,也称 E 波。

正如前面我们已看到的,金属波导中传输这种导波。从物理上看,闭合的横向磁力线必须包围纵向传导电流或位移电流,而空心波导中并无内导体,不能提供纵向传导电流,则必须存在纵向位移电流。这就意味着存在纵向电场,从而形成 TM 波。另外,闭合的横向电力线必须包围纵向磁场,这就形成了 TE 波。

根据 k_c^2 与 k^2 的相对大小,这类导行波有以下 3 种状态。

(1) $k^2>k_c^2$,即 $\beta^2=k^2-k_c^2>0$。$\beta=\sqrt{k^2-k_c^2}$ 为实数,是一等幅行波。且 $\beta<k$,于是由式(9.1-5)知,$v_p>c/\sqrt{\mu_r\varepsilon_r}$,其相速大于该媒质中的光速。这是一种快波。

(2) $k^2=k_c^2$,即 $\beta=0$。此时沿 z 向没有波的传播,场的振幅和相位都与 z 无关,只是原地振荡而已。这种状态称为临界状态,因此称 k_c 为临界波数或截止波数。令

$$f_c=\frac{k_c}{2\pi\sqrt{\mu\varepsilon}},\quad \lambda_c=\frac{2\pi}{k_c} \tag{9.1-8}$$

f_c 称为临界频率或截止频率;λ_c 称为临界波长或截止波长。当 $f<f_c$,即 $k<k_c$,便过渡为下一状态,传播过程将截止。

(3) $k^2<k_c^2$,即 $\beta^2=k^2-k_c^2<0$。$\beta=\sqrt{k^2-k_c^2}$ 成为虚数,$\alpha=\mathrm{j}\beta=\sqrt{k^2-k_c^2}=\sqrt{k_c^2-k^2}$ 为实数。参看式(9.1-1),这时场的振幅沿 z 向呈指数衰减而相位不变,它不再是行波而是凋落波。这种状态称为截止状态。

由上可见,仅当 $k>k_c$,即 $f>f_c$,电磁波的频率高于截止频率时,TE 和 TM 导行波才能在波导中传播。换句话说,金属波导中只能传播频率高于截止频率的电磁波。因此,波导具有高通滤波器的特性。

3. $k_c^2<0$

由式(9.1-4)知,此时 E_z 和 H_z 不可能同时为零,因此这种导行波也可分为 TE 波和

TM 波(及二者的混合波)。由于$\beta=\sqrt{k^2-k_c^2}>k$,故$v_p=\omega/\beta<c/\sqrt{\mu_r\varepsilon_r}$,相速小于媒质中的光速。这是一种慢波。我们在 6.4.3 节中已看到,光导纤维中传输的就是这种波。上面已表明,由光滑导体壁构成的金属导波系统传播的是快波。传播慢波的导波系统都是由某种阻抗壁构成的。

下面依次介绍射频应用中的常用导波系统:金属波导、同轴线、微带线及双导线等。

9.2　矩形波导及谐振腔

矩形波导的几何关系如图 9.2-1 所示,宽边尺寸为 a,窄边尺寸为 b,波导内媒质的介电常数为 ε,磁导率为 μ。采用直角坐标系,取 z 轴为传播方向,波导沿 z 向是均匀的,波导宽边沿 x 轴,窄边沿 y 轴放置。波导管壁由金属制成,并假定为理想导体。9.1.2 节已经指出,其中只能传输 TE 波和 TM 波,下面按纵向场法求其电磁场分量。

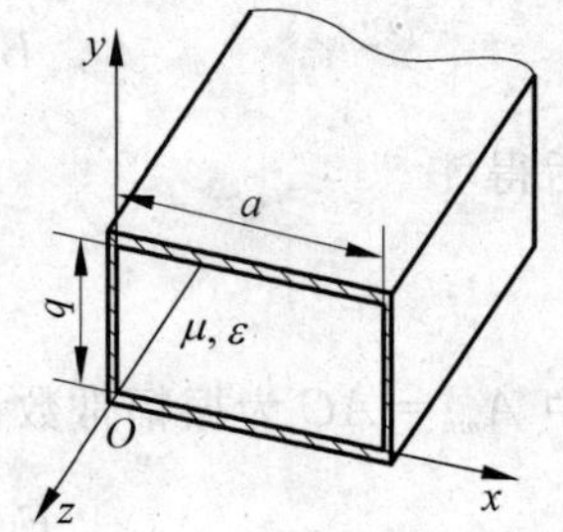

图 9.2-1　矩形波导几何关系

9.2.1　TE 波和 TM 波的电磁场分量

TE 波的特征是 $E_z=0$,而 $H_z\neq0$。H_z 可表示为

$$H_z = H_{z0}(x,y)\mathrm{e}^{-\mathrm{j}\beta z} \tag{9.2-1}$$

它满足由式(9.1-3b)导出的标量波动方程:

$$\left(\frac{\partial^2}{\partial x^2}+\frac{\partial^2}{\partial y^2}+k_c^2\right)H_{z0}=0 \tag{9.2-2}$$

这是与静态拉普拉斯方程类似的二阶线性微分方程,因此可用分离变量法求解。令

$$H_{z0}(x,y)=X(x)Y(y) \tag{9.2-3}$$

代入式(9.2-2),整理后得

$$\frac{1}{X}\frac{\mathrm{d}^2X}{\mathrm{d}x^2}+\frac{1}{Y}\frac{\mathrm{d}^2Y}{\mathrm{d}y^2}+k_c^2=0 \tag{9.2-4}$$

上式第一项只是 x 的函数,第二项只是 y 的函数,因此,若上式对任意的 x 和 y 都成立,则每项都必须是常数:

$$\frac{1}{X}\frac{\mathrm{d}^2X}{\mathrm{d}x^2}=-k_x^2\quad 即\quad \frac{\mathrm{d}^2X}{\mathrm{d}x^2}+k_x^2X=0 \tag{9.2-5a}$$

$$\frac{1}{Y}\frac{\mathrm{d}^2Y}{\mathrm{d}y^2}=-k_y^2\quad 即\quad \frac{\mathrm{d}^2Y}{\mathrm{d}y^2}+k_y^2Y=0 \tag{9.2-5b}$$

$$k_x^2+k_y^2=k_c^2$$

式(9.2-5a)和式(9.2-5b)均为二阶常微分方程,由其通解得

$$H_{z0}=(A\cos k_xx+B\sin k_xx)(C\cos k_yy+D\sin k_yy) \tag{9.2-6}$$

式中的待定常数需由边界条件确定。波导壁切向电场边界条件为

$$E_{x0}(x,y)\big|_{y=0,b}=0 \tag{9.2-7a}$$

$$E_{y0}(x,y)\big|_{x=0,a}=0 \tag{9.2-7b}$$

为利用上述边界条件,我们先将式(9.2-6)代入式(9.1-4a)和式(9.1-4b)得出 E_{x0} 和

E_{y0}的表示式：

$$E_{x0} = -\mathrm{j}\,\frac{\omega\mu}{k_c^2}k_y\,(A\cos k_x x + B\sin k_x x)\,(-C\sin k_y y + D\cos k_y y) \tag{9.2-8a}$$

$$E_{y0} = \mathrm{j}\,\frac{\omega\mu}{k_c^2}k_x\,(-A\sin k_x x + B\cos k_x x)\,(C\cos k_y y + D\sin k_y y) \tag{9.2-8b}$$

于是，由式(9.2-7a)和式(9.2-8a)得

$$D = 0,\quad k_y = \frac{ny}{b},\quad n = 0,1,2,3,\cdots$$

由式(9.2-7b)和式(9.2-8b)得

$$B = 0,\quad k_x = \frac{mx}{a},\quad m = 0,1,2,3,\cdots$$

最后得

$$H_z = A_{mn}\cos\frac{m\pi x}{a}\cos\frac{n\pi y}{b}\mathrm{e}^{-\mathrm{j}\beta z} \tag{9.2-9a}$$

式中 $A_{mn}=AC$ 为振幅常数，m，n 可取任意正整数。相应的横向场分量由式(9.1-4)得出：

$$E_x = \mathrm{j}\,\frac{\omega\mu}{k_c^2}\frac{n\pi}{b}A_{mn}\cos\frac{m\pi x}{a}\sin\frac{n\pi y}{b}\mathrm{e}^{-\mathrm{j}\beta z} \tag{9.2-9b}$$

$$E_y = -\mathrm{j}\,\frac{\omega\mu}{k_c^2}\frac{m\pi}{a}A_{mn}\sin\frac{m\pi x}{a}\cos\frac{n\pi y}{b}\mathrm{e}^{-\mathrm{j}\beta z} \tag{9.2-9c}$$

$$H_x = \mathrm{j}\,\frac{\beta}{k_c^2}\frac{m\pi}{a}A_{mn}\sin\frac{m\pi x}{a}\cos\frac{n\pi y}{b}\mathrm{e}^{-\mathrm{j}\beta z} \tag{9.2-9d}$$

$$H_y = \mathrm{j}\,\frac{\beta}{k_c^2}\frac{n\pi}{b}A_{mn}\cos\frac{m\pi x}{a}\sin\frac{n\pi y}{b}\mathrm{e}^{-\mathrm{j}\beta z} \tag{9.2-9e}$$

$$\beta = \sqrt{k^2 - k_c^2} = \sqrt{k^2 - \left(\frac{m\pi}{a}\right)^2 - \left(\frac{n\pi}{b}\right)^2} \tag{9.2-9f}$$

导行波的传播状态对应于 β 为实数，这要求

$$k > k_c = \sqrt{\left(\frac{m\pi}{a}\right)^2 + \left(\frac{n\pi}{b}\right)^2} \tag{9.2-10a}$$

相应地，有

$$f > f_c = \frac{k_c}{2\pi\sqrt{\mu\varepsilon}} = \frac{1}{2\sqrt{\mu\varepsilon}}\sqrt{\left(\frac{m}{a}\right)^2 + \left(\frac{n}{b}\right)^2} \tag{9.2-10b}$$

$$\lambda > \lambda_c = \frac{2\pi}{k_c} = \frac{2}{\sqrt{\left(\frac{m}{a}\right)^2 + \left(\frac{n}{b}\right)^2}} \tag{9.2-10c}$$

由式(9.2-9a)看出，该导行波有如下特点：

(1) 沿 z 向为行波，沿 x 和 y 向均为驻波。

(2) z=const. 的平面为等相面，但面上任意点振幅与坐标(x,y)有关，因此这是非均匀平面波。

(3) m 或 n 不同，则场结构不同。m 和 n 的每一种组合对应一种特定的场型，称为模式，以 TE_{mn} 表示。由式(9.2-9a)可见，当 x 由 0 变到 a，无论纵向场或横向场，其驻波相角都要变化 $m\pi$，即变化 m 个半周期；同样，当 y 由 0 变到 b，其驻波相角将变化 n 个半周期。

因此,m 就是场沿 a 边变化的半周期数；n 就是场沿 b 边变化的半周期数。

也可用上述步骤导出 TM 波的解。TM 波的特征是 $H_z=0$ 而 $E_z\neq0$。E_z 可表示为

$$E_z = E_{z0}(x,y)\mathrm{e}^{-\mathrm{j}\beta z} \tag{9.2-11}$$

它需满足由式(9.1-3a)导出的波动方程：

$$\left(\frac{\partial^2}{\partial x^2}+\frac{\partial^2}{\partial y^2}+k_c^2\right)E_{z0} = 0 \tag{9.2-12}$$

该方程与 TE 波情形一样,也可用分离变量法求解。通解为

$$E_{z0} = (A\cos k_x x + B\sin k_x x)(C\cos k_y y + D\sin k_y y) \tag{9.2-13}$$

对 E_{z0} 直接有如下边界条件：

$$E_{z0}(x,y)\big|_{y=0,b} = 0 \tag{9.2-14a}$$

$$E_{z0}(x,y)\big|_{x=0,a} = 0 \tag{9.2-14b}$$

应用边界条件式(9.2-14a)于式(9.2-13)得

$$A=0,\quad k_x=\frac{mx}{a},\quad m=1,2,3,\cdots$$

对式(9.2-13)应用边界条件式(9.2-14b)得

$$C=0,\quad k_y=\frac{ny}{b},\quad n=1,2,3,\cdots$$

从而得 E_z 的解为

$$E_z = B_{mn}\sin\frac{m\pi x}{a}\sin\frac{n\pi y}{b}\mathrm{e}^{-\mathrm{j}\beta z} \tag{9.2-15}$$

式中 $B_{mn}=BD$ 为振幅常数,m 和 n 可以是除 0 以外的任何整数。m 和 n 均不能为 0,因为只要其中一个为 0,则整个场分量便不存在了。由式(9.1-4)和式(9.2-15)可得横向场分量如下：

$$E_x = -\mathrm{j}\frac{\beta}{k_c^2}\frac{m\pi}{a}B_{mn}\cos\frac{m\pi x}{a}\sin\frac{n\pi y}{b}\mathrm{e}^{-\mathrm{j}\beta z} \tag{9.2-15a}$$

$$E_y = -\mathrm{j}\frac{\beta}{k_c^2}\frac{n\pi}{b}B_{mn}\sin\frac{m\pi x}{a}\cos\frac{n\pi y}{b}\mathrm{e}^{-\mathrm{j}\beta z} \tag{9.2-15b}$$

$$H_x = \mathrm{j}\frac{\omega\varepsilon}{k_c^2}\frac{n\pi}{b}B_{mn}\sin\frac{m\pi x}{a}\cos\frac{n\pi y}{b}\mathrm{e}^{-\mathrm{j}\beta z} \tag{9.2-15c}$$

$$H_y = -\mathrm{j}\frac{\omega\varepsilon}{k_c^2}\frac{m\pi}{a}B_{mn}\cos\frac{m\pi x}{a}\sin\frac{n\pi y}{b}\mathrm{e}^{-\mathrm{j}\beta z} \tag{9.2-15d}$$

与 TE 模一样,传播常数是

$$\beta = \sqrt{k^2-k_c^2} = \sqrt{k^2-\left(\frac{m\pi}{a}\right)^2-\left(\frac{n\pi}{b}\right)^2} \tag{9.2-15e}$$

我们看到,TM 波和 TE 波的截止波数 k_c 公式完全相同,因此它们的传播条件同为式(9.2-10)。部分 TE 波和 TM 波的电磁场分布如图 9.2-2 所示。波导中电磁场的通解应是 TE 波和 TM 波各模式场的线性叠加。因为,波动方程是线性的,因此满足波动方程和边界条件的所有模式的线性叠加也必然是方程的解而能在波导中存在。

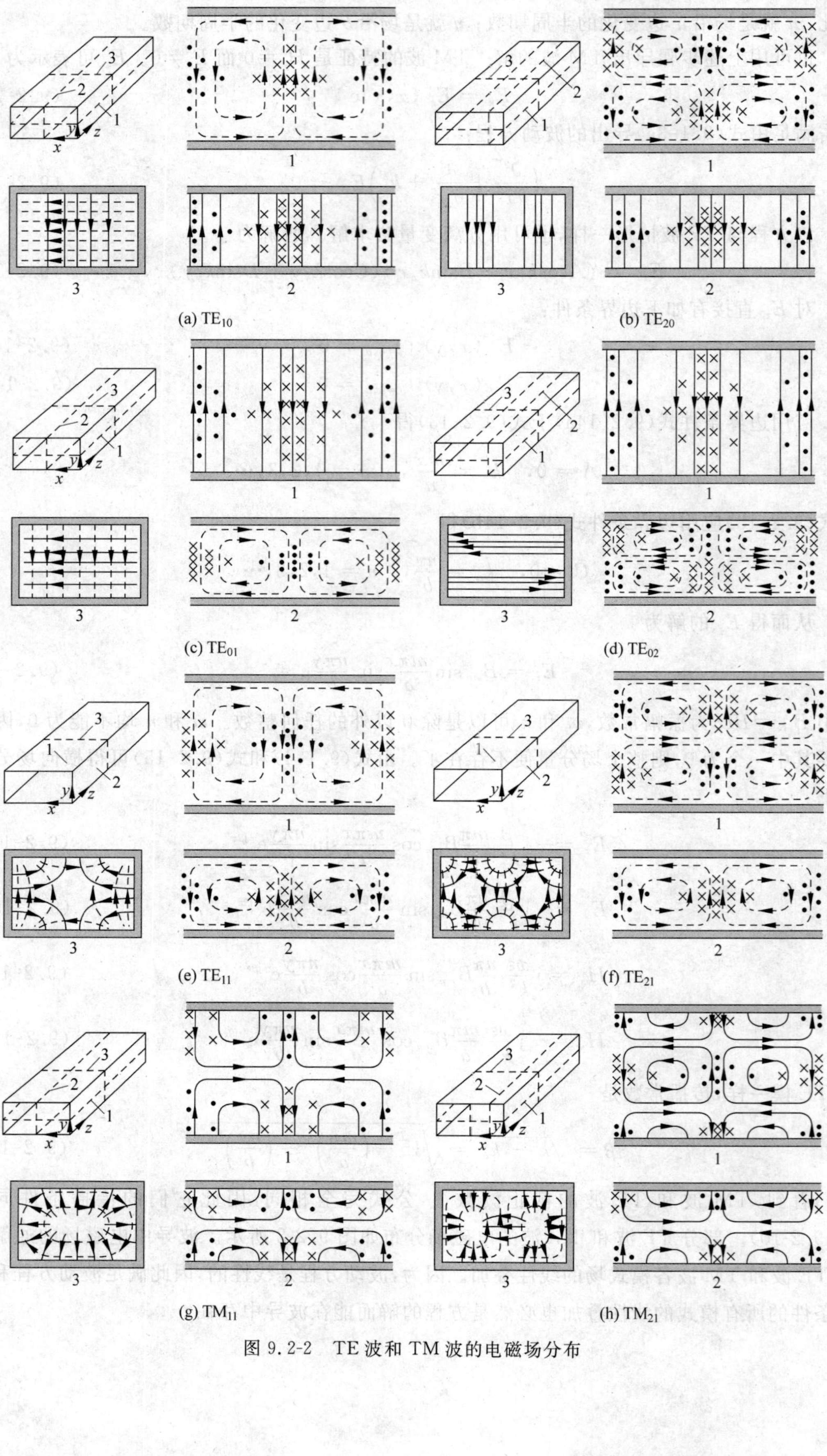

(a) TE_{10}　(b) TE_{20}　(c) TE_{01}　(d) TE_{02}　(e) TE_{11}　(f) TE_{21}　(g) TM_{11}　(h) TM_{21}

图 9.2-2　TE 波和 TM 波的电磁场分布

9.2.2　TE 波和 TM 波的传播特性

并非所有的 TE_{mn} 模和 TM_{mn} 模都能在波导中同时传播。一个特定尺寸的波导能传输哪些模式的波，取决于各模式的截止波长 λ_c（或截止频率 f_c）和激励方式。只有满足条件 $\lambda<\lambda_c$（即 $f>f_c$）的模才能在波导中传播。λ_c 最长的模称为主模，其他模称为高次模。由式(9.2-10)知，TE 波中 TE_{10} 模的 $\lambda_c=2a$ 最长（已设 $a>b$，它比 TE_{01} 模的 $\lambda_c=2b$ 更长）；TM 波中 TM_{11} 模的 $\lambda_c=2ab/\sqrt{a^2+b^2}$ 最长，但短于 TE_{10} 模的 λ_c。因此，矩形波导中的主模是 TE_{10} 模。

图 9.2-3 是以 λ_c 长短为序绘出的矩形波导 BJ-220 各模式的截止波长分布图。BJ-220 是国产标准矩形波导系列的型号，BJ 表示标准(B)矩形(J)波导，220($\times 10^8$ Hz)表示中心频率。国产矩形波导标准尺寸请见附录 E。由附录 E 查得，BJ-220 的内截面尺寸为 $a\times b=10.67\times 4.32\text{mm}^2$，$a/b=2.47$。由图 9.2-3 看出，当 $\lambda>2a$ 时，全部模式都截止。处于这种工作状态的波导称为截止波导或过极限波导。当 $a<\lambda<2a$ 时，只有 TE_{10} 模能传输，其他模都截止，称为单模传输状态。而当 $\lambda<a$ 时，将出现两种以上模式，称为多模区或过模波导。波导中不同模式具有相同 λ_c 的现象，称为模式的“简并”。矩形波导中，无论 TE 模或 TM 模，只要 m 和 n 相同，都有相同的 λ_c。由于不存在 TM_{m0} 和 TM_{0n} 模，因此，除 TE_{m0} 和 TE_{0n} 模以外的 TE_{mn} 模都与 TM_{mn} 相简并。

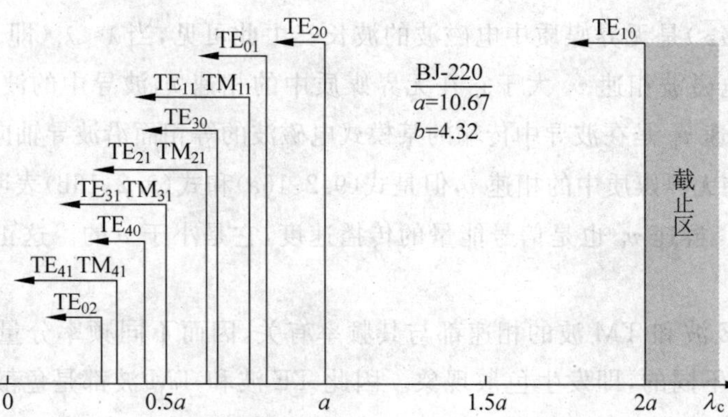

模式	TE_{10}	TE_{20}	TE_{01}	TE_{11} TM_{11}	TE_{30}	TE_{21} TM_{21}	TE_{31} TM_{31}	TE_{40}	TE_{41} TM_{41}	TE_{02}
λ_c/cm	2.134	1.067	0.864	0.801	0.711	0.671	0.549	0.534	0.454	0.432

图 9.2-3　矩形波导各模式截止波长分布图

实际矩形波导一般都取 $a\geqslant 2b$，以便在 $a<\lambda<2a$ 频带上实现单模传输。因此，波导宽边尺寸应取为 $\lambda/2<a<\lambda$，而窄边尺寸应取为 $b<\lambda/2$。

矩形波导中 TE 波和 TM 波的相速为

$$v_p=\frac{\omega}{\beta}=\frac{\omega}{k\sqrt{1-\left(\frac{k_c}{k}\right)^2}}=\frac{v}{\sqrt{1-\left(\frac{k_c}{k}\right)^2}}$$

$$= \frac{v}{\sqrt{1-\left(\frac{f_c}{f}\right)^2}} = \frac{v}{\sqrt{1-\left(\frac{\lambda}{\lambda_c}\right)^2}} \tag{9.2-16a}$$

群速是波导中传输的一群波沿波导轴向的传播速度,定义为

$$v_g = \frac{d\omega}{d\beta}$$

因

$$\beta = \sqrt{k^2 - k_c^2} = \sqrt{\omega^2 \mu\varepsilon - k_c^2}$$

$$\frac{d\beta}{d\omega} = \frac{1}{2}\frac{2\omega\mu\varepsilon}{\sqrt{k^2-k_c^2}} = \frac{k^2/\omega}{\sqrt{k^2-k_c^2}} = \frac{v_p}{v^2}$$

故群速 v_g 为

$$v_g = \frac{d\omega}{d\beta} = \frac{v^2}{v_p} = v\sqrt{1-\left(\frac{\lambda}{\lambda_c}\right)^2} \tag{9.2-16b}$$

波导中电磁波传播常数与波导中电磁波波长的关系式为 $\beta=2\pi/\lambda_g$,从而有

$$\left(\frac{2\pi}{\lambda_g}\right)^2 = \left(\frac{2\pi}{\lambda}\right)^2 + \left(\frac{2\pi}{\lambda_c}\right)^2$$

$$\lambda_g = \frac{\lambda}{\sqrt{1-\left(\frac{\lambda}{\lambda_c}\right)^2}} \tag{9.2-17}$$

$\lambda=v/f=1/(f\sqrt{\mu\varepsilon})$ 是无界媒质中电磁波的波长。由此可见,当 $\lambda<\lambda_c$(即 $f>f_c$)时,$\lambda_g>\lambda$,$v_p>v$,即波导中电磁波相速 v_p 大于它在无界媒质中的相速 v,波导中的波长 λ_g 大于无界媒质中的波长 λ。相速 v_p 是在波导中传输的某模式电磁波的等相面沿波导轴向的传播速度。虽然它大于电磁波在无界媒质中的相速 v,但是式(9.2-16a)和式(9.2-16b)表明,仍有 $v_p v_g=v^2$,因而 v_g 必小于 v。群速 v_g 也是信号能量的传播速度,它是小于 v 的。这正与6.2.2节的讨论相类似。

我们看到,TE波和TM波的相速都与其频率有关,因而不同频率分量在传播相同时间后,传播的距离是不同的,即发生色散现象。因此TE波和TM波都是色散波。

波导中横向电场与横向磁场之比定义为波阻抗,故TE波的波阻抗为

$$\eta_{TE} = \frac{E_x}{H_y} = \frac{-E_y}{H_x} = \frac{\omega\mu}{\beta} = \eta\frac{\lambda_g}{\lambda} = \frac{\eta}{\sqrt{1-\left(\frac{\lambda}{\lambda_c}\right)^2}} \tag{9.2-18a}$$

TM波的波阻抗为

$$\eta_{TM} = \frac{E_x}{H_y} = \frac{-E_y}{H_x} = \frac{\beta}{\omega\varepsilon} = \eta\frac{\lambda}{\lambda_g} = \eta\sqrt{1-\left(\frac{\lambda}{\lambda_c}\right)^2} \tag{9.2-18b}$$

当 $\lambda<\lambda_c$ 即 $f>f_c$ 时,η_{TE} 和 η_{TM} 为实数,且在 $\lambda\ll\lambda_c$ 时趋于无界媒质中的波阻抗 $\eta=\sqrt{\mu/\varepsilon}$。但当 $\lambda>\lambda_c$ 即 $f<f_c$ 时,η_{TE} 和 η_{TM} 为虚数,表明横向电场和横向磁场相位相差90°,因此沿 z 向没有实功率传播。

表9.2-1列出了 $f>f_c$ 时,TE波、TM波及TEM波的波长和波阻抗。

表 9.2-1　$f>f_c$ 时的波导波长和波阻抗

模　式	波导波长	波阻抗
TE	$\lambda_g=\dfrac{\lambda}{\sqrt{1-(\lambda/\lambda_c)^2}}$	$\eta_{TE}=\dfrac{\eta}{\sqrt{1-(\lambda/\lambda_c)^2}}$
TM	$\lambda_g=\dfrac{\lambda}{\sqrt{1-(\lambda/\lambda_c)^2}}$	$\eta_{TM}=\eta\sqrt{1-(\lambda/\lambda_c)^2}$
TEM	$\lambda=\dfrac{1}{f\sqrt{\mu\varepsilon}}$	$\eta=\sqrt{\dfrac{\mu}{\varepsilon}}$

9.2.3　TE_{10} 波

TE_{10} 波是矩形波导中最常用的模式。在式(9.2-9)中令 $m=1,n=0$ 和 $A_{10}=H_{10}$ 及 $k_c=\pi/a$ 得

$$H_z = H_{10}\cos\frac{\pi x}{a}e^{-j\beta z} = j\frac{E_{10}}{\eta}\frac{\lambda}{2a}\cos\frac{\pi x}{a}e^{-j\beta z} \tag{9.2-19a}$$

$$H_x = j\frac{\beta a}{\pi}H_{10}\sin\frac{\pi x}{a}e^{-j\beta z} = -\frac{E_{10}}{\eta_{TE}}\sin\frac{\pi x}{a}e^{-j\beta z} \tag{9.2-19b}$$

$$E_y = -j\frac{\omega\mu a}{\pi}H_{10}\sin\frac{\pi x}{a}e^{-j\beta z} = E_{10}\sin\frac{\pi x}{a}e^{-j\beta z} \tag{9.2-19c}$$

$$E_{10} = -j\frac{\omega\mu a}{\pi}H_{10} = -j\frac{2a\eta}{\lambda}H_{10} \tag{9.2-19d}$$

其余分量 $E_x=E_z=H_y=0$。其电磁场分布的 3 个剖面图如图 9.2-4(a)所示，这里用电力线和磁力线表示场结构。E_y 和 H_z 沿 a 边按正弦分布，而 H_x 沿 a 边呈余弦分布，且与 H_x 在 z 向有 90°空间相位差，因而 H_x 和 H_z 形成闭合曲线，如图 9.2-4(a)中宽边的纵向剖面图所示。

当波导中传输 TE_{10} 波时，波导内壁上将感应表面电流。在微波频率上，波导内壁电流都集中在内壁表面层流动，其集肤深度的典型值为 10^{-4} cm 量级。所以这种内壁电流可看成面电流。在 $x=0$ 壁上的面电流密度为

$$\overline{J}_{sb} = \hat{n}\times\overline{H}\,|_{x=0} = \hat{x}\times\hat{z}H_z\,|_{x=0} = -\hat{y}H_z\,|_{x=0} = -\hat{y}H_{10}e^{-j\beta z} \tag{9.2-20a}$$

$y=0$ 壁上的面电流密度为

$$\begin{aligned}\overline{J}_{sa} &= \hat{n}\times\overline{H}\Big|_{y=0} = \hat{y}\times(\hat{x}H_x\,|_{y=0}+\hat{z}H_z\,|_{y=0})\\ &= -\hat{z}j\frac{k_z a}{\pi}H_{10}\sin\frac{\pi x}{a}e^{-jkz} + \hat{x}H_{10}\cos\frac{\pi x}{a}e^{-j\beta z}\end{aligned} \tag{9.2-20b}$$

所得电流分布如图 9.2-4(b)所示。两侧的窄壁上只有 y 向电流，左右两侧电流大小相等且方向相同；宽壁上有 x 向和 z 向电流，上下宽壁上的电流大小相等，但方向相反。我们注意到，宽壁中心线上只有 z 向电流，因此沿中心线开窄的纵向缝，将不会因切断电流而引起辐射。如图 9.2-5 所示的波导测量线，正是从宽壁中心纵向缝中，伸入探针来取样驻波电场大小的。

TE_{10} 波沿 z 向传输的平均功率为

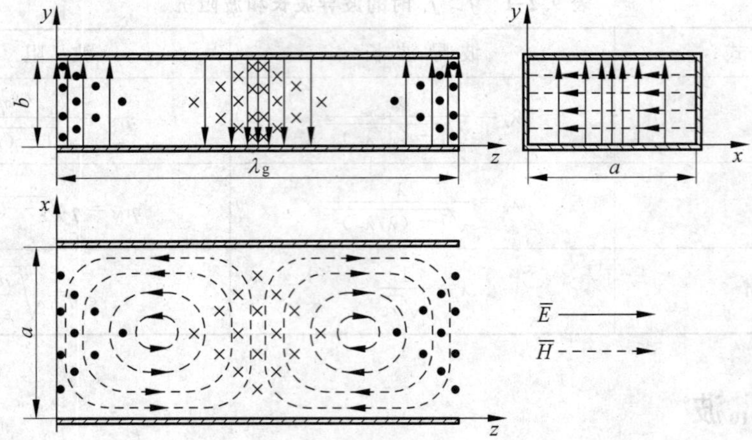

(a) 电磁场分布

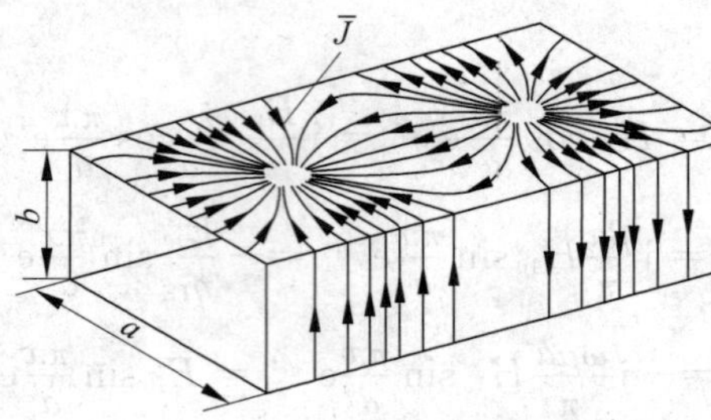

(b) 波导内壁的面电流分布

图 9.2-4 TE_{10}波的电磁场分布与面电流分布

$$
\begin{aligned}
P_{av} &= \frac{1}{2}\mathrm{Re}\int_0^a\int_0^b \bar{E}\times\bar{H}^*\cdot\hat{z}\mathrm{d}x\mathrm{d}y \\
&= \frac{1}{2}\mathrm{Re}\int_0^a\int_0^b(-E_yH_x^*)\mathrm{d}x\mathrm{d}y \\
&= \frac{1}{2}\int_0^a\int_0^b\frac{|E_{10}|^2}{\eta_{TE}}\sin^2\frac{\pi x}{a}\mathrm{d}x\mathrm{d}y \\
&= \frac{|E_{10}|^2ab}{4\eta_{TE}}
\end{aligned}
\tag{9.2-21}
$$

图 9.2-5 波导测量线

式中$|E_{10}|$为E_y的最大值,$\eta_{TE}=\eta/\sqrt{1-(\lambda/2a)^2}$。

当波导中最大电场$|E_{10}|$达到所填充介质的击穿场强E_{br}时,介质将发生击穿。对应的传输功率称为波导的功率容量,用P_{br}表示。由上式得

$$P_{br}=\frac{E_{br}^2ab}{4\eta}\sqrt{1-\left(\frac{\lambda}{2a}\right)^2} \tag{9.2-22a}$$

对常用的空气波导,其空气击穿场强为$E_{br}=30\mathrm{kV/cm^2}$,$\eta=377\Omega$,有

$$P_{br}=0.6ab\sqrt{1-\left(\frac{\lambda}{2a}\right)^2} \tag{9.2-22b}$$

式中a,b以cm为单位,而所得功率单位为MW。例如,某S波段雷达天线用BJ-32空气波导馈电,其内截面尺寸为$a\times b=72.14\times34.04\mathrm{mm}^2$。当波长$\lambda=10\mathrm{cm}$时,按上式计算的功率容量为10.6MW。实际发射的脉冲功率为5MW,雷达作用距离达200km。

虽然我们假定波导是理想导体构成的，但实际导体总是有损耗的。该导体损耗可利用上面导出的波导管壁电流来算出。于是，由式(5.5-44)和式(9.2-20)得单位长度的损耗功率为

$$P_\sigma = \frac{1}{2}R_s\int_l |J_s|^2 dl = R_s\left[\int_0^b |J_{sy}|^2 dy + \int_0^a (|J_{sx}|^2 + |J_{sz}|^2)dx\right]$$
$$= R_s |H_{10}|^2 \left(\frac{\lambda}{2a\eta}\right)^2 \left[b + 2a\left(\frac{a}{\lambda}\right)^2\right] \tag{9.2-23}$$

令导体损耗引起的衰减常数为 α_c，由此引起的传输功率变化可表示为

$$P = P_0 e^{-2\alpha z} \tag{9.2-24}$$

故传输功率的减小为 $-\partial P/\partial z = 2\alpha_c P$，此即单位长度上的功率减小量。它应等于单位长度上管壁电流的功率损耗 P_σ，即 $2\alpha_c P = P_\sigma$，从而得

$$\alpha_c = \frac{P_\sigma}{2P}(\mathrm{Np/m}) \tag{9.2-25}$$

把式(9.2-21)和式(9.2-23)代入上式得

$$\alpha_c = \frac{R_s}{\eta b\sqrt{1-(\lambda/2a)^2}}\left[1 + \frac{2b}{a}\left(\frac{\lambda}{2a}\right)^2\right](\mathrm{Np/m}) \tag{9.2-26}$$

图 9.2-6 给出了 $a=2\mathrm{cm}$ 的黄铜波导在两种 b/a 值时 TE_{10} 模的衰减曲线，同时也示出了 TM_{11} 模的衰减曲线。我们注意到，当工作频率接近 TE_{10} 模截止频率时，其衰减急剧增大。因此，工作频率一般要高于其截止频率 25%，即 $f/f_c \geqslant 1.25$。自然，若 f/f_c 太接近 2，将可能导致 TE_{20} 模的干扰。这样，波导的工作频率一般范围为 $f/f_c = 1.25 \sim 1.9$，其相对带宽约为 40%。

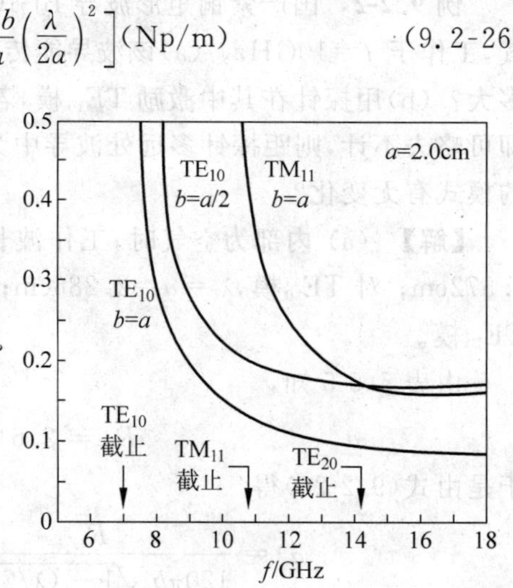

图 9.2-6　黄铜矩形波导导体损耗引起的衰减曲线

波导中若填充介质(dielectric)，还将存在介质损耗。此时总衰减常数为 $\alpha = \alpha_c + \alpha_d$，$\alpha_d$ 是介质损耗引起的衰减常数。与例 5.5-2 中相似，可利用复介电常数 $\varepsilon_c = \varepsilon(1 - \mathrm{j}\tan\delta)$ 来导出 α_d，$\tan\delta$ 为介质损耗角正切。这里 $\tan\delta = \sigma/\omega\varepsilon$。此时复传播常数可表示为

$$\alpha_d + \mathrm{j}\beta = \sqrt{k_c^2 - \omega^2\mu\varepsilon(1 - \mathrm{j}\tan\delta)} = \sqrt{k_c^2 - k^2 + \mathrm{j}k^2\tan\delta}$$
$$\approx \sqrt{k_c^2 - k^2} + \frac{\mathrm{j}k^2\tan\delta}{2\sqrt{k_c^2 - k^2}}$$

式中已利用近似关系 $\sqrt{a^2 + x^2} \approx a + \frac{x^2}{2a}$，$x \ll a$。比较上式两端知，

$$\alpha_d \approx \sqrt{k_c^2 - k^2} = \frac{k^2}{2\beta}\tan\delta = \frac{\pi\tan\delta}{\lambda\sqrt{1-(\lambda/2a)^2}}(\mathrm{Np/m}) \tag{9.2-27}$$

α_d 近似与波长成反比。在厘米波段，介质损耗与导体损耗相比一般可忽略，但在毫米波段就要加以考虑了。

例 9.2-1　要求空气矩形波导的工作波长范围为 10.6～11.0cm，且其 TE_{10} 波单模工作

频率至少要有30%的安全系数,试选定国产标准矩形波导型号。

【解】 主模TE_{10}和高次模TE_{20}和TE_{01}的截止波长分别为

$$TE_{10}: \lambda_{10} = 2a; \quad TE_{20}: \lambda_{20} = a; \quad TE_{01}: \lambda_{01} = 2b$$

它们的截止频率分别为

$$TE_{10}: f_{10} = c/2a; \quad TE_{20}: f_{20} = c/a; \quad TE_{01}: f_{01} = c/2b$$

本题要求:

$$f_{max} \geqslant 1.3f_{10}; \quad f_{min} \leqslant 0.7f_{20}; \quad f_{min} \leqslant 0.7f_{01}$$

因 $f=c/\lambda$,上述要求化为

$$2a \geqslant 1.3\lambda_{max}; \quad a \leqslant 0.7\lambda_{min}; \quad 2b \leqslant 0.7\lambda_{min}$$

即要求:

$$a \geqslant 1.3\lambda_{max}/2 = 7.15\text{cm}; \quad a \leqslant 0.7\lambda_{min} = 7.42\text{cm}; \quad b \leqslant 0.7\lambda_{min}/2 = 3.71\text{cm}$$

我们选择国产矩形波导BJ-32。由附录E知,其尺寸为$a=7.214\text{cm}$,$7.15\text{cm}<a<7.42\text{cm}$;$b=3.404\text{cm}<3.71\text{cm}$,满足要求。

例9.2-2 国产紫铜矩形波导BJ-100的尺寸为$a=22.86\text{mm}$,$b=10.16\text{mm}$。内部为空气,工作于$f=10\text{GHz}$。(a)该波导能传输什么模式?其1m长的衰减为多少dB?功率容量多大?(b)用探针在其中激励TE_{10}模,若设其中高次模的振幅只要衰减至探针处的1/1000,即可略去不计,则距探针多远处波导中为纯TE_{10}波?(c)若填充$\varepsilon_r=4$的理想介质,能传输的模式有无变化?

【解】 (a)内部为空气时,工作波长为$\lambda=c/f=3\text{cm}$。对TE_{10}模,截止波长$\lambda_c=2a=4.572\text{cm}$;对$TE_{20}$模,$\lambda_c=a=2.286\text{cm}$;其他模$\lambda_c$更短。因此,在10GHz该波导仅能传输$TE_{10}$模。

由表5.5-5知,

$$R_s = 2.61\times10^{-7}\sqrt{f} = 0.0261\Omega$$

于是由式(9.2-26)得

$$\alpha_c = \frac{R_s}{120\pi b\sqrt{1-(\lambda/2a)^2}}\left[1+\frac{2b}{a}\left(\frac{\lambda}{2a}\right)^2\right] = 0.0125\text{Np/m}$$

因此,由式(5.5-12),每米波导的衰减为

$$A_c = 0.0125\times8.686 = 0.109\text{dB}$$

由式(9.2-22b),得功率容量为

$$P_{br} = 0.6ab\sqrt{1-\left(\frac{\lambda_0}{2a}\right)^2} = 1.05\text{MW}$$

(b)波导中非传输模的衰减常数为

$$\alpha = \frac{2\pi}{\lambda_c}\sqrt{1-\left(\frac{\lambda_c}{\lambda}\right)^2}$$

可见截止波长λ_c越大的模衰减越慢。λ_c最大的模TE_{20}的衰减常数为

$$\alpha = \frac{2\pi}{a}\sqrt{1-\left(\frac{a}{\lambda}\right)^2} = \frac{2\pi}{2.286}\sqrt{1-\left(\frac{2.286}{3}\right)^2} = 1.78(\text{Np/cm})$$

设距探针l处TE_{20}模的振幅衰减至探针处的1/1000,即

$$e^{-\alpha l} = 1/1000$$

得

$$l=\frac{\ln 1000}{\alpha}=\frac{6.908}{1.78}=3.88(\mathrm{cm})$$

(c) 填充 $\varepsilon_r=4$ 理想介质时，媒质波长为 $\lambda_d=\lambda/\sqrt{\varepsilon_r}=1.5\mathrm{cm}$。可见，对 TE_{10} 和 TE_{20} 模均有 $\lambda_d<\lambda_c$。此外，对 TE_{01} 模，$\lambda_c=2b=2.032\mathrm{cm}$；对 TE_{11} 和 TM_{11} 模 $\lambda_c=2ab/\sqrt{a^2+b^2}=1.857\mathrm{cm}$；对 TE_{30} 模，$\lambda_c=2a/3=1.524\mathrm{cm}$；对 TE_{21} 和 TM_{21} 模 $\lambda_c=2ab/\sqrt{a^2+b^2}=1.519\mathrm{cm}$。以上这些模式的截止波长均大于媒质波长 1.5cm，它们都能在此波导中传播。

9.2.4 谐振腔

以上研究的导行波都是在无限长的波导中传播的，而未考虑输入端和负载端的影响。实际上，一个很重要的特殊情况是在波导两端放置两个理想导电壁，如图 9.2-7(a)所示，称为空腔谐振器或谐振腔。通常用探针、小环或小孔向谐振腔输入或输出能量，如图 9.2-7(b)所示。这个无耗的理想导体系统一旦吸收了激励能量，它就会按照这个空腔所允许的一个或更多的模一直振荡下去。因此，波导相当于低频技术中的传输线，而谐振腔就相当于低频技术中的振荡回路，用于微波的激发。

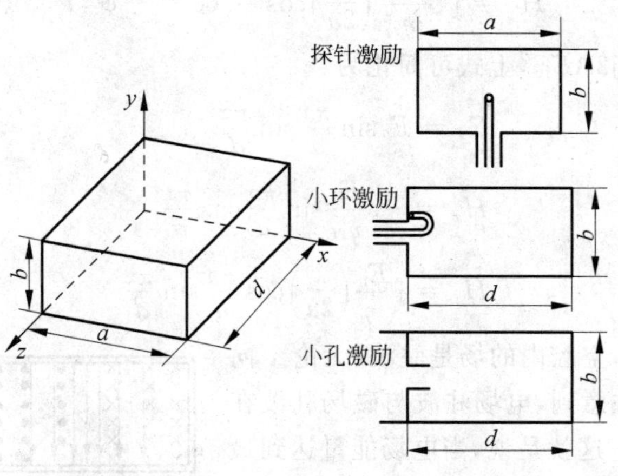

(a) 几何关系　　(b) 耦合方式

图 9.2-7　空腔谐振腔及其耦合方式

1. 波导谐振腔的谐振频率

前面我们已经求得矩形波导中的 TE_{mn} 模和 TM_{mn} 模的电磁场分量，它们都满足空腔侧壁($x=0,a$ 和 $y=0,b$)处的边界条件。现在只需要加上两端壁($z=0,d$)处的边界条件 $E_x=E_y=0$。此时 TE_{mn} 或 TM_{mn} 模的横向电场(E_x,E_y)可写成

$$E_t=E_{t0}(x,y)(A\mathrm{e}^{-\mathrm{j}\beta z}+B\mathrm{e}^{\mathrm{j}\beta z}) \tag{9.2-28}$$

应用 $z=0$ 处 $E_t=0$ 的边界条件可知，$B=-A$，得

$$E_t=-\mathrm{j}2AE_0(x,y)\sin\beta z \tag{9.2-29}$$

然后由 $z=d$ 处 $E_t=0$ 的条件得 $\sin\beta d=0$，故

$$\beta d=p\pi,\quad p=1,2,3,\cdots \tag{9.2-30}$$

这表明，谐振腔长度必须是谐振模半波长的整数倍。

我们用 TE_{mnp} 和 TM_{mnp} 来标记谐振腔中的谐振模，m、n 和 p 分别是场分量沿 x、y 和 z 向变化的半周期数。其截止波数为

$$k_{mnp}=\sqrt{\left(\frac{m\pi}{a}\right)^2+\left(\frac{n\pi}{b}\right)^2+\left(\frac{p\pi}{d}\right)^2} \tag{9.2-31}$$

TE_{mnp} 或 TM_{mnp} 模的谐振频率为

$$f_{mnp}=\frac{ck_{mnp}}{2\pi\sqrt{\mu_r\varepsilon_r}}=\frac{c}{2\sqrt{\mu_r\varepsilon_r}}\sqrt{\left(\frac{m}{a}\right)^2+\left(\frac{n}{b}\right)^2+\left(\frac{p}{d}\right)^2} \tag{9.2-32}$$

若 $b<a<d$，主谐振模(谐振频率最低)将是 TE_{101} 模，对应于长 $\lambda_g/2$ 的短路波导中的 TE_{10} 主波导模。

2. TE_{101} 模

由式(9.2-19)和式(9.2-28)，并代入 $B=-A$，得 TE_{101} 模的场分量为

$$E_y=AE_{10}\sin\frac{\pi x}{a}(e^{-j\beta z}-e^{j\beta z}) \tag{9.2-33a}$$

$$H_x=-\frac{AE_{10}}{\eta_{TE}}\sin\frac{\pi x}{a}(e^{-j\beta z}-e^{j\beta z}) \tag{9.2-33b}$$

$$H_z=j\frac{AE_{10}}{\eta}\left(\frac{\lambda}{2a}\right)\cos\frac{\pi x}{a}(e^{-j\beta z}-e^{j\beta z}) \tag{9.2-33c}$$

因 $\beta=\pi/d$，令 $E_0=-j2AE_{10}$，上式可简化为

$$E_y=E_0\sin\frac{\pi x}{a}\sin\frac{\pi z}{d} \tag{9.2-34a}$$

$$H_x=-j\frac{E_0}{\eta_{TE}}\sin\frac{\pi x}{a}\cos\frac{\pi z}{d} \tag{9.2-34b}$$

$$H_z=j\frac{E_0}{\eta}\left(\frac{\lambda}{2a}\right)\cos\frac{\pi x}{a}\sin\frac{\pi z}{d} \tag{9.2-34c}$$

此式清楚地表明，空腔内的场是驻波(无论 x 向或 z 向)。并且我们注意到，电场驻波与磁场驻波在时间相位上相差 90°。这就是说，当电场能量达到最大时，磁场能量为零；反之，当磁场能量最大时，电场能量为零。电磁能量在电场与磁场间不断地来回交换。这正是谐振器件所具有的共性。依上式画出的 TE_{101} 模的场结构示于图 9.2-8 中。不难看出，它与 TE_{10} 模(图 9.2-3)的最大不同是 z 向呈驻波分布，而且 E_y 的最大值与 H_x 的最大值在 z 向相距 $\lambda_g/4$(驻波特点)。

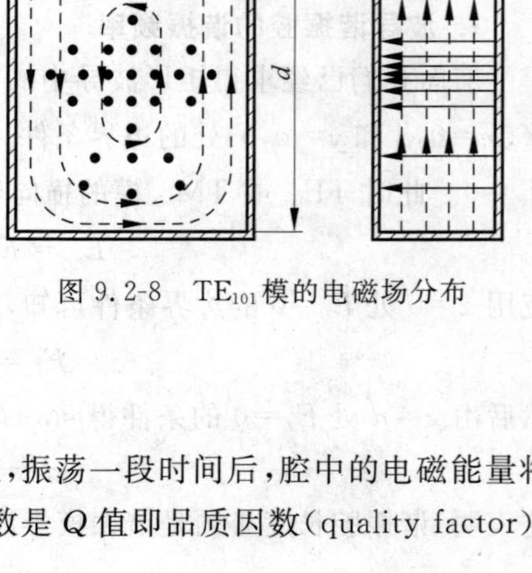

图 9.2-8 TE_{101} 模的电磁场分布

由式(9.2-32)知，TE_{101} 模的谐振频率为

$$f_{101}=\frac{c}{2\sqrt{\mu_r\varepsilon_r}}\sqrt{\frac{1}{a^2}+\frac{1}{d^2}} \tag{9.2-35}$$

3. 谐振腔的品质因数

实际的谐振腔总存在一定的损耗。若无外源补充，振荡一段时间后，腔中的电磁能量将变为热能。为衡量谐振器件的损耗大小，一个重要参数是 Q 值即品质因数(quality factor)，

它定义为

$$Q = 2\pi \frac{储能的时间平均值}{一个周期内的能量损耗} = \omega_0 \frac{储能的时间平均值}{单位时间的能量损耗}$$

即

$$Q = \frac{\omega_0 W}{P_\sigma} \tag{9.2-36}$$

式中 ω_0 是谐振角频率；$W = W_e + W_m$ 为腔中时间平均电、磁储能之和；P_σ 为腔中时间平均功率损耗。对 TE_{101} 模，有

$$W_e = \frac{\varepsilon}{4}\int_v |E_y|^2 dv = \frac{\varepsilon abd}{16}E_0^2$$

$$W_m = \frac{\mu}{4}\int_v (|H_x|^2 + |H_z|^2) dv = \frac{\mu abd}{16}E_0^2\left[\frac{1}{\eta_{TE}^2} + \frac{1}{\eta^2}\left(\frac{\lambda}{2a}\right)^2\right]$$

因

$$\frac{1}{\eta_{TE}^2} + \frac{1}{\eta^2}\left(\frac{\lambda}{2a}\right)^2 = \left[\frac{1}{\eta}\sqrt{1-\left(\frac{\lambda}{2a}\right)^2}\right]^2 + \frac{1}{\eta^2}\left(\frac{\lambda}{2a}\right)^2 = \frac{1}{\eta^2} = \frac{\varepsilon}{\mu}$$

故有

$$W_e = W_m = \frac{abd}{16}\varepsilon E_0^2 \tag{9.2-37}$$

可见，谐振腔平均电储能和平均磁储能相等，这与 RLC 谐振电路的情形类似。

对于低损耗情形，与 9.2.3 节的处理相同(微扰法)，利用已导出的场分量公式(9.2-34)，得导体损耗功率为

$$\begin{aligned}P_\sigma &= \frac{R_s}{2}\int_s |H_t|^2 ds = \frac{R_s}{2}\left(2\int_0^a\int_0^b |H_x(z=0)|^2 dxdy + 2\int_0^b\int_0^d |H_z(x=0)|^2 dydz\right.\\&\quad \left.+ 2\int_0^a\int_0^d [|H_x(y=0)|^2 + |H_z(y=0)|^2] dxdz\right)\\&= \frac{R_s}{8\eta^2}E_0^2\lambda^2\left[\frac{ab}{d^2} + \frac{bd}{a^2} + \frac{ad}{2}\left(\frac{1}{d^2} + \frac{1}{a^2}\right)\right]\end{aligned} \tag{9.2-38}$$

式中已代入 $\eta_{TE} = \eta\sqrt{1-(\lambda/2a)^2} = \eta\lambda_g/\lambda = 2d\eta/\lambda$(因 $d = \lambda_g/2$)。

于是，因导体损耗引起的空腔 Q 值为

$$\begin{aligned}Q_c &= \frac{2\omega_0 W_e}{P_\sigma} = \frac{\omega_0\varepsilon\eta^2}{R_s\lambda^2}\frac{abd}{ab/d^2 + bd/a^2 + (a^2+d^2)/2ad}\\&= \frac{4\pi\eta}{R_s}\left(\frac{ad}{\lambda}\right)^3\left[\frac{b}{2b(a^3+d^3) + ad(a^2+d^2)}\right]\end{aligned} \tag{9.2-39}$$

若空腔中 $\sigma \neq 0$，将存在欧姆电流 $\bar{J} = \sigma\bar{E}$，由此引起的介质损耗功率为

$$P_d = \frac{1}{2}\int_v \bar{J}\cdot\bar{E}^* dv = \frac{\sigma}{2}\int_v |E_y|^2 dv = \frac{\sigma abd}{8}E_0^2 \tag{9.2-40}$$

这样，由介质损耗引起的空腔 Q 值为

$$Q_d = \frac{2\omega_0 W_e}{P_d} = \frac{\omega_0\varepsilon}{\sigma} = \frac{1}{\tan\delta} \tag{9.2-41}$$

这一公式对任意谐振模都是适用的。

最后，当同时存在导体损耗和介质损耗时，总损耗功率为 $P_c + P_d$，从而总 Q 值为

$$Q=\left(\frac{1}{Q_c}+\frac{1}{Q_d}\right)^{-1} \tag{9.2-42}$$

例 9.2-3 要求空气矩形谐振腔的谐振频率为 2GHz 和 3GHz,分别谐振于 TE_{101} 模和 TE_{102} 模。请确定其尺寸 $a\times b\times d$。

【解】 由式(9.2-32)知,TE_{101} 模和 TE_{102} 模的谐振频率为

$$1.5\times10^8\sqrt{\left(\frac{1}{a}\right)^2+\left(\frac{1}{d}\right)^2}=2\times10^9$$

$$1.5\times10^8\sqrt{\left(\frac{1}{a}\right)^2+\left(\frac{2}{d}\right)^2}=3\times10^9$$

联立以上二式,求得 $d=11.6\text{cm}$,$a=9.82\text{cm}$,取 $b=a/2=4.91\text{cm}$。故尺寸为 $9.82\text{cm}\times4.91\text{cm}\times11.6\text{cm}$。

例 9.2-4 由 C 波段紫铜矩形波导 BJ-48($a=47.55\text{mm}$,$b=22.15\text{mm}$)制成谐振腔,其中填充聚乙烯($\varepsilon_r=2.25$,$\tan\delta=0.0004$)。要求工作于主模,谐振频率为 $f_0=4.8\text{GHz}$,试确定其长度 d,并求其 Q 值。

【解】 其波数为

$$k=\frac{2\pi f}{c}\sqrt{\varepsilon_r}=\frac{2\pi\times4.8\times10^9}{3\times10^8}\sqrt{2.25}=1.508\text{cm}^{-1}$$

由式(9.2-31),令谐振模为 TE_{101} 模,得

$$d=\left(\sqrt{\left(\frac{k}{\pi}\right)^2-\left(\frac{1}{a}\right)^2}\right)^{-1}=\left(\sqrt{\left(\frac{1.508}{\pi}\right)^2-\left(\frac{1}{4.755}\right)^2}\right)^{-1}=2.318\text{cm}$$

由式(9.2-32)可求得谐振模的谐振频率。对 TE_{mnp} 模而言,m 和 n 二者之一可为零,但 p 不可为零(否则各场分量不存在);对 TM_{mnp} 模而言,m 和 n 均不可为零,而 p 可为零。因此,谐振频率最低的模式可能是 TE_{101}、TE_{011} 和 TM_{110}。采用上述 d 值时,三者谐振频率分别是

$$f_{TE_{101}}=\frac{c}{2\sqrt{\varepsilon_r}}\sqrt{\frac{1}{a^2}+\frac{1}{d^2}}=\frac{3\times10^{10}}{2\times1.5}\sqrt{\frac{1}{4.755^2}+\frac{1}{2.318^2}}=4.80\times10^9\text{Hz}$$

$$f_{TE_{011}}=\frac{c}{2\sqrt{\varepsilon_r}}\sqrt{\frac{1}{a^2}+\frac{1}{d^2}}=\frac{3\times10^{10}}{2\times1.5}\sqrt{\frac{1}{2.215^2}+\frac{1}{2.318^2}}=6.24\times10^9\text{Hz}$$

$$f_{TM_{110}}=\frac{c}{2\sqrt{\varepsilon_r}}\sqrt{\frac{1}{a^2}+\frac{1}{d^2}}=\frac{3\times10^{10}}{2\times1.5}\sqrt{\frac{1}{4.755^2}+\frac{1}{2.215^2}}=4.98\times10^9\text{Hz}$$

可见,TE_{101} 模谐振频率最低,是主模。

紫铜的表面电阻为 $R_s=2.61\times10^{-7}\sqrt{f}=1.808\times10^{-12}\Omega$;媒质波阻抗为 $\eta=377/\sqrt{\varepsilon_r}=251.3\Omega$,由式(9.2-39)得

$$Q_c=2526$$

由式(9.2-40)得

$$Q_d=\frac{1}{\tan\delta}=\frac{1}{0.0004}=2500$$

总值为

$$Q=\left(\frac{1}{Q_c}+\frac{1}{Q_d}\right)^{-1}=\left(\frac{1}{2526}+\frac{1}{2500}\right)^{-1}=1256$$

可见,谐振腔 Q 值要比一般集总参数 RLC 谐振电路高很多。实际上存在馈电接头的

反射和表面的不平整性所引入的损耗,实际 Q 值会比计算值稍低些。介质损耗对 Q 值有重要影响,因此高 Q 值的设计一般采用空气介质。

9.3 同　轴　线

9.3.1 同轴线的传输特性

同轴线是一种双导体传输系统,如图 9.3-1 所示,a、b 分别为内、外导体半径。实际应用中,硬同轴线的内外导体间一般为空气,软同轴线(同轴电缆)在内外导体间填充介电常数为 ε 的电介质。

9.1.1 节已指出,同轴线中可传输 TEM 波。该 TEM 波的电场在横截面上的分布与二维静电场的分布相同。因此其电位方程为

$$\nabla^2 \phi = 0$$

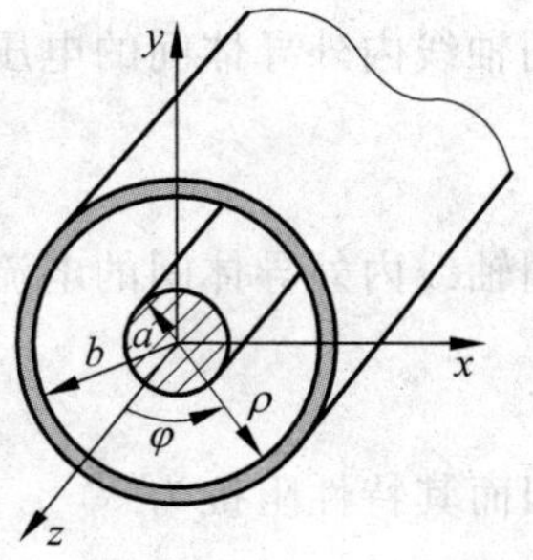

图 9.3-1　同轴线

采用图 9.1-1 所示圆柱坐标系,同轴线沿 z 轴方向是均匀的。因而 ϕ 与 z 无关,$\partial\phi/\partial z=0$,同时,该结构还具有轴对称性,$\partial\phi/\partial\varphi=0$,从而有

$$\frac{1}{\rho}\frac{\partial}{\partial\rho}\left(\rho\frac{\partial\phi}{\partial\rho}\right)=0 \tag{9.3-1}$$

其解为

$$\phi=-C_1\ln\rho+C_2 \tag{9.3-2}$$

由于对 TEM 波,$k_c^2=k^2-\beta^2=0$,$\beta=k$,且 $E_z=H_z=0$,横截面内的电场为

$$\bar{E}=\bar{E}_t(\rho,\varphi)\mathrm{e}^{-\mathrm{j}kz} \tag{9.3-3}$$

从而有

$$\begin{aligned}\bar{E}&=-\nabla\phi\mathrm{e}^{-\mathrm{j}kz}=-\left(\hat{\rho}\frac{\partial\phi}{\partial\rho}+\hat{\varphi}\frac{1}{\rho}\frac{\partial\phi}{\partial\varphi}+\hat{z}\frac{\partial\phi}{\partial z}\right)\mathrm{e}^{-\mathrm{j}kz}\\&=-\hat{\rho}\frac{\partial\phi}{\partial\rho}\mathrm{e}^{-\mathrm{j}kz}=-\hat{\rho}\frac{C_1}{\rho}\mathrm{e}^{-\mathrm{j}kz}\end{aligned} \tag{9.3-4}$$

可见,同轴线中 TEM 波电场只有 E_ρ 分量。式中常数 C_1 可由边界条件确定。设 $z=0$,$\rho=a$ 处电场为 E_0,代入上式得 $E_0=C_1/a$,故

$$E_\rho=\frac{E_0 a}{\rho}\mathrm{e}^{-\mathrm{j}kz} \tag{9.3-5}$$

横向磁场与横向电场 E_ρ 互相垂直,因而磁场只有 H_φ 分量。它可由麦氏旋度方程求出:

$$\bar{H}=\mathrm{j}\frac{1}{\omega\mu}\nabla\times\bar{E}=\hat{\varphi}\mathrm{j}\frac{1}{\omega\mu}\frac{\partial E_\rho}{\partial z}=\hat{\varphi}\mathrm{j}\frac{1}{\omega\mu}\left(-\mathrm{j}k\frac{E_0 a}{\rho}\mathrm{e}^{-\mathrm{j}kz}\right)=\hat{\varphi}\frac{k}{\omega\mu}\frac{E_0 a}{\rho}\mathrm{e}^{-\mathrm{j}kz}$$

故

$$H_\varphi=\frac{E_0 a}{\eta\rho}\mathrm{e}^{-\mathrm{j}kz}=\frac{E_\rho}{\eta} \tag{9.3-6}$$

式中 $\eta=\sqrt{\mu/\varepsilon}$ 为介质的波阻抗。

由式(9.3-5)和式(9.3-6)得出的同轴线 TEM 波的电磁场分布如图 9.3-2 所示。容易

看出，越靠近内导体表面电磁场越强。

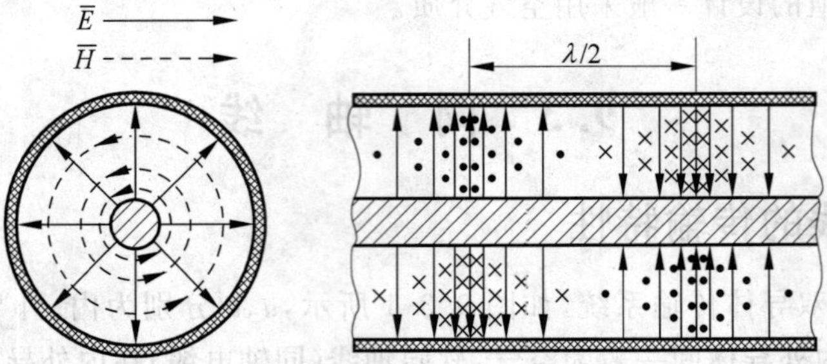

图 9.3-2 同轴线 TEM 波的电磁场分布

同轴线内外导体间的电压为

$$U=\int_a^b E_\rho\,\mathrm{d}\rho=E_0 a\ln\frac{b}{a}\mathrm{e}^{-\mathrm{j}kz} \tag{9.3-7}$$

同轴线内外导体间的电流为

$$I=\oint_l H_\varphi \mathrm{d}l=\int_0^{2\pi} H_\varphi \rho\,\mathrm{d}\varphi=\frac{2\pi a}{\eta}E_0\mathrm{e}^{-\mathrm{j}kz} \tag{9.3-8}$$

因而其特性阻抗为

$$Z_\mathrm{c}=\frac{U}{I}=\frac{\eta}{2\pi}\ln\frac{b}{a}=\frac{60}{\sqrt{\varepsilon_\mathrm{r}}}\ln\frac{b}{a} \tag{9.3-9}$$

同轴线特性阻抗与参数的关系曲线如图 9.3-3 所示。一实用软同轴线(同轴电缆)$2b=10\mathrm{mm}$，$2a=1.27\mathrm{mm}$，填充的电介质为石蜡，其相对介电常数 $\varepsilon_\mathrm{r}=3.4$。由上式计算的特性阻抗为 $Z_\mathrm{c}=67\Omega$。

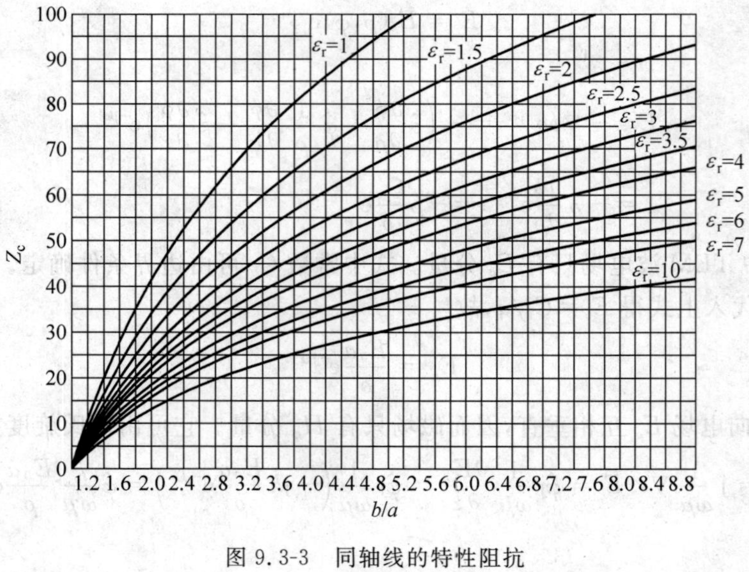

图 9.3-3 同轴线的特性阻抗

同轴线传输 TEM 波的功率容量为

$$P_\mathrm{br}=\frac{|U_\mathrm{br}|^2}{2Z_\mathrm{c}}=\sqrt{\varepsilon_\mathrm{r}}\left(\frac{a^2}{120}\ln\frac{b}{a}\right)E_\mathrm{br}^2 \tag{9.3-10}$$

若固定 b，改变 a 以求功率容量最大，即对上式求 $\mathrm{d}P_{\mathrm{br}}/\mathrm{d}a=0$，得

$$\frac{b}{a}=1.649 \tag{9.3-11}$$

这时对应的空气同轴线的特性阻抗为 30Ω。

同轴线传输 TEM 波时的导体衰减也可利用式(9.2-25)来确定。通过同轴线 $z=0$ 处横截面的传输功率为

$$P=\frac{1}{2\eta}\oint_s|H_\varphi|^2\mathrm{d}s \tag{9.3-12}$$

式中 $\left|H_\varphi\right|_{z=0}=\dfrac{E_0a}{\eta\rho}$。$z=0$ 处单位长度上的导体损耗功率为

$$P_{\mathrm{c}}=\frac{1}{2}R_s\oint_l|J|^2\mathrm{d}l=\frac{1}{2}R_s\oint_l\left|H_\varphi\right|^2_{\rho=a,b}\mathrm{d}l \tag{9.3-13}$$

式中 R_s 是导体表面电阻，该积分应为内导体和外导体表面处的闭路积分之和，式中 $|H_\varphi|_{\rho=a,b}=\dfrac{E_0}{\eta},\dfrac{E_0a}{\eta b}$。从而求得导体衰减常数为

$$\alpha_{\mathrm{c}}=\frac{P_{\mathrm{c}}}{2P}=\frac{R_s}{2\eta}\frac{\oint_l\left|H_\varphi\right|^2_{\rho=a,b}\mathrm{d}l}{\oint_s\left|H_\varphi\right|^2\mathrm{d}s}=\frac{R_s}{2\pi b}\frac{1+\dfrac{b}{a}}{120\ln\dfrac{b}{a}}(\mathrm{Np/m}) \tag{9.3-14}$$

如固定 b，改变 a 以求导体衰减最小，即对上式求 $\mathrm{d}\alpha_{\mathrm{c}}/\mathrm{d}a=0$，得

$$\frac{b}{a}=3.591 \tag{9.3-15}$$

此值对应于空气同轴线特性阻抗 76.7Ω。

计算表明，b/a 在一个比较宽的范围内变化时，衰减常数变化并不大。例如，当 b/a 由 2.6 增至 5.2，衰减常数仅增加 5%。若空气同轴线的特性阻抗为 50Ω，对应 $b/a=2.303$，将此值与式(9.3-11)和式(9.3-15)相比知，它是兼顾最大功率容量和最小衰减的一个折中值。某直径 1.5m 抛物面天线采用空气硬同轴线馈电。硬同轴线外管内表面直径 $2b=20\mathrm{mm}$，内管外表面直径 $2a=9\mathrm{mm}(b/a=2.22)$，由式(9.3-9)计算的特性阻抗为 48Ω。用式(9.3-10)计算的功率容量为 1.2MW。它用于 10cm 波段雷达，其实际发射脉冲功率为 250kW。

*9.3.2　同轴线的高次模

同轴线虽然都工作于 TEM 模，但当同轴线截面尺寸与工作波长可比拟时，将会出现高次模——TE 波和 TM 波。同轴线中 TE 波和 TM 波与 TEM 波的最大不同是存在截止波长 λ_{c}，只有 $\lambda<\lambda_{\mathrm{c}}$ 的模才能在其中传播；而 TEM 波不存在截止波长，或说其截止波长无限大，任何波长的电磁波都能以 TEM 波在同轴线中传播。

与矩形波导中分析方法类似，我们用纵向场法求同轴线中 TE 波和 TM 波的电磁场分量。

参看式(9.1-3)，纵向场分量 E_z 和 H_z 分别满足下列方程：

$$\nabla_t^2E_z+k_{\mathrm{c}}^2E_z=0$$

$$\nabla_t^2H_z+k_{\mathrm{c}}^2H_z=0$$

采用圆柱坐标系，以上两式化为

$$\frac{\partial^2E_z}{\partial\rho^2}+\frac{1}{\rho}\frac{\partial E_z}{\partial\rho}+\frac{1}{\rho^2}\frac{\partial^2E_z}{\partial\varphi^2}+k_{\mathrm{c}}^2E_z=0 \tag{9.3-16}$$

$$\frac{\partial^2 H_z}{\partial \rho^2}+\frac{1}{\rho}\frac{\partial H_z}{\partial \rho}+\frac{1}{\rho^2}\frac{\partial^2 H_z}{\partial \varphi^2}+k_c^2 H_z=0 \tag{9.3-17}$$

与式(9.1-4)的导出方法相似,利用麦氏旋度方程可导出圆柱坐标系中以纵向场表示横向场的关系式

$$E_\rho=-\frac{1}{k_c^2}\left(\mathrm{j}\beta\frac{\partial E_z}{\partial \rho}+\frac{\mathrm{j}\omega\mu}{\rho}\frac{\partial H_z}{\partial \varphi}\right) \tag{9.3-18a}$$

$$E_\varphi=-\frac{1}{k_c^2}\left(\frac{\mathrm{j}\beta}{\rho}\frac{\partial E_z}{\partial \varphi}-\mathrm{j}\omega\mu\frac{\partial H_z}{\partial \rho}\right) \tag{9.3-18b}$$

$$H_\rho=-\frac{1}{k_c^2}\left(\mathrm{j}\beta\frac{\partial H_z}{\partial \rho}-\frac{\mathrm{j}\omega\varepsilon}{\rho}\frac{\partial E_z}{\partial \varphi}\right) \tag{9.3-18c}$$

$$H_\varphi=-\frac{1}{k_c^2}\left(\frac{\mathrm{j}\beta}{\rho}\frac{\partial H_z}{\partial \varphi}+\mathrm{j}\omega\varepsilon\frac{\partial E_z}{\partial \rho}\right) \tag{9.3-18d}$$

对 TE 波解出 H_z,对 TM 波解出 E_z 后便知,可由以上关系得出其他电磁场分量。

1. TM 波

TM 波 $H_z=0$,其 E_z 分量可表示为

$$E_z=R(\rho)\phi(\varphi)\mathrm{e}^{-\mathrm{j}\beta z} \tag{9.3-19}$$

代入式(9.3-16)得

$$\frac{\rho^2}{R}\frac{\partial^2 R}{\partial \rho^2}+\frac{\rho}{R}\frac{\partial R}{\partial \rho}+k_c^2\rho^2=-\frac{1}{\phi}\frac{\partial^2 \phi}{\partial \varphi^2}$$

上式左边仅为 ρ 的函数,而右边仅为 φ 的函数,因而二者必等于某一常数。令其为 m^2,得两个常微分方程

$$\frac{\mathrm{d}^2\phi}{\mathrm{d}\varphi^2}+m^2\phi=0 \tag{9.3-20}$$

$$\rho^2\frac{\mathrm{d}^2 R}{\mathrm{d}\rho^2}+\rho\frac{\mathrm{d}R}{\mathrm{d}\rho}+(k_c^2\rho^2-m^2)R=0 \tag{9.3-21}$$

式(9.3-20)的解为

$$\phi(\varphi)=A_1\cos m\varphi+A_2\sin m\varphi=A\begin{bmatrix}\cos m\varphi\\ \sin m\varphi\end{bmatrix} \tag{9.3-22}$$

第一等式中的两项可合写成 $\cos(m\varphi+\alpha)$的形式,选择 φ 的起始点可使 $\alpha=0$ 或 $\alpha=\pi/2$,从而可表示为 $\cos m\varphi$ 或 $\sin m\varphi$。由于 ϕ 是以 2π 为周期的函数,有

$$\cos m\varphi=\cos[m(\varphi+2\pi)]=\cos(m\varphi+2\pi m)$$

可见,m 必须为整数,即 $m=0,1,2,\cdots$。

式(9.3-21)是 m 阶贝塞尔方程,参看[21]附录 B,可知其通解为

$$R(\rho)=B_1 J_m(k_c\rho)+B_2 N_m(k_c\rho) \tag{9.3-23}$$

$J_m(x)$、$N_m(x)$分别为第一类、第二类贝塞尔函数。

将式(9.3-22)和式(9.3-23)代入式(9.3-19),得

$$E_z=[B_1 J_m(k_c\rho)+B_2 N_m(k_c\rho)]A\begin{bmatrix}\cos m\varphi\\ \sin m\varphi\end{bmatrix}\mathrm{e}^{-\mathrm{j}\beta z} \tag{9.3-24}$$

利用 $\rho=a$ 和 b 处边界条件 $E_z=0$,得

$$B_1 J_m(k_c a)+B_2 N_m(k_c a)=0$$
$$B_1 J_m(k_c b)+B_2 N_m(k_c b)=0$$

由此两式可得

$$\frac{J_m(k_c a)}{J_m(k_c b)}=\frac{N_m(k_c a)}{N_m(k_c b)} \tag{9.3-25}$$

此即 TM 波特征值 k_c 的特征方程,这是超越方程,无解析解。下面求其近似解。对 $k_c a$ 和 $k_c b$ 很大的情形,贝塞尔函数可用三角函数来近似:

$$J_m(x)\approx\sqrt{\frac{2}{\pi x}}\cos\left(x-\frac{2m+1}{4}\pi\right)$$

$$N_m(x) \approx \sqrt{\frac{2}{\pi x}}\sin\left(x - \frac{2m+1}{4}\pi\right)$$

于是式(9.3-25)可近似为

$$\frac{\cos\left(k_c a - \frac{2m+1}{4}\pi\right)}{\cos\left(k_c b - \frac{2m+1}{4}\pi\right)} = \frac{\sin\left(k_c a - \frac{2m+1}{4}\pi\right)}{\sin\left(k_c b - \frac{2m+1}{4}\pi\right)}$$

即

$$\sin\beta\cos\alpha - \cos\beta\sin\alpha = 0, \quad \sin(\beta - \alpha) = 0$$

式中

$$\beta = k_c b - \frac{2m+1}{4}\pi, \quad \alpha = k_c a - \frac{2m+1}{4}\pi$$

由此得

$$\beta - \alpha = k_c b - k_c a = k_c(b-a) = n\pi, \quad n = 1,2,3,\cdots$$

故有

$$k_c = \frac{n\pi}{b-a}, \quad n = 1,2,3,\cdots \tag{9.3-26}$$

由此，TM_{mn} 模的截止波长近似值为

$$\lambda_{cTM_{mn}} = \frac{2(b-a)}{n}, \quad n = 1,2,3,\cdots \tag{9.3-27}$$

最低阶 TM 模——TM_{01} 模的截止波长近似值为

$$\lambda_{cTM_{01}} = 2(b-a) \tag{9.3-28}$$

式(9.3-27)表明，同轴线中 TM 高次模的截止波长近似与 m 无关。这意味着，如果在同轴线中出现 TM_{01} 模，则 TM_{11}、TM_{21}、TM_{31} 等模也可能出现。因此，必须避免 TM 模的出现。

2. TE 模

TE 模 $E_z=0$，其分量可由式(9.3-12)解得。此式与 TM 模的式(9.3-11)相似，因而类似地可得出其解为

$$H_z = [B_3 J_m(k_c\rho) + B_4 N_m(k_c\rho)]C\begin{bmatrix}\cos m\varphi \\ \sin m\varphi\end{bmatrix}e^{-j\beta z} \tag{9.3-29}$$

在 $\rho=a$ 和 b 处，边界条件为 $\frac{\partial H_z}{\partial \rho}=0$，于是有

$$B_3 J'_m(k_c a) + B_4 N'_m(k_c a) = 0$$
$$B_3 J'_m(k_c b) + B_4 N'_m(k_c b) = 0$$

从而得 TE 波的特征方程为

$$\frac{J'_m(k_c a)}{J'_m(k_c b)} = \frac{N'_m(k_c a)}{N'_m(k_c b)} \tag{9.3-30}$$

该超越方程无解析解。利用与前面相似的近似解法，可求得 $m\neq 0, n=1$ 模 TE_{m1} 的截止波长近似值为

$$\lambda_{cTE_{m1}} \approx \frac{\pi(b+a)}{m}, \quad m = 1,2,3,\cdots \tag{9.3-31}$$

由此，TE_{11} 模的截止波长近似值为

$$\lambda_{cTE_{11}} \approx \pi(b+a) \tag{9.3-32}$$

对于 $m=0$ 的 TE_{0n} 模，式(9.3-30)化为

$$\frac{J'_0(k_c a)}{J'_0(k_c b)} = \frac{N'_0(k_c a)}{N'_0(k_c b)}$$

因 $J'_0(x) = -J_1(x)$，$N'_0(x) = -N_1(x)$，上式化为

$$\frac{J_1(k_c a)}{J_{10}(k_c b)} = \frac{N_1(k_c a)}{N_0(k_c b)}$$

此式与 $m=1$ 时的式(9.3-25)相同。因而其解与 TM_{1n} 模相同。因此 TE_{01} 模的截止波长近似值为

$$\lambda_{cTE_{01}} \approx 2(b-a) \tag{9.3-33}$$

图 9.3-4 给出了同轴线高次模和截止波长分布图。可见，TE_{11} 模是同轴线的最低阶高次模。设计同轴线时，只要能保证抑制 TE_{11} 模就可以抑制所有高次模。因此，同轴线只传输 TEM 波的条件是

$$\lambda_{min} \geqslant \pi(b+a), \quad 即 \quad b+a \leqslant \frac{\lambda_{min}}{\pi} \tag{9.3-34}$$

TE_{11}、TE_{01} 和 TM_{01} 模的场分布如图 9.3-5 所示。

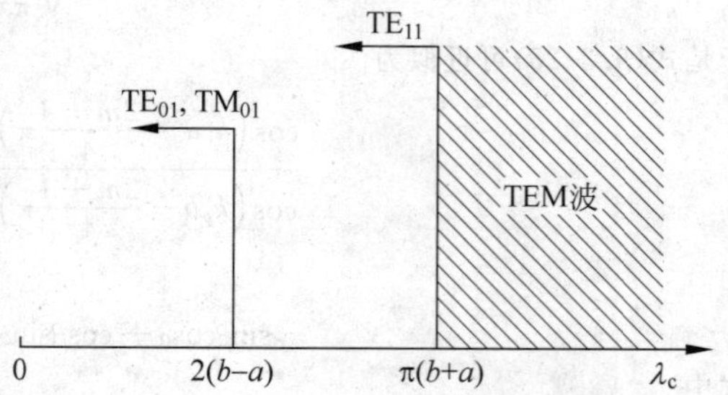

图 9.3-4 同轴线高次模的截止波长分布图

例 9.3-1 特性阻抗为 50Ω 的同轴电缆外导体半径 $b=7.5$mm，填充聚乙烯($\varepsilon_r=2.3$)。(a)求其内导体半径 a；(b)只传输 TEM 波的最高频率多大?

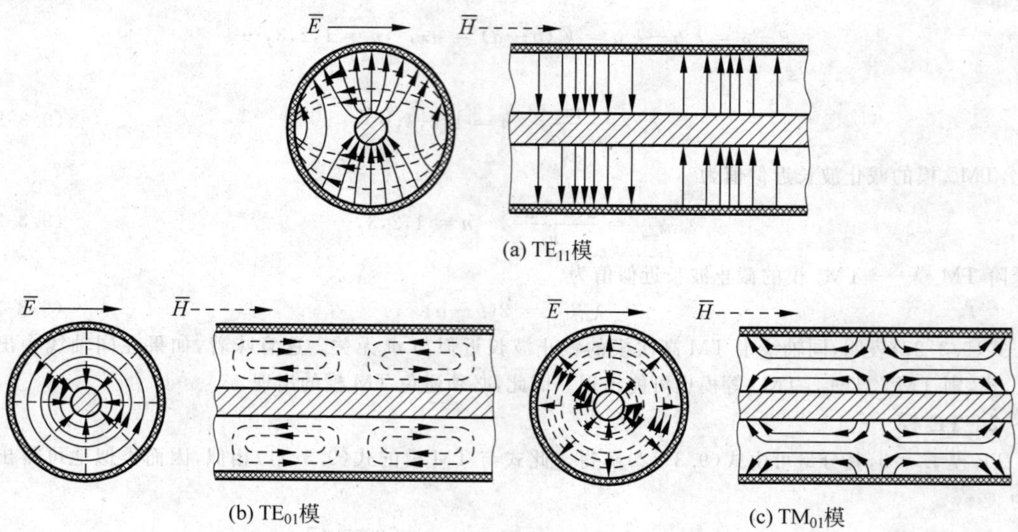

图 9.3-5 同轴线高次模的场结构

【解】 (a) 由式(9.3-9)，有

$$\frac{60}{\sqrt{2.3}}\ln\frac{b}{a}=50$$

$$\frac{b}{a}=e^{1.264}=3.54, \quad a=7.5/3.54=2.12\text{cm}$$

(b) 只传输 TEM 波的最短波长为

$$\lambda_{min} \geqslant \pi(b+a)=\pi(2.12+7.5)=30.3\text{mm}$$

故最高频率为

$$f_{max} \leqslant c/\lambda_{min}\sqrt{\varepsilon_r}=3\times10^{10}/3.03\sqrt{2.3}\,\text{Hz}=6.53\times10^{9}\,\text{Hz}=6.53\text{GHz}$$

9.4 微 带 线

微带线是最广泛应用的平面传输线。它可以利用印刷工艺方便地加工，而且便于与各种无源和有源微波电路相集成。微带线的结构和电磁场分布如图 9.4-1 所示。它由宽度为 w，厚度为 t 的导体带印刷在薄的接地基片上形成，基片是厚度为 h，相对介电常数为 ε_r 的电介质板。

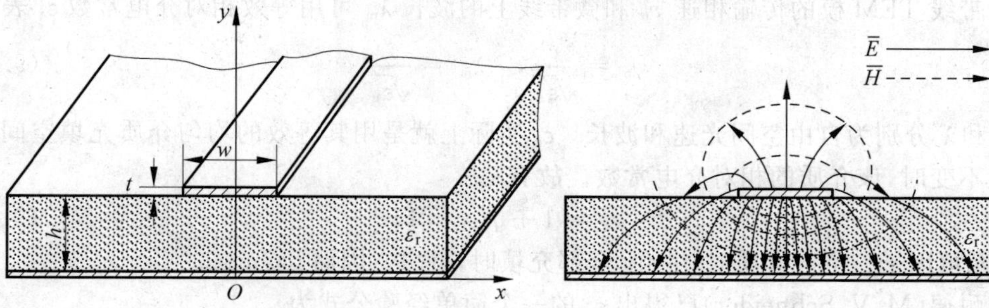

(a) 微带线几何关系　(b) 电磁场分布

图 9.4-1　微带线结构和电磁场分布

9.4.1　微带线的传输模式

微带线属于双导体传输系统。它是开放式线路，而且存在空气和介质两个区域。如图 9.4-1(b)所示，在空气-介质分界面处出现边缘场分量 E_x 和 H_y，并将激发 E_z 和 H_z 分量，从而使其电场和磁场都包含三个坐标所有分量。因此，这种混合介质系统中不可能传输单一的纯横向场——TEM 模。不过，在频率不太高的情况下，如在 12GHz 以下，基片厚度远小于工作波长，能量大部分集中在导体带下面的介质基片内，而且此区域的纵向场分量很弱，此时微带线传输的主模与 TEM 模的场分布非常接近，称为准 TEM 模。

当频率较高，微带线宽度 w 和高度 h 与波长可比拟时，微带线中可能出现波导型横向谐振模(TE 模和 TM 模)。最低模是 TE_{10} 模，其截止波长与导体带宽度有关：

$$\lambda_c^H = 2(w + 0.4h)\sqrt{\varepsilon_r} \tag{9.4-1}$$

$0.4h$ 是计入边缘效应后的等效宽度延伸量。最低次 TM 模是 TM_{01}，其截止波长与厚度 h 有关：

$$\lambda_c^E = 2h\sqrt{\varepsilon_r} \tag{9.4-2}$$

此外，微带线中还存在表面被。最低次 TM 型表面波(TM_0)的截止波长为∞，即无论工作于多低的频率，TM_0 表面波都能传输。最低次 TE 型表面波(TE_1)的截止波长为[20]

$$\lambda_c = 4h\sqrt{\varepsilon_r - 1} \tag{9.4-3}$$

上述波导模和表面波模都是微带线的高次模。为抑制高次模的出现，微带线尺寸的选择需满足以下条件：

$$w + 0.4h < \frac{\lambda_{min}}{2\sqrt{\varepsilon_r}},\quad h < \frac{\lambda_{min}}{2\sqrt{\varepsilon_r}},\quad h < \frac{\lambda_{min}}{4\sqrt{\varepsilon_r - 1}} \tag{9.4-4}$$

式中 λ_{min} 是最短工作波长。

9.4.2　微带线的准静态特性参量

若工作频率较低，可把微带线的传输模式看成纯 TEM 模进行近似分析，通过求结构的分布电容来确定其特性参数。这种方法称为准静态法，包括保角变换法和谱域法等。当频率较高时，需计入混合模的色散特性，要用色散模型和全波分析法等严格的方法才能得出较精确的结果。不过，对准静态法的结果利用频率函数作适当修改后，此时往往也仍能适用。

微带线 TEM 模的传输相速 v_p 和微带线上的波长 λ_m 可用等效相对介电常数 ε_e 表示为

$$v_p = \frac{c}{\sqrt{\varepsilon_e}}, \quad \lambda_m = \frac{\lambda}{\sqrt{\varepsilon_e}} \tag{9.4-5}$$

式中 c 和 λ 分别为自由空间光速和波长。ε_e 实际上就是用其等效的均匀介质充填空间而传输相速不变时,该介质的相对介电常数。故有

$$\varepsilon_e = 1 + q(\varepsilon_r - 1) \tag{9.4-6}$$

q 称为充填因子。空气介质时 $q=0$;全部充填时,$q=1$。因而 $0 \leqslant q \leqslant 1$。

施耐德(M. V. Schneider)已得出 ε_e 的一个简单经验公式为

$$\varepsilon_e = \frac{\varepsilon_r + 1}{2} + \frac{\varepsilon_r - 1}{2}\left(1 + \frac{10h}{w}\right)^{-\frac{1}{2}} \tag{9.4-7}$$

惠勒(H. A. Wheeler)给出特性阻抗 Z_c 的计算公式为

$$\begin{cases} Z_c = \dfrac{377}{\sqrt{\varepsilon_r}}\left\{\dfrac{w}{h} + 0.883 + 0.165\dfrac{\varepsilon_r - 1}{\varepsilon_r^2} + \dfrac{\varepsilon_r + 1}{\pi\varepsilon_r}\left[\ln\left(\dfrac{w}{h} + 1.88\right) + 0.758\right]\right\}^{-1}, & \dfrac{w}{h} > 1 \\ Z_c = \dfrac{120}{\sqrt{2(\varepsilon_r + 1)}}\left[\ln\dfrac{8h}{w} + \dfrac{1}{32}\left(\dfrac{w}{h}\right)^2 - \dfrac{\varepsilon_r - 1}{\varepsilon_r + 1}\left(0.2258 + \dfrac{0.1208}{\varepsilon_r}\right)\right], & \dfrac{w}{h} \leqslant 1 \end{cases} \tag{9.4-8}$$

不同 ε_r 值的特性阻抗曲线如图 9.4-2 所示。可见,Z_c 随 w/h 增大而减小。

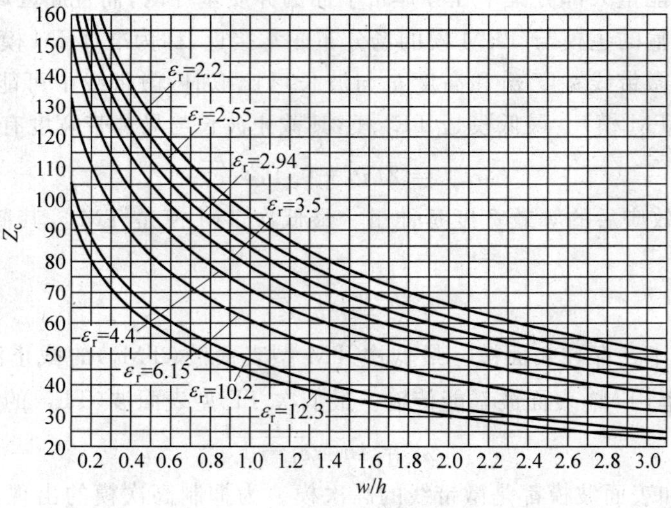

图 9.4-2 微带线特性阻抗

给定 Z_c,可用下列公式求得所需的宽度 w:

$$\begin{cases} \dfrac{w}{h} = \dfrac{2}{\pi}\left\{R - 1 - 2\ln(2R - 1) + \dfrac{\varepsilon_r - 1}{2\varepsilon_r}\left[\ln(R - 1) + 0.293 - \dfrac{0.517}{\varepsilon_r}\right]\right\} \\ R = \dfrac{377\pi}{2Z_c\sqrt{\varepsilon_r}}, \quad Z_c < (44 - 2\varepsilon_r)\,\Omega \\ \dfrac{w}{h} = \dfrac{8\exp H}{\exp(2H) - 2} \\ H = \dfrac{Z_c\sqrt{2(\varepsilon_r + 1)}}{120} + \dfrac{\varepsilon_r - 1}{\varepsilon_r + 1}\left(0.2258 + \dfrac{0.1208}{\varepsilon_r}\right), \quad Z_c \geqslant (44 - 2\varepsilon_r)\,\Omega \end{cases} \tag{9.4-9}$$

微带线的损耗主要包括介质损耗和导体损耗。故衰减常数 α 可近似表示为

$$\alpha = \alpha_d + \alpha_c \tag{9.4-10}$$

α_d 和 α_c 分别为介质和导体损耗引起的衰减常数。设基片材料的损耗角正切为 $\tan\delta$,有

$$\alpha_d = 27.3\frac{\varepsilon_r(\varepsilon_e - 1)}{\varepsilon_e(\varepsilon_r - 1)}\frac{\tan\delta}{\lambda_m}(\mathrm{dB/m}) \tag{9.4-11}$$

铜导体:

$$\alpha_c = 0.0717\frac{\sqrt{f(GHz)}}{wZ_c} \tag{9.4-12}$$

当频率达20GHz 时,对聚苯乙烯基片上的50Ω 微带线,用上述公式计算的衰减常数为 $\alpha=0.032\mathrm{dB/cm}=0.021\mathrm{dB}/\lambda$。实际上还应计入辐射和表面波损耗。聚四氟乙烯玻璃纤维一类微带线在(30～100)GHz 频率上的衰减将达到(0.1～0.2)dB/λ。

9.5　双　导　线

9.5.1　传输线方程及其解

双导线是广泛应用于米波和短波波段的传输线。它与同轴线一样,也工作于 TEM 波。其横截面上的场分布与静态场的分布相同,因而可引进电容、电感、电导等电路参数,通常将它作为分布参数电路来分析。如图 9.5-1(a)所示,当信号通过这类传输线时,将产生如下分布参数效应:导线因电流流过而发热,表明导线具有分布电阻;导线周围有磁场,因而导线上存在分布电感;导线间存在漏电流,表明有分布电导;导线间有电压,从而形成电场,于是在导线间存在分布电容。因此微分长度为 Δz 的一段双导线的等效电路如图 9.5-1(b)所示。它可用下面 4 个参数来描述:

单位长度(两导体上)的电阻 R_1,Ω/m;

单位长度(两导体上)的电感 L_1,H/m;

单位长度(两导体间)的电导 G_1,S/m;

单位长度(两导体间)的电容 C_1,F/m。

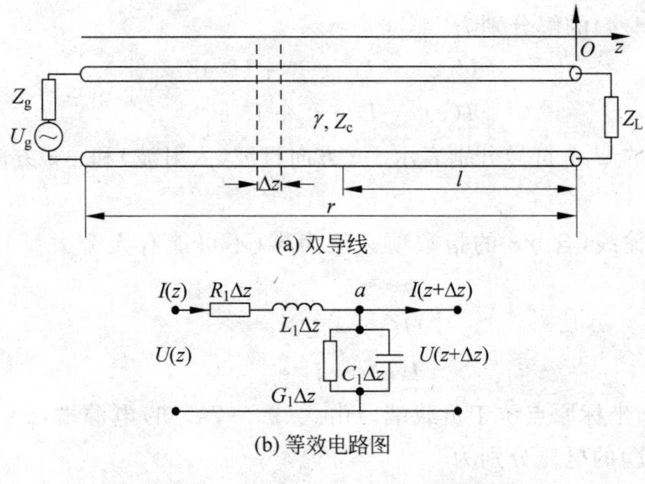

图 9.5-1　双导线与其微分长度的等效电路

其中 R_1 和 L_1 为串联元件,G_1 和 C_1 为并联元件。在射频频段,传输线的长度可与信号波长相比拟或更长,因此传输线又称为长线,传输线理论又称为长线理论。与低频电路不同,传输中存在波动效应,必须按分布参数电路进行分析。

在时谐情形下,设在 z 和 $z+\Delta z$ 处(复)电压为 $U(z)$ 和 $U(z+\Delta z)$,(复)电流为 $I(z)$ 和 $I(z+\Delta z)$,由基尔霍夫电压定律得

$$U(z)-R_1\Delta zI(z)-\mathrm{j}\omega L_1\Delta zI(z)-U(z+\Delta z)=0$$

$$-\frac{U(z+\Delta z)-U(z)}{\Delta z}=R_1I(z)+\mathrm{j}\omega L_1I(z)$$

当 $\Delta z\to 0$ 时,上式化为

$$-\frac{\mathrm{d}U(z)}{\mathrm{d}z}=(R_1+\mathrm{j}\omega L_1)I(z) \tag{9.5-1}$$

同理,对图 9.5-1(a)中节点 a 应用基尔霍夫电流定律,得

$$I(z)-G_1\Delta zU(z+\Delta z)-\mathrm{j}\omega C_1\Delta zU(z+\Delta z)-I(z+\Delta z)=0$$

上式除以 Δz,并令 $\Delta z\to 0$,化为

$$-\frac{\mathrm{d}I(z)}{\mathrm{d}z}=(G_1+\mathrm{j}\omega C_1)U(z) \tag{9.5-2}$$

式(9.5-1)和式(9.5-2)称为时谐传输线方程,也称为时谐长线方程,又称为时谐电报方程。

为求解 $U(z)$,对式(9.5-1)求导后再用式(9.5-2)代入,得

$$\frac{\mathrm{d}^2U(z)}{\mathrm{d}z^2}=(R_1+\mathrm{j}\omega L_1)(G_1+\mathrm{j}\omega C_1)U(z)$$

即

$$\frac{\mathrm{d}^2U(z)}{\mathrm{d}z^2}=\gamma^2U(z) \tag{9.5-3}$$

式中

$$\gamma=\sqrt{(R_1+\mathrm{j}\omega L_1)(G_1+\mathrm{j}\omega C_1)}=\alpha+\mathrm{j}\beta \tag{9.5-4}$$

γ 称为传播常数,α 为衰减常数(Np/m),β 为相位常数(rad/m)。同理可得

$$\frac{\mathrm{d}^2I(z)}{\mathrm{d}z^2}=\gamma^2I(z) \tag{9.5-5}$$

式(9.5-3)和式(9.5-4)的解分别为

$$U(z)=U^+\mathrm{e}^{-\gamma z}+U^-\mathrm{e}^{\gamma z} \tag{9.5-6a}$$

$$I(z)=I^+\mathrm{e}^{-\gamma z}+I^-\mathrm{e}^{\gamma z} \tag{9.5-6b}$$

式中带上标+和-的 U、I 符号分别表示 $+z$ 方向行波(入射波)和 $-z$ 方向行波(反射波)的电压、电流复振幅。

对于无限长传输线,含 γz 的指数项必须为零(不可能有无穷大量),因而不存在反射波。得

$$U(z)=U^+\mathrm{e}^{-\gamma z} \tag{9.5-7a}$$

$$I(z)=I^+\mathrm{e}^{-\gamma z} \tag{9.5-7b}$$

注意,图 9.5-1 中 z 坐标原点位于负载端。由式(9.5-7a)知,电源端($z=-r$ 处)和传输线上任意点($z=-l$ 处)的电压分别为

$$U_i=U(z=-r)=U^+\mathrm{e}^{\gamma r},\quad U_l=U(z=-l)=U^+\mathrm{e}^{\gamma l} \tag{9.5-7c}$$

可见，由电源端传输 $r-l=b$ 距离后，电压振幅的变化为

$$\frac{|U_l|}{|U_i|}=\frac{|U(z=-l)|}{|U(z=-r)|}=\mathrm{e}^{-\alpha(r-l)}=\mathrm{e}^{-\alpha b} \tag{9.5-8}$$

传输距离 b 后，实传输功率的变化为

$$\frac{P_l}{P_i}=\frac{P(z=-l)}{P(z=-r)}=\frac{|U(z=-l)|^2}{|U(z=-r)|^2}=\mathrm{e}^{-2\alpha b} \tag{9.5-9}$$

值得指出，以上传输线方程及其解，同有耗媒质中均匀平面波的情形是很相似的。下面的例子给出了进一步的介绍。后面我们还将提到，传输线端接负载的情形与均匀平面波对另一媒质的垂直入射也有相似的结果。

例 9.5-1　导出有耗媒质中平面波的场方程、复传播常数与复波阻抗。

【解】　对于具有复介电常数 $\varepsilon_c=\varepsilon'-\mathrm{j}\varepsilon''$ 和复磁导率 $\mu_c=\mu'-\mathrm{j}\mu''$ 的有耗媒质，麦氏旋度方程为

$$\nabla\times\overline{E}=-\mathrm{j}\omega(\mu'-\mathrm{j}\mu'')\overline{H} \tag{9.5-10a}$$

$$\nabla\times\overline{H}=-\mathrm{j}\omega(\varepsilon'-\mathrm{j}\varepsilon'')\overline{E} \tag{9.5-10b}$$

考察平面波电场分量 E_x 沿 z 向传播的情形，式(9.5-10a)简化为

$$-\frac{\mathrm{d}E_x(z)}{\mathrm{d}z}=-\mathrm{j}\omega(\mu'-\mathrm{j}\mu'')H_y=(\omega\mu''+\mathrm{j}\omega\mu')H_y \tag{9.5-11a}$$

同理，由式(9.5-10b)得

$$-\frac{\mathrm{d}H_y(z)}{\mathrm{d}z}=(\omega\varepsilon''+\mathrm{j}\omega\varepsilon')E_x \tag{9.5-11b}$$

联合以上二式可得

$$\frac{\mathrm{d}^2E_x(z)}{\mathrm{d}z^2}=\gamma^2E_x(z) \tag{9.5-12a}$$

$$\frac{\mathrm{d}^2H_y(z)}{\mathrm{d}z^2}=\gamma^2H_y(z) \tag{9.5-12b}$$

以上二式与式(9.5-3)相似。平面波的复传播常数为

$$\gamma=\alpha+\mathrm{j}\beta=\sqrt{(\omega\mu''+\mathrm{j}\omega\mu')(\omega\varepsilon''+\mathrm{j}\omega\varepsilon')} \tag{9.5-13}$$

其复波阻抗为

$$\eta_x=\sqrt{\frac{\mu''+\mathrm{j}\mu'}{\varepsilon''+\mathrm{j}\varepsilon'}} \tag{9.5-14}$$

上述公式与传输线的结果都很相似。

9.5.2　传播常数和特性阻抗

将式(9.5-8)和式(9.5-9)代入式(9.5-1)和式(9.5-2)知

$$\gamma U^+=(R_1+\mathrm{j}\omega L_1)I^+$$

$$\gamma I^+=(G_1+\mathrm{j}\omega C_1)U^+$$

以上两式相乘，可得传播常数 γ 的表示式，即式(9.5-4)；将上两式相除，可得传输线的特性阻抗 Z_c：

$$Z_c = \sqrt{\frac{R_1 + j\omega L_1}{G_1 + j\omega C_1}} = R_c + jX_c \tag{9.5-15}$$

γ 和 Z_c 是传输线的主要特性参数,下面讨论两种重要情形。

1. 无耗传输线($R_1 = 0, G_1 = 0$)

$$\gamma = j\omega\sqrt{L_1C_1}, \quad \alpha = 0, \quad \beta = \omega\sqrt{L_1C_1} \tag{9.5-16}$$

$$v_p = \frac{\omega}{\beta} = \frac{1}{\sqrt{L_1C_1}} \quad (\text{常数}) \tag{9.5-17}$$

$$Z_c = \sqrt{\frac{L_1}{C_1}}, \quad R_c = \sqrt{\frac{L_1}{C_1}} \quad (\text{常数}), \quad X_c = 0 \tag{9.5-18}$$

2. 低耗传输线($R_1 \ll \omega L_1, G_1 \ll \omega C_1$)

$$\begin{aligned}\gamma &= j\omega\sqrt{L_1C_1}\left(1+\frac{R_1}{j\omega L_1}\right)^{\frac{1}{2}}\left(1+\frac{G_1}{j\omega C_1}\right)^{\frac{1}{2}} \\ &\approx j\omega\sqrt{L_1C_1}\left(1+\frac{R_1}{2j\omega L_1}\right)\left(1+\frac{G_1}{2j\omega C_1}\right) \\ &\approx j\omega\sqrt{L_1C_1}\left[1+\frac{1}{2j\omega}\left(\frac{R_1}{L_1}+\frac{G_1}{C_1}\right)\right]\end{aligned} \tag{9.5-19}$$

$$\alpha = \frac{1}{2}\left(R_1\sqrt{\frac{C_1}{L_1}} + G_1\sqrt{\frac{L_1}{C_1}}\right), \quad \beta = \omega\sqrt{L_1C_1}$$

$$v_p = \frac{\omega}{\beta} = \frac{1}{\sqrt{L_1C_1}}$$

$$\begin{aligned}Z_c &= \sqrt{\frac{L_1}{C_1}}\left(1+\frac{R_1}{j\omega L_1}\right)^{\frac{1}{2}}\left(1+\frac{G_1}{j\omega C_1}\right)^{-\frac{1}{2}} \approx \sqrt{\frac{L_1}{C_1}}\left[1+\frac{1}{2j\omega}\left(\frac{R_1}{L_1}-\frac{G_1}{C_1}\right)\right] \\ R_c &\approx \sqrt{\frac{L_1}{C_1}}, \quad X_c \approx -\sqrt{\frac{L_1}{C_1}}\,\frac{1}{2\omega}\left(\frac{R_1}{L_1}-\frac{G_1}{C_1}\right) \approx 0\end{aligned} \tag{9.5-20}$$

由上可见,低耗传输线与无耗传输线特性相近,近似地也具有恒定的相速和恒定的实特性阻抗;其衰减常数不为零,但也是恒定的。这是很有意义的,因为信号通常由许多频率分量组成,只有不同频率分量都以相同的速度沿传输线传播,同时沿线传播的衰减也相同,才能实现信号无失真地传播。

对于双导线和同轴线,以上式中的4个参数 L_1、C_1、R_1 和 G_1 如表9.5-1所示。其中 C_1 和 L_1 分别由表3.3-1和表4.4-1查得,并由之得出无耗时的特性阻抗 Z_c 的计算公式(9.5-21)和式(9.3-9),这里式(9.5-21)已考虑到双导线都架设于空气中,取 $\varepsilon_r = 1$。由式(4.1-14)可得出 G_1;根据5.5.3节中对表面阻抗的讨论,考虑到双导线每条导线的周长是 $2\pi a$ 及同轴线内外导体表面的周长,便求得表9.5-1中二者每单位长度的串联电阻;表中 μ_c 和 σ_c 分别是导体的 μ 和 σ 值。

工作于2GHz的铜制同轴线的参数为 $b = 2\text{cm}$, $a = 0.8\text{cm}$,中间介质 $\varepsilon_r = 2.5$, $\sigma = 10^{-8}\,\text{S/m}$。由表9.5-1求得此同轴线的分布参数为 $L_1 = 1.83\times10^{-7}\,\text{H/m}$, $C_1 = 0.15\times10^{-9}\,\text{F/m}$, $R_1 = 0.32\times10^{-2}\,\Omega/\text{m}$ 和 $G_1 = 6.8\times10^{-8}\,\text{S/m}$,其特性阻抗为 $Z_c = 35\Omega$。并得 $\omega L_1 = 2.3\times10^3\,\Omega/\text{m}$ 和 $\omega C_1 = 1.89\,\text{S/m}$。可见有 $R_1 \ll \omega L_1$, $G_1 \ll \omega C_1$。

表 9.5-1　双导线和同轴线的分布参数

双导线	同轴线
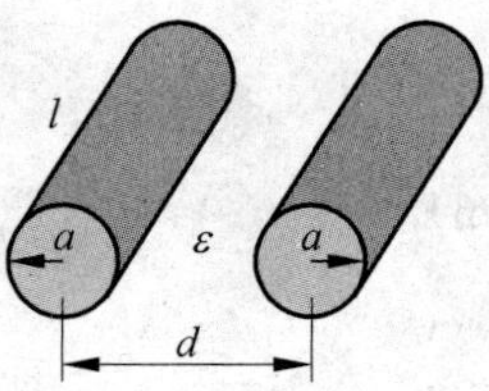	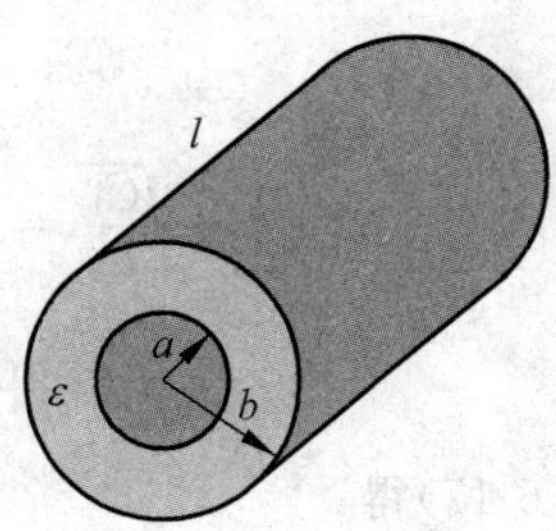
$C_1=\dfrac{\pi\varepsilon}{\ln(d/a)}$　(F/m)	$C_1=\dfrac{2\pi\varepsilon}{\ln(b/a)}$　(F/m)
$L_1=\dfrac{\mu}{\pi}\ln\dfrac{d}{a}$　(H/m)	$L_1=\dfrac{\mu}{2\pi}\ln\dfrac{b}{a}$　(H/m)
$G_1=\dfrac{\sigma}{\varepsilon}C_1=\dfrac{\pi\sigma}{\ln(d/a)}$　(S/m)	$G_1=\dfrac{\sigma}{\varepsilon}C_1=\dfrac{2\pi\sigma}{\ln(b/a)}$　(S/m)
$R_1=2\left(\dfrac{R_s}{2\pi a}\right)=\dfrac{1}{\pi a}\sqrt{\dfrac{\pi f\mu_c}{\sigma_c}}$　(Ω/m)	$R_1=\dfrac{R_s}{2\pi a}+\dfrac{R_s}{2\pi b}=\sqrt{\dfrac{f\mu_c}{4\pi\sigma_c}}\left(\dfrac{1}{a}+\dfrac{1}{b}\right)$　(Ω/m)
$Z_c=120\ln\dfrac{d}{a}$　(Ω)　(9.5-21)	$Z_c=\dfrac{60}{\sqrt{\varepsilon_r}}\ln\dfrac{b}{a}$　(Ω)

例 9.5-2　由半径为 $a=1.5\text{cm}$ 的导线构成的双线传输线的特性阻抗为300Ω，架于空气中。其衰减常数为 0.02dB/m。试求：

(a) 双导线的间距 d；

(b) 双导线单位长度的电导、电阻、电容和电感；

(c) 波的传播速度；

(d) 当波传播 100m 和 1km 后传输功率减小到百分之几？

【解】　(a) 这是低耗传输线，已给定 $Z_c=300\Omega$，其特性阻抗可按式(9.5-21)来确定，从而得

$$\ln\frac{d}{a}=\frac{300}{120}=2.5$$

$$\frac{d}{a}=\mathrm{e}^{2.5}\approx 12.18$$

将 $a=1.5\text{cm}$ 代入上式，得

$$d=18.27(\text{cm})$$

(b) 由表 9.5-1 求得

$$C_1=\frac{\pi\varepsilon_0}{\ln(d/a)}\approx\frac{\pi\dfrac{1}{36\pi}\times10^{-9}}{2.5}\approx 11.1\times10^{-12}(\text{F/m})$$

$$L_1=\frac{\mu_0}{\pi}\ln\frac{d}{a}=\frac{4\pi\times10^{-7}}{\pi}\times2.5=1\times10^{-6}(\text{H/m})$$

由于此双线传输线特性阻抗为实数,由式(9.5-20)得

$$\frac{R_1}{L_1}-\frac{G_1}{C_1}=0$$

所以

$$G_1=\sqrt{\frac{C_1}{L_1}}=\frac{1}{300}\approx 3.33\times 10^{-3}(\text{S/m})$$

$$R_1=\frac{1}{G_1}=300(\Omega/\text{m})$$

(c) 由式(9.5-17)得

$$v_\text{p}=\frac{\omega}{\beta}=\frac{1}{\sqrt{L_1 C_1}}=3\times 10^8(\text{m/s})$$

(d) 由式(9.5-9)得

$$\frac{P_l}{P_i}=\text{e}^{-2\alpha b}$$

$$\alpha=0.02\text{dB/m}=0.02\times\frac{1}{8.686}\text{Np/m}=0.0023\text{Np/m}$$

当波传播 $b=100\text{m}$ 后得

$$P_l/P_i=\text{e}^{-2\times 0.0023\times 100}=\text{e}^{-0.46}=63\%$$

功率衰减到原来的63.13%;当波传播 $b=1\text{km}$ 后得

$$P_l/P_i=\text{e}^{-2\times 0.0023\times 1000}=\text{e}^{-4.6}=1\%$$

功率衰减到原来的1%。

9.6 端接负载的无耗传输线

本节研究实际应用终端接负载的传输线(长线)问题。在大多数情形下,传输线的损耗可以忽略,即可看成是无耗的。这里只研究无耗的情形。这些分析可直接应用于双导线和同轴线而且原理上也适用于其他射频传输线。例如,微波波导中可基于反射系数引入等效的归一化输入阻抗等参数。

9.6.1 端接任意负载阻抗的无耗长线

考察终端接任意负载阻抗(load impedance)的有限长无耗长线情形。如图9.6-1所示①,在传输线上 z 处,应有式(9.5-6a)和式(9.5-6b),并有②

① 为清晰起见,这里及后面图中将传输线直径和间距都画得较大,实际上它们都是远小于波长的。例如,某对称振子天线阵的馈线为双导线,导线直径 $2a=1\text{cm}$,间距 $d=4\text{cm}$,按式(9.5-21)求得其特性阻抗为 $Z_\text{c}=250$。工作于米波波段,一般其长度有好几米至十几米,可见传输线长度远大于其直径和间距。

② 将式(9.5-6)和式(9.5-7)代入式(9.5-1)得

$$\gamma U^+\text{e}^{-\gamma z}-\gamma U^-\text{e}^{\gamma z}=(R_1+\text{j}\omega L_1)(I^+\text{e}^{-\gamma z}+I^-\text{e}^{\gamma z})$$

令上式两边 $\text{e}^{\gamma z}$ 和 $\text{e}^{-\gamma z}$ 系数分别相等,得

$$\frac{U^+}{I^+}=\frac{R_1+\text{j}\omega L_1}{\gamma}=\sqrt{\frac{R_1+\text{j}\omega L_1}{G_1+\text{j}\omega C_1}}=Z_\text{c},\quad \frac{U^-}{I^-}=-\frac{R_1+\text{j}\omega L_1}{\gamma}=-Z_\text{c}$$

$$Z_c = \frac{U^+}{I^+} = -\frac{U^-}{I^-} \tag{9.6-1}$$

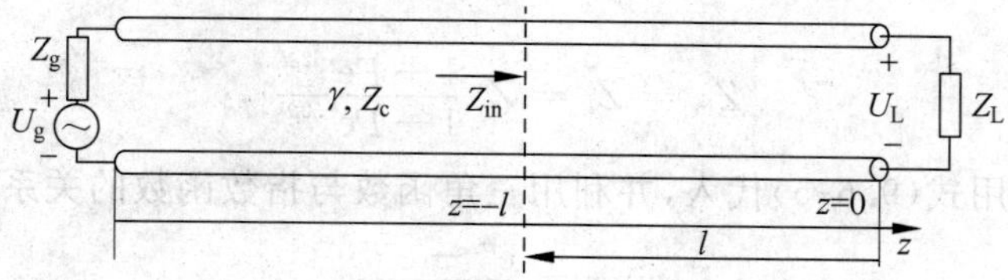

图 9.6-1　端接负载的传输线

对无耗传输线，$\gamma = j\beta$，从而在 z 处有

$$U(z) = U^+ e^{-j\beta z} + U^- e^{j\beta z} \tag{9.6-2a}$$

$$I(z) = I^+ e^{-j\beta z} + I^- e^{j\beta z} \tag{9.6-2b}$$

在负载端（$z=0$ 处），由上两式和式(9.6-1)求得

$$U_L = U^+ + U^-$$

$$I_L = I^+ + I^- = \frac{U^+}{Z_c} - \frac{U^-}{Z_c}$$

上两式相除，得负载阻抗为

$$Z_L = \frac{U_L}{I_L} = Z_c \frac{U^+ + U^-}{U^+ - U^-}$$

在负载端（$z=0$ 处）反射波和入射波的电压复振幅之比，称为负载端的电压反射系数：

$$\Gamma = \frac{U^-}{U^+} = |\Gamma| e^{j\phi} \tag{9.6-3}$$

代入上式知

$$Z_L = Z_c \frac{1+\Gamma}{1-\Gamma} \tag{9.6-4}$$

$$\Gamma = \frac{Z_L - Z_c}{Z_L + Z_c} \tag{9.6-5}$$

上式与平面波对理想介质垂直入射时的式(6.1-11a)是类似的，并有

$$\Gamma = -\frac{I^-}{I^+} \tag{9.6-6}$$

可见，负载端处反射波与入射波的电流复振幅之比，即负载端电流反射系数，就是$-\Gamma$。

在离负载端 l 距离（$z=-l$）处，式(9.6-2a)和式(9.6-2b)可化为

$$U_l = U^+ [e^{j\beta l} + \Gamma e^{-j\beta l}] \tag{9.6-7a}$$

$$I_l = \frac{U^+}{Z_c} [e^{j\beta l} - \Gamma e^{-j\beta l}] \tag{9.6-7b}$$

或

$$U_l = U^+ e^{j\beta l} [1 + |\Gamma| e^{j(\phi - 2\beta l)}] \tag{9.6-7c}$$

$$I_l = \frac{U^+}{Z_c} e^{j\beta l} [1 - |\Gamma| e^{j(\phi - 2\beta l)}] \tag{9.6-7d}$$

将式(9.6-7a)和式(9.6-7b)相除，或将式(9.6-7c)和式(9.6-7d)相除，便求得 $z=-l$ 处的等效阻抗 $Z(l)$，它也就是在 $z=-l$ 处向负载看去的输入阻抗(input impedance)：

$$Z_{in}=Z_l=\frac{U_l}{I_l}=Z_c\frac{e^{j\beta l}+\Gamma e^{-j\beta l}}{e^{j\beta l}-\Gamma e^{-j\beta l}} \tag{9.6-8a}$$

或

$$Z_{in}=Z_l=Z_c\frac{1+\Gamma e^{-j2\beta l}}{1-\Gamma e^{-j2\beta l}} \tag{9.6-8b}$$

把式(9.6-8a)中 Γ 用式(9.6-5)代入,并利用三角函数与指数函数的关系式:

$$\sin x=\frac{e^{jx}-e^{-jx}}{2j}$$

$$\cos x=\frac{e^{jx}+e^{-jx}}{2}$$

可求得 $z=-l$ 处向负载看去的输入阻抗的下述重要表示式:

$$Z_{in}=Z_c\frac{Z_l+jZ_c\tan\beta l}{Z_c+jZ_l\tan\beta l} \tag{9.6-9}$$

将此式与式(6.1-25)相比可知,传输线向负载端的传输与均匀平面波向另一理想介质的垂直入射颇为相似。

9.6.2 几种典型情形

下面来考察传输线接几种典型负载的情形。

1. 匹配(matched)负载($Z_l=Z_c$)

由式(9.6-5)知,$\Gamma=0$;由式(9.6-8a)知,$Z_{in}=Z_c$。由于无反射波项,此时其电压和电流分布与传输线无限长时相同,只有入射波分量:

$$U_l=U^+e^{j\beta l} \tag{9.6-10a}$$

$$I_l=\frac{U^+}{Z_c}e^{j\beta l} \tag{9.6-10b}$$

这种工作状态称为匹配状态。

如图 9.6-1 所示,此时由电源端向负载看去的输入阻抗等于其特性阻抗 Z_c,因而电源端电压和电流,也就是电源端入射波电压 U_i^+ 和入射波电流 I_i^+,分别为

$$U_i^+=\frac{U_gZ_c}{Z_g+Z_c},\quad I_i^+=\frac{U_g}{Z_g+Z_c} \tag{9.6-11}$$

由式(9.6-10a)知,此时电源端电压为

$$U_i=U^+e^{j\beta r}=U_i^+ \tag{9.6-10c}$$

比较上两式,求得负载端入射波电压 U^+ 为

$$U^+=\frac{U_gZ_c}{Z_g+Z_c}e^{-j\beta r} \tag{9.6-10d}$$

2. 短路(shorted circuit)传输线($Z_l=0$)

由式(9.6-5)得 $\Gamma=-1$。此时式(9.6-7a)和式(9.6-7b)化为

$$U_l=j2U^+\sin\beta l \tag{9.6-12a}$$

$$I_l=\frac{2U^+}{Z_c}\cos\beta l \tag{9.6-12b}$$

可见,传输线上电压和电流都为驻波分布。该电压和电流的振幅分布如图 9.6-2(b)所示,这与图 6.1-3 是很相似的。由于此时传输线上电压和电流都是入射波和与之等幅的反射波

的叠加结果，同相相加点为波腹(最大点)，反相相消点为波节(零点)。因而短路终端和相距 $\lambda/2$ 整数倍处为电压波节(零点)、电流波腹(最大点)：

$$|U|_{\min}=0,\quad |I|_{\max}=2I^{+}$$

而与短路终端相距 $\lambda/4$ 奇数倍处，则为电压波腹(最大点)、电流波节(零点)：

$$|U|_{\max}=2|U^{+}|,\quad |I|_{\min}=0$$

式(9.6-12a)和式(9.6-12b)相除，得传输线上任意点的输入阻抗为

$$Z_{\text{in}}=\text{j}X_{\text{in}}=\text{j}Z_{\text{c}}\tan\beta l \tag{9.6-13}$$

X_{in}随 l 的变化关系如图 9.6-2(c)所示。可见，当 $0<l<\lambda/4$，X_{in}为正值，输入阻抗呈感性；而当 $\lambda/4<l<\lambda/2$，X_{in}为负值，输入阻抗呈容性。当 $l=\lambda/4$ 时，输入阻抗为 $\pm\text{j}\infty$，相当于开路。

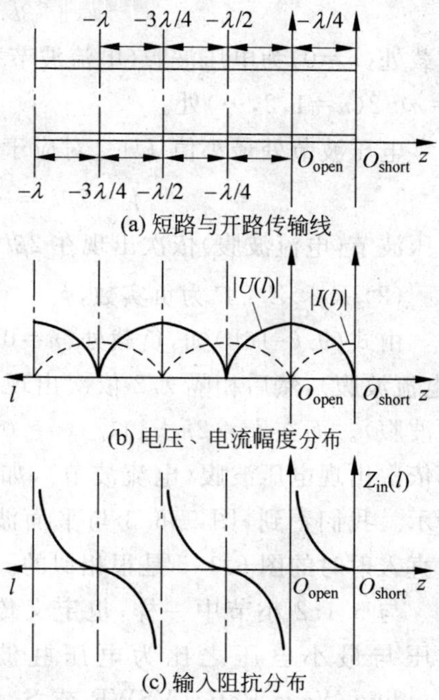

图 9.6-2　短路线与开路线特性曲线

3. 开路(open circuit)传输线($Z_l=\infty$)

由式(9.6-5)得 $\Gamma=1$。式(9.6-7a)和式(9.6-7b)化为

$$U_l=2U^{+}\cos\beta l \tag{9.6-14a}$$

$$I_l=\text{j}\,\frac{2U^{+}}{Z_{\text{c}}}\sin\beta l \tag{9.6-14b}$$

其输入阻抗为

$$Z_{\text{in}}=\text{j}X_{\text{in}}=-\text{j}Z_{\text{c}}\cot\beta l \tag{9.6-15}$$

其电压、电流分布与 X_{in}随 l 的变化分别示于图 9.6-2(b)和(c)。三条曲线均与端接短路线时相同，只是坐标系右移了 $\lambda/4$。可见，当 $0<l<\lambda/4$ 时，输入阻抗呈容性，这与短路线的电感性恰好相反；而当 $\lambda/4<l<\lambda/2$ 时，输入阻抗呈感性。当 $l=\lambda/4$ 时，输入阻抗为零，相当于短路。这种开路线在短波频率上可用来实现无限大的负载阻抗；但是随着频率升高，开路端的辐射和邻近耦合将变得严重。因此，在微波波段往往都将长 $l=\lambda/4$ 的短路线用作开路线。

4. 二分之一波长线段($l=\lambda/2$)

由于 $kl=\pi$，$\tan kl=0$，式(9.6-9)化为 $Z_{\text{in}}=Z_{\text{L}}$。可见，负载阻抗经二分之一波长线段变换到输入端后，如同直接接此阻抗(注意，这里的前提是传输线本身无耗)。这表明，无耗传输线具有二分之一波长重复性。

5. 电阻性终端($Z_{\text{L}}=R_{\text{L}}$)

式(9.6-5)化为

$$\Gamma=\frac{R_{\text{L}}-Z_{\text{c}}}{R_{\text{L}}+Z_{\text{c}}}=\pm|\Gamma|$$

此时电压反射系数为纯实数，有两种情形：$R_{\text{L}}>Z_{\text{c}}$ 与 $R_{\text{L}}<Z_{\text{c}}$。

(1) $R_{\text{L}}>Z_{\text{c}}$：$\Gamma$ 为正实数，$\phi=0$。

传输线上电压和电流分布可由式(9.6-7c)和式(9.6-7d)得出。传输线上形成行驻波分

布,如图 9.6-3(a)所示。电压波腹处最大值$|U|_{max}$对应于中括号值$[1+|\Gamma|]$,发生于

$$\phi - 2\beta l = -2n\pi, \quad n = 0,1,2,\cdots \tag{9.6-16a}$$

负载处($n=0$)为电压波腹(电流波节);其他电压波腹(电流波节)依次出现在 $2\beta l=2n\pi$,即 $l=n\lambda/2(n=1,2,\cdots)$处。

电压波节处最小值$|U|_{min}$对应于中括号值$[1-|\Gamma|]$,发生于

$$\phi - 2\beta l = -(2n+1)\pi, \quad n = 0,1,2,\cdots \tag{9.6-16b}$$

电压波节(电流波腹)依次出现在 $2\beta l=(2n+1)\pi$,即 $l=(2n+1)\lambda/4(n=0,1,2,\cdots)$处。

(2) $R_L<Z_c$:Γ为负实数,$\phi=-\pi$。

由式(9.6-16b)知,负载处($n=0$)为电压波节(电流波腹),然后相隔 $\lambda/2$ 依次出现电压波节(电流波腹)。而在 $l=(2n+1)\lambda/4(n=0,1,2,\cdots)$处,则依次出现电压波腹(电流波节),如图 9.6-3(b)所示。我们看到,图 9.6-3 与平面波对理想介质垂直入射时的图 6.1-5 是很相似的。

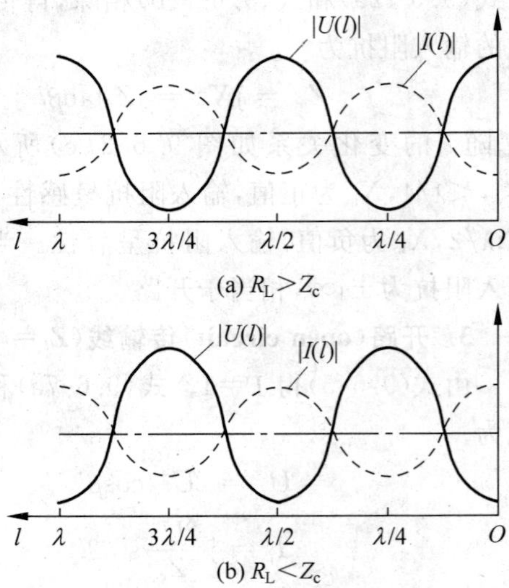

图 9.6-3 接电阻性终端的传输线特性曲线

与 6.1.2 小节中一样,也定义传输线上最大电压与最小电压之比为电压驻波比(Voltage Standing Wave Ratio,VSWR 或 S),用来反映传输线上驻波成分的相对大小。由上知

$$S = \frac{|U|_{max}}{|U|_{min}} = \frac{1+|\Gamma|}{1-|\Gamma|} \tag{9.6-17}$$

其逆关系为

$$|\Gamma| = \frac{S-1}{S+1} \tag{9.6-18}$$

有时也用反射损失(return loss)作为反映传输线工作状态的衡量指标:

$$L_R = 20\lg|\Gamma| \text{ dB} \tag{9.6-19}$$

例 9.6-1 一特性阻抗为 50Ω 的无耗空气双导线长 $r=3.5$m,端接到负载阻抗 $Z_{in}=Z_L=(55+j15)\Omega$,射频信号源的电压为 $U_g=20$V,内阻为 50Ω,频率为 100MHz。试求:

(a) 输入端的输入阻抗;

(b) 传输线的终端电压反射系数和电压驻波比;

(c) 输入端的电压振幅;

(d) 负载端的电压振幅和负载端接收的平均功率。

【解】 (a) $\lambda = c/f = \dfrac{3\times10^8}{100\times10^6} = 3(\text{m})$, $\beta r = \dfrac{2\pi}{3}\times3.5 = 2.333\pi = 420°$

由式(9.6-9)得

$$Z_i = 50\times\frac{55+j15+j50\tan420°}{50+j(55+j15)\tan420°} = 50\times\frac{55+j101.6}{24+j95.3}$$
$$= 58.7\angle-14.3° = (56.9-j14.5)\Omega$$

(b) $\Gamma = \dfrac{Z_L-Z_c}{Z_L+Z_c} = \dfrac{55+j15-50}{55+j15+50} = \dfrac{5+j15}{105+j15} = \dfrac{15.8\angle71.6°}{106.1\angle8.1°} = 0.149\angle63.5°$

$$S=\frac{1+|\Gamma|}{1-|\Gamma|}=\frac{1+0.149}{1-0.149}=1.35$$

(c)【解 1】

$$|U_{\mathrm{i}}|=\left|\frac{U_{\mathrm{g}}Z_{\mathrm{i}}}{Z_{\mathrm{i}}+R_{\mathrm{g}}}\right|=\left|\frac{20\times 58.7}{56.9-\mathrm{j}14.5+50}\right|=\left|\frac{20\times 58.7}{107.9}\right|=10.9\mathrm{V}$$

【解 2】

$$|U_{\mathrm{i}}|=|U(z=-r)|=|U^{+}||1+|\Gamma|\mathrm{e}^{\mathrm{j}(\phi-2\beta r)}|=\frac{20\times 50}{50+50}|1+0.149\mathrm{e}^{\mathrm{j}(63.5^{\circ}-840^{\circ})}|$$

$$=10|0.082-\mathrm{j}0.124|=10\times 1.09=10.9\mathrm{V}$$

(d)　$|U_{\mathrm{L}}|=|U(z=0)|=|U^{+}||1+\Gamma|=10|1+0.149\angle 63.5^{\circ}|=10.7\mathrm{V}$

$$P_{\mathrm{av}}=\frac{1}{2}\left|\frac{U_{\mathrm{L}}}{Z_{\mathrm{L}}}\right|^{2}R_{\mathrm{L}}=\frac{1}{2}\frac{10.7^{2}}{3250}\times 55=0.97\mathrm{W}$$

9.7　史密斯圆图与阻抗匹配

9.7.1　史密斯圆图

1. 阻抗图的构建

正如我们在例 9.6-1 中所看到的，传输线计算中经常要进行复数运算，较费时。一种简化工作量的方法是使用史密斯圆图①。在史密斯圆图中，归一化电阻和电抗标注在反射系数 $\Gamma=|\Gamma|\mathrm{e}^{\mathrm{j}\phi}$ 的极坐标平面上。由于 $|\Gamma|\leqslant 1$，全图绘制在单位圆内，因而称为圆图。

如何构建无耗传输线的史密斯圆图？可从反射系数的关系式(9.6-5)出发进行推导。先将负载阻抗 Z_{L} 对特性阻抗 Z_{c} 归一化，有

$$z_{\mathrm{L}}=\frac{Z_{\mathrm{L}}}{Z_{\mathrm{c}}}=\frac{R_{\mathrm{L}}}{Z_{\mathrm{c}}}+\mathrm{j}\frac{X_{\mathrm{L}}}{Z_{\mathrm{c}}}=r+\mathrm{j}x \tag{9.7-1}$$

r 和 x 分别为归一化电阻和归一化电抗。于是，式(9.6-5)可写为

$$\Gamma=\frac{z_{\mathrm{L}}-1}{z_{\mathrm{L}}+1}=\Gamma_{\mathrm{r}}+\mathrm{j}\Gamma_{\mathrm{i}} \tag{9.7-2}$$

其逆关系为

$$z_{\mathrm{L}}=\frac{1+\Gamma}{1-\Gamma}=\frac{1+\Gamma_{\mathrm{r}}+\mathrm{j}\Gamma_{\mathrm{i}}}{1-\Gamma_{\mathrm{r}}-\mathrm{j}\Gamma_{\mathrm{i}}}=\frac{1-\Gamma_{\mathrm{r}}^{2}-\Gamma_{\mathrm{i}}^{2}+\mathrm{j}2\Gamma_{\mathrm{i}}}{(1-\Gamma_{\mathrm{r}})^{2}+\Gamma_{\mathrm{i}}^{2}}$$

从而得

$$r=\frac{1-\Gamma_{\mathrm{r}}^{2}-\Gamma_{\mathrm{i}}^{2}}{(1-\Gamma_{\mathrm{r}})^{2}+\Gamma_{\mathrm{i}}^{2}}\qquad x=\frac{2\Gamma_{\mathrm{i}}}{(1-\Gamma_{\mathrm{r}})^{2}+\Gamma_{\mathrm{i}}^{2}}$$

通过代数运算可将上二式整理成

$$\left(\Gamma_{\mathrm{r}}-\frac{r}{r+1}\right)^{2}+\Gamma_{\mathrm{i}}^{2}=\left(\frac{1}{r+1}\right)^{2} \tag{9.7-3}$$

$$(\Gamma_{\mathrm{r}}-1)^{2}+\left(\Gamma_{\mathrm{i}}-\frac{1}{x}\right)^{2}=\left(\frac{1}{x}\right)^{2} \tag{9.7-4}$$

① P. H. Smith, "Transmission Line Calculator," *Electronics*, Vol. 12, Jan. 1939: 29-31.

在 Γ_r-Γ_i 平面上，式(9.7-3)是圆心位于 $\left(\frac{r}{1+r},0\right)$，半径为 $\frac{1}{r+1}$ 的圆，不同的 r 值对应不同的圆，如图9.7-1实线圆所示。等 r 圆的特点是：①$r=0$，是圆心在原点的最大圆，其半径为单位值1(纯电抗终端的反射系数为1)，称该单位圆为纯电抗圆；②$r=1$，圆心位于(1,0)处，半径为0.5；③$r=\infty$，此时 $\Gamma=1+\mathrm{j}0$，圆心位于(1,0)处，半径为零；④r 由0增加到∞，是一个个内切圆，半径逐渐变小，由1缩至0，但都经过点(1,0)，且圆心都在 Γ_r 轴上。

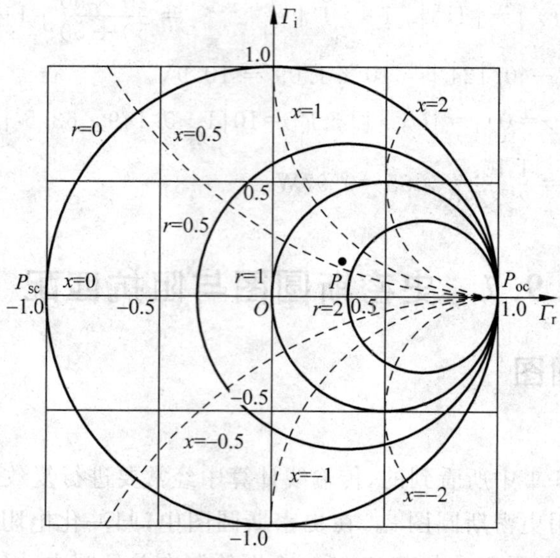

图9.7-1　直角坐标系中的史密斯圆图

在 Γ_r-Γ_i 平面上，式(9.7-4)是圆心位于 $\left(1,\frac{1}{x}\right)$，半径为 $1/|x|$ 的圆。x 值不同对应不同的圆，如图9.7-1虚线所示。等 x 圆的特点是：①$x=0$，圆的半径无限大，退化为实轴(Γ_r 轴)，故称实轴为纯电阻线；②$x=1$，圆心位于(1,1)，半径为1，该圆位于第一象限；③$x=-1$，圆心位于(1,−1)，半径为1，该圆在 Γ_r 轴下方，位于第四象限；④$r=\pm\infty$，退化为(1,0)处的点；⑤$x>0$(呈感性)的圆位于 Γ_r 轴上方，$x<0$(呈容性)的圆则在下方；$|x|$ 由0增至∞，圆逐渐变小，直至退化为开路点(1,0)。

上述两组圆的交点代表归一化负载阻抗 $z_L=r+\mathrm{j}x$，对应的真实阻抗值为 $Z_L=Z_c(r+\mathrm{j}x)$。以圆中的 P 点为例，它是 $r=1.7$ 圆与 $x=0.6$ 圆的交点，因此它表示 $z_L=1.7+\mathrm{j}0.6$。当然也可读出其 Γ_r 和 Γ_i 值。但是，通常更关心的是 $|\Gamma|$ 值，为此可采用极坐标，如图9.7-2所示，几个虚线圆表示不同 $|\Gamma|$ 值的圆，Γ 的相角 ϕ 标记在 $|\Gamma|=1$ 的圆周上。

其特点是：①所有 $|\Gamma|$ 圆的圆心在坐标原点，其半径由0均匀变化至1；②连接原点与 z_L 点的直线与 $|\Gamma|=1$ 圆交点的刻度度数(原点到该交点连线与正实轴的夹角)等于 ϕ；③$|\Gamma|$ 圆与正实轴的交点代表 $r>1, x<0$ 的点，该点的反射系数为

$$\Gamma=\frac{r-1}{r+1}=|\Gamma|$$

从而有

$$r=\frac{1+|\Gamma|}{1-|\Gamma|}=S$$

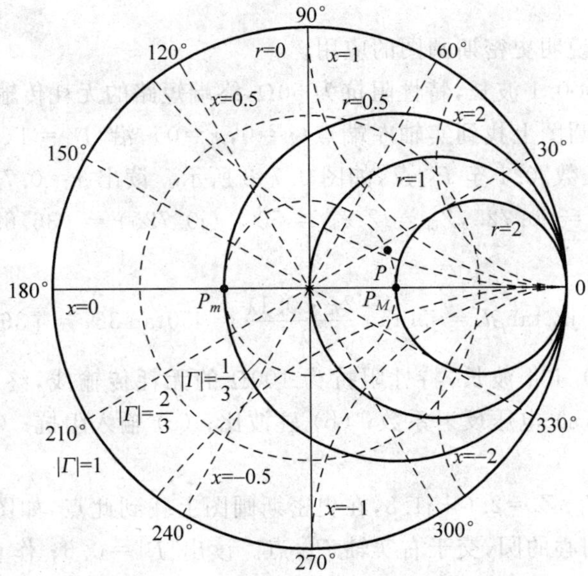

图 9.7-2　极坐标史密斯圆图

可见,此处 r 就等于电压驻波比 S。例如 P_M 点可读出 $S=r=2$。注意,P_m 点是 $r<1$ 的点,此时 $r=1/S$。对位于第一象限的 P 点,可读出 $|\Gamma|=1/3,\phi=28°,S=2$。

2. 阻抗点的转换

以上通过两组坐标系的重叠,便可由归一化负载阻抗 $z_L=r+jx$ 读出负载端反射系数 $|\Gamma|$ 值和相角 ϕ 或反之。为了详解史密斯圆图的进一步应用,我们来考察由式(9.6-8b)得出的归一化输入阻抗 z_{in} 与式(9.7-1a)所表示的归一化负载阻抗 z_L:

$$z_{in}=\frac{1+\Gamma e^{-j2\beta l}}{1-\Gamma e^{-j2\beta l}}\quad z_L=\frac{1+\Gamma}{1-\Gamma}$$

比较上两式知,用 $\Gamma e^{-j2\beta l}$ 代替负载端的反射系数 Γ,就可得到任意点 $z=-l$ 处的输入阻抗 z_{in}。也就是说,把 Γ 的相角减小 $2\beta l$,就如同从负载端移到了任意点 $z=-l$ 处,移动时保持 $|\Gamma|$ 值大小不变。这样,已知负载阻抗 z_L,在史密斯圆图上沿等 $|\Gamma|$ 圆按顺时针方向转动 $2\beta l$ 就得到了任意点的输入阻抗 z_{in}。

由于 $2\beta l$ 变化360°在史密斯圆图上移动了一圈,对应移动的距离 l 变化了半个波长。为了方便起见,在史密斯圆图外圈画上了变化 0.5λ 的刻度,这样史密斯圆图就完成了。而且,通常给出两个刻度:一个是按照顺时针方向移动的距离(l/λ),标为"向电源的波长数";另一个是按照逆时针方向移动的距离,标为"向负载的波长数"。实用的史密斯圆图见附录 F。

综上所述:①对史密斯圆图上任意点,可读出其归一化阻抗值 $z=r+jx$ 及对应的反射系数模值 $|\Gamma|$ 和相角 $\phi=2\beta l=4\pi l/\lambda$;②若该点为负载阻抗 z_L,沿等 $|\Gamma|$ 圆按顺时针方向转过 $2\beta l$(看外圈),就能得到对应点的归一化输入阻抗 z_{in};③若该点为输入阻抗 z_{in},可沿等 $|\Gamma|$ 圆按逆时针方向转过 $2\beta l$(看里圈),则得到归一化负载阻抗 z_L。

注意史密斯圆图上的几个特殊点:圆心 $O(r=1,x=0)$,该点阻抗 $z_{in}=1$,输入阻抗等于传输线特性阻抗,为匹配点;实轴左端点 $P_{sc}(r=0,x=0)$,为短路点;实轴右端点 $P_{oc}(r=\infty,x=\infty)$,为开路点。

3. 应用举例

下面举两个例子说明史密斯圆图的应用。

例 9.7-1　求长为 0.1 波长，特性阻抗为 50Ω，终端短路的无耗传输线的输入阻抗。

【解】　在史密斯圆图上找到实轴左端点($r=0, x=0$)，沿$|\Gamma|=1(r=0)$圆按顺时针方向转过"向电源的波长数"0.1 至 P_1 点，如图 9.7-3 所示。读出 $x=0.725$，故

$$z_{in}=j0.725, Z_{in}=Z_c z_{in}=50\times(j0.725)=j\,36.6\Omega$$

用式(9.6-10)验证：

$$Z_{in}=jZ_c\tan\beta l=j50\tan\frac{2\pi\cdot0.1\lambda}{\lambda}=j50\tan 36^\circ=j\,36.3\Omega$$

例 9.7-2　长为 0.434 波长，特性阻抗为 100Ω 的无耗传输线，终端接负载阻抗 $Z_L=(260+j\,180)\Omega$。求：(a) 电压反射系数；(b) 驻波比；(c) 输入阻抗；(d) 传输线上何处电压最大？

【解】　(a) $z_L=Z_L/Z_c=2.6+j1.8$，在史密斯圆图上找到此点，如图 9.7-3 中的 P_2 点；过 P_2 点作以原点为圆心的圆，交于右实轴 P_M 点。读出$|\Gamma|=0.6$；作直线 OP_2 并延伸，与外圆相交于 P_2'点，读出"向电源的波长数"0.220。由于圆周上角度以 $2\beta l$ 即 $4\pi l/\lambda$ 计，反射

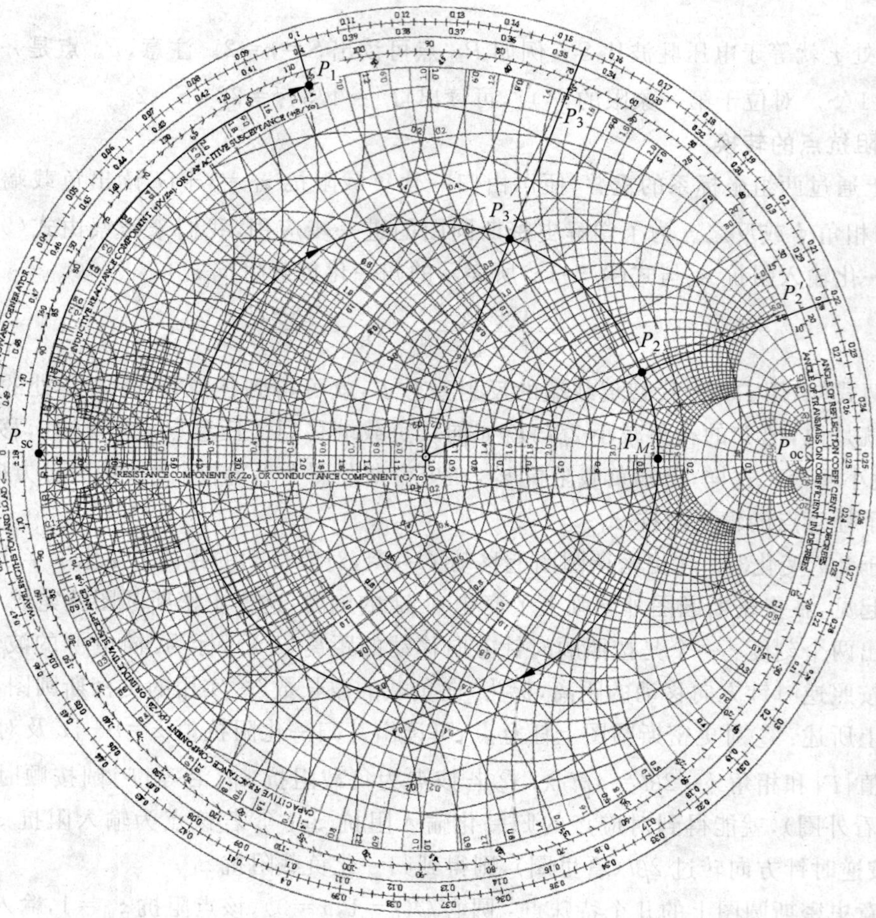

图 9.7-3　例题 9.7-1 和例题 9.7-2 史密斯圆图的计算

系数相角 ϕ 对应于 OP_2' 线与正实轴的夹角，故

$$\phi = 4\pi \times (0.25 - 0.22)\text{rad} = 0.12\text{rad} = 21^\circ$$

$$\Gamma = |\Gamma| e^{j\phi} = 0.60\angle 21^\circ$$

(b) 由 $|\Gamma|=0.6$ 圆与正实轴交点 P_M，读出 $S=4$。

(c) 由 P_2' 点转过“向电源的波长数”0.434，即转至 $0.22+0.434-0.5=0.154$ 处的 P_3' 点；作直线 OP_3'，与 $|\Gamma|=0.6$ 圆交于 P_3 点；读出该点 $r=0.69$，$x=1.2$，故

$$Z_{in} = Z_c z_{in} = 100 \times (0.69 + j1.2) = 69 + j\,120\Omega$$

(d) 过 P_2 点的 $|\Gamma|=0.6$ 圆与右实轴的交点 P_M 是电压最大点，它距负载

$$l/\lambda = 0.25 - 0.22 = 0.03$$

4. 导纳圆图

史密斯圆图也可用于导纳运算，这样用时，称为导纳圆图。无耗传输线上任意点的输入导纳公式为

$$Y_{in} = \frac{1}{Z_{in}} = \frac{1}{Z_c}\frac{Z_c + jZ_L\tan\beta l}{Z_L + jZ_c\tan\beta l} = Y_c\frac{\dfrac{1}{Y_c} + j\dfrac{1}{Y_L}\tan\beta l}{\dfrac{1}{Y_L} + j\dfrac{1}{Y_c}\tan\beta l}$$

$$= Y_c\frac{Y_L + jY_c\tan\beta l}{Y_c + jY_L\tan\beta l} \tag{9.7-5}$$

此式与输入阻抗公式(9.6-9)形式完全相同，因而导纳圆图与阻抗圆图形式完全相同，只是意义换了：$z_{in}=r+jx$ 换为 $y_{in}=g+jb$。

注意，此时实轴左端点 $P_{sc}(g=0,b=0)$，为开路点；实轴右端点 $P_{oc}(g=\infty,b=\infty)$，为短路点；实轴上方 $b>0$，呈容性，实轴下方 $b<0$，呈感性。

由式(9.6-8b)知，

$$y_{in} = \frac{1}{z_{in}} = \frac{1-\Gamma e^{-j2\beta l}}{1+\Gamma e^{-j2\beta l}} = \frac{1+\Gamma e^{-j(2\beta l-\pi)}}{1-\Gamma e^{-j(2\beta l-\pi)}} \tag{9.7-6}$$

上式表明，由 z_{in} 求 y_{in} 只需沿等 $|\Gamma|$ 圆按顺时针方向转过 180°即可。同样，由 y_{in} 求 z_{in} 也只需沿等 $|\Gamma|$ 圆转过 180°。

9.7.2　传输线匹配的意义

1. 传输线完全匹配的含义

传输线的完全匹配有两个含义：

(1) 电源端匹配——振荡器输出功率最大。设振荡器内阻为 $Z_g=R_g+jX_g$，传输线在电源端处的输入阻抗为 $Z_i=R_i+jX_i$，则传输线电源端处的等效电路如图 9.7-4 所示。可见电源端电流为

$$I_i = \frac{U_g}{Z_g + Z_i} = \frac{U_g}{(R_g + R_i) + j(X_g + X_i)}$$

传输给负载的功率为

$$P_i = \frac{1}{2}\text{Re}\,[I_i I_i^* R_i] = \frac{1}{2}\frac{|U_g|^2 R_i}{(R_g + R_i)^2 + (X_g + X_i)^2}$$

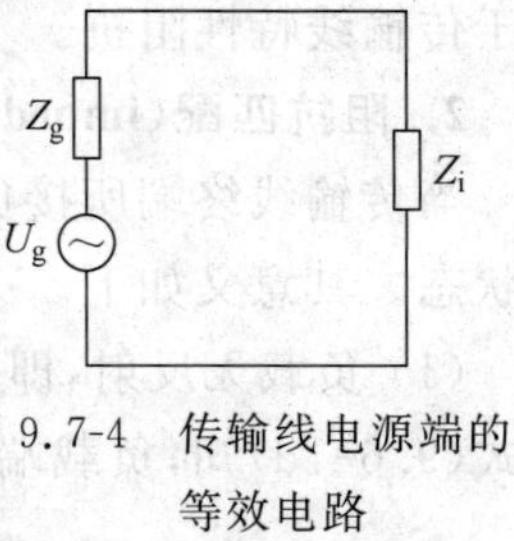

图 9.7-4　传输线电源端的等效电路

上式分母中两平方项均为正值，其第 2 项为零，可使 P_i 最大：

$$X_g + X_i = 0$$

此时有

$$P_i == \frac{|U_g|^2 R_i}{2(R_g + R_i)^2}$$

P_i 最大值发生于

$$\frac{dP_i}{dR_i} == \frac{|U_g|^2}{2} \frac{(R_g + R_i)^2 - 2R_i(R_g + R_i)}{(R_g + R_i)^4} = 0$$

得

$$R_g - R_i = 0$$

综上所述,为使输出功率最大,要求:

$$R_g = R_i, \quad X_g = -X_i \tag{9.7-7a}$$

即

$$R_g + jX_g = R_i - jX_i \quad 或 \quad Z_g = Z_i^* \tag{9.7-7b}$$

式中 Z_i^* 是 Z_i 的共轭复数。因此,电源端匹配的条件是电源端处传输线的输入阻抗与振荡器的内阻相共轭,称为共轭匹配。此时振荡器输出功率最大,且为

$$P_{imax} == \frac{|U_g|^2}{8R_g} \tag{9.7-7c}$$

(2) 负载端匹配——负载无反射。如图 9.7-5 所示,设负载阻抗为 $Z_L = R_L + jX_L$,传输线的特性阻抗为 $Z_c = R_c + jX_c$。为使负载无反射,$\Gamma = 0$,由式(9.6-5)知,要求:

$$Z_L = Z_c \tag{9.7-8a}$$

即

$$R_L = R_c, \quad X_L = X_c \tag{9.7-8b}$$

可见,负载端匹配的条件是负载阻抗与传输线的特性阻抗完全相等,称为恒等匹配。通常把这一状态直接称为阻抗匹配。

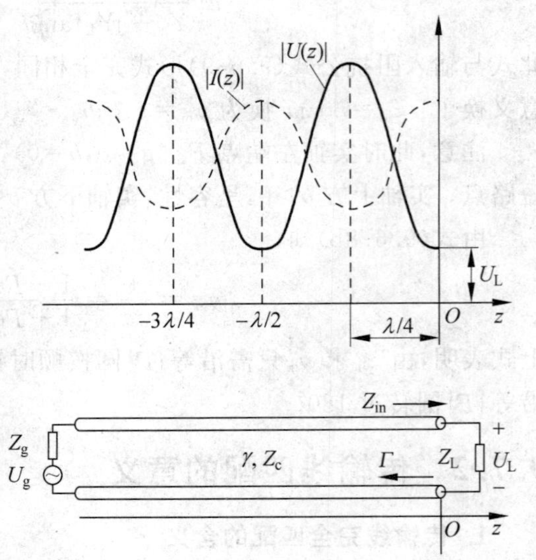

图 9.7-5　传输线上的行驻波

由上我们看到,只有当传输线特性阻抗为纯电阻时(这时它与它的共轭数是相同的),而且振荡器内阻等于传输线特性阻抗时,上述两个状态才可能同时出现。因此,为实现传输线的完全匹配,要求:①传输线特性阻抗为纯电阻;②振荡器内阻为纯电阻,且等于传输线特性阻抗;③负载阻抗为纯电阻,且等于传输线特性阻抗。

2. 阻抗匹配(impedance matching)的意义

当传输线终端所接负载阻抗 Z_L 等于其特性阻抗 Z_c 时,传输线上传输行波,此即阻抗匹配状态。其意义如下。

(1) 负载无反射,即全部输出功率传输给了负载。若存在反射,$|\Gamma| \neq 0$,由式(9.6-7c)和式(9.6-7d)知,负载端反射功率为负载端入射功率的 $|\Gamma|^2$ 倍,即

$$P_L^- = |\Gamma|^2 P_L^+$$

因而阻抗匹配效率为

$$e_z = \frac{P_L^+ - P_L^-}{P_L^+} = 1 - |\Gamma|^2 = 1 - \left(\frac{S-1}{S+1}\right)^2 = \frac{4S}{(S+1)^2} \tag{9.7-9}$$

传输线的驻波状态通常用电压驻波比 VSWR 或 S 来表示，不同 S 值所对应的 $|\Gamma|$ 及阻抗匹配效率 e_z 列在表 9.7-1 中。可见，当 $S\leqslant 2$，$e_z\geqslant 88.9\%$；而若 $S\leqslant 1.2$，则 $e_z\geqslant 99.2\%$。

表 9.7-1　电压驻波比与阻抗匹配效率典型值

S	$\|\Gamma\|^2$	L_R/dB	e_z	e_z/dB
1.0	0	$-\infty$	100%	0
1.2	0.8%	−20.8	99.2%	−0.04
1.5	4.0%	−14.0	96.0%	−0.18
2.0	11.1%	−9.5	88.9%	−0.51
3.0	25.0%	−6.0	75.0%	−1.25
10	66.9%	−3.5	33.1%	−4.81

(2) 传输线功率容量最大。当负载阻抗 Z_L 不等于传输线特性阻抗 Z_c 时，传输线上传输行驻波，如图 9.7-5 所示。此时传输线上的最高电压为

$$|U|_{max} = |U^+|[1+|\Gamma|] \tag{9.7-10}$$

可见，$|\Gamma|\neq 0$ 时传输线上最高电压升高，将使传输线功率容量下降。

(3) 传输效率最高。由于此时无反射波所损耗的功率，其传输线损耗将最小而传输效率最高。其传输效率推导如下。对长度为 r 的传输线，输出端入射功率为

$$P_L^+ = P_i^+ e^{-2\alpha r}$$

输出端反射功率为

$$P_L^- = |\Gamma|^2 P_L^+ = |\Gamma|^2 P_i^+ e^{-2\alpha r}$$

输入端的反射功率为

$$P_i^- = P_i^+ |\Gamma|^2 e^{-4\alpha r}$$

于是，匹配时传输效率为

$$\eta_0 = \frac{P_L^+}{P_i^+} = e^{-2\alpha r} \tag{9.7-11}$$

失配时传输效率为

$$\eta = \frac{P_L^+ - P_L^-}{P_i^+ - P_i^-} = \frac{e^{-2\alpha r}(1-|\Gamma|^2)}{1-|\Gamma|^2 e^{-4\alpha r}} = \eta_0 \frac{1-|\Gamma|^2}{1-|\Gamma|^2 e^{-4\alpha r}} \tag{9.7-12}$$

可见，$|\Gamma|\neq 0$ 时 $\eta<\eta_0$。

(4) 对振荡源工作稳定性的影响最小。此时不会有反射波反射回振荡源，不致影响振荡器的输出频率和输出功率。否则，振荡器的负载呈现电抗分量，要产生频率牵引及影响输出功率。

电压驻波比 S 是传输线的主要指标之一，一般要求 $S\leqslant 2$，有些场合，特别是当对振荡源工作稳定性要求很高时，往往需要 $S\leqslant 1.5$，甚至 $S\leqslant 1.2$。

9.7.3　传输线的阻抗匹配

如果传输线的负载阻抗不等于其特性阻抗，则传输线不能工作于行波状态。为此可在

传输线与负载之间加入一匹配装置,从而使传输线工作于行波状态。这就是所谓的阻抗匹配。最基本的匹配装置是四分之一波长变换器和枝节匹配器。

1. 四分之一波长变换器

对于电阻负载 $Z_L=R_L$,为实现与特性阻抗为 Z_c 的传输线匹配,一种最简单的匹配方法是插入一段四分之一波长变换器($l=\lambda/4$),如图 9.7-6 所示。设其特性阻抗为 Z'_c,此时输入阻抗式(9.6-9)中 $\tan kl=\tan(\pi/2)\to\pm\infty$,从而使该式化为

$$Z_{in}=Z'^2_c/Z_L \tag{9.7-13}$$

可见,四分之一波长线段起了阻抗变换的作用。若令 $Z_{in}=Z_c$,即要求

$$Z'_c=\sqrt{Z_cZ_L} \tag{9.7-14}$$

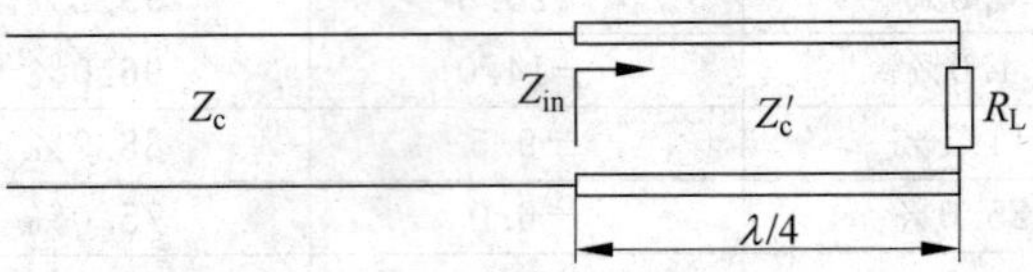

图 9.7-6 四分之一波长变换器

此时该四分之一波长线段输入端将与传输线(主馈线)相匹配,从而实现了阻抗匹配器的作用。例如,若与电源端相接的主馈线特性阻抗为 $Z_c=50\Omega$,而实际负载阻抗为 $Z_L=98\Omega$。为实现匹配,可在负载前先接一段 $\lambda/4$ 线段,其特性阻抗为 $Z'_c=\sqrt{50\times98}\,\Omega=\sqrt{4900}\,\Omega=70\Omega$。这样,该线段输入端的输入阻抗就是 50Ω,实现了与 50Ω 主馈线的匹配。因此,这 $\lambda/4$ 线段又称为 $\lambda/4$ 阻抗变换器。由于长度与波长有关,这种方法的效果与频率有关,是窄频带的。

2. 单枝节匹配

为实现阻抗匹配,一般的方法是在传输线上适当的位置,加一阻抗变换元件。最常用的阻抗变换元件是短路线(短截线),这里称为短路枝节,它是一纯电抗。用单一短路枝节来实现匹配的原理如图 9.7-7 所示。采用的是并联枝节来抵消电抗的方法,利用导纳圆图来完成。

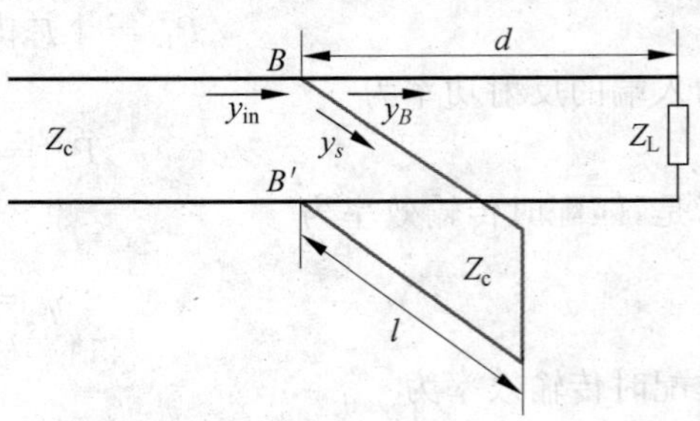

图 9.7-7 单枝节匹配

在传输线上找到 BB' 点,该处归一化输入导纳为

$$y_B=1+\mathrm{j}b_B$$

选择短路枝节长度 l,使其输入导纳为

$$y_s=-\mathrm{j}b_B$$

于是,在 BB' 处朝负载端看去的总输入导纳为

$$y_{in}=y_B+y_s=1$$

从而实现了匹配。

将史密斯圆图用作导纳图,实现匹配的步骤如下。

(1) 在圆图上找出归一化导纳为 y_L 的点;

(2) 画出 y_L 上的 $|\Gamma|$ 圆,找出它与 $g=1$ 圆的交点:$y_{B1}=1+\mathrm{j}b_{B1}$,$y_{B2}=1+\mathrm{j}b_{B2}$;

(3) 根据 y_L 点与 y_{B1} 或 y_{B2} 点间的夹角,求负载段的长度 d_1 或 d_2;

(4) 根据导纳圆图短路点(P_{oc})与 y_{B1} 或 y_{B2} 点间的夹角,求短路枝节的长度 l_{B1} 或 l_{B2}。

例 9.7-3　50Ω 无耗传输线端接负载阻抗 $Z_L=35-\mathrm{j}\,47.5(\Omega)$，求单枝节匹配的位置 d 和短路枝节长度 l。

【解】　(1) $z_L=Z_L/Z_c=(35-\mathrm{j}47.5)/50=0.70-\mathrm{j}\,0.95(\Omega)$

在圆图上找到 z_L 点 P_1(图 9.7-8)，过该点作直线 P_1O 并延长，与 $g=1$ 圆交与点 P_2，此点代表 y_L；再延长 P_1O 至外圆，交于点 P_2'，其"向电源的波长数"为 0.109。

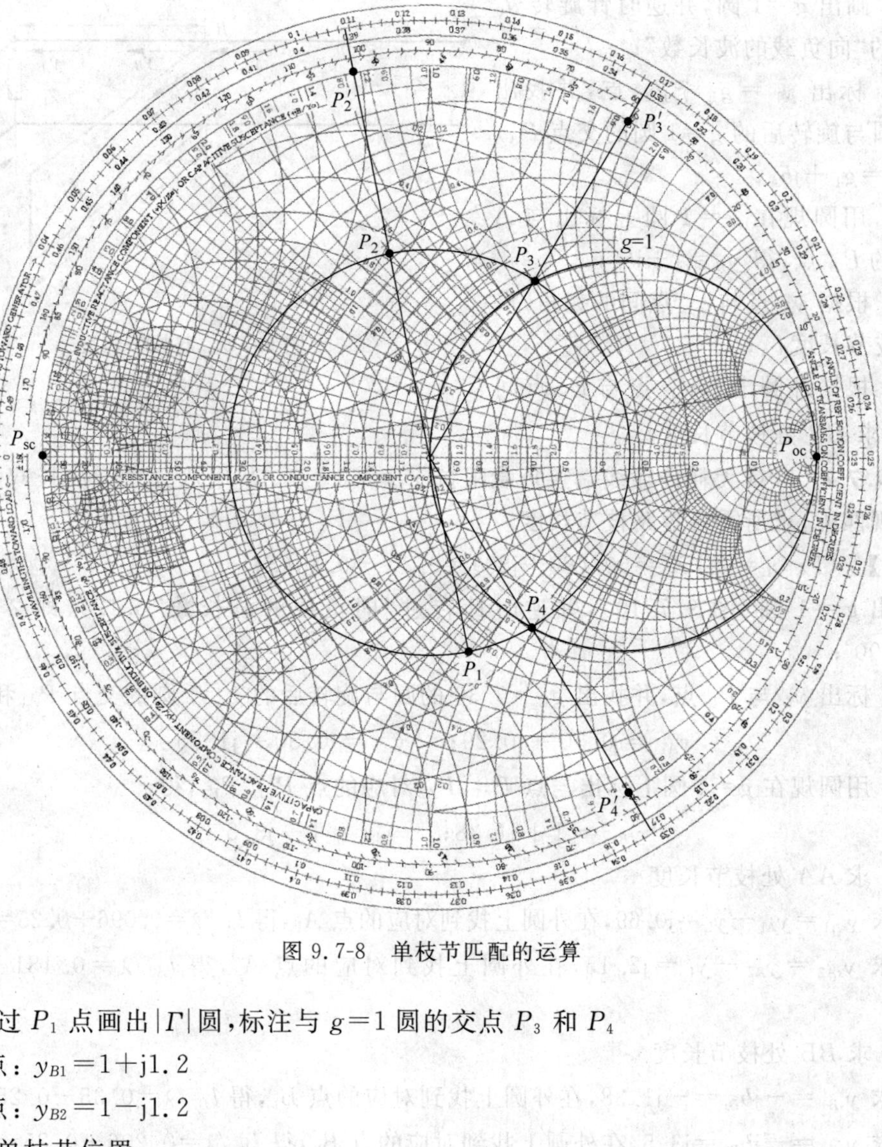

图 9.7-8　单枝节匹配的运算

(2) 过 P_1 点画出 $|\Gamma|$ 圆，标注与 $g=1$ 圆的交点 P_3 和 P_4

P_3 点：$y_{B1}=1+\mathrm{j}1.2$

P_4 点：$y_{B2}=1-\mathrm{j}1.2$

(3) 单枝节位置

P_3 点：$d_1/\lambda=0.168-0.109=0.059$

P_4 点：$d_2/\lambda=0.332-0.109=0.223$

(4) 单枝节长度

P_3 点：从 P_{sc} 到 P_3'' 点，得 $l_{B1}/\lambda=0.361-0.250=0.111$

P_4 点：从 P_{sc} 到 P_4'' 点，得 $l_{B2}/\lambda=0.139+0.250=0.389$

应用中往往将枝节做成可调的，因此也称为枝节调配器。

3. 双枝节匹配

双枝节匹配结构如图 9.7-9 所示。与单枝节匹配相比,增加了一个短路枝节,但距离 d_0 可任意选择,因此有其方便之处。为使 BB' 处有 $y_{in}=y_B+y_{sB}=1$,要求 $y_B=1+jb_B$(取 $y_{sB}=-jb_B$)。这需要 y_B 点在 $g=1$ 圆上。如果已选定 d_0,则要使 y_L 用 y_{sA} 并联后的 y_A 转过 d_0/λ 恰好落在 $g=1$ 圆上。用史密斯导纳圆图的运算步骤如下。

(1) 画出 $g=1$ 圆,并逆时针旋转 d_0 所对应的"向负载的波长数";

(2) 标出 $y_L=g_L+jb_L$ 点,并找出 $g=g_L$ 圆与旋转后的 $g=1$ 圆的交点 P_A,读出 $y_A=g_L+jb_A$;

(3) 用圆规在 $g=1$ 圆上标出与 A 点对应的 P_B 点,得 $y_B=1+jb_B$;

(4) 根据 y_A 点与 y_L 点间的夹角,求 AA' 处枝节长度 l_A;

(5) 根据外圆上 $-jb_B$ 点与 P_{sc} 点间的夹角,求 BB' 处枝节长度 l_B。

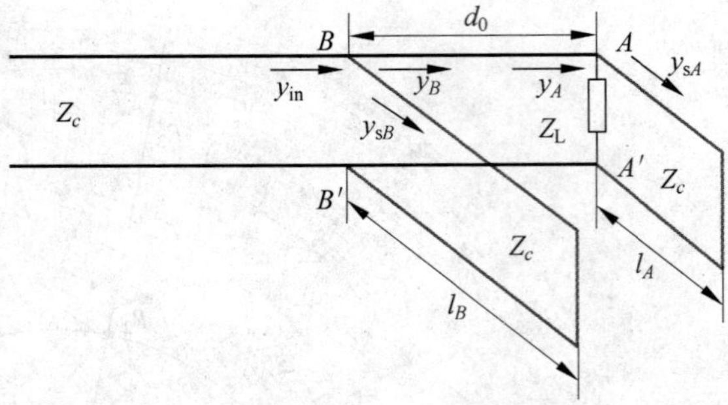

图 9.7-9 双枝节匹配

例 9.7-4 50Ω 无耗传输线端接负载阻抗 $Z_L=60+j80\Omega$,用八分之一波长双枝节调配器来实现匹配,求所需各短路枝节长度。

【解】 (1) $y_L=Z_c/Z_L=50/(60+j80)=0.30-j0.40(S)$

画出 $g=1$ 圆(图 9.7-10),并逆时针转过"向负载的波长数"0.125,即 $2\times360°\times0.125=90°$;

(2) 标出 y_L 与 P_L 点,并找出 $g_L=0.30$ 的圆与旋转后的 $g=1$ 圆的交点 P_{A1} 和 P_{A2},得

$$y_{A1}=0.30+j0.29;\quad y_{A2}=0.30+j1.75$$

(3) 用圆规在 $g=1$ 圆上标出与点 P_{A1}、P_{A2} 对应的点 P_{B1}、P_{B2},得

$$y_{B1}=1+j1.38;\quad y_{B2}=1-j3.5$$

(4) 求 AA' 处枝节长度

要求 $y_{sA1}=y_{A1}-y_L=j0.69$,在外圆上找到对应的点 A_1,得 $l_{A1}/\lambda=0.096+0.25=0.346$;

要求 $y_{sA2}=y_{A2}-y_L=j2.15$,在外圆上找到对应的点 A_2,得 $l_{A2}/\lambda=0.181+0.25=0.431$。

(5) 求 BB' 处枝节长度

要求 $y_{sB1}=-jb_{B1}=-j1.38$,在外圆上找到对应的点 B_1,得 $l_{B1}/\lambda=0.35-0.25=0.10$;

要求 $y_{sB2}=-jb_{B2}=j3.5$,在外圆上找到对应的点 B_2,得 $l_{B2}/\lambda=0.206+0.25=0.456$。

观察图 9.7-10 可知,若 $g_L>2$,则 $g=g_L$ 圆与旋转的 $g=1$ 圆不相交,此时 $d_0=\lambda/8$ 的双枝节调配器无效。显然,可通过改变 d_0 来解决,也可先在 Z_L 与 AA' 点间加一段线段来完成。

以上单枝节与双枝节匹配运算用的是图解法,精度自然有限。现在实际设计时都利用计算机软件来完成,这里的主要目的是给出原理。有兴趣的读者可以尝试得出解析解,并编制计算机程序,还可研究宽频带设计。

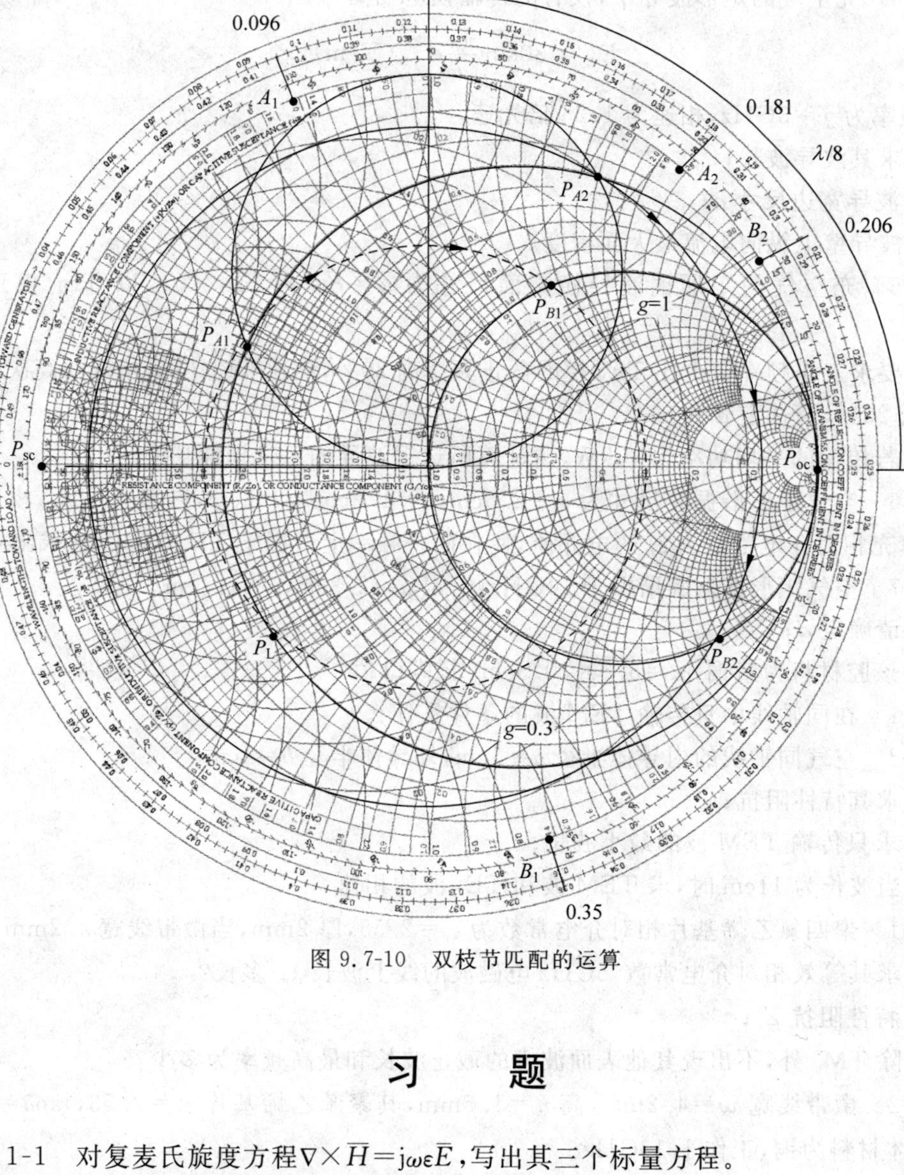

图 9.7-10　双枝节匹配的运算

习　题

9.1-1　对复麦氏旋度方程$\nabla\times\overline{H}=\mathrm{j}\omega\varepsilon\overline{E}$,写出其三个标量方程。

9.1-2　均匀导波系统可传播哪三种基本模式?

9.1-3　均匀导波系统中三种基本模式的传播条件和传播常数如何?

9.2-1　工作波长、波导波长、截止波长的含义是什么?有何关系式?

9.2-2　国产 X 波段矩形波导 BJ-100($a\times b=22.86\times10.16\mathrm{mm}^2$),充干燥空气。

(a) 求其单模传输 TE_{10} 模的频率范围;

(b) 已知工作频率为 9375MHz,求其工作模式、波导波长和相速。

9.2-3　国产 C 波段矩形波导 BJ-32($a\times b=72.14\times34.04\mathrm{mm}^2$),充空气。

(a) 用测量线测得波导中传输 TE_{10} 波,相邻波节间距离为 10.5cm,求波导波长和工作波长;

(b) 若工作波长为 6cm,波导中能传输哪些模式?

(c) 若工作波长为6cm,而波导窄边尺寸增大1倍,可传播的模式有何变化?

9.2-4 充空气的矩形波导中,仅有的传输模电场为

$$E_y = 30\sin\frac{\pi x}{a}e^{-j\beta z}\,(\mathrm{V/m})$$

其频率为f=3GHz,相速为1.25倍光速。

(a) 求其波导波长;

(b) 波导宽边尺寸a;

(c) 波导壁上纵向电流最大面密度。

9.2-5 充空气的矩形铜波导横截面尺寸为$a\times b$,$(b<a<2b)$,以TE_{10}模工作于3.2GHz。

(a) 要求工作频率至少比TE_{10}模的截止频率高20%,而比TE_{10}模最相近的高次模的截止频率低20%,请选定a和b;

(b) 若传输的平均功率为10kW,请计算所选铜波导的每米损耗功率。

9.2-6 空气矩形谐振腔尺寸为a=2.5cm,b=1.2cm,d=6cm,谐振于TE_{102}模式。今在腔内填充相对介电常数为ε_r的电介质,使在同一频率上谐振于TE_{103}模式,请求出ε_r。

9.2-7 空气矩形谐振腔谐振于10GHz,给定a=2.3cm,b=1.1cm。

(a) 请确定d;

(b) 该腔材料为紫铜,$\sigma_c=5.8\times10^7$S/m,求其Q值。

9.3-1 在同轴线中只传输TEM波的条件是什么?

9.3-2 空气同轴线的内导体半径a=1cm,外导体半径b=4cm。

(a) 求其特性阻抗;

(b) 求只传输TEM波的最小波长;

(c) 当波长为11cm时,求TEM波和TE_{11}波的相速。

9.4-1 聚四氯乙烯基片相对介电常数为ε_r=2.55,厚2mm,当微带线宽4.2mm时,

(a) 求其等效相对介电常数,5GHz电磁波的线上波长λ_m多长?

(b) 特性阻抗Z_c;

(c) 除TM_0外,不出现其他表面波模的截止波长和最高频率为多少?

9.4-2 微带线宽w=4.2mm,高h=1.5mm,其聚苯乙烯基片ε_r=2.53,$\tan\delta=4.7\times10^{-4}$,导体材料为铜,工作于10GHz。

(a) 求λ_m,Z_c;

(b) 求介质损耗α_d;

(c) 求导体损耗α_c。

9.5-1 空气无耗双导线特性阻抗为300Ω,终端电压为50V,工作频率为150MHz。试求:

(a) 分布电容和分布电感;

(b) 终端开路时距终端$\frac{1}{3}$m,$\frac{1}{2}$m,1m和2m处的电压。

9.5-2 空气无耗双导线的导线半径为a=0.5cm,间距d=8cm,求:

(a) 分布电容和分布电感;

(b) 特性阻抗及 $f=300\text{MHz}$ 时的相位常数。

9.6-1　一射频信号源的电压为 10V，内阻为 50Ω，工作频率 $f=100\text{MHz}$，通过长 $r=6.6\text{m}$ 的 50Ω 无耗传输线接到负载上，负载阻抗为(25+j25)Ω。求：

(a) 传输线终端反射系数和传输线上的电压驻波比；

(b) 电源端的电压振幅；

(c) 负载端的电压振幅和负载端接收到的平均功率；

(d) 若负载为匹配负载，该平均功率多大？

9.6-2　一射频信号源的电压为 v_g，内阻为 R_g，通过长为 r 的无耗传输线连接到纯电抗负载 jX 上。传输线特性阻抗为 Z_c，相位常数为 β。确定距负载 l 处的电压和电流。

9.6-3　一无耗传输线在分别接不同负载时，线上存在驻波。设第一个波节点(U_{min} 处)分别位于以下各点，请说明各负载的特性(如短路、电容负载等)：(a)负载端；(b)离负载 $\lambda/4$ 处；(c)离负载 $\lambda/4$ 和 $\lambda/2$ 距离之间；(d) 离负载 $\lambda/2$ 处。

9.7-1　求特性阻抗为 100Ω，长 0.12λ，终端 $Z_L=(50-\text{j}150)\Omega$ 负载的无耗传输线的输入阻抗和输入导纳。

9.7-2　无耗传输线特性阻抗为 600Ω，长 0.79λ，求以下情形的输入阻抗和输入导纳：(a)终端短路；(b)终端开路。

9.7-3　特性阻抗为 400Ω 的无耗传输线长 0.12λ，若输入导纳为 $y_{in}=0.0025+\text{j}0.005(\text{S})$，求其负载阻抗。

9.7-4　无耗传输线特性阻抗为 600Ω，长 0.36λ，输入阻抗为 $Z_{in}=600+\text{j}450(\Omega)$，求其负载阻抗和负载导纳。

9.7-5　无耗传输线长 0.4λ，电压驻波比为 2，电压波节距负载 0.2λ。求：

(a) 负载阻抗和负载导纳的归一化值；

(b) 输入阻抗和输入导纳的归一化值。

9.7-6　已知天线的馈线匹配损失为 −2dB，则其阻抗匹配效率 e_z 为百分之多少？电压反射系数绝对值 $|\Gamma|$ 为多少？电压驻波比 S 为多少？

9.7-7　测得 300Ω 无耗传输线上电压驻波比为 2.15，第一电压波腹点距离负载 0.05λ，$\lambda=3\text{m}$。求：

(a) 负载阻抗 Z_L；

(b) 实现单枝节匹配所需的最近的短路枝节离负载的距离 d 及最短的枝节长度 l。

9.7-8　无耗传输线特性阻抗 $Z_c=250\Omega$，负载阻抗为纯电阻 $R_L=1000\Omega$，全长 15m，工作波长为 $\lambda=3\text{m}$。求：

(a) 单枝节匹配的位置 d 及短路枝节长度 l；

(b) 求匹配前和匹配后传输线上的最大电压，已知射频电压源的电压为 $v_g=100\text{V}$，内阻为 $R_g=250\Omega$。

9.7-9　无耗传输线负载导纳归一化值为 $y_L=0.2-\text{j}0.3$，在离负载 $d_1=0.15\lambda$ 处加短路枝节 l_1，在相隔 $d_0=\dfrac{3}{8}\lambda$ 处加短路枝节 l_2，以实现完全匹配。请确定此双枝节匹配所需的枝节长度 l_1 和 l_2，$\lambda=2\text{m}$。

附录 A 矢量分析公式

A.1 矢量恒等式

和与积

$$\overline{A}+\overline{B}=\overline{B}+\overline{A} \tag{A-1}$$

$$\overline{A}\cdot\overline{B}=\overline{B}\cdot\overline{A} \tag{A-2}$$

$$\overline{A}\cdot\overline{A}=|\overline{A}|^2 \tag{A-3}$$

$$\overline{A}\times\overline{B}=-\overline{B}\times\overline{A} \tag{A-4}$$

$$(\overline{A}+\overline{B})\cdot\overline{C}=\overline{A}\cdot\overline{C}+\overline{B}\cdot\overline{C} \tag{A-5}$$

$$(\overline{A}+\overline{B})\times\overline{C}=\overline{A}\times\overline{C}+\overline{B}\times\overline{C} \tag{A-6}$$

$$\overline{A}\cdot\overline{B}\times\overline{C}=\overline{B}\cdot\overline{C}\times\overline{A}=\overline{C}\cdot\overline{A}\times\overline{B} \tag{A-7}$$

$$\overline{A}\times(\overline{B}\times\overline{C})=(\overline{A}\cdot\overline{C})\overline{B}-(\overline{A}\cdot\overline{B})\overline{C} \tag{A-8}$$

微分

$$\nabla(\phi+\psi)=\nabla\phi+\nabla\psi \tag{A-9}$$

$$\nabla(\phi\psi)=\phi\,\nabla\psi+\psi\,\nabla\phi \tag{A-10}$$

$$\nabla\cdot(\overline{A}+\overline{B})=\nabla\cdot\overline{A}+\nabla\cdot\overline{B} \tag{A-11}$$

$$\nabla\times(\overline{A}+\overline{B})=\nabla\times\overline{A}+\nabla\times\overline{B} \tag{A-12}$$

$$\nabla\cdot(\phi\overline{A})=\phi\,\nabla\cdot\overline{A}+\overline{A}\cdot\nabla\phi \tag{A-13}$$

$$\nabla\times(\phi\overline{A})=\phi\,\nabla\times\overline{A}+\nabla\phi\times\overline{A} \tag{A-14}$$

$$\nabla\cdot(\nabla\times\overline{A})=0 \tag{A-15}$$

$$\nabla\times\nabla\phi=0 \tag{A-16}$$

$$\nabla(\overline{A}\cdot\overline{B})=(\overline{A}\cdot\nabla)\overline{B}+(\overline{B}\cdot\nabla)\overline{A}+\overline{A}\times(\nabla\times\overline{B})+\overline{B}\times(\nabla\times\overline{A}) \tag{A-17}$$

$$\nabla\cdot(\overline{A}\times\overline{B})=\overline{B}\cdot(\nabla\times\overline{A})-\overline{A}\cdot(\nabla\times\overline{B}) \tag{A-18}$$

$$\nabla\times(\overline{A}\times\overline{B})=\overline{A}\,\nabla\cdot\overline{B}-\overline{B}\,\nabla\cdot\overline{A}+(\overline{B}\cdot\nabla)\overline{A}-(\overline{A}\cdot\nabla)\overline{B} \tag{A-19}$$

$$\nabla\times\nabla\times\overline{A}=\nabla(\nabla\cdot\overline{A})-\nabla^2\overline{A} \tag{A-20}$$

积分

$$\int_v(\nabla\cdot\overline{A})\,\mathrm{d}v=\oint_s\overline{A}\cdot\overline{\mathrm{d}s} \tag{A-21}$$

$$\int_s(\nabla\times\overline{A})\cdot\overline{\mathrm{d}s}=\oint_l\overline{A}\cdot\overline{\mathrm{d}l} \tag{A-22}$$

$$\int_v(\nabla\times\overline{A})\,\mathrm{d}v=-\oint_s\overline{A}\times\overline{\mathrm{d}s} \tag{A-23}$$

$$\int_v\nabla\phi\,\mathrm{d}v=\oint_s\phi\,\mathrm{d}s \tag{A-24}$$

$$\int_s \nabla\phi \times \overline{\mathrm{d}s} = -\oint_l \phi\, \overline{\mathrm{d}l} \tag{A-25}$$

A.2　矢量微分算子

直角坐标

$$\nabla \cdot \overline{A} = \frac{\partial A_x}{\partial x} + \frac{\partial A_y}{\partial y} + \frac{\partial A_z}{\partial z} \tag{A-26}$$

$$\begin{aligned}\nabla \times \overline{A} &= \hat{x}\left(\frac{\partial A_z}{\partial y} - \frac{\partial A_y}{\partial z}\right) + \hat{y}\left(\frac{\partial A_x}{\partial z} - \frac{\partial A_z}{\partial x}\right) + \hat{z}\left(\frac{\partial A_y}{\partial x} - \frac{\partial A_z}{\partial y}\right) \\ &= \begin{vmatrix} \hat{x} & \hat{y} & \hat{z} \\ \frac{\partial}{\partial x} & \frac{\partial}{\partial y} & \frac{\partial}{\partial z} \\ A_x & A_y & A_z \end{vmatrix}\end{aligned} \tag{A-27}$$

$$\nabla\phi = \hat{x}\frac{\partial \phi}{\partial x} + \hat{y}\frac{\partial \phi}{\partial y} + \hat{z}\frac{\partial \phi}{\partial z} \tag{A-28}$$

$$\nabla^2 \phi = \frac{\partial^2 \phi}{\partial x^2} + \frac{\partial^2 \phi}{\partial y^2} + \frac{\partial^2 \phi}{\partial z^2} \tag{A-29}$$

柱坐标

$$\nabla \cdot \overline{A} = \frac{1}{\rho}\frac{\partial}{\partial \rho}(\rho A_\rho) + \frac{1}{\rho}\frac{\partial A_\varphi}{\partial \varphi} + \frac{\partial A_z}{\partial z} \tag{A-30}$$

$$\begin{aligned}\nabla \times \overline{A} &= \hat{\rho}\left(\frac{1}{\rho}\frac{\partial A_z}{\partial \varphi} - \frac{\partial A_\varphi}{\partial z}\right) + \hat{\varphi}\left(\frac{\partial A_\rho}{\partial z} - \frac{\partial A_z}{\partial \rho}\right) + \hat{z}\left(\frac{1}{\rho}\frac{\partial(\rho A_\varphi)}{\partial \rho} - \frac{1}{\rho}\frac{\partial A_\rho}{\partial \varphi}\right) \\ &= \frac{1}{\rho}\begin{vmatrix} \hat{\rho} & \rho\hat{\varphi} & \hat{z} \\ \frac{\partial}{\partial \rho} & \frac{\partial}{\partial \varphi} & \frac{\partial}{\partial z} \\ A_\rho & \rho A_\varphi & A_z \end{vmatrix}\end{aligned} \tag{A-31}$$

$$\nabla\phi = \hat{\rho}\,\frac{\partial \phi}{\partial \rho} + \hat{\varphi}\,\frac{1}{\rho}\frac{\partial \phi}{\partial \varphi} + \hat{z}\frac{\partial \phi}{\partial z} \tag{A-32}$$

$$\nabla^2 \phi = \frac{1}{\rho}\frac{\partial}{\partial \rho}\left(\rho\frac{\partial \phi}{\partial \rho}\right) + \frac{1}{\rho^2}\frac{\partial^2 \phi}{\partial \varphi^2} + \frac{\partial^2 \phi}{\partial z^2} \tag{A-33}$$

球坐标

$$\nabla \cdot \overline{A} = \frac{1}{r^2}\frac{\partial}{\partial r}(r^2 A_r) + \frac{1}{r\sin\theta}\frac{\partial}{\partial \theta}(\sin\theta A_\theta) + \frac{1}{r\sin\theta}\frac{\partial A_\varphi}{\partial \varphi} \tag{A-34}$$

$$\begin{aligned}\nabla \times \overline{A} &= \frac{\hat{r}}{r\sin\theta}\left[\frac{\partial}{\partial \theta}(\sin\theta A_\varphi) - \frac{\partial A_\theta}{\partial \varphi}\right] + \frac{\hat{\theta}}{r}\left[\frac{1}{\sin\theta}\frac{\partial A_r}{\partial \varphi} - \frac{\partial}{\partial r}(rA_\varphi)\right] + \frac{\hat{\varphi}}{r}\left[\frac{\partial}{\partial r}(rA_\theta) - \frac{\partial A_r}{\partial \theta}\right] \\ &= \frac{1}{r^2\sin\theta}\begin{vmatrix} \hat{r} & r\,\hat{\theta} & r\sin\theta\,\hat{\varphi} \\ \frac{\partial}{\partial r} & \frac{\partial}{\partial \theta} & \frac{\partial}{\partial \varphi} \\ A_r & rA_\theta & r\sin\theta A_\varphi \end{vmatrix}\end{aligned} \tag{A-35}$$

$$\nabla\phi=\hat{r}\frac{\partial\phi}{\partial r}+\hat{\theta}\frac{1}{r}\frac{\partial\phi}{\partial\theta}+\hat{\varphi}\frac{1}{r\sin\theta}\frac{\partial\phi}{\partial\varphi} \tag{A-36}$$

$$\nabla^2\phi=\frac{1}{r^2}\frac{\partial}{\partial r}\left(r^2\frac{\partial\phi}{\partial r}\right)+\frac{1}{r^2\sin\theta}\frac{\partial}{\partial\theta}\left(\sin\theta\frac{\partial\phi}{\partial\theta}\right)+\frac{1}{r^2\sin^2\theta}\frac{\partial^2\phi}{\partial\varphi^2} \tag{A-37}$$

A.3 坐标变换

表 A-1 直角坐标与柱坐标的变换

	$\hat{x}$	$\hat{y}$	$\hat{z}$
$\hat{\rho}$	$\cos\varphi$	$\sin\varphi$	0
$\hat{\varphi}$	$-\sin\varphi$	$\cos\varphi$	0
$\hat{z}$	0	0	1

表 A-2 直角坐标与球坐标的变换

	$\hat{x}$	$\hat{y}$	$\hat{z}$
$\hat{r}$	$\sin\theta\cos\varphi$	$\sin\theta\sin\varphi$	$\cos\theta$
$\hat{\theta}$	$\cos\theta\cos\varphi$	$\cos\theta\sin\varphi$	$-\sin\theta$
$\hat{\varphi}$	$-\sin\varphi$	$\cos\varphi$	0

表 A-3 柱坐标与球坐标的变换

	$\hat{\rho}$	$\hat{\varphi}$	$\hat{z}$
$\hat{r}$	$\sin\theta$	0	$\cos\theta$
$\hat{\theta}$	$\cos\theta$	0	$-\sin\theta$
$\hat{\varphi}$	0	1	0

【例 1】 $\hat{x}=\hat{\rho}\cos\varphi-\hat{\varphi}\sin\varphi$；$A_x=A_\rho\cos\varphi-A_\varphi\sin\varphi$

【例 2】 $\hat{r}=\hat{x}\sin\theta\cos\varphi+\hat{y}\sin\theta\sin\varphi+\hat{z}\cos\theta$

$A_r=A_x\sin\theta\cos\varphi+A_y\sin\theta\sin\varphi+A_z\cos\theta$

附录B　常用数学公式和常数

B.1　三角函数

和差

$\sin(\alpha\pm\beta)=\sin\alpha\cos\beta\pm\cos\alpha\sin\beta$

$\cos(\alpha\pm\beta)=\cos\alpha\cos\beta\mp\sin\alpha\sin\beta$

$\tan(\alpha\pm\beta)=\dfrac{\tan\alpha\pm\tan\beta}{1\mp\tan\alpha\tan\beta}$

$1+\tan^2\alpha=\sec^2\alpha\quad 1+\cot^2\alpha=\csc^2\alpha$

$\sin^2\alpha+\cos^2\alpha=1\quad e^{\pm j}\alpha=\cos\alpha\pm j\sin\alpha$

$(\cos\alpha\pm j\sin\alpha)^n=\cos n\alpha\pm j\sin n\alpha$

和差化积

$\sin\alpha\pm\sin\beta=2\sin\dfrac{\alpha\pm\beta}{2}\cos\dfrac{\alpha\mp\beta}{2}$

$\cos\alpha+\cos\beta=2\cos\dfrac{\alpha+\beta}{2}\cos\dfrac{\alpha-\beta}{2}$

$\cos\alpha-\cos\beta=-2\sin\dfrac{\alpha+\beta}{2}\sin\dfrac{\alpha-\beta}{2}$

积化和差

$2\sin\alpha\cos\beta=\sin(\alpha+\beta)+\sin(\alpha-\beta)$

$2\cos\alpha\sin\beta=\sin(\alpha+\beta)-\sin(\alpha-\beta)$

$2\cos\alpha\cos\beta=\cos(\alpha+\beta)+\cos(\alpha-\beta)$

$2\sin\alpha\sin\beta=-\cos(\alpha+\beta)+\cos(\alpha-\beta)$

倍角

$\sin2\alpha=2\sin\alpha\cos\alpha$

$\cos2\alpha=\cos^2\alpha-\sin^2\alpha=2\cos^2\alpha-1=1-2\sin^2\alpha$

$\tan2\alpha=\dfrac{2\tan\alpha}{1-\tan^2\alpha}$

$\sin3\alpha=3\sin\alpha-4\sin^3\alpha\quad \cos3\alpha=4\cos^3\alpha-3\cos\alpha$

$\cos n\alpha=\cos^n\alpha-\dfrac{n(n-1)}{2!}\cos^{n-2}\alpha\sin^2\alpha+\dfrac{n(n-1)(n-2)(n-3)}{4!}\cos^{n-4}\alpha\sin^4\alpha+\cdots$

半角

$\sin\dfrac{\alpha}{2}=\pm\sqrt{\dfrac{1-\cos\alpha}{2}}\qquad \cos\dfrac{\alpha}{2}=\pm\sqrt{\dfrac{1+\cos\alpha}{2}}$

$$\tan\frac{\alpha}{2}=\pm\sqrt{\frac{1-\cos\alpha}{1+\cos\alpha}}=\frac{\sin\alpha}{1+\cos\alpha}=\frac{1-\cos\alpha}{\sin\alpha}$$

$$\tan\frac{\alpha+\beta}{2}=\frac{\sin\alpha+\sin\beta}{\cos\alpha+\cos\beta}$$

级数

$$\sin\alpha=\frac{e^{j\alpha}-e^{-j\alpha}}{2j}=\alpha-\frac{\alpha^3}{3!}+\frac{\alpha^5}{5!}-\frac{\alpha^7}{7!}+\cdots$$

$$\cos\alpha=\frac{e^{j\alpha}+e^{-j\alpha}}{2}=1-\frac{\alpha^2}{2!}+\frac{\alpha^4}{4!}-\frac{\alpha^6}{6!}+\cdots$$

$$\tan\alpha=\frac{e^{j\alpha}-e^{-j\alpha}}{j(e^{j\alpha}+e^{-j\alpha})}=\alpha+\frac{\alpha^3}{3}+\frac{2\alpha^5}{15}+\frac{17\alpha^7}{315}+\frac{62\alpha^9}{2835}+\cdots$$

反三角函数

$$\arccos x=\frac{\pi}{2}-\arcsin x$$

$$\arctan x=\arcsin\frac{x}{\sqrt{1+x^2}}=\arccos\frac{1}{\sqrt{1+x^2}}$$

$$\arcsin(-x)=-\arcsin x\quad \arccos(-x)=\pi-\arccos x$$

$$\arctan(-x)=-\arctan x$$

B.2 双曲函数

和差

$$\mathrm{sh}(\alpha\pm\beta)=\mathrm{sh}\alpha\,\mathrm{ch}\beta\pm\mathrm{ch}\alpha\,\mathrm{sh}\beta$$

$$\mathrm{ch}(\alpha\pm\beta)=\mathrm{ch}\alpha\,\mathrm{ch}\beta\pm\mathrm{sh}\alpha\,\mathrm{sh}\beta$$

$$\mathrm{th}(\alpha\pm\beta)=\frac{\mathrm{th}\alpha\pm\mathrm{th}\beta}{1\pm\mathrm{th}\alpha\,\mathrm{th}\beta}$$

$$\mathrm{sh}(\alpha\pm j\beta)=\mathrm{sh}\alpha\cos\beta\pm j\,\mathrm{ch}\alpha\sin\beta$$

$$\mathrm{ch}(\alpha\pm j\beta)=\mathrm{ch}\alpha\cos\beta\pm j\,\mathrm{sh}\alpha\sin\beta$$

$$\mathrm{th}(\alpha\pm j\beta)=\frac{\mathrm{sh}2\alpha\pm j\sin2\beta}{\mathrm{ch}2\alpha+\cos2\beta}$$

$$\mathrm{ch}^2\alpha-\mathrm{sh}^2\alpha=1\quad \mathrm{th}^2\alpha+\mathrm{se\ ch}^2\alpha=1$$

$$(\mathrm{ch}\alpha\pm\mathrm{sh}\alpha)^n=\mathrm{ch}n\alpha\pm\mathrm{sh}n\alpha$$

倍角

$$\mathrm{sh}2\alpha=2\mathrm{sh}\alpha\,\mathrm{ch}\alpha$$

$$\mathrm{ch}2\alpha=\mathrm{ch}^2\alpha+\mathrm{sh}^2\alpha=2\mathrm{ch}^2\alpha-1=1+2\mathrm{sh}^2\alpha$$

$$\mathrm{th}2\alpha=\frac{2\mathrm{th}\alpha}{1+\mathrm{th}^2\alpha}$$

$$\mathrm{sh}3\alpha=4\mathrm{sh}^2\alpha+3\mathrm{sh}\alpha\quad \mathrm{ch}3\alpha=4\mathrm{ch}^3\alpha-3\mathrm{ch}\alpha$$

半角

$$\mathrm{sh}\frac{\alpha}{2}=\pm\sqrt{\frac{\mathrm{ch}\alpha-1}{2}}\begin{pmatrix}\alpha>0\text{ 取}+\\ \alpha<0\text{ 取}-\end{pmatrix}\quad \mathrm{ch}\frac{\alpha}{2}=\sqrt{\frac{\mathrm{ch}\alpha+1}{2}}$$

$$\text{th}\,\frac{\alpha}{2}=\frac{\text{sh}\alpha}{\text{ch}\alpha+1}=\frac{\text{ch}\alpha-1}{\text{sh}\alpha}$$

用三角函数表示

$\text{shj}\alpha=\text{j}\sin\alpha$　　$\text{chj}\alpha=\cos\alpha$

$\text{thj}\alpha=\text{j}\tan\alpha$

$\sin\text{j}\alpha=\text{jsh}\alpha$　　$\cos\text{j}\alpha=\text{ch}\alpha$

$\tan\text{j}\alpha=\text{jth}\alpha$

级数

$$\text{sh}\alpha=\frac{\text{e}^{\alpha}-\text{e}^{-\alpha}}{2}=\alpha+\frac{\alpha^3}{3!}+\frac{\alpha^5}{5!}+\frac{\alpha^7}{7!}+\cdots$$

$$\text{ch}\alpha=\frac{\text{e}^{\alpha}+\text{e}^{-\alpha}}{2}=1+\frac{\alpha^2}{2!}+\frac{\alpha^4}{4!}+\frac{\alpha^6}{6!}+\cdots$$

$$\text{th}\alpha=\frac{\text{e}^{\alpha}-\text{e}^{-\alpha}}{\text{e}^{\alpha}+\text{e}^{-\alpha}}=\alpha-\frac{\alpha^3}{3}+\frac{2\alpha^5}{15}-\frac{17\alpha^7}{315}+\frac{62\alpha^9}{2835}$$

$$\text{e}^{\pm\alpha}=\text{ch}\alpha\pm\text{sh}\alpha=1\pm\alpha+\frac{\alpha^2}{2!}\pm\frac{\alpha^3}{3!}+\frac{\alpha^4}{4!}\pm\frac{\alpha^2}{5!}+\cdots$$

反双曲函数

$\text{arcch}x=\text{arcsh}\,\text{j}x-\text{j}\,\frac{\pi}{2}$　　　$\text{arcsh}\,\text{j}x=\text{j}\arcsin x$

$\text{arcsh}x=\ln(x+\sqrt{x^2+1})$

$\text{arcch}x=\ln(x+\sqrt{x^2-1})$　　$|x|\geqslant 1$

$\text{arcth}x=\frac{1}{2}\ln\frac{1+x}{1-x}$　　　$|x|<1$

B.3　对数

$\lg x=\log_{10}x=(\log_{\text{e}}x)\log_{10}\text{e}=0.434\ 294\ \ln x$

$\ln x=\log_{10}x=(\log_{10}x)\log_{\text{e}}10=2.302\ 585\ \lg x$

dB(分贝)$=10\lg\frac{P_2}{P_1}=20\lg\frac{E_2}{E_1}$　　　　$x\ \text{dB}=0.115\ 13x\ \text{Np}$

Np(奈比)$=10\ln\frac{E_2}{E_1}$　　$y\text{Np}=8.6868y\text{dB}$

B.4　级数

等差级数

$$a_1+(a_1+d)+(a_1+2d)+\cdots+[a_1+(n-1)d]=na_1+\frac{n(n-1)}{2}d$$

等比级数

$$a_1+a_1q+a_1q^2+\cdots+a_1q^{n-1}=\frac{a_1-a_nq}{1-q}$$

幂级数

$$(1\pm x)^n=1\pm nx+\frac{n(n-1)}{2!}x^2\pm\frac{n(n-1)(n-2)}{3!}x^3+\cdots$$

$$+(\pm1)^i\frac{n(n-1)(n-2)\cdots(n-i+1)}{i!}x^i+\cdots\quad x\leqslant1$$

$$\frac{1}{1\pm x}=1\mp x+x^2\mp x^3+x^4\mp\cdots\qquad |x|<1$$

$$(1\pm x)^{\frac{1}{2}}=1\pm\frac{1}{2}x-\frac{1}{2\cdot4}x^2\pm\frac{1\cdot3}{2\cdot4\cdot6}x^3-\frac{1\cdot3\cdot5}{2\cdot4\cdot6\cdot8}x^4\pm\cdots\qquad |x|\leqslant1$$

$$(1\pm x)^{-\frac{1}{2}}=1\mp\frac{1}{2}x+\frac{1\cdot3}{2\cdot4}x^2\mp\frac{1\cdot3\cdot5}{2\cdot4\cdot6}x^3+\frac{1\cdot3\cdot5\cdot7}{2\cdot4\cdot6\cdot8}x^4\mp\cdots\qquad |x|<1$$

泰勒级数

$$f(x)=f(x_0)+f'(x_0)(x-x_0)+\frac{f''(x_0)}{2!}(x-x_0)^2+\cdots+\frac{f^{(n)}(x_0)}{n!}(x-x_0)^n+\cdots$$

$$f(z)=\sum_{n=0}^{\infty}C_n(z-z_0)^n,\quad C_n=\frac{f^{(n)}(z_0)}{n!}=\frac{1}{2\pi\mathrm{j}}\oint_{|z-z_0|=\rho}\frac{f(t)}{(t-z_0)^{n+1}}\mathrm{d}t\quad \rho<R$$

罗朗级数

$$f(z)=\sum_{n=-\infty}^{\infty}C_n(z-z_0)^n,\quad C_n=\frac{1}{2\pi\mathrm{j}}\oint_{|z-z_0|=\rho}\frac{f(t)}{(t-z_0)^{n+1}}\mathrm{d}t\qquad r<\rho<R$$

B.5 常数与换算

表 B-1 常数与换算表

常 数	符号	数 值
自由空间光速	c	$2.997\,925\times10^8\approx3\times10^8$ m/s
自由空间介电常数	ε_0	$8.854\,185\times10^{-12}\approx\frac{1}{36\pi}\times10^{-9}$ F/m
自由空间磁导率	μ_0	$4\pi\times10^{-7}=1.256\,637\times10^{-6}$ H/m
自由空间波阻抗	η_0	$376.7304\approx120\pi\,\Omega$
电子电荷	$-\mathrm{e}$	$-1.602\,07\times10^{-19}$ C
电子质量	m	$9.109\,56\times10^{-31}$ kg
电子半径	r	$2.817\,938\times10^{-15}$ m
地球半径	R	6378.388km
静止卫星轨道高度	H	35 786.04km
玻尔茨曼常数	k	$1.380\,62\times10^{-23}$ J/℃K
普朗克常数	h	$6.626\,20\times10^{-34}$ J·S
欧拉常数	C	0.577 215 665
自然对数底	e	2.718 281 83
圆周率	π	3.141 592 65
弧度	rad	$57.295\,779°=57°17'44.8''$
密位	mil	$0.056\,25°=3.375'=202.5''$
寸(inch)	in	2.540 005cm

续表

常　　数	符号	数　　值
呎(foot)	ft.	0.304 800 6m
码(yard)	yd.	0.914 401 83m
哩(mile)	mi	1.609 34km
盎司(ounce)	oz	28.349 53g
磅(pound)	Ib	0.453 592 4kg
温度换算		℉=(℃×9/5)+32 ℃=(℉-32)×5/9 0℃=32 ℉=273.16°K

附录C 符号和单位

表 C-1 符号和单位表

量的符号	量的名称	单位名称	单位符号	量的符号	量的名称	单位名称	单位符号
A	磁矢位	韦伯/米	Wb/m	s	面积	米^2	m^2
A	面积	米^2	m^2	T	透射系数	(无量纲)	—
a	半径,长度	米	m	T	周期	秒	s
B	磁通密度	特斯拉	T	t	时间	秒	s
B	带宽	赫兹	Hz	U	电压	伏特	V
C	电容	法拉	F	V	体积	米^3	m^3
c	真空中的光速	米/秒	m/s	v	速度	米/秒	m/s
D	电通密度	库仑/米^2	C/m^2	W	能量	焦耳	J
D	方向系数	(无量纲)	—	w	能量密度	焦耳/米^3	J/m^3
d	距离,直径	米	m	w	宽度	米	m
E	电场强度	伏特/米	V/m	X	电抗	欧姆	Ω
e	效率	(无量纲)	—	Y	导纳	西门子	S
F, f	方向图函数	(无量纲)	—	Z	阻抗	欧姆	Ω
F	力	牛顿	N	α	衰减常数	奈比/米	Np/m
f	频率	赫兹	Hz	β	相位常数	弧度/米	rad/m
f	焦距	米	m	γ	传播常数	米$^{-1}$	m^{-1}
G	电导	西门子	S	Γ	反射系数	(无量纲)	—
G	天线增益	(无量纲)	—	Γ	环量		
H	磁场强度	安培/米	A/m	δ	集肤深度	米	m
I	电流强度	安培	A	ε	介电常数	法拉/米	F/m
I^m	磁流密度	伏	V	ε_x	复介电常数	法拉/米	F/m
J_s^m	面磁流密度	伏/米	V/m	ζ	波阻抗相角	弧度	Rad
J^m	体磁流密度	伏/米^2	V/m^2	η	波阻抗	欧姆	Ω
J_s	面电流密度	安培/米	A/m	η_x	复波阻抗	欧姆	Ω
J	体电流密度	安培/米^2	A/m^2	θ	角度	度	°
k	波数	弧度/米	rad/m	λ	波长	米	m
L	电感	亨利	H	μ	磁导率	亨利/米	H/m
L, l	长度	米	m	ρ_l	线电荷密度	库仑/米	C/m
M	互感	亨利	H	ρ_s	面电荷密度	库仑/米^2	C/m^2
N	电子密度	1/米^3	$1/m^3$	ρ_v	体电荷密度	库仑/米^3	C/m^3
n	折射率	(无量纲)	—	σ	电导率	西门子/米	S/m
P	极化强度	库仑/米^2	C/m^2	σ_r	雷达散射截面	米^2	m^2
P	功率	瓦	W	τ	倾角	度	(°)
P	电偶极矩	库仑·米	C·m	ϕ	电位	伏特	V
p	功率密度	瓦/米^2	W/m^2	ϕ	相移	弧度	rad
Q, q	电荷量	库仑	C	χ_c	电极化率	(无量纲)	—
Q	品质因数	(无量纲)	—	Ψ, ψ	磁通	韦伯	Wb
R	电阻	欧姆	Ω	Ψ_e	电通量	库仑	C
R, r	距离	米	m	Ψ	相移	弧度	rad
r_A	轴比	(无量纲)	—	Ω	立体角	球面度	
S	坡印廷矢量	瓦/米^2	W/m^2	ω	角频率	弧度/秒	rad/s
S	电压驻波比	(无量纲)	—				

表 C-2 希腊字母

希腊字母	英译	国际音标	汉语拼音	希腊字母	英译	国际音标	汉语拼音
$A\alpha$	alpha	′ælfə	arfa 阿尔法	$N\nu$	nu	nju：	niu 纽
$B\beta$	beta	′bi：tə	beita 倍塔	$\Xi\xi$	xi	ksai	kesei 克西
$\Gamma\gamma$	gamma	′gæmə	gama 伽玛	Oo	omicron	ou′maikrən	oumikrong 欧米荣
$\Delta\delta$	delta	′deltə	deirta 台尔塔	$\Pi\pi$	pi	pai	pai 派
$E\varepsilon$	epsilon	ep′sailən	eipuseilong 埃泼色隆	$P\rho$	rho	rou	rou 洛
$Z\zeta$	zeta	′zi：tə	zeita 泽塔	$\Sigma\sigma$	sigma	′sigmə	seigama 西格玛
$H\eta$	eta	′i：tə	eita 埃塔	$T\tau$	tau	tɔ：	tao 涛
$\Theta\theta$	theta	′θi：tə	seita 色塔	$\Phi\varphi$	phi	fai	fai 非
$I\iota$	iota	ai′outə	youta 优塔	$X\chi$	chi	kai	kai 齐
$K\kappa$	kappa	′kæpə	kapa 卡帕	$\Upsilon\upsilon$	upsilon	ju：p′sailən	ypu seilong 尤泼色隆
$\Lambda\lambda$	lambda	′læmdə	lamuda 拉姆达	$\Psi\psi$	psi	psai	pusai 泼赛
$M\mu$	mu	mju：	miu 缪	$\Omega\omega$	omega	′oumigə	oumiga 欧米伽

表 C-3 国际单位制词头

因数	法文名	中文名	符号	因数	法文名	中文名	符号
10^{18}	exa	艾(可萨)	E	10^{-1}	deci	分	d
10^{15}	peta	拍(它)	P	10^{-2}	centi	厘	c
10^{12}	tera	太(拉)	T	10^{-3}	milli	毫	m
10^{9}	giga	吉(咖)	G	10^{-6}	micro	微	μ
10^{6}	mega	兆	M	10^{-9}	nano	纳(诺)	n
10^{3}	kilo	千	k	10^{-12}	pico	皮(可)	p
10^{2}	hecto	百	h	10^{-15}	femto	飞(母托)	f
10^{1}	deca	十	da	10^{-16}	atto	阿(托)	a

附录D 无线电频段划分

表 D-1 频段名称及典型业务

名　称	频率范围	波长范围	典型业务
VLF(甚低频,超长波)	3～30kHz	100～10km	导航,声呐
LF(低频,长波)	30～300kHz	10～1km	无线电信标,导航
MF(中频,中波)	300～3000kHz	1000～100m	调幅广播,海上无线电,海岸警戒通信,测向
HF(高频,短波)	3～30MHz	100～10m	电话,电报,传真;国际短波广播,业务无线电;船岸和航空通信
VHF(甚高频,米波)	30～300MHz	10～1m	电视,调频广播,空中交通监控,警察,出租车移动通信,导航,雷达
UHF(特高频,分米波)	300～3000MHz	100～10cm	电视,监视雷达,卫星通信,无线电探空,导航
SHF(超高频,厘米波)	3～30GHz	10～1cm	卫星通信,机载雷达,微波线路,陆地移动通信,对流层散射通信
EHF(极高频,毫米波)	30～300GHz	10～1mm	卫星间通信,航空和海事卫星通信,雷达

表 D-2 微波频段名称

旧名称	新名称	频率范围/GHz	波长范围/cm
L	D	1～2	30～15
S	E	2～3	15～10
S	F	3～4	10～7.5
C	G	4～6	7.5～5
C	H	6～8	5～3.75
X	I	8～10	3.75～3
X	J	10～12.4	3～2.42
Ku	J	12.4～18	2.42～1.67
K	J	18～20	1.67～1.5
K	K	20～26.5	1.5～1.13
Ka	K	26.5～40	1.13～0.75

表 D-3 卫星广播频段分配

频段	频率范围/GHz	标称频率/GHz	带宽/MHz	1区	2区	3区
				欧、非洲、俄	南、北美洲	亚、澳洲
L	0.62～0.72	0.7	170	√	√	√
S	2.5～2.69	2.6	190	√	√	√
Ku	11.7～12.2	12	500			√
Ku	11.7～12.5	12	800	√		
Ku	12.1～12.7	12	600		√	
Ku	12.5～12.75	12	250			√
Ka	22.5～23	23	500		√	√
Q	40.5～42.5	42	2000	√	√	√
V	84～86	85	2000	√	√	√

表 D-4 电视频道划分(中国)

频道	频率范围/MHz	中心频率/MHz	中心波长/m	频道	频率范围/MHz	中心频率/MHz	中心波长/m
VHF				35	686～694	690	0.435
1	48.5～56.5	52.5	5.714	36	694～702	698	0.430
2	56.5～64.5	60.5	4.959	37	702～710	706	0.425
3	64.5～72.5	68.5	4.380	38	710～718	714	0.420
4	76～84	80	3.750	39	718～726	722	0.416
5	84～92	88	3.409	40	726～734	730	0.411
6	167～175	171	1.754	41	734～742	738	0.407
7	175～183	179	1.676	42	742～750	746	0.402
8	183～191	187	1.604	43	750～758	754	0.398
9	191～199	195	1.538	44	758～766	762	0.394
10	199～207	203	1.478	45	766～774	770	0.390
11	207～215	211	1.422	46	774～782	778	0.386
12	215～223	219	1.370	47	782～790	786	0.382
UHF				48	790～798	794	0.378
13	470～478	474	0.633	49	798～806	802	0.374
14	478～486	482	0.622	50	806～814	810	0.370
15	486～494	490	0.612	51	814～822	818	0.367
16	494～502	498	0.602	52	822～830	826	0.363
17	502～510	506	0.593	53	830～838	834	0.360
18	510～518	514	0.584	54	838～846	842	0.356
19	518～526	522	0.575	55	846～854	850	0.353
20	526～534	530	0.566	56	854～862	858	0.350
21	534～542	538	0.558	57	862～870	866	0.346
22	542～550	546	0.549	58	870～878	874	0.343
23	550～558	554	0.542	59	878～886	882	0.340
24	558～566	562	0.534	60	886～894	890	0.337
25	606～614	610	0.492	61	894～902	898	0.334
26	614～622	618	0.485	62	902～910	906	0.331
27	622～630	626	0.479	63	910～918	914	0.328
28	630～638	634	0.473	64	918～926	922	0.325
29	638～646	642	0.467	65	926～934	930	0.323
30	646～654	650	0.462	66	934～942	938	0.320
31	654～662	658	0.456	67	942～950	946	0.317
32	662～670	666	0.450	68	950～958	954	0.314
33	670～678	674	0.445				
34	678～686	682	0.440				

附录E　国产矩形波导标准尺寸

表 E-1　国产矩形波导标准尺寸表

型号	频率范围/GHz	内截面尺寸/mm					壁厚 t/mm	外截面尺寸/mm					
		a	b	偏差(±) Ⅱ级	偏差(±) Ⅲ级	四角 r_{max}		A	B	偏差(±) Ⅱ级	偏差(±) Ⅲ级	四角 R_{mix}	四角 R_{max}
BJ-8	0.64～0.98	292.0	146.0	0.4	0.8	1.5	3	298.0	152.0	0.4	0.8	1.6	2.1
BJ-9	0.76～1.15	247.6	123.8	0.4	0.8	1.2	3	253.6	129.8	0.4	0.8	1.6	2.1
BJ-12	0.96～1.46	195.6	97.8	0.4	0.8	1.2	3	201.6	103.8	0.4	0.8	1.6	2.1
BJ-14	1.14～1.73	165.0	82.5	0.4	0.6	1.2	2	169.0	86.5	0.3	0.6	1.0	1.5
BJ-18	1.45～2.20	129.6	64.8	0.3	0.5	1.2	2	133.6	68.8	0.3	0.5	1.0	1.5
BJ-22	1.72～2.61	109.2	54.6	0.2	0.4	1.2	2	113.2	58.6	0.2	0.4	1.0	1.5
BJ-26	2.17～3.30	86.40	43.20	0.17	0.3	1.2	2	90.40	47.20	0.2	0.3	1.0	1.5
BJ-32	2.60～3.95	72.14	34.04	0.14	0.24	1.2	2	76.14	38.04	0.14	0.28	1.0	1.5
BJ-40	3.22～4.90	58.20	29.10	0.12	0.20	1.2	1.5	61.20	32.10	0.15	0.38	0.8	1.3
BJ-48	3.94～5.99	47.55	22.15	0.10	0.13	0.8	1.5	50.55	25.15	0.10	0.20	0.8	1.3
BJ-58	4.64～7.05	40.40	20.20	0.8	0.14	0.8	1.5	43.40	23.20	0.10	0.20	0.8	1.3
BJ-70	5.38～8.17	34.85	15.80	0.7	0.12	0.8	1.5	37.85	18.80	0.10	0.20	0.8	1.3
BJ-84	6.57～9.99	28.50	12.60	0.06	0.10	0.8	1.5	31.50	15.60	0.07	0.15	0.8	1.3
BJ-100	8.20～12.5	22.86	10.16	0.05	0.07	0.8	1	24.86	12.16	0.06	0.10	0.65	1.15
BJ-120	9.84～15.0	19.05	9.52	0.04	0.06	0.8	1	21.05	11.52	0.05	0.10	0.5	1.15
BJ-140	11.9～18.0	15.80	7.90	0.03	0.05	0.4	1	17.80	9.90	0.05	0.10	0.5	1.0
BJ-180	14.5～22.0	12.96	6.48	0.03	0.05	0.4	1	14.96	8.48	0.05	0.10	0.5	1.0
BJ-220	17.6～26.7	10.67	4.32	0.02	0.04	0.4	1	12.67	6.32	0.05	0.10	0.5	1.0
BJ-260	21.7～33.0	8.64	4.32	0.02	0.04	0.4	1	10.64	6.32	0.05	0.10	0.5	1.0
BJ-320	26.4～40.0	7.112	3.556	0.020	0.040	0.4	1	9.11	5.56	0.05	0.10	0.5	1.0
BJ-400	32.9～50.1	5.690	2.845	0.020	0.040	0.3	1	7.69	4.85	0.05	0.10	0.5	1.0
BJ-500	39.2～59.7	4.775	2.388	0.020	0.040	0.3	1	6.78	4.39	0.05	0.10	0.5	1.0
BJ-620	49.8～75.8	3.759	1.880	0.020	0.040	0.2	1	5.76	3.88	0.05	0.10	0.5	1.0
BJ-740	60.5～91.9	3.099	1.549	0.020	0.040	0.15	1	5.10	3.55	0.05	0.10	0.5	1.0

续表

型号	频率范围/GHz	内截面尺寸/mm				四角 r_{max}	壁厚 t/mm	外截面尺寸/mm				四角 R_{mix}	四角 R_{max}
		a	b	偏差(±) Ⅱ级	偏差(±) Ⅲ级			A	B	偏差(±) Ⅱ级	偏差(±) Ⅲ级		
BJ-900	73.8～112	2.540	1.270	0.020	0.040	0.15	1	4.54	3.27	0.05	0.10	0.5	1.0
BJ-1200	92.2～140	2.032	1.016	0.020	0.040	0.15	1	4.03	3.02	0.05	0.10	0.5	1.0
BB-22	1.72～2.61	109.2	13.10	0.10	0.20	1.2	2	113.2	17.1	0.22	0.44	1.0	1.5
BB-26	2.17～3.30	86.40	10.40	0.09	0.20	1.2	2	90.4	14.4	0.17	0.34	1.0	1.5
BB-32	2.60～3.95	72.14	8.60	0.07	0.15	1.2	2	76.14	12.60	0.14	0.28	1.0	1.5
BB-40	3.22～4.90	58.20	7.00	0.06	0.12	1.2	1.5	61.20	10.00	0.12	0.24	0.8	1.3
BB-48	3.94～5.99	47.55	5.70	0.05	0.10	0.8	1.5	50.55	8.70	0.10	0.20	0.8	1.3
BB-58	4.64～7.05	40.40	5.00	0.04	0.08	0.8	1.5	43.40	8.00	0.08	0.16	0.8	1.3
BB-70	5.38～8.17	34.85	5.00	0.04	0.08	0.8	1.5	67.85	8.00	0.07	0.14	0.8	1.3
BB-84	6.57～9.99	28.50	5.00	0.03	0.06	0.8	1.5	31.50	8.00	0.06	0.12	0.8	1.3
BB-100	8.20～12.5	22.86	5.00	0.02	0.04	0.8	1	24.86	7.00	0.05	0.10	0.65	1.15

注：(1) 型号第一个字母B表示波导管；第二个字母表示波导管截面形式；J表示矩形，B表示扁矩形。阿拉伯数字表示波导管工作频率的中心频率，单位为百兆赫；罗马字母表示波导管的精度等级。

(2) 精密的Ⅰ级波导的偏差为波导内表面宽边尺寸 a 之千分之一。

(3) 波导管一般用黄铜H96制造，经使用方同意，BJ-70～BJ-1200可用黄铜H96制造。

(4) 波导管内表面光洁度要求：

BJ-8～BJ-14 不低于∇7；BJ-18～BJ-58 不低于∇8；

BJ-70～BJ-260 不低于∇9；BJ-320～BJ-1200 不低于∇10；

BB-22～BB-58 不低于∇8；BB-70～BB-100 不低于∇9。

(5) 矩形波导几何关系如图E-1所示。

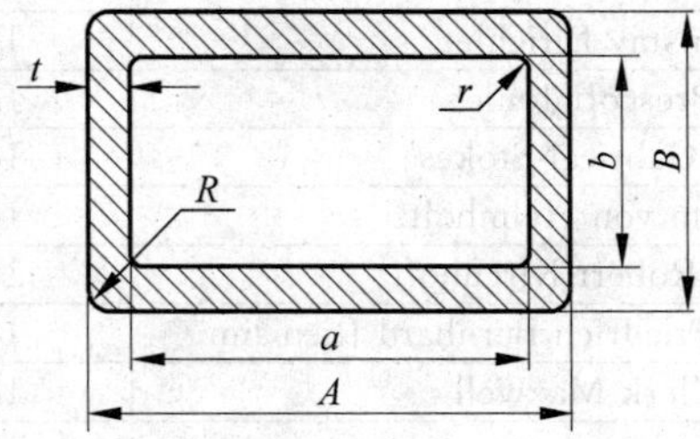

图E-1　矩形波导几何关系

附录F 主要人名编年表

译　名	英 文 名	生 卒 年	国　别
惠更斯	Christiaan Huygens	1629—1695	荷兰
牛顿	Isaac Newton	1643—1727	英
泰勒	Brook Taylor	1685—1731	英
欧拉	Leonhard Euler	1707—1783	瑞士
库仑	Charles Augustin de Coulomb	1736—1806	法
伏特	Alessandro Volta	1745—1827	意大利
拉普拉斯	Pierre Simon Laplace	1749—1827	法
傅里叶	Jean Baptiste Joseph Fourier	1768—1830	法
安培	Andre Marie Ampere	1775—1851	法
高斯	Carl Friedrich Gauss	1777—1855	德
奥斯特	Hans Christian Oersted	1777—1851	丹麦
泊松	Simeon Denis Poisson	1781—1840	法
布儒斯特	David Brewster	1781—1868	英
贝塞耳	Friedrich Wilhelm Bessel	1784—1846	德
欧姆	George Simon Ohm	1787—1854	德
菲涅耳	Augustin Jean Fresnel	1788—1827	法
柯西	Augustin Louis Cauchy	1789—1857	法
法拉第	Michael Faraday	1791—1867	英
格林	George Green	1793—1840	英
亨利	Joseph Henry	1797—1878	美
楞次	Emil Khristianovich Lenz	1804—1865	俄
哈密顿	William Rowan Hamilton	1805—1865	爱尔兰
狄利克雷	Petel Gustav Dirichlet	1805—1859	德
焦耳	James Prescott Joule	1818—1889	英
斯托克斯	George Gabrical Stokes	1819—1903	英
亥姆霍兹	Hermann von Helmholtz	1821—1894	德
基尔霍夫	Gustav Robert Kirchhoff	1824—1887	德
黎曼	Georg Friedrich Bernhard Riemann	1826—1866	德
麦克斯韦	James Clerk Maxwell	1831—1879	英
纽曼	C. G. Neumann	1832—1925	德
瑞利	John William Strutt Rayleigh	1842—1919	英
坡印廷	John Henry Poynting	1852—1914	英
洛伦茨	Hendrik Antoon Lorentz	1853—1928	荷兰
特斯拉	Nikola Tesla	1856—1943	塞尔维亚/美
赫兹	Henrich Hertz	1857—1894	德
波波夫	A. C. Popov	1859—1906	俄
马可尼	Guglielmo Marconi	1874—1937	意大利
爱因斯坦	Albert Einstein	1879—1955	德/美
谢昆诺夫	S. A. Schel Kunoff	1897—1992	俄/美
狄拉克	Paul Adrien Maurice Dirae	1902—1984	英

参考文献

[1] 毕德显.电磁场理论.北京：电子工业出版社，1985.

[2] D K Chen.电磁场与电磁波.何叶军，桂良启，译.第 2 版.北京：清华大学出版社，2013.

[3] J D Krans. Electromagnetics. 3rd ed. McGraw-Hill，1984.

[4] L C Shen，J A Kong. Applied Electromagnetism. 2nd ed. PWS Engineering，1987.

[5] P Lorrain，D R Corson，F Lorrain. Electromagnetic Fields and Waves. 3rd ed.，W. H. Freeman and Company，1988.

[6] F T Ulaby. Fundamentals and Applied Electromagnetics. Prentice Hall，2001.

[7] 张克潜，宫莲.电磁场原理.北京：中央广播电视大学出版社，1988.

[8] 全泽松.电磁场理论.成都：电子科技大学出版社，1995.

[9] 曹伟，徐立勤.电磁场与电磁波理论.北京：北京邮电大学出版社，1999.

[10] 王蔷，李国定，龚克.电磁场理论基础.北京：清华大学出版社，2001.

[11] 孙敏，孙亲锡，叶齐政.工程电磁场基础.北京：科学出版社，2001.

[12] 牛中奇，朱满座，卢智远，等.电磁场理论基础.北京：电子工业出版社，2001.

[13] 杨儒贵.电磁场与电磁波.北京：高等教育出版社，2003.

[14] 钟顺时，钮茂德.电磁场理论基础.西安：西安电子科技大学出版社，1995.

[15] 路宏敏，赵永久，朱满座.电磁场与电磁波基础.(第二版).北京：科学出版社，2012.

[16] W. H. 海特，J. A. 巴克.工程电磁场.赵彦珍，李瑞程，孙晓华，译.第 7 版.西安：西安交通大学出版社，2009.

[17] R. F. 哈林登.正弦电磁场.孟侃译.上海：上海科学技术出版社，1964.

[18] D. M. Pozar.微波工程.张肇仪，周乐柱，吴德明等，译.第 3 版.北京：电子工业出版社，2009.

[19] C. A. 巴拉尼斯.天线理论——分析与设计.上册(于志远等译)，下册(钟顺时等译).北京：电子工业出版社，1988.

[20] 钟顺时.微带天线理论与应用.西安：西安电子科技大学出版社，1991.

[21] 钟顺时.天线理论与技术.北京：电子工业出版社，2012.